André Minhorst

Anwendungen entwickeln mit Access

Kunden, Artikel, Bestellungen
und Kommunikation verwalten
mit Access 2007 und 2010

André Minhorst – Anwendungen entwickeln mit Access

ISBN 978-3-944216-00-3

© 2012 André Minhorst Verlag,
Borkhofer Straße 17, 47137 Duisburg/Deutschland

1. Auflage 2012

Lektorat André Minhorst
Korrektur Rita Klingenstein
Cover/Titelbild André Minhorst
Typographie, Layout und Satz André Minhorst
Herstellung André Minhorst
Druck und Bindung Kösel, Krugzell (www.koeselbuch.de)

Bibliografische Information der Deutschen Nationalbibliothek

Die Deutsche Nationalbibliothek verzeichnet diese Publikation in der Deutschen Nationalbibliographie. Detaillierte bibliografische Daten finden Sie im Internet unter http://dnb.d-nb.de.

Das vorliegende Werk ist in all seinen Teilen urheberrechtlich geschützt. Alle Rechte vorbehalten, insbesondere das Recht der Übersetzung, des Vortrags, der Reproduktion, der Vervielfältigung auf fotomechanischem oder anderen Wegen und der Speicherung in elektronischen Medien. Ungeachtet der Sorgfalt, die auf die Erstellung von Text, Abbildungen und Programmen verwendet wurde, können weder Verlag noch Autor, Herausgeber oder Übersetzer für mögliche Fehler und deren Folgen eine juristische Verantwortung oder irgendeine Haftung übernehmen.

Die in diesem Werk wiedergegebenen Gebrauchsnamen, Handelsnamen, Warenbezeichnungen et cetera können auch ohne besondere Kennzeichnung Marken sein und als solche den gesetzlichen Bestimmungen unterliegen.

Die in den Beispielen verwendeten Namen von Firmen, Produkten, Personen oder E-Mail-Adressen sind frei erfunden, soweit nichts anderes angegeben ist. Jede Ähnlichkeit mit tatsächlichen Firmen, Produkten, Personen oder E-Mail-Adressen ist rein zufällig.

So klingt Liebe.

Inhalt

Vorwort		**11**
1	**Vorbereitungen**	**15**
1.1	Access-Optionen	15
1.1.1	Dokumentfensteroptionen	15
1.1.2	Entwurf im Datenblatt deaktivieren	16
1.1.3	Quellbildformat beibehalten	16
1.1.4	Optionen für Indizes	17
1.1.5	Voreinstellungen für Formular- und Steuerelementeigenschaften	18
1.1.6	Voreinstellungen für Berichte	19
1.1.7	Ereignisprozeduren schnell anlegen	20
1.2	Optionen im VBA-Editor	21
1.3	Tools installieren	21
1.3.1	MZ-Tools	21
1.3.2	vbWatchdog	23
1.3.3	ProcBrowser	23
1.3.4	Beispieldaten-Assistent	23
1.3.5	Ribbon-Admin 2010	24
1.3.6	Control-Renamer	25
1.3.7	Datenzugriffscode	26
1.3.8	Die Access-Runtime	27
1.3.9	Bereitstellen von Testumgebungen	28
1.4	Anwendungsoptionen	29
1.5	Startformular erstellen	31
1.6	Aktionen beim Start der Anwendung ausführen	34
1.7	Vorkehrung für das erste Öffnen der Anwendung	35
1.8	Formular zum Durchführen von Aktionen beim Beenden der Datenbank anlegen	38
1.9	Öffnen mit Umschalt-Taste verhindern	40
1.10	Anwendung für Entwicklung und Test starten	42
1.11	Anwendung schnell dekompilieren	48
1.12	Umgang mit den Beispieldatenbanken	49
1.12.1	Verweise auf Outlook und Word	49
1.12.2	Verweise auf die Homebanking-Bibliotheken	51
1.12.3	Verweise prüfen	51
1.13	Objekte importieren	53
2	**Datenmodell**	**55**
2.1	Entwicklung eines Datenmodells	55
2.2	Kunden erfassen	56
2.2.1	Die Tabelle tblAnreden	58
2.2.2	Die Tabelle tblKunden	60
2.3	Artikel verwalten	66
2.3.1	Die Tabelle tblArtikel	68
2.3.2	Die Tabelle tblMehrwertsteuersaetze	68
2.3.3	Die Tabelle tblWarengruppen	73
2.3.4	Die Tabelle tblEinheiten	75
2.3.5	Die Tabelle tblArtikel und die verknüpften Tabellen im Überblick	75

Inhalt

2.4	Bestellungen verwalten	76
2.4.1	Die Tabelle tblBestellungen	76
2.4.2	Die Tabelle tblBestellpositionen	78
2.5	E-Mail-Kommunikation verwalten	82
2.5.1	Die Tabelle tblKommunikation	82
2.5.2	Die Tabelle tblAnhaenge	82
2.5.3	Die Tabelle tblKommunikationsarten	83
2.5.4	Die Tabelle tblEMailAdressen	83
2.5.5	Die Tabelle tblKommunikationAntworten	84
2.5.6	Die Tabelle tblOptionen	85
2.5.7	Weitere Tabellendefinitionen	86
2.6	Testdaten anlegen	86
3	**Kunden verwalten**	**89**
3.1	Detailformular erstellen	89
3.1.1	Felder anpassen und ausrichten	91
3.1.2	Nachschlagefeld nachträglich einrichten	94
3.1.3	Aktivierreihenfolge	94
3.1.4	Steuerelementnamen mit Präfixen versehen	96
3.1.5	Weitere Felder hinzufügen	97
3.1.6	Formulareinstellungen für das Detailformular	97
3.2	Übersichtsformular erstellen	99
3.2.1	Hauptformular und Unterformular	100
3.2.2	Unterformular mit Kundenliste erstellen	101
3.2.3	Kunden anlegen, öffnen und löschen	105
3.2.4	Einen neuen Kunden anlegen	107
3.2.5	Einen Kunden im Detail anzeigen, Variante I	109
3.2.6	Einen Kunden im Detail anzeigen, Variante II	110
3.2.7	Einen Kunden löschen	113
3.2.8	Schaltflächen ohne ausgewählten Kunden betätigen	115
3.3	Kundendetail-Formular erweitern	116
3.4	Anschriften zusammensetzen	118
3.5	Kundenformular erweitern	122
3.6	Doppelte Kunden finden	124
3.7	Datensätze zusammenführen	136
4	**Artikel verwalten**	**139**
4.1	Übersichtsformular erstellen	139
4.2	Detailformular erstellen	143
4.2.1	Warengruppen bearbeiten	144
4.2.2	Warengruppen-Übersicht vom Artikelformular aus öffnen	155
4.3	Erweiterungen des Formulars frmArtikeluebersicht	157
4.3.1	Markieren kompletter Zeilen in der Datenblattansicht	157
4.3.2	Spaltenbreiten optimieren	158
4.3.3	Suchformular	158
4.4	Erweiterung des Formulars frmArtikelDetail	159
5	**Bestellungen verwalten**	**161**
5.1	Bestellung aufnehmen	161
5.1.1	Das Hauptformular frmBestellungDetail	162
5.1.2	Bestelldatum automatisch auf den heutigen Tag einstellen	163

5.1.3	Kundenauswahl	164
5.1.4	Das Unterformular sfmBestellungDetail	167
5.1.5	Berechnungen: Position und Bestellsumme	172
5.1.6	Verpackung, Versand und sonstige Nebenkosten	176
5.2	Kunden-Formular um Bestellungen und Bestellpositionen erweitern	177
5.2.1	Neue Bestellung anlegen	178
5.2.2	Liste der bisherigen Bestellungen	181
5.2.3	Bestellung zum Bearbeiten anzeigen	187
5.2.4	Keine Bearbeitung von Bestellungen im Unterformular	188

6 Rechnungsbericht 191

6.1	Überlegungen und Vorarbeiten	191
6.1.1	Bestellpositionen und Bestellsummen	191
6.1.2	Änderungen am Datenmodell	192
6.2	Bericht erstellen	192
6.2.1	Datenherkunft definieren	193
6.2.2	Bericht mit Steuerelementen füllen	196
6.2.3	Überschriften verschieben	199
6.2.4	Berichtskopf mit Briefkopf und Anschrift ausstatten	202
6.2.5	Berichtsfuß mit Bankverbindung und Co. versehen	204
6.2.6	Gruppenfuß mit Berichtssummen füllen	204
6.2.7	Seitenkopf und Seitenfuß	209
6.2.8	Seitenzahlen angeben	210
6.2.9	Berichtsinhalt und Seitenränder	211
6.3	Bericht flexibler gestalten	213
6.3.1	Leeren Bericht nicht drucken	213
6.3.2	Zwischensumme und Übertrag	215
6.3.3	Falzmarken	216
6.3.4	Veränderbare Stammdaten speichern	219

7 Rechnungen verwalten 225

7.1	Grundsätzliche Überlegungen	225
7.1.1	Änderungen im Datenmodell	225
7.1.2	Zeitpunkt und Ort der Rechnungserstellung	226
7.1.3	Rechnung per Detailformular erstellen	226
7.1.4	Rechnung drucken	227
7.1.5	Rechnung als PDF speichern	228
7.2	Übersichtsformular für Rechnungen	232
7.2.1	Rechnung als bezahlt markieren oder Abgleich mit den Umsätzen?	232
7.2.2	Anzeige der Bestellungen im Unterformular	236
7.2.3	Überfällige Zahlungen und zu viel gezahlte Beträge markieren	240
7.2.4	Unterformular und Hauptformular synchronisieren	241
7.2.5	Bestellungen filtern	243
7.2.6	Unterformular erweitern	244
7.2.7	Bestelldetails anzeigen	244
7.2.8	Bestellungen filtern	245
7.2.9	Umsätze anzeigen und zuordnen	247
7.2.10	OffeneUmsätze filtern	249
7.2.11	Umsatz zu einer Bestellung zuordnen	251
7.2.12	Umsatz von einer Bestellung entfernen	251

Inhalt

7.2.13	Zahlungsziel automatisch einfügen	252
7.2.14	Rechnungen im Griff	253

8 Kommunikation verwalten — 255

8.1	E-Mail-Adressen in tblKunden und tblEMailAdressen	257
8.2	E-Mail an Kunde verschicken	262
8.2.1	E-Mail-Adresse auswählen	262
8.2.2	Vorlage für eine Standard-E-Mail	263
8.2.3	Standard-E-Mail erstellen und verschicken	264
8.2.4	Individuelle E-Mail-Vorlagen	264
8.2.5	Aktionen beim Öffnen des Formulars	265
8.2.6	Vorlagen bearbeiten	272
8.2.7	Vorlage verwenden	272
8.3	E-Mail erstellen und öffnen	273
8.4	E-Mails speichern	275
8.5	E-Mails von Outlook einlesen	278
8.6	E-Mails hierarchisch anordnen	278
8.6.1	TreeView-Steuerelement hinzufügen	279
8.6.2	TreeView füllen	280
8.6.3	ImageList füllen	282
8.6.4	TreeView instanzieren	283
8.6.5	TreeView füllen	284
8.6.6	Aktuellen Eintrag markieren	288
8.6.7	E-Mails im Unterformular anzeigen	288
8.6.8	Antwort auf E-Mail per Kontextmenü erstellen	290
8.6.9	Kontextmenü im TreeView-Steuerelement	291
8.6.10	E-Mail löschen per Kontextmenü	293
8.6.11	Antwort auf eine bestehende E-Mail erstellen	294
8.7	Drag and Drop im TreeView-Steuerelement	296

9 Onlinebanking — 301

9.1	Voraussetzungen	301
9.2	Homebanking-Kontakt erstellen	302
9.3	Funktionen der Lösung	307
9.4	Kontakt herstellen	308
9.4.1	Bankverbindungen einlesen	309
9.4.2	Letzten Contact und Account speichern	314
9.5	Transaktionen ausführen	316
9.5.1	Kontostand abrufen	317
9.5.2	Umsätze einlesen	322
9.5.3	Umsätze im Formular anzeigen	337

10 Individuelle Anschreiben mit Word — 341

10.1	Funktionsweise	341
10.1.1	Ablauf beim Erstellen individueller Dokumente	341
10.1.2	Word-Dokument vorbereiten	342
10.1.3	Vorlage mit Daten füllen	342
10.2	Programmierung des Word-Exports	344
10.2.1	Quelldokument auswählen	346
10.2.2	Vorlage mit Platzhaltern füllen	350

Inhalt

11 Suchen in Formularen — 359
- 11.1 Schnellsuche für das Kundendetail-Formular — 359
- 11.1.1 Steuerelemente hinzufügen — 359
- 11.1.2 Bei Eingabe suchen — 360
- 11.1.3 Suchtreffer auswählen — 363
- 11.1.4 Mit Komfort zur Suche — 367
- 11.1.5 Listenfeld stört in der Entwurfsansicht — 368
- 11.2 Detailsuche für die Kunden-Übersicht — 369
- 11.2.1 Suchfunktion aufrufen — 369
- 11.2.2 Suchformular erstellen — 371
- 11.2.3 Suchformular leeren — 375
- 11.2.4 Suchfilter zusammenstellen — 376
- 11.2.5 Suche starten — 380
- 11.2.6 Bei Leeren Filter zurücksetzen — 381
- 11.2.7 Bei Eingabetaste suchen — 381
- 11.2.8 Suchformular flexibler gestalten — 382
- 11.3 Suchfunktionen für weitere Formulare — 385

12 Formulare optimieren — 387
- 12.1 Formulare mit der Eingabe-Taste schließen — 387
- 12.2 Formulare mit der Escape-Taste schließen — 387
- 12.3 Validierung von Formularen — 387
- 12.3.1 Geschäftsregeln — 387
- 12.3.2 Restriktionen auf Tabellenebene — 388
- 12.3.3 Tabellen-, Feld- und Beziehungsrestriktionen bei der Dateneingabe — 388
- 12.3.4 Alternative zur herkömmlichen Validierung — 393
- 12.3.5 Validierung fehlerresistent machen — 399
- 12.4 Spaltenbreite in Datenblättern — 401
- 12.5 Datenblatt: Komplette Zeile markieren — 406
- 12.6 Kombinationsfelder per Doppelklick — 410
- 12.7 Flexibles Unterformular für Datenblätter — 413
- 12.8 Kein Datensatz- und Positionswechsel bei Requery — 417
- 12.9 Formularposition ermitteln und einstellen — 420
- 12.10 Unterformular(ereignisse) vom Hauptformular aus steuern — 422

13 Outlook — 425
- 13.1 Outlook fernsteuern — 425
- 13.1.1 Outlook referenzieren — 426
- 13.1.2 Late Binding — 427
- 13.2 E-Mails senden — 429
- 13.2.1 Einfache E-Mails erstellen — 431
- 13.2.2 E-Mail-Versand komplett automatisieren — 432
- 13.2.3 Beschreibung der Klasse clsMail — 433
- 13.2.4 Beispiel Rechnungsversand per E-Mail — 437
- 13.2.5 Gesendete E-Mails ablegen — 446
- 13.3 E-Mails importieren — 446

14 Fehlerbehandlung — 449
- 14.1 Klassische Fehlerbehandlung — 449
- 14.1.1 Fehlermeldung anzeigen — 451

Inhalt

14.1.2	Fehlermeldung per E-Mail versenden	452
14.2	Fehlerbehandlung mit vbWatchdog	453
14.2.1	Eigene Fehlerbehandlung	455
14.2.2	Benutzerdefinierte Fehlermeldung	456
14.2.3	Fehlerdialog für den Endbenutzer	463
14.2.4	Global Error Handler-Prozedur definieren	464
14.2.5	Globale Fehlerbehandlung bei On Error Resume Next	467
14.2.6	Benutzeraktionen bei Laufzeitfehlern	467
14.3	Fehlerbehandlungsmodus einstellen	470

15 Bilder — 473

15.1	Bilder in Access 2007 und 2010	473
15.2	Tool zum Hinzufügen von Bildern zu MSysResources	475
15.3	Icon-Sammlung	476
15.4	Bilder im TreeView-Steuerelement	477
15.5	Bilder in Kontextmenüs	480
15.6	Bilder auf Schaltflächen	481
15.6.1	Bilder auf Schaltflächen unter Access 2007	481
15.6.2	Bilder auf Schaltflächen unter Access 2010	484
15.7	Bilder im Ribbon	485
15.8	Bilder im Bildsteuerelement (ungebunden)	487
15.9	Artikelbilder verwalten	488

16 Ribbons — 491

16.1	Menüführung per Ribbon	491
16.2	Das Ribbon der Beispielanwendung	492
16.3	Ribbons von Hand erstellen	492
16.3.1	Tabelle zum Speichern der Ribbon-Definition erstellen	493
16.3.2	XML-Dokument mit der Ribbon-Definition zusammenstellen	494
16.3.3	Ribbon-Definition im Detail	495
16.3.4	Bilddateien zur Datenbank und zum Ribbon hinzufügen	499
16.3.5	Notwendige Eigenschaften einstellen	500
16.3.6	Callback-Prozeduren	502
16.3.7	Eingebaute officeMenu- und backstage-Elemente ausblenden	503
16.3.8	Unterformulare in der Datenblattansicht ohne kontext-abhängiges Ribbon-Tab	508
16.4	Ribbons mit dem Ribbon-Admin 2010	509
16.4.1	Installation	509
16.4.2	Anwendung anlegen	510
16.4.3	Ribbon-Definition in Zielanwendung schreiben	514

17 Datenbank aufteilen — 517

17.1	Datenbank in Frontend und Backend aufteilen	518
17.2	Prüfen und Wiederherstellen der Verknüpfung beim Start	522
17.2.1	Backendpfad schreiben	526
17.2.2	Backendpfad lesen	526
17.2.3	Backend per Datei öffnen-Dialog auswählen	527
17.2.4	Verknüpfungen aktualisieren	527
17.2.5	Auf fehlgeschlagene Verknüpfung reagieren	528

Vorwort

Das Vorwort zuletzt zu schreiben, hat einige Vorteile. So kann ich Ihnen beispielsweise jetzt mitteilen, dass ich mir das alles ganz anders vorgestellt hatte. Vor allem die Sache mit dem eigenen Verlag: Ich hatte mir das so gedacht, dass ich damit wesentlich entspannter an das Buch herangehen könnte als bei den vorherigen Büchern für »richtige« Verlage. Die wollen nämlich immer Termine festlegen – vor allem den Abgabetermin.

Und wenn man, wie ich, nicht nur zwei Magazine betreut und mit Texten füllt, sondern auch noch Programmier-Projekte durchführt, kann man nur schlecht einen Abgabetermin für ein Buch angeben. Das heißt: Man gibt natürlich schon einen Termin an, in den man einige Unwägbarkeiten einkalkuliert. Den hält man dann in der Regel nicht ein, denn zu den bereits geplanten Unwägbarkeiten gesellen sich gern noch ungeplante Unwägbarkeiten hinzu (und das passiert nicht nur mir, wie die Erfahrung zeigt).

Also dachte ich mir: Wenn ich selbst der Verlag bin, gibt es zumindest keinen Lektor, den ich immer wieder vertrösten muss, weil ich den Abgabetermin wieder mal nicht halten kann – also gibt es auch kein schlechtes Gewissen. Wenn ich Zeit habe, schreibe ich weiter, wenn nicht, erledige ich halte die übrigen Aufgaben. Leider habe ich aber einen Fehler gemacht: Um abzuklopfen, ob das geplante Buch auf ausreichend Interesse stößt, habe ich am 1. Juni 2012 eine Webseite online gestellt, die erste Informationen zum Buch und eine Möglichkeit zum Bestellen enthielt.

Unverhofterweise gab es gleich innerhalb weniger Wochen hunderte Bestellungen! Für ein Buch, von dem noch nicht einmal klar war, ob es nur als eBook erscheinen oder auch gedruckt werden würde. Damit hatte sich der Plan, das Buch in ruhigen Phasen zwischen den übrigen Projekten zu schreiben, zerschlagen. Statt einer Lektorin, die sich regelmäßig nach dem aktuellen Stand erkundigte, gab es nun einige hundert zukünftige Leser, die auf das Buch warteten! Ich war noch nie in meinem Leben so euphorisch, denn damit hatte ich in meinen kühnsten Träumen nicht gerechnet. Viele von Ihnen haben zwar schon das eine oder andere von mir gelesen, aber ein Buch blind vorzubestellen, von dem es gerade einmal einen Titel und ein grobes Konzept gab – da kann ich einfach nur danke sagen.

Nach diesen Ereignissen blieb mir nichts anderes übrig, als diesem Projekt eine andere Priorität als geplant einzuräumen. Das fiel mir nicht sonderlich schwer, und an dieser Stelle muss ich mich nochmals bei allen Lesern bedanken, die das Buch bereits vor der Fertigstellung bestellt haben. Da ich Ihnen, lieber Leser, regelmäßig fertige Kapitel zum Download bereitgestellt habe, konnten Sie mir genau das Feedback liefern, um das Buch noch besser an Ihre Wünsche anzupassen und es somit noch besser zu machen.

Vorwort

Nobody Is Perfect

Nun ist es so, dass jedes Manuskript immer noch Fehler enthält – auch wenn es noch so genau geprüft wurde. Das ist auch hier der Fall: Die sprachlichen Fehler hat mir meine langjährige Korrektorin Rita Klingenstein gemeldet. Und die sachlichen Ungenauigkeiten konnte ich durch das umfangreiche Feedback der Vorab-Leser des Buchs verbessern. Allen voran ist hier Thomas Engel zu nennen. Er hat das Buch aus der Sicht eines Einsteigers durchgearbeitet und viele wichtige Anregungen geliefert, die das Buch auch für diese Lesergruppe verständlich machen.

Gut, besser, eBook

Das Buch erläutert die zur Entwicklung einer Anwendung nötigen Schritte. Dabei geht es zu Beginn recht gemächlich zu, sodass Einsteiger normalerweise alles verstehen sollten. In den späteren Kapiteln wird nicht mehr jeder einzelne Schritt erklärt. Dies liegt auch daran, dass sonst der Platz nicht gereicht hätte, um auch für Fortgeschrittene interessante Themen unterzubringen. Sollte ein großes Interesse daran bestehen, die hinteren Kapitel um Schritt-für-Schritt-Anweisungen zu erweitern, werde ich die eBook-Version des Buchs gern erweitern. Schreiben Sie mir in diesem Fall eine E-Mail an *andre@minhorst.com*.

Das eBook ist Bestandteil des Buchs. Wenn Sie das Buch über meine Webseite *www.minhorst.com* gekauft haben, sollten Sie bereits Zugangsdaten für den Zugriff auf das eBook und die Beispieldatenbank erhalten haben. Sollten Sie das Buch anderswo gekauft haben, finden Sie auf der Verpackung einen Aufkleber mit einem Registrierungsschlüssel. Damit können Sie sich auf meiner Webseite registrieren und die gewünschten Dateien herunterladen. Und sollte Ihr Registrierungsschlüssel verloren gegangen sein, melden Sie sich einfach unter *andre@minhorst.com* bei mir – wir werden eine Lösung finden.

Schließlich ist das eBook nicht nur eine einfache Zugabe zum Buch. Ich habe im Buch bewusst auf einen Index verzichtet. Der Grund ist einfach: Ich habe schon einige EDV-Fachbücher gelesen, und es gab noch keines, dessen Index mir die entscheidenden Stellen im Buch offenbart hat. Dies geschah auch bei Büchern, deren Index mehr als 20 Seiten füllte. Statt eines Index verwenden Sie also einfach das eBook, das Sie mit der Suchfunktion des Acrobat Readers leicht nach den gewünschten Stichwörtern durchsuchen können.

Ausblick

Dieses Buch ist der Beginn einer Reihe von Büchern rund um die Anwendungsentwicklung mit Access. Auch wenn es zum Zeitpunkt der Drucklegung dieses Buches noch keine konkrete Planung gibt, so gibt es doch einige Ideen – denen Sie sicher noch einige hinzufügen können.

AEMA, Teil II?

Die ersten Ideen drehen sich um einen zweiten Teil zu diesem Buch, der die beschriebene Anwendung um weitere Funktionen erweitert – zum Beispiel die Folgenden:

- » Erweiterung der Anwendung um ein Mahnwesen
- » Erstellung eines Setups zur Weitergabe
- » Schützen der Anwendung
- » Integration einer Benutzerregistrierung
- » Automatische Aktualisierung über einen Server beziehungsweise über das Internet
- » Umwandlung in eine Mehrbenutzeranwendung
- » Prüfung der Gültigkeit von Adressen über das Internet
- » Einbindung des Zahlungsverkehrs über Paypal
- » Import und Export von Adressen aus Outlook
- » Kunden-E-Mails gleich nach dem Eingang in Outlook in die Datenbank übertragen
- » Versenden von Newslettern an Kunden
- » Auswertungen von Umsätzen et cetera in Berichten

Migration und Betrieb nach SQL Server/MySQL?

Ein weiteres mögliches Thema für ein weiteres Buch ist die Migration der im vorliegenden Buch beschriebenen Anwendung nach Microsoft SQL Server oder MySQL. Dieses würde Themen wie die folgenden behandeln:

- » Migration der Tabellen in das DBMS
- » Einbinden der Tabellen in Access
- » Migration der Abfragen zu Sichten oder gespeicherten Prozeduren
- » Übertragung von VBA-Routinen in gespeicherte Prozeduren, Funktionen oder Trigger

Vorwort

» Einführung in T-SQL

» Optimierung der Anwendung hinsichtlich der Datenbindung von Formularen, Berichten und Steuerelementen sowie des Datenzugriffs von VBA-Routinen aus

Teilen Sie mir einfach mit, was Sie von diesen Ideen halten. Und wenn Ihnen eines dieser geplanten Bücher gefallen sollte, Sie aber noch Themen vermissen, ist Ihre Meinung herzlich willkommen – einfach per E-Mail an *andre@minhorst.com*.

Auf geht's!

Ich wünsche Ihnen viel Spaß und viele neue Erkenntnisse bei der Lektüre. Die hier beschriebene Lösung wird nicht auf jeden Anwendungsfall passen, aber das ist auch nicht das Ziel – zunächst einmal sollen Sie erfahren, wie Sie selbst eine solche Anwendung aufbauen. Davon abgesehen bin ich sicher, dass Sie viele der vorgestellten Techniken für Ihre eigenen Anwendungen nutzen können.

Über Feedback freue ich mich jederzeit. Sollten Sie Korrekturen und Verbesserungsvorschläge haben, freue ich mich – ich werde diese in das eBook einarbeiten und den jeweils aktuellen Stand auf der Webseite für alle Buchkäufer zum Download bereitstellen.

Danke nochmals an Sie – dafür, dass Sie meine Arbeit durch den Kauf dieses Buchs unterstützen.

Duisburg, 17. September 2012

André Minhorst

1 Vorbereitungen

Bevor Sie sich an die Entwicklung einer Anwendung begeben, sollten Sie einige Dinge vorbereiten. Dies betrifft vor allem die Entwicklungsumgebung, aber auch eventuell benötigte zusätzliche Tools.

1.1 Access-Optionen

Einige der nachfolgend vorgestellten Optionen finden Sie in den Access-Optionen, andere in den Optionen des VBA-Editors. Die Access-Optionen öffnen Sie, indem Sie unter Access 2007 das Office-Menü durch einen Klick auf den Office-Button öffnen und dort auf die Schaltfläche *Access-Optionen* klicken. Unter Access 2010 zeigen Sie den Backstage-Bereich an und wählen dort den Eintrag *Optionen* aus.

1.1.1 Dokumentfensteroptionen

Bis zur Version 2003 hat Access Formular- und Berichtsfenster standardmäßig als eigene Fenster innerhalb des Access-Fensters angezeigt. Diese konnten Sie durch Maximieren komplett in das Access-Fenster einpassen. Wenn Sie dieses Verhalten wünschen, müssen Sie in den Access-Optionen unter *Aktuelle Datenbank* die Option *Anwendungsoptionen/Dokumentfensteroptionen* auf den Wert *Überlappende Fenster* einstellen (siehe Abbildung 1.1).

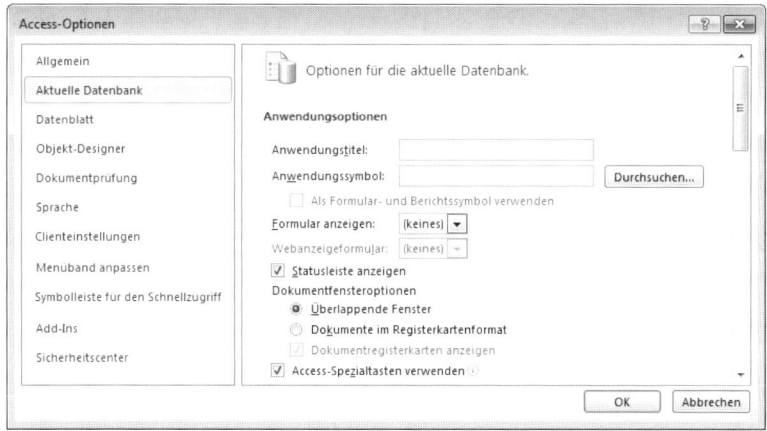

Abbildung 1.1: Aktivieren der Anzeige für überlappende Fenster

Die Alternative sind Formulare und Berichte im Registerkartenformat. Diese werden immer ins Access-Fenster eingepasst. Zusätzlich können Sie dafür sorgen, dass der Formular-/Berichtsname beziehungsweise der festgelegte Fenstertitel in einer Registerkarte angezeigt wird. Dazu aktivieren Sie zusätzlich die Option *Dokumentregisterkarten anzeigen*. Dies ermöglicht den schnellen Wechsel zwischen mehreren zeitgleich geöffneten Access-Objekten.

Wenn Sie keine Registerkarten anzeigen, gibt es allerdings keine eingebaute Möglichkeit mehr, ein Formular zu schließen. Sie müssen dann also eine Schaltfläche zum Schließen vorsehen oder den Benutzern der Anwendung die Tastenkombination *Strg + F4* nahebringen.

Dies gilt natürlich auch für Tabellen und Abfragen. Da eine professionelle Anwendung dem Benutzer nur Daten in Form von Formularen oder Berichten präsentiert, spielt dies hier keine Rolle.

Grundsätzlich ist die Verwendung des Registerkartenformats eine gute Idee. Formulare und Berichte werden so immer maximiert angezeigt. Gleichzeitig können Sie Formulare und Berichte als überlappende Fenster öffnen, wenn dies nötig ist.

Dazu geben Sie für die Methoden *DoCmd.OpenForm* beziehungsweise *DoCmd.OpenReport* einfach den Wert *acDialog* für den Parameter *WindowMode* an – mehr dazu in den folgenden Kapiteln.

Im Rahmen der Entwicklung der Lösung zu diesem Buch stellen wir die Option jedoch auf *Überlappende Fenster* ein. Warum dies? Ganz einfach: Weil es so wesentlich einfacher ist, Screenshots zu erstellen – und davon gibt es in diesem Buch eine ganze Reihe.

1.1.2 Entwurf im Datenblatt deaktivieren

Für Neulinge und Quereinsteiger sehen Access 2007 und 2010 einen Modus vor, der das Anlegen von Tabellenfeldern in der Datenblattansicht erlaubt. Letztlich ist dies eine alternative Ansicht zur Entwurfsansicht, die einen intuitiveren Umgang ermöglichen soll. In diesem Buch wird jedoch die Entwurfsansicht verwendet.

Und wenn wir dies schon tun, können wir das Bearbeiten von Tabellen in der Datenblattansicht auch gleich deaktivieren. Dies erledigen Sie ebenfalls im Dialog *Access-Optionen*, und zwar unter *Aktuelle Datenbank|Anwendungsoptionen|Entwurfsänderungen für Tabellen in der Datenblattansicht aktivieren* (siehe Abbildung 1.2, obere Markierung).

1.1.3 Quellbildformat beibehalten

In der Lösung zum Buch werden einige Bilder gespeichert – sei es als Icon einer Schaltfläche, als Hintergrund eines Formulars oder Berichts oder auch als Icon eines Ribbon-Eintrags.

Standardmäßig speichert Access solche Bilder in einem proprietären Format, das die Bilder unnötig aufbläht und so die Datenbank zu Ungunsten der zu speichernden Daten vergrößert. Dies können Sie verhindern, indem Sie die Option *Bildeigenschaften-Speicherformat* auf den Wert *Quellbildformat beibehalten* einstellen (siehe Abbildung 1.2, untere Markierung).

1.1.4 Optionen für Indizes

Wenn Sie Felder zu einer Tabelle hinzufügen, erstellt Access in manchen Fällen automatisch Indizes für diese Felder. Dies geschieht beispielsweise, wenn der Feldname den Ausdruck *ID* enthält.

Dies ist kein Zufall: In den Access-Optionen finden Sie unter *Objekt-Designer|Entwurfsansicht für Tabellen* den Eintrag *AutoIndex beim Importieren/Erstellen* (siehe Abbildung 1.2). Wenn Sie selbst die komplette Kontrolle über die Erstellung von Indizes behalten möchten, leeren Sie diese Option (siehe Abbildung 1.3).

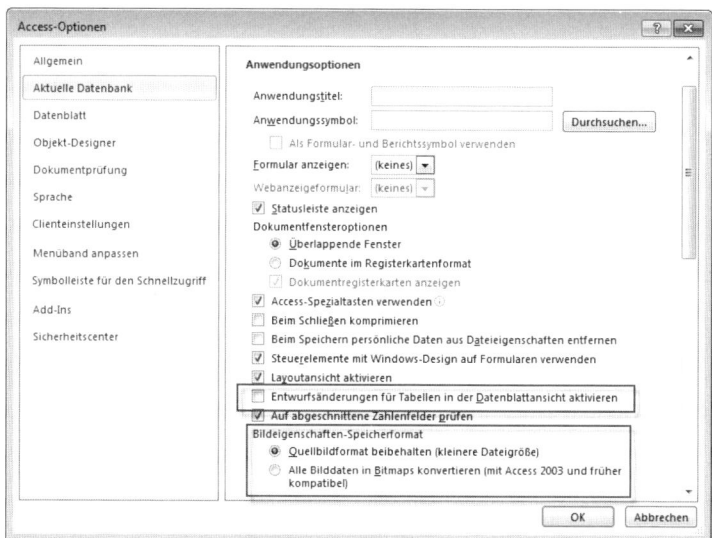

Abbildung 1.2: Weitere wichtige Optionen

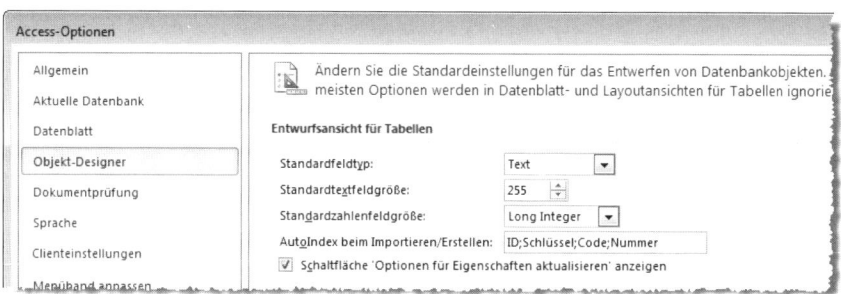

Abbildung 1.3: Einstellungen für das Erstellen von Tabellenfeldern

In diesem Dialog finden Sie noch weitere Einstellungen, die sich auf das Erstellen von Tabellenfeldern auswirken. Sie können diese jedoch bei den Standardwerten belassen.

1.1.5 Voreinstellungen für Formular- und Steuerelementeigenschaften

Access verwendet beim Erstellen von Steuerelementen eine Standardschriftart und -größe. Mir persönlich ist die Schriftgröße *11* bei der Schriftart *Calibri* zu groß. Sie können jedoch die Schrifteigenschaften für Steuerelemente mit Text auf einfache Weise festlegen. Dazu legen Sie je eine Formular- und eine Berichtsvorlage für die aktuelle Datenbank an. Wie diese Access-Objekte heißen, legen die Access-Optionen *Formularvorlage* und *Berichtsvorlage* fest (siehe Abbildung 1.4).

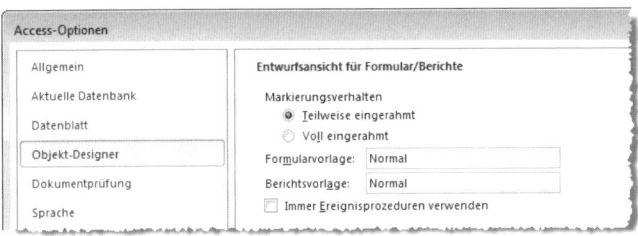

Abbildung 1.4: Vorgeben der Namen für Standardformular und -bericht

Die Formulare der Anwendung sollen standardmäßig schwarzen Text mit der Schriftart *Calibri* und der Schriftgröße *9* verwenden. Um dies zu realisieren, erstellen Sie ein neues Formular und speichern es unter dem für die Option *Formularvorlage* angegebenen Namen. Danach legen Sie die Standardeigenschaften fest. Im Detail sieht das so aus:

» Öffnen Sie ein neues Formular mit dem Ribbon-Eintrag *Erstellen|Formularentwurf*.

» Klicken Sie auf das Steuerelement, dessen Standardeigenschaften Sie ändern möchten, also beispielsweise ein Textfeld (siehe Abbildung 1.5).

» Das Eigenschaftsfenster zeigt nun die Eigenschaften für das Element *Auswahltyp: Standard: Textfeld* an.

» Ändern Sie die gewünschten Eigenschaften, beispielsweise die Schriftgröße.

» Fügen Sie das Steuerelement nicht wie üblich hinzu, sondern speichern und schließen Sie das Formular unter dem Namen *Normal*.

Wenn Sie nun ein neues Formular anlegen und ein Textfeld hinzufügen, wird dieses gleich mit der zuvor festgelegten Schriftgröße angelegt. Dummerweise erscheint das Bezeichnungsfeld noch in der alten Schriftart (siehe Abbildung 1.6). Das ist jedoch kein Problem: Sie ändern einfach die Standardeigenschaften für das Bezeichnungsfeld so, dass die Schriftgröße zu der des Textfeldes passt. Diese Schritte führen Sie für alle Steuerelemente durch, die Text anzeigen, also Bezeichnungsfelder, Textfelder, Kombinationsfelder, Listenfelder, Schaltflächen, Umschaltflächen und Registersteuerelemente.

Access-Optionen

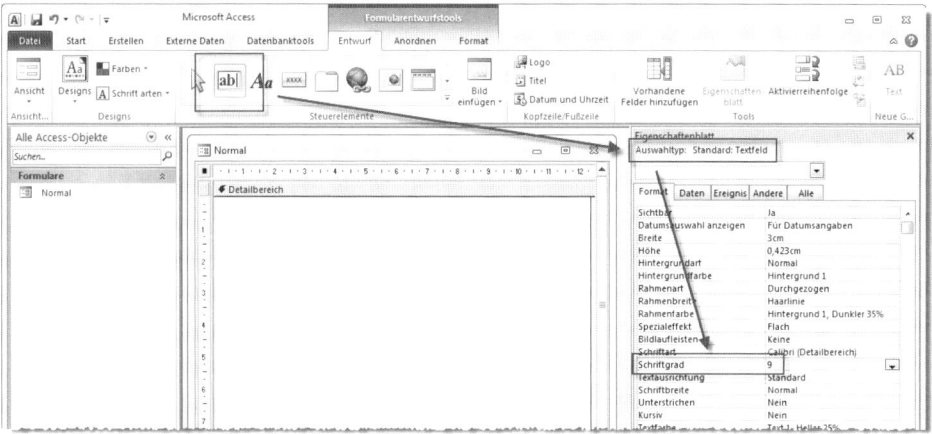

Abbildung 1.5: Standardeigenschaften für Steuerelemente setzen

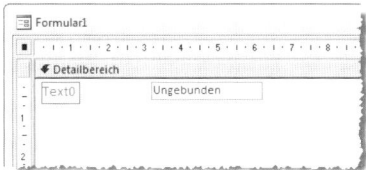

Abbildung 1.6: Anlegen eines Textfeldes mit neuer Standard-Schriftgröße

Es gibt noch weitere recht unbekannte, aber interessante Eigenschaften für Standardsteuerelemente: Mit der Eigenschaft *Mit Bezeichnungsfeld* können Sie festlegen, ob Sie überhaupt ein Bezeichnungsfeld für ein Text-, Kombinations- oder Listenfeld anzeigen möchten. Und die Eigenschaft *Mit Doppelpunkt* legt fest, ob Access automatisch einen Doppelpunkt zum Bezeichnungsfeld hinzufügt. Dies ist vor allem bei Verwendung gebundener Felder in Formularen interessant, welche die Daten einer Tabelle oder Abfrage anzeigen (siehe Abbildung 1.7). Die weiteren Eigenschaften *BezeichnungsfeldX*, *BezeichnungsfeldY* und *Bezeichnungsausrichtung* geben an, wie das Bezeichnungsfeld standardmäßig platziert und ausgerichtet werden soll.

1.1.6 Voreinstellungen für Berichte

Auch in Berichten können Sie Voreinstellungen vornehmen. Dies geschieht analog zur Vorgehensweise in Formularen. Auch den Bericht mit den Voreinstellungen speichern Sie unter dem Namen *Normal*.

Für die Berichte dieser Datenbank wurde vor allem eine Einstellung vorgenommen: Standardmäßig werden Textfelder und andere Steuerelemente von Access mit Rahmen zu einem Bericht hinzugefügt. Das ist zumindest für einen Rechnungsbericht, wie wir ihn später anlegen werden, nicht gewünscht.

Kapitel 1 Vorbereitungen

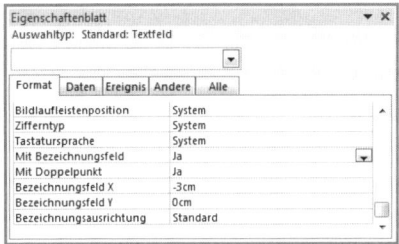

Abbildung 1.7: Bezeichnungsfeld-Eigenschaften für Textfelder, Kombinationsfelder und Listenfelder einstellen

Also stellen Sie für alle Standardsteuerelemente die Eigenschaft *Rahmenart* auf *Transparent* ein. Auch Schriftart und Farbe sollten Sie so anpassen, dass diese Eigenschaften für die meisten Steuerelemente passen – so müssen Sie später am wenigsten Aufwand für die Anpassung betreiben.

Außerdem sind in der *Normal*-Vorlage alle Berichtsbereiche auf einen weißen Hintergrund eingestellt und die Eigenschaft *Alternierende Hintergrundfarbe* auf den gleichen Wert wie *Hintergrundfarbe*.

1.1.7 Ereignisprozeduren schnell anlegen

Sie werden beim Nachbauen der Lösung dieses Buchs eine Reihe Ereignisprozeduren anlegen. Normalerweise bietet Access nach einem Klick auf die Schaltfläche mit den drei Punkten neben einer Ereigniseigenschaft einen Dialog mit mehreren Werten zur Auswahl an. Sie wählen dann den Eintrag *Code-Generator* aus und klicken auf die Schaltfläche mit den drei Punkten, damit Access die entsprechende Ereignisprozedur im VBA-Editor anlegt.

Wir benötigten aber ohnehin nur Ereigniseigenschaften. Wenn Sie die Option *Immer Ereignisprozeduren verwenden* aus Abbildung 1.8 aktivieren, brauchen Sie nur noch auf die Schaltfläche mit den drei Punkten zu klicken. Der Dialog entfällt, Access trägt automatisch den Wert *[Ereignisprozedur]* für die jeweilige Ereigniseigenschaft ein und öffnet den VBA-Editor mit der neuen Ereignisprozedur.

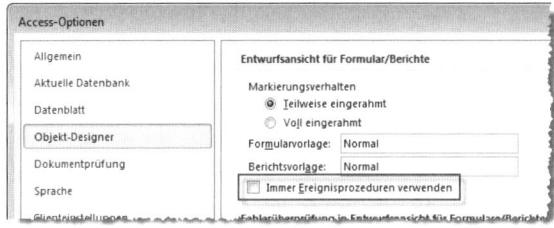

Abbildung 1.8: Standardmäßig Ereignisprozeduren für Ereigniseigenschaften hinterlegen

1.2 Optionen im VBA-Editor

Die Optionen des VBA-Editors zeigen Sie an, indem Sie den Eintrag *Extras/Optionen* der Menüleiste des VBA-Editors auswählen.

Option Explicit aktivieren

Viele Laufzeitfehler resultieren daraus, dass Variablen nicht deklariert wurden. Dies können Sie einfach unterbinden, indem Sie im Kopf eines jeden VBA-Moduls die folgende Zeile unterbringen:

```
Option Explicit
```

Dies sollten Sie jedoch nicht manuell erledigen, da Sie es so doch einmal vergessen könnten. Stattdessen aktivieren Sie gleich als Erstes die Option *Variablendeklaration erforderlich* (siehe Abbildung 1.9). Wenn Sie danach ein neues Modul anlegen, wird die Anweisung *Option Explicit* automatisch im Kopf des Moduls eingefügt.

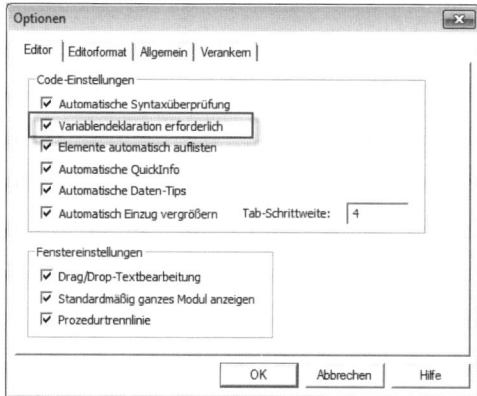

Abbildung 1.9: Erzwingen der Variablendeklaration per Option

1.3 Tools installieren

Bei der Programmierung können einige kleine Helferlein sehr nützlich sein. Diese werden in den folgenden Abschnitten vorgestellt.

1.3.1 MZ-Tools

Die MZ-Tools sind ein COM-Add-In für den VBA-Editor. Sie finden diese unter folgendem Link:

```
http://www.mztools.com/v3/download.aspx
```

Kapitel 1 Vorbereitungen

Diese Toolsammlung liefert folgende wichtige Funktionen:

» Archivieren und Wiederherstellen von Codevorlagen

» Nummerieren von Zeilen

» Hinzufügen von Fehlerbehandlungen

» Suche mit übersichtlicher Liste der Suchergebnisse

» Suchen nach Aufrufen bestimmter Prozeduren

» Anzeige nicht verwendeter Variablen und Parameter

Meine Sammlung von Code-Vorlagen finden Sie im Download zu diesem Buch. Wenn Sie die Einstellungen ändern oder erweitern möchten, scheitern Sie möglicherweise an den Sicherheitseinstellungen.

Um dies zu umgehen, zeigen Sie die Datei *MZTools3vba.ini* im Windows Explorer an. Wählen Sie den Eintrag *Eigenschaften* aus dem Kontextmenü aus und betätigen Sie die Schaltfläche *Bearbeiten* auf der Registerkarte *Sicherheit*.

Im Dialog *Berechtigungen für "MZTools3VBA.ini"* stellen Sie die Eigenschaft *Ändern* auf *Zulassen* ein (siehe Abbildung 1.10).

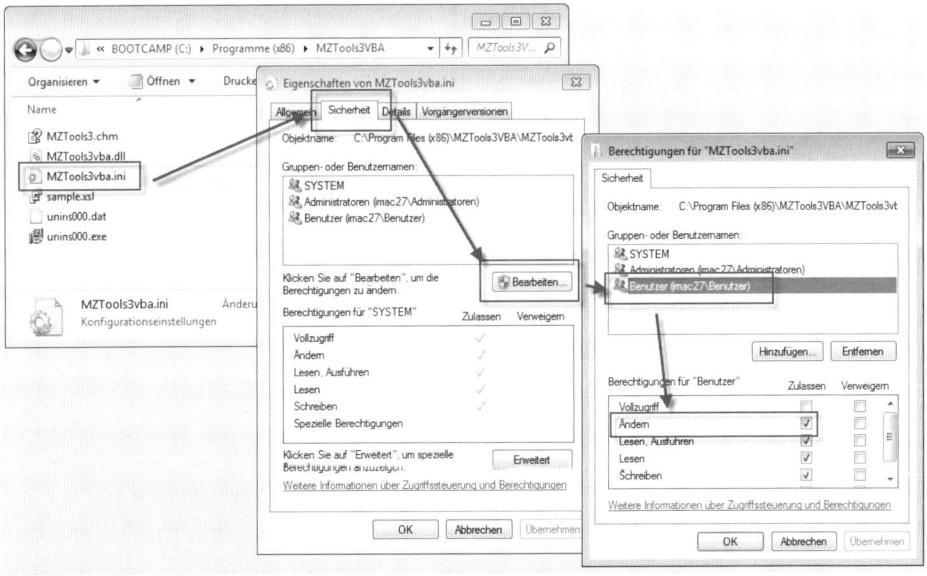

Abbildung 1.10: Sicherheitseinstellungen für die Konfigurationsdatei von MZ-Tools

Das Nummerieren von Zeilen und das Hinzufügen von Fehlerbehandlungen entfällt, wenn Sie das Tool *vbWatchdog* verwenden – mehr dazu weiter unten.

1.3.2 vbWatchdog

Dieses Tool von Wayne Philips liefert eine komplette Fehlerbehandlung mit viel mehr Funktionen als die eingebaute Fehlerbehandlung von VBA. Wir stellen dieses Tool im Kapitel »Fehlerbehandlung« (Seite 449) vor. Das Tool ist kostenpflichtig, aber es lohnt sich:

    http://www.everythingaccess.com/vbwatchdog.htm

1.3.3 ProcBrowser

Der *ProcBrowser* von Sascha Trowitzsch zeigt alle Elemente des aktuellen VBA-Moduls in einem eigenen Fenster an. Dies ist vor allem enorm hilfreich, wenn ein Modul mehr Code enthält, als eine einzige Bildschirmseite anzeigen kann. Sie brauchen dann nur auf den Namen etwa einer Prozedur zu klicken, um im Codefenster zur gewünschten Stelle zu springen (siehe Abbildung 1.11). Den Download finden Sie hier:

    http://www.mosstools.de/index.php?option=com_content&view=article&id=58&Itemid=67

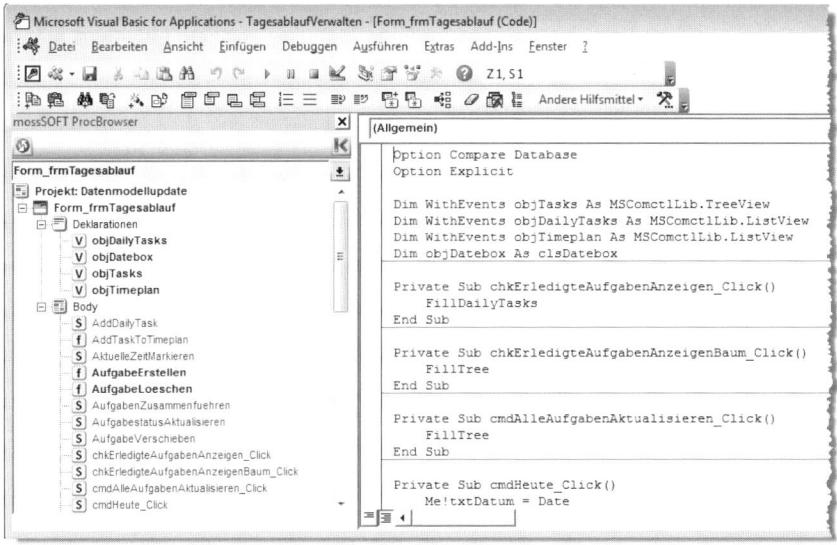

Abbildung 1.11: Der Procbrowser in Aktion

Hinweise zur Installation finden Sie auf der Webseite.

1.3.4 Beispieldaten-Assistent

Der Beispieldaten-Assistent unterstützt Sie beim Anlegen von Testdaten, insbesondere für Adressen-Tabellen. Sie finden das Add-In im Download zum Buch.

Kapitel 1 Vorbereitungen

Das Add-In installieren Sie, indem Sie es zunächst herunterladen und entpacken. Öffnen Sie dann Access und rufen Sie mit dem Ribbon-Eintrag *Datenbanktools|Add-Ins|Add-In-Manager* den Add-In-Manager auf.

Klicken Sie dort auf die Schaltfläche *Hinzufügen...* (siehe Abbildung 1.12).

Abbildung 1.12: Der Add-In-Manager von Access

Wählen Sie im folgenden Dialog die Add-In-Datenbank namens *Beispieldaten-Assistent.mda* aus. Anschließend wird diese in der Liste der verfügbaren Add-Ins angezeigt (siehe Abbildung 1.13).

Abbildung 1.13: Add-In-Manager mit installiertem Beispieldaten-Assistent

1.3.5 Ribbon-Admin 2010

Der *Ribbon-Admin 2010* unterstützt Sie beim Erstellen von Ribbon-Definitionen unter Access 2007 und 2010. Normalerweise ist dies ein mühseliger Vorgang, weil Sie erst von Hand das Aussehen und die Attribute des Ribbons im XML-Format zusammenstellen und dann noch die eventuell benötigten VBA-Callback-Prozeduren hinzufügen müssen.

Der Ribbon-Admin 2010 bietet hierzu eine Benutzeroberfläche und erleichtert die Arbeit enorm (siehe Abbildung 1.14). Auch dieses Tool ist kostenpflichtig, allerdings rentiert sich die Investition bereits nach kurzer Zeit. Den Download finden Sie hier:

```
http://www.ribbon-admin.de
```

Tools installieren

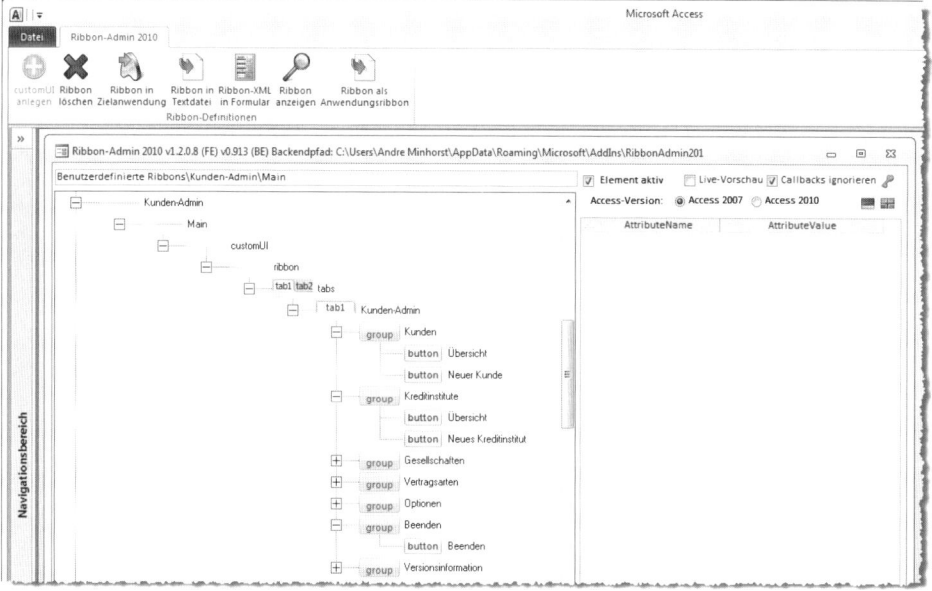

Abbildung 1.14: Der Ribbon-Admin 2010 erstellt Ribbon-Definitionen per grafischer Benutzeroberfläche.

Ribbon-Admin 2010 installieren

Den Ribbon-Admin 2010 installieren Sie genau wie den Beispieldaten-Assistent.

1.3.6 Control-Renamer

Der *Control-Renamer* hilft, gebundene Steuerelemente mit Präfixen zu versehen. In vielen Fällen kann es wichtig sein, dass Sie per Code auf ein Steuerelement zugreifen und nicht auf das Feld der Datenherkunft, an das dieses Steuerelement gebunden ist. Dies ist nämlich durchaus ein Unterschied: So bieten zwar beide Zugriff auf den enthaltenen Wert, aber nur das Steuerelement lässt das Einstellen von Eigenschaften wie etwa *Standardwert* zu.

Wenn Sie ein Feld aus der Feldliste in den Entwurf eines Formulars ziehen, um ein darauf basierendes Steuerelement zu erstellen, benennt Access das Steuerelement entsprechend dem Feldnamen. Dies ändern Sie ganz einfach mit dem *Control-Renamer* aus Abbildung 1.15.

Dieser zeigt automatisch alle Formulare und Berichte an, die noch gebundene Steuerelemente mit dem Originalnamen enthalten, und fügt nach Wunsch Präfixe wie *txt* für Textfelder oder *cbo* für Kombinationsfelder hinzu.

Dieses Add-In finden Sie ebenfalls im Download zum Buch.

Der *Control-Renamer* ist genau wie der Beispieldaten-Assistent ein Access-Add-In, deshalb können Sie diesen wie den Beispieldaten-Assistent installieren.

Kapitel 1 Vorbereitungen

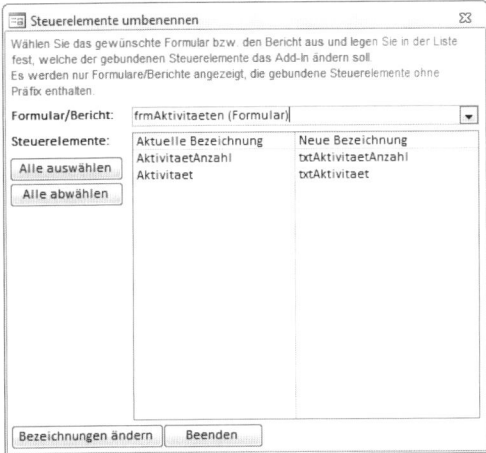

Abbildung 1.15: Einfaches Umbenennen gebundener Steuerelemente

1.3.7 Datenzugriffscode

Wenn Sie mit Access programmieren, werden Sie früher oder später Code erzeugen, mit dem Sie per DAO oder SQL auf Tabellen und ihre Felder zugreifen, um Datensätze zu einer Tabelle hinzuzufügen oder zu ändern. Gerade wenn es sich um Änderungen mit mehreren Feldern handelt, die beispielsweise über die Parameter der Prozedur geliefert werden, macht diese Arbeit nicht unbedingt viel Spaß und ist überdies fehleranfällig. Mit dem Access-Add-In *aiuDatenzugriffscode* erledigen Sie solche Aufgaben mit wenigen Mausklicks. Falls nicht, legen Sie aber zumindest den Grundstein. Abbildung 1.16 zeigt die Benutzeroberfläche dieses Add-Ins, das Sie genau wie die übrigen Add-Ins über den Add-In-Manager anlegen. Das Tool bietet folgende Features:

» Auswahl der Tabelle

» Auswahl der zu ändernden Felder

» Auswahl der als Kriterium beim Öffnen zu verwendenden Felder (mit *AND* oder *OR* verknüpfbar)

» Übergabe der Variablen als Parameter der Prozedur oder Festlegen der Variablen innerhalb der Prozedur

» Zugriffsarten *Anfügen* oder *Bearbeiten*

» Zugriffstechniken *DAO* oder *SQL*

» Kopieren des Codes in die Zwischenablage

» Verwenden der Funktion *IsoDatum* zum Formatieren von Datumsangaben in SQL-Strings

» Ersetzen von Komma durch Punkt in Dezimalzahlen

Tools installieren

Abbildung 1.16: Das Formular zum Add-In *aiuDatenzugriffscode*

Das Tool finden Sie ebenfalls im Download zum Buch.

1.3.8 Die Access-Runtime

Microsoft bietet seit *Access 2007* den kostenlosen Download der Runtime-Version von Access an. Die Runtime-Version ist eine Version, mit der Endbenutzer die von Ihnen programmierten Anwendungen ausführen können. Sie dürfen diese kostenlos weitergeben, daher entstehen dem Benutzer keine zusätzlichen Kosten für die Anschaffung von Access. Den Download für die Runtime in den Versionen für Access 2007 und Access 2010 finden Sie hier:

```
http://acciu.de/aemaruntime2007
http://acciu.de/aemaruntime2010
```

Die Runtime-Version bietet allerdings ausschließlich die in Ihrer Anwendung bereitgestellten Funktionen an – jegliche in der Vollversion enthaltenen Features wie der Navigationsbereich, die Entwurfsansichten oder der VBA-Editor fehlen. Das bedeutet, dass Sie alle Funktionen Ihrer Anwendung über entsprechende Übersichtsformulare oder das Ribbon anbieten müssen. Außerdem gibt es ein paar weitere Einschränkungen – so können Sie mit der Runtime keinerlei Änderungen am Entwurf von Datenbankobjekten wie Tabellen, Abfragen, Formularen oder Berichten vornehmen. Dazu gehört auch, dass der Benutzer etwa die Spaltenbreiten in

Formularen in der Datenblattansicht ändern kann, aber im Gegensatz zur Vollversion speichert die Runtime diese Änderungen nicht!

Es gibt noch einen weiteren wichtigen Punkt, den Sie bei der Weitergabe von Anwendungen mit der Access-Runtime beachten müssen: Gerade seit Access 2007 stellt sich heraus, dass verschiedene Access-Versionen auf dem gleichen Rechner sich nicht besonders gut vertragen.

Wenn der Benutzer also beispielsweise Access 2003 benutzt, um eigene Datenbanken zu entwickeln, und parallel immer wieder mit einer Access 2007-Datenbank auf Basis der Access-Runtime arbeitet, dauert das abwechselnde Öffnen der verschiedenen Access-Versionen sehr lange – zu lange, um dies zu übergehen.

Ein zweites Problem ist es, dass Sie sicherstellen müssen, dass die mit der Runtime gelieferte Anwendung in einem Verzeichnis liegen muss, das als vertrauenswürdig gekennzeichnet ist. Dies lässt sich per VBA-Code nicht so einfach bewerkstelligen, vor allem dann nicht, wenn die Datenbank-Anwendung, die diesen VBA-Code ausführen soll, nicht vertrauenswürdig ist und daher keinen VBA-Code ausführen darf.

Während die Vollversion von Access in ihren Optionen eine Einstellung für vertrauenswürdige Verzeichnisse bereithält, fehlt diese in der Runtime-Version – der Endbenutzer kann die Anwendung also auch nicht so einfach starten.

Abhilfe für diese beiden und weitere Probleme bietet ein Tool der Firma Sagekey (*http://sagekey.com/installation_access.aspx*). Sagekey bietet mit den *Access Deployment Tools* ein Werkzeug, mit dem Sie Setup-Dateien erstellen können, welche Ihre Anwendung so installieren, dass weder Sicherheitsprobleme noch Verzögerungen beim Wechseln zwischen zwei Access-Versionen auftreten.

Dieses Tool ist nicht ganz billig (650,- $ je Access-Version)! Ein ernsthafter Access-Entwickler, der Software für die Weitergabe an Kunden programmiert, die nicht alle über die Access-Vollversion verfügen, wird aber um diese Investition nicht herumkommen.

Kleiner Tipp: Wenn Sie beispielsweise eine Individualsoftware für einen Kunden programmieren und diesem mit der Runtime-Version die Anschaffung einiger Access-Lizenzen ersparen, sollten Sie ein paar hundert Euro für die Anschaffung des Sagekey-Tools herausschlagen können.

1.3.9 Bereitstellen von Testumgebungen

Im Rahmen der Entwicklung der in diesem Buch vorgestellten Lösung wurden Tests auf verschiedenen Plattformen durchgeführt. Dies mag nicht auf den ersten Blick zwingend erforderlich sein, denn eigentlich sollte eine weitgehend mit Bordmitteln erstellte Anwendung zumindest unter aktuellen Kombinationen aus Betriebssystem und Office-Paket laufen. Auf den zweiten Blick werden die Anwender Ihrer Software diese durch die pure Benutzung auf Herz und Nieren testen, und zwar unter Bedingungen, die ein einzelner Software-Entwickler gar nicht alle berücksichtigen kann. Für die zu berücksichtigenden Konstellationen beziehen wir uns also auf die zu erwartenden Szenarien. Nach der Auslieferung werden ohne Zweifel Fehlermeldungen eintrudeln, die unter speziellen Bedingungen entstanden sind. Dabei kann es beispielsweise sein, dass ein Formular mit einem TreeView-Steuerelement nicht geladen werden kann, weil auf dem Rechner eine veraltete Version der Datei *MSCOMCTL.OCX* vorliegt.

Kommen wir zurück zu den standardmäßig zu berücksichtigenden Szenarien. Wenn Sie Ihre Software speziell für einen Kunden programmieren, werden Sie mit diesem klären, welche die Mindestkonfiguration bezüglich des Betriebssystems ist – beispielsweise Access 2007 und Windows 7. Dann testen Sie Ihre Anwendung auch nur auf Kombinationen wie Access 2007/Windows 7 und Access 2010/Windows 7.

Wenn Sie eine Anwendung programmieren, die Sie einer breiten Kundengruppe zur Verfügung stellen möchten, indem Sie diese beispielsweise auf Ihrer Webseite zum Verkauf anbieten, sollten Sie ein möglichst breites Spektrum abdecken – dies gilt vor allem für die Betriebssysteme. Es gibt noch eine große Menge Kunden, die mit Windows XP arbeiten – und dabei gibt es mit Windows 8 schon den dritten Nachfolger.

Virtuelle Maschinen

Auch wenn der eine oder andere Entwicklerkollege auf »echte« Testmaschinen schwört, die je nach Bedarf mit Images bestückt werden, habe ich persönlich nicht genügend Platz für mehrere Rechner und vertraue darauf, dass virtuelle Maschinen adäquat arbeiten.

Ich habe mich vor einiger Zeit für den Einsatz von *VMWare Workstation* entschieden, aktuell arbeite ich mit Version 6.5.5. *VMWare* gibt es sogar in einer für den privaten Gebrauch kostenlosen Version namens *VMWare Player*. Weitere Informationen hierzu finden Sie hier:

    http://acciu.de/aemavmware

1.4 Anwendungsoptionen

Es gibt nicht nur Optionen für Access und den VBA-Editor, sondern auch anwendungsbezogene Optionen. Dabei handelt es sich um solche Optionen, die in einer eigenen Tabelle der Anwendung gespeichert und bei Bedarf gelesen oder geändert werden.

Das einfachste Beispiel für eine solche Option ist die Anwendungsversion. Sie sollten diese mit jeder Änderung der Anwendung aktualisieren. Der Hintergrund ist ganz einfach: Beim Auftreten von Laufzeitfehlern soll die Anwendung dem Entwickler eine E-Mail mit Fehlerinformationen schicken, damit der Entwickler diesen beheben kann.

Diese E-Mail soll nicht nur Informationen über den Fehler selbst enthalten, sondern auch über die verwendete Version der Anwendung. Es kann ja immerhin vorkommen, dass der Benutzer eine ältere Version verwendet, obwohl der Fehler in einer neueren Version längst behoben ist – und darüber gibt die Versionsnummer einer Anwendung Auskunft.

Kapitel 1 Vorbereitungen

Legen Sie also eine Tabelle zum Speichern der Optionen in der Datenbank an. Diese soll ein Feld je Option enthalten, damit der Datentyp des betroffenen Wertes der Option entsprechend berücksichtigt werden kann. Die Optionentabelle soll *tblOptionen* heißen und zunächst nur ein Feld zum Speichern der Anwendungsversion enthalten. Im weiteren Verlauf des Buchs wird die Tabelle allerdings noch erweitert werden.

Legen Sie mit *Erstellen|Tabellen|Tabellenentwurf* eine neue Tabelle in der Entwurfsansicht an und fügen Sie das Feld *Version_FE* mit dem Datentyp *Text* hinzu. Wofür stehen die beiden Buchstaben *FE*? Sie stehen für den Begriff *FrontEnd*.

Es kann sein, dass Sie die Datenbank in Frontend und Backend aufteilen, um mit mehreren Benutzern und entsprechend vielen Frontends auf die im Backend befindlichen Daten zugreifen zu können.

Die Frontend-Datenbank enthält dann die Version im Feld *Version_FE* der Tabelle *tblOptionen*, das Backend ein Feld namens *Version_BE* in einer gleichnamigen Tabelle.

Der vorläufige Entwurf dieser Tabelle sieht wie in Abbildung 1.17 aus.

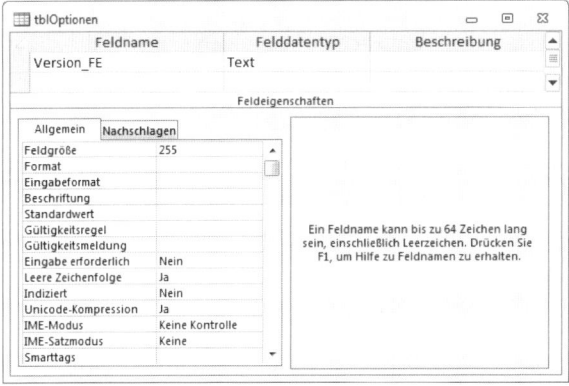

Abbildung 1.17: Die Optionentabelle mit dem Feld zum Speichern der Version

Wie Sie die Versionsnummer vergeben, bleibt Ihnen überlassen. In der Beispielanwendung haben wir eine aus vier Elementen bestehende Versionsnummer verwendet. Zum Start enthält das Feld *Version_FE* der Tabelle also beispielsweise den Wert *0.9.0.0* (siehe Abbildung 1.18).

Abbildung 1.18: Speichern der Frontend-Version in der Tabelle *tblOptionen*

1.5 Startformular erstellen

Früher oder später wird Ihre Anwendung beim Start Operationen ausführen, die den Startvorgang verzögern – zum Beispiel das erneute Einbinden der Tabellen des Backends, das Verbinden mit einem SQL-Server oder das Einlesen von Konfigurationsdateien.

Da Sie den Benutzer nicht warten lassen möchten, fügen Sie ein Startformular zur Anwendung hinzu. Dieses wird einfach für ein paar Sekunden angezeigt (wenn die Hintergrundprozesse beim Start zügig vonstatten gehen) oder stellt den Fortschritt in Form eines Fortschrittsbalkens dar.

Solch ein Formular können Sie noch für andere Zwecke einsetzen: Wenn Sie beispielsweise mit einer aufgeteilten Datenbank arbeiten, kann es aus Performancegründen sinnvoll sein, eine Verbindung zum Backend aufrechtzuerhalten.

Dies gelingt am einfachsten, indem Sie ein Formular an eine Tabelle im Backend binden und dieses Formular während der gesamten Sitzung geöffnet halten. Natürlich soll der Benutzer dieses Formular nicht zu Gesicht bekommen, aber das ist kein Problem: Sie können es ja einfach unsichtbar machen.

Für den Beginn erstellen wir ein einfaches Startformular, das ein Logo und eine Schaltfläche zum Schließen beziehungsweise Ausblenden des Formulars enthält.

Das Formular soll *frmStart* heißen. Erstellen Sie es mit dem Ribbon-Befehl *Erstellen|Formulare|Formularentwurf* und ändern Sie seine Größe, beispielsweise auf 5 x 8 cm.

Passen Sie nun einige Eigenschaften an:

» *Rahmenart*: *keine*
» *Automatisch zentrieren*: *Ja*
» *Datensatzmarkierer*: *Nein*
» *Navigationsschaltflächen*: *Nein*
» *Trennlinien*: *Nein*
» *Bildlaufleisten*: *Nein*

Anschließend fügen Sie, soweit vorhanden, ein Logo oder ein Bild ein und legen die benötigten Bezeichnungsfelder an. Das Bild fügen Sie je nach Access-Version ein und zeigen es in einem Bild-Steuerelement an – weitere Informationen hierzu erhalten Sie im Kapitel »Bilder« (Seite 473). Unter Access 2010 sieht der Aufruf des Dialogs zum Auswählen der Bilddatei beispielsweise wie in Abbildung 1.19 aus.

Nachdem Sie ein Bild, einige Bezeichnungsfelder mit den Texten und eine Schaltfläche hinzugefügt haben, sieht das Startformular im Entwurf wie in Abbildung 1.20 aus.

Kapitel 1 Vorbereitungen

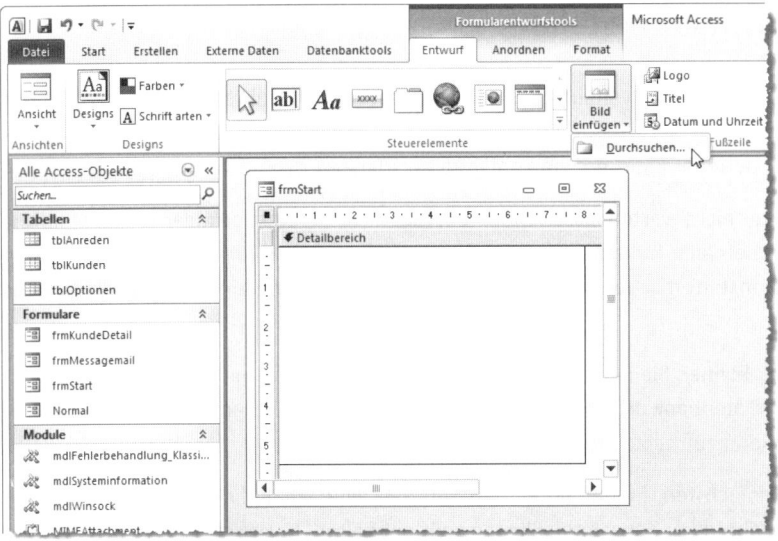

Abbildung 1.19: Einfügen eines Bildes in ein Formular

Abbildung 1.20: Das Startformular in der Entwurfsansicht

Damit die Schaltfläche nicht wie eine herkömmliche Schaltfläche aussieht, sondern sich in das Gesamtbild integriert, stellen Sie auch hier einige Eigenschaften wie *Hintergrundart* (*Transparent*), *Rahmenart*, *Rahmenfarbe*, *Schriftart* et cetera nach Ihrem Geschmack ein.

Da es aktuell noch keine Prozesse gibt, die durch Anzeige des Startformulars überbrückt werden sollen, soll die Anwendung das Startformular einfach beim Öffnen anzeigen und beim Klicken auf die Schaltfläche schließen. Dazu sind zwei Schritte nötig: das Festlegen des Formulars als Startformular und das Bestücken der Schaltfläche mit einer entsprechenden Ereignisprozedur.

Das Startformular legen Sie in den Access-Optionen fest, und zwar im Bereich *Aktuelle Datenbank* unter der Eigenschaft *Formular anzeigen* (siehe Abbildung 1.21).

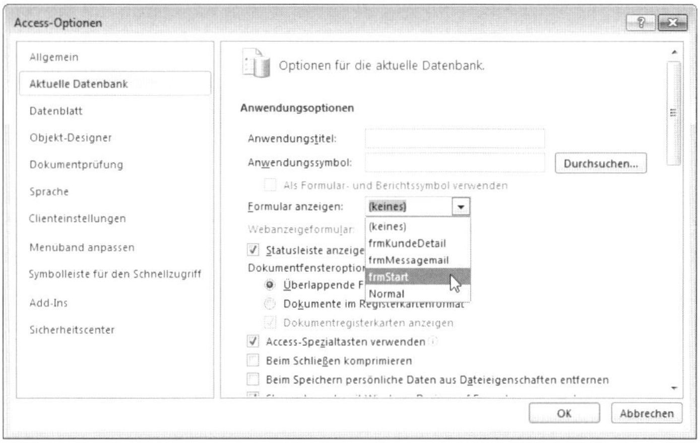

Startformular erstellen

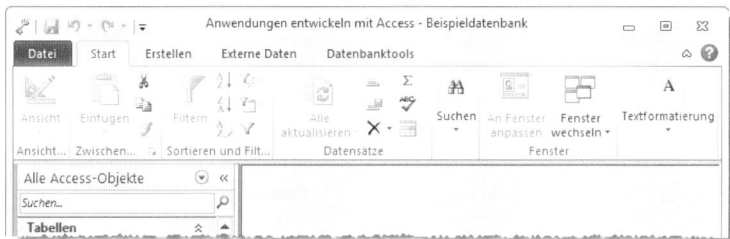

Abbildung 1.21: Auswählen des Startformulars der Anwendung

An gleicher Stelle können Sie auch noch einen Anwendungstitel und ein Anwendungssymbol festlegen. Als Titel verwenden wir *Anwendungen entwickeln mit Access - Beispieldatenbank*, als Symbol eine *.ico*-Datei, die einen Schlüssel darstellt. Das Ergebnis sehen Sie in Abbildung 1.22.

Abbildung 1.22: Anwendungssymbol und -titel

Das Symbol und der Anwendungstitel erscheinen übrigens auch in der Taskleiste. Unter Windows 7 sieht das wie in Abbildung 1.23 aus.

Abbildung 1.23: Symbol und Titel der Anwendung in der Taskleiste von Windows 7

Fehlt noch die Funktion der Schaltfläche. Diese nennen Sie zunächst *cmdStart*, indem Sie die Eigenschaft *Name* anpassen. Danach fügen Sie eine Ereignisprozedur hinzu, die lediglich das Formular schließt. Dazu klicken Sie auf die Eigenschaft *Beim Klicken* und anschließend auf die

33

Kapitel 1 Vorbereitungen

Schaltfläche mit den drei Punkten. Es erscheint eine leere Prozedur im VBA-Editor, die Sie wie folgt auffüllen:

```
Private Sub cmdStart_Click()
    DoCmd.Close acForm, Me.Name
End Sub
```

Anschließend können Sie das Startformular ausprobieren, indem Sie die Anwendung schließen und wieder öffnen. Es erscheint das Startformular, das sich nach einem Klick auf die Schaltfläche *cmdStart* wieder verabschiedet.

1.6 Aktionen beim Start der Anwendung ausführen

Wenn Sie Aktionen direkt beim Start ausführen möchten, gibt es neben der Angabe eines beim Start zu öffnenden Formulars noch eine weitere Möglichkeit: Sie können ein Makro anlegen, das zwingend den Namen *AutoExec* tragen muss. Access prüft beim Starten einer Anwendung, ob diese solch ein Makro enthält, und ruft es dann auf. Da die Möglichkeiten bei der Programmierung von Makros gegenüber VBA eingeschränkt sind, nutzen Sie dieses nur, um entweder eine VBA-Funktion aufzurufen oder um ein Formular (oder ein anderes Objekt) zu öffnen.

Legen Sie zunächst die VBA-Funktion an, die Sie mit dem Makro aufrufen möchten. Dazu öffnen Sie den VBA-Editor (*Alt + F11*), fügen mit *Einfügen|Modul* ein neues Modul hinzu und speichern dieses mit *Strg + S* unter dem Namen *mdlGlobal*. Fügen Sie dann im Modul die folgende Dummy-Funktion ein:

```
Public Function StartDB()
    MsgBox "Anwendung gestartet"
End Function
```

Um das Makro anzulegen, verwenden Sie den Ribbon-Eintrag *Erstellen|Makros und Code|Makro*. Fügen Sie danach über das Auswahlfeld den Eintrag *AusführenCode* hinzu (siehe Abbildung 1.24). Anschließend geben Sie den Namen der soeben angelegten Funktion ein. Access 2010 unterstützt Sie bei der Eingabe wie in Abbildung 1.25. Ergänzen Sie den Funktionsnamen *StartDB()* und speichern Sie das Makro mit *Strg + S* unter dem Namen *AutoExec*. Schließen Sie die Anwendung, öffnen Sie diese erneut und stellen Sie fest, dass das von der Funktion *StartDB* anzuzeigende Meldungsfenster erscheint – vorausgesetzt, es erscheinen keine Sicherheitswarnungen (siehe weiter unten).

Warum sollten Sie das *AutoExec*-Makro parallel zu einem Startformular nutzen? Dies sollen Sie gar nicht. Sie sollen nur schon einmal die Möglichkeit kennen.

Später werden wir es benötigen: Dann sollen vor dem Anzeigen des Startformulars bereits einige Aktionen stattfinden. Wir werden dann das *AutoExec*-Makro nutzen, um eine VBA-Funktion zur Ausführung dieser Aktionen aufzurufen. Diese Funktion wird dann nach der Durchführung seiner Aufgaben seinerseits das Startformular aufrufen – die Angabe des Startformulars in den Access-Optionen entfällt dann.

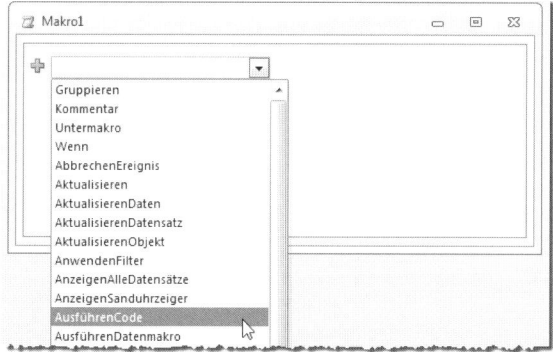

Abbildung 1.24: Anlegen eines Makros

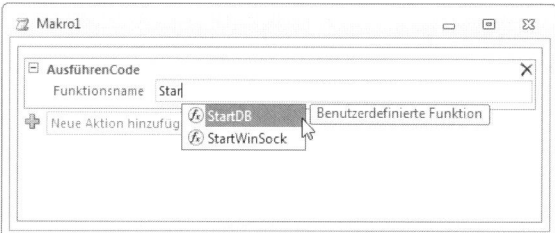

Abbildung 1.25: Hinzufügen der aufzurufenden VBA-Prozedur

1.7 Vorkehrung für das erste Öffnen der Anwendung

Wenn Sie eine beliebige Anwendung erstmals öffnen, ohne dass Sie die Ausführung von Makros komplett freigegeben haben oder die Anwendung als vertrauenswürdig eingestuft ist, erscheint die Meldung aus Abbildung 1.26.

Diese Meldung hilft Otto Normalverbraucher natürlich nicht besonders weiter, also erweitern wir das Makro *AutoExec* so, dass eine aussagekräftigere Meldung erscheint. Diese soll wie in Abbildung 1.27 aussehen.

Die Erweiterung des AutoExec-Makros sieht wie in Abbildung 1.28 aus. Der Ausdruck *Nicht [CurrentProject].[IsTrusted]* liefert den Wert *False*, wenn die Anwendung nicht vertrauenswürdig ist und auch die Ausführung von VBA auf diesem Rechner nicht komplett freigeschaltet wurde. In diesem Fall soll eine entsprechende Meldung angezeigt und die Anwendung geschlossen werden.

Kapitel 1 Vorbereitungen

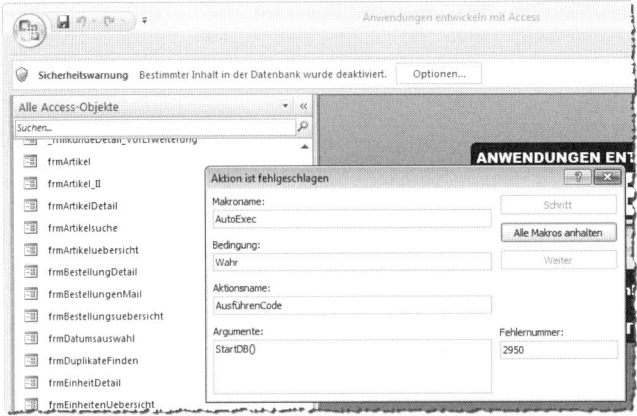

Abbildung 1.26: Meldung, die ohne Vorkehrungen erscheinen würde

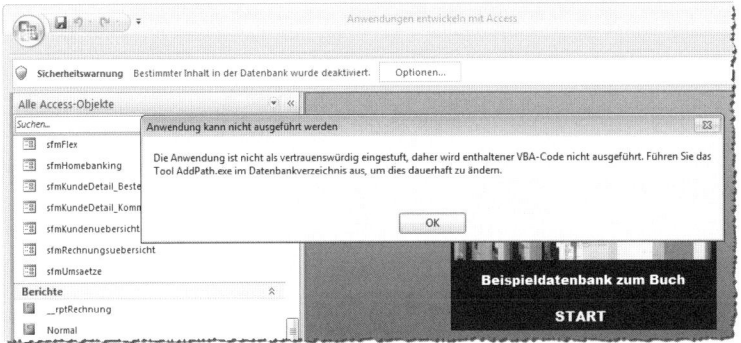

Abbildung 1.27: Sicherheitswarnung beim Öffnen der Anwendung

Abbildung 1.28: Das *AutoExec*-Makro in der Version für eine einzige Datenbank

AutoExec-Makro für die Frontend/Backend-Version

Wenn die Datenbank später in Frontend und Backend aufgeteilt wird, wie in »Datenbank aufteilen« ab Seite 517 beschrieben, ruft die Startprozedur *StartDB* eine weitere Funktion auf, welche die Verknüpfung prüft.

Das Ergebnis dieser Prüfung speichert diese Funktion in einer temporären Variablen namens *Verknuepft*, die auch von einem Makro aus abgefragt werden kann. Die Erweiterung des Makros erfolgt wie in Abbildung 1.29.

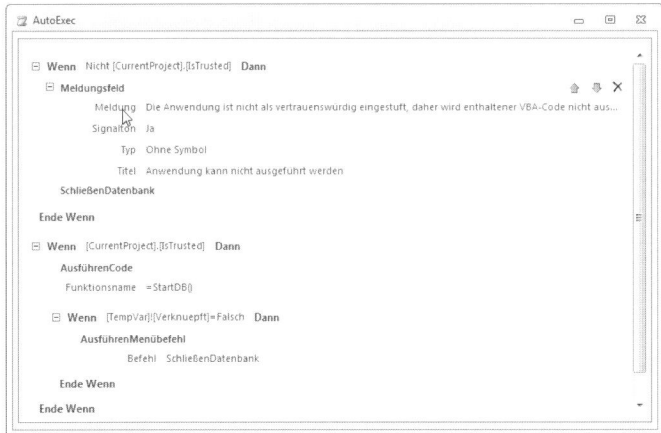

Abbildung 1.29: Dieses Makro prüft, ob VBA-Code ausgeführt werden darf und gibt gegebenenfalls entsprechende Anweisungen.

Das Makro enthält allerdings eine Feinheit, die es nur unter Access 2010 gibt: Dort werden zwei *Wenn*-Bedingungen untereinander verschachtelt. In diesem Fall ruft das Makro zunächst die Funktion *StartDB* auf. In dieser wird, wie Sie weiter unten unter »Auf fehlgeschlagene Verknüpfung reagieren« ab Seite 528 lesen können, im Falle einer Aufteilung der Datenbank in Frontend und Backend die Verknüpfung geprüft.

Schlägt diese fehl, stellt die Funktion eine temporäre Variable namens *Verknuepft* auf den Wert *False* ein. Das *AutoExec*-Makro prüft den Wert dieser Variablen und schließt die Anwendung, wenn die Verknüpfung nicht erfolgreich war.

Da dies nur erfolgen soll, wenn die Anwendung vertrauenswürdig ist, prüft eine äußere *Wenn*-Bedingung die Vertrauenswürdigkeit und eine innere, ob die Verknüpfung erfolgreich hergestellt wurde.

Um die Anwendung mit Access 2007 kompatibel zu gestalten, müssen wir hier noch ein wenig nacharbeiten. Sollten Sie die Anwendung unter 2010 erstellt haben und stellen dann beim Öffnen unter Access 2007 fest, dass das Makro nicht funktioniert, können Sie dieses wahrscheinlich auch nicht unter Access 2007 öffnen.

Kapitel 1 Vorbereitungen

Es gibt dann die folgenden einfachen Möglichkeiten: Entweder Sie bauen das Makro unter Access 2007 nach und nehmen die notwendigen Änderungen vor oder Sie erledigen dies unter Access 2010. Zuverlässiger ist es allerdings, dies gleich unter Access 2007 durchzuführen – immerhin müssen Sie das Makro dort ohnehin noch testen, wenn ein Einsatz der Anwendung unter Access 2007 geplant ist. Im konkreten Fall haben wir Glück, dass die Verschachtelung gar nicht unbedingt nötig ist, da bei eine nicht vertrauenswürdigen Datenbank ohnehin schon vor dem Aufruf der Funktion StartDB geschlossen wird.

Deshalb können wir die Befehle zum Aufruf der Funktion *StartDB* und zum Beenden der Datenbank bei fehlgeschlagener Verknüpfung einfach hintereinander eintragen, wie es in der Darstellung des Makros unter Access 2007 aus Abbildung 1.30 der Fall ist.

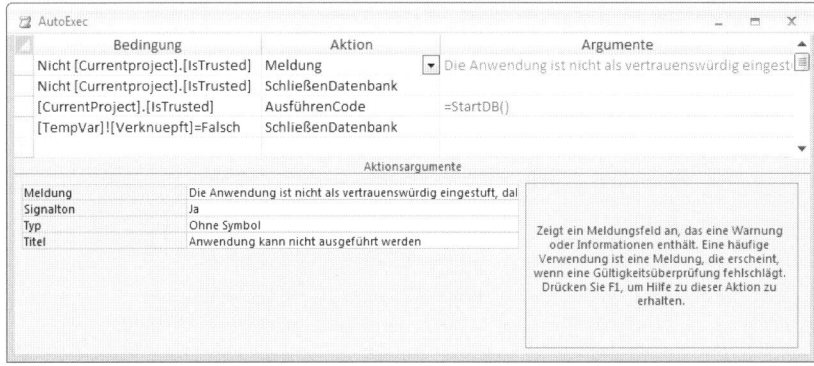

Abbildung 1.30: Das Makro für Access 2007 unterscheidet sich geringfügig.

1.8 Formular zum Durchführen von Aktionen beim Beenden der Datenbank anlegen

Beim Beenden der Anwendung sollen einige Aktionen automatisch durchgeführt werden. Dazu gehört beispielsweise das Wiederherstellen des Backstage-Bereichs unter Access 2010, wenn Sie dort alle Elemente ausgeblendet haben.

Bei diesem Formular kann es sich beispielsweise um das Startformular *frmStart* handeln, das Sie beim Start der Anwendung geöffnet haben. Dort, wo die Schaltfläche *cmdStart* normalerweise das Startformular schließt, würden Sie dann die folgende Prozedur einsetzen:

```
Private Sub cmdStart_Click()
    Me.Visible = False
End Sub
```

Außerdem fügen Sie nun eine Ereignisprozedur für das Ereignis *Beim Entladen* hinzu, das vor dem Schließen des Formulars ausgelöst wird:

Formular zum Durchführen von Aktionen beim Beenden der Datenbank anlegen

```
Private Sub Form_Unload(Cancel As Integer)

End Sub
```

Nur um ein kurzes Beispiel zu zeigen, wie diese Prozedur in Zusammenhang mit einem beim Start verborgenen Formular arbeitet, fügen Sie folgende Anweisungen zur Prozedur *Form_Unload* hinzu:

```
Private Sub Form_Unload(Cancel As Integer)
    If MsgBox("Wirklich beenden?", vbOKCancel) = vbCancel Then
        Cancel = True
    End If
End Sub
```

Nun geschieht Folgendes:

» Beim Start der Access-Anwendung wird das Formular *frmStart* geöffnet.

» Der Benutzer klickt auf *Start* und das Formular wird scheinbar geschlossen – eigentlich ist es aber nur ausgeblendet.

» Der Benutzer erledigt seine Aufgaben mit der Anwendung und beendet diese schließlich.

» Es erscheint die Meldung aus Abbildung 1.31, mit welcher der Benutzer die Anwendung endgültig beenden oder diese fortsetzen kann.

Abbildung 1.31: Rückfrage vor dem Beenden der Anwendung

Im Prinzip umgeht diese Vorgehensweise ein Manko von Access: Sie können zwar gezielt Aktionen beim Start der Anwendung ausführen (mit der Angabe eines Startformulars oder dem *AutoExec*-Makro – siehe oben).

Aber Access sieht keine Möglichkeit vor, auch beim Beenden der Anwendung etwa eine VBA-Prozedur auszulösen.

Kapitel 1 Vorbereitungen

1.9 Öffnen mit Umschalt-Taste verhindern

Wenn Sie eine Anwendung weitergeben, werden Sie einige Optionen so einstellen, dass der Benutzer nur wenig Möglichkeiten hat, auf die eingebauten Elemente von Access zuzugreifen – wie beispielsweise den Navigationsbereich oder die eingebauten Ribbon-Befehle. Den Navigationsbereich etwa können Sie durch Deaktivieren der Einstellung *Navigationsbereich anzeigen* in den Access-Optionen standardmäßig ausblenden (siehe Abbildung 1.32). Dieser lässt sich normalerweise mit der Taste *F11* wieder einblenden, was während der Entwicklung hilfreich ist.

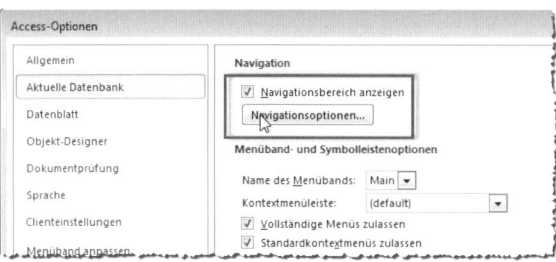

Abbildung 1.32: Ausblenden des Navigationsbereichs beim Start der Anwendung

Außerhalb der Entwicklung soll der Benutzer aber auch mit der Kenntnis der Taste *F11* und ihrer Funktion nicht an den Navigationsbereich gelangen. Um dies zu verhindern, deaktivieren Sie in den Access-Optionen eine weitere Option namens *Access-Spezialtasten verwenden*. Damit verhindern Sie nicht nur das Einblenden des Navigationsbereichs mit *F11*, sondern auch etwa das Aufrufen des VBA-Editors mit *Alt + F11* oder des Direktbereichs im VBA-Editor mit *Strg + G*. Diese Optionen sowie auch die Anzeige eines unter *Name der Multifunktionsleiste* (Access 2007) beziehungsweise *Name des Menübands* (Access 2010) angegebenen Ribbons kann der Benutzer umgehen, indem er beim Starten der Datenbank die *Umschalt*-Taste gedrückt hält.

Auch dies lässt sich jedoch verhindern. Dazu fügen Sie der Datenbank eine Funktion hinzu, mit der Sie die Funktion der *Umschalt*-Taste beim Öffnen der Datenbank aktivieren und deaktivieren können:

» Öffnen Sie den VBA-Editor mit *Alt + F11*.

» Legen Sie mit dem Menü-Eintrag *Einfügen|Standardmodul* ein neues Standardmodul an.

» Speichern Sie es mit *Strg + S* unter dem Namen *mdlTools*.

» Fügen Sie die folgende Funktion ein:

```
Public Function UmschalttasteAktivieren(bolAktivieren As Boolean)
    Dim db As DAO.Database
    Dim prp As DAO.Property
```

Öffnen mit Umschalt-Taste verhindern

```
    Set db = CurrentDb
    On Error GoTo Fehler
    db.Properties("AllowBypassKey") = bolAktivieren
Ende:
    Set db = Nothing
    Exit Function
Fehler:
    Select Case Err.Number
        Case 3270
            Set prp = db.CreateProperty("AllowBypassKey", dbBoolean, bolAktivieren)
            db.Properties.Append prp
    End Select
    Resume Ende
End Function
```

Um die Funktion zu testen, deaktivieren Sie beispielsweise die oben erwähnte Option *Navigationsbereich anzeigen* und die Option *Access-Spezialtasten verwenden*. Aktivieren Sie dann den Direktbereich im VBA-Editor (*Strg + G*) und geben Sie die folgende Zeile ein:

```
UmschalttasteAktivieren False
```

Dies sorgt dafür, dass der Navigationsbereich trotz gedrückter *Umschalt*-Taste beim Start der Anwendung nicht eingeblendet wird. Probieren Sie es aus, indem Sie die Datenbank schließen und wieder öffnen – mit und ohne gedrückte *Umschalt*-Taste. Das Resultat: Der Navigationsbereich bleibt ausgeblendet und auch die Access-Tastenkombinationen klappen nicht mehr.

Dumm ist nur eines: Wie aktivieren wir die Funktion der *Umschalt*-Taste nun wieder? Immerhin kommen wir nicht an den VBA-Editor heran und können so auch nicht die Funktion *UmschalttasteAktivieren* mit dem Parameter *True* aufrufen. Ganz einfach: Es geht schlicht nicht. Sie müssen eine weitere Access-Datenbank öffnen, die den Zugriff auf den VBA-Editor freigibt und sich im einfachsten Fall im gleichen Verzeichnis wie die zu knackende Anwendung befindet. Dann geben Sie dort im Direktbereich des VBA-Editors (*Strg + G*) die folgende Anweisung ein (in einer Zeile):

```
dbEngine.Workspaces(0).OpenDatabase(CurrentProject.Path _
    & "\Anwendungsentwicklung.accdb").Properties("AllowBypassKey") = True
```

Sollte sich die Datenbank, von der aus Sie diese Anweisung ausführen, nicht im gleichen Verzeichnis befinden, ersetzen Sie

```
CurrentProject.Path & "\Anwendungsentwicklung.accdb"
```

durch den kompletten Pfad, also beispielsweise diesen:

```
"c:\Datenbanken\Anwendungsentwicklung.accdb"
```

Danach können Sie die Anwendung wieder bei gedrückter *Umschalt*-Taste öffnen.

Kapitel 1 Vorbereitungen

1.10 Anwendung für Entwicklung und Test starten

Es gibt verschiedene Elemente einer Datenbank, die Sie während der Entwicklung sehen möchten, beim Testen und auch im Praxiseinsatz nicht. Zum Beispiel soll während der Entwicklung der Navigationsbereich angezeigt werden, während dieser sonst eher stört.

Das Gleiche gilt für das Ribbon: Wenn Sie Tabellen, Abfragen, Formular und Berichte erstellen und anpassen, werden Sie vermutlich nicht auf den Aufruf der benötigten Befehle über das Ribbon verzichten wollen.

Für den Test der Benutzerumgebung sowie für den Einsatz beim Endbenutzer soll jedoch nur das benutzerdefinierte, auf die Anwendung zugeschnittene Ribbon sichtbar sein – und die Steuerelemente zum Aufruf der Entwicklungsumgebung soll der Benutzer schon gar nicht sehen.

Dennoch wäre es natürlich toll, wenn zumindest das Hauptribbon der Anwendung neben den eingebauten Ribbons angezeigt würde, damit Sie die entsprechenden Steuerelemente testen können.

Es gibt noch einige weitere Optionen, die Sie beim Entwickeln anders einstellen würden als vor der Weitergabe der Anwendung an den Benutzer. So möchten Sie vielleicht während der Entwicklung überlappende Fenster anzeigen, der Endanwender soll die Dokumente jedoch im Registerkartenformat vorfinden.

Oder Sie verwenden bei der Entwicklung das Registerkartenformat, der Benutzer soll aber die Registerkarten nicht sehen, sondern nur den Inhalt der Formulare und Berichte.

Gleichzeitig möchten Sie aber zwischendurch schnell einmal prüfen, wie die Anwendung mit den Einstellungen für den Endbenutzer arbeitet – oder vielleicht sogar im Runtime-Modus.

Normalerweise würden Sie die Anwendung nun öffnen, in den Access-Optionen die gewünschten Einstellungen vornehmen, die Anwendung schließen und diese erneut öffnen. Wenn Sie wieder zum Entwicklermodus zurück möchten, geht das ganze Spiel von vorne los.

Um dies ein wenig komfortabler zu machen, erstellen wir eine eigene Access-Datenbank, die quasi als Starter-Datenbank dient. Sie soll alle benötigten Optionen in verschiedenen Profilen speichern, sodass Sie nur noch das gewünschte Profil auswählen und die Anwendung mit den dort eingestellten Optionen starten können.

Diese Anwendung wartet mit einem Formular auf, mit dem Sie alle notwendigen Einstellungen vornehmen und dann die Datenbank speichern können. Um das Ganze noch ein wenig komfortabler zu machen, können Sie einzelne Sätze von Einstellungen unter einem eigenen Namen abspeichern, den sogenannten Modus.

Mit dem Kombinationsfeld im oberen Bereich können Sie einen neuen Datensatz anlegen oder einen vorhandenen Datensatz aufrufen. Ein Klick auf die Schaltfläche *Starten* öffnet die Anwendung mit den angegebenen Optionen.

Anwendung für Entwicklung und Test starten

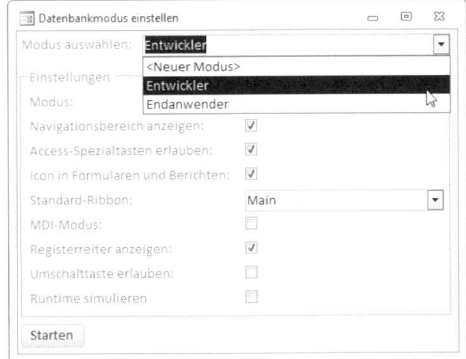

Abbildung 1.33: Auswählen eines Profils zum Starten einer Anwendung

Die Datenbank zur Einstellung der Optionen erhält den gleichen Namen wie die Zieldatenbank, jedoch um den Zusatz _Developer ergänzt. Die zu öffnende Datenbank heißt *AEMA.accdb*, deshalb heißt die Starter-Datenbank *AEMA_Developer.accdb*. Warum das wichtig ist, erfahren Sie weiter unten.

Diese Datenbank enthält eine Tabelle mit den Feldern aus Abbildung 1.34. Die Felder speichern die Einstellungen für die wichtigsten Access-Optionen sowie die Angabe, ob die Anwendung im angegebenen Modus im Runtime-Modus geöffnet werden soll.

Feldname	Felddatentyp	Beschreibung
ModusID	AutoWert	Primärschlüsselfeld
Modus	Text	Bezeichnung des Modus
StartUpShowDBWindow	Ja/Nein	Navigationsbereich anzeigen
AllowSpecialKeys	Ja/Nein	Spezialtasten erlauben
UseAppIconForFrmRpt	Ja/Nein	Icon für Formulare und Berichte
UseMDIMode	Ja/Nein	Überlappende Fenster
ShowDocumentTabs	Ja/Nein	Registerkarten anzeigen
CustomRibbonID	Text	Anwendungsribbon
AllowBypassKey	Ja/Nein	Umschalt-Taste deaktivieren
Runtime	Ja/Nein	Runtime simulieren

Abbildung 1.34: Diese Tabelle speichert die Anwendungsoptionen für die verschiedenen Modi

Das Formular *frmOptionen* verwendet die Tabelle *tblOptionen* als Datenherkunft. Es enthält Steuerelemente zum Einstellen aller in der Tabelle gespeicherten Optionen, meist Kontrollkästchen zum Festlegen der Werte in den *Ja/Nein*-Feldern der Tabelle. Lediglich das Feld *Modus* ist ein Textfeld (siehe Abbildung 1.35).

Es enthält eine Bezeichnung für den Modus, in dem die Anwendung geöffnet werden soll – zum Beispiel *Entwickler* oder *Endbenutzer*.

Das Feld *CustomRibbonID* ist ebenfalls ein Textfeld, wird aber im Formular als Kombinationsfeld ausgeführt. Warum dies so ist, erläutern wir später.

Kapitel 1 Vorbereitungen

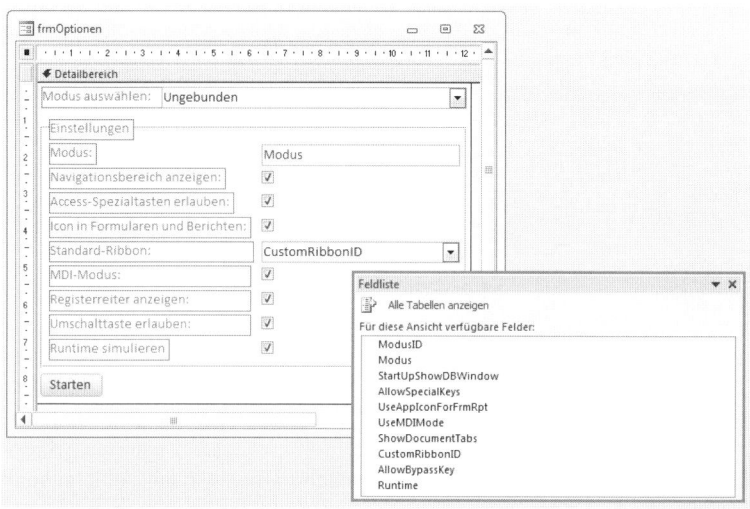

Abbildung 1.35: Das Formular zum Auswählen der Anwendungsoptionen im Entwurf

Funktionsweise der Starter-Datenbank

Diese Datenbank öffnet gleich nach dem Start das Formular *frmOptionen*. Um dies zu erreichen, stellen Sie den Namen dieses Formulars in den Access-Optionen unter *Aktuelle Anwendung|Anwendungsoptionen|Formular anzeigen* ein. Das Formular zeigt beim Öffnen nicht nur den ersten Datensatz der Datenherkunft *tblOptionen* an, sondern führt auch gleich einige Schritte durch. Dabei werden einige Informationen gespeichert, die später noch einmal benötigt werden. Die dazu verwendeten Variablen werden so im Kopf des Klassenmoduls des Formulars deklariert:

```
Dim db As DAO.Database
Dim strDatenbank As String
Dim strPfad As String
Dim strAccess As String
```

Die Prozedur, die durch das Ereignis *Beim Laden* des Formulars ausgelöst wird, füllt diese Variablen und nimmt einige weitere Einstellungen vor:

```
Private Sub Form_Load()
    strDatenbank = Replace(CurrentProject.Name, "_Developer", "")
    strPfad = CurrentProject.Path & "\"
    strAccess = SysCmd(acSysCmdAccessDir) & "\MSAccess.exe"
    Set db = DBEngine.Workspaces(0).OpenDatabase(strPfad & strDatenbank)
    Set cboCustomRibbonID.Recordset = db.OpenRecordset( _
        "SELECT RibbonName FROM USysRibbons")
End Sub
```

Anwendung für Entwicklung und Test starten

Als Erstes legt sie den Namen der zu öffnenden Datei fest und speichert diesen in der Variablen *strDatenbank*. Dieser wird aus dem Namen der Starter-Anwendung selbst abgeleitet, indem dort einfach die Zeichenkette *_Developer* entfernt wird (daher die Konvention bezüglich der Benennung der Starter-Datenbank – mit einem anderen Namen funktioniert diese nicht).

Dann speichert sie das Verzeichnis der aktuellen Datenbank in der Variablen *strPfad*. Schließlich ermittelt die Prozedur den Pfad zur Datei *MSAccess.exe*, also dem Programm, mit dem die Datenbank geöffnet werden soll. Der Dateiname heißt immer *MSAccess.exe*, aber der Pfad kann mit den Access-Versionen variieren.

Die Funktion *SysCmd* mit dem Parameter *acSysCmdAccessDir* ermittelt dieses Verzeichnis aber zuverlässig. Mit diesen Informationen im Gepäck wird eine Instanz der Datenbank erzeugt und mit der Objektvariablen *db* referenziert. Diese Objektvariable ist genau wie die übrigen Variablen modulweit deklariert, damit diese auch nach dem Beenden dieser Prozedur noch für andere Prozeduren dieses Moduls zur Verfügung stehen.

Nach dem Öffnen greift die Prozedur auf die Zieldatenbank zu und erstellt ein Recordset auf Basis der Tabelle *USysRibbons*. Diese Tabelle enthält alle in der Datenbank gespeicherten Ribbon-Definitionen (diese muss natürlich zu diesem Zeitpunkt vorhanden sein – mehr dazu erfahren Sie unter »Ribbons« ab Seite 491).

Diese sollen im Kombinationsfeld *cboCustomRibbonID* zur Auswahl bereitstehen, damit Sie für jeden Modus das beim Start anzuzeigende Ribbon auswählen können – mehr dazu weiter unten. Damit das Kombinationsfeld die Namen der Ribbons anzeigt, weist die Prozedur seiner Eigenschaft *Recordset* das soeben erstellte Recordset zu.

Dadurch, dass das Kombinationsfeld *cboCustomRibbonID* an das Feld *CustomRibbonID* der Tabelle *tblOptionen* gebunden ist, wird für das Kombinationsfeld immer automatisch die in *CustomRibbonID* festgelegte Ribbon-Definition ausgewählt.

Das Kombinationsfeld im Kopf des Formulars soll die Schnellauswahl aller Modi sowie das Anlegen eines neuen Modus ermöglichen. Dazu soll es zunächst die beiden Felder *ModusID* und *Modus* aller Datensätze der Tabelle *tblOptionen* anzeigen. Zusätzlich wollen wir dort aber einen Eintrag mit dem Wert *0* im Feld *ModusID* und dem Wert *<Neuer Modus>* im Feld *Modus* hinzufügen.

Da es sich hier nicht um einen echten, auswählbaren Eintrag handelt, fügen wir ihn nicht direkt zur Tabelle hinzu, sondern mithilfe einer *UNION*-Abfrage. Die *Datensatzherkunft* des Kombinationsfeldes *cboModus* stellen Sie daher auf den folgenden Ausdruck ein (dies setzt voraus, dass *tblOptionen* bereits einen Datensatz enthält):

```
SELECT 0, '<Neuer Modus>' FROM tblOptionen
UNION SELECT tblOptionen.ModusID, tblOptionen.Modus FROM tblOptionen;
```

Was soll nun geschehen, wenn der Benutzer einen Modus oder den Eintrag *<Neuer Modus>* auswählt? Dies soll eine Ereignisprozedur auslösen, die Sie für das Ereignis *Nach Aktualisierung* des Kombinationsfeldes hinterlegt haben. Diese Prozedur sieht wie folgt aus:

Kapitel 1 Vorbereitungen

```
Private Sub cboModus_AfterUpdate()
    If Me!cboModus = 0 Then
        DoCmd.GoToRecord Record:=acNewRec
    Else
        Me.Filter = "ModusID = " & Me!cboModus
        Me.FilterOn = True
    End If
End Sub
```

Die Prozedur unterscheidet, ob der Benutzer den Eintrag mit dem Wert *0* oder einen anderen Eintrag ausgewählt hat. Für den Wert *0*, also für den angezeigten Wert *<Neuer Modus>*, zeigt das Formular einen neuen Datensatz an. Bei der Auswahl eines der vorhandenen Modi wird das Formular nach diesem Modus gefiltert.

Damit das Kombinationsfeld *cboModus* immer den aktuellen Modus anzeigt, wird es bei jedem Datensatzwechsel mit dem aktuellen Wert des Feldes *ModusID* gefüllt:

```
Private Sub Form_Current()
    Me!cboModus = Me!ModusID
End Sub
```

Folgt der spannende Teil – das Betätigen der Schaltfläche *cmdStart*. Für diese Schaltfläche hinterlegen Sie ebenfalls eine Ereignisprozedur. Diese soll beim Anklicken der Schaltfläche ausgelöst werden und sieht so aus:

```
Private Sub cmdStart_Click()
    Dim strRuntime As String
    RunCommand acCmdSaveRecord
    db.Properties("AllowSpecialKeys") = Me!AllowSpecialKeys
    db.Properties("UseAppIconForFrmRpt") = Me!UseAppIconForFrmRpt
    db.Properties("CustomRibbonID") = Nz(Me!CustomRibbonID, "")
    db.Properties("StartUpShowDBWindow") = Me!StartUpShowDBWindow
    db.Properties("NavPane Closed") = Me!StartUpShowDBWindow + 1
    db.Properties("UseMDIMode") = Me!UseMDIMode + 1
    db.Properties("ShowDocumentTabs") = Me!ShowDocumentTabs
    Set db = Nothing
    If Me!Runtime Then
        strRuntime = " /runtime"
    End If
    Shell Chr(34) & strAccess & Chr(34) & " " & Chr(34) & strPfad & strDatenbank _
        & Chr(34) & strRuntime
    DoCmd.Close acForm, Me.Name
    DoCmd.Quit
End Sub
```

Voraussetzung für das Funktionieren der enthaltenen Anweisungen ist, dass die in der Variablen *db* referenzierte Instanz der zu öffnenden Datenbank noch existiert.

Die Prozedur speichert zunächst die gegebenenfalls vorgenommenen Änderungen in den Einstellungen. Danach stellt Sie die Eigenschaften der mit *db* referenzierten Datenbank auf die im Formular angezeigten Werte ein.

Einige Werte können direkt übernommen werden, da die Eigenschaften den Datentyp *Boolean* verwenden. Andere weisen jedoch alternative Datentypen wie etwa *Long* auf, obwohl sie eigentlich nur zwei Werte verwenden (*Ja* und *Nein*). Allerdings nutzen sie nicht die bei Ja/Nein-Feldern verwendeten Werte -1 (*Ja*) und 0 (*Nein*), sondern 0 (*Ja*) und 1 (*Nein*).

Das bedeutet aber schlicht und einfach nur, dass wir zu den im Formular eingegebenen und etwa im Feld *UseMDIWindow* der Tabelle *tblOptionen* gespeicherten Werten beim Einstellen der Datenbankeigenschaften 1 addieren müssen.

Der im Feld *StartUpShowDBWindow* gespeicherte Wert wird nicht nur zum Einstellen der gleichnamigen Access-Option verwendet (Navigationsbereich anzeigen), sondern auch für die Eigenschaft *NavPane Closed*, die angibt, ob der Navigationsbereich ein- oder ausgeklappt angezeigt wird.

Nachdem die Einstellungen in die Zieldatenbank übertragen wurden, wird diese durch Leeren der Variable *db* geschlossen. Die Eigenschaft *Runtime* wird nicht direkt in die Optionen der Zieldatenbank übertragen.

Sie gibt an, ob Access beim Öffnen der Datenbank den Runtime-Modus simulieren soll. Um eine Datenbank in diesem Modus zu öffnen, hängen Sie die Option */runtime* an den Aufruf der Datenbank an. Deshalb speichert die Prozedur die Zeichenkette */runtime* nur dann in der Variablen *strRuntime*, wenn das Feld *Runtime* in der Tabelle *tblOptionen* den Wert *True* hat.

Die *Shell*-Funktion schließlich führt die als Parameter angegebene Zeichenkette so aus, als ob Sie diese im Eingabefenster absetzen oder in einer Verknüpfung starten. Dies startet Access, wobei die Zieldatenbank geöffnet werden soll. Der hintere Teil *strRuntime* fügt gegebenenfalls den Befehlszeilenparameter */runtime* hinzu.

Mit dieser Lösung können Sie nun verschiedene Profile definieren. Noch ein Praxistipp, der dem Kapitel »Ribbons« (Seite 491) vorgreift: Sie sollten von dem Anwendungsribbon, das beim Start der Anwendung angezeigt wird, nach der Fertigstellung (oder auch immer wieder während der Entwicklung) eine Kopie erstellen, der Sie etwa das Kürzel *_Entwicklung* anhängen.

Während Sie der Version für den Endbenutzer normalerweise das Attribut *startFromScratch = true* hinzufügen, damit alle eingebauten Ribbon-Elemente ausgeblendet und nur die benutzerdefinierten Elemente angezeigt werden, können Sie in der Entwickler-Version das Attribut *startFromScratch = false* setzen, damit sowohl die eingebauten als auch die benutzerdefinierten Elemente des Ribbons angezeigt werden. Mehr dazu erfahren Sie im oben genannten Kapitel.

Kapitel 1 Vorbereitungen

1.11 Anwendung schnell dekompilieren

Wenn Sie länger an einer Anwendung arbeiten, kann es zu unvorhergesehenem Verhalten kommen – der Code wird an Haltepunkten gestoppt, die Sie längst wieder entfernt haben, das Eigenschaftsfenster zeigt nicht die Eigenschaften für das aktuell markierte Steuerelement an et cetera. In fast allen Fällen hilft es, die Datenbank zu dekompilieren.

Dies erledigt man üblicherweise durch den Aufruf der Anwendung über eine spezielle Verknüpfung, die am Ende den /decompile-Parameter enthält.

Ich verwende dafür immer eine kleine Datenbank, die aus zwei Teilen besteht: einem AutoExec-Makro, das eine VBA-Funktion aufruft und sich danach selbst beendet, sowie der aufgerufenen VBA-Prozedur, welche die zu dekompilierende Anwendung dekompiliert. Das AutoExec-Makro sieht wie in Abbildung 1.36 aus.

Abbildung 1.36: AutoExec-Makro zum Aufrufen einer Dekompilierungsroutine

Die Prozedur, welche die Kompilierung durchführt, sieht schließlich wie folgt aus:

```
Public Function DecompileDB()
    Dim strDatenbank As String
    Dim strPfad As String
    Dim strAccess As String
    strDatenbank = Mid(CurrentProject.Name, 2)
    strPfad = CurrentProject.Path & "\"
    strAccess = SysCmd(acSysCmdAccessDir) & "\MSAccess.exe"
    Shell Chr(34) & strAccess & Chr(34) & " " & Chr(34) & strPfad & strDatenbank _
        & Chr(34) & "/Decompile"
End Function
```

Die Funktion setzt einen Ausdruck wie den folgenden zusammen:

```
"C:\Program Files (x86)\Microsoft Office\Office14\\MSAccess.exe" "C:\Daten\Buchprojekte\
  Access_Anwendungsentwicklung\Anwendung\AEMA.accdb"/Decompile
```

Der Clou dabei ist, dass Sie die Anwendung nicht ändern müssen, um anzugeben, welche Datenbankdatei überhaupt dekompiliert werden soll. Sie müssen die Dekompilier-Datenbank nur genau so nennen wie die zu dekompilierende Datenbank, angeführt von einem Unterstrich.

Im Falle der Datenbank *AEMA.accdb* heißt die hier beschriebene Anwendung also *_AEMA.accdb*. Die Prozedur liest den Namen der eigenen Anwendung aus und dekompiliert die Anwendung mit dem gleichen Namen ohne Unterstrich.

1.12 Umgang mit den Beispieldatenbanken

Die folgenden Abschnitte enthalten einige Hinweise für den Umgang mit den Beispieldatenbanken.

1.12.1 Verweise auf Outlook und Word

Die Beispieldatenbank enthält im Urzustand Verweise auf die Bibliotheken der Office-Anwendungen in der Version 2007. Wenn Sie diese unter Office 2007 öffnen, bleiben die Verweise erhalten, wenn Sie die Datenbank unter Office 2010 laden, werden die Verweise auf die Bibliotheken der Anwendungen von Office 2010 umgebogen. Öffnen Sie die Datenbank erst unter Office 2010 und dann unter Office 2007, werden die Verweise auf einige Bibliotheken nicht mehr erkannt – mehr dazu weiter unten.

Wenn Sie einen dieser Verweise erstmalig zum VBA-Projekt einer Anwendung hinzufügen, bezieht sich dieser auf die Office-Version, zu welcher die Programme gehören. Wenn Sie mit Office 2010 arbeiten, lautet der Verweis auf die Word-Bibliothek also beispielsweise *Microsoft Word 14.0 Object Library*, wenn sich auf Ihrem Rechner Office 2007 befindet, dann heißt der Verweis *Microsoft Word 12.0 Object Library*.

Gleiches gilt auch für Verweise auf die übrigen Office-Komponenten. Wenn Sie eine mit Bezug auf Office 2007 entwickelte Datenbankanwendung auf einem Rechner öffnen, auf dem Office 2010 verwendet wird, passt Access die Verweise auf die jeweilige Office-Version an. Dies gilt auch für den umgekehrten Fall – aber nicht für alle Office-Produkte. Im Falle von Word und Outlook bleiben die Verweise auf die Bibliotheken *Microsoft Outlook 14.0 Object Library* und *Microsoft Word 14.0 Object Library* erhalten.

Dies mündet darin, dass der *Verweise*-Dialog diese beiden Bibliotheken als nicht vorhanden kennzeichnet (siehe Abbildung 1.37). Welche Lösung gibt es hier? Wenn man davon ausgeht, dass eine Anwendung unter Access 2007 und unter Access 2010 laufen soll und dass diese Anwendung als *.accde*-Datenbank in kompilierter Form weitergegeben werden soll, nur eine – und auch diese funktioniert nur eingeschränkt.

Dabei entfernen Sie die Verweise auf die betroffenen Bibliotheken komplett aus dem VBA-Projekt und arbeiten mit dem sogenannten Late Binding. Das bedeutet, dass Sie die Objekte der betroffenen Bibliotheken nicht mehr aufgrund ihres Typs, sondern allgemein als *Object* deklarieren, also mit

```
Dim objWord As Object
```

Kapitel 1 Vorbereitungen

statt mit dieser Deklaration:

```
Dim objWord As Word.Application
```

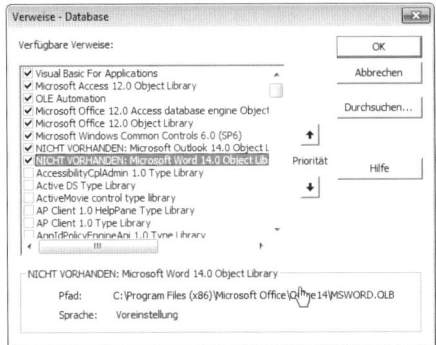

Abbildung 1.37: Nicht vorhandene Verweise beim Wechsel von Office 2010 zu 2007

Die Instanzierung erfolgt dann statt mit

```
Set objWord = New Word.Application
```

mit dieser Anweisung:

```
Set objWord = CreateObject("Word.Application")
```

Alle übrigen Elemente können Sie prinzipiell beibehalten – mit Ausnahme von Konstanten wie etwa *olMailItem*.

Diese Konstanten werden in den Objektbibliotheken deklariert und sind Access nicht ohne Weiteres bekannt. Wenn Sie den Verweis entfernen, müssen Sie die Konstanten also selbst deklarieren – etwa wie folgt im Kopf eines Standardmoduls:

```
Const olMailItem = 0
```

Diese Vorgehensweise funktioniert zuverlässig, sofern Sie keine Objekte, Eigenschaften oder Methoden verwenden, die nur von der höheren Version einer Objektbibliothek bereitgestellt werden. Wenn Sie also eine Methode verwenden, die erst mit Outlook 2010 hinzugefügt wurde, führt dies auf einem Rechner mit Outlook 2007 zu einem Fehler.

Der zweite Grund, der diese Vorgehensweise scheitern lässt, ist der Einsatz von Ereignissen der referenzierten Objekte. Wenn Sie also beispielsweise in Ihrem VBA-Projekt eine Ereignisprozedur anlegen, die durch das Versenden einer E-Mail unter Outlook reagieren soll, müssen Sie das Objekt, dass dieses Ereignis bereitstellt, mit dem Schlüsselwort *WithEvents* deklarieren – und dies gelingt nur unter Angabe des expliziten Datentyps und nicht mit dem Datentyp *Object*.

Da wir in der Beispielanwendung solche Ereignisse verwenden, können wir zumindest die betroffenen Bibliotheken (Word und Outlook) nicht per Late Binding referenzieren.

Eine Variante wäre es noch, die Verweise zur Laufzeit zur setzen – also beispielsweise beim Start der Anwendung. Die *References*-Klasse liefert entsprechende Möglichkeiten. Wir wollen diesen Ansatz jedoch lediglich erwähnen, da er in der Praxis nicht relevant ist: Sie können Verweise nämlich nur in *.accdb*-Datenbanken, aber nicht in kompilierten *.accde*-Datenbanken ändern. Und da Sie vermutlich keine Anwendungen mit offenem Quellcode an Kunden und Benutzer weitergeben, liefern Sie wohl nur *.accde*-Datenbanken aus – und hier ist, genau wie beim Quellcode, auch keine Änderung der referenzierten Bibliotheken möglich.

1.12.2 Verweise auf die Homebanking-Bibliotheken

Außerdem enthält die Beispieldatenbank Verweise auf zwei Bibliotheken der DDBAC-Software zur Implementierung der Homebanking-Funktionen. Sie finden die für Software-Entwickler kostenlose Version hier:

```
http://www.ddbac.de/Dev.SDK.shtml
```

Wenn Sie die Homebanking-Funktionen nicht nutzen möchten, entfernen Sie die beiden Verweise auf die Bibliotheken, deren Name mit *DataDesign...* beginnt. Außerdem kommentieren Sie den kompletten Inhalt des Moduls *mdlHomebanking* aus.

1.12.3 Verweise prüfen

Da es bei einigen Verweisen keine Möglichkeit gibt, diese durch Late Binding zu ersetzen beziehungsweise es sehr aufwendig ist, deren Fehlen im Code zu kompensieren, soll der Benutzer gleich beim Start der Anwendung erfahren, wie es um die Verweise bestellt ist. Wenn es Verweise gibt, die das Verweise-Fenster als NICHT VORHANDEN kennzeichnet, soll die Anwendung dies dem Benutzer mitteilen und die Anwendung schließen. Dies erledigt die folgende Funktion – hier nur am Beispiel der Verweise auf die Outlook- und die Word-Bibliothek dargestellt:

```
Public Function ReferenzenTesten()
    Dim ref As VBIDE.Reference
    Dim i As Integer
    Dim bolOutlook As Boolean
    Dim bolWord As Boolean
    Dim strMissingReferences As String
    For i = 1 To VBE.VBProjects("vbAEMA").References.count
        On Error Resume Next
        Set ref = VBE.VBProjects("vbAEMA").References(i)
        If ref.Name = "Outlook" Then
            If Err.Number = 0 Then
                bolOutlook = True
            End If
        End If
```

Kapitel 1 Vorbereitungen

```
            If ref.Name = "Word" Then
                If Err.Number = 0 Then
                    bolWord = True
                End If
            End If
        On Error GoTo 0
        Next i
        If bolOutlook = False Then
            strMissingReferences = strMissingReferences & "Outlook, "
        End If
        If bolWord = False Then
            strMissingReferences = strMissingReferences & "Word, "
        End If
        If Len(strMissingReferences) > 0 Then
            strMissingReferences = VBA.Left(strMissingReferences, _
                VBA.Len(strMissingReferences) - 2)
            MsgBox "Folgende Verweise konnten nicht hergestellt werden:" & vbCrLf _
                & vbCrLf & strMissingReferences & vbCrLf & vbCrLf _
                & "Die Anwendung wird geschlossen."
        Else
            ReferenzenTesten = True
        End If
    End Function
```

Die Prozedur durchläuft alle Verweise der Anwendung, die durch die *References*-Auflistung repräsentiert werden. Dies geschieht in einer *For...Next*-Schleife. Innerhalb der Schleife wird die Eigenschaft *Name* des aktuellen *Reference*-Objekts, das jeweils einen Verweis darstellt, geprüft und mit allen zu untersuchenden Verweisnamen vergleichen – hier nur für Word und Outlook, in der vollständigen Funktion für alle in der Datenbank enthaltenen Verweise.

Die Prüfung erfolgt mit einem Ausdruck wie dem folgenden:

```
    If ref.Name = "Outlook" Then
```

Sollte der betroffene Verweis nicht vorhanden sein, löst dies bereits einen Fehler aus. Nicht vorhandene Verweise können also ganz einfach identifiziert werden – indem man zuvor die Fehlerbehandlung mit *On Error Resume Next* ausschaltet und dann nach dem Zugriff auf *ref. Name* prüft, ob *Err.Number* einen Wert ungleich 0 enthält.

In jedem Schleifendurchlauf wird *ref.Name* mit allen Verweisnamen vergleichen, die theoretisch im VBA-Projekt enthalten sein sollten. Wenn *ref.Name* keinen Fehler auslöst und mit dem jeweiligen Namen, also etwa Outlook, übereinstimmt, dann wird eine entsprechende Boolean-Variable (zum Beispiel *bolOutlook*) auf den Wert *True* eingestellt. Anschließend prüft die Funktion den Wert einer jeden Boolean-Variablen (also *bolOutlook*, *bolWord* und so weiter) und hängt für alle, deren Wert *False* lautet, den Namen des Verweises an eine Variable namens *strMissingReferences* an.

Der letzte Teil der Funktion prüft schließlich, ob die Zeichenlänge des in *strMissingReferences* gespeicherten Ausdrucks größer als *0* ist. Ist dies der Fall, gibt es mindestens einen nicht vorhandenen Verweis. Dies gibt die Funktion durch einen entsprechende Meldung bekannt. Der Funktionswert wird nicht gesetzt, da dieser standardmäßig *False* lautet. Wurden Verweise nicht hergestellt, wird die aufrufende Prozedur *StartDB* (siehe auch »Prüfen und Wiederherstellen der Verknüpfung beim Start« ab Seite 522), die wie folgt aufgebaut ist und durch das Makro *AutoExec* jeweils beim Starten der Anwendung ausgelöst wird, direkt wieder beendet – nicht ohne zuvor eine temporäre Variable namens *StartAbbrechen* auf den Wert *False* einzustellen:

```
Public Function StartDB()
    ...
    If ReferenzenTesten = False Then
        TempVars("StartAbbrechen") = False
        Exit Function
    End If
    ...
End Funktion
```

Abbildung 1.38 zeigt die Meldung, die beim Öffnen einer zuletzt unter Office 2010 geöffneten Datenbank mit Access/Office 2007 erscheint.

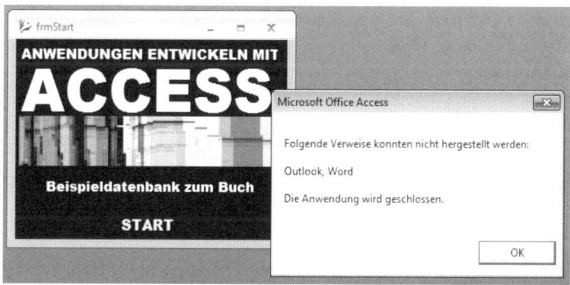

Abbildung 1.38: Wenn die Datenbank nach der Entwicklung unter Access 2010 gespeichert wurde, erscheint beim Öffnen unter Access 2007 diese Meldung.

1.13 Objekte importieren

Wenn Sie die Beispiele aus diesem Buch Schritt für Schritt manuell reproduzieren möchten, stoßen Sie das eine oder andere Mal auf Klassenmodule wie *clsDatasheetSelector*, *clsColumnWidths* et cetera, aber auch auf Standardmodule oder andere Objekte, die noch nicht besprochen wurden. Damit die Codezeilen, die sich auf solche Objekte beziehen, lauffähig sind, müssen die betroffen

Kapitel 1 Vorbereitungen

Klassen als eigene Klassenobjekte im VBA-Projekt verfügbar sein. Sie können diese ganz einfach aus der Beispieldatenbank in Ihr eigenes Projekt importieren. Dazu gehen Sie am einfachsten wie folgt vor:

Öffnen Sie Ihre eigene Anwendung und aktivieren Sie mit *Alt + F11* den VBA-Editor. Zeigen Sie mit *F4* den Projekt-Explorer an. Öffnen Sie auf die gleiche Weise die Beispieldatenbank zum Buch (etwa *AEMA.accdb*) und aktivieren Sie auch hier den VBA-Editor und den Projekt-Explorer.

Nun können Sie die benötigten Klassen einfach per Drag and Drop aus dem Projekt-Explorer des VBA-Projekts der Beispieldatenbank *AEMA.accdb* in den Projekt-Explorer Ihrer eigenen Anwendung ziehen (siehe »Klassen per Drag and Drop importieren« ab Seite 54).

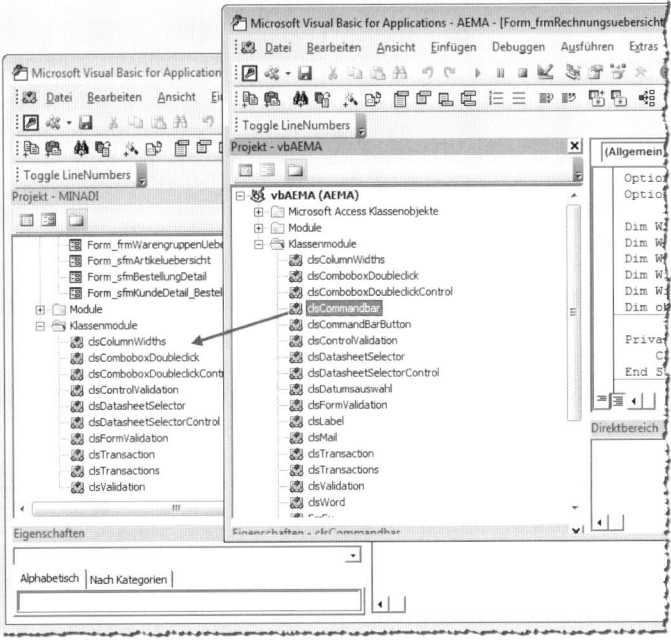

Abbildung 1.39: Klassen per Drag and Drop importieren

Alternativ betätigen Sie etwa unter Access 2010 von Ihrer Anwendung aus den Ribbon-Eintrag *Externe Dateien|Importieren und Verknüpfen|Access* aus. Wählen Sie dann die Quelldatei, also beispielsweise *AEMA.accdb* aus, behalten Sie die Option *Importieren Sie Tabellen, Abfragen, Formulare, Berichte, Makros und Module in die aktuelle Datenbank* bei und wählen Sie nach einem Klick auf *OK* alle zu importierenden Objekte aus dem nun erscheinenden Dialog *Objekte importieren* aus.

2 Datenmodell

Am Anfang eines jeden Access-Projekts steht eine Idee. Im vorliegenden Fall soll eine Kunden- und Bestellverwaltung erstellt werden, die dem Benutzer so viel Arbeit wie möglich abnimmt. Das heißt in erster Linie, dass die Anwendung Prozesse abbildet und vereinfacht. Bei diesen Prozessen fallen Daten an, die irgendwo gespeichert werden sollen. Da dieses Buch von der Anwendungsentwicklung mit Microsoft Access handelt, schlagen wir gleich zwei Fliegen mit einer Klappe – Access ist sowohl eine Entwicklungsumgebung für die Benutzeroberfläche als auch ein Datenbankmanagementsystem.

Im einfachsten Fall, also bei einer Umgebung mit einem einzigen Arbeitsplatz, finden Benutzeroberfläche, Anwendungslogik und Daten in einer einzigen Datei Platz. In vielen Fällen arbeitet nicht nur eine Person mit einer solchen Anwendung, was zur Aufteilung in mehrere Dateien führt – in der Regel in ein Frontend, das die Benutzeroberfläche und die Anwendungslogik enthält, und ein Backend mit den in Tabellen gespeicherten Daten. Gegebenenfalls wachsen mit der Zeit die Anforderungen oder die Daten sollen auch über das Internet verfügbar sein – dann verwenden Sie einen SQL-Server wie MySQL oder den Microsoft SQL Server zum Speichern der Daten und greifen über das Access-Frontend auf diese Daten zu.

Unabhängig davon, wo Sie die Daten nun speichern, sollten Sie eine gehörige Portion Hirnschmalz in die Entwicklung des Datenmodells stecken. Das Datenmodell umfasst die Tabellen zum Speichern der Daten, die Beziehungen zwischen den Tabellen sowie einige weitere Kleinigkeiten wie die Definition von Indizes et cetera.

Für die meisten Anwendungsfälle gibt es Standards, was die Definition der Tabellen und der Beziehungen zwischen den Tabellen angeht, aber sehr oft treffen Sie auf verschiedene Möglichkeiten, um einen Sachverhalt in den Tabellen einer Datenbank abzubilden. In diesem Buch gehen wir sowohl auf Standards als auch auf solche Konstellationen ein, wo Sie sich für eine Möglichkeit entscheiden müssen.

2.1 Entwicklung eines Datenmodells

Die Entwicklung des Datenmodells hängt unmittelbar mit den Prozessen zusammen, zu denen Daten gespeichert, geändert oder bereitgestellt werden sollen. Wenn Sie eine Bestellung verarbeiten, nehmen Sie Kundendaten auf, legen eine Bestellung an und fügen die einzelnen Bestellpositionen samt weiteren Informationen wie etwa die Menge hinzu.

Allein dieser Vorgang erzeugt eine Menge Daten, die alle in entsprechend verknüpften Tabellen gespeichert werden sollen. Welche Tabellen Sie benötigen und wie diese verknüpft werden, leiten wir in den folgenden Abschnitten her. Anschließend folgt jeweils gleich der praktische Teil: die Erstellung der Tabellen, Beziehungen und Indizes.

2.2 Kunden erfassen

Kundendaten sind für den Geschäftserfolg ungemein wichtig. Sie nutzen diese nicht nur, um dem Kunden die bestellten Artikel und gegebenenfalls Dokumente wie eine Rechnung zukommen zu lassen, sondern auch für weitere Aktionen. Dazu gehören erstens solche, die unmittelbar mit der Bestellung zusammenhängen und beispielsweise das Management von Retouren, Kündigungen, Stornierungen, Rechnungen, Zahlungen, Mahnungen, Reklamationen et cetera umfassen.

Zweitens sind Kundendaten sehr interessant für weitere Maßnahmen wie etwa den Versand von Produktinformationen. Also sollten Sie die notwendige Sorgfalt beim Aufnehmen und Verwalten der Kundendaten walten lassen.

Liefer- und Rechnungsanschrift

Bei den Kunden einer Bestellverwaltung müssen Sie abwägen, welche Kundendaten gespeichert werden sollen. Bei Amazon beispielsweise können Sie gleich mehrere Adressen angeben – eine Rechnungsadresse und beliebig viele Versandadressen. Amazon ist jedoch ein Händler, zu dem die Kunden eine jahrelange Beziehung aufbauen, weil Amazon schlicht und einfach fast alles anbietet, was das Herz begehrt, und darüberhinaus auch noch günstig ist. Ich selbst habe schon einige Produkte als Geschenk für Freunde bestellt. Dafür ist natürlich ein Datenmodell nötig, das mehr als eine Lieferadresse berücksichtigt.

Wir wollen jedoch eine einfachere Bestellverwaltung schaffen. Für diesen Fall sollte es standardmäßig ausreichen, wenn Sie die Adressdaten je Kunde auf maximal eine Liefer- und eine Rechnungsadresse beschränken. Für Lieferungen an alternative Adressen können wir immer noch eine weitere Tabelle vorsehen.

Bleibt noch die Frage, wie diese maximal zwei Adressen gespeichert werden sollen. Es gibt die folgenden Möglichkeiten:

» Sie speichern eine Standardadresse und, sofern diese abweicht, noch eine Rechnungsanschrift.

» Sie speichern eine Standardadresse und, sofern diese abweicht, noch eine Lieferanschrift.

» Sie speichern Liefer- und Rechnungsanschrift explizit. Wenn Liefer- und Rechnungsanschrift gleich sind, werden dennoch beide Anschriften gespeichert.

Alle Möglichkeiten haben Vor- und Nachteile. Wenn Sie eine der ersten beiden Varianten wählen, müssen Sie jeweils prüfen, ob für einen Verwendungszweck wie den Versand eines Paketes oder der Rechnung jeweils eine eigene Adresse angegeben wurde oder ob eine Adresse für beide Fälle eingesetzt werden soll. Wenn Sie hingegen Liefer- und Rechnungsanschrift explizit speichern, kann es zu Problemen kommen, wenn der Benutzer die gleiche Anschrift für Lieferung und Rechnung angibt: Sie speichern dann nämlich redundante Daten und müssen sicherstellen, dass bei Änderung der einen Adresse auch die andere angepasst wird.

Ansprechpartner

In einer wirklich umfassenden Kundenverwaltung müsste man zu einem Kunden beziehungsweise einer Firma einen oder mehrere Ansprechpartner verwalten. Dies ist für die vorliegende Lösung nicht vorgesehen: Sie können zu jedem Kunden Firma und/oder Vor- und Nachname speichern.

Kundenbezeichnung

Im späteren Verlauf werden wir in Formularen per Kombinations- oder Listenfeld auf Kundendaten zugreifen – beispielsweise, um einen Kunden aus einer Übersichtsliste auszuwählen. Zur Identifizierung könnten wir die Kundennummer, die Firma, Vor- und Nachname oder weitere Daten wie etwa die PLZ heranziehen. Gerade bezüglich Firma und Vor- und Nachname werden die Kundendaten jedoch kein einheitliches Bild abgeben: Manche Kunden geben beides an, manche nur die Firma, andere nur den Namen. Wie also stellt man einen Ausdruck zusammen, der zur Auswahl eines Kunden angezeigt werden kann? Dies ließe sich beispielsweise mit einer entsprechenden Abfrage lösen. Alternativ verwenden Sie ein eigenes Feld namens Kundenbezeichnung, das beim Anlegen des Kunden dynamisch aus den vorliegenden Daten zusammengestellt wird und manuell angepasst werden kann. Solch ein Ausdruck könnte beispielsweise die Form *<Firma>, <Vorname> <Nachname> (<Kundennummer>)* aufweisen.

Bestellungen aus dem Ausland

Kunden aus dem europäischen Ausland wünschen unter Umständen eine Rechnung ohne Mehrwertsteuer. Voraussetzung dafür ist, dass diese Ihnen ihre USt.-IdNr. mitteilen. Diese speichern Sie der Einfachheit halber gleich mit den Kundendaten in der entsprechenden Tabelle.

Kommunikationsdaten

Heutzutage ist es nicht mehr damit getan, pro Kunde eine Telefon- und eine Telefaxnummer zu speichern. Es kommt mindestens eine mobile Telefonnummer und eine E-Mail-Adresse hinzu. Wenn Sie viel Zeit und Lust haben, können Sie Kontaktdaten in eigene Tabellen auslagern und sogar speichern, wann ein Kunde unter welcher Rufnummer erreichbar ist. Für eine Anwendung, die Kundendaten in Zusammenhang mit einfachen Bestellungen speichert, reichen die vier Felder Telefon, Telefax, Mobil und E-Mail aus. Sollte dennoch einmal Bedarf an weiteren Kommunikationsdaten bestehen, können Sie diese in einem Bemerkungen-Feld speichern.

Adresszusätze

Nicht immer kommt ein Kunde mit den Feldern Firma, Vorname, Nachname, Straße, PLZ, Ort und Land aus, um seine Anschrift anzugeben. Manchmal soll etwa eine Abteilung statt eines Namens angegeben werden, oder es gibt ein Postfach statt einer Straße. Das Postfach lässt sich dann einfach in das Feld *Strasse* eingeben, aber für eine Abteilung ist eigentlich ein zusätzliches Feld notwendig. Alternativ können Sie eine mehrzeilige Eingabe der Firma erlauben. Ein

Kapitel 2 Datenmodell

weiteres Feld ist jedoch für Kunden wie auch für Benutzer besser greifbar, also fügen wir den Adressfeldern noch ein Feld namens *Adresszusatz* hinzu.

2.2.1 Die Tabelle tblAnreden

Die Tabelle *tblAnreden* enthält nur drei Felder: das Feld *AnredeID* als Primärschlüsselfeld, das Feld *Anrede* mit der Bezeichnung der Anrede sowie eine Floskel, die wir später als Anrede in einem Brief verwenden (zum Beispiel *Sehr geehrter Herr ...*). Die Tabelle legen Sie mit dem Ribbon-Eintrag *Erstellen|Tabellen|Tabellenentwurf* an (siehe Abbildung 2.1).

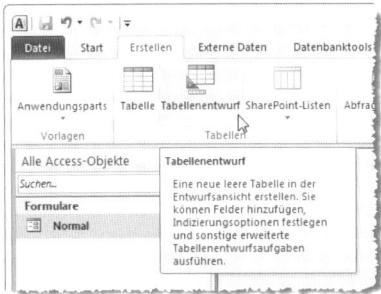

Abbildung 2.1: Anlegen einer Tabelle per Ribbon-Befehl

In der nun erscheinenden Entwurfsansicht fügen Sie den Namen des ersten Feldes ein und wählen den Datentyp aus. Das Feld heißt *AnredeID* und erhält als Felddatentyp den Wert *Autowert*. Außerdem klicken Sie, während das Feld markiert ist, auf die Schaltfläche *Entwurf|Tools|Primärschlüssel* des Ribbons (siehe Abbildung 2.2).

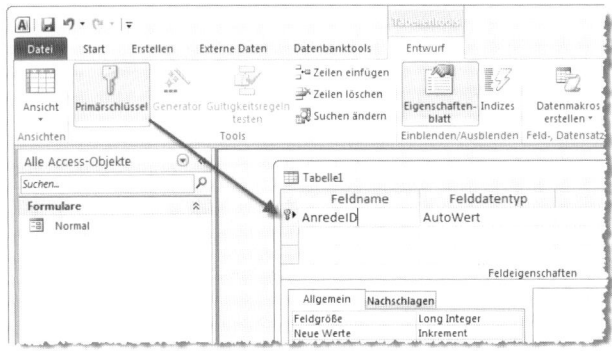

Abbildung 2.2: Anlegen eines Primärschlüsselfeldes

Das zweite Feld heißt *Anrede* und soll den Datentyp *Text* aufweisen. Diese Informationen tragen Sie in die zweite Zeile des Entwurfsrasters ein (siehe Abbildung 2.3). Der Wert *255* für die Eigenschaft *Feldgröße* gibt die maximale Textlänge an. Wir würden hier mit weniger auskommen, allerdings wird durch einen größeren Wert auch kein unnötiger Speicherplatz verschwendet. Also belassen wir es bei diesem Wert.

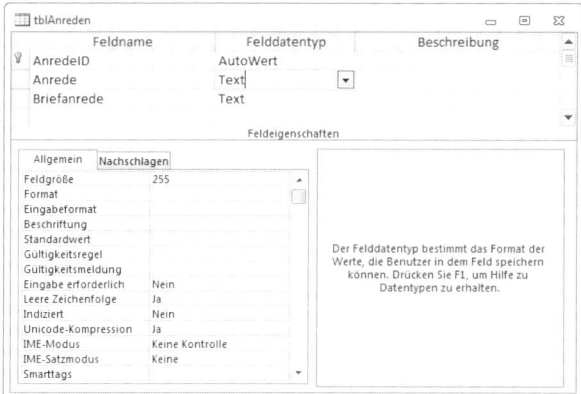

Abbildung 2.3: Entwurf der Tabelle *tblAnreden*

Speichern Sie die Tabelle anschließend unter dem Namen *tblAnreden*. Dies erledigen Sie bei aktivierter Tabelle beispielsweise mit der Tastenkombination *Strg + S* und anschließender Eingabe des Namens der Tabelle, hier also *tblAnreden*.

Primärschlüsselfelder

Jede Tabelle benötigt ein Primärschlüsselfeld. Das Primärschlüsselfeld enthält keinen Wert mehr als einmal und dient daher zur eindeutigen Identifizierung eines jeden Datensatzes einer Datenbank. Dies ist zwingend erforderlich, wenn Sie diese Datensätze den Datensätzen anderer Tabellen zuweisen möchten.

Die Anrede *Herr* erhält beispielsweise im Primärschlüsselfeld *AnredeID* den Wert *1*, *Frau* erhält den Wert *2*. So können Sie später in der Kundentabelle den Wert *1* oder *2* statt *Herr* oder *Frau* angeben und sind sicher, dass immer der richtige Wert der Tabelle *tblAnreden* zugeordnet wird. In der Regel versehen Sie ein Primärschlüsselfeld mit dem Access-Datentyp *Autowert*. Dadurch werden die Werte automatisch vergeben.

Tabelle tblAnreden füllen

Normalerweise sollten Sie die Daten von Tabellen nicht in der Datenblattansicht bearbeiten – auf gar keinen Fall aber dürfen die Benutzer der Datenbank dies tun! Eine Tabelle wie *tblAnreden*, die von Anfang an nur eine kleine Menge vordefinierter Daten aufnehmen soll, können Sie ruhig mal direkt füllen. Dazu wechseln Sie von der Entwurfsansicht mit dem Ribbon-Eintrag *Entwurf|Ansichten|Ansicht|Datenblattansicht* in die Datenblattansicht. Schneller geht das nur mit der Tastenkombination *Strg + Punkt (.)*. Zurück zur Entwurfsansicht gelangen Sie mit *Strg + Komma (,)*.

Kapitel 2 Datenmodell

Tragen Sie zunächst die beiden Werte *Herr* und *Frau* ein, und zwar möglichst in dieser Reihenfolge. Access ergänzt das Feld *AnredeID* mit den beiden Werten *1* und *2* (siehe Abbildung 2.4). Im Feld *Briefanrede* tragen Sie die komplette erste Zeile eines Anschreibens ein. Natürlich kennen Sie den Namen des Adressaten noch nicht, aber das ist kein Problem: Wir legen einfach einen Platzhalter mit dem Feld, aus dem die Daten später geholt werden sollen, in eckigen Klammern an.

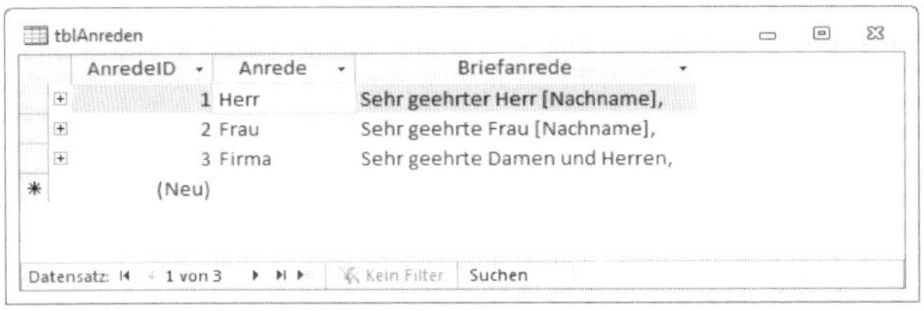

Abbildung 2.4: Hinzufügen der ersten Werte für die Tabelle *tblAnreden*

2.2.2 Die Tabelle tblKunden

Die Kundentabelle enthält die Liefer- und/oder Rechnungsdaten des Kunden sowie einige weitere Informationen. Genau wie der Tabelle *tblAnreden* fügen Sie auch *tblKunden* wieder ein Primärschlüsselfeld hinzu, das diesmal *KundeID* heißt (siehe Abbildung 2.5). Danach folgen die Adressdaten für die Rechnungsanschrift. Alle Felder haben gemeinsam, dass sie mit dem Präfix *Rechnung_* beginnen. Dies grenzt die Felder von den Feldern für die Lieferanschrift ab, die alle das Präfix *Liefer_* aufweisen.

Die Rechnungsanschrift enthält folgende Felder: *Rechnung_Firma*, *Rechnung_AnredeID*, *Rechnung_Vorname*, *Rechnung_Nachname*, *Rechnung_Strasse*, *Rechnung_PLZ*, *Rechnung_Ort* und *Rechnung_Land*. Alle Felder bis auf das Feld *Rechnung_AnredeID* sind als Textfelder mit der Feldgröße *255* ausgelegt. Das Feld *Rechnung_AnredeID* ist ein Fremdschlüsselfeld, über das die Beziehung zur Tabelle *tblAnreden* hergestellt werden soll. Auf das Feld *Rechnung_Anschrift* kommen wir später zu sprechen.

Beziehung zur Tabelle tblAnreden

Das Feld *Rechnung_AnredeID* soll einen der Zahlenwerte aus dem Feld *AnredeID* der Tabelle *tblAnreden* als Wert aufnehmen. Dadurch weisen Sie einer Rechnungsadresse eine der in der Tabelle *tblAnreden* gespeicherten Anreden zu. Wenn Sie später die Felder der Tabelle aus der Feldliste in ein Formular etwa zur Verwaltung der Kundendaten ziehen, soll das Steuerelement, welches das Feld *Rechnung_AnredeID* als Steuerelementinhalt verwendet, gleich als Kombinationsfeld ausgelegt werden. Um dies zu erreichen, legen Sie das Feld gleich als Nachschlagefeld mit den Datensätzen der Tabelle *tblAnreden* aus.

Dazu wählen Sie aus der Liste der Felddatentypen den Eintrag *Nachschlage-Assistent...* aus (siehe Abbildung 2.6).

Kunden erfassen

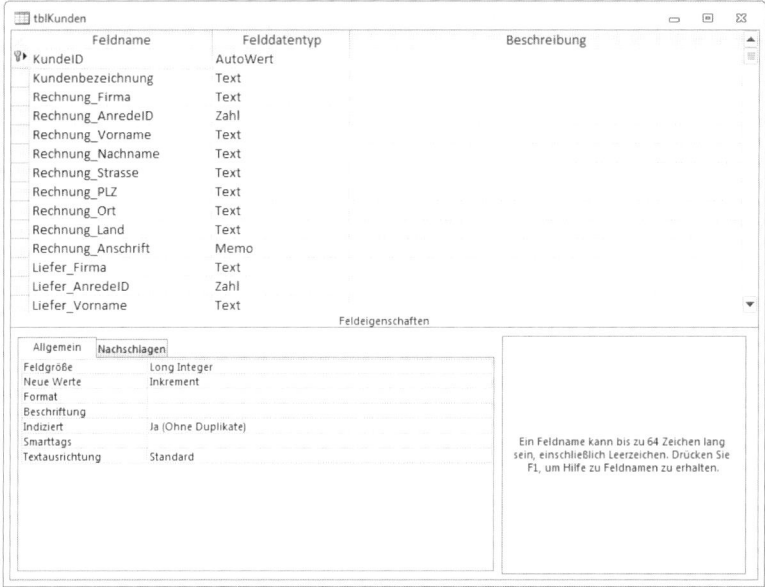

Abbildung 2.5: Entwurf der Tabelle *tblKunden*

Abbildung 2.6: Erstellen eines Nachschlagefeldes

Im ersten Schritt des nun erscheinenden Assistenten legen Sie fest, dass die Werte aus einer Tabelle oder Abfrage stammen sollen. Legen Sie dann die Tabelle *tblAnreden* als Datenherkunft für das Nachschlagefeld fest und wählen Sie danach die beiden Felder *AnredeID* und *Anrede* als Spalten des Nachschlagefeldes aus. Die Festlegung einer Sortierung ist in diesem Fall nicht nötig – die Datensätze sollen schlicht in der Sortierung nach dem Primärschlüsselwert angezeigt werden. Schließlich teilen Sie dem Assistenten mit, dass die Schlüsselspalte ausgeblendet werden soll, und aktivieren, sofern Sie mit Access 2010 arbeiten, die Datenintegrität – unter Access

Kapitel 2 Datenmodell

2007 ist noch ein zusätzlicher Schritt nötig, da der Nachschlage-Assistent diese Einstellung hier noch nicht vorsieht (siehe Abbildung 2.7).

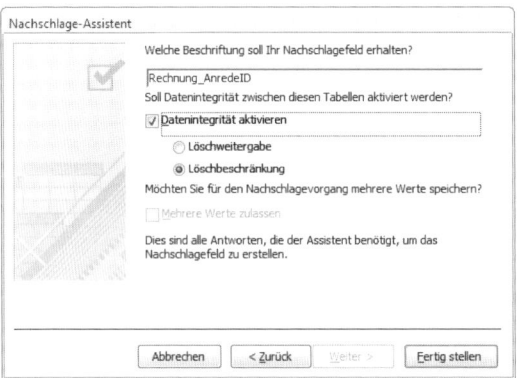

Abbildung 2.7: Letzter Schritt des Nachschlage-Assistenten

Was haben Sie nun erreicht? Der offensichtliche Effekt zeigt sich beim Wechsel in die Datenblattansicht der Tabelle *tblKunden* (Sie erinnern sich? Am schnellsten geht dies mit *Strg + Punkt(.)*). Dort öffnet ein Klick auf das Feld *Rechnung_AnredeID* ein Nachschlagefeld mit den beiden Einträgen der Tabelle *tblAnreden* (siehe Abbildung 2.8).

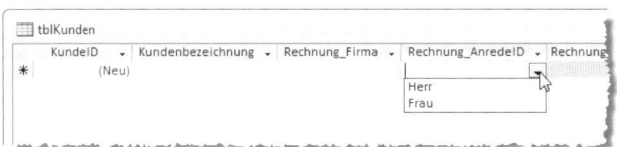

Abbildung 2.8: Erfolgreich angelegtes Nachschlagefeld

Wenn Sie dort einen Wert auswählen, trägt Access nun nicht etwa den Ausdruck *Herr* oder *Frau* in das Feld *Rechnung_AnredeID* der Tabelle *tblKunden* ein, sondern den entsprechenden Zahlenwert aus der Tabelle *tblAnreden*.

Welche Einstellungen Access hier vorgenommen hat, offenbart ein Blick auf die Registerkarte *Nachschlagen* der Eigenschaften des Feldes *Rechnung_AnredeID* (siehe Abbildung 2.9).

Das Feld soll kein Textfeld anzeigen, wie es ein Feld standardmäßig tut, sondern ein Kombinationsfeld. Dieses verwendet eine Tabelle oder Abfrage als Datensatzherkunft – in diesem Fall die Abfrage *SELECT [tblAnreden].[AnredeID], [tblAnreden].[Anrede] FROM tblAnreden;*. Warum nun zeigt das Nachschlagefeld die Anrede an, speichert aber nach der Auswahl den Wert des Feldes *AnredeID* des entsprechenden Datensatzes? Dafür sorgen die folgenden Eigenschaften: Zunächst wird die erste Spalte als gebundene Spalte festgelegt. Das bedeutet, dass der Wert der ersten Spalte der Datensatzherkunft im Feld *Rechnung_AnredeID* gespeichert wird.

Kunden erfassen

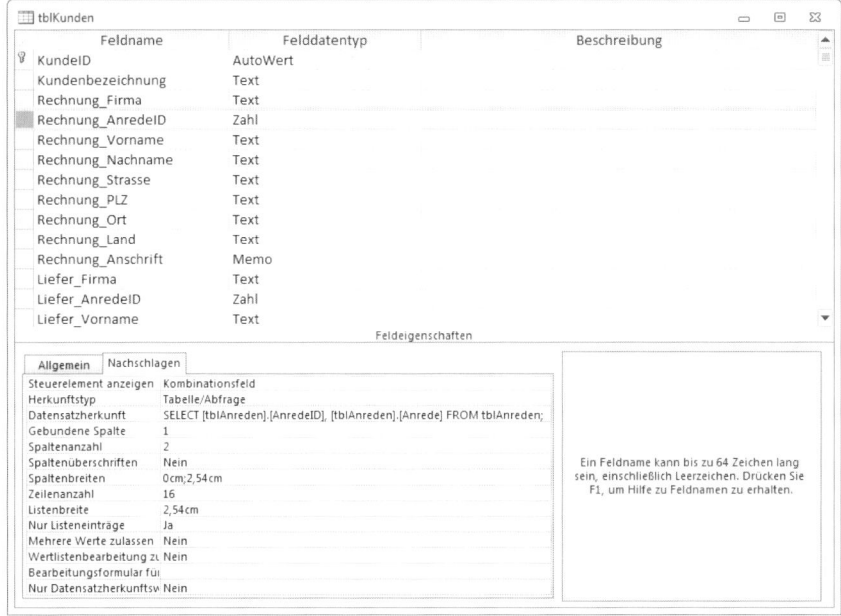

Abbildung 2.9: Eigenschaften eines Nachschlagefeldes

Das Feld *AnredeID* ist also nun offensichtlich vorhanden, warum wird es dann nicht angezeigt? Das liegt an der Einstellung der beiden Eigenschaften *Spaltenanzahl* und *Spaltenbreiten*. Die Eigenschaft *Spaltenanzahl* enthält den Wert *2*, also zeigt das Nachschlagefeld auch den Inhalt der beiden Felder der als Datensatzherkunft angegebenen Abfrage an.

Die Eigenschaft *Spaltenbreiten* legt jedoch mit dem Wert *0cm;2,54cm* die Breite der ersten Spalte auf *0cm* fest, was gleichbedeutend mit dem Ausblenden dieser Spalte ist.

Das Anlegen des Nachschlagefeldes hat jedoch noch weitreichendere Auswirkungen. Access hat nämlich auch noch eine Beziehung zwischen den Tabellen *tblKunden* und *tblAnreden* angelegt – und zwar eine 1:n-Beziehung.

Das heißt, dass Sie jedem Datensatz der ersten Tabelle genau einen Datensatz der zweiten Tabelle zuweisen können (die Tabelle, deren Primärschlüsselfeld an der Beziehung beteiligt ist, heißt übrigens Mastertabelle, die Tabelle mit dem Fremdschlüsselfeld Detailtabelle).

Diese finden Sie im Beziehungen-Fenster vor, das Sie über den Ribbon-Eintrag *Datenbanktools|Beziehungen|Beziehungen* öffnen. Das Beziehungen-Fenster zeigt die beiden Tabellen *tblKunden* und *tblAnreden* an und verbindet die beiden Felder *Rechnung_AnredeID* und *AnredeID* durch einen Beziehungspfeil.

Dieser besagt, dass Sie für das Feld *Rechnung_AnredeID* jeden Wert des Feldes *AnredeID* der Tabelle *tblAnreden* auswählen können (siehe Abbildung 2.10).

Kapitel 2 Datenmodell

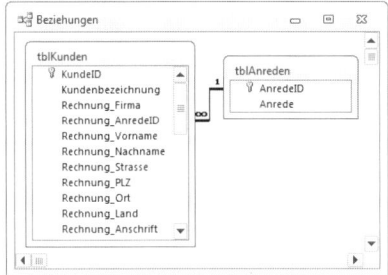

Abbildung 2.10: Beziehung zwischen den Tabellen *tblKunden* und *tblAnreden*

Schließlich haben Sie – zumindest unter Access 2010 – durch die Einstellung im letzten Schritt des Assistenten noch die Datenintegrität sichergestellt. Unter Access 2007 müssen Sie dies noch nachholen. Die entsprechende Eigenschaft finden Sie, wenn Sie doppelt auf den Beziehungspfeil klicken. Es erscheint der Dialog aus Abbildung 2.11, der weitere Eigenschaften der Beziehung anzeigt. Unter anderem hat Access hier in der Version 2010 bereits die Option *Mit referentieller Integrität* aktiviert – mit Access 2007 fügen Sie hier nun den entsprechenden Haken hinzu. Dadurch ist sichergestellt, dass Sie keine anderen Werte als die im Feld *AnredeID* der Tabelle *tblAnreden* enthaltenen Werte in das Feld *Rechnung_AnredeID* eingeben können.

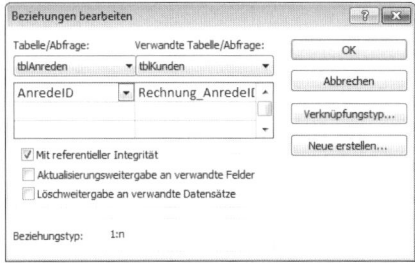

Abbildung 2.11: Bearbeiten der Beziehung

All diese Einstellungen können Sie auch von Hand vornehmen – der Nachschlage-Assistent nimmt einem diese Aufgabe jedoch gern ab.

Damit Sie erkennen, welche Arbeit der Nachschlage-Assistent Ihnen erspart, legen wir für das Feld *Liefer_AnredeID* noch kein Nachschlagefeld ein. Stattdessen definieren Sie dort nur die Beziehung. Öffnen Sie dazu das Beziehungen-Fenster (*Datenbanktools|Beziehungen|Beziehungen*). Klicken Sie mit der rechten Maustaste in das Beziehungen-Fenster und wählen Sie den Kontextmenü-Eintrag *Tabelle anzeigen* aus. Im nun erscheinenden Dialog *Tabelle anzeigen* klicken Sie doppelt auf die Tabelle *tblAnreden*, um diese ein weiteres Mal zum Beziehungen-Fenster hinzuzufügen – dieses wird dann *tblAnreden_1* benannt, weil der Name *tblAnreden* bereits vergeben ist. Ziehen Sie danach das Feld *AnredeID* der Tabelle *tblAnreden_1* auf das Feld *Liefer_AnredeID* der Tabelle *tblKunden*, um die Beziehung zwischen den beiden Tabellen herzustellen. Klicken Sie dann doppelt auf den Beziehungspfeil und aktivieren Sie im Dialog *Beziehungen bearbeiten* die Option *Mit referentieller Integrität* (siehe Abbildung 2.12).

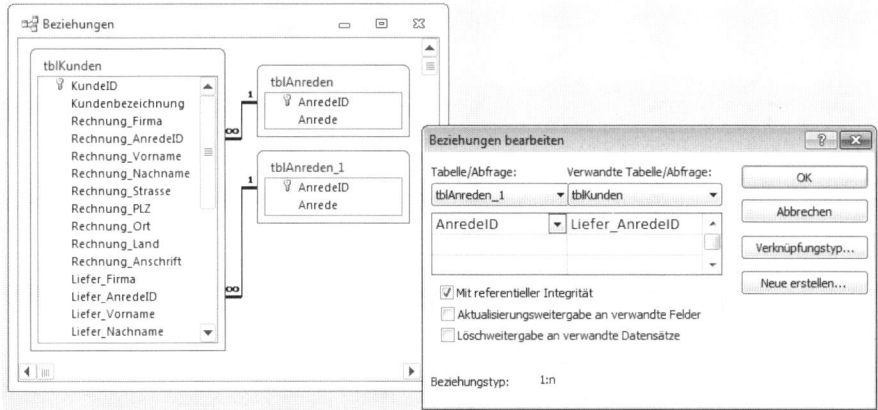

Abbildung 2.12: Herstellen einer weiteren Beziehung zwischen den Tabelle *tblKunden* und *tblAnreden*

Damit haben Sie nun zumindest sichergestellt, dass der Benutzer nur die Werte *1* oder *2* in das Feld *Liefer_AnredeID* eingeben kann.

Wie sich das Anlegen (und das Auslassen) des Nachschlagefeldes bei der späteren Entwicklung auswirkt, erfahren Sie etwa unter »Kombinationsfeld aus Nachschlagefeld« (Seite 90).

Beschriftungen definieren

Der Tabellenentwurf bietet eine Eigenschaft namens *Beschriftung*. Damit Sie später weniger Arbeit beim Erstellen der Formulare haben, können Sie gleich an Ort und Stelle Beschriftungen für die Tabellenfelder festlegen.

Der Hintergrund ist, dass Sie Felder direkt aus der Feldliste per Drag and Drop zu einem Formular hinzufügen können. Dabei wird dann ein Textfeld angelegt, dem Access standardmäßig ein zusätzliches Bezeichnungsfeld mit dem Feldnamen als Beschriftung hinzufügt.

Eine Beschriftung wie *Rechnung_Firma* macht sich allerdings nicht besonders gut, daher werden Sie diese wahrscheinlich einfach durch den Ausdruck *Firma* ersetzen. Noch einfacher gelingt dies, wenn Sie die gewünschte Bezeichnung gleich für die Eigenschaft *Beschriftung* des Tabellenfeldes eintragen (siehe Abbildung 2.13). Access übernimmt diese Beschriftung dann beim Hinzufügen eines Textfeldes auf Basis dieses Tabellenfeldes in den Formularentwurf.

Auf die gleiche Weise fügen Sie auch den übrigen Feldern eine entsprechende Beschriftung hinzu. Sonderfälle sind etwa die Felder *Rechnung_Strasse* und *Liefer_Strasse*, wo nicht nur das Präfix wegfällt, sondern auch noch das doppelte *s* durch *ß* ersetzt wird, das Feld *EMail* (wird zu *E-Mail*) und das Feld *UStIdNr* (*Ust.-IdNr.*).

Kapitel 2 Datenmodell

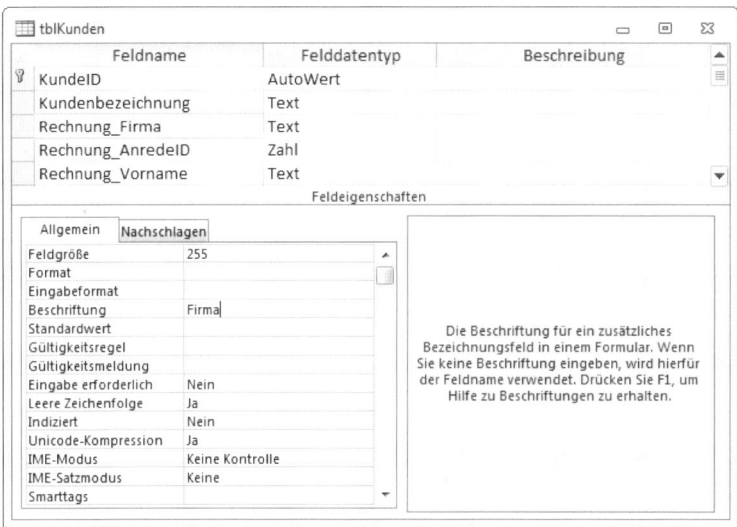

Abbildung 2.13: Festlegen einer Beschriftung für ein Tabellenfeld

2.3 Artikel verwalten

Während die Variationsmöglichkeiten beim Erstellen von Tabellen zum Speichern der Kundendaten bereits sehr umfangreich sind, gilt das Gleiche auch für die Verwaltung von Artikeln. Die einfachste Version einer Artikeltabelle dürfte sich mit Feldern wie *ArtikelID*, *Artikelname*, *Einzelpreis* und *Mehrwertsteuersatz* zufriedengeben. Hinzu kommt dann gegebenenfalls eine Artikelkategorie, die ihre Kategorien aus einer einfachen oder verschachtelten Kategorien-Struktur bezieht.

Für die Lagerhaltung sind Zahlen wie der aktuelle Bestand, der Bestand, bei dem nachgeordert werden soll, und gegebenenfalls ein Feld zur Kennzeichnung von Auslaufartikeln wichtig. Und wie viele Artikel sollen eigentlich nachbestellt werden, wenn der Vorrat zur Neige geht? Wird überhaupt auf Vorrat bestellt oder nur nach Eingang einer Bestellung? Letzteres darf sich beispielsweise ein Onlinehändler heutzutage wohl nur erlauben, wenn er ein Produkt exklusiv vertreibt.

Interessant ist außerdem der Verlauf der Preisgestaltung: Je nach Produktart ändern sich die Einkaufs- und Verkaufspreise von Produkten mehr oder weniger oft. Und wer weiß, wie sich die Mehrwertsteuersätze demnächst gestalten – bleibt es bei 7% und 19%? Für einfache Artikelverwaltungen können Sie sich den Aufwand zum Mitschreiben einer Preis- und MwSt.-Historie jedoch sparen: Der einzige, der sich für einen Preis zu einem bestimmten Zeitraum interessieren dürfte, ist wahrscheinlich der Kunde – und die Preise für bereits verkaufte Artikel finden sich ja in den Tabellen zum Speichern von Bestelldaten.

Artikel verwalten

Das nächste interessante Thema sind Rabatte: Bei welcher Menge gibt es welchen Rabatt, wie wird dieser für Stammkunden nochmals angepasst?

Sie sehen: Es gibt hier eine Menge Dinge, die wir besprechen könnten. Ich fürchte nur, dass erstens eine Behandlung aller Varianten den Rahmen dieses Buches sprengen würde und das zweitens jede tiefer gehende Behandlung eines der zuvor genannten Aspekte nur für eine kleine Teilmenge der Leser interessant wäre. Also halten wir die Artikelverwaltung so einfach wie möglich.

Wie bereits weiter oben erwähnt, wollen wir die Artikeltabelle relativ einfach halten – also gerade so, dass die enthaltenen Daten als Grundlage für die Erfassung von Bestellungen und die Erstellung von Rechnungen ausreichen. In diesem Fall sollen die folgenden Informationen in der Tabelle gespeichert werden:

» Artikelnummer

» Artikelname

» Warengruppe

» Einzelpreis

» Mehrwertsteuersatz

» Beschreibung

» Einheit

Gleich bei der Artikelnummer wird es interessant: Ist es okay, wenn das Primärschlüsselfeld als Artikelnummer herhält? Oder benötigen Sie eine individuelle Artikelnummer? Wenn das Primärschlüsselfeld die Artikelnummer liefert, soll dieses dennoch als Autowert definiert werden oder möchten Sie die Werte selbst vergeben?

Die Entscheidung hängt wohl davon ab, ob Sie die Datenbank neu aufbauen oder ob Sie Artikel mit entsprechenden Artikelnummern aus einer bestehenden Anwendung übernehmen möchten. In der vorliegenden Tabelle halten wir es einfach: Das Feld mit der Artikelnummer soll gleichzeitig als Primärschlüsselfeld und als Autowertfeld ausgelegt sein.

Die Warengruppe soll eine Kategorisierung der Artikel ermöglichen, die einzelnen Warengruppen landen in einer Lookup-Tabelle – dazu später mehr.

Interessant wird es beim Mehrwertsteuersatz. Aktuell gibt es einen Standardsatz von 19% sowie einen ermäßigten Satz von 7% etwa für Lebensmittel. Von Zeit zu Zeit werden diese Steuersätze jedoch erstens grundsätzlich geändert und zweitens kann es sein, dass sich der Steuersatz für bestimmte Artikel ändert. Welche Möglichkeiten gibt es da zum Speichern des Mehrwertsteuersatzes? Die einfachste Variante wäre es, den Steuersatz einfach als Zahlenfeld in der Tabelle zu speichern. Das ist aber recht unkomfortabel, da man den Steuersatz jeweils manuell eintippen müsste. Ein Nachschlagefeld wäre schon schick. Nun gibt es mehrere

Möglichkeiten: Zunächst können Sie eine Wertliste anlegen, die innerhalb des Tabellenentwurfs gespeichert wird und die beiden Mehrwertsteuersätze enthält. Alternativ erstellen Sie eine kleine Tabelle mit den Steuersätzen und verknüpfen die Artikeltabelle über ein Nachschlagefeld mit dieser Tabelle. Letzteres würde den Vorteil mit sich bringen, dass der Benutzer der Anwendung über ein geeignetes Formular weitere Steuersätze angeben oder die bestehenden Steuersätze anpassen kann. Wenn Sie die Steuersätze im Tabellenentwurf in Form einer Wertliste anlegen, müssen Sie für eine Änderung der bestehenden Mehrwertsteuersätze den Tabellenentwurf ändern.

Also entscheiden wir uns, die Mehrwertsteuer in einer Lookup-Tabelle zu speichern und diese von der Artikeltabelle aus zu verknüpfen. Eine weitere Alternative soll zumindest noch erwähnt werden: Dabei legen Sie den Mehrwertsteuersatz nicht für die Artikel selbst, sondern für die Warengruppe fest, der die Artikel angehören. Dann würden Sie die Festlegung der Mehrwertsteuer zweistufig durchführen, indem Sie erst die Mehrwertsteuer für die Warengruppe festlegen und diese dann über die Auswahl der Warengruppe dem Artikel zuweisen. Schließlich sollen zu den Artikeln Einheiten angegeben werden können, wobei der Benutzer diese flexibel festlegen kann (Stück, Stunde, Kilo).

2.3.1 Die Tabelle tblArtikel

Die Artikeltabelle enthält ein Primärschlüsselfeld namens *ArtikelID*, das als Autowert definiert wird und gleichzeitig als Artikelnummer dient. Die Felder *WarengruppeID*, *MehrwertsteuersatzID* und *EinheitID* sind noch einfache Felder vom Typ *Zahl*, sollen aber gleich zu Nachschlagefeldern werden – allein die Tabellen, in denen nachgeschlagen werden soll, fehlen noch. Das Feld Einzelpreis erhält den Datentyp *Währung* (siehe Abbildung 2.14). Damit später beim Hinzufügen der Felder zu Formularen und Berichten gleich wieder passende Beschriftungsfelder erstellt werden (also etwa *Warengruppe* statt *WarengruppeID* oder *MwSt.-Satz* statt *Mehrwertsteuersatz*), stellen Sie die Eigenschaft *Beschriftung* für die betroffenen Felder gleich auf die gewünschten Texte ein.

2.3.2 Die Tabelle tblMehrwertsteuersaetze

Diese Tabelle enthält lediglich zwei Felder und dient als Nachschlage- oder Lookup-Tabelle für das Feld *MehrwertsteuersatzID* der Tabelle *tblArtikel*. Das Feld *MehrwertsteuersatzID* der Tabelle *tblMehrwertsteuersätze* dient als Primärschlüsselfeld. Das Feld *Mehrwertsteuersatz* soll den Zahlenwert aufnehmen, der dem Mehrwertsteuersatz entspricht. Hier wird es interessant: Gelegentlich findet man in Beispieldatenbanken solche Felder, die den Zahlenwert 7 oder 19 enthalten, die um das Prozentzeichen ergänzt werden. Das ist beim Berechnen der Mehrwertsteuerbeträge unpraktisch, weil man alles noch durch 100 teilen muss. In unserer Anwendung soll das Feld *Mehrwertsteuersatz* daher die Werte *0,07* und *0,19* aufnehmen. Dann kann man den Betrag einfach mit dem Mehrwertsteuersatz multiplizieren, um den Mehrwertsteuerbetrag zu erhalten.

Artikel verwalten

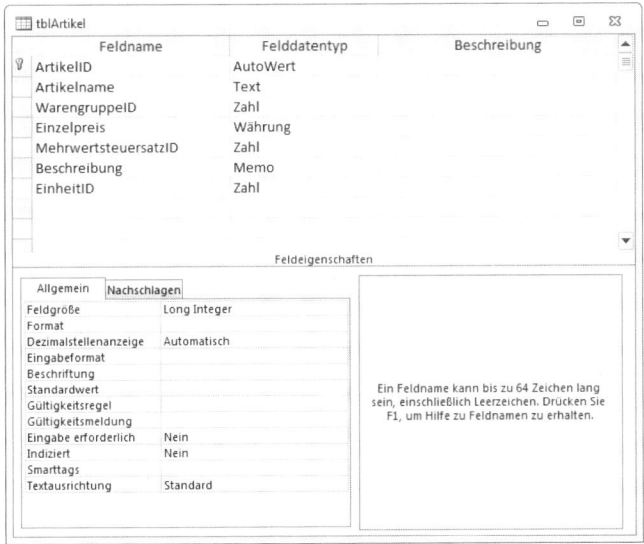

Abbildung 2.14: Entwurf der Tabelle *tblArtikel*

Nun kommt es noch darauf an, welchen Datentyp Sie für die Prozentzahl verwenden. Gleitkommazahlen liefern mitunter Rundungsfehler, weshalb gerade für Zahlen, die mit Währungsbeträgen multipliziert werden, ein Festkommazahlen-Datentyp verwendet werden sollte. Access macht es uns an dieser Stelle einfach: Wir verwenden einfach den Datentyp *Währung* und stellen als Format die Eigenschaft *Prozentzahl* ein (siehe Abbildung 2.15).

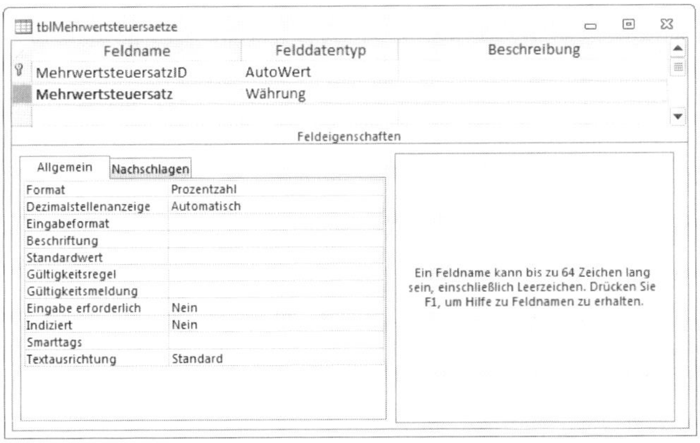

Abbildung 2.15: Entwurf der Tabelle *tblMehrwertsteuersaetze*

Das Interessante dabei ist, wie Access nun Eingaben in dieses Feld verarbeitet. Dazu wechseln Sie in die Datenblattansicht der Tabelle und geben die beiden Zahlenwerte *7* und *19* ein. Die Tabelle zeigt die Werte wie erwartet als *7%* und *19%* an (siehe Abbildung 2.16).

69

Kapitel 2 Datenmodell

Abbildung 2.16: Eingabe von Prozentzahlen in eine Tabelle

Aber welche Werte sind nun in der Tabelle gespeichert? Dies bekommen Sie leicht heraus, indem Sie eine Abfrage auf Basis der Tabelle *tblMehrwertsteuersaetze* erstellen und die Eigenschaft *Format* für das Feld *Mehrwertsteuersatz* auf *Allgemeine Zahl* einstellen (siehe Abbildung 2.17).

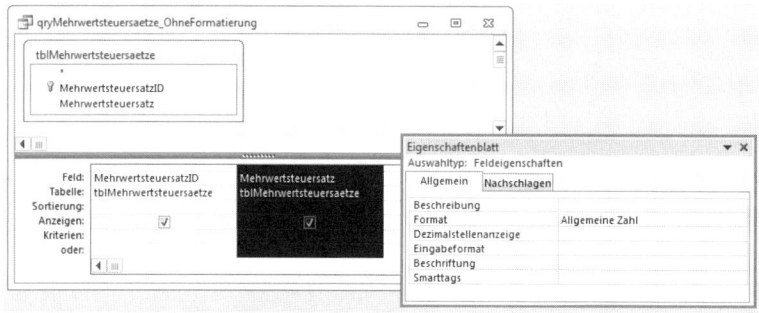

Abbildung 2.17: Diese Abfrage soll die wahren Werte hinter den Prozentzahlen sichtbar machen.

Das Ergebnis ist erfreulich: Hinter den Prozentzahlen verbergen sich in Wirklichkeit Festkommazahlen, welche die Prozentzahlen in Hundertsteln ausdrücken (siehe Abbildung 2.18).

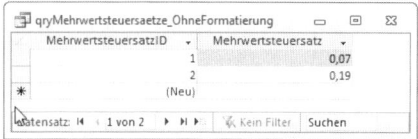

Abbildung 2.18: Die wahren Werte hinter Prozentzahlen

Nachdem die Tabelle fertiggestellt ist, können Sie auch das Zahlenfeld *MehrwertsteuersatzID* der Tabelle *tblArtikel* in ein Nachschlagefeld umwandeln. Dazu schließen Sie zunächst die Tabelle *tblMehrwertsteuersaetze* und öffnen dann die Tabelle *tblArtikel* in der Entwurfsansicht.

Weiter oben haben Sie am Beispiel des Feldes *AnredeID* der Tabelle *tblKunden* bereits erfahren, wie Sie eine Beziehung samt Nachschlagefeld per Assistent erstellen, nun exerzieren wir das einmal in Handarbeit durch. Klicken Sie im Entwurf der Tabelle *tblArtikel* auf das Feld *MehrwertsteuersatzID* und zeigen Sie die Registerseite *Nachschlagen* im Bereich *Feldeigenschaften* an. Dort wählen Sie zunächst den Wert *Kombinationsfeld* für die Eigenschaft *Steuerelement anzeigen* aus. Als Datensatzherkunft legen Sie den folgenden Ausdruck fest:

```
SELECT MehrwertsteuersatzID, Mehrwertsatz FROM tblMehrwertsteuersaetze
ORDER BY Mehrwertsteuersatz;
```

Diese Abfrage liefert die Felder *MehrwertsteuersatzID* und *Mehrwertsteuersatz* für alle Datensätze der Tabelle *tblMehrwertsteuersaetze* zurück, und zwar in alphabetischer Reihenfolge für die Werte des Feldes *Mehrwertsteuersatz*. Sie brauchen diese Abfrage nicht manuell einzugeben, sondern können auch auf die Schaltfläche mit den drei Punkten rechts klicken und die nun erscheinende leere Abfrage mit der Tabelle *tblMehrwertsteuersaetze* füllen und das Entwurfsraster wie in Abbildung 2.19 ausstatten.

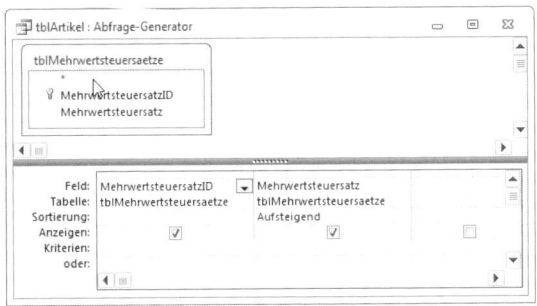

Abbildung 2.19: Datensatzherkunft für ein Nachschlagefeld in der Entwurfsansicht

Die Einstellung der beiden Eigenschaften *Spaltenanzahl* und *Spaltenbreiten* auf die Werte *2* und *0cm* sorgt dafür, dass zwar beide Felder im Nachschlagefeld angezeigt werden, das erste aber mit der Spaltenbreite *0cm* und somit quasi unsichtbar ist. Die zweite Spalte nimmt, da keine explizite Breite angegeben wurde, den Rest der Breite des Nachschlagefeldes ein.

Das waren schon alle Einstellungen, die Sie im Tabellenentwurf vornehmen müssen. Der Entwurf sieht nun wie in Abbildung 2.20 aus.

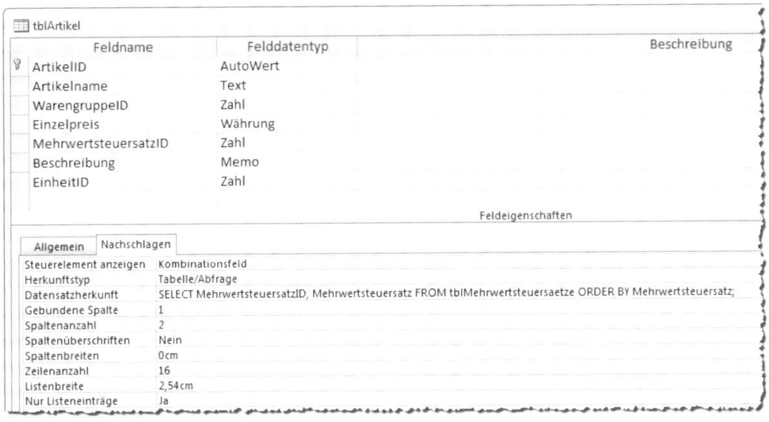

Abbildung 2.20: Manuelles Anlegen eines Nachschlagefeldes

Kapitel 2 Datenmodell

Nun fehlt noch das Anlegen der Beziehung. Schließen Sie die Tabelle *tblArtikel* und öffnen Sie mit dem Ribbon-Befehl *Datenbanktools|Beziehungen|Beziehungen* das Beziehungsfenster.

Betätigen Sie die rechte Maustaste und rufen Sie den Eintrag *Tabelle anzeigen...* des Kontextmenüs auf. Fügen Sie damit die beiden Tabellen *tblArtikel* und *tblMehrwertsteuersaetze* zum Beziehungsfenster hinzu.

Ziehen Sie dann das Feld *MehrwertsteuersatzID* von der Tabelle *tblMehrwertsteuersaetze* auf das gleichnamige Feld der Tabelle *tblArtikel*. Es erscheint automatisch der Dialog *Beziehungseigenschaften*, mit dem Sie nur die oberste Option namens *Mit referentieller Integrität* aktivieren (siehe Abbildung 2.21).

Die Eigenschaft *Löschweitergabe an verwandte Datensätze* dürfen Sie auf gar keinen Fall aktivieren: Dies würde bedeuten, dass beim Versuch, einen der Mehrwertsteuersätze zu löschen, auch alle Artikel gelöscht werden, denen dieser Mehrwertsteuersatz zugewiesen wurde. Wenn Sie diese Option nicht aktivieren, führt der Versuch, einen bereits verwendeten Mehrwertsteuersatz zu löschen, zu einer Fehlermeldung.

Die Eigenschaft *Aktualisierungsweitergabe an verwandte Felder* bedeutet, dass beim Ändern der Primärschlüsselwerte auch die damit verknüpften Fremdschlüsselwerte aktualisiert werden. Dies sollte allerdings nötig sein.

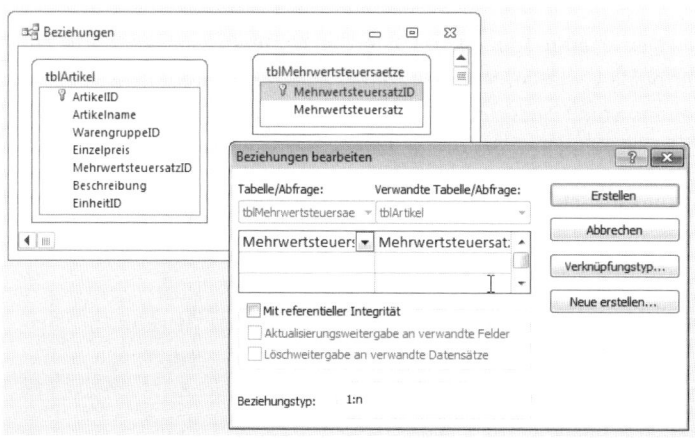

Abbildung 2.21: Einstellen der Eigenschaften einer frisch erstellten Beziehung

Nach dem Schließen der Beziehungs-Eigenschaften zeigt das Beziehungsfenster die neue Beziehung an, und zwar mit den Symbolen, die eine 1:n-Beziehung mit referentieller Integrität markieren (siehe Abbildung 2.22).

Fehlt nur noch die Probe aufs Exempel. Also schließen Sie den *Beziehungen*-Dialog und öffnen die Tabelle *tblArtikel* in der Datenblattansicht. Und die Auswahl des Mehrwertsteuersatzes funktioniert, wie Abbildung 2.23 zeigt.

Artikel verwalten

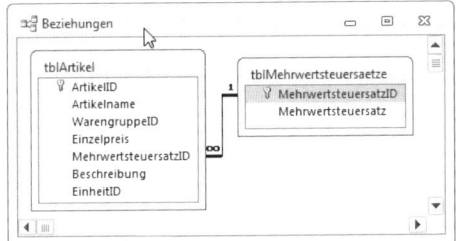

Abbildung 2.22: Manuell erstellte Beziehung mit referentieller Integrität und Löschweitergabe

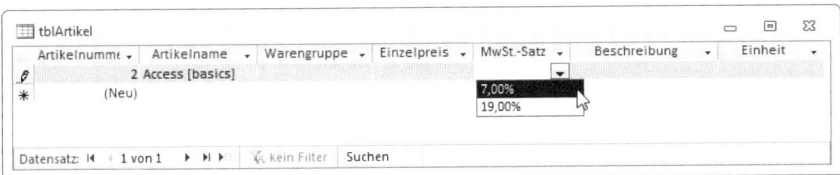

Abbildung 2.23: Es funktioniert: Das Nachschlagefeld liefert die gewünschten Werte.

2.3.3 Die Tabelle tblWarengruppen

Diese Tabelle besteht ebenfalls nur aus zwei Feldern, nämlich dem Primärschlüsselfeld *WarengruppeID* und dem Textfeld *Warengruppe*. Das Feld *Warengruppe* weist eine Besonderheit auf, und zwar soll es jede Warengruppen-Bezeichnung nur ein einziges Mal aufnehmen. Dies könnten Sie beim Anlegen neuer Warengruppen später im Formular vor dem Speichern der Daten prüfen, aber ebenso leicht lässt sich dies direkt im Tabellenentwurf festlegen.

Dazu markieren Sie einfach das Feld *Warengruppe* und stellen in den Eigenschaften des Feldes die Eigenschaft *Indiziert* auf *Ja (Ohne Duplikate)* ein (siehe Abbildung 2.24).

Abbildung 2.24: Definieren eines eindeutigen Feldes

Kapitel 2 Datenmodell

Wenn der Benutzer nun einen bereits vorhandenen Wert in das Feld *Warengruppe* einträgt, löst dies die Meldung aus Abbildung 2.25 aus. Die gleiche Meldung können Sie in Formularen, die an diese Tabelle gebunden sind, unterbinden und durch eine eigene Meldung ersetzen – dazu später mehr.

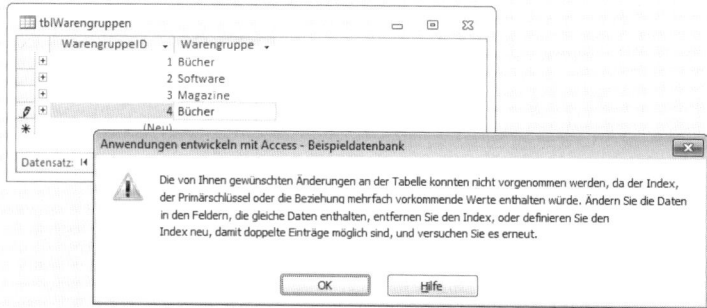

Abbildung 2.25: Das Hinzufügen eines bereits vorhandenen Eintrags liefert eine Fehlermeldung.

Auch hier erstellen Sie nun in der Tabelle *tblArtikel* ein Nachschlage-Feld für das Feld *WarengruppeID*. Aus Gründen der Effizienz verwenden wir diesmal wieder den Nachschlage-Assistenten.

Es gibt nur einen Unterschied in der Definition der Beziehung zwischen den beiden Tabellen, den Sie in Abbildung 2.26 erkennen: Die Option *Aktualisierungsweitergabe an verwandte Felder* ist in diesem Fall aktiviert.

Warum das? Weil es geschehen kann, dass Sie Werte des Feldes *WarengruppeID* einmal an die Warengruppe oder Kategorie etwa eines Warenwirtschaftssystems oder einer Plattform wie eBay anpassen müssen.

Und wenn die Aktualisierungsweitergabe aktiviert ist, werden alle Werte in dem Fremdschlüsselfeld, das mit dieser Tabelle verknüpft ist, ebenfalls aktualisiert – in diesem Fall das Nachschlage-Feld *WarengruppeID* der Tabelle *tblArtikel*.

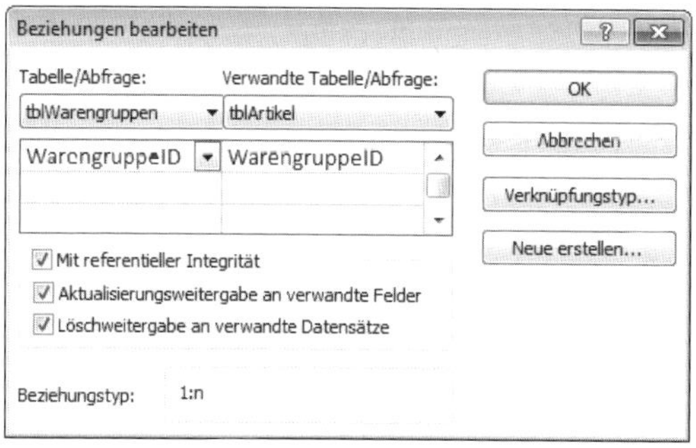

Abbildung 2.26: Aktivieren der Aktualisierungsweitergabe

2.3.4 Die Tabelle tblEinheiten

Da diese Tabelle fast genauso aufgebaut ist wie die Tabelle *tblWarengruppen* (mit dem Unterschied, dass die Aktualisierungsweitergabe für die Beziehung nicht aktiviert ist), hier nur kurz die Entwurfsansicht der Tabelle (siehe Abbildung 2.27). Auch hier soll für das Feld *Einheiten* ein eindeutiger Index festgelegt werden.

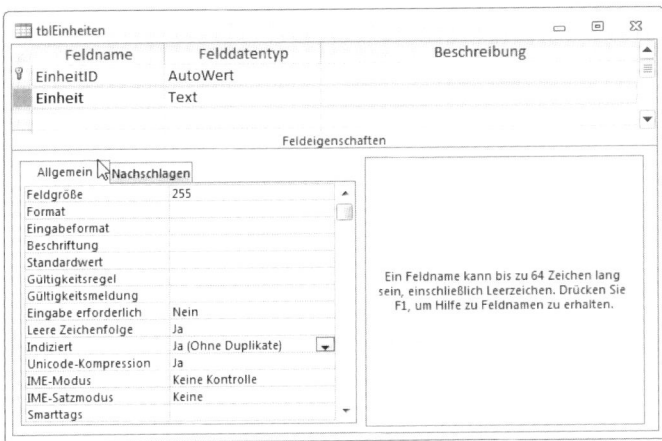

Abbildung 2.27: Entwurfsansicht der Tabelle *tblEinheiten*

2.3.5 Die Tabelle tblArtikel und die verknüpften Tabellen im Überblick

Bevor wir zum nächsten größeren Bereich des Datenmodells weitergehen, werfen wir noch einen Blick auf die Tabelle *tblArtikel* und ihre Lookup-Tabellen, aus denen jeweils die Werte für die Nachschlage-Felder stammen (siehe Abbildung 2.28).

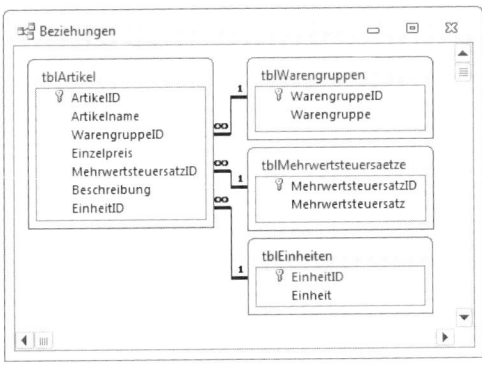

Abbildung 2.28: Die Tabelle *tblArtikel* und ihre Lookup-Tabellen

Kapitel 2 Datenmodell

2.4 Bestellungen verwalten

Wie man es dreht und wendet, es ändert sich nichts daran: Das Erfassen von Bestellungen beginnt mit dem Erstellen eines Datensatzes in einer Tabelle (meist namens *tblBestellungen*) mit den Basisdaten der Bestellung, die den Kunden referenziert (der gegebenenfalls als Erstes erfasst werden muss) und andere Angaben wie das Bestelldatum, das Lieferdatum et cetera aufnimmt.

Und es endet mit dem Hinzufügen der Bestellpositionen, welche jeweils einen Eintrag der Tabelle *tblArtikel* mit der Tabelle *tblBestellungen* zusammenführt. Die Bestellpositionen landen dabei in einer Tabelle namens *tblBestellpositionen*, die typischerweise zwei Fremdschlüsselfelder zum Festlegen der Bestellung und des Artikels sowie weitere Felder für die Menge, den Einzelpreis, den Rabatt und die Mehrwertsteuer enthält.

Bestellpositionen: Redundanz mit Sinn

Dass die Tabelle *tblBestellpositionen* die Menge und den Rabatt zu dem enthaltenen Artikel speichern muss, ist logisch. Aber warum sollen auch der Einzelpreis und der Mehrwertsteuersatz in dieser Tabelle landen, obwohl diese Daten doch bereits mit dem Artikel in der Tabelle *tblArtikel* gespeichert sind? Der Grund ist einfach: Sie möchten vielleicht irgendwann einmal anhand der in der Datenbank gespeicherten Daten auswerten, wann Sie welchen Umsatz gemacht haben.

Wenn Sie aber nun den Preis (und auch den Mehrwertsteuersatz) nur in der Artikeltabelle speichern und Sie die Preise oder der Gesetzgeber den Mehrwertsteuersatz ändert, können Sie nicht mehr reproduzieren, zu welchem Preis ein Artikel früher einmal verkauft wurde. Sie könnten zwar in einer weiteren Tabelle die Historie der Artikelpreise und der Mehrwertsteuer speichern, hätten dann aber einigen Aufwand, um ältere Rechnungspositionen mit den jeweils gültigen Preisen zusammenzuführen. Also fügen wir zu jeder Bestellposition den aktuell gültigen Preis und auch den Mehrwertsteuersatz hinzu, um immer direkt auf den zum Bestellzeitpunkt gültigen Preis zugreifen zu können. Das Schöne ist, dass diese Informationen auch dann zur Verfügung stehen, wenn Sie einmal Bestelldaten archivieren.

2.4.1 Die Tabelle tblBestellungen

Die Tabelle *tblBestellungen* enthält neben dem Primärschlüsselfeld *BestellungID* zunächst ein Fremdschlüsselfeld zur Auswahl des Kunden, der die Bestellung durchgeführt hat. Dieses fügen Sie mithilfe des Nachschlage-Assistenten hinzu, wobei Sie davon profitieren, dass wir für die Kundentabelle ein Feld namens *Kundenbezeichnung* hinzugefügt haben, das später mit eindeutigen Kundeninformationen gefüllt wird – also beispielsweise so: *12 - Minhorst, André (Redaktionsbüro)*. Wählen Sie also an entsprechender Stelle im Nachschlage-Assistenten neben *KundeID* dieses Feld aus (siehe Abbildung 2.29).

Bestellungen verwalten

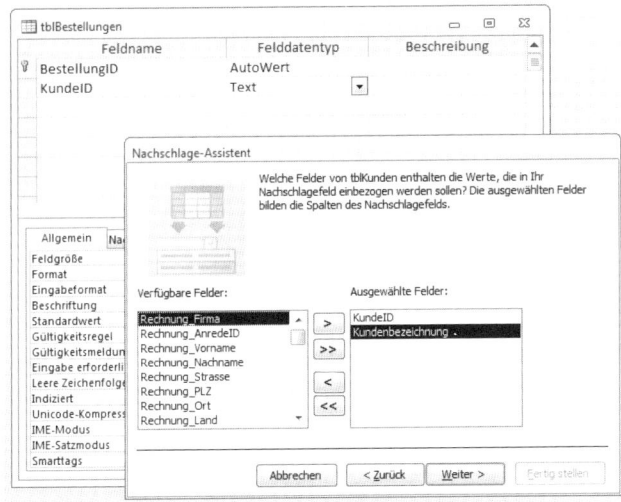

Abbildung 2.29: Erstellen des Nachschlagefeldes für den Kunden einer Bestellung

Die 1:n-Beziehung zwischen den Feldern *KundeID* der Tabellen *tblBestellungen* und *tblKunden* soll übrigens mit referentieller Integrität und Löschweitergabe definiert werden. Während Sie das unter Access 2010 direkt im Nachschlage-Assistent festlegen können, müssen Sie unter Access 2007 noch das Beziehungen-Fenster bemühen (*Datenbanktools|Beziehungen|Beziehungen*). Dort fügen Sie, soweit noch nicht vorhanden, über den Dialog *Tabelle anzeigen* (zu öffnen mit dem gleichnamigen Kontextmenü-Eintrag) die beiden Tabellen *tblBestellungen* und *tblKunden* hinzu. Danach klicken Sie doppelt auf den Beziehungspfeil zwischen den beiden Tabellen und nehmen die Einstellungen aus Abbildung 2.30 vor.

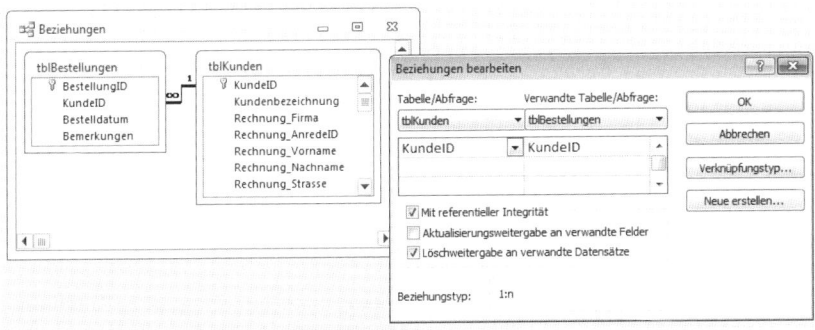

Abbildung 2.30: Beziehung zwischen Bestellungen und Kunden

Danach fügen Sie noch die Felder *Bestelldatum* mit dem Datentyp *Datum/Uhrzeit* und das Feld *Bemerkungen* (Datentyp *Memo*) zur Tabelle *tblBestellungen* hinzu, sodass diese wie in Abbildung 2.31 aussieht.

Kapitel 2 Datenmodell

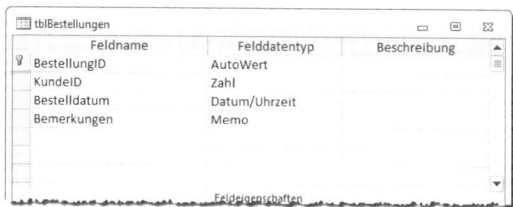

Abbildung 2.31: Entwurf der Tabelle *tblBestellungen*

Stellen Sie auch hier wieder die Eigenschaft *Beschriftung* für die beiden Felder *BestellungID* und *KundeID* auf *Bestellnummer* und *Kunde* ein (das Feld *KundeID* ist ein Nachschlagefeld und zeigt das Feld *Kundenbezeichnung* an, daher die Beschriftung *Kunde* und nicht etwa *Kundennummer*).

2.4.2 Die Tabelle tblBestellpositionen

Nun folgen die Bestellpositionen, also die Kombinationen aus Bestellung und Artikel, die wohl eines der bekanntesten Beispiele für eine m:n-Beziehung darstellen. m:n-Beziehung heißt in diesem Fall, dass jeder Artikel der Tabelle *tblArtikel* jeder Bestellung aus *tblBestellungen* zugeordnet werden kann und umgekehrt – die Beziehungen sollen also alle Kombinationen aus Bestellungen und Artikel abbilden können.

Während das Zuweisen etwa jedes Kunden zu einer Bestellung noch über ein einziges Fremdschlüsselfeld in Form eines Nachschlagefeldes abgebildet werden kann, benötigen Sie für die Umsetzung einer m:n-Beziehung eine weitere Tabelle, die gleich zwei Fremdschlüsselfelder enthält: eine zur Auswahl eines Datensatzes der Tabelle *tblBestellungen* und ein weiteres zur Auswahl eines Datensatzes der Tabelle *tblArtikel*. Die nun zu erstellende Tabelle *tblBestellpositionen* bildet also mithilfe zweier 1:n-Beziehungen die beziehungstechnische Umsetzung einer m:n-Beziehung ab.

Schreiten wir zur Tat: Erstellen Sie eine neue Tabelle namens *tblBestellpositionen* und fügen Sie zunächst das Primärschlüsselfeld *BestellpositionID* mit dem Felddatentyp *Autowert* hinzu. Danach folgen bereits die beiden Fremdschlüsselfelder, von denen Sie allerdings nur das Feld *ArtikelID* mit dem Nachschlage-Assistenten erstellen.

Das erste Fremdschlüsselfeld *BestellungID* wird nirgends als Kombinationsfeld benötigt, daher können Sie auch einfach nur die Beziehung erstellen. Legen Sie also erstmal das Feld *BestellungID* an und weisen Sie ihm den Datentyp *Zahl* zu – die Beziehung erstellen wir gleich im Anschluss.

Danach verwenden Sie den Nachschlage-Assistenten, um das Feld *ArtikelID* hinzuzufügen. Wählen Sie die Tabelle *tblArtikel* als Datenherkunft aus und legen Sie die beiden Felder *ArtikelID* und *Artikelname* fest.

Sortieren Sie aufsteigend nach dem Artikelnamen. Unter Access 2010 legen Sie gleich im Nachschlage-Assistenten *Datenintegrität* und *Löschweitergabe* fest. Mit der Löschweitergabe sorgen Sie dafür, dass beim Löschen von Artikeln auch die Bestellpositionen gelöscht werden, die sich auf diesen Artikel beziehen.

Anschließend fügen Sie noch die Felder *Einzelpreis*, *Mehrwertsteuersatz*, *Menge* und *Rabatt* hinzu. Das Feld *Einzelpreis* soll den Datentyp *Währung* erhalten, *Menge* den Datentyp *Zahl*. Für die beiden Felder *Mehrwertsteuersatz* und *Rabatt* gilt, was wir bereits oben für das Feld *Mehrwertsteuersatz* der Tabelle *tblMehrwertsteuersaetze* festgelegt haben: Beide sollen ihre Werte wegen eventueller Rundungsfehler möglichst genau abbilden, daher stellen wir den Datentyp auf *Währung* und das Format auf *Prozentzahl* ein (siehe Abbildung 2.32).

Außerdem ist es sinnvoll, für die Menge und den Rabatt Standardwerte vorzugeben. Während der *Einzelpreis* und der *Mehrwertsteuersatz* automatisch auf Basis des gewählten Artikels eingetragen werden sollen, muss der Benutzer *Menge* und *Rabatt* selbst festlegen. Tragen Sie daher für die Eigenschaft *Standardwert* des Feldes *Menge* den Wert *1* und für das Feld *Rabatt* den Wert *0* ein.

Apropos *Menge*: Sie könnten versucht sein, das Feld zur Angabe der Anzahl des Artikels einer Bestellposition mit *Anzahl* zu bezeichnen. Tun Sie das nicht! Dies führt zu größten Problemen, wenn Sie später Abfragen und Formulare auf Basis dieses Feldes erstellen. Der Grund ist einfach: *Anzahl* ist der deutsche Name einer eingebauten VBA-Funktion.

Microsoft hat es etwas zu gut gemeint bei der Übersetzung von Access in andere Sprachen und auch solche Bezeichnungen ins Deutsche übertragen. Access kann hier nicht erkennen, dass Sie eigentlich ein Feld referenzieren.

Deshalb sollten Sie immer prüfen, ob ein Feldname nicht bereits als eingebaute Funktion im Einsatz ist (ein anderes gefährliches Beispiel ist *Name* – verwenden Sie also immer einen Zusatz für Feldnamen und andere Bezeichnungen wie etwa *Artikelname* oder *Vorname/Nachname*). Dies gilt nun speziell, wenn Sie Feldbezeichnungen in der jeweiligen Anwendungssprache verwenden. Wenn Sie mit der englischen Version arbeiten, ist *Anzahl* in Ordnung – *Name* wäre aber trotzdem kein guter Name für ein benutzerdefiniertes Element.

Für die spätere Verwendung in Formularen legen wir noch die Beschriftung für die Bezeichnungsfelder von Steuerelementen fest, die auf Basis der in dieser Tabelle enthaltenen Felder erzeugt werden. Tragen Sie für die Felder *ArtikelID* und *Mehrwertsteuersatz* die Beschriftungen *Artikel* und *MwSt.-Satz* ein. Die Felder *BestellpositionID* und *BestellungID* treten in Formularen nicht auf. Warum verwenden wir für *ArtikelID* die Beschriftung *Artikel* und nicht etwa *Artikelnummer*? Weil es sich um ein Nachschlagefeld handelt und es den Namen der Artikel anzeigt.

Es fehlt noch die Beziehung zwischen dem Feld *BestellungID* und dem gleichnamigen Feld der Tabelle *tblBestellungen*. Diese legen Sie im Beziehungen-Feld an, indem Sie zunächst die beiden Tabellen *tblBestellungen* und *tblBestellpositionen* hinzufügen und dann das Feld *BestellungID* der Tabelle *tblBestellungen* auf das Feld *BestellungID* der Tabelle *tblBestellpositionen* ziehen.

Kapitel 2 Datenmodell

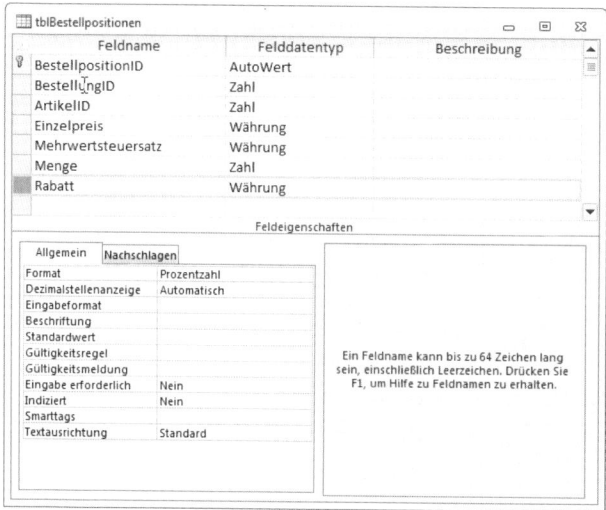

Abbildung 2.32: Entwurf der Tabelle *tblBestellpositionen*

Legen Sie dort außerdem auch für die Beziehung zwischen den Tabellen *tblBestellungen* und *tblBestellpositionen* referentielle Integrität und Löschweitergabe fest (siehe Abbildung 2.33).

Damit sorgen Sie dafür, dass mit einem Datensatz der Tabelle *tblBestellungen* auch gleich alle Datensätze der Tabelle *tblBestellpositionen* gelöscht werden, die mit dieser Bestellung verknüpft sind.

Und machen Sie sich keine Sorgen: Andersherum wirkt es sich nicht auf die Bestelldatensätze aus, wenn Sie eine einzelne Bestellposition entfernen.

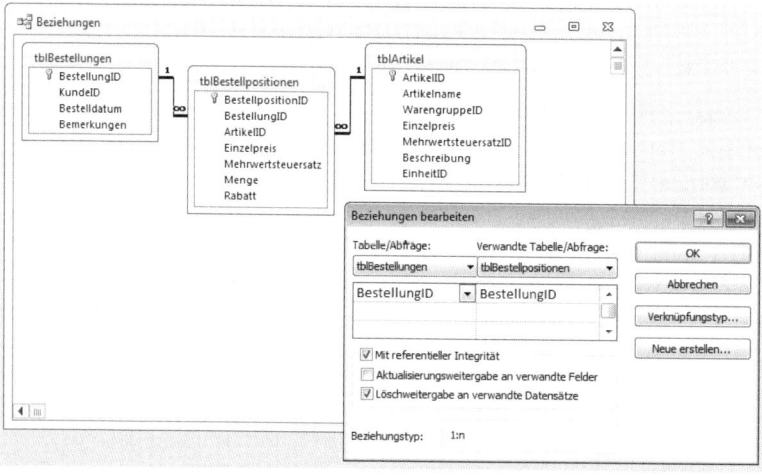

Abbildung 2.33: Definieren der Beziehung zwischen den Tabellen *tblBestellungen* und *tblBestellpositionen*

80

Eindeutige Kombinationen aus Bestellung und Artikel sicherstellen

Um die Arbeiten an der Tabelle *tblBestellpositionen* vorläufig abzuschließen, stellen wir nun noch sicher, dass jede Kombination aus *BestellungID* und *ArtikelID* nur einmal in der Tabelle *tblBestellpositionen* vorkommt. Was bedeutet das und warum benötigen wir diese Einstellung? Ganz einfach: Wenn eine Bestellung aufgenommen wird, soll jeder Artikeldatensatz nur einmal zur Bestellung hinzugefügt werden. Wenn der Kunde einen Artikel mehr als einmal wünscht, soll die Menge für diese Bestellposition entsprechend angepasst werden.

Wie aber verhindern Sie, dass der Benutzer der Anwendung nicht doch einen einzelnen Artikel mehrfach zu einer Bestellung hinzufügt? Der Schlüssel liegt in der Tabelle *tblBestellpositionen*. Mithilfe eines eindeutigen Indexes können Sie dort festlegen, dass Kombinationen von Daten für bestimmte Felder nur einmal vorkommen.

Um diesen Index anzulegen, öffnen Sie die Tabelle in der Entwurfsansicht und klicken dann im Ribbon auf den Eintrag *Entwurf|Einblenden/Ausblenden|Indizes*. Hier finden Sie zumindest bereits den Eintrag *PrimaryKey* vor, der festlegt, dass das Feld *BestellpositionID* ein Primärschlüsselfeld und somit eindeutig ist.

Fügen Sie nun unter Indexname einen weiteren Eintrag namens *UniqueKey* (für *eindeutiger Schlüssel*) hinzu. Wählen Sie in der gleichen Zeile das Feld *BestellungID* aus und stellen Sie die Eigenschaft *Eindeutig* im unteren Bereich auf *Ja* ein. Wie aber legen Sie nun fest, dass nicht die Werte des Feldes *BestellungID* eindeutig sein müssen (was dazu führen würde, dass Sie jeder Bestellung nur eine Bestellposition hinzufügen könnten, und somit falsch wäre), sondern die Kombination der Werte der Felder *BestellungID* und *ArtikelID*? Auch wenn es nicht offensichtlich ist: Sie wählen einfach in der darunter liegenden Zeile unter *Feldname* das Feld *ArtikelID* aus. Der Dialog *Indizes: Bestellpositionen* sollte somit wie in Abbildung 2.34 aussehen.

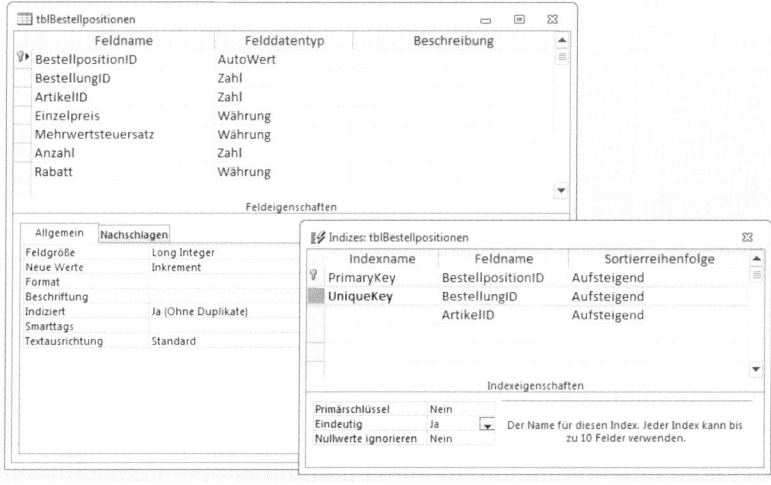

Abbildung 2.34: Definieren eines eindeutigen Indexes für die beiden Felder *BestellungID* und *ArtikelID*

Kapitel 2 Datenmodell

Nach dem Schließen und Speichern der Tabelle könnten Sie nun erste Datensätze hinzufügen – vorausgesetzt, es liegen bereits Datensätze in den Tabellen *tblBestellungen* und *tblArtikel* vor. Und selbst dann sollten Sie lieber das in »Das Unterformular sfmBestellungDetail« (Seite 167) vorgestellte Formular verwenden.

2.5 E-Mail-Kommunikation verwalten

Outlook ist zwar das Werkzeug, das die technische Seite des E-Mail-Verkehrs zwischen dem Benutzer der Datenbank und seinen Kunden bereitstellt, aber die Verwaltung des E-Mail-Verkehrs soll innerhalb der Anwendung stattfinden.

Das bedeutet zum Beispiel, dass alle E-Mails zu einem Kunden in einem Formular angezeigt werden sollen. Die Version der Anwendung, die in diesem Buch beschrieben wird, verwaltet zunächst allein die E-Mail-Kommunikation.

2.5.1 Die Tabelle tblKommunikation

Die Daten einer E-Mail werden in der Tabelle *tblKommunikation* gespeichert. Dazu gehören die folgenden Felder:

» *KommunikationID*: Primärschlüsselfeld der Tabelle

» *KommunikationsartID*: Fremdschlüsselfeld zum Auswählen eines der Datensätze der Tabelle *tblKommunikationsarten*

» *KundeID*: Fremdschlüsselfeld zum Auswählen des Kunden, der an der Kommunikation beteiligt ist

» *Betreff*: Betreff der E-Mail

» *Inhalt*: Inhalt der E-Mail (als Memofeld ausgeführt)

» *Kommunikationsdatum*: Versanddatum der E-Mail

» *EMailVon*: Versender der E-Mail

» *EMailAn*: Empfänger der E Mail

» *EMailCC*: Empfänger von Kopien der E-Mail

» *EMailBCC*: Empfänger von »blinden« Kopien der E-Mail

2.5.2 Die Tabelle tblAnhaenge

Jede E-Mail kann Anhänge enthalten. Diese sollen in einem Verzeichnis gespeichert und in einer Tabelle referenziert werden, die mit dem jeweiligen Datensatz der Tabelle *tblKommu-*

E-Mail-Kommunikation verwalten

nikation verbunden ist. Diese Tabelle heißt *tblAnhaenge* und sieht wie in Abbildung 2.35 aus. Wie die Anhänge benannt werden, ist offen – man könnte diese je Kunde in einem eigenen Verzeichnis speichern und den Dateinamen beibehalten. Allerdings besteht die Gefahr, dass ein Dokument gleichen Namens mehrfach auftaucht. Daher könnte man auch den eigentlichen Dateinamen verwenden und diesem den Wert des Feldes *AnhangID* voranstellen – auf diese Weise erhielte man sicher eindeutige Dateinamen. Jeder Datensatz der Tabelle *tblAnhaenge* wird über das Feld *KommunikationID* mit dem entsprechenden Datensatz der Tabelle *tblKommunikation* verknüpft.

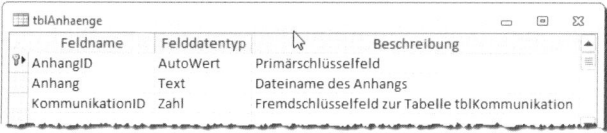

Abbildung 2.35: Tabelle zum Speichern von Anhängen

2.5.3 Die Tabelle tblKommunikationsarten

Für spätere Erweiterungen sollen die Datensätze der Tabelle *tblKommunikation* in verschiedene Kategorien einteilbar sein, beispielsweise Telefon, Telefax, E-Mail oder Brief. Dazu enthält die Tabelle *tblKommunikation* das Feld *KommunikationsartID*, das mit der Tabelle *tblKommunikationsarten* verknüpft ist. Diese Tabelle enthält lediglich zwei Felder, nämlich *KommunikationsartID* (wiederum als Autowert-Primärschlüsselfeld ausgeführt) und *Kommunikationsart*.

Abbildung 2.36: Die Tabelle *tblKommunikationsarten* mit einigen Datensätzen

2.5.4 Die Tabelle tblEMailAdressen

Bei der Kommunikation mit dem Kunden sollen die in Outlook eintreffenden E-Mails automatisch einem Kunden zugeordnet werden. Dies geschieht über die E-Mail-Adresse, da davon ausgegangen werden kann, dass jede E-Mail-Adresse nur jeweils einem Kunden zugeordnet ist. Andersherum kann es jedoch sein, dass ein Kunde mehr als eine E-Mail-Adresse verwendet – eine im Büro, eine private, eine für unterwegs und so weiter. Als primäre E-Mail-Adresse soll immer die Adresse zum Einsatz kommen, die direkt in der Tabelle *tblKunden* gespeichert ist. Aber wenn der Kunde E-Mails schickt, die diesem nicht direkt zugeordnet werden können, sondern nur über den Namen oder den Inhalt der E-Mail, soll die E-Mail-Adresse zu einer Liste weiterer

E-Mail-Adressen hinzugefügt werden. Und damit wir für jeden Kunden mehrere Adressen vorhalten können, legen wir dazu eine eigene Tabelle an, die über ein Fremdschlüsselfeld namens *KundeID* mit der Kundentabelle verknüpft wird (siehe Abbildung 2.37). Die Beziehung zwischen den Tabellen *tblEMailAdressen* und *tblKunden* erkennen Sie in Abbildung 2.38.

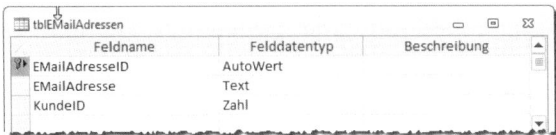

Abbildung 2.37: Entwurf der Tabelle *tblEMailAdressen* zum Speichern von E-Mail-Adressen

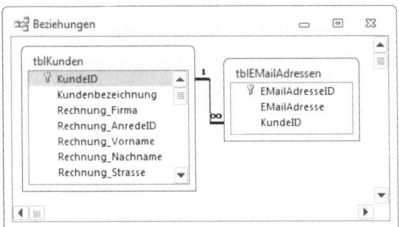

Abbildung 2.38: Beziehung zwischen den Tabellen *tblKunden* und *tblEMailAdressen*

Damit keine E-Mail-Adresse doppelt vergeben werden kann, legen Sie außerdem mit dem Wert *Ja (Ohne Duplikate)* für die Eigenschaft *Indiziert* einen eindeutigen Index für das Feld *EMailAdresse* fest. Das Gleiche holen Sie auch noch für das gleichnamige Feld der Tabelle *tblKunden* nach.

2.5.5 Die Tabelle tblKommunikationAntworten

Um die Kommunikation besonders übersichtlich darzustellen, soll diese nicht einfach in einer Liste angezeigt und nach Datum sortiert, sondern in einem TreeView abgebildet werden. Dazu müssen wir jedoch eine hierarchische Beziehung zwischen den Datensätzen der Tabelle *tblKommunikation* herstellen, wobei ein Datensatz jeweils das übergeordnete Element bildet (*Parent*-Element) und einer das untergeordnete Element (*Child*-Element). Dazu gibt es zwei Möglichkeiten:

» Sie fügen der Tabelle *tblKommunikation* ein Feld hinzu, welches das jeweilige *Parent*-Element festlegt. Dieses Feld würde praktisch eine Verknüpfung zwischen einem Fremdschlüsselfeld des einen Datensatzes der Tabelle *tblKommunikation* und dem Primärschlüsselfeld des übergeordneten Datensatzes herstellen.

» Sie erstellen eine neue Tabelle namens *tblKommunikationsantworten*, die zwei Fremdschlüsselfelder enthält. Beide verweisen auf das Primärschlüsselfeld *KommunikationID* der Tabelle *tblKommunikation*. Das erste gibt den übergeordneten Datensatz an, das zweite den untergeordneten Datensatz, also die Antwort.

E-Mail-Kommunikation verwalten

Der Vorteil der zweiten Methode ist, dass Sie kein Feld reservieren müssen, das nicht immer gefüllt wird. Die Datensätze in der Tabelle *tblKommunikationsantworten* werden ja nur für bestehende Kombinationen aus Kommunikationsdatensatz und Antwort angelegt.

Die Beziehung zwischen den Tabellen sieht wie in Abbildung 2.39 aus, wobei die Tabelle *tblKommunikation* zweimal zum Beziehungsfenster hinzugefügt wurde.

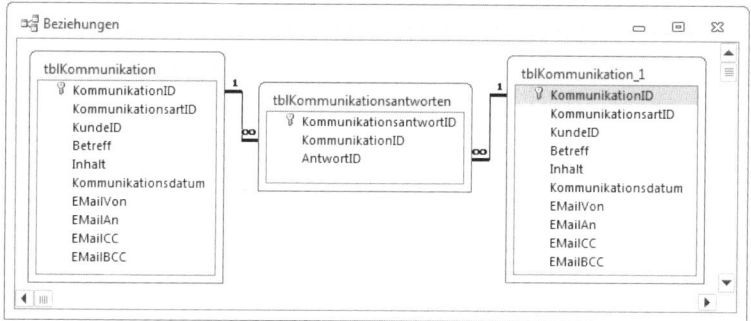

Abbildung 2.39: Verknüpfung der Tabelle *tblKommunikationAntworten* mit der Tabelle *tblKommunikation*

Insgesamt sieht das Datenmodell für diesen Komplex wie in Abbildung 2.40 aus.

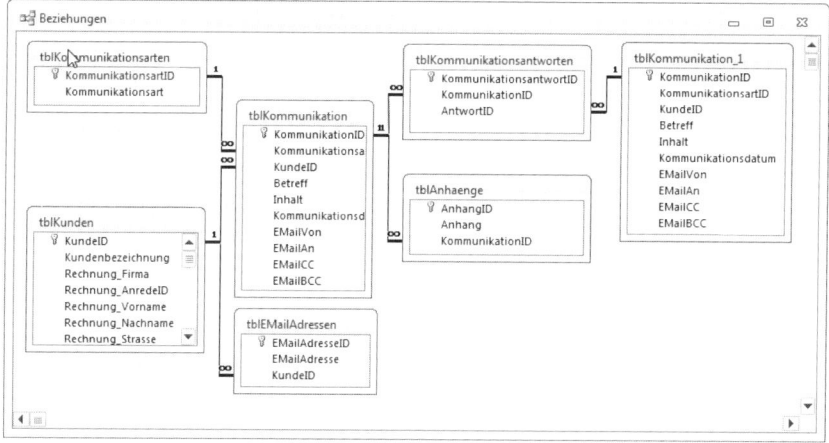

Abbildung 2.40: Datenmodell für die Kommunikation per E-Mail

2.5.6 Die Tabelle tblOptionen

Diese Tabelle enthält einige Optionen, die während der Benutzung der Anwendung teilweise automatisch, teilweise durch den Benutzer angepasst werden und die für verschiedene Anwendungsbereiche eingesetzt werden. Abbildung 2.41 zeigt den Entwurf dieser Tabelle mit

Kapitel 2 Datenmodell

der Erläuterung der verschiedenen Felder. Weitere Informationen finden Sie in den entsprechenden Kapiteln.

Feldname	Felddatentyp	Beschreibung
Version_FE	Text	Speichert die Versionsnummer des Frontends.
LetzterBankkontakt	Zahl	Speichert den Bankkontakt, der beim letzten Aufruf von HBCI genutzt wurde.
LetztesKonto	Zahl	Speichert das zuletzt mit HBCI verwendete Konto.
LetzterFehler	Memo	Speichert Informationen zum zuletzt aufgetretenen Laufzeitfehler.
DateinameKundenanschreiben	Text	Dateiname für Kundenanschreiben mit Platzhaltern, z.B. [Vorlage]_[KundeID]_[Rechnung_Nachname]_[Datum].docx
VerzeichnisKundenanschreiben	Text	Verzeichnis für Kundenanschreiben mit Platzhaltern, z.B. [Backend]\Kundenanschreiben\[KundeID]
VerzeichnisVorlagenAnschreiben	Text	Verzeichnis für Anschreibenvorlagen mit Platzhaltern, z.B. [Backend]\Vorlagen
VerzeichnisRechnungsdateien	Text	Verzeichnis für Rechnungsdateien mit Platzhaltern, z.B. [Backend]\Rechnungen
DateinameRechnungsdateien	Text	Dateiname für Rechnungsdateien mit Platzhaltern, z.B. Rechnung_[KundeID]_[BestellungID].pdf
OutlookordnerMailbestellung	Text	Outlook-Ordner, aus dem Bestellungen eingelesen werden, z.B. \\Outlook\Posteingang\[Bestellungen]\AEMA
Importvergleich_Firma	Ja/Nein	Vergleichsoption für den Import
Importvergleich_Vorname	Ja/Nein	Vergleichsoption für den Import
Importvergleich_Nachname	Ja/Nein	Vergleichsoption für den Import
Importvergleich_Strasse	Ja/Nein	Vergleichsoption für den Import
Importvergleich_PLZ	Ja/Nein	Vergleichsoption für den Import
Importvergleich_Ort	Ja/Nein	Vergleichsoption für den Import

Abbildung 2.41: Entwurf der Tabelle *tblOptionen*

2.5.7 Weitere Tabellendefinitionen

Die Anwendung enthält noch einige weitere Tabellen, die an entsprechender Stelle erwähnt werden. Soweit im Text nicht vorhanden, finden Sie die Erläuterung der einzelnen Felder in der Eigenschaft *Beschreibung* im Tabellenentwurf der Tabellen in der Beispieldatenbank.

2.6 Testdaten anlegen

In den folgenden Kapiteln werden Sie Formulare und Berichte erstellen, welche die in den hier erstellten Tabellen enthaltenen Daten anzeigen. Das einzige Problem ist: Die Tabellen enthalten noch gar keine Daten. Da gibt es nur zwei Möglichkeiten: Entweder Sie haben bestehende Daten, die in die neue Datenbankanwendung übernommen werden sollen, oder Sie legen einfach einige Testdaten an. Das Anlegen von Testdaten ist jedoch eine Arbeit für Programmierer, die Vater und Mutter erschlagen haben.

Allein das Schreiben von drei oder vier Adressdatensätzen treibt mir Schweißperlen auf die Stirn. Also habe ich zu diesem Zweck ein Add-In entwickelt – den *Beispieldaten-Assistent*. Wie Sie den *Beispieldaten-Assistent* herunterladen und installieren, erfahren Sie unter »Beispieldaten-Assistent« (Seite 23).

Nach der Installation können Sie den Beispieldaten-Assistent mit dem Ribbon-Eintrag *Datenbanktools|Add-Ins|Beispieldaten-Assistent* starten. Wählen Sie hier zunächst die Tabelle aus, die Sie mit Daten füllen möchten (hier *tblKunden*). Der Beispieldaten-Assistent zeigt dann alle Felder der Zieltabelle an (siehe Abbildung 2.42).

Der Assistent erkennt automatisch Zusammenhänge zwischen den Feldnamen der Zieltabelle und den verfügbaren Daten. So wird beispielsweise dem Feld *Rechnung_Firma* gleich die Datenart

Testdaten anlegen

Firma zugewiesen. Auch die Nachschlagefelder *Rechnung_AnredeID* und *Liefer_AnredeID* werden erkannt. Probieren Sie die aktuelle Konfiguration aus, indem Sie die gewünschte Menge Datensätze in das Feld *Anzahl Datensätze:* eintragen und auf *Beispieldaten schreiben* klicken.

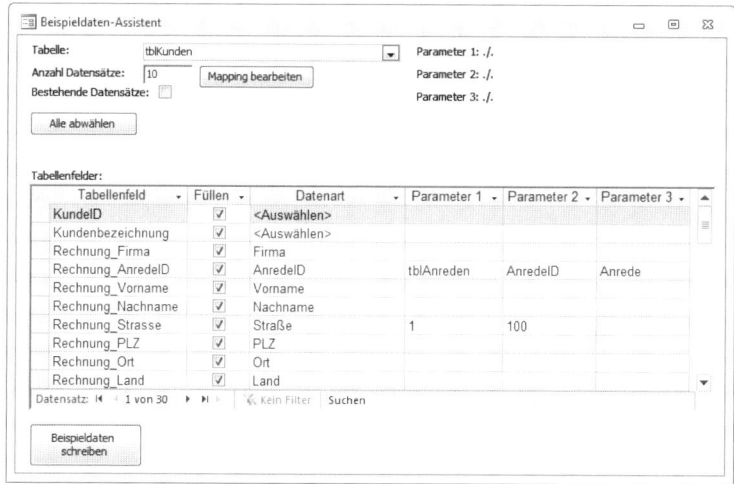

Abbildung 2.42: Der Beispieldaten-Assistent mit ausgewählter Zieltabelle

Das Ergebnis überzeugt: Die Tabelle enthält einige Datensätze, die sehr realistisch daherkommen (siehe Abbildung 2.43). Eigentlich fehlt nur das Feld *Kundenbezeichnung*. Dieses soll fürs Erste mit einem Ausdruck nach dem Schema *<Nachname>, <Vorname>* befüllt werden.

Kein Problem für den Beispieldaten-Assistent: Wählen Sie für das Feld *Kundenbezeichnung* einfach die Datenart *Ausdruck* aus. Für den ersten Parameter geben Sie den gewünschten Ausdruck an, der aus Platzhaltern für die verschiedenen Datenarten steht. In diesem Fall soll der Platzhalter *[Nachname], [Vorname]* lauten (siehe Abbildung 2.44).

Mit diesem Ausdruck fügt der Beispieldaten-Assistent die gewünschten Daten in die Tabelle *tblKunden* ein.

KundeID	KundeNr	Firma	Anrede	Vorname	Nachname	Straße	PLZ	Ort	Land
	17	Breidenbach AG	Herr	Trudbert	Korth	Lenaustraße 12	22081	Hamburg	Deutschland
	18	Lohr GmbH	Herr	Irma	Niebuhr	Jahnstraße 17	70597	Stuttgart	Deutschland
	19	Fabian KG	Frau	Markus	Mehl	Brückenstraße 64	10315	Berlin	Deutschland
	20	Bichler AG	Herr	Reinhart	Leistner	Negrellistraße 28	90453	Nürnberg	Deutschland
	21	Morgenroth AG	Herr	Lewin	Schlemmer	Anzengruberstraße 40	28199	Bremen	Deutschland
	22	Will KG	Frau	Edelhard	Weitzel	Innsbrucker Straße 9	68199	Mannheim	Deutschland
	23	Klinke GmbH	Frau	Ermenfried	Radtke	Kirchenstraße 94	04207	Leipzig	Deutschland
	24	Acker GmbH & Co. KG	Herr	Hubertus	Hess	Hauptstraße 35	90449	Nürnberg	Deutschland
	25	Lipp GmbH & Co. KG	Frau	Germar	Seemann	Johann-Strauß-Straße 16	06120	Halle	Deutschland
	26	Sturm AG	Herr	Violetta	Rempel	Anzengruberstraße 42	45309	Essen	Deutschland
	27	Bergemann GmbH &	Frau	Lucie	Buchner	Mühlstraße 16	10557	Berlin	Deutschland

Abbildung 2.43: Die Tabelle *tblKunden* mit frisch angelegten Testdaten

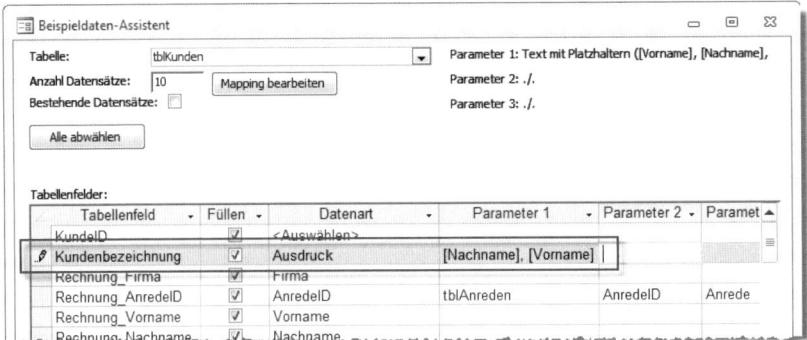

Abbildung 2.44: Verwenden eines Ausdrucks, der aus mehreren Platzhaltern zusammengesetzt wird

Hinweis: Auch wenn der Beispieldaten-Assistent für die hier befüllte Tabelle funktioniert, heißt das noch nicht, dass er auch für alle anderen Tabellen zuverlässig arbeitet – es handelt sich hierbei um ein ausbaufähiges Tool für den Hausgebrauch.

3 Kunden verwalten

Die Verwaltung von Kunden ist einer der häufigsten Anwendungsfälle in Access-Datenbanken. In diesem Kapitel erfahren Sie, wie Sie die Daten der Tabelle *tblKunden* verwalten. Da es das erste Kapitel dieses Buchs ist, das die Erstellung von Formularen beschreibt, finden Sie hier einige grundlegende Aspekte; in den übrigen Kapiteln etwa zu den Themen *Artikelverwaltung* oder *Bestellverwaltung* gehen wir dann etwas mehr ans Eingemachte.

Am Ende des vorliegenden Kapitels werden Sie ein Übersichtsformular mit einem Unterformular zur Anzeige aller Kunden erstellt haben. Von diesem aus können Sie neue Kunden anlegen und vorhandene Kunden bearbeiten oder löschen. Das Anlegen und Bearbeiten erfolgt in einem Detailformular, das bereits einige technische Feinheiten enthalten wird.

3.1 Detailformular erstellen

Um überhaupt manuell Kunden anlegen oder bearbeiten zu können, legen Sie ein Formular an, das alle relevanten Kundendaten anzeigt. Erstellen Sie über den Ribbon-Eintrag *Erstellen|Formulare|Entwurfsansicht* ein neues, leeres Formular. Damit das Formular die Daten der Tabelle *tblKunden* anzeigt, fügen Sie diese als Wert der Eigenschaft *Datenherkunft* hinzu (siehe Abbildung 3.1).

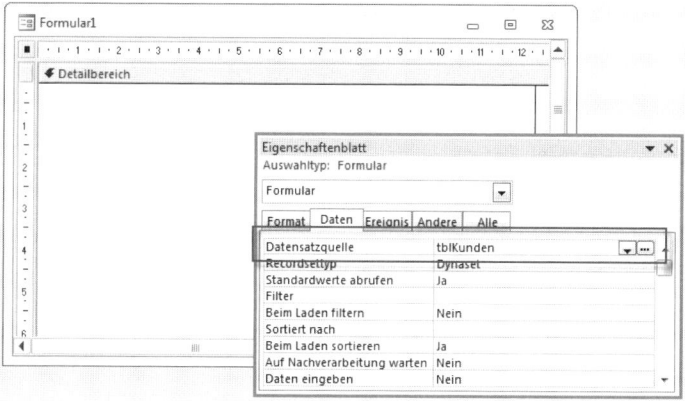

Abbildung 3.1: Festlegen der Datensatzquelle des Formulars

Anschließend finden Sie die Felder der Tabelle *tblKunden* in der Feldliste des Formulars vor. Diese blenden Sie über den Ribbon-Eintrag *Entwurf|Tools|Vorhandene Felder hinzufügen* ein. Die Liste zeigt alle Felder der Datensatzquelle an, in diesem Fall also alle Felder der Tabelle *tblKunden* (siehe Abbildung 3.2).

Kapitel 3 Kunden verwalten

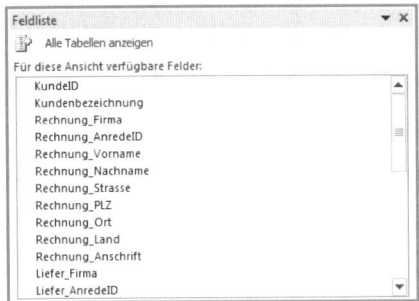

Abbildung 3.2: Liste der Felder der Datensatzquelle des Formulars

Sie können nun per Drag and Drop die benötigten Felder in den Detailbereich des Formularentwurfs ziehen. Dazu markieren Sie zunächst alle gewünschten Felder und platzieren diese dann an der gewünschten Stelle. Als Erstes legen Sie einen Block mit den Rechnungsinformationen an. Markieren Sie also alle Felder, die mit *Rechnung_* beginnen, und ziehen Sie diese dann en bloc in das Formular.

Kombinationsfeld aus Nachschlagefeld

Das Ergebnis sieht wie in Abbildung 3.3 aus. Wie Sie sehen, hat sich die Vorarbeit beim Entwurf der Tabelle *tblKunden* gelohnt: Die Bezeichnungsfelder werden mit korrekten Beschriftungen ausgestattet (also beispielsweise *Firma:* statt *Rechnung_Firma:*) und das Feld *Rechnung_AnredeID* wird als Kombinationsfeld ausgeführt, weil es bereits im Tabellenentwurf als Nachschlagefeld definiert wurde. Und auch die Schriftgröße wird auf den in der Normal-Formularvorlage vorgegebenen Wert eingestellt.

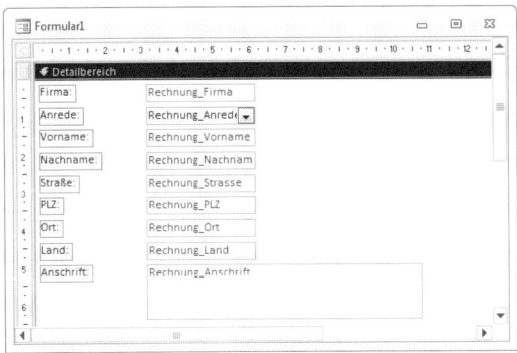

Abbildung 3.3: Frisch eingefügte gebundene Steuerelemente

Auf die gleiche Weise fügen Sie nun die Felder hinzu, deren Name mit *Liefer_* beginnt. Und wie soll man nun die Rechnungs- und die Lieferadresse voneinander unterscheiden? Dazu fügen Sie zwei Rahmen mit entsprechenden Überschriften hinzu. Klicken Sie im Ribbon auf die

Schaltfläche *Entwurf|Steuerelemente|Optionsgruppe* und ziehen Sie damit einen Rahmen in der gewünschten Größe auf (siehe Abbildung 3.4). Markieren Sie auf das Bezeichnungsfeld, das mit dem Rahmen angelegt wird, und klicken Sie erneut darauf, um die Beschriftung in *Rechnungs-/Lieferadresse* zu ändern.

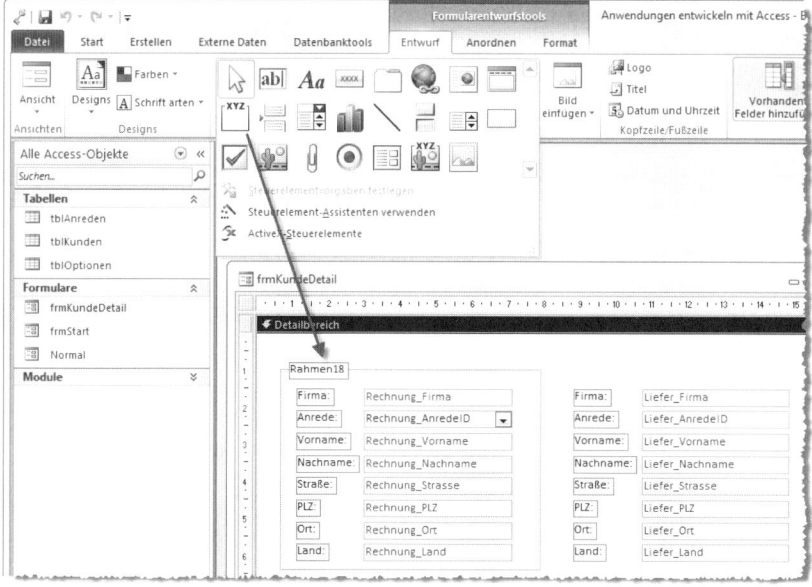

Abbildung 3.4: Rahmen zur optischen Gliederung aufziehen

Fügen Sie danach die Adressfelder für die Lieferanschrift zum Formular hinzu und legen Sie einen weiteren Rahmen an. Das Bezeichnungsfeld dieses Rahmens erhält die Beschriftung *Lieferanschrift*.

3.1.1 Felder anpassen und ausrichten

Nun kümmern wir uns um die Optik der bislang angelegten Steuerelemente. Am besten gelingt dies, wenn die zugrunde liegenden Tabellen bereits einige Datensätze enthalten. Wenn Sie das Buch von vorn gelesen haben, haben Sie die Tabelle *tblKunden* aber sicher bereits mit einigen durch den Beispieldaten-Assistenten generierten Daten gefüllt. Grundsätzlich sollten Sie zunächst einmal die horizontale Ausrichtung vornehmen. Als Erstes erledigen wir dies für die Bezeichnungsfelder der Rechnungsanschrift. Die Bezeichnungsfelder sollen linksbündig am Bezeichnungsfeld des Rahmens ausgerichtet werden. Dazu markieren Sie zunächst alle betroffenen Felder, am einfachsten durch Aufziehen eines vertikalen Rahmens, der alle Bezeichnungsfelder schneidet. Damit haben Sie gegebenfalls auch den Rahmen selbst markiert, der natürlich nicht mit ausgerichtet werden soll. Um den Rahmen aus der Auswahl zu entfernen, halten Sie die Umschalt-Taste gedrückt und klicken gezielt auf den Rahmen.

Kapitel 3 Kunden verwalten

Danach klicken Sie mit der rechten Maustaste auf eines der markierten Elemente und wählen aus dem Kontextmenü den Eintrag *Ausrichten/Linksbündig* aus (siehe Abbildung 3.5).

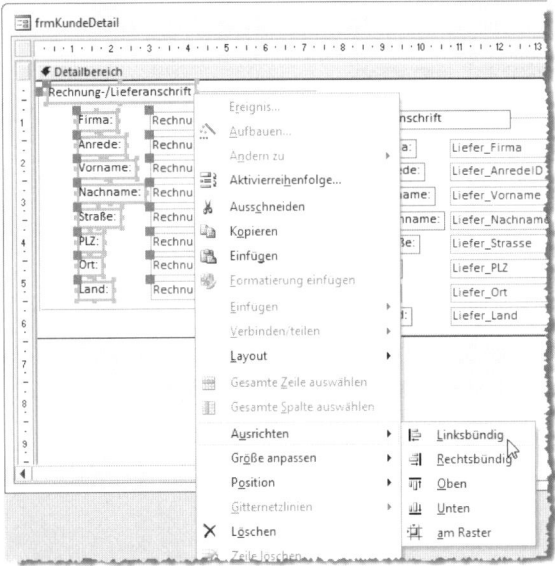

Abbildung 3.5: Ausrichten der Bezeichnungsfelder

Dies richtet die Bezeichnungsfelder linksbündig aus. Nun passen Sie die Breite und Position der Textfelder an. Da Sie alle Textfelder en bloc aus der Feldliste in den Detailbereich gezogen haben, dürften diese zumindest alle den gleichen Abstand zu den Bezeichnungsfeldern haben. Die Textfelder aus Abbildung 3.6 sollen nun erstens näher an die Bezeichnungsfelder heran verschoben und zweitens vergrößert werden.

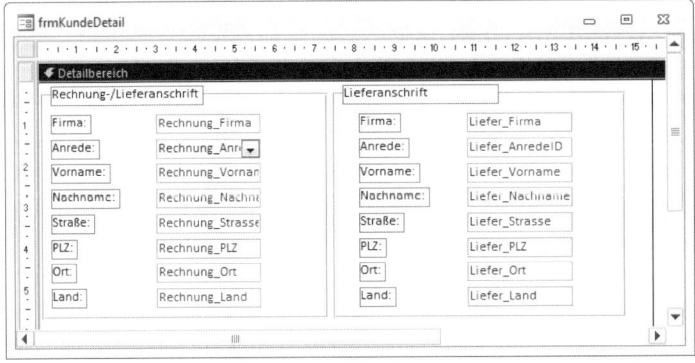

Abbildung 3.6: Die Textfelder sind zu weit rechts und zu schmal.

Dazu führen Sie zwei Schritte durch:

Detailformular erstellen

» Markieren Sie alle Textfelder und ziehen Sie den linken Rand eines der Textfelder näher an die Bezeichnungsfelder heran.

» Vergrößern Sie die Textfelder auf die gleiche Weise nach rechts.

Anschließend können Sie einzelne Felder, die für den Inhalt zu groß sind, noch verkleinern. Änderungen an einzelnen Feldern nehmen Sie am besten in der sogenannten Layout-Ansicht vor, die gleichzeitig die enthaltenen Daten anzeigt und das Anpassen bestimmter Eigenschaften der Steuerelemente erlaubt. Die Layout-Ansicht aktivieren Sie entweder über den Ribbon-Eintrag *Entwurf|Ansichten|Ansicht|Layout-Ansicht* oder über den Eintrag *Layoutansicht* des Kontextmenüs der Titelleiste des Formulars (siehe Abbildung 3.7).

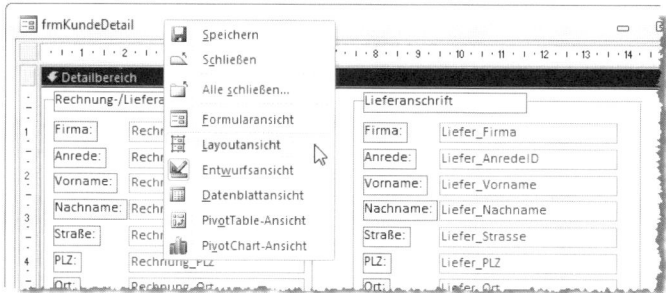

Abbildung 3.7: Aktivieren der Layoutansicht per Kontextmenü

In der Layoutansicht können Sie einzelne Steuerelemente anklicken und deren Position oder Größe einstellen. Änderungen wirken sich dabei jeweils auf das orange markierte Steuerelement aus (siehe Abbildung 3.8). Wenn Sie ein Steuerelement nicht durch Anklicken markieren können, liegt vermutlich ein anderes Steuerelement darüber, weil Sie es später hinzugefügt haben – im vorliegenden Formular könnte das passieren, wenn Sie die Rahmen nach den Textfeldern hinzugefügt haben. Dann gelangen Sie entweder per Tabulator-Taste zum gewünschten Steuerelement oder Sie wechseln zurück in die Entwurfsansicht, markieren das überlappende Steuerelement und verschieben es mit dem Kontextmenü-Eintrag *Position|In den Hintergrund* nach hinten.

Abbildung 3.8: Anpassen der Steuerelementbreite in der Layoutansicht

Kapitel 3 Kunden verwalten

3.1.2 Nachschlagefeld nachträglich einrichten

In der Abbildung erkennen Sie übrigens auch, dass das Feld *Liefer_AnredeID* nicht als Kombinationsfeld ausgelegt wurde. Das liegt daran, dass wir dieses Feld beim Definieren der Tabelle *tblKunden* nicht als Nachschlagefeld definiert haben.

Um das als Textfeld angelegte Feld *Liefer_AnredeID* in ein Kombinationsfeld umzuwandeln, wählen Sie zunächst den Eintrag *Ändern zu|Kombinationsfeld* aus dem Kontextmenü des Textfeldes aus (siehe Abbildung 3.9).

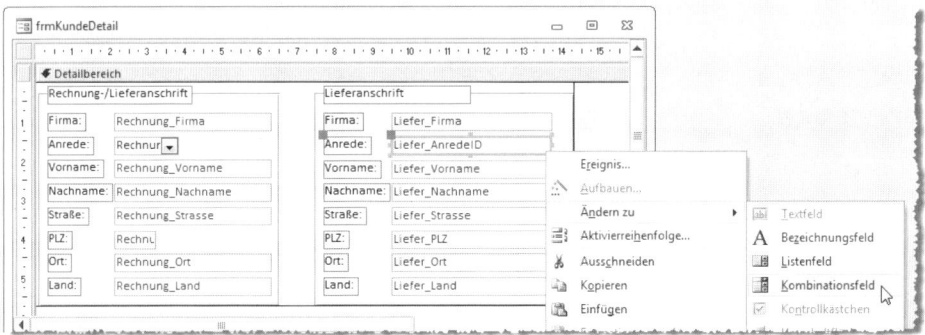

Abbildung 3.9: Umwandeln eines Textfeldes in ein Kombinationsfeld

Danach stellen Sie folgende Eigenschaften ein, damit das Kombinationsfeld die gewünschten Daten anzeigt:

» *Datensatzherkunft*: SELECT AnredeID, Anrede FROM tblAnreden

» *Spaltenanzahl*: 2

» *Spaltenbreiten*: 0cm

Warum wird die Spaltenbreite für die zweite Spalte hier nicht eingetragen? Weil Access das Fehlen dieser Angabe so interpretiert, dass die zweite Spalte den Rest der Breite des Kombinationsfeldes einnimmt. Fertig – das zweite Kombinationsfeld ist hergerichtet.

3.1.3 Aktivierreihenfolge

Wenn Sie mit der Tabulator-Taste durch die Steuerelemente navigieren, werden Sie feststellen, dass diese möglicherweise nicht in der gewünschten Reihenfolge durchlaufen werden. Diese Reihenfolge können Sie jedoch einstellen.

Dazu wechseln Sie in die Entwurfsansicht des Formulars und klicken mit der rechten Maustaste auf eines der Steuerelemente. Öffnen Sie mit dem Eintrag *Aktivierreihenfolge* des Kontextmenüs den Dialog *Reihenfolge* (siehe Abbildung 3.10). Dieser Dialog bietet zwei Funktionen:

Detailformular erstellen

» Mit der Schaltfläche *Automatisch* sortieren Sie die Aktivierreihenfolge der Steuerelemente nach einem bestimmten Schema, was meistens gute Ergebnisse liefert.

» Um einen Eintrag manuell in der Reihenfolge zu verschieben, klicken Sie zunächst auf den zu verschiebenden Eintrag. Dann klicken Sie auf den grauen Bereich links und verschieben den Eintrag per Drag and Drop an die gewünschte Stelle.

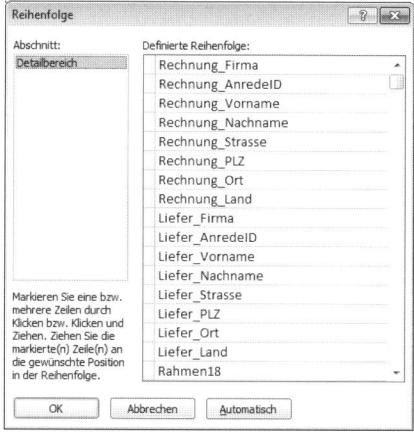

Abbildung 3.10: Mit diesem Dialog stellen Sie die Aktivierreihenfolge der Steuerelemente eines Formulars ein.

Sie können Steuerelemente auch komplett aus der Aktivierreihenfolge herausnehmen. Dazu markieren Sie das Steuerelement in der Entwurfsansicht und wechseln im Eigenschaftsfenster auf die Registerkarte *Andere*. Dort findet sich nicht nur die Eigenschaft *Reihenfolgenposition*, die den numerischen Wert für die Reihenfolgenposition angibt, sondern auch die Eigenschaft *In Reihenfolge* (siehe Abbildung 3.11). Stellen Sie diese Eigenschaft auf den Wert *Nein* ein, damit das Steuerelement beim Durchlaufen mit der Tabulator-Taste nicht mehr berücksichtigt wird.

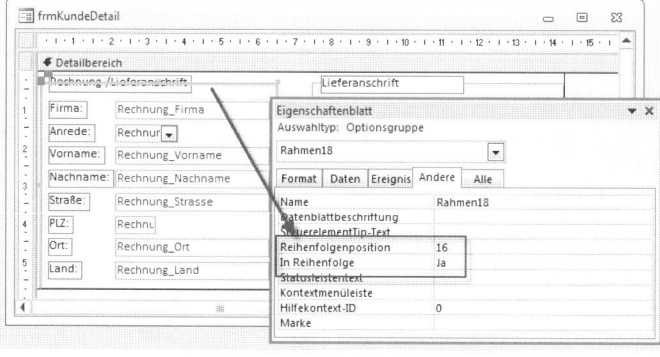

Abbildung 3.11: Einstellen der Aktivierreihenfolge per Eigenschaftsfenster

Kapitel 3 Kunden verwalten

3.1.4 Steuerelementnamen mit Präfixen versehen

Wenn Sie ein Feld wie etwa *KundeID* aus der Feldliste in den Formularentwurf ziehen, erhält das Steuerelement den gleichen Namen wie das Feld, in diesem Fall also auch *KundeID*. Dies ist in manchen Fällen ungünstig. Wenn Sie etwa den Standardwert eines Feldes im Formular per VBA festlegen möchten, müssen Sie nämlich das Steuerelement referenzieren und nicht das Feld.

Was hilft in diesem Fall? Sie können das Steuerelement umbenennen, sodass Sie es vom gleichnamigen Feld unterscheiden können. Dazu stellen Sie dem Steuerelement ein dem Steuerelementnamen entsprechendes Präfix voran, also beispielsweise *txt* für *Textbox*, *cbo* für *Combobox* oder *chk* für *Checkbox*. Wenn Sie später Schaltflächen zum Formular hinzufügen, würden Sie diese etwa mit dem Präfix *cmd* versehen (zum Beispiel *cmdOK*).

Nun aber kümmern wir uns zunächst darum, dass Sie die gebundenen Steuerelemente von den entsprechenden Feldern unterscheiden können. Auf manuellem Wege würden Sie dazu in den Entwurf des Formulars wechseln, das Steuerelement markieren und die Eigenschaft *Name* des Steuerelements anpassen. Da ich grundsätzlich faul bin, habe ich auch dafür ein Add-In programmiert – den *Control-Renamer*. Informationen zum Download und zur Installation erhalten Sie weiter vorne unter »Control-Renamer« (Seite 25).

Den *Control-Renamer* starten Sie über den Ribbon-Eintrag *Datenbanktools|Add-Ins|Controlrenamer*. Das Tool zeigt direkt das erste verfügbare Formular an, das an eine Tabelle oder Abfrage gebunden ist und das noch gebundene Steuerelemente enthält, deren Name mit dem Namen des zugrunde liegenden Feldes übereinstimmt. Abbildung 3.12 zeigt dies beispielsweise für die soeben erstellte Tabelle *frmKundenDetail*. Die linke Spalte liefert die aktuellen Steuerelementnamen, die rechte die Vorschläge des Tools *Control-Renamer*. Klicken Sie links auf *Alle auswählen* und dann auf *Bezeichnungen ändern*, um die vorgeschlagenen Bezeichnungen zu übernehmen.

Abbildung 3.12: Der Control-Renamer in Aktion

Diesen Vorgang wiederholen Sie immer, wenn Sie neue gebundene Steuerelemente zu einem Formular hinzugefügt haben, aber spätestens, bevor Sie Ereignisprozeduren für ein solches Steuerelement anlegen. Der Hintergrund ist, dass eine Ereignisprozedur eines Steuerelements immer den Namen des Steuerelements im Prozedurnamen enthält.

Wenn Sie erst eine solche Ereignisprozedur anlegen (zum Beispiel *AnredeID_AfterUpdate*) und dann den Steuerelementnamen ändern, wird die Ereignisprozedur nicht mehr ausgeführt, weil der Name des Steuerelements (nun etwa *cboAnredeID*) nicht mehr mit dem für die Ereignisprozedur angegebenen Namen übereinstimmt.

3.1.5 Weitere Felder hinzufügen

Anschließend fügen Sie weitere Felder hinzu. Ein Rahmen soll die Überschrift *Kommunikation* tragen und die vier Felder *Telefon*, *Telefax*, *E-Mail* und *Mobil* aufnehmen. Schließlich folgt noch ein Rahmen mit der Beschriftung *Rechnungsdaten*, dem Sie die Felder *Kreditinstitut*, *BLZ*, *Kontonummer*, *IBAN*, *BAC* und *UStIDNr* hinzufügen.

Fehlen noch die beiden Felder *KundeID* und *Kundenbezeichnung*. Diese sollen ganz oben im Formular Platz finden, also markieren Sie alle übrigen Elemente und verschieben diese nach unten. Am genauesten gelingt dies, indem Sie die markierten Objekte mit den Cursor-Tasten positionieren. Wenn Sie dies pixelgenau erledigen wollen, halten Sie dabei die *Strg*-Taste gedrückt! Und wo wir gerade bei den Cursor-Tasten sind: Auch die Höhe und Breite von Steuerelementen lässt sich damit leicht anpassen. Eine Anpassung in groben Schritten erfolgt bei gedrückter *Umschalt*-Taste, eine pixelgenaue Anpassung mit *Strg + Umschalt + Nach oben/Nach unten/Nach links* und *Nach rechts*.

Wenn Sie nun noch die wichtigsten Felder, also Kundennummer/Kundenbezeichnung und die Überschriften der Kästchen, fett hervorheben (durch einzelnes Markieren der Steuerelemente bei gedrückter Umschalt-Taste), sieht das Formular wie in Abbildung 3.13 aus.

3.1.6 Formulareinstellungen für das Detailformular

Bislang haben wir ja lediglich ein Detailformular zum Bearbeiten von Kunden erstellt. Die Frage ist: Wollen Sie selbst bei einigen hundert Kundendatensätzen immer durch alle Datensätze durchblättern, um die Daten zu einem bestimmten Kunden anzuzeigen? Nein! Die Frage ist nur: Wie ermöglichen wir es, dass der Benutzer der Anwendung schnell die Daten des gesuchten Kunden auffindet? Dazu gibt es mehrere Möglichkeiten:

» Sie fügen diesem Formular ein Unterformular in der Datenblattansicht oder ein Listenfeld hinzu, das alle Kunden anzeigt und die Auswahl eines Kunden etwa per Mausklick auf den entsprechenden Listeneintrag erlaubt.

» Sie fügen dem Detailformular eine Suchfunktion hinzu, welche die Eingabe einzelner Buchstaben erlaubt, um damit in festgelegten Feldern der Kundendaten nach dem gewünschten

Kapitel 3 Kunden verwalten

Kunden zu suchen. Dies würde im Gegensatz zur Kundenliste nur einen Bruchteil des Platzes in Anspruch nehmen.

» Sie können auch zusätzlich ein Übersichtsformular zur Anzeige einer Kundenliste erstellen, mit dem Sie einen Kunden auswählen und diesen dann im Detailformular anzeigen.

Abbildung 3.13: Kundendetails, Zwischenstand

Fürs Erste werden wir im Anschluss ein Übersichtsformular erstellen, das alle Kunden anzeigt und das Öffnen des Formulars *frmKundeDetail* mit einem bestimmten Kunden erlaubt. Das bedeutet, dass wir im Formular *frmKundeDetail* nicht mehr durch die Kundendatensätze navigieren müssen.

Also nehmen Sie einige Einstellungen vor, die das Formular von einigen unnötigen Steuerelementen befreien. Dazu stellen Sie die folgenden Eigenschaften auf die nachfolgend angegebenen Werte ein:

» *Navigationsschaltflächen*: *Nein*

» *Datensatzmarkierer*: *Nein*

» *Bildlaufleiste*: *Nein*

» *Trennlinien*: *Nein* (dürfte bereits auf diesen Wert eingestellt sein)

Außerdem soll das Formular beim Öffnen jeweils zentriert eingeblendet werden, was Sie durch die Einstellung der Eigenschaft *Automatisch zentrieren* auf *Ja* erreichen (siehe Abbildung 3.14). Schließlich erhält die Eigenschaft *Beschriftung* des Formulars noch den Wert *Kunde - Detailansicht* – auf diese Weise erscheint in der Titelleiste nicht der Name des Formulars.

Übersichtsformular erstellen

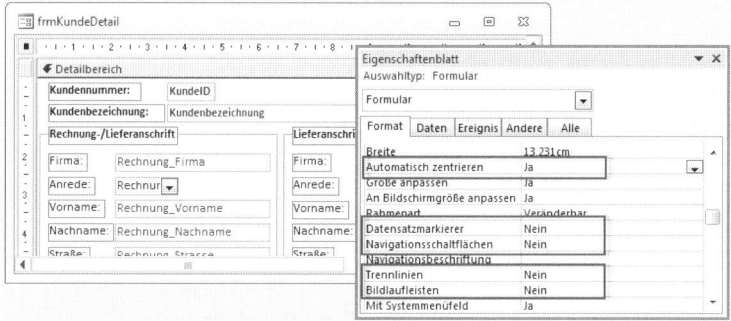

Abbildung 3.14: Einstellen einiger Formulareigenschaften für ein Detailformular

Das Ergebnis liefert bereits ein wesentlich aufgeräumteres Bild als zuvor (siehe Abbildung 3.15).

Abbildung 3.15: Das Formular ohne unnötigen Ballast

Damit verabschieden wir uns vorerst vom Kunden-Detailformular und wenden uns dem Übersichtsformular zu. Später kommen wir natürlich noch das eine oder andere Mal zu diesem Kundenformular zurück, denn es wird die Schaltzentrale für alle Aktionen rund um den Kunden werden – hier werden Bestellungen, Kommunikation und mehr verwaltet.

3.2 Übersichtsformular erstellen

Wenn Sie von einem Objekt wie beispielsweise einem Kunden mehrere Exemplare in einer Datenbank verwalten und sich nicht alle Daten dieses Objekts in einer Datenblattansicht erfassen lassen, erstellen Sie – wie oben beschrieben – ein entsprechendes Detailformular. Damit entledigen Sie sich natürlich nicht der Aufgabe, ein Übersichtsformular zur Auswahl der Kunden zu erstellen. Dies erledigen wir in den folgenden Abschnitten.

Die grundlegende Überlegung dabei ist nicht, wie die Kunden dargestellt werden – dies geschieht natürlich in Listenform. Sie müssen sich vielmehr darüber Gedanken machen, welche Anforderungen Sie an diese Kundenliste stellen. Soll die Liste die Kunden nur anzeigen und etwa durch einen Doppelklick einen Kunden im Detailformular anzeigen? Wollen Sie grundlegende Kundendaten gleich in der Übersicht bearbeiten können? Wie sieht es mit dem Filtern und Sortieren der Daten in der Übersicht aus – soll dies auch möglich sein?

Technisch bieten die Bordmittel von Access folgende Möglichkeiten:

» Listenfeld

» Unterformular in der Datenblattansicht

» Endlosansicht

» ListView-Steuerelement

Das ListView-Steuerelement bietet keine Möglichkeit, eine Datenherkunft wie etwa die Kundentabelle einfach einer Eigenschaft zuzuweisen, daher ist es für den Beginn zu kompliziert. Ein Listenfeld zeigt beliebige Daten an und erlaubt keine direkte Bearbeitung. Der Benutzer kann keinerlei Einstellung vornehmen. Dies ist bei der Datenblattansicht ganz anders: Hier kann der Benutzer die Spalten anordnen und ihre Breite anpassen, die Datensätze sortieren und filtern und sogar Daten bearbeiten. Bei einem Formular in der Endlosansicht kann er Daten sortieren, filtern und bearbeiten.

Bei den genannten Eigenschaften sollten wir außerdem berücksichtigen, dass alle Möglichkeiten natürlich auch eingeschränkt werden können. Sie können also für ein Unterformular in der Datenblattansicht auch festlegen, dass der Benutzer darin keine Daten bearbeiten kann.

In einem Grundlagenbuch würde ich nun alle Methoden einzeln vorstellen und deren Vor- und Nachteile detailliert beschreiben, aber wir wollen hier eine Anwendung entwickeln und arbeiten daher etwas zielgerichteter. Das Übersichtsformular wird mit einem Unterformular in der Datenblattansicht gestaltet, weil es die größte Flexibilität bietet.

3.2.1 Hauptformular und Unterformular

Bei den übrigen drei Lösungen Listenfeld, ListView-Steuerelement und Endlosformular würden wir mit einem einzigen Formular auskommen. Bei Formularen in der Datenblattansicht ist das jedoch etwas anders: Wenn Sie diese Ansicht wählen, sieht das Formular genau wie die Datenblattansicht einer Tabelle aus – zusätzliche Steuerelemente etwa im Kopf oder im Fuß des Formulars werden einfach ausgeblendet. Außerdem können Sie in der Datenblattansicht auch nur drei Steuerelemente einsetzen: das Textfeld, das Kombinationsfeld und das Kontrollkästchen.

Übersichtsformular erstellen

Dummerweise kommen wir bei der Kundenübersicht nicht ohne weitere Steuerelemente aus: Wir benötigen zumindest Schaltflächen zum Erstellen von neuen Datensätzen, zum Löschen bestehender Kunden und zum Öffnen eines Datensatzes in der Detailansicht. Nun gibt es zwei Möglichkeiten: Sie könnten tatsächlich mit einem Formular in der Datenblattansicht auskommen, wenn Sie dieses nach dem Öffnen im Access-Fenster maximieren und die Schaltflächen zum Erstellen, Löschen und Öffnen von Kundendatensätzen im Ribbon unterbringen. Dazu ist natürlich auch Interaktion zwischen Ribbon und Formular nötig – im Gegensatz zur Interaktion zwischen einem Formular und einem Unterformular ein recht kompliziertes Verfahren. Also wählen wir die Variante mit einem Hauptformular, das die Steuerelemente zum Erstellen, Anzeigen und Löschen der Kundendaten liefert, und einem Unterformular, dast die Kundenliste in der Datenblattansicht anzeigt.

3.2.2 Unterformular mit Kundenliste erstellen

Erstellen Sie ein neues Formular und speichern Sie es unter dem Namen *sfmKundenuebersicht*. Das Präfix *sfm* steht hier für Subform – im Gegensatz zur Bezeichnung *frm* für das Hauptformular. Weisen Sie der Eigenschaft *Datenherkunft/Datensatzquelle* des Formulars zunächst einfach die Tabelle *tblKunden* zu. Ziehen Sie dann alle Felder aus der Feldliste in den Detailbereich des Formulars. Das geht am einfachsten, indem Sie den ersten Eintrag der Liste auswählen und dann bei gedrückter Umschalt-Taste den letzten Eintrag – dies sollte alle Einträge der Liste markieren.

Ziehen Sie dann die markierten Einträge per Drag and Drop in den Detailbereich der Entwurfsansicht des Formulars (siehe Abbildung 3.16).

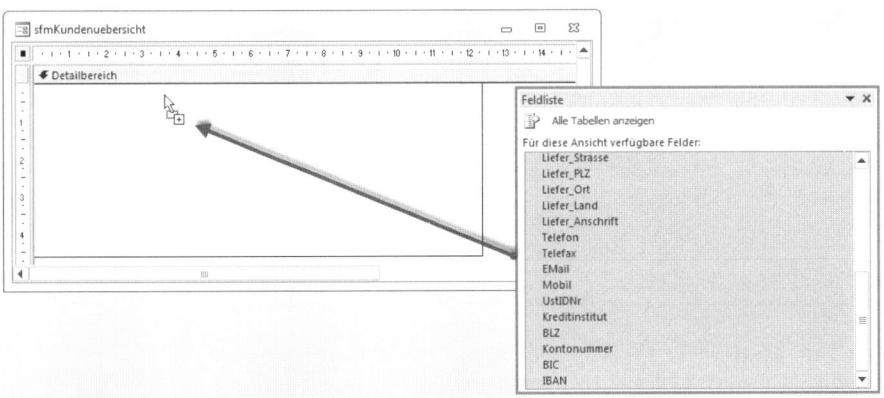

Abbildung 3.16: Hinzufügen aller Felder der Tabelle *tblKunden* zum Formular *sfmKundenuebersicht*

Das Formular enthält dann alle Felder samt Bezeichnungsfeldern. Wenn Sie nun noch die Eigenschaft *Standardansicht* auf *Datenblatt* einstellen, sind die Arbeiten am Unterformular fast beendet (siehe Abbildung 3.17).

Kapitel 3 Kunden verwalten

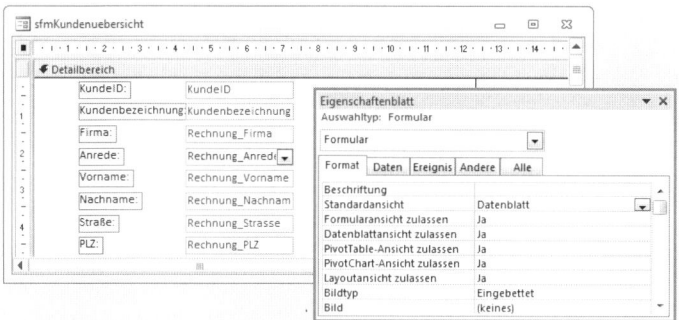

Abbildung 3.17: Finetuning ist bei Formularen in der Datenblattansicht zunächst nicht nötig.

Sie sollten lediglich noch die Namen der hinzugefügten Steuerelemente mit entsprechenden Präfixen ausstatten, also beispielsweise *txtKundeID* statt *KundeID* und *cboAnredeID* statt *AnredeID*. Dabei hilft Ihnen, wie bereits oben erwähnt, der *Control-Renamer* –siehe »Control-Renamer« (Seite 25).

Es lohnt sich ohnehin, dieses Tool während der Entwicklung hin und wieder anzuwerfen – immerhin zeigt es Formulare, die noch gebundene Steuerelemente mit dem Originalnamen enthalten, automatisch an.

Das Einzige, was wir gleich nach einem Wechsel in die Datenblattansicht des Unterformulars erledigen, ist die Einstellung der Schriftgröße. Dazu wechseln Sie zum Ribbon-Tab *Start* und stellen die Schriftart im Bereich *Textformatierung* ein (siehe Abbildung 3.18).

Abbildung 3.18: Einstellen der Schriftart für ein Formular in der Datenblattansicht

Hauptformular erstellen

Das Hauptformular zu diesem Formular soll *frmKundenuebersicht* heißen. Seine Standardansicht können Sie auf *Einzelnes Formular* belassen. Da es selbst keine Daten anzeigt, sondern nur das Formular *sfmKundenuebersicht* als Unterformular aufnehmen soll, können Sie auch hier die Eigenschaften *Navigationsschaltflächen*, *Datensatzmarkierer*, *Bildlaufleisten* und *Trennlinien* auf den Wert *Nein* einstellen. Die Eigenschaft *Automatisch zentrieren* erhält wiederum den Wert *Ja*, die Eigenschaft *Name* den Wert *Kundenübersicht*. Formularkopf- und Formularfuß können Sie beibehalten.

Ziehen Sie das Formular auf eine entsprechende Größe auf – es soll ja immerhin eine Liste der Kunden anzeigen und dabei möglichst viele Felder liefern. Dann kommt der entscheidende Schritt: Sie integrieren das Unterformular in das Hauptformular.

Unterformular einbauen

Die einfachste Möglichkeit, ein Unterformular zu einem Hauptformular hinzuzufügen, ist folgender:

» Öffnen Sie das Hauptformular in der Entwurfsansicht.
» Ziehen Sie das Unterformular aus dem Navigationsbereich in das Hauptformular.
» Löschen Sie das Bezeichnungsfeld mit der Beschriftung *sfmKundenuebersicht* und ziehen Sie das Unterformular auf die gewünschte Größe. Es darf den gesamten Detailbereich einnehmen (siehe Abbildung 3.19).

Fertig! Damit haben Sie sich ein paar Schritte gespart. Wenn Sie noch nicht in die Programmierung von Unterformularen eingeweiht sind, haben Sie allerdings auch ein paar Schritte ausgelassen, die für das Verständnis notwendig sind.

Daher nun in aller Kürze: Access hat nun für Sie ein Unterformular-Steuerelement zum Formular hinzugefügt. Dieses fügen Sie normalerweise wie die übrigen Steuerelemente über das Ribbon hinzu. Das Unterformular-Steuerelement hat die Aufgabe, Formulare innerhalb anderer Formulare anzuzeigen (seit Access 2010 kann es sogar Berichte anzeigen).

Um dem Unterformular mitzuteilen, welches Objekt es anzeigen soll, stellen Sie die Eigenschaft *Herkunftsobjekt* auf das Formular oder den Bericht ein. Auf die übrigen Eigenschaften, die vor allem für die Programmierung mit VBA wichtig sind, gehen wir später ein.

Wichtig ist an dieser Stelle vor allem die Information, dass das Unterformular-Steuerelement und das Unterformular selbst nicht das Gleiche sind! Das Unterformular-Steuerelement ist schlicht ein Container, das beliebige Formulare in ein anderes Formular integrieren kann. Das Unterformular selbst ist nur das Formular, das innerhalb des Unterformulars angezeigt wird.

Access befeuert die weitverbreitete Idee, dass Unterformular-Steuerelement und Unterformular identisch sind, noch: Es benennt das Unterformular-Steuerelement bei der oben genannten Methode zum Hinzufügen des Unterformulars nämlich genau nach dem hinzugefügten Formular (hier also *sfmKundenuebersicht*).

Um Missverständnisse zu vermeiden, sollten Sie dies nachträglich ändern. Wenn das Formular, wie in diesem Fall, nur ein Unterformular enthält, ändern Sie den Namen des Unterformular-Steuerelements schlicht auf *sfm*. Am einfachsten geht dies, indem Sie im Eigenschaftsfenster

Kapitel 3 Kunden verwalten

den Eintrag *sfmKundenuebersicht* auswählen und der Eigenschaft *Name* den Wert *sfm* zuweisen (siehe Abbildung 3.20).

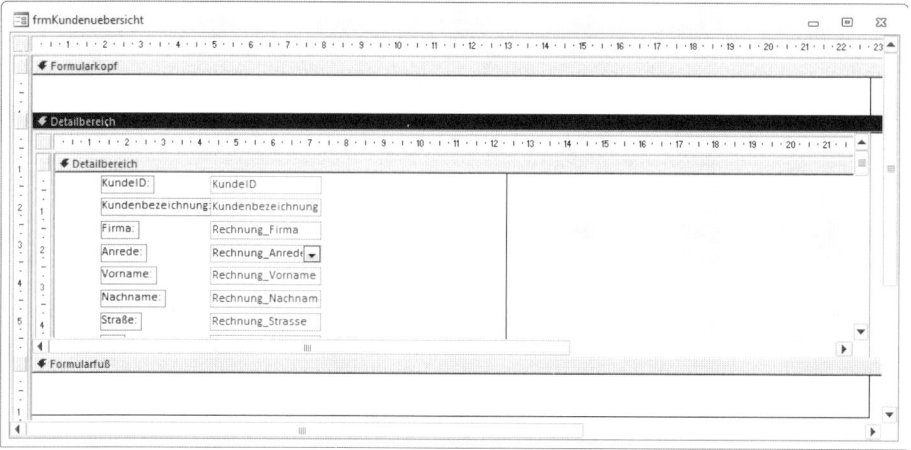

Abbildung 3.19: Das in das Hauptformular *frmKundenuebersicht* integrierte Unterformular *sfmKundenuebersicht*

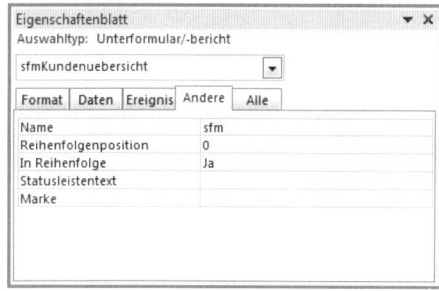

Abbildung 3.20: Ändern des Namens eines Unterformular-Steuerelements

Unterformulargröße dynamisch anpassen

Der Benutzer soll die Größe des Formulars *frmKundenuebersicht* je nach seinen Gegebenheiten anpassen können. Dazu brauchen Sie keine weiteren Einstellungen vorzunehmen. Wichtig wäre es allerdings, dass auch das Unterformular seine Größe entsprechend der Größe des Hauptformulars variiert. Seit Access 2007 ist das kein Problem mehr: Stellen Sie einfach die beiden Eigenschaften *Horizontaler Anker* und *Vertikaler Anker* in den Eigenschaften des Unterformular-Steuerelements auf den Wert *Beide* ein.

Von nun an brauchen Sie sich um die Größenanpassung des Unterformulars keine Sorgen mehr zu machen: Es passt immer komplett in den Detailbereich, egal auf welche Größe der Benutzer das Formular zieht (siehe Abbildung 3.21).

Übersichtsformular erstellen

Abbildung 3.21: Das Unterformular ändert seine Größe mit dem Hauptformular.

3.2.3 Kunden anlegen, öffnen und löschen

Nun folgt der interessante Teil: Wir fügen dem Formular Schaltflächen zum Anlegen, Öffnen und Löschen von Kundendaten hinzu. Außerdem erhält das Formular eine Schaltfläche zum Schließen.

Hatte ich erwähnt, dass sich die Anschaffung hübscher Icons für die optische Aufbereitung von Formularen lohnt? Sie können natürlich auch einfach nur Schaltflächen mit Texten versehen, wie wir es nun erstmal tun. Später fügen wir allerdings noch einige Icons hinzu. Das Formular sieht nun im Entwurf wie in Abbildung 3.22 aus.

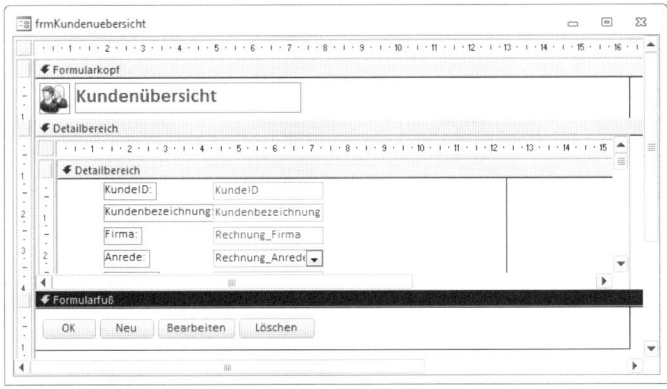

Abbildung 3.22: Die Kundenübersicht in der Entwurfsansicht

Im Formularkopf haben wir noch ein Icon und eine Überschrift hinzugefügt. Wozu diese Überschrift, wenn die Titelzeile des Formulars doch bereits eine Überschrift enthält? Ganz einfach: Weil die Titelleiste beim Maximieren eines Formulars verschwindet. Wie Sie ein solches Icon hinzufügen, erfahren Sie unter »Bilder im Bildsteuerelement (ungebunden)« (Seite 487).

Die Schaltflächen versehen Sie nun noch mit entsprechenden Namen. Dies hat zwei Gründe: Erstens wollen Sie vielleicht später einmal per VBA auf diese Steuerelemente zugreifen, um sie

Kapitel 3 Kunden verwalten

beispielsweise ein- oder auszublenden oder zu aktivieren oder deaktivieren. Außerdem legen wir gleich VBA-Prozeduren an, die durch einen Mausklick auf die entsprechenden Schaltflächen ausgelöst werden, und diese enthalten den Namen des Steuerelements im Prozedurnamen. Daher sollten Sie aussagekräftige Namen vergeben. Die Schaltflächen erhalten die folgenden Namen:

» *cmdOK*

» *cmdNeu*

» *cmdBearbeiten*

» *cmdLoeschen*

Neben Objekt- und Feldnamen erhalten übrigens auch Formulare und Steuerelemente immer Namen, die ausschließlich aus den Buchstaben *A* bis *Z* und *a* bis *z*, den Zahlen *0* bis *9* und dem Unterstrich (_) bestehen. Weil es am einfachsten ist, legen Sie nun zunächst die Prozedur an, die das Formular beim Anklicken der *OK*-Schaltfläche schließt. Klicken Sie im Entwurf auf die Schaltfläche und wechseln Sie im Eigenschaftsfenster zur Registerseite *Ereignis*.

Klicken Sie dort auf die Eigenschaft *Beim Klicken*, wählen Sie den Wert *[Ereignisprozedur]* aus und klicken Sie dann auf die Schaltfläche mit den drei Punkten (...). Wenn Sie, wie weiter oben beschrieben, die Option *Immer Ereignisprozeduren verwenden* in den Access-Optionen unter *Objekt-Designer|Entwurfsansicht für Formulare/Berichte* eingestellt haben, reicht ein Klick auf die Schaltfläche mit den drei Punkten (siehe Abbildung 3.23).

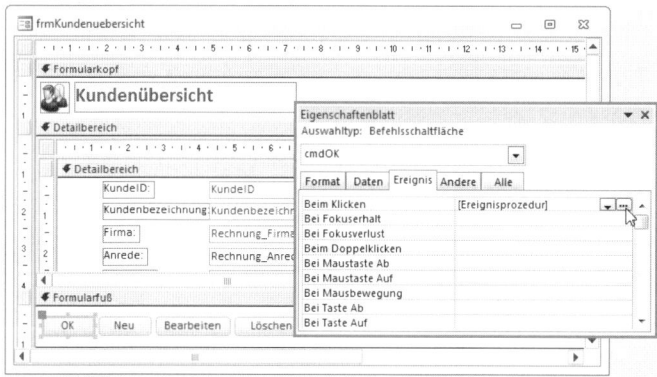

Abbildung 3.23: Hinzufügen einer Ereignisprozedur für das Ereignis *Beim Klicken* einer Schaltfläche

Es öffnet sich der VBA-Editor, der gleich ein Klassenmodul für das Formular *frmKundenuebersicht* erstellt und die ersten Zeilen der gewünschten Ereignisprozedur angelegt hat (siehe Abbildung 3.24). Das Klassenmodul nimmt alle durch die Ereignisse des Formulars und seiner Steuerelemente ausgelösten Ereignisprozeduren auf. Außerdem können Sie darin relativ einfach auf das Formular und die Steuerelemente Bezug nehmen, da das Formular ganz einfach mit dem Schlüsselwort *Me* referenziert werden kann – dazu später mehr.

Übersichtsformular erstellen

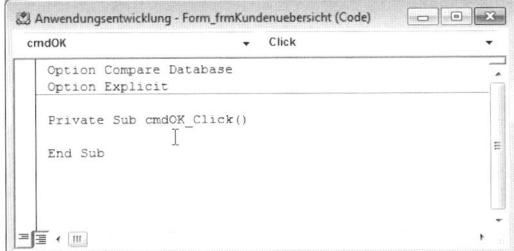

Abbildung 3.24: Eine neue Ereignisprozedur im VBA-Editor

Die Kopf- und die Fußzeile aus der Abbildung ergänzen Sie dann um eine einzige Anweisung, sodass die Prozedur nun so aussieht:

```
Private Sub cmdOK_Click()
    DoCmd.Close acForm, Me.Name
End Sub
```

Die *Close*-Methode des *DoCmd*-Objekts, das einige der sonst über das Menü beziehungsweise Ribbon verfügbaren Funktionen für den Aufruf per VBA bereitstellt, erwartet zwei Parameter: erstens die Art des zu schließenden Objekts, hier *acForm* für ein Formular, und den Namen des Formulars. Sie könnten hier auch den Formularnamen angeben (also *frmKundenuebersicht*).

Wenn Sie den Formularnamen allerdings ändern, müssen Sie auch diese Codezeile anpassen. Das sollte nicht vorkommen, aber dennoch ist es sicherer, gleich den Ausdruck *Me.Name* anzugeben. *Me* bezieht sich auf das Objekt, zu dem das Klassenmodul gehört, also auf das Formular *frmKundenuebersicht*.

Und die Eigenschaft *Name* des Objekts *Me* liefert den Namen des entsprechenden Objekts (*frmKundenuebersicht*), sodass die Anweisung *DoCmd.Close acForm, Me.Name* das Formular schließt, von dem es aufgerufen wurde.

3.2.4 Einen neuen Kunden anlegen

Ein Klick auf die Schaltfläche *cmdNeu* soll einen neuen Kunden anlegen. Dazu soll die Anwendung das Formular *frmKundeDetail* öffnen und gleich einen neuen Datensatz anzeigen. Außerdem soll das Formular *frmKundenuebersicht* den neuen Kunden gleich in der Kundenliste anzeigen.

Legen Sie dazu eine Ereignisprozedur für die Schaltfläche *cmdNeu* an – wie es geht, haben Sie ja bereits oben erfahren. Die Ereignisprozedur im VBA-Editor ergänzen Sie wie folgt:

```
Private Sub cmdNeu_Click()
    DoCmd.OpenForm "frmKundeDetail", DataMode:=acFormAdd, WindowMode:=acDialog
    Me!sfm.Form.Requery
End Sub
```

Kapitel 3 Kunden verwalten

Die erste Anweisung ist das Pendant zur *Close*-Methode des *DoCmd*-Objekts: Sie öffnet ein Datenbankobjekt, in diesem Fall ein Formular. Hier geben Sie keinen Parameter wie *acForm* an, um anzugeben, welchen Objekttyp Sie öffnen möchten, sondern legen direkt mit dem Namen der Methode fest, was Sie öffnen möchten (es gibt beispielsweise auch noch eine *OpenReport*-Methode zum Öffnen von Berichten).

Der erste Parameter erwartet immer den Namen des zu öffnenden Objekts, hier *frmKundeDetail*. Die beiden folgenden Parameter werden in einer speziellen Form angegeben, und zwar als sogenannte *benannte Parameter*. Das bedeutet, dass Sie den Parameternamen voranstellen und getrennt durch einen Doppelpunkt und ein Gleichheitszeichen (:=) den Wert übergeben.

Die möglichen Parameter listet die IntelliSense-Funktion des VBA-Editors auf, wenn Sie hinter dem Methodennamen (hier *OpenForm*) ein Leerzeichen eingegeben haben oder ein Komma eingeben (siehe Abbildung 3.25). Sie können die Parameter alle an der richtigen Position eingeben, in unserem Beispiel etwa so:

```
DoCmd.OpenForm "frmKundeDetail", , , acFormAdd, acDialog
```

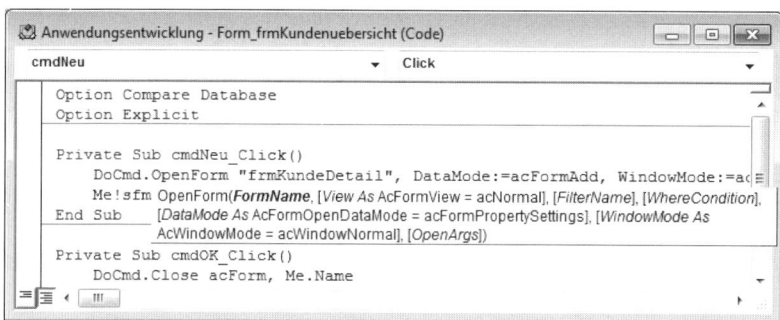

Abbildung 3.25: IntelliSense liefert eine Liste der Parameter

Da man sich hier schnell mal vertippt, ziehe ich die benannten Parameter vor, bei denen Sie die Parameter an beliebiger Stelle der Liste platzieren können – allerdings mit vorangestelltem Parameternamen:

```
DoCmd.OpenForm "frmKundeDetail", DataMode:=acFormAdd, WindowMode:=acDialog
```

Was bedeuten die Parameter nun? *DataMode* gibt mit dem Wert *acFormAdd* an, dass das Formular gleich beim Öffnen einen neuen Datensatz anzeigen soll und einen Filter setzt, der alle übrigen Datensätze ausblendet. *WindowMode* sorgt mit dem Wert *acDialog* dafür, dass das Formular erstens als modaler Dialog geöffnet wird, was bedeutet, dass der Benutzer dieses Formular zunächst wieder schließen muss, bevor er wieder auf andere Formulare der aktuellen Anwendung zugreift. Außerdem wird der Code, der das Formular aufruft, mit *WindowMode:=acDialog* so lange angehalten, bis der Benutzer das Formular wieder schließt. Das bedeutet, dass Sie die Benutzereingaben in das Formular abwarten und diese gleich nach dem Schließen des Formulars

Übersichtsformular erstellen

auswerten können. In unserem Fall wird das Unterformular im aufrufenden Formular nicht direkt nach dem Anlegen eines neuen Datensatzes mit dem Formular *frmKundeDetail* aktualisiert, das heißt, dass der neue Kunde nicht direkt in der Liste angezeigt wird.

Damit dies automatisch geschieht, haben wir das Formular mit dem Parameter *WindowMode:=acDialog* geöffnet. Die aufrufende Prozedur läuft dadurch erst nach dem Schließen des Formulars *frmKundeDetail* weiter und führt die zweite Anweisung der Prozedur aus:

```
Me!sfm.Form.Requery
```

Diese wiederum aktualisiert das Unterformular. Dies erledigt die Methode Requery des Unterformulars, die wir aber nur über einen kleinen Umweg auslösen können: *Me* liefert einen Verweis auf das aktuelle Formular, also *frmKundenuebersicht*. *Me!sfm* bezieht sich auf das Unterformular-Steuerelement *sfm*. Erst der Ausdruck *Me!sfm.Form* liefert einen Verweis auf das Unterformular, das im Unterformular-Steuerelement *sfm* angezeigt wird.

Abbildung 3.26 zeigt, wie das Formular das Detailformular öffnet.

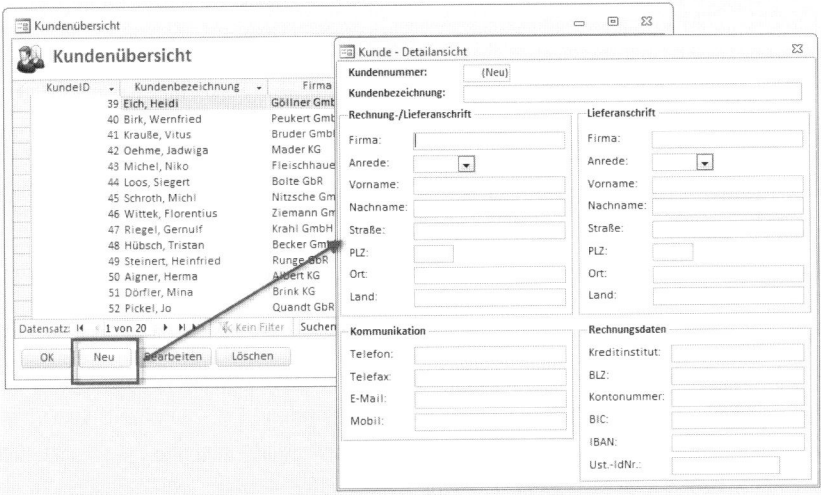

Abbildung 3.26: Öffnen des Formulars zum Anlegen eines neuen Kunden

3.2.5 Einen Kunden im Detail anzeigen, Variante I

Wenn der Benutzer einen Kunden aus der Liste im Unterformular im Detailformular anzeigen möchte, soll er diesen markieren und dann auf die Schaltfläche mit der Beschriftung *Bearbeiten* klicken. Diese Schaltfläche löst die folgende Prozedur aus:

```
Private Sub cmdBearbeiten_Click()
    Dim lngKundeID As Long
    Dim strWhereCondition As String
```

```
        lngKundeID = Me!sfm.Form!txtKundeID
        strWhereCondition = "KundeID = " & lngKundeID
        DoCmd.OpenForm "frmKundeDetail", DataMode:=acFormEdit, _
            WindowMode:=acDialog, WhereCondition:=strWhereCondition
        Me!sfm.Form.Requery
    End Sub
```

Die Prozedur ist prinzipiell mit der zum Anlegen eines neuen Kundendatensatzes identisch, unterscheidet sich jedoch in der Benutzung der *OpenForm*-Methode und hat ein paar mehr Anweisungen.

Zunächst ermittelt die Prozedur mit dem Ausdruck *Me!sfm.Form!txtKundeID* den Wert des Feldes *KundeID* des aktuell im Unterformular *sfmKundendetails* ausgewählten Kunden und speichert diesen in der Variablen *lngKundeID*.

Das Ergebnis wird in einen weiteren Ausdruck integriert, der sich aus dem Literal *KundeID =* und dem Inhalt der Variablen *lngKundeID* zusammensetzt und in der Variablen *strWhereCondition* gespeichert wird. Wenn dieser beispielsweise 12 lautet, sieht der Ausdruck für die Bedingung wie folgt aus: *KundeID = 12*.

Die folgende *DoCmd.OpenForm*-Methode verwendet die Konstante *acFormEdit* als Wert für den Parameter *DataMode*. Dieser Modus erlaubt das Bearbeiten vorhandener Datensätze sowie das Neuanlegen von Datensätzen. Wie Sie erreichen, dass der Benutzer nur den aktuell aufgerufenen Kundendatensatz bearbeitet, erfahren Sie weiter unten.

Der zweite Unterschied ist der zusätzliche Parameter *WhereCondition*, der den zuvor zusammengestellten und in *strWhereCondition* gespeicherten Filter für das zu öffnende Formular übergibt:

```
    WhereCondition:="KundeID = " & Me!sfm.Form!KundeID
```

Das Formular *frmKundeDetail* wertet diesen Ausdruck aus und zeigt nur solche Datensätze an, für welche die Bedingung zutrifft (siehe Abbildung 3.27). Auch in dieser Prozedur soll das Unterformular des aufrufenden Formulars *frmKundenuebersicht* nach dem Schließen des Detailformulars *frmKundeDetail* aktualisiert werden, damit eventuelle Änderungen direkt in die Übersicht übernommen werden.

3.2.6 Einen Kunden im Detail anzeigen, Variante II

Während das Anlegen eines neuen Kunden in einem als modaler Dialog geöffneten Formular die optimale Lösung ist, ist das Öffnen der Kundendetails zum Bearbeiten der Kundendaten auf diesem Wege nicht immer so gut geeignet. Es ist völlig okay, wenn Sie genau wissen, welchen Kunden Sie anzeigen möchten. Aber vielleicht möchten Sie einmal gleich mehrere Kunden aus der Kundenübersicht schnell hintereinander durchblättern, um nach etwas Bestimmtem zu suchen? Dann macht es sich schon störend bemerkbar, wenn man das Detailformular immer wieder schließen und mit dem nächsten Kunden öffnen muss.

Übersichtsformular erstellen

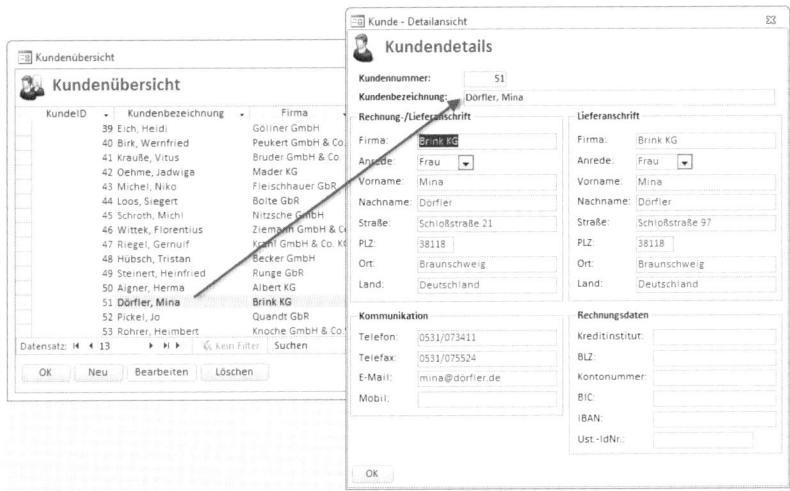

Abbildung 3.27: Öffnen eines bestehenden Kunden-Datensatzes

Grundsätzlich erfolgt das Öffnen in dieser Variante wie im ersten Fall – nur, dass der Parameter *WindowMode* nicht auf *acDialog* eingestellt wird. Damit ergibt sich ein Problem: Wenn das Formular nicht als modaler Dialog geöffnet wird, läuft auch die aufrufende Prozedur einfach weiter. Beim modalen Dialog konnten wir einfach die Anweisung zum Aktualisieren der Daten des aufrufenden Formulars nach eventuellen Änderungen im Detailformular an den Aufruf anhängen – diese wurde dann erst nach dem Schließen des Detailformulars ausgelöst. In diesem Fall nun gehen wir es anders an. Zunächst deklarieren Sie im Kopf des Klassenmoduls *Form_frmKundenuebersicht* eine Variable, um das Detailformular nach dem Öffnen zu referenzieren:

```
Dim WithEvents frmKundeDetail As Form
```

Diese Variable wird nach den Anweisungen zum Öffnen des Formulars gefüllt (*Set frmKundeDetail = Forms!frmKundeDetail*). Danach stellt die Prozedur außerdem noch die Prozedur *OnClose* der Formularvariablen auf den Wert *[Event Procedure]* ein. In Kombination mit dem Schlüsselwort *WithEvents* beim Deklarieren der Variablen *frmKundeDetail* bedeutet dies: Wenn das Formular das Ereignis *Beim Schließen* auslöst, soll es bitte auch in diesem Klassenmodul nach entsprechenden Ereignisprozeduren suchen:

```
Private Sub cmdBearbeitenII_Click()
    Dim lngKundeID As Long
    Dim strWhereCondition As String
    lngKundeID = Nz(Me!sfm.Form!KundeID, 0)
    If lngKundeID = 0 Then
        MsgBox "Kein Kunde ausgewählt."
        Exit Sub
    End If
```

Kapitel 3 Kunden verwalten

```
        strWhereCondition = "KundeID = " & lngKundeID
        DoCmd.OpenForm "frmKundeDetail", DataMode:=acFormEdit, _
            WhereCondition:=strWhereCondition
        Set frmKundeDetail = Forms!frmKundeDetail
        With frmKundeDetail
            .OnClose = "[Event Procedure]"
        End With
    End Sub
```

Diese Ereignisprozedur, die beim Schließen des mit *frmKundeDetail* aufgerufenen Formulars ausgelöst werden soll, erstellen Sie durch Auswahl des Eintrags *frmKundeDetail* im linken Kombinationsfeld und des Eintrags *Beim Schließen* im rechten Kombinationsfeld oben im Code-Fenster. Füllen Sie die dadurch angelegte Prozedur wie folgt:

```
    Private Sub frmKundeDetail_Close()
        Me!sfm.Form.Requery
    End Sub
```

Damit verlagern Sie die Zeile Code, die beim Aufruf als modaler Dialog nach dem Schließen in der gleichen Prozedur ausgeführt wird, in eine eigene Ereignisprozedur. Damit ist die Aktualisierung der Daten des aufrufenden Formulars nach dem Schließen des Detailformulars sichergestellt. Nun kann der Benutzer aber durch die Auswahl eines anderen Kunden aus dem Unterformular und erneutes Anklicken der Schaltfläche *cmdBearbeitenII* einen anderen Datensatz auswählen, ohne dass der zuerst aufgerufene im Unterformular aktualisiert wird. Kein Problem: Dann legen wir die Anweisung zum Aktualisieren eben auch noch in einer weiteren Ereignisprozedur an. Genau genommen können wir die *Beim Schließen*-Prozedur durch die *Nach Aktualisierung*-Prozedur ersetzen, denn diese wird bei Änderungen sowohl beim Wechseln des Datensatzes als auch beim Schließen des Formulars ausgelöst. Ersetzen Sie also die Zeile

```
    .OnClose = "[Event Procedure]"
```

durch diese hier:

```
    .AfterUpdate = "[Event Procedure]"
```

Und statt der Ereignisprozedur *frmKundeDetail_Close* legen Sie diese hier an:

```
    Private Sub frmKundeDetail_AfterUpdate()
        Me!sfm.Form.Requery
    End Sub
```

Voraussetzung für die Funktion dieser Lösung ist, dass das Formular, dessen Ereignisse hier abgegriffen werden, selbst ein VBA-Klassenmodul enthält. Dies ist jedoch bereits gewährleistet, da das Formular ja eine *OK*-Schaltfläche mit entsprechender Prozedur aufweist. Wenn Sie das Übersichtsformular- und das Detailformular gleichzeitig geöffnet haben, legt sich jeweils das aktive Formular über das andere (außer, die Formular liegen nebeneinander).

3.2.7 Einen Kunden löschen

Ein interessantes Thema ist das Löschen von Kunden. Die erste Frage, die sich stellt, ist diese: Sollen Kundendaten überhaupt gelöscht werden können? Alternativ könnte man diese auch einfach mit einem Haken in einem noch zu erstellenden Feld namens *Geloescht* oder mit dem Löschdatum in einem Feld namens *GeloeschtAm* als gelöscht kennzeichnen und sie von nun an nicht mehr in Übersichten und anderen Formularen anzeigen. Die zweite Frage, an der sich die Geister scheiden, ist diese: An welcher Stelle bringt man eine Schaltfläche zum Löschen eines Datensatzes wie dem eines Kunden unter – im Übersichtsformular oder im Detailformular? Für mich ist die Antwort klar: Natürlich im Übersichtsformular. Dort markiert der Benutzer den zu löschenden Datensatz, klickt auf die *Löschen*-Schaltfläche und der Datensatz wird gelöscht oder zumindest als gelöscht markiert. Eine *Löschen*-Schaltfläche auf dem Detailformular macht keinen Sinn. Allein die Tatsache, dass es keinen logischen Schritt gibt, der nach dem Löschen ausgeführt werden kann. Einfach das Formular schließen? Den nächsten Kunden anzeigen?

Nein: In diesem Buch wird im Übersichtsformular gelöscht. Die entsprechende Schaltfläche haben wir ja bereits angebracht. Nun hinterlegen Sie dafür eine Prozedur wie die folgende:

```
Private Sub cmdLoeschen_Click()
    Dim db As DAO.Database
    Dim lngKundeID As Long
    Dim strKunde As String
    Dim strSQL As String
    lngKundeID = Nz(Me!sfm.Form!KundeID, 0)
    strKunde = Replace(Me!sfm.Form!Kundenbezeichnung, "'", "''")
    If MsgBox("Kunde '" & strKunde & "' wirklich löschen?", vbOKCancel + vbExclamation, _
            "Kunde löschen") = vbOK Then
        Set db = CurrentDb
        strSQL = "DELETE FROM tblKunden WHERE KundeID = " & lngKundeID
        db.Execute strSQL, dbFailOnError
        Me!sfm.Form.Requery
    End If
    Set db = Nothing
End Sub
```

Die Prozedur ermittelt zuerst den Wert des Feldes *KundeID* des aktuell markierten Datensatzes sowie die Kundenbezeichnung und speichert beide in den Variablen *lngKundeID* und *strKunde*. Die Werte werden dabei mit *Me!sfm.Form!KundeID* beziehungsweise *Me!sfm.Form.Kundenbezeichnung* ausgelesen – also durch direkten Zugriff auf die entsprechenden Felder im Unterformular. Wenn die folgende *MsgBox*-Funktion den Wert *vbOK* zurückliefert, was geschieht, wenn der Benutzer die Frage *Kunde '<Bezeichnung>' löschen* mit *OK* beantwortet, wird der Datensatz gelöscht. Dabei verwendet die Prozedur die *Execute*-Methode des zuvor referenzierten *Database*-Objekts, um eine Löschen-Aktionsabfrage aufzurufen. Diese Abfrage verwen-

Kapitel 3 Kunden verwalten

det, wie schon zuvor die *DoCmd.OpenForm*-Anweisung zum Anzeigen der Kundendetails, den in der Variablen *lngKundeID* gespeicherten Primärschlüsselwert des zu löschenden Datensatzes als Vergleichswert der *WHERE*-Bedingung. Wenn der aktuelle Kunde wieder den Wert *12* im Feld *KundeID* hat, sieht die verwendete SQL-Anweisung so aus:

```
DELETE FROM tblKunden WHERE KundeID = 12
```

Abschließend aktualisiert auch diese Prozedur die im Unterformular angezeigten Daten.

Daten nur als gelöscht markieren

Wenn Sie den Datensatz nicht komplett löschen, sondern diesen lediglich als gelöscht markieren möchten, benötigen Sie ein weiteres Feld in der Tabelle *tblKunden*. Es heißt *GeloeschtAm* und hat den Datentyp *Datum/Uhrzeit*. Wenn Sie diese Variante nutzen, wie wir es auch in der Beispielanwendung tun, müssen Sie die obige Prozedur anpassen. Dazu ersetzen Sie einfach nur die Zeile

```
strSQL = "DELETE FROM tblKunden WHERE KundeID = " & lngKundeID
```

durch die folgende Anweisung (die Funktion *ISODatum* finden Sie im Modul *mdlTools*, sie wandelt das Datum in das Format *#yyyy/mm/dd hh:nn:ss#*):

```
strSQL = "UPDATE tblKunden SET GeloeschtAm = " & ISODatum(Now) _
    & " WHERE KundeID = " & lngKundeID
```

Außerdem müssen Sie dann sicherstellen, dass die Anwendung in keinem Formular mehr als gelöscht markierte Datensätze anzeigt. Dies geht einfacher, als Sie es sich vielleicht vorstellen. Sie erstellen einfach eine neue Abfrage, die ebenfalls *tblKunden* heißt. Damit alle Abfragen, Formulare, Berichte und VBA-Prozeduren, die auf die Tabelle *tblKunden* zugreifen, nun auf die gleichnamige Abfrage zugreifen, ändern Sie den Namen der Tabelle von *tblKunden* in *tblKundenBase*. Die Abfrage enthält alle Felder der umbenannten Tabelle *tblKundenBase* sowie ein Kriterium, nach dem das Feld *GeloeschtAm* den Wert *Null* enthalten muss (siehe Abbildung 3.28). Fertig!

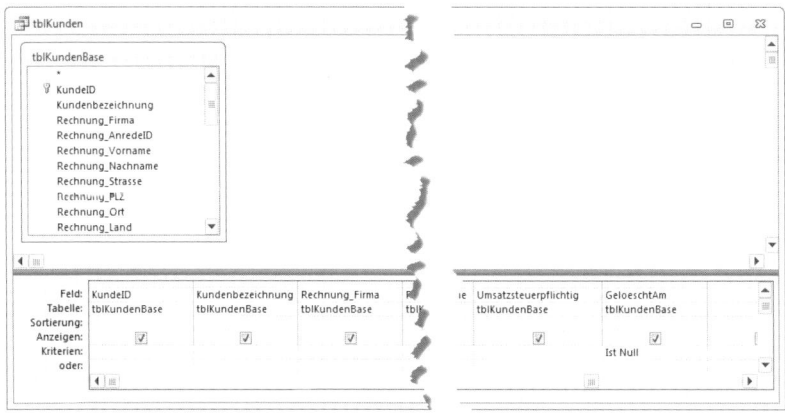

Abbildung 3.28: Die neue »Tabelle« *tblKunden*

3.2.8 Schaltflächen ohne ausgewählten Kunden betätigen

Auch wenn wir nun bereits Kunden in der Übersicht anzeigen und Kunden erstellen, bearbeiten und löschen können, befinden sich die bisherigen Formulare noch im Anfangsstadium. So kann der Benutzer beispielsweise in der Kundenübersicht auf den neuen, leeren Datensatz und dann auf die Schaltfläche *Bearbeiten* klicken. Dies löst dann den Fehler aus Abbildung 3.29 aus (dies gilt auch für die *Löschen*-Schaltfläche). Der Hintergrund ist, dass die Prozedur *cmdAnzeigen_Click* in der folgenden Zeile versucht, einer *Long*-Variablen einen *Null*-Wert zuzuweisen:

    lngKundeID = Me!sfm.Form!txtKundeID

Null-Werte sind aber erstens ungleich *0* und zweitens nicht mit dem Datentyp *Long* kompatibel. Nur Variablen des Datentyps *Variant* können *Null*-Werte enthalten.

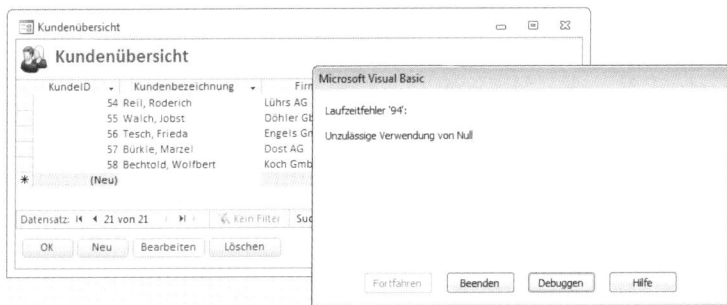

Abbildung 3.29: Beim Versuch, einen nicht vorhandenen Kunden zu bearbeiten, löst Access einen Laufzeitfehler aus.

Was tun? Es gibt mehrere Möglichkeiten:

» Die Prozedur muss prüfen, ob der Wert des Feldes *KundeID* im Unterformular den Wert *Null* enthält und eine entsprechende Meldung ausgeben.

» Das Unterformular darf gar keinen leeren, neuen Datensatz anzeigen, dann tritt dieser Fehler zumindest in diesem Fall nicht auf. Kann er aber theoretisch schon: Nämlich dann, wenn das Unterformular komplett leer ist und der Benutzer auf die Schaltfläche *cmdBearbeiten* klickt.

» Die Schaltflächen *cmdBearbeiten* und *cmdLoeschen* werden nur aktiviert, wenn im Unterformular ein Datensatz markiert ist.

Die sauberste Lösung ist die zuletzt genannte. Diese besprechen wir jedoch an anderer Stelle »Unterformular(ereignisse) vom Hauptformular aus steuern« (Seite 422). Deshalb vorerst die erste Lösung. Dazu ersetzen Sie in den Ereignisprozeduren *cmdBearbeiten_Click* und *cmdLoeschen_Click* jeweils die Zeile

    lngKundeID = Me!sfm.Form!KundeID

Kapitel 3 Kunden verwalten

durch diese Anweisungen:

```
lngKundeID = Nz(Me!sfm.Form!KundeID, 0)
If lngKundeID = 0 Then
    MsgBox "Kein Kunde ausgewählt."
    Exit Sub
End If
```

Die *Nz*-Funktion liefert die Zahl *0*, wenn der enthaltene Ausdruck *Null* ist – also beispielsweise, wenn der Benutzer den leeren, neuen Datensatz markiert und dann auf eine der beiden Schaltflächen klickt. Sollte also *lngKundeID* nach dieser Zuweisung den Wert *0* enthalten, werden die Anweisungen innerhalb der entsprechenden *If...Then*-Bedingung ausgeführt. Dies führt zu einer entsprechenden Meldung und zum Verlassen der Prozedur – das Detailformular wird dann natürlich nicht geöffnet.

3.3 Kundendetail-Formular erweitern

Dem Kundenformular fehlen noch einige Funktionen, bevor wir uns guten Gewissens weiteren Themen zuwenden können. Die erste ist eine Schaltfläche zum Schließen des Formulars. Diese bringen Sie im Fußbereich des Formulars unter. Die Schaltfläche soll den Namen *cmdOK* erhalten und die folgende Ereignisprozedur auslösen:

```
Private Sub cmdOK_Click()
    DoCmd.Close acForm, Me.Name
End Sub
```

Außerdem fügen Sie noch wie in der Kundenübersicht ein Icon sowie eine Überschrift zum Formularkopf hinzu (siehe Abbildung 3.30).

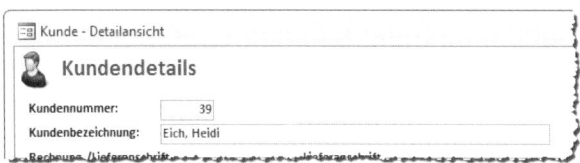

Abbildung 3.30: Kundendetails mit Formularkopf

Nur einen Datensatz anlegen

Damit der Benutzer nur einen neuen Kunden anlegen kann, wenn er auf die Schaltfläche *Neu* geklickt hat, ist eine weitere kleine Änderung nötig. Normalerweise können Sie innerhalb eines Formulars auch ohne Navigationsschaltflächen von Datensatz zu Datensatz wechseln, indem Sie das letzte Steuerelement der Aktivierreihenfolge markieren und dann die Tabulator-Taste betätigen. Nun soll der Benutzer aber nicht versehentlich beim Anlegen eines neuen Kunden zu einem weiteren neuen Datensatz gelangen. Deshalb stellen Sie die Eigenschaft *Zyklus* des Formulars *frmKundeDetail* auf den Wert *Aktueller Datensatz* ein. Dadurch springt die Einfügemarke vom letzten Steuerelement der Aktivierreihenfolge nach Benutzung der Tabulator-Taste einfach wieder zum ersten Steuerelement.

Dynamische Kundenbezeichnung

Das Textfeld *txtKundenbezeichnung* muss im aktuellen Zustand noch manuell gefüllt werden. Wenn Sie dieses Feld verwenden, um einen Ausdruck wie *<Nachname>, <Vorname>* zusammenzustellen – gegebenenfalls ergänzt um Firma und/oder Kundennummer –, können Sie dies automatisch beim Füllen der betroffenen Textfelder durchführen lassen. Sobald der Benutzer also beispielsweise den ersten Buchstaben des Feldes *Rechnung_Vorname* eingegeben hat, soll das Textfeld *txtKundenbezeichnung* diesen Buchstaben anzeigen – das gilt auch für den Nachnamen. Aus Gründen, die wir gleich erläutern, benötigen Sie die folgenden beiden Variablen, die Sie im Klassenmodul des Formulars *frmKundeDetail* oben im Modulkopf einfügen – direkt unterhalb der *Option...*-Zeilen:

```
Dim strVorname As String
Dim strNachname As String
```

Zusätzlich benötigen Sie eine Prozedur, welche die beiden in diesen Variablen gespeicherten Ausdrücke zusammenfügt. Diese fügen Sie einfach in das Klassenmodul ein:

```
Private Sub KundenbezeichnungZusammenstellen()
    Me!txtKundenbezeichnung = strNachname & ". " & strVorname
End Sub
```

Diese Prozedur fügt den Inhalt von *strNachname*, ein Komma und ein Leerzeichen sowie den Inhalt von *strVorname* zusammen und schreibt das Ergebnis in das Textfeld *txtKundenbezeichnung* (da dieses an das Feld *Kundenbezeichnung* der Tabelle *tblKunden* gebunden ist, landet der Inhalt nach dem Speichern des Datensatzes direkt in der Tabelle). Fehlt noch ein Automatismus, der die Variablen füllt und die Prozedur *KundenbezeichnungZusammenstellen* auslöst. Hier kommt ein Ereignis zum Einsatz, das bei jeder Änderung des Inhalts eines Textfelds feuert, und zwar *Bei Änderung*. Hinterlegen Sie für dieses Ereignis des Textfelds *txtRechnung_Nachname* die folgende Ereignisprozedur:

```
Private Sub txtRechnung_Nachname_Change()
    strNachname = Me!txtRechnung_Nachname.Text
    strVorname = Nz(Me!txtRechnung_Vorname.Value, "")
    Call KundenbezeichnungZusammenstellen
End Sub
```

Die erste Anweisung liest den aktuell im Textfeld *txtRechnung_Nachname* angezeigten Text in die Variable *strNachname* ein – also den Text in dem soeben geänderten Textfeld. Dazu benutzt sie die Eigenschaft *Text*. Die zweite Anweisung liest hingegen den Inhalt der Eigenschaft *Value*

Kapitel 3 Kunden verwalten

des anderen beteiligten Textfelds ein. Für den Fall, dass dieses Feld den Wert *Null* enthält, also leer ist, wird der Variablen *strVorname* eine leere Zeichenkette zugewiesen – das Zuweisen von *Null* würde einen Laufzeitfehler auslösen. Der Unterschied zwischen *Text* und *Value* ist, dass *Text* immer den aktuell angezeigten Text liefert und *Value* den für dieses Textfeld gespeicherten Inhalt. Sobald Sie das Textfeld *txtRechnung_Nachname* verlassen, wird der angezeigte Text (entsprechend dem Wert der Eigenschaft *Text*) gespeichert und kann somit anschließend per Code mit der Eigenschaft *Value* ausgelesen werden.

Während der Eingabe, also beispielsweise auch beim Auslösen des *Bei Änderung*-Ereignisses, können Sie den angezeigten Wert nur mit *Text* auslesen. Und warum verwenden wir einmal *Text* und einmal *Value*? Weil die *Text*-Eigenschaft nur für das Textfeld abgefragt werden kann, das aktuell den Fokus besitzt. Nach dem Füllen der beiden Variablen *strVorname* und *strNachname* wird schließlich die Prozedur *KundenbezeichnungZusammenstellen* aufgerufen, damit diese die Inhalte zusammensetzt. Der Vollständigkeit halber hier noch die Ereignisprozedur, die durch das Ereignis *Bei Änderung* des anderen Textfelds, *txtRechnung_Vorname*, ausgelöst wird – hier wurde, wie an vielen anderen Stellen im Code dieser Datenbankanwendung, die *Value*-Eigenschaft einfach weggelassen. Der Grund ist einfach – *Value* ist die Standardeigenschaft des Textfeld-Steuerelements und muss nicht zwingend angegeben werden:

```
Private Sub txtRechnung_Vorname_Change()
    strVorname = Me!txtRechnung_Vorname.Text
    strNachname = Nz(Me!txtRechnung_Nachname, "")
    Call KundenbezeichnungZusammenstellen
End Sub
```

3.4 Anschriften zusammensetzen

Ein interessantes Thema ist die Zusammenstellung der Rechnungs- und/oder Lieferanschrift. Es gibt verschiedene Varianten, die davon abhängen, ob der Kunde eine Firma angegeben hat, welche Anrede angegeben wurde und ob er aus Deutschland oder dem Ausland stammt. Wozu aber sollen in diesem Kapitel Anschriften zusammengesetzt werden, wo Sie diese doch erst beim Erstellen von Rechnungen und sonstiger postalischer Kommunikation benötigen? Ganz einfach: Weil das Zusammensetzen einer Anschrift gelegentlich manuelles Eingreifen erfordert.

Dies ist beim Erstellen eines Berichts nur noch mit erhöhtem Aufwand möglich und auch beim Anlegen eines Word-Dokuments gehen nachträgliche manuelle Änderungen verloren und müssen jedes Mal wiederholt werden. Außerdem benötigen wir diese Anschrift an verschiedenen Stellen – beim Schreiben von Rechnungen, individuellen Anschreiben mit Word oder auch beim Etikettendruck. Also sehen wir pro Adresse ein Feld in der Kundentabelle vor, das die komplette, gegebenenfalls manuell optimierte Adresse enthält. Diese wird dann später in Berichten und Word-Dokumenten weiterverwendet. Sie müssen lediglich sicherstellen, dass der Benutzer eine Anschrift bei Adressänderungen prüft und gegebenenfalls neu zusammensetzt.

Tabellenänderungen

Für diese Zusatzfunktion benötigen Sie zwei weitere Felder in der Tabelle *tblKunden*, und zwar *Lieferanschrift* und *Rechnungsanschrift*. Beide Felder weisen den Datentyp *Memo* auf, da eine Anschrift auch einmal mehr als 255 Zeichen enthalten kann.

Formularänderungen

Auch das Formular *frmKundeDetail* passen wir etwas an. Die beiden Bereiche *Kommunikation* und *Rechnungsdaten* werden an den rechten Rand verschoben und die Bereiche *Rechnungs-/ Lieferanschrift* und *Lieferanschrift* nach unten vergrößert. Dort finden dann die Felder *Rechnung_Anschrift* und *Liefer_Anschrift* Platz. Jeweils links davon bringen wir eine Schaltfläche mit der Beschriftung *Aktualisieren* unter. Diese Schaltflächen sollen das manuelle Erneuern der Adresse in Abhängigkeit der in den Adressfeldern gespeicherten Daten erlauben (siehe Abbildung 3.31).

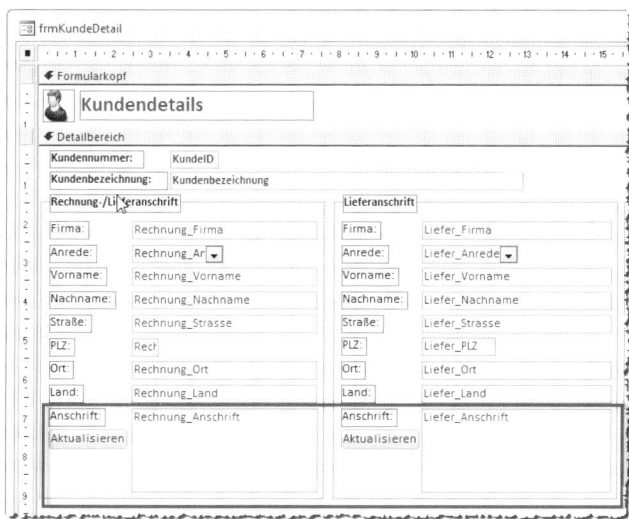

Abbildung 3.31: Hinzufügen zweier Felder zum Anzeigen der Anschriften für Rechnung und Lieferung

Was soll nun bei einem Klick auf eine der beiden Schaltflächen *cmdRechnungsanschrift* und *cmdLieferanschrift* geschehen? Es soll eine Anschrift aus den einzelnen Adressbestandteilen zusammengesetzt werden. Aber wie genau soll diese aussehen? Es gibt folgende einfache Regeln:

» Wenn eine Firma angegeben wurde, steht diese in der ersten Zeile. Die Inhalte der Felder *Anrede*, *Vorname* und *Nachname* landen in der zweiten Zeile.

» Wenn keine *Firma* angegeben wurde, landen die *Anrede* in der ersten und *Vorname* und *Nachname* in der zweiten Zeile.

Kapitel 3 Kunden verwalten

» Wenn das Feld *Land* den Wert *Deutschland* enthält, soll *Land* nicht angegeben werden.

» Wenn es sich um eine Auslandsadresse handelt, soll *Land* in der letzten Zeile in großen Buchstaben ausgegeben werden. Auch das Feld *Ort* wird dann in Großbuchstaben ausgegeben.

» Sind die Felder *Vorname* und *Nachname* leer, fallen *Anrede*, *Vorname* und *Nachname* weg.

Es gibt noch eine Reihe weiterer Besonderheiten, aber wir wollen an dieser Stelle zeigen, wie die Anschrift grundsätzlich zusammengesetzt werden kann. Die Schaltfläche *cmdRechnungsanschrift* löst beim Klicken eine Ereignisprozedur aus, die Sie wie folgt anlegen:

```
Private Sub cmdRechnungsanschrift_Click()
    Me!txtRechnung_Anschrift = RechnungsanschriftZusammenstellen
End Sub
```

Die Prozedur weist dem Textfeld *txtRechnung_Anschrift* das Ergebnis einer Funktion namens *RechnungsanschriftZusammenstellen* zu. Die folgenden Abschnitte beschreiben diese Funktion, wobei wir diese der Übersicht halber in Blöcke zu einigen Zeilen zerlegen. Die vollständige Prozedur finden Sie im Klassenmodul des Formulars *frmKundeDetail*. Die Funktion deklariert zunächst zwei Variablen namens *strAnschrift* und *strAnrede*. Erstere wird Schritt für Schritt mit den einzelnen Zeilen der Anschrift gefüllt, Letztere nimmt einen Ausdruck für die Anrede in Abhängigkeit vom Feld *AnredeID* auf:

```
Private Function RechnungsanschriftZusammenstellen()
    Dim strAnschrift As String
    Dim strAnrede As String
```

Die Funktion behandelt zunächst die Anrede. Wir können die Werte des Feldes *Anrede* der Tabelle *tblAnreden* nicht direkt entsprechend dem Wert des Feldes *AnredeID* übernehmen, da sich dort die beiden Einträge *Herr* und *Frau* finden. *Frau* passt, aber die männlichen Adressaten erwarten einen *Herrn* in der Anschrift. Also prüfen wir den Wert von *Rechnung_AnredeID* und legen *strAnrede* entsprechend fest:

```
If Me!Rechnung_AnredeID = 1 Then
    strAnrede = "Herrn"
Else
    strAnrede = "Frau"
End If
```

Danach kümmern wir uns um die Firma und den Ansprechpartner. Hier erfolgt zunächst eine Prüfung, ob für den Kunden eine Firma angegeben wurde. Hat das Feld *Rechnung_Firma* den Wert *Null*, weist die Funktion der Variablen *strAnschrift* zunächst den Inhalt von *strAnrede* zu, also *Herrn* oder *Frau*. Die zweite Anweisung fügt zum bereits vorhandenen Inhalt von *strAnschrift* einen Zeilenumbruch (*vbCrLf*) hinzu sowie den Vornamen und den Nachnamen des Adressaten:

Anschriften zusammensetzen

```
    If IsNull(Me!Rechnung_Firma) Then
        strAnschrift = strAnschrift & strAnrede
        strAnschrift = strAnschrift & vbCrLf & Me!Rechnung_Vorname & " " _
            & Me!Rechnung_Nachname
```

Sollte das Feld *Rechnung_Firma* nicht leer sein, wird der *Else*-Teil der *If...Then*-Bedingung angesteuert. Dieser geht davon aus, dass eine Firma angegeben wurde, und schreibt diese als Erstes in die Variable *strAnschrift*. Danach folgen in der zweiten Zeile die Anrede, der Vorname und der Nachname:

```
    Else
        strAnschrift = strAnschrift & Me!Rechnung_Firma
        If Len(Me!Rechnung_Vorname) & Len(Me!Rechnung_Nachname) > 0 Then
            strAnschrift = strAnschrift & vbCrLf & strAnrede _
                & " " + Me!Rechnung_Vorname & " " + Me!Rechnung_Nachname
        End If
    End If
```

Wenn eine Straße für die Rechnungsadresse vorhanden ist, wird diese in einer weiteren Zeile zur Variablen *strAnschrift* hinzugefügt:

```
    If Not IsNull(Me!Rechnung_Strasse) Then
        strAnschrift = strAnschrift & vbCrLf & Me!Rechnung_Strasse
    End If
```

Beim Land wird es wieder etwas komplizierter. Wie oben angekündigt, soll die Stadt bei ausländischen Adressen großgeschrieben und außerdem das Land – ebenfalls in Großbuchstaben – hinzugefügt werden. Heißt das Land also Deutschland, erhält die Anschrift in der letzten Zeile einfach die PLZ und den Ort:

```
    If Me!Rechnung_Land = "Deutschland" Then
        strAnschrift = strAnschrift & vbCrLf & Me!Rechnung_PLZ & " " & Me!Rechnung_Ort
```

Bei allen anderen Ländern wird der Name des Ortes zuvor mit der Funktion *StrConv* und dem Parameter *vbUpperCase* in Großbuchstaben umgewandelt. Gleiches gilt für das hier zusätzlich hinzugefügte Land:

```
    Else
        strAnschrift = strAnschrift & vbCrLf & Me!Rechnung_PLZ & " " _
            & StrConv(Me!Rechnung_Ort, vbUpperCase)
        strAnschrift = strAnschrift & vbCrLf & StrConv(Me!Rechnung_Land, vbUpperCase)
    End If
```

Schließlich weist die letzte Zeile den Inhalt der Variablen *strAnschrift* dem Rückgabewert der Funktion zu, der genau so heißen muss wie die Funktion selbst – in diesem Fall also *RechnungsanschriftZusammenstellen*:

```
        RechnungsanschriftZusammenstellen = strAnschrift
    End Function
```

Auf diese Weise weist der Aufruf der Funktion wie in der Prozedur *cmdRechnungsanschrift_Click* dem Textfeld *txtRechnung_Anschrift* das Ergebnis der Funktion zu:

```
Me!txtRechnung_Anschrift = RechnungsanschriftZusammenstellen
```

Eine praktisch identische Funktion gibt es für die Lieferanschrift. Die Schaltfläche *cmdLieferanschrift* füllt das Feld *Liefer_Anschrift* mit der Funktion *LieferanschriftZusammenstellen*.

3.5 Kundenformular erweitern

Das Kundenformular zeigt nun die Detaildaten eines Kunden an. Es gibt noch weitere Daten, die in Zusammenhang mit einem Kunden angezeigt werden sollen – zum Beispiel die Bestellungen eines Kunden oder die Kommunikation mit einem Kunden. Alles zusammen passt zwar sicher auf manchen Monitoren auf eine Bildschirmseite, aber ein wenig Übersicht soll ja gewahrt bleiben. Also gestalten wir das Kundenformular ein wenig um und fügen ein Register-Steuerelement hinzu, das die Kundendaten auf der ersten, die Bestellungen auf der zweiten und die Kommunikation auf der dritten Seite anzeigen soll.

Bevor Sie das Registersteuerelement einfügen, strukturieren wir das Formular noch ein wenig um. Die Suche können Sie bislang nicht im Formularkopf unterbringen, da das Listenfeld mit den Suchergebnissen nur innerhalb des jeweiligen Bereichs angezeigt werden kann. Also werfen wir den Kopfbereich einfach hinaus, indem wir diesen auf die Höhe *0cm* minimieren. Vorher verschieben Sie alle Elemente des Detailbereichs etwa zwei bis drei Zentimeter nach unten, damit wir die bislang im Kopfbereich befindlichen Elemente dort hinzufügen können. Das Suchtextfeld und das Suchlistenfeld verschieben Sie dann nach oben neben die Formularüberschrift.

Kundennummer und Kundenbezeichnung platzieren wir nebeneinander, damit diese in der Höhe wenig Platz verbrauchen. Diese oberen Steuerelemente sind die einzigen, die immer sichtbar sein sollen. Die übrigen, also die Rahmen mit der Liefer- und der Rechnungsanschrift sowie den Kommunikations- und Rechnungsdaten, sollen gleich auf der ersten Registerseite des Register-Steuerelements landen. Das Formular sieht nun wie in Abbildung 3.32 aus.

Um das Register-Steuerelement einzubauen, vergrößern Sie den Detailbereich ein wenig. Klicken Sie dann im Ribbon unter *Entwurf|Steuerelemente* auf das Register-Steuerelement und ziehen Sie es unten im Detailbereich etwa in der gesamten Breite auf. Als Höhe reichen ein bis zwei Zentimeter – gleich machen wir dort mehr Platz. Nun markieren Sie die vier Rahmen durch Aufziehen einer Markierung bei gedrückter Maustaste. Schneiden Sie die Elemente mit Strg + X aus, klicken Sie auf den linken Registerreiter und betätigen Sie dann die Tastenkombination Strg + V, um alle ausgeschnittenen Steuerelemente auf der aktiven Seite des Register-Steuerelements einzufügen. Das Ergebnis sieht etwa wie in Abbildung 3.33 aus.

Kundenformular erweitern

Abbildung 3.32: Umgestaltung des Kunden-Detailformulars

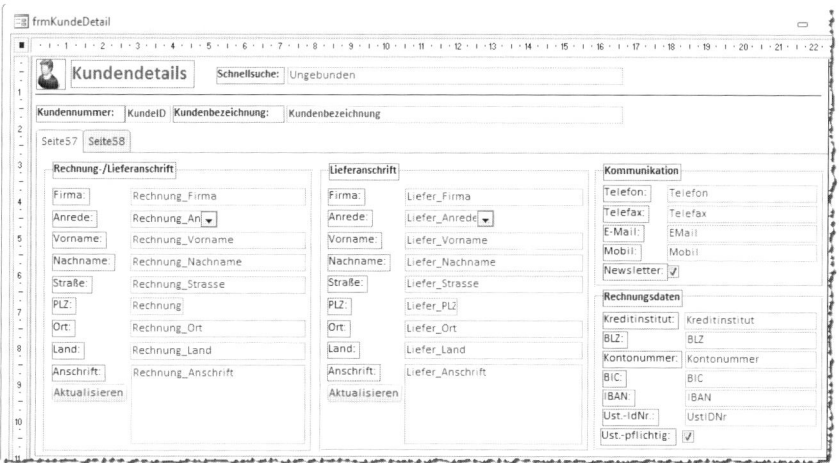

Abbildung 3.33: Register-Steuerelement mit Kundendetails auf der ersten Registerseite

Nun kümmern wir uns um die Namen und Beschriftungen der Registerseiten und der fehlenden Seiten – vor allem aber auch um den Namen des Register-Steuerelements selbst, den Sie auf *regKundendetails* einstellen. Klicken Sie dann auf den ersten Registerreiter und tragen Sie für die Eigenschaft *Name* den Wert *pgeStammdaten* (*pge* steht für *Page*) sowie als Beschriftung den Wert *Stammdaten* ein. Die zweite Seite statten Sie entsprechend mit *pgeBestellungen* und *Bestellungen* aus.

Fehlt noch die Seite für die Kommunikation, die Sie erst noch mit dem Kontextmenü-Eintrag *Seite einfügen* des Register-Steuerelements hinzufügen (siehe Abbildung 3.34). Diese Seite soll *pgeKommunikation* heißen und den Titel *Kommunikation* tragen. Das Zwischenergebnis sieht wie in Abbildung 3.35 aus.

Während die erste Registerseite bereits gut gefüllt ist, sind die Seiten *Bestellungen* und *Kommunikation* noch leer (siehe Abbildung 3.36).

123

Kapitel 3 Kunden verwalten

Mit gutem Grund: Die entsprechenden Steuerelemente – und weitere – kommen erst in späteren Kapiteln hinzu.

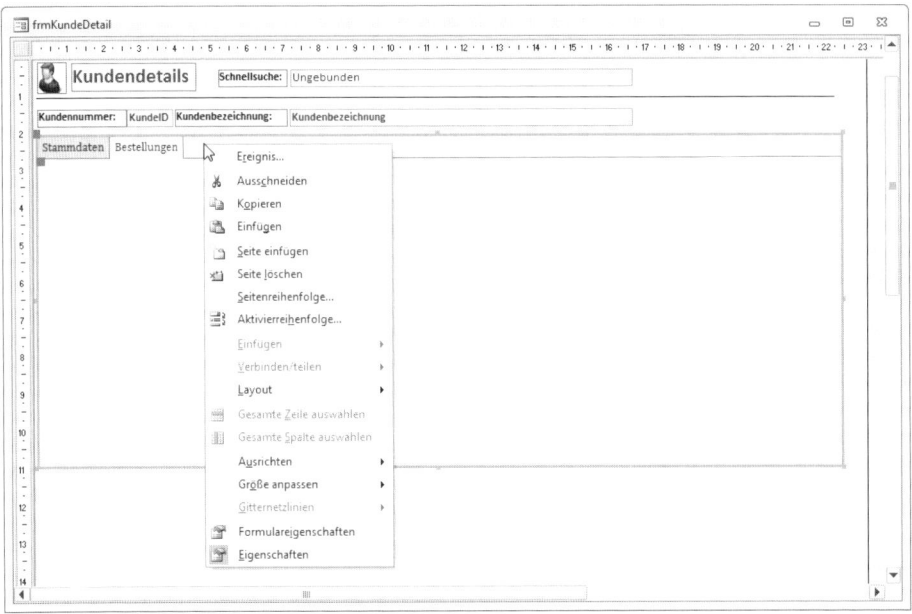

Abbildung 3.34: Kundendetail-Formular um Register-Steuerelement erweitern

Abbildung 3.35: Die Kundendetails mit Register-Steuerelement in der Formularansicht

3.6 Doppelte Kunden finden

Es ist enorm wichtig, dass Ihr Kundenstamm keine Dubletten aufweist. Erstens ist es peinlich, wenn Sie Newsletter oder andere Informationen versenden und ein Kunde diese doppelt erhält. Viel schlimmer aber wird es, wenn Sie einen Kunden zweimal pflegen und diesen bei

Doppelte Kunden finden

Änderungen etwa der Adresse nur einfach aktualisieren. Sie wissen dann schnell nicht mehr, unter welcher Adresse Sie den Kunden überhaupt erreichen.

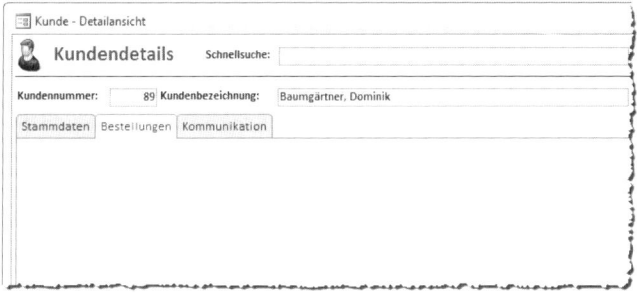

Abbildung 3.36: Die beiden hinteren Registerseiten sind noch leer.

Also machen Sie Folgendes: Sie fügen Ihrer Anwendung einen Mechanismus hinzu, mit dem Sie erstens doppelte Kunden auffinden und diese zweitens in einem Kundenkonto vereinen. Das ist mitunter nicht so einfach, vor allem, wenn der Kunde bereits Bestellungen getätigt hat oder andere Daten aus weiteren Tabellen mit zwei oder mehr Versionen des gleichen Kunden verknüpft sind. Aber schauen wir uns doch zunächst an, wie Sie die doppelten Kunden überhaupt auffinden. Dazu gibt es ein eigenes Formular, mit dem Sie zunächst festlegen, anhand welcher Felder die Dubletten gefunden werden sollen. Dieses Formular ist so ergonomisch wie möglich gestaltet, damit der Benutzer keine unnötigen Handgriffe durchführen muss – Sie finden es in Abbildung 3.37.

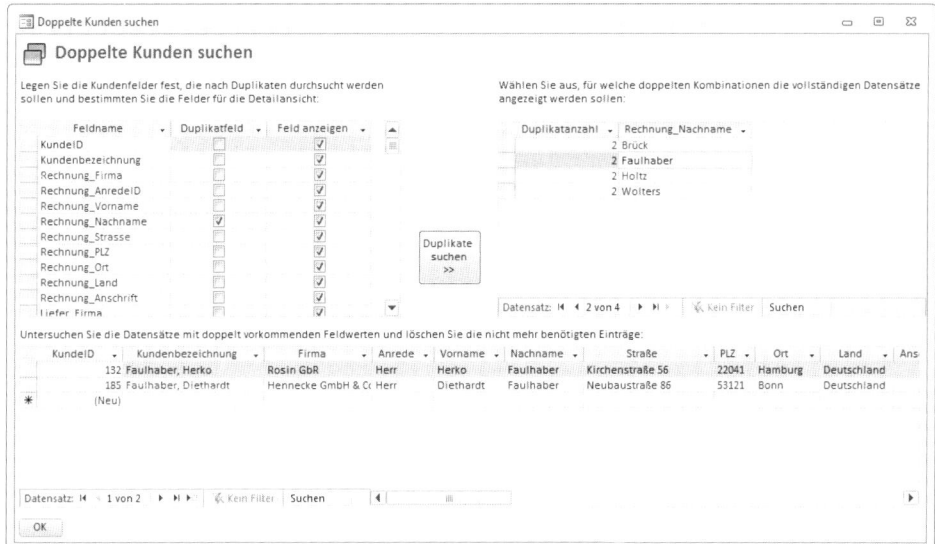

Abbildung 3.37: Formular zum Auffinden von doppelten Kunden nach flexiblen Kriterien

Kapitel 3 Kunden verwalten

Das Formular enthält drei Unterformulare, die mehr oder weniger aufwendig programmiert sind – viel Flexibilität erfordert eben auch einen gewissen Programmieraufwand.

Das Unterformular oben links zeigt alle Felder der Tabelle *tblKunden* an. Dort kann der Benutzer zweierlei festlegen: erstens die Felder, nach denen die Duplikate ermittelt werden sollen, und zweitens die Felder, welche das Formular in der Vergleichsübersicht anzeigen soll. Wenn der Benutzer die gewünschten Einstellungen vorgenommen hat, klickt er auf die Schaltfläche in der Mitte und zeigt so alle gefundenen Duplikate im Formular rechts oben an. Dieses enthält nur die Felder, nach denen die Duplikate ermittelt werden sollten. Für jeden Satz von Duplikaten zeigt es außerdem die Anzahl der gefundenen Exemplare an. Mit einem Klick auf einen dieser Einträge erhält der Benutzer die Details der gefundenen Datensätze im unteren Unterformular. Dieses zeigt alle Felder an, die im Unterformular oben links als anzuzeigende Felder markiert wurden. Auf diese Weise kann der Benutzer die Übersicht erhöhen und unwichtige Felder ausblenden.

Bevor wir uns die Möglichkeiten zum Zusammenführen der Datensätze ansehen, schauen wir uns zunächst die Programmierung des Formulars zum Auffinden der Duplikate an. Das Formular heißt *frmDuplikateFinden* und sieht wie in Abbildung 3.38 aus.

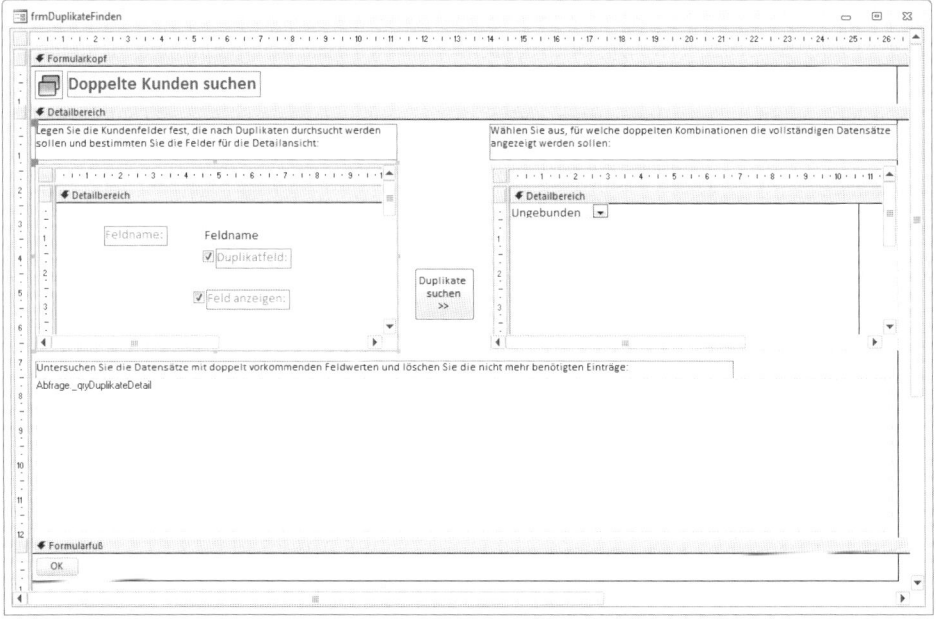

Abbildung 3.38: Das Formular *frmDuplikateFinden* in der Entwurfsansicht

Das erste Unterformular-Steuerelement heißt *sfmDuplikatfelder*, genau wie das angezeigte Unterformular. Das zweite heißt *sfmDuplikate* und zeigt das Formular *sfmFlex* an – dieses legen Sie durch das Einstellen der Eigenschaft *Herkunftsobjekt* auf den Namen des entsprechenden Unterformulars fest. Dieses Formular lässt sich flexibel mit einer Datenherkunft versehen. Sie erfahren alles darüber unter »Flexibles Unterformular für Datenblätter« ab Seite 413. Das dritte und untere Unterformular heißt *sfmDuplikateDetails*. Es soll alle Auftreten eines Duplikats anzeigen und wird zur Laufzeit mit einer dynamisch erstellten Abfrage als Herkunftsobjekt gefüllt. Dies als erster Überblick, wir schauen uns die Unterformulare nun im Detail an.

Das Unterformular *sfmDuplikatfelder* verwendet die Tabelle *tblDuplikatfelder* als Datenherkunft. Diese Tabelle sieht im Entwurf wie in Abbildung 3.39 aus und speichert im Feld *Feldname* alle Felder der Tabelle *tblKunden*. Die beiden *Ja/Nein*-Felder *Duplikatfeld* und *FeldAnzeigen* legen fest, ob das Feld zur Prüfung auf doppelte Datensätze hinzugezogen und ob dieses Feld in der Übersichtsliste darstellt werden soll.

Abbildung 3.39: Datenherkunft des Unterformulars *sfmDuplikatfelder*

Das Unterformular *sfmDuplikatfelder* enthält die drei Felder *Feldname*, *Duplikatfeld* und *FeldAnzeigen* der Datenherkunft (siehe Abbildung 3.40). Da es im Hauptformular als Datenblatt angezeigt werden soll, stellen Sie die Eigenschaft *Standardansicht* auf *Datenblatt* ein.

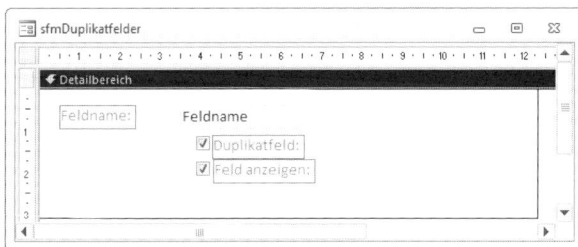

Abbildung 3.40: Das Unterformular *sfmDuplikatfelder* in der Entwurfsansicht

Nun müssen Sie die Tabelle *tblDuplikatfelder* natürlich noch mit den Feldnamen der Tabelle *tblKunden* füllen. Dies erledigen Sie natürlich nicht von Hand, sondern mit einer kleinen VBA-Prozedur, die Sie in einem Standardmodul namens *mdlTools* anlegen.

Kapitel 3 Kunden verwalten

Sie starten die Prozedur, indem Sie entweder die Einfügemarke innerhalb der Prozedur platzieren und die Taste *F5* betätigen oder indem Sie den Namen der Prozedur, *DuplikatfelderEinrichten*, im Direktfenster eingeben und die Eingabetaste drücken:

```
Private Sub DuplikatfelderEinrichten()
    Dim db As DAO.Database
    Dim fld As DAO.Field
    Dim tdf As DAO.TableDef
    Set db = CurrentDb
    Set tdf = db.TableDefs("tblKunden")
    db.Execute "DELETE FROM tblDuplikatfelder", dbFailOnError
    For Each fld In tdf.Fields
        db.Execute "INSERT INTO tblDuplikatfelder(Feldname, FeldAnzeigen) VALUES('" _
            & fld.Name & "', True)", dbFailOnError
    Next fld
End Sub
```

Die Prozedur deklariert einige DAO-Objekte und setzt diese wie folgt ein: *db* wird mit einem Verweis auf die aktuelle Datenbank gefüllt. Darüber erhalten Sie beispielsweise Zugriff auf die Definition der einzelnen Tabellendefinitionen. In diesem Fall benötigen wir die Tabelle *tblKunden*, die über die Auflistung *TableDefs* referenziert wird. Nachdem eventuell bereits in der Tabelle *tblDuplikatfelder* gespeicherte Daten gelöscht wurden, durchläuft die Prozedur mithilfe der Variablen *fld* alle *Field*-Elemente der Tabellendefinition und verschafft sich so Zugriff auf die Felder und ihre Eigenschaften. Dabei legt die Prozedur für jedes Feld einen neuen Datensatz in der Tabelle *tblDuplikatfelder* an und trägt dabei den Namen des aktuellen *Field*-Objekts in das Feld *Feldname* ein und füllt das *Ja/Nein*-Feld *FeldAnzeigen* mit dem Wert *True*. Dazu formuliert die Prozedur eine entsprechende *INSERT INTO*-Aktionsabfrage, die mit der *Execute*-Methode des *Database*-Objekts ausgeführt wird. Die Datenherkunft des Unterformulars *sfmDuplikatfelder* ist damit vorbereitet (siehe Abbildung 3.41).

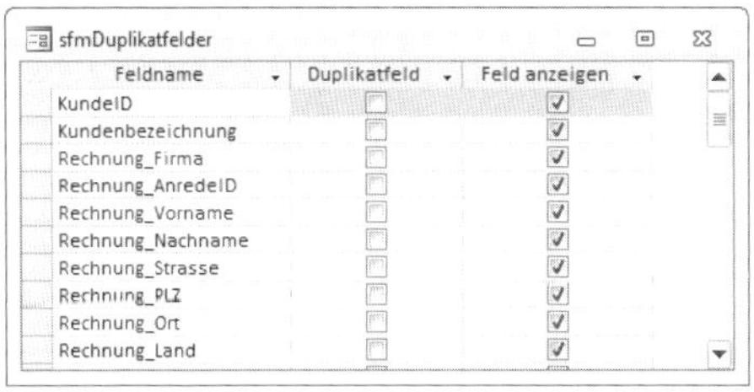

Abbildung 3.41: Das gefüllte Unterformular *sfmDuplikatfelder*

Vom Hauptformular auf Unterformular-Ereignisse reagieren

Normalerweise programmiert man Ereignisse immer dort, wo diese auch stattfinden. Wenn der Benutzer also beispielsweise im Unterformular einen neuen Datensatz auswählt, trägt man die

Ereignisprozedur, die durch das Ereignis *Beim Anzeigen* ausgelöst wird, auch in das Klassenmodul des Unterformulars ein. Manchmal ist es jedoch praktischer, wenn man alle Ereignisse, die in einem Formular und seinem Unterformular passieren, im Klassenmodul des Hauptformulars unterbringt. Wie das genau funktioniert, lesen Sie in »Unterformular(ereignisse) vom Hauptformular aus steuern« (Seite 422). In diesem Fall möchten wir das Ereignis, das beim Wechseln des Datensatzes im rechten oberen Unterformular ausgelöst wird, eben auch im Klassenmodul des Hauptformulars unterbringen. Dazu müssen wir lediglich eine Deklaration im Kopf des Moduls des Hauptformulars, also *Form_frmDuplikateFinden* vornehmen, die wie folgt aussieht:

```
Dim WithEvents frm_sfmDuplikate As Form
```

Sollte das Klassenmodul *Form_frmDuplikateFinden* noch nicht vorliegen, legen Sie es etwa durch Einstellen der Formulareigenschaft *Hat Modul* auf den Wert *Ja* an. Und im *Beim Laden*-Ereignis des Hauptformulars legen wir dann noch fest, auf welches Formular sich die so deklarierte Objektvariable *frm_sfmDuplikate* bezieht, nämlich auf das Unterformular *Me!sfmDuplikate!Form*. Damit Access weiß, dass sich im Hauptformular Ereignisprozeduren befinden, die durch Ereignisse im Unterformular ausgelöst werden sollen, stellen Sie dies im Falle des Ereignisses *Beim Anzeigen* beispielsweise mit *frm_sfmDuplikate.OnCurrent = "[Event Procedure]"* ein.

Auf die gleiche Weise legen Sie schon einmal drei Objektvariablen fest, deren Zweck gleich erläutert wird:

```
Dim objCW_Duplikatfelder As clsColumnWidths
Dim objCW_Duplikate As clsColumnWidths
Dim objCW_DuplikateDetail As clsColumnWidths
```

Dies geschieht alles in der Ereignisprozedur des Hauptformulars, die durch das Ereignis *Beim Laden* ausgelöst wird:

```
Private Sub Form_Load()
    Set frm_sfmDuplikate = Me!sfmDuplikate.Form
    frm_sfmDuplikate.OnCurrent = "[Event Procedure]"
    Set objCW_Duplikatfelder = New clsColumnWidths
    Set objCW_Duplikatfelder.DataSheetForm = Me!sfmDuplikatfelder.Form
    objCW_Duplikatfelder.OptimizeColumnWidths
    Set objCW_Duplikate = New clsColumnWidths
    Set objCW_Duplikate.DataSheetForm = Me!sfmDuplikate.Form
    Set objCW_DuplikateDetail = New clsColumnWidths
    objCW_Duplikate.OptimizeColumnWidths
    Me!sfmDuplikateDetails.SourceObject = ""
End Sub
```

Dort geschehen noch einige Dinge mehr, die genauer unter »Spaltenbreite in Datenblättern« (Seite 401) erläutert werden. Grob gesagt werden hier drei Objekte auf Basis der Klasse *cls-*

Kapitel 3 Kunden verwalten

ColumnWidths instanziert (hierfür benötigen Sie die drei oben deklarierten Objektvariablen *objCW_Duplikatfelder*, *objCW_Duplikate* und *objCW_DuplikateDetail*), die dafür sorgen, dass die Spaltenbreite in den drei Unterformularen immer auf die optimale Spaltenbreite eingestellt wird. Sollten Sie Anwendung von Grund auf neu erstellen, importieren Sie diese Klasse zuvor aus der Beispieldatenbank in Ihre Version der Datenbank (unter Access 2010 etwa mit dem Ribbon-Befehl *Externe Daten|Importieren und verknüpfen|Access*) – sonst ist der Code nicht lauffähig. Schließlich leert die Prozedur noch das untere Unterformular-Steuerelement *sfmDuplikateDetails*, denn wenn der Benutzer noch keine Duplikate gesucht hat, soll dieses Formular auch noch keine Daten anzeigen.

Nach Duplikaten suchen

Nach dem Öffnen des Formulars kann der Benutzer im linken, oberen Unterformular angeben, welche Felder der Tabelle *tblKunden* als Kriterien beim Suchen von Duplikaten verwendet werden sollen und welche Felder im Vergleichsformular unten angezeigt werden.

Um die Suche zu starten, klickt er auf die Schaltfläche *cmdDuplikateSuchen* und löst dadurch die folgende Prozedur aus:

```
Private Sub cmdDuplikateSuchen_Click()
    Dim db As DAO.Database
    Dim qdf As DAO.QueryDef
    Dim strSQL As String
    Dim strDuplikatfelder As String
    Dim strAnzahlfeld As String
    Dim rstDuplikatfelder As DAO.Recordset
    Set db = CurrentDb
    Set rstDuplikatfelder = db.OpenRecordset("SELECT * FROM tblDuplikatfelder WHERE " _
        & "Duplikatfeld = True", dbOpenDynaset)
    If rstDuplikatfelder.EOF Then
        MsgBox "Bitte wählen Sie mindestens ein Feld aus, das als Kriterium für " _
            & "die Duplikatsuche dienen soll."
        Exit Sub
    End If
    strAnzahlfeld = rstDuplikatfelder!Feldname
    Do While Not rstDuplikatfelder.EOF
        strDuplikatfelder = strDuplikatfelder & rstDuplikatfelder!Feldname & ","
        rstDuplikatfelder.MoveNext
    Loop
    strDuplikatfelder = Left(strDuplikatfelder, Len(strDuplikatfelder) - 1)
    strSQL = "SELECT Count(" & strAnzahlfeld & ") AS Duplikatanzahl, "
    strSQL = strSQL & strDuplikatfelder & " FROM tblKunden"
    strSQL = strSQL & " GROUP BY " & strDuplikatfelder & " HAVING Count(" _
```

```
        & strAnzahlfeld & ") > 1"
    On Error Resume Next
    db.QueryDefs.Delete "_qryDuplikate"
    On Error GoTo 0
    db.QueryDefs.Refresh
    Set qdf = db.CreateQueryDef("_qryDuplikate", strSQL)
    Me!sfmDuplikate.Form.FillFlexForm "_qryDuplikate"
    Me!sfmDuplikate.Form.Requery
    objCW_Duplikate.OptimizeColumnWidths
End Sub
```

Diese Prozedur öffnet zunächst eine Datensatzgruppe auf Basis der Tabelle *tblDuplikatfelder*, wobei nur diejenigen Datensätze berücksichtigt werden, bei denen das Feld *Duplikatfeld* auf den Wert *True* eingestellt wurde – also alle Felder, die als Kriterien bei der Duplikatsuche dienen sollen. Ist diese Datensatzgruppe leer, hat der Benutzer keine Kriterienfelder ausgewählt und erhält eine entsprechende Meldung.

Das erste Feld, beispielsweise *Rechnung_Nachname*, wird nun mit der Variablen *strAnzahlfeld* als Feld zur Ermittlung der Anzahl einer bestimmten Kombination von Datensätzen festgelegt – nicht, weil es speziell dafür geeignet ist, sondern weil schlicht irgendein Feld diese Aufgabe erfüllen muss. Danach durchläuft eine *Do While*-Schleife alle Datensätze der soeben erstellten Datensatzgruppe und fügt Datensatz für Datensatz einen Ausdruck in der Variablen *strDuplikatfelder* zusammen, der alle Feldnamen durch Kommata getrennt enthält – also zum Beispiel *Rechnung_Vorname, Rechnung_Nachname, Rechnung_Ort*.

Das Komma hinter dem letzten Eintrag wird mit der nächsten Zeile entfernt, die mit der *Left*-Funktion den Teilstring der Zeichenkette ermittelt, der alle Zeichen außer dem letzten enthält.

Auf Basis des in *strAnzahlfeld* gespeicherten Feldnamens und der soeben ermittelten Liste der als Kriterien zu verwendenden Feldnamen erstellt die Prozedur nun einen *SELECT*-Ausdruck, der das mit der *Count*-Funktion versehene Anzahl-Feld und die Kriterienfelder ausgibt, wobei die Datensätze auch noch nach den Kriterienfeldern gruppiert werden.

Zusätzlich kommt ein weiteres Kriterium hinzu, das festlegt, dass die Abfrage nur solche Datensätze zurückliefern soll, bei denen die Anzahl zu Gruppen zusammengefasster und damit bezüglich der Kriterienfelder gleicher Datensätze größer als *1* ist. Sprich: Hier liegen Duplikate vor. Der Beispielausdruck hierfür sieht etwa so aus:

```
SELECT Count(Rechnung_Vorname) AS Duplikatanzahl, Rechnung_Vorname,Rechnung_
Nachname,Rechnung_PLZ FROM tblKunden GROUP BY Rechnung_Vorname,Rechnung_
Nachname,Rechnung_PLZ HAVING Count(Rechnung_Vorname) > 1
```

Etwas übersichtlicher gerät die Abfrage, wenn Sie diese in den Entwurf einer neuen Abfrage umwandeln (siehe Abbildung 3.42). Dort ist besser zu erkennen, nach welchen Feldern die Gruppierung aufgebaut wird und dass das zum Zählen der Datensätze einer Gruppe verwendete

Feld gleichzeitig als Kriterium zur Ermittlung aller Gruppierungen mit mehr als einem Datensatz verwendet wird. Diese Abfrage könnten wir nun leicht als Herkunftsobjekt für das Unterformular oben rechts festlegen. Dieses würde dann die gewünschten Daten wie in Abbildung 3.43 anzeigen.

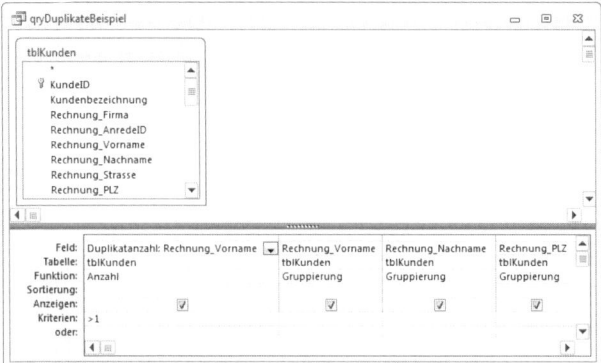

Abbildung 3.42: Entwurfsansicht einer Beispielabfrage zum Ermitteln von Duplikaten

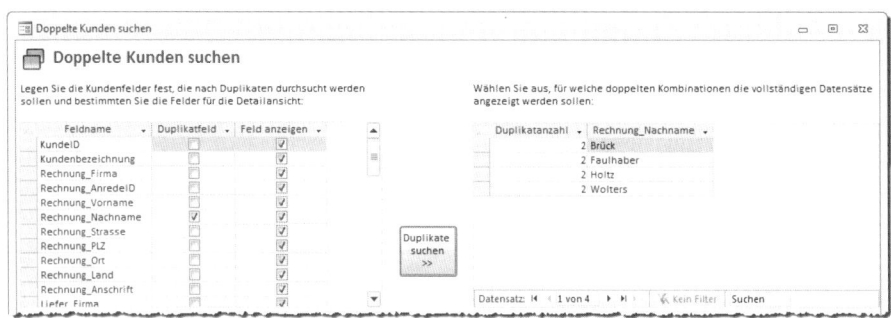

Abbildung 3.43: Anzeige doppelter Datensätze im Unterformular

Dies hat allerdings den kleinen Nachteil, dass eine Abfrage als Inhalt eines Unterformular-Steuerelements zwar statthaft ist, aber im Gegensatz zu einem echten Unterformular keine Behandlung von Ereignissen bietet. Das heißt, dass es zwar alle doppelten Datensätze anzeigen würde, aber beispielsweise ein Klick auf einen der Datensätze nicht das direkte Anzeigen der einzelnen Dubletten im unteren Unterformular ermöglichen würde. Sie könnten dies zwar so programmieren, dass der Benutzer den gewünschten Datensatz markiert und dann die einzelnen Datensätze per Klick auf eine weitere Schaltfläche angezeigt werden.

Aber, wie schon eingangs erwähnt: Wenn wir dem Benutzer einen Mausklick ersparen können, wollen wir dies auch tun. Also verwenden wir einen anderen Ansatz, der ein flexibles Unterformular einsetzt. Dieses kann mit Daten aus beliebigen Tabellen oder Abfragen gefüllt werden – die Spaltenüberschriften und die Feldinhalte werden dynamisch angepasst. Details zu diesem Formular finden Sie unter »Flexibles Unterformular für Datenblätter« (Seite 413). An

Doppelte Kunden finden

dieser Stelle ist nur interessant, dass wir auf Basis des SQL-Ausdrucks *strSQL* per VBA eine neue Abfrage namens *_qryDuplikate* erstellen. Dazu löscht zunächst die *Delete*-Methode der *QueryDefs*-Auflistung eine eventuell noch vorhandene Abfrage gleichen Namens – dies mit außer Kraft gesetzter Fehlerbehandlung, um einen Fehler bei nicht vorhander Abfrage zu verhindern. An dieser Stelle sei erwähnt, dass diese Abfrage nur temporär erstellt wird, somit funktioniert dies auch in der Runtime-Version, die sonst keinen Eingriff in den Entwurf der Datenbankobjekte und somit auch keine Neuanlage erlaubt.

Vor dem Neuerstellen wird die *QueryDefs*-Auflistung mit der *Refresh*-Methode aktualisiert. Die *CreateQueryDef*-Methode schließlich legt die neue Abfrage an, wobei als erster Parameter der Name der neuen Abfrage (*_qryDuplikate*) und als zweiter der soeben dynamisch erzeugte SQL-Ausdruck angegeben wird.

Nun nutzt die Prozedur die *FillFlexForm*-Methode und weist dieser die Abfrage *_qryDuplikate* als Datenherkunft zu. Nach einem *Requery* und dem Optimieren der Spaltenbreite mit der *OptimizeColumnWidth*-Methode des verantwortlichen *clsColumnWidth*-Objekts stehen die Daten im Unterformular rechts oben zur Auswahl bereit.

Alle Auftreten eines Duplikats anzeigen

Damit kommen wir zum Anklicken einer der gefundenen Kombinationen und zur Anzeige aller Auftreten dieser Kombination im unteren Unterformular-Steuerelement. Weiter oben haben wir alle Vorbereitungen getroffen, die durch das Ereignis *Beim Anzeigen* des Unterformulars rechts oben ausgelöste Prozedur nicht in ihrem Klassenmodul, sondern im Klassenmodul des Hauptformulars anzulegen. Nun kennen Sie auch den Grund dafür: Das zur Anzeige aller mehrfach vorhandenen Kombinationen verwendete Formular ist flexibel einsetzbar und soll daher nicht mit domänenspezifischem Code beladen werden. Dieser gehört dorthin, wo das Unterformular eingesetzt wird, aber nicht in das Unterformular selbst.

Legen Sie also nun die entsprechende Ereignisprozedur im Klassenmodul des Formulars *frmDuplikateFinden* an. Dazu wählen Sie im linken Kombinationsfeld des Code-Fensters der Formularklasse den Namen des Objekts aus, welches das Unterformular referenziert, also *frm_sfmDuplikate*, und im rechten das Ereignis *OnCurrent* (siehe Abbildung 3.44). Die so erstellte Ereignisprozedur füllen Sie wie folgt:

```
Private Sub frm_sfmDuplikate_Current()
    Dim db As DAO.Database
    Dim qdf As DAO.QueryDef
    Dim strSQL As String
    Dim strAnzeigefelder As String
    Dim rstDuplikatfelder As DAO.Recordset
    Dim rstAnzeigefelder As DAO.Recordset
    Dim strWhere As String
    Set db = CurrentDb
```

Kapitel 3 Kunden verwalten

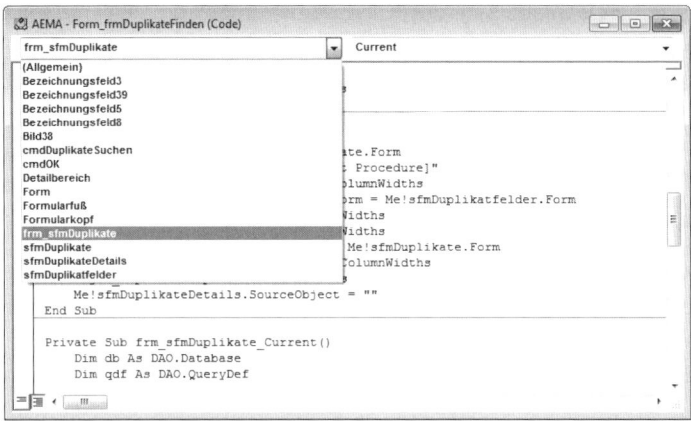

Abbildung 3.44: Anlegen einer Ereignisprozedur für ein Formular außerhalb des Klassenmoduls

```
Set rstAnzeigefelder = db.OpenRecordset("SELECT Feldname FROM tblDuplikatfelder " _
    & "WHERE FeldAnzeigen = True", dbOpenDynaset)
If rstAnzeigefelder.EOF Then
    MsgBox "Bitte wählen Sie mindestens ein Feld aus, das in der Detailliste " _
        & "der Duplikate erscheinen soll."
    Exit Sub
End If
Do While Not rstAnzeigefelder.EOF
    strAnzeigefelder = strAnzeigefelder & rstAnzeigefelder!Feldname & ","
    rstAnzeigefelder.MoveNext
Loop
strAnzeigefelder = Left(strAnzeigefelder, Len(strAnzeigefelder) - 1)
Set rstDuplikatfelder = db.OpenRecordset("SELECT Feldname FROM tblDuplikatfelder " _
    & "WHERE Duplikatfeld = True", dbOpenDynaset)
Do While Not rstDuplikatfelder.EOF
    On Error Resume Next
    Select Case Me!sfmDuplikate.Form.Recordset.Fields( _
            rstDuplikatfelder!Feldname).type
        Case dbChar, dbMemo, dbText
            strWhere = strWhere & rstDuplikatfelder!Feldname & "='" & Me!sfmDuplikate. _
                Form.Recordset.Fields(rstDuplikatfelder!Feldname) & "' AND "
        Case Else
            strWhere = strWhere & rstDuplikatfelder!Feldname & "=" & Me!sfmDuplikate. _
                Form.Recordset.Fields(rstDuplikatfelder!Feldname) & " AND "
    End Select
    If Not Err.Number = 0 Then
        On Error GoTo 0
```

```
            Exit Sub
        End If
        rstDuplikatfelder.MoveNext
    Loop
    If Len(strWhere) > 0 Then
        strWhere = Left(strWhere, Len(strWhere) - 4)
    End If
    On Error Resume Next
    db.QueryDefs.Delete "_qryDuplikateDetail"
    On Error GoTo 0
    db.QueryDefs.Refresh
    strSQL = "SELECT " & strAnzeigefelder & " FROM tblKunden WHERE " & strWhere
    Set qdf = db.CreateQueryDef("_qryDuplikateDetail", strSQL)
    Me!sfmDuplikateDetails.SourceObject = "Query._qryDuplikateDetail"
    Set objCW_DuplikateDetail.DataSheetForm = Me!sfmDuplikateDetails.Form
    objCW_DuplikateDetail.OptimizeColumnWidths
    Set db = Nothing
End Sub
```

Das sieht nach mehr aus, als es eigentlich ist. Die Prozedur öffnet zunächst eine Datensatzgruppe auf Basis der Tabelle *tblDuplikatfelder*, und zwar für alle Datensätze, die der Benutzer im Unterformular links oben als anzuzeigende Felder ausgewählt hat. Auch hier erscheint wieder eine Meldung, falls der Benutzer nicht mindestens ein Feld ausgewählt hat.

Anderenfalls durchläuft die Prozedur alle Datensätze der Datensatzgruppe und fügt wiederum eine durch Kommata getrennte Liste der Feldnamen zusammen – und auch hier entfernt sie wieder das letzte Komma. Damit wäre schonmal die Liste der anzuzeigenden Felder erstellt.

Danach geht es an die *WHERE*-Bedingung. Um diese zusammenzustellen, durchläuft die Prozedur wieder die Datensätze der Tabelle *tblDuplikatfelder*, die als zu untersuchendes Duplikatefeld festgelegt wurden. In diesem Fall benötigen wir jedoch nicht einfach eine Liste der Feldnamen, sondern eine Reihe von Kriterien mit Vergleichsfeld, Vergleichsoperator und Vergleichswert.

Das Vergleichsfeld entspricht dem Feld *Feldname* der Tabelle *tblDuplikatfelder* für den aktuellen Datensatz. Als Vergleichsoperator wird das Gleichheitszeichen herangezogen. Fehlt noch der Vergleichswert – und diesen ermittelt die Prozedur direkt aus dem angeklickten Datensatz im Unterformular oben rechts.

Nun könnte man den Vergleichsausdruck direkt aus diesen Elementen zusammenstellen, aber dummerweise gibt es da noch die Sonderbehandlung von String-Vergleichen unter SQL: Vergleichswerte müssen dann nämlich in Hochkommata eingefasst werden. Und deshalb prüft die Prozedur für jedes Feld in einer *Select Case*-Bedingung, ob das Feld einen der Felddatentypen *dbChar*, *dbMemo* oder *dbText* aufweist, und fasst einen solchen Vergleichswert noch in Hochkommata ein – im Gegensatz zu Zahlenwerten:

Kapitel 3 Kunden verwalten

```
SELECT KundeID, Kundenbezeichnung, Rechnung_Firma, Rechnung_AnredeID, Rechnung_Vorname,
... FROM tblKunden WHERE Rechnung_Nachname='Holtz'
```

Der daraus resultierende Ausdruck wird wiederum einem neuen *QueryDef*-Objekt zugewiesen, diesmal einem namens *_qryDuplikateDetail*. Dieses landet schließlich als Herkunftsobjekt im unteren Unterformular.

Diesmal wird jedoch direkt die Abfrage zugewiesen – das Formular *sfmFlex* ist hier nicht nötig, da das untere Unterformular keine Ereignisprozeduren auslösen soll.

Schließlich wird das neu gefüllte Unterformular noch mit der Klasse *clsColumnWidths* auf die richtige Spaltenbreite getrimmt.

3.7 Datensätze zusammenführen

Nun müssen wir die Datensätze, sofern es sich wirklich um Duplikate handelt, zusammenführen. Für die Daten der Tabelle *tblKunden* können Sie eigentlich gleich das Formular *frmDuplikateFinden* verwenden: Es zeigt alle Daten der zusammenzuführenden Kundendatensätze untereinander an. Sollte einer der beiden Datensätze die richtigen Daten enthalten, markieren Sie diesen, anderenfalls aktualisieren Sie den Datensatz, den Sie übernehmen möchten, mit den Daten aus dem anderen Datensatz.

Um nun einen der beiden Datensätze zu übernehmen, benötigen wir noch eine entsprechende Schaltfläche. Diese fügen Sie einfach unter der Liste mit den Duplikatdetails hinzu (siehe Abbildung 3.45).

Dort finden Sie auch bereits ein Kontrollkästchen, mit dem der Benutzer festlegen kann, ob die mit dem zu löschenden Kunden verknüpften Daten (also Bestellungen, E-Mail-Adressen, Kommunikationsdaten) auf den zu erhaltenden Kunden übertragen werden sollen.

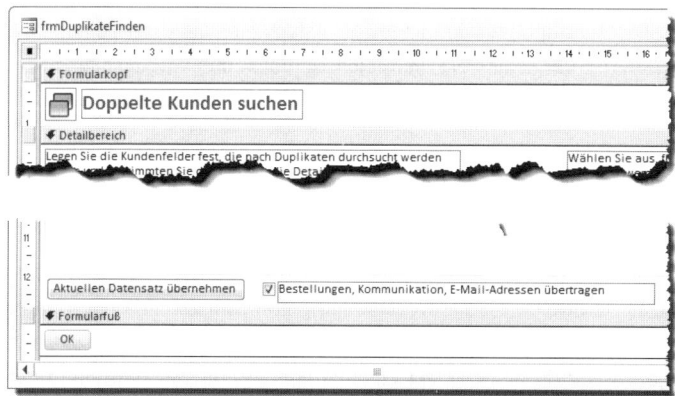

Abbildung 3.45: Schaltfläche zum Entfernen doppelter Datensätze

Datensätze zusammenführen

Hier sind zunächst einige Fragen zu beantworten. Um zumindest das Löschen rückgängig machen zu können, sollen Kundendatensätze lediglich durch Einstellen eines Feldes namens *GeloeschtAm* als gelöscht markiert werden. Oben haben wir festgelegt, dass wir diese Variante wählen – doppelte Kunden werden also nur als gelöscht markiert.

Nun hängen an jedem Kunden gegebenenfalls weitere Daten wie etwa Bestellungen, E-Mail-Adresse und Kommunikationsdaten. Wenn wir doppelte Kunden nicht löschen, sondern diese nur als gelöscht markieren, ist die Frage, ob wir dennoch einfach die mit diesem Kunden verknüpften Daten auf den verbleibenden Kundendatensatz übertragen.

Alternativ könnten diese Daten kopiert werden – das heißt, dass etwa ein Bestelldatensatz sowohl beim als gelöscht markierten Kunden verbleibt als auch in einen neuen Datensatz kopiert wird, der dann mit dem zu erhaltenden Kundendatensatz verknüpft wird.

An dieser Stelle wollen wir es jedoch einfach halten und übertragen die verknüpften Daten einfach an den verbleibenden Kunden.

Dazu sind lediglich drei Anweisungen notwendig, die wir zusammen mit den Befehlen zum Löschen der Dubletten in die Prozedur packen, die durch das Ereignis *Beim Klicken* der Schaltfläche *cmdDatensatzUebernehmen* ausgelöst wird:

```vb
Private Sub cmdDatensatzUebernehmen_Click()
    Dim db As DAO.Database
    Dim rst As DAO.Recordset
    Dim lngKundeID As Long
    If MsgBox("Dies entfernt alle Datensätze außer dem markierten Datensatz aus " _
        & "der Datenbank." & vbCrLf & "Fortsetzen?", vbYesNo, _
        "Duplikate entfernen") = vbYes Then
        Set db = CurrentDb
        Set rst = db.OpenRecordset(Me!sfmDuplikateDetails.Form.RecordSource)
        Do While Not rst.EOF
            lngKundeID = Me.sfmDuplikateDetails.Form!KundeID
            If Not rst!KundeID = lngKundeID Then
                db.Execute "UPDATE tblKunden SET GeloeschtAm = " & ISODatum(Now) _
                    & " WHERE KundeID = " & rst!KundeID, dbFailOnError
                If Me!chkDatenUebernehmen = True Then
                    db.Execute "UPDATE tblBestellungen SET KundeID = " & lngKundeID _
                        & " WHERE KundeID = " & rst!KundeID, dbFailOnError
                    db.Execute "UPDATE tblKommunikation SET KundeID = " & lngKundeID _
                        & " WHERE KundeID = " & rst!KundeID, dbFailOnError
                    db.Execute "UPDATE tblEMailAdressen SET KundeID = " & lngKundeID _
                        & " WHERE KundeID = " & rst!KundeID, dbFailOnError
                End If
            End If
```

Kapitel 3 Kunden verwalten

```
            rst.MoveNext
        Loop
    End If
End Sub
```

Die Prozedur fragt zunächst ab, ob tatsächlich die Datensätze mit Ausnahme des aktuell markierten Datensatzes gelöscht werden sollen. Ist dies der Fall, trägt die Prozedur zunächst den Wert des Feldes *KundeID* des aktuell markierten Datensatzes in die Variable *lngKundeID* ein. Danach erstellt die Prozedur ein Recordset auf Basis der Datenherkunft des Unterformulars *frmDuplikateDetails* und durchläuft alle enthaltenen Datensätze. Dabei prüft sie zunächst, ob es sich nicht um den in *lngKundeID* gespeicherten Kunden handelt. Falls nicht, weist sie dem aktuellen Datensatz für das Feld *GeloeschtAm* das aktuelle Datum und die aktuelle Zeit zu.

Danach prüft die Prozedur, ob der Benutzer auch die mit den zu löschenden Kunden verknüpften Daten auf den verbleibenden Kunden übertragen möchte. Ist dies der Fall, löst dies drei *UPDATE*-Aktionsabfragen aus, die jeweils das Fremdschlüsselfeld *KundeID* auf den Wert des Feldes *KundeID* des verbleibenden Kunden einstellt.

4 Artikel verwalten

Ich glaube, dass ich es bereits vor einigen Kapiteln erwähnt habe: Faule Access-Entwickler kommen grundsätzlich schneller zum Ziel als andere. So werden wir es uns beim Gestalten der Formulare für die Verwaltung der Artikel erstmal richtig leicht machen.

Wie das aussieht? Nun: Wir benötigen genau wie bei der Verwaltung von Kunden ein Übersichtsformular, das die Artikel in einem Unterformular anzeigt. Außerdem soll ein Detailformular nach Wunsch die Details zu einem neuen oder vorhandenen Artikel anzeigen.

Sollten Sie das Kapitel zur Erstellung der Formulare für die Kundenverwaltung bereits durchgearbeitet haben, kommt Ihnen der Aufbau bekannt vor. Die folgenden Abschnitte stellen dar, wie Sie Ihre Artikelformulare schnellstmöglich zusammenstellen und dabei – zumindest teilweise – von bereits erledigten Arbeiten profitieren.

4.1 Übersichtsformular erstellen

Das Übersichtsformular zur Anzeige der Artikel erstellen wir auf Basis des Formulars zur Anzeige der Kunden. Das heißt, dass Sie das Hauptformular *frmKundenuebersicht* einfach kopieren und anpassen.

Dazu markieren Sie das Formular *frmKundenuebersicht* im Navigationsbereich und betätigen die Tastenkombinationen *Strg + C* (Kopieren) und *Strg + V* (Einfügen). Als Name des neuen Formulars geben Sie *frmArtikeluebersicht* an (siehe Abbildung 4.1).

Abbildung 4.1: Kopieren und einfügen eines Formulars

Damit das Formular gleich Artikeldaten im Unterformular anzeigt, erstellen Sie zunächst ein solches – in diesem Fall von Grund auf. Das Formular erhält als Datenherkunft beziehungsweise Datensatzquelle die Tabelle *tblArtikel*. Nachdem Sie alle Felder der Tabelle aus der Feldliste in den Detailbereich der Entwurfsansicht gezogen haben, sieht dieser wie in Abbildung 4.2 aus. Sie erkennen hier noch das Feld *Beschreibung*, dieses haben wir jedoch entfernt – es reicht, wenn der Inhalt im Detailformular ersichtlich ist.

Stellen Sie die Eigenschaft *Standardansicht* auf *Datenblatt* ein, damit die Artikel in Listenform angezeigt werden.

Kapitel 4 Artikel verwalten

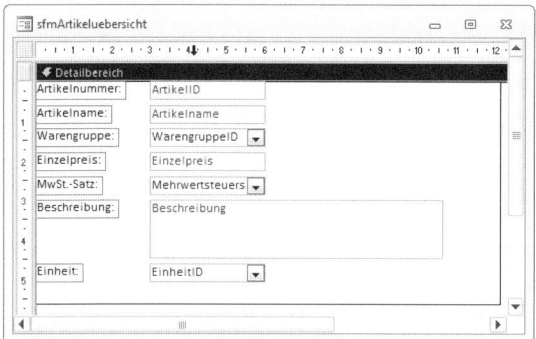

Abbildung 4.2: Das Unterformular *sfmArtikeluebersicht* in der Entwurfsansicht

Nach dem Speichern und Schließen des Formulars *sfmArtikeluebersicht* fügen Sie es dem Formular *frmArtikeluebersicht*, das ja noch vollständig wie das Formular zur Kundenverwaltung aussieht, als Unterformular hinzu. Da das Unterformularsteuerelement bereits vorhanden ist, brauchen Sie nur noch sein Herkunftsobjekt anzupassen.

Dies erledigen Sie mit der gleichnamigen Eigenschaft des Unterformular-Steuerelements in der Entwurfsansicht des Hauptformulars. Wählen Sie im Eigenschaftsfenster oben den Eintrag *sfm* aus (also das Unterformular-Steuerelement) und stellen Sie die Eigenschaft *Herkunftsobjekt* auf *Formulare.sfmArtikeluebersicht* ein (siehe Abbildung 4.3). Danach sieht zumindest das Unterformular schon einmal nach einem Artikelformular aus.

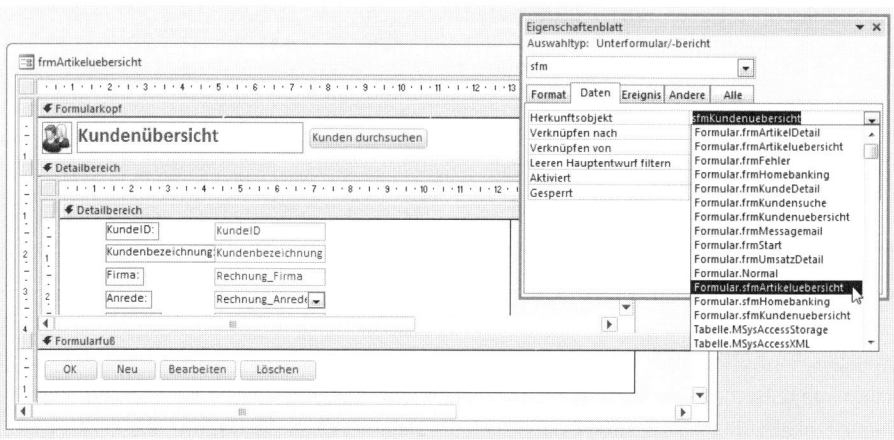

Abbildung 4.3: Einstellen eines anderen Unterformulars

Anschließend ändern Sie die übrigen Elemente, die den Eindruck erwecken, Sie würden hier mit einem Kundenformular arbeiten – also vor allem die Eigenschaft *Beschriftung* sowie die Elemente im Formularkopf und die Beschriftung der Schaltfläche *cmdSuche*.

Übersichtsformular erstellen

Der Rest sieht oberflächlich erstmal gut aus – aber natürlich funktioniert der Code nicht, da er sich auf die Tabelle *tblKunden* und das Formular *frmKundeDetail* bezieht und nicht auf *tblArtikel* und *frmArtikelDetail*.

Sie könnten nun einfach alle relevanten Ausdrücke ändern – also beispielsweise die Zeile

```
strSQL = "DELETE FROM tblKunden WHERE KundeID = " & lngKundeID
```

in diese Zeile ändern:

```
strSQL = "DELETE FROM tblArtikel WHERE ArtikelID = " & lngArtikelID
```

Dazu müssten Sie an etwa zehn Stellen eingreifen. Davon ausgehend, dass Sie ein solches Übersichtsformular nicht nur für Kunden und Artikel, sondern noch für andere Objekte in dieser oder anderen Anwendungen einsetzen möchten, machen wir das Formular noch ein wenig flexibler.

Alle Elemente, die sich in Form einer Zeichenkette angeben lassen können, speichern wir in Konstanten:

```
Const strTabelle As String = "tblArtikel"
Const strPKFeld As String = "ArtikelID"
Const strDetailformular As String = "frmArtikelDetail"
Const strSuchformular As String = "frmArtikelsuche"
Const strMeldungKeineAuswahl As String = "Kein Artikel ausgewählt."
```

Das *strTabelle* nimmt die Tabelle auf, aus der das Formular seine Daten bezieht, *strPKFeld* den Namen des Primärschlüsselfeldes der Tabelle, *strDetailformular* das Formular, das zum Anzeigen der Details geöffnet werden soll, *strSuchformular* entsprechend das Suchformular und *strMeldungKeineAuswahl* soll als Meldungsfenster angezeigt werden, wenn der Benutzer ohne ausgewählten Datensatz einen Eintrag im Detailformular öffnen oder löschen möchte.

Die Konstanten sind im Code des gesamten Klassenmoduls des Formulars verfügbar.

Nun passen Sie die Ereignisprozeduren so an, dass diese auch für andere Daten als die der Tabelle *tblArtikel* eingesetzt werden können. Die Schaltfläche zum Anzeigen des Suchfensters etwa soll nicht mehr *"frmArtikelsuche"* öffnen, sondern das in der Konstanten *strSuchformular* angegebene Formular (das hier auch *frmArtikelsuche* heißt):

```
Private Sub cmdSuche_Click()
    DoCmd.OpenForm strSuchformular
End Sub
```

Ähnlich sieht es in der Prozedur aus, die das Detailformular zum Anlegen eines neuen Datensatzes öffnen soll:

```
Private Sub cmdNeu_Click()
    DoCmd.OpenForm strDetailformular, DataMode:=acFormAdd, WindowMode:=acDialog
```

Kapitel 4 Artikel verwalten

```
    Me!sfm.Form.Requery
End Sub
```

Einige Änderungen mehr finden Sie in der Prozedur, die durch die Schaltfläche *Bearbeiten* ausgelöst wird. Die geänderten Elemente beziehungsweise die betroffenen Zeilen sind kursiv gedruckt. Den Anfang macht die Variable, welche den Wert des Primärschlüsselfeldes für den zu bearbeitenden Datensatz speichern soll. Statt *lngKundeID* oder *lngArtikelID* heißt diese einfach nur *lngID*.

Der Wert dieser Variablen wird nun nicht mehr mit *Me!sfm.Form!KundeID* ermittelt, stattdessen kommt eine andere Variante für den Zugriff auf die Felder eines Formulars zum Zuge. Dabei wird der Name des Feldes hinter der Formularreferenz (*Me!sfm.Form*) in Klammern angegeben. Hier könnten Sie *Me!sfm.Form("ArtikelID")* verwenden, aber *"ArtikelID"* ist ja in *strPKFeld* gespeichert – also kommt *Me!sfm.Form(strPKFeld)* zum Einsatz.

Auch die Meldung, die bei fehlender Auswahl eines Datensatzes angezeigt wird (hier *Kein Artikel ausgewählt*), wird in einer Konstanten gespeichert, in diesem Fall *strMeldungKeineAuswahl*.

Und die *WhereCondition*, die beim Aufruf des Formulars übergeben wird, stellt die Prozedur bis auf das Gleichzeitszeichen komplett aus Konstanten und Variablen zusammen:

```
Private Sub cmdBearbeiten_Click()
    Dim lngID As Long
    Dim strWhereCondition As String
    lngID = Nz(Me!sfm.Form(strPKFeld),0)
    If lngID = 0 Then
        MsgBox strMeldungKeineAuswahl
        Exit Sub
    End If
    strWhereCondition = strPKFeld & " = " & lngID
    DoCmd.OpenForm strDetailformular, DataMode:=acFormEdit, WindowMode:=acDialog, _
        WhereCondition:=strWhereCondition
    Me!sfm.Form.Requery
End Sub
```

Fehlt noch die Prozedur für die *Löschen*-Schaltfläche, die allerdings fast genauso aufgebaut ist wie die zum Öffnen des Detailformulars:

```
Private Sub cmdLoeschen_Click()
    Dim db As DAO.Database
    Dim lngID As Long
    Dim strSQL As String
    Set db = CurrentDb
    lngID = Nz(Me!sfm.Form(strPKFeld), 0)
    If lngID = 0 Then
```

```
        MsgBox strMeldungKeineAuswahl
        Exit Sub
    End If
    strSQL = "DELETE FROM " & strTabelle & " WHERE " & strPKFeld & " = " & lngID
    db.Execute strSQL, dbFailOnError
    Me!sfm.Form.Requery
    Set db = Nothing
End Sub
```

Lediglich die Prozedur, die das Formular schließen soll, bleibt komplett erhalten:

```
Private Sub cmdOK_Click()
    DoCmd.Close acForm, Me.Name
End Sub
```

Das Formular sieht schließlich wie in Abbildung 4.4 aus.

Abbildung 4.4: Das Formular *frmArtikeluebersicht* in der Formularansicht

4.2 Detailformular erstellen

Die Artikelübersicht enthält nun bereits einige Schaltflächen, die Formulare öffnen sollen, die noch nicht vorhanden sind – zum Beispiel das Detailformular. Im Prinzip können Sie auch hier wieder vom entsprechenden Formular zur Anzeige von Kunden abkupfern:

» Kopieren Sie das Formular *frmKundeDetail* nach *frmArtikelDetail*.

» Ändern Sie den Kopfbereich und die Beschriftung.

» Stellen Sie die Datenherkunft auf die Tabelle *tblArtikel* ein.

» Löschen Sie alle Steuerelemente bis auf das Textfeld zur Eingabe von Suchbegriffen und das dazu gehörende Listenfeld aus dem Detailbereich.

» Ziehen Sie alle Felder aus der Feldliste in den Entwurf und passen Sie Position und Größe nach Ihren Wünschen an.

Kapitel 4 Artikel verwalten

Das Formular sieht nun im Entwurf wie in Abbildung 4.5 aus.

Abbildung 4.5: Das Formular *frmArtikelDetail* in der Entwurfsansicht

Das in der Abbildung ersichtliche Suchfeld wird später in »Schnellsuche für das Kundendetail-Formular« (Seite 359) zum Formular hinzugefügt. Den Code des Formulars brauchen Sie, sofern Sie das Formular *frmKundeDetail* in dem Zustand nach Kapitel »Detailformular erstellen« (Seite 89) kopiert haben, nicht zu ändern. Erweiterungen, die in weiteren Kapiteln vorgestellt werden, bedürfen allerdings einiger Anpassungen. Das Formular sieht in der Formularansicht wie in Abbildung 4.6 aus.

Abbildung 4.6: Die Artikeldetails in der Formularansicht

4.2.1 Warengruppen bearbeiten

Die Warengruppen sollen in einem eigenen Formular bearbeitet werden können – genau genommen in zwei Formularen. Das erste heißt *frmWarengruppenUebersicht* und zeigt eine

Detailformular erstellen

Liste aller Warengruppen, eine Schaltfläche zum Löschen, eine zum Bearbeiten und eine zum Anlegen von Warengruppen. Ein weiteres Formular zeigt die Warengruppe an und erlaubt das Ändern der Bezeichnung der Warengruppe beziehungsweise das Eintragen der Bezeichnung einer neuen Warengruppe.

Warengruppen-Übersicht

Legen Sie ein neues Formular namens *frmWarengruppenUebersicht* an und fügen Sie ihm einige Steuerelemente wie in Abbildung 4.7 hinzu:

» ein Bild und eine Überschrift im Kopfbereich

» ein Listenfeld namens *lst* im Detailbereich

» vier Schaltflächen namens *cmdOK*, *cmdNeu*, *cmdBearbeiten* und *cmdLoeschen* im Fuß des Formulars

Abbildung 4.7: Entwurfsansicht des Formulars mit der Warengruppen-Übersicht

Das Listenfeld soll lediglich die Namen der Warengruppen anzeigen, und zwar in alphabetischer Reihenfolge. Die dazu nötige Datensatzherkunft fügen Sie durch einen Klick auf die Schaltfläche neben der Eigenschaft *Datensatzherkunft* im Eigenschaftenfenster hinzu. Im nun erscheinenden Abfrageentwurf wählen Sie die Tabelle *tblWarengruppen* als Datenquelle aus und fügen die beiden Felder der Tabelle zum Entwurfsraster der Abfrage hinzu. Stellen Sie die Sortierung für das Feld *Warengruppe* auf *Aufsteigend* ein (siehe Abbildung 4.8).

Vielleicht wollen Sie den Umweg über den Abfrage-Editor auch auslassen und direkt von Hand folgende Datensatzherkunft in das Eigenschaftsfenster eintragen:

```
SELECT WarengruppeID, Warengruppe FROM tblWarengruppen ORDER BY Warengruppe;
```

Kapitel 4 Artikel verwalten

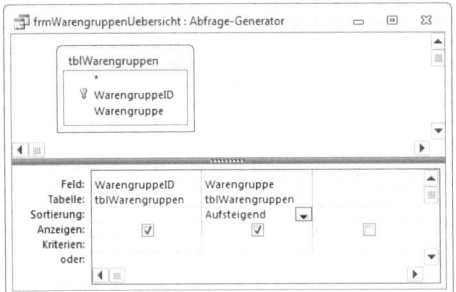

Abbildung 4.8: Datensatzherkunft des Listenfeldes *lst* des Formulars *frmWarengruppenUebersicht*

Damit das Listenfeld nur die Bezeichnungen der Warengruppen anzeigt und das Feld *WarengruppeID* ausblendet, stellen Sie die Eigenschaften *Spaltenanzahl* und *Spaltenbreiten* auf die Werte *2* und *0cm* ein. Da das Formular selbst keine Daten anzeigt, in denen der Benutzer blättern könnte, brauchen Sie auch keine Navigationsschaltflächen oder einen Datensatzmarkierer. Überhaupt können Sie die Eigenschaften *Navigationsschaltflächen*, *Datensatzmarkierer*, *Trennlinien* und *Bildlaufleisten* auf den Wert *Nein* und *Automatisch zentrieren* auf *Ja* einstellen.

Das Formular sieht dann in der Formularansicht wie in Abbildung 4.9 aus.

Abbildung 4.9: Formular zur Anzeige und Auswahl von Warengruppen

Warengruppen-Details bearbeiten

Bevor wir uns um die Funktionen des Listenfeldes und der Schaltflächen kümmern, legen wir noch schnell das Formular zum Anzeigen der Warengruppen-Details an. Dieses soll den Namen *frmWarengruppeDetail* erhalten und die Tabelle *tblWarengruppen* als *Datenherkunft*.

Dem Detailbereich fügen Sie aus der Feldliste des Formulars allein das Feld *Warengruppe* hinzu. Im Fußbereich legen Sie die beiden Schaltflächen *cmdOK* und *cmdAbbrechen* an (siehe Abbildung 4.10).

Detailformular erstellen

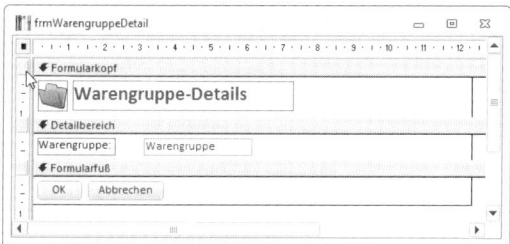

Abbildung 4.10: Detailansicht des Formulars *frmWarengruppeDetail*

Die Schaltfläche *cmdOK* soll das Formular einfach schließen. Dazu legen Sie die bereits bekannte Ereignisprozedur an:

```
Private Sub cmdOK_Click()
    DoCmd.Close acForm, Me.Name
End Sub
```

Beim Abbrechen soll das Formular auch geschlossen werden, allerdings erst, nachdem die Änderungen am aktuellen Datensatz verworfen wurden:

```
Private Sub cmdAbbrechen_Click()
    Me.Undo
    DoCmd.Close acForm, Me.Name
End Sub
```

Damit der Benutzer nur den aktuellen Datensatz bearbeiten und nicht zu anderen Datensätzen wechseln kann, stellen Sie die Eigenschaft *Zyklus* des Formulars *frmWarengruppeDetail* auf *Aktueller Datensatz* ein. Außerdem benötigen wir, da ohnehin immer nur ein einziger Datensatz gleichzeitig angelegt oder bearbeitet werden soll, noch einige weitere Einstellungen: *Navigationsschaltflächen*, *Datensatzmarkierer*, *Trennlinien* und *Bildlaufleisten* erhalten den Wert *Nein*, *Automatisch Zentrieren* den Wert *Ja*. Das Formular sieht anschließend wie in Abbildung 4.11 aus.

Abbildung 4.11: Formularansicht des Warengruppen-Detailformulars

Per Tabulator zwischen den Formularbereichen wechseln

Wenn Sie nun in die Formularansicht wechseln und nach der Eingabe einer neuen Warengruppe per Tabulator-Taste zur *OK*-Schaltfläche wechseln möchten, gelingt dies nicht. Der Grund ist,

Kapitel 4 Artikel verwalten

dass dies standardmäßig nur innerhalb eines Bereichs möglich ist. Es gibt jedoch einen Trick: Sie legen im Detailbereich ein ungebundenes Textfeld an, nennen es *txtTabDetail*, stellen die Eigenschaft *Rahmenart* auf *Transparent* sowie *Höhe* und *Breite* jeweils auf *0cm* ein und legen dann eine Ereignisprozedur für das Ereignis *Beim Hingehen* an.

Diese füllen Sie mit folgender Anweisung:

```
Private Sub txtTabDetail_Enter()
    Me!cmdOK.SetFocus
End Sub
```

Sorgen Sie dafür, dass das Textfeld *txtTabDetail* in der Aktivierreihenfolge (Kontextmenü-Eintrag *Aktivierreihenfolge* eines der Steuerelemente des Formulars) direkt hinter dem Textfeld *txtWarengruppe* liegt (siehe Abbildung 4.12).

Wenn der Benutzer nun vom Textfeld *txtWarengruppe* aus die *Tabulator*-Taste betätigt, wird der Fokus zunächst auf das Textfeld *txtTabDetail* verschoben. Die obige Ereignisprozedur sorgt dann direkt dafür, dass der Fokus an die Schaltfläche *cmdOK* weitergereicht wird.

Abbildung 4.12: Einstellen der richtigen Aktivierreihenfolge

Nun soll der Fokus nach dem Verlassen der *Abbrechen*-Schaltfläche auch wieder beim ersten Steuerelement im Detailbereich landen, was wir durch ein weiteres Textfeld im Formularfuß mit transparentem Rahmen und dem Wert *0cm* für die Eigenschaften *Breite* und *Höhe* erreichen. Für dieses Textfeld namens *txtTabFooter* legen Sie folgende Ereignisprozedur an:

```
Private Sub txtTabFooter_Enter()
    Me!txtWarengruppe.SetFocus
End Sub
```

Auch hier müssen Sie die Aktivierreihenfolge beachten. Der Fokus wird dann wie in Abbildung 4.13 weitergereicht.

Detailformular erstellen

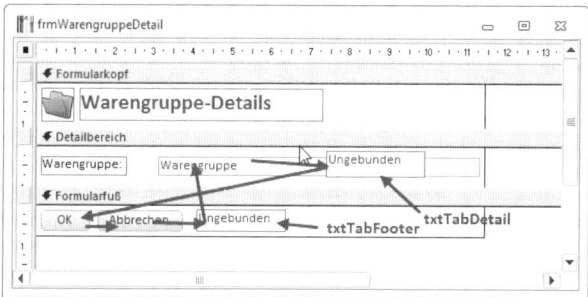

Abbildung 4.13: Weiterleiten des Fokus durch Betätigen der Tabulator-Taste

Eingabe doppelter Warengruppen verhindern

Damit der Benutzer keine bereits vorhandenen Warengruppen eingeben kann, legen Sie die folgende Ereignisprozedur für das Ereignis *Vor Aktualisierung* des Steuerelements *txtWarengruppe* an:

```
Private Sub txtWarengruppe_BeforeUpdate(Cancel As Integer)
    If Not IsNull(DLookup("WarengruppeID", "tblWarengruppen", _
            "Warengruppe = '" & Me!txtWarengruppe & "'")) Then
        MsgBox "Die Warengruppe '" & Me!txtWarengruppe & "' existiert bereits.", _
            vbOKOnly + vbExclamation, "Doppelte Daten"
        Me!txtWarengruppe.Undo
        Cancel = True
    End If
End Sub
```

Die Prozedur prüft mithilfe eines Aufrufs der *DLookup*-Funktion, ob es bereits einen Datensatz mit der aktuellen Bezeichnung in der Tabelle *tblWarengruppen* gibt. Falls ja, gibt sie eine entsprechende Meldung aus und setzt den Wert des Textfeldes *txtWarengruppe* zurück.

Es gibt nur ein Problem: Wenn Sie eine Warengruppe aufrufen, die Bezeichnung ändern und dann doch wieder die alte Bezeichnung speichern wollen, meldet die Prozedur ebenfalls, dass diese Warengruppe bereits existiert – was ja auch korrekt ist! Also müssen Sie noch dafür sorgen, dass beim Bearbeiten bestehender Warengruppen die aktuelle *WarengruppeID* ausgeschlossen wird. Dazu ändern Sie die Zeile mit der *DLookup*-Anweisung wie folgt:

```
If Not IsNull(DLookup("WarengruppeID", "tblWarengruppen", "Warengruppe = '" _
    & Me!txtWarengruppe & "' AND NOT WarengruppeID = " & Me!WarengruppeID)) Then
```

Öffnen der Warengruppen-Details an einer bestimmten Position

Angenommen, Sie möchten das Formular mit den Warengruppen-Details nicht genau zentriert öffnen, sondern etwas nach rechts und nach unten verschoben. Dann erreichen Sie dies

Kapitel 4 Artikel verwalten

durch die folgenden Zeilen, die Sie der Ereignisprozedur hinzufügen, die durch das Ereignis *Beim Laden* des Formulars ausgelöst wird. Die Prozedur verwendet zwei Funktionen, die in »Formularposition ermitteln und einstellen« (Seite 420) genau erläutert werden. Die Funktion *GetFormPosition* aus dem Modul *mdlFenster* ermittelt zunächst die Position des aufrufenden Formulars *frmWarengruppenUebersicht*. Dabei übergibt die aufrufende Prozedur nicht nur einen Verweis auf das Formular *frmWarengruppenUebersicht*, sondern auch die vier Variablen *sngParentLeft*, *sngParentTop*, *sngParentWidth* und *sngParentHeight*, die mit den entsprechenden Werten gefüllt werden sollen.

Der zweite Aufruf der Funktion *GetFormPosition* ermittelt die aktuellen Koordinaten des Formulars *frmWarengruppeDetail* selbst und speichert sie in den Variablen *sngLeft*, *sngTop*, *sngWidth* und *sngHeight*. Mit diesen Informationen ausgestattet ruft die Prozedur *Form_Load* die Funktion *SetFormPosition* auf (ebenfalls in *mdlFenster* zu finden) und übergibt als Abstand vom linken und oberen Rand des Access-Fensters die aktuelle Position des aufrufenden Formulars plus jeweils 100 Pixel. Damit die Größe des Formulars *frmWarengruppeDetail* beibehalten wird, werden die zuvor ermittelte Breite und Höhe mit den Variablen *sngWidth* und *sngHeight* übergeben:

```
Private Sub Form_Load()
    Dim sngLeft As Single
    Dim sngTop As Single
    Dim sngWidth As Single
    Dim sngHeight As Single
    Dim sngParentLeft As Single
    Dim sngParentTop As Single
    Dim sngParentWidth As Single
    Dim sngParentHeight As Single
    GetFormPosition Forms!frmWarengruppenUebersicht, sngParentLeft, sngParentTop, _
        sngParentWidth, sngParentHeight
    GetFormPosition Me, sngLeft, sngTop, sngWidth, sngHeight
    SetFormPosition Me, sngParentLeft + 200, sngParentTop + 100, sngWidth, sngHeight
End Sub
```

Damit sind die Arbeiten am Formular *frmWarengruppeDetail* abgeschlossen.

Bearbeiten einer Warengruppe per Doppelklick

Es soll zwei Möglichkeiten im Listenfeld *lst* des Formulars *frmWarengruppenUebersicht* geben, um die Warengruppen im *frmWarengruppeDetail* zur Bearbeitung zu öffnen. Die erste ist ein Doppelklick auf einen der Einträge im Listenfeld. Dazu legen Sie für das Ereignis *Beim Doppelklicken* im Listenfeld die folgende Ereignisprozedur an:

```
Private Sub lst_DblClick(Cancel As Integer)
    DoCmd.OpenForm "frmWarengruppeDetail", WindowMode:=acDialog, _
        WhereCondition:="WarengruppeID = " & Me!lst, DataMode:=acFormEdit
```

```
    Me!lst.Requery
End Sub
```

Die Prozedur öffnet das Formular *frmWarengruppeDetail* als modalen Dialog und übergibt als Kriterium einen Ausdruck wie *WarengruppeID = 12*. Durch das Öffnen mit dem Parameter *WindowMode:=acDialog* wird der aufrufende Code so lange angehalten, bis der Benutzer das Formular *frmWarengruppeDetail* wieder schließt. So kann die Prozedur direkt im Anschluss die Änderungen in das Listenfeld übernehmen.

Bearbeiten einer Warengruppe per Schaltfläche

Die Schaltfläche *cmdBearbeiten* erfüllt genau die gleiche Funktion wie der Doppelklick auf einen der Listeneinträge:

```
Private Sub cmdBearbeiten_Click()
    DoCmd.OpenForm "frmWarengruppeDetail", WindowMode:=acDialog, _
        WhereCondition:="WarengruppeID = " & Me!lst, DataMode:=acFormEdit
    Me!lst.Requery
End Sub
```

Diese Variante könnte einen Fehler auslösen, wenn gerade kein Eintrag im Listenfeld *lst* markiert ist – dies unterbinden wir später, indem wir die Schaltfläche *cmdBearbeiten* nur dann aktivieren, wenn ein Datensatz ausgewählt ist. Außerdem soll beim Anzeigen des Formulars automatisch der erste Eintrag im Listenfeld markiert werden.

Anlegen einer neuen Warengruppe per Schaltfläche

Die Schaltfläche *cmdNeu* löst beim Anklicken eine Prozedur aus, die fast genauso aussieht wie die für die Schaltfläche *cmdBearbeiten*. Allerdings ruft sie die Methode *OpenForm* mit anderen Parametern als zuvor auf. Der Parameter *WhereCondition* fällt weg und der Parameter *DataMode* erhält statt dem Wert *acFormEdit* den Wert *acFormAdd*:

```
Private Sub cmdNeu_Click()
    DoCmd.OpenForm "frmWarengruppeDetail", WindowMode:=acDialog, DataMode:=acFormAdd
    Me!lst.Requery
End Sub
```

Dies öffnet das Formular *frmWarengruppeDetail* in einem Modus, der direkt einen neuen Datensatz anzeigt. Nach dem Anlegen des Datensatzes wird ebenfalls die Anzeige des Listenfeldes aktualisiert. Nun gibt es jedoch einen Haken: Während nach dem Bearbeiten per Doppelklick oder per Auswahl des Listeneintrags und anschließendem Anklicken der Schaltfläche *cmdBearbeiten* immer der gewählte Eintrag markiert bleibt, wird ein neu angelegter Datensatz nicht markiert – kein Wunder, das aufrufende Formular hat ja auch keine Möglichkeit, auf das Formular *frmWarengruppeDetail* zuzugreifen, um den Wert des Feldes *WarengruppeID* auszulesen und den entsprechenden Eintrag im Listenfeld zu markieren.

Kapitel 4 Artikel verwalten

Also wählen wir einen anderen Ansatz, der etwas komplizierter ist, aber den Job genau wie gewünscht erledigt. Als Erstes stellen Sie die Eigenschaft *Popup* des Formulars *frmWarengruppeDetail* auf den Wert *Ja* ein. Dann legen Sie im Klassenmodul des Formulars *frmWarengruppenUebersicht* eine Variable fest, mit der wir später das aufgerufene Formular *frmWarengruppeDetail* referenzieren:

```
Dim WithEvents frmWarengruppeDetail As Form
```

Wenn der Benutzer nun auf die Schaltfläche *cmdNeu* klickt, soll das Formular zunächst mit einem neuen Datensatz geöffnet werden. Das Einstellen der Eigenschaft *Popup* auf den Wert *Ja* war der erste Schritt, um ein Verhalten ähnlich dem eines mit *WindowMode:=acDialog* geöffneten Formulars zu erhalten. Der zweite Schritt ist, dass die folgende Prozedur das Formular mit der Variablen *frmWarengruppeDetail* referenziert und seine Eigenschaft *Modal* auf *True* einstellt. Dadurch kann der Benutzer innerhalb der Anwendung nunmehr nichts anderes mehr tun, als die Warengruppe festzulegen und den Dialog zu schließen. Nun müssen wir nur noch dafür sorgen, dass das Übersichtsformular das Schließen des Detailformulars mitbekommt und noch die neue *WarengruppeID* ausliest. Dazu legen Sie mit *frmWarengruppeDetail.OnUnload = "[Event Procedure]"* fest, dass es im gleichen Klassenmodul eine Ereignisprozedur gibt, die beim Entladen von *frmWarengruppeDetail* ausgelöst wird:

```
Private Sub cmdNeu_Click()
    DoCmd.OpenForm "frmWarengruppeDetail", DataMode:=acFormAdd
    Set frmWarengruppeDetail = Forms!frmWarengruppeDetail
    frmWarengruppeDetail.OnUnload = "[Event Procedure]"
    frmWarengruppeDetail.Modal = True
End Sub
```

Und diese Prozedur legen Sie nun an, indem Sie mit dem linken Kombinationsfeld im Codefenster der Klasse *Form_frmWarengruppenUebersicht* den Eintrag *frmWarengruppeDetail* und im rechten Kombinationsfeld den Wert *Unload* auswählen. Dadurch wird die folgende Prozedur angelegt, die Sie nur noch füllen müssen:

```
Private Sub frmWarengruppeDetail_Unload(Cancel As Integer)
    Me!lst.Requery
    Me!lst = frmWarengruppeDetail.WarengruppeID
End Sub
```

Die erste Anweisung aktualisiert wiederum das Listenfeld, die zweite stellt es auf den frisch angelegten Datensatz ein. Zu welchem Zweck der neu hinzugefügte Eintrag gleich ausgewählt werden soll, erfahren Sie weiter unten.

Löschen eines Datensatzes

Das Löschen eines Datensatzes soll durch Markieren eines Listenfeldeintrags und anschließendes Betätigen der Schaltfläche *cmdLoeschen* erfolgen.

Detailformular erstellen

Die Ereignisprozedur, die beim Anklicken dieser Schaltfläche ausgelöst wird, sieht wie folgt aus:

```
Private Sub cmdLoeschen_Click()
    Dim db As DAO.Database
    Set db = CurrentDb
    db.Execute "DELETE FROM tblWarengruppen WHERE WarengruppeID = " & Me!lst
    Me!lst.Requery
    Set db = Nothing
End Sub
```

Es gibt nur ein Problem: Was geschieht, wenn es bereits einen Artikel gibt, der mit dieser Warengruppe verknüpft ist? Dann löst der Versuch, diese Warengruppe zu löschen, einen Fehler aus. Abbildung 4.14 zeigt, wie Sie diesen Fehler durch direktes Löschen eines bereits verknüpften Datensatzes in der Tabelle auslösen können.

Abbildung 4.14: Bereits zugeordnete Warengruppen können nicht gelöscht werden.

Es gibt nun zwei Möglichkeiten: Entweder Sie ersetzen diese eingebaute Meldung durch eine eigene, wenn der Benutzer versucht, diesen Eintrag zu löschen, oder – was weitaus eleganter ist – Sie deaktivieren die Schaltfläche zum Löschen eines Eintrags immer dann, wenn im Listenfeld eine bereits verwendete Warengruppe angezeigt wird.

Die Prüfung erfolgt in einer eigenen Prozedur, die wir später von mehreren Ereignisprozeduren aus aufrufen:

```
Private Sub cmdLoeschenAktivieren()
    If IsNull(DLookup("ArtikelID", "tblArtikel", "WarengruppeID = " & Nz(Me!lst, 0))) Then
        Me!cmdLoeschen.Enabled = True
    Else
        Me!cmdLoeschen.Enabled = False
    End If
End Sub
```

Kapitel 4 Artikel verwalten

Die Prozedur prüft mit einer *DLookup*-Abfrage, ob es in der Tabelle *tblArtikel* einen Datensatz gibt, für den die aktuell im Listenfeld *lst* ausgewählte Warengruppe festgelegt wurde.

Wenn es keinen gibt, liefert *DLookup* den Wert *Null* und das Ergebnis der *If...Then*-Bedingung ist *True*. In diesem Fall wird die *Löschen*-Schaltfläche deaktiviert, anderenfalls wird sie aktiviert.

Diese Prozedur soll nun zunächst ausgelöst werden, wenn der Benutzer einen neuen Eintrag im Listenfeld *lst* auswählt. Dafür ist das Ereignis *Nach Aktualisierung* verantwortlich, für das wir die folgende Ereignisprozedur hinterlegen:

```
Private Sub lst_AfterUpdate()
    cmdLoeschenAktivieren
End Sub
```

Die Prozedur soll auch gleich beim Öffnen des Formulars ausgelöst weden, wozu wir eine Ereignisprozedur für das Ereignis *Beim Laden* des Formulars anlegen und dort den Aufruf der Prozedur *cmdLoeschenAktivieren* unterbringen:

```
Private Sub Form_Load()
    cmdLoeschenAktivieren
End Sub
```

Abbildung 4.15 zeigt ein Beispiel für eine Warengruppe, die nicht mehr gelöscht werden kann, weil sie bereits mit Artikeln verknüpft ist.

Abbildung 4.15: Bereits verwendete Warengruppen können nicht mehr gelöscht werden.

Schließlich statten Sie das Formular noch mit einer Ereignisprozedur für das Ereignis *Beim Klicken* der Schaltfläche *cmdOK* aus, die lediglich das Formular schließt:

```
Private Sub cmdOK_Click()
    DoCmd.Close acForm, Me.Name
End Sub
```

4.2.2 Warengruppen-Übersicht vom Artikelformular aus öffnen

Nun wollen wir ein wenig Komfort in die Thematik Artikel/Warengruppen bringen. Bislang gibt es im Formular *frmArtikelDetail* nur das Kombinationsfeld zur Auswahl der Warengruppe. Hier hängen wir nun eine Schaltfläche an, die das Formular *frmWarengruppenUebersicht* öffnen soll (siehe Abbildung 4.16). Dazu verkleinern Sie das Kombinationsfeld *cboWarengruppeID* ein wenig und fügen rechts davon eine kleine Schaltfläche mit drei Punkten als Beschriftung hinzu. Die Schaltfläche soll *cmdWarengruppenBearbeiten* heißen.

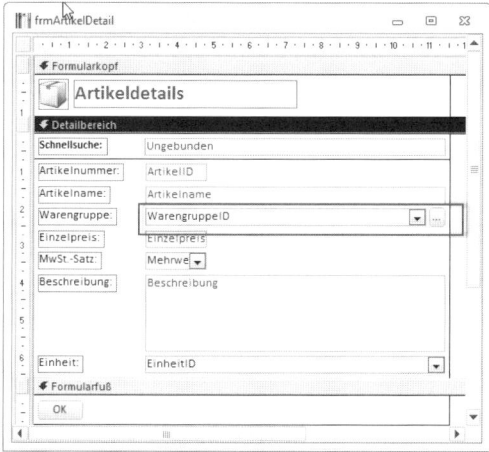

Abbildung 4.16: Hinzufügen einer Schaltfläche zum Bearbeiten der Warengruppen

Stellen Sie die Eigenschaft *Popup* des Formulars *frmWarengruppenuebersicht* auf *Ja* ein. Fügen Sie der Schaltfläche *cmdWarengruppenBearbeiten* dann folgende Ereignisprozedur hinzu:

```
Private Sub cmdWarengruppenBearbeiten_Click()
    DoCmd.OpenForm "frmWarengruppenUebersicht", OpenArgs:=Nz(Me!cboWarengruppeID, 0)
    Set objFrmWarengruppenUebersicht = Forms!frmWarengruppenUebersicht
    With objFrmWarengruppenUebersicht
        .OnUnload = "[Event Procedure]"
        .Modal = True
    End With
End Sub
```

Die hier verwendete Variable *objFrmWarengruppenUebersicht* müssen Sie noch im Kopf des Klassenmoduls des Formulars *frmArtikelDetail* deklarieren, und zwar so:

```
Dim WithEvents objFrmWarengruppenUebersicht As Form
```

Schließlich hinterlegen Sie noch eine Ereignisprozedur für das Objekt *objFrmWarengruppenuebersicht*, die wie folgt aussieht:

Kapitel 4 Artikel verwalten

```
Private Sub objFrmWarengruppenUebersicht_Unload(Cancel As Integer)
    If Not IsNull(objFrmWarengruppenUebersicht!lst) Then
        Me!cboWarengruppeID = objFrmWarengruppenUebersicht!lst
    End If
End Sub
```

Außerdem benötigen wir noch eine Erweiterung der Ereignisprozedur, die durch das Ereignis *Beim Laden* des Formulars *frmWarengruppenUebersicht* ausgelöst wird und die beim Öffnen des Formulars ein Öffnungsargument entgegennimmt und verarbeitet:

```
Private Sub Form_Load()
    If Not IsNull(Me.OpenArgs) Then
        Me!lst = Me.OpenArgs
    End If
    cmdLoeschenAktivieren
End Sub
```

Wie funktioniert dies nun? Wenn der Benutzer auf die Schaltfläche *cmdWarengruppenBearbeiten* klickt, öffnet die *OpenForm*-Methode das Formular *frmWarengruppenUebersicht* und übergibt die aktuell im Kombinationsfeld *cboWarengruppeID* ausgewählte Warengruppe mit dem Parameter *OpenArgs* an das Formular *frmWarengruppenUebersicht* – vorausgesetzt, dieses ist nicht *Null*, dann wird der Wert *0* übergeben.

Die folgende Anweisung weist der Objektvariablen *objFrmWarengruppenUebersicht* einen Verweis auf das nun geöffnete Formular zu. Da die Objektvariable mit dem Schlüsselwort *WithEvents* deklariert ist, können Sie auch in diesem Klassenmodul Ereignisprozeduren für dieses Formular anlegen. Neben dem eigentlichen Anlegen der Ereignisprozedur müssen Sie lediglich durch Zuweisen des Wertes *[Event Procedure]* an die Eigenschaft *OnUnload* bekanntgeben, dass die enthaltenen Ereignisprozeduren auch berücksichtigt werden.

Die Ereignisprozedur schließlich wird ausgelöst, wenn das Formular *frmWarengruppenUebersicht* entladen wird – dieses Ereignis ist eines von mehreren Ereignissen, die beim Schließen eines Formulars ausgelöst werden.

Das bedeutet, dass das Formular zwar schon nicht mehr sichtbar ist, aber Sie noch auf dessen Steuerelemente zugreifen können – und das nutzen wir, um den aktuell im Listenfeld *lst* ausgewählten Wert des Feldes *WarengruppeID* zu ermitteln und diesen dem Kombinationsfeld *cboWarengruppeID* zuzuweisen.

Sprich: Der Benutzer öffnet das Formular *frmWarengruppenUebersicht* und übergibt dabei bereits die aktuell gewählte Warengruppe, die dort im Listenfeld markiert wird. Der Benutzer erledigt seine Aufgaben mit diesem Formular und legt eine neue Warengruppe an oder wählt eine andere Warengruppe aus (siehe Abbildung 4.17). Beim Schließen des Formulars *frmWarengruppeUebersicht* wird das Kombinationsfeld zur Auswahl der Warengruppe dann gleich entsprechend der Auswahl im Listenfeld aktualisiert.

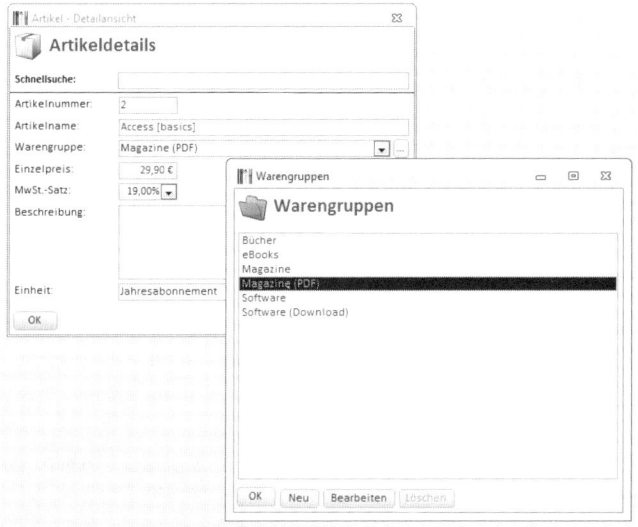

Abbildung 4.17: Auswählen der Warengruppe über das Übersichtsformular

4.3 Erweiterungen des Formulars frmArtikeluebersicht

Das Formular *frmArtikeluebersicht* enthält noch einige weitere Techniken, deren Integration hier kurz beschrieben wird.

4.3.1 Markieren kompletter Zeilen in der Datenblattansicht

Damit beim Anklicken eines der Einträge des Unterformulars in der Artikelübersicht jeweils der komplette Datensatz markiert wird, fügen Sie im Kopf des Klassenmoduls *Form_frmArtikelUebersicht* die folgende Deklaration hinzu::

```
Dim WithEvents objDatasheetSelector As clsDatasheetSelector
```

Ohne die Klassen *clsDatasheetSelector* und *clsDatasheetSelectorControl* aus »Datenblatt: Komplette Zeile markieren« ab Seite 406 ist der Code nicht lauffähig. Zum Import der Klassen aus der Beispieldatenbank in ein eigenes Projekt lesen Sie auch »Objekte importieren« ab Seite 53.

Diese Klasse soll beim Laden des Formulars instanziert werden, weshalb Sie für die entsprechende Ereigniseigenschaft die folgende Ereignisprozedur hinterlegen:

```
Private Sub Form_Load()
    Set objDatasheetSelector = New clsDatasheetSelector
    With objDatasheetSelector
        Set .DataSheetForm = Me!sfm.Form
```

Kapitel 4 Artikel verwalten

```
    End With
End Sub
```

Für die Klasse *clsDatasheetSelector* können Sie in der Klasse *Form_frmArtikelUebersicht* eine Ereignisprozedur anlegen, die beim Doppelklick auf einen der Einträge im Unterformular *sfmArtikelUebersicht* ausgelöst wird. Diese sieht so aus:

```
Private Sub objDatasheetSelector_DblClick()
    cmdBearbeiten_Click
End Sub
```

Die Prozedur ruft also nur die Ereignisprozedur auf, die sonst durch einen Mausklick auf die Schaltfläche *cmdBearbeiten* ausgelöst wird. Diese wiederum öffnet das Detailformular *frmArtikelDetail* mit dem angeklickten Datensatz. Details zum Markieren kompletter Zeilen erhalten Sie unter »Datenblatt: Komplette Zeile markieren« (Seite 406). Damit diese und die folgende Erweiterung funktionieren, müssen Sie für das Unterformular *sfmArtikeluebersicht* die Eigenschaft *Hat Modul* auf *Ja* einstellen.

4.3.2 Spaltenbreiten optimieren

Auch dieses Unterformular soll seine Spalten in der optimalen Breite anzeigen. Dazu sind nur wenige Zeilen Code nötig – Details hierzu erhalten Sie unter »Spaltenbreite in Datenblättern« (Seite 401). Fügen Sie dem Kopf des Klassenmoduls des Formulars die folgende Deklaration hinzu:

```
Dim objColumnWidths As clsColumnWidths
```

Außerdem erweitern Sie die Prozedur *Form_Load* um die folgenden Zeilen:

```
Private Sub Form_Load()
    ...
    Set objColumnWidths = New clsColumnWidths
    With objColumnWidths
        Set .DataSheetForm = Me!sfm.Form
        .OptimizeColumnWidths
    End With
End Sub
```

Dies instanziert ein Objekt auf Basis der Klasse *clsColumnWidths*, weist diesem das Unterformular als Zielformular zu und optimiert mit der Methode *OptimizeColumnWidths* die Spaltenbreite.

4.3.3 Suchformular

Ein Klick auf die Schaltfläche *cmdSuche* soll die folgende Ereignisprozedur auslösen und somit das in der Konstanten *strSuchformular* angegebene Formular öffnen, also das Formular *frmArtikelsuche* (siehe Abbildung 4.18):

```
Private Sub cmdSuche_Click()
    DoCmd.OpenForm strSuchformular
End Sub
```

Die Funktionsweise des Formulars wird in »Detailsuche für die Kunden-Übersicht« (Seite 369) am Beispiel des Suchformulars für die Kundenübersicht erläutert.

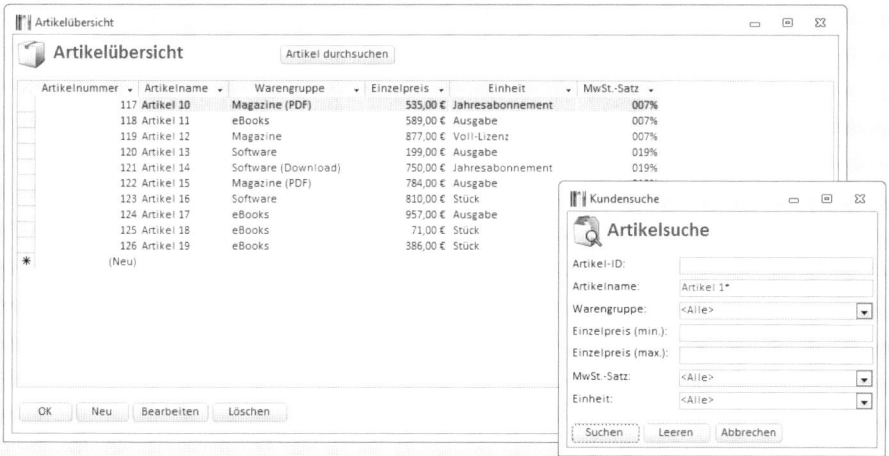

Abbildung 4.18: Artikelübersicht mit Artikelsuche

4.4 Erweiterung des Formulars frmArtikelDetail

Auch das Detailformular wird noch um einige Features erweitert. So erhält es eine Validierung, welche die in »Validierung von Formularen« (Seite 387) vorgestellte Klasse nutzt.

Hier zunächst die Definition der bei der Eingabe beziehungsweise beim Speichern des Datensatzes notwendigen Prüfungen (Sie benötigen die Objekte *clsValidation*, *clsControlValidation*, *clsFormValidation* und *mdlValidation* – siehe »Objekte importieren« ab Seite 53 und »Validierung von Formularen« ab Seite 387):

```
Private Sub Form_Load()
    Set objValidation = New clsValidation
    With objValidation
        .AddControlValidation Me!txtEinzelpreis, eIsNumeric, "Ungültiger Einzelpreis", _
            "Geben Sie einen numerischen Wert für den Einzelpreis an."
        .AddControlValidation Me!txtArtikelname, eExpression, "Artikelname zu kurz", _
            "Der Artikelname muss mindestens drei Zeichen enthalten.", _
            "Len(Forms!frmArtikelDetail!txtArtikelname)<3"
        .AddFormValidation Me!txtArtikelname, eIsNull, "Artikelname fehlt", _
```

Kapitel 4 Artikel verwalten

```
            "Geben Sie einen Artikelnamen ein."
        .AddFormValidation Me!cboWarengruppeID, eIsNull, "Warengruppe fehlt", _
            "Wählen Sie eine Warengruppe aus."
        .AddFormValidation Me!cboMehrwertsteuersatzID, eIsNull, "MwSt.-Satz fehlt", _
            "Wählen Sie einen Mehrwertsteuersatz aus."
        .AddFormValidation Me!cboEinheitID, eIsNull, "Einheit fehlt", _
            "Wählen Sie eine Einheit aus."
    End With
End Sub
```

Die Prozedur benötigt noch eine formularweit gültige, also im Kopf des Klassenmoduls deklarierte Variable:

```
Dim objValidation As clsValidation
```

Damit die Validierung beim Schließen des Formulars durchgeführt wird, legen Sie schließlich noch folgende Ereignisprozedur für das Ereignis *Beim Klicken* der Schaltfläche *cmdOK* an:

```
Private Sub cmdOK_Click()
    If objValidation.Validated Then
        DoCmd.Close acForm, Me.Name
    End If
End Sub
```

Damit die Validierung auf jeden Fall greift, blenden Sie die *Schließen*-Schaltfläche und das Systemfeldmenü (dieses erscheint, wenn Sie auf das Icon oben links im Formular klicken) mit den entsprechenden Eigenschaften im Formularentwurf aus.

Die Definition der Validierung wie in der *Form_Load*-Prozedur sorgt dafür, dass die beiden Felder *txtEinzelpreis* und *txtArtikelname* gleich nach der Eingabe geprüft werden (*AddControlValidation*). *txtEinzelpreis* wird auf nichtnumerische Werte wie etwa *10 EUR* geprüft, der in *txtArtikelname* eingegebene Artikelname muss mindestens drei Zeichen aufweisen. Beachten Sie, dass der zu prüfende Ausdruck *"Len(Forms!frmArtikelDetail!txtArtikelname)<3"* mit absolutem Verweis auf *Forms!frmArtikelDetail* erstellt wurde und nicht mit *Me*.

Beim Feld *txtArtikelname* werden Sie bei der Eingabe eines zu kurzen Artikelnamens feststellen, dass die Meldung *Der Artikelname muss mindestens drei Zeichen enthalten* gleich zweimal erscheint. Der Grund ist, dass diese Meldung einerseits über die Validierung festgelegt und andererseits als Gültigkeitsregel in der Tabellendefinition verankert wurde (Entwurf der Tabelle, Eigenschaft *Gültigkeitsregel* und *Gültigkeitsmeldung* des Feldes *Artikelname*). Sie können also eine Variante wieder entfernen.

Die weiteren Validierungen, die mit der Methode *AddFormValidation* angelegt werden, prüfen die jeweiligen Werte bei Speichern des Datensatzes.

5 Bestellungen verwalten

Die Verwaltung der Bestellungen beinhaltet gleich eine ganze Reihe von Anforderungen. Die erste ist natürlich das eigentliche Aufnehmen einer Bestellung im klassischen Sinne, also direkt mit einem geeigneten Formular. Dieses Formular zeigt die Bestelldaten und die Bestellpositionen an. Mittlerweile hat sich neben der Bestellannahme durch Mitarbeiter am Telefon die Online-Bestellung breitgemacht. Es gibt kaum noch einen Hersteller oder Händler, der neben Ladenlokal und/oder Bestellung via Telefon oder Telefax noch keine Webseite mit integriertem Onlineshop besitzt.

Es wäre ja auch verrückt, sich dieser Möglichkeit zu verschließen – zumindest, wenn die Produkte oder Artikel für den Verkauf ohne persönliche oder telefonische Beratung geeignet sind. Neben dem klassischen Bestellformular ist natürlich auch der Import von Bestellungen aus externen Quellen möglich – darum können wir uns aus Platzgründen in diesem Buch leider nicht kümmern.

5.1 Bestellung aufnehmen

Zum Aufnehmen einer telefonischen oder schriftlich eingegangenen (aber nicht digital verarbeitbaren) Bestellung erstellen wir ein eigenes Bestellformular. Dieses bietet die Möglichkeit zum Auswählen (oder Anlegen) des Kunden, des Bestelldatums und weiterer Informationen wie natürlich der Bestellpositionen.

Das notwendige Formular sollte also dabei helfen, Daten für die Tabellen *tblBestellungen*, *tblBestellpositionen* und *tblKunden* zu erfassen – wobei die Kunden gegebenenfalls schon vorhanden sind und nur noch ausgewählt werden müssen. Allerdings sollte das Bestellformular dennoch die Möglichkeit bieten, schnell das Formular zum Erfassen eines Kunden zu öffnen – dazu später mehr.

Um den Aufbau des Formulars zu optimieren, stellen wir uns den Ablauf einer typischen Bestellung vor – egal, ob diese telefonisch oder schriftlich erfolgt. Als Erstes müssen Sie immer die Bestellung anlegen, also einen Datensatz in der Tabelle *tblBestellungen*. Danach ist interessant, wer bestellt – Sie wählen also entweder einen vorhandenen Kunden aus oder legen diesen neu an. Hier liegt schon ein gewisses Gewicht auf der Auswahl bestehender Kunden: Wenn der Kunde bereits vorhanden ist, sollte dieser möglichst schnell gefunden werden. In der Regel sollten eine oder mehrere der folgenden Informationen helfen: Kundennummer, Firma, Vorname, Nachname. Die Kundennummer könnte der Kunde einer vorhandenen Rechnung entnehmen, die übrigen Daten sollte er auswendig kennen ...

Neben der Auswahl des Kunden sollte die Bestellung ein Bestelldatum erhalten. Dieses können Sie beim Anlegen automatisch auf den heutigen Tag einstellen lassen und gegebenenfalls anpassen.

Kapitel 5 Bestellungen verwalten

Schließlich folgen noch die wichtigsten Informationen, nämlich die gewünschten Artikel. Diese sollen in der Tabelle *tblBestellpositionen* gespeichert werden. Dabei muss der Artikel inklusive *Menge* und gegebenenfalls dem *Rabatt* erfasst werden.

Der *Einzelpreis* des Artikels und der *Mehrwertsteuersatz* sollen je nach gewähltem Artikel aus der Tabelle *tblArtikel* entnommen und in die Tabelle *tblBestellpositionen* übertragen werden.

Wie stellen wir dies nun dar – eine Bestellung mit einem Kunden und einer oder mehreren Bestellpositionen? Die Lösung ist der Einsatz eines Hauptformulars, das die Daten der Tabelle *tblBestellungen* anzeigt, mit einem Unterformular zur Eingabe der Bestellpositionen.

5.1.1 Das Hauptformular frmBestellungDetail

Als Grundgerüst für das Formular können Sie wieder das bewährte Detailformular verwenden – also beispielsweise das Formular *frmArtikelDetail*.

Kopieren Sie dieses, indem Sie es im Navigationsbereich markieren und dann die Tastenkombinationen *Strg + C* und *Strg + V* betätigen, und geben Sie den Namen *frmBestellungDetail* an.

Welche Elemente dieses Formulars können Sie weiter verwenden? Eigentlich alle bis auf die gebundenen Felder. Werfen Sie also alle Felder der Tabelle *tblArtikel* raus und stellen Sie die Eigenschaft *Datenherkunft* auf die Tabelle *tblBestellungen* ein.

Ändern Sie die Beschriftung in *Bestellung – Detailansicht* und das Bezeichnungsfeld im Kopfbereich in *Bestelldetails*. Fügen Sie dann die Felder der Tabelle *tblBestellungen* aus der Feldliste zum Detailbereich des Formulars hinzu. Das Suchfeld können wir später so umbauen, dass es sich zum Auffinden von Bestellungen nach Kunden-/Bestellnummer eignet.

Anschließend könnte das Formular etwa so wie in Abbildung 5.1 aussehen. Es ist etwas breiter geworden, weil ja unter den Feldern der Tabelle *tblBestellungen* ein Unterformular in der Datenblattansicht die Bestellpositionen anzeigen soll.

Abbildung 5.1: Das Formular *frmBestellungDetail* mit den Feldern der Tabelle *tblBestellungen*

5.1.2 Bestelldatum automatisch auf den heutigen Tag einstellen

Wenn das Feld *Bestelldatum* automatisch mit dem heutigen Datum gefüllt werden soll, gibt es verschiedene Möglichkeiten. Die erste ist, dass Sie festlegen, dass jeder Datensatz der Tabelle *tblBestellungen* standardmäßig beim Anlegen mit dem heutigen Datum versehen wird.

Dazu müssten Sie die Tabelle *tblBestellungen* öffnen und die Eigenschaft *Standardwert* des Feldes *Bestelldatum* wie in Abbildung 5.2 auf *Datum()* einstellen (oder englisch *Date()* – aber das wird in der deutschen Version ohnehin als *Datum()* angezeigt).

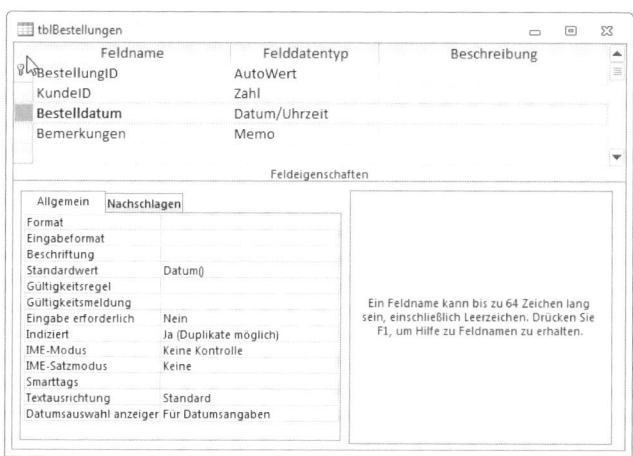

Abbildung 5.2: Einstellen des Standarddatums im Tabellenentwurf

Wenn Sie nun in die Datenblattansicht wechseln, zeigt Access für neue Datensätze gleich den entsprechenden Standardwert an (siehe Abbildung 5.3).

Abbildung 5.3: Standarddatum in der Datenblattansicht

Sie können das Datum auch nur innerhalb dieses Formulars mit einem Standardwert versehen. Dazu markieren Sie in der Entwurfsansicht des Formulars das Steuerelement, das an das Feld *Bestelldatum* gebunden ist, und stellen die Eigenschaft *Standardwert* auf den Wert *Datum()* ein (siehe Abbildung 5.4).

Kapitel 5 Bestellungen verwalten

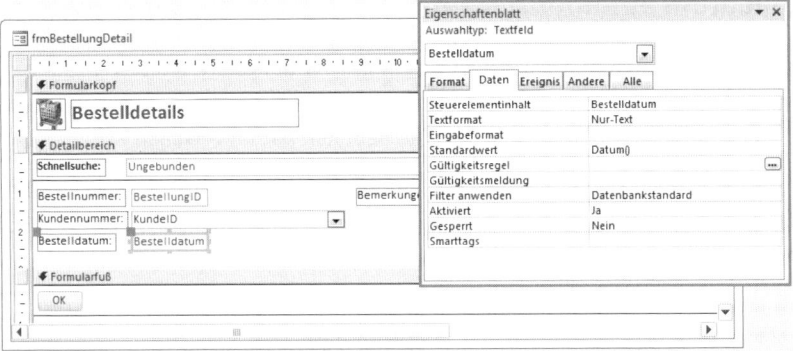

Abbildung 5.4: Einstellen des Standardwertes eines Datumsfeldes

5.1.3 Kundenauswahl

Grundsätzlich lassen sich mit dem Formular nun bereits die Daten der Tabelle *tblBestellungen* anlegen. Allerdings gelingt dies nur mit bestehenden Kunden, die Sie mit dem Kombinationsfeld *cboKundeID* auswählen können (wie gehabt, haben wir alle gebundenen Steuerelemente mit Präfixen wie *txt*, *cbo* oder *chk* versehen).

Was aber geschieht, wenn Sie eine Bestellung für einen neuen Kunden anlegen möchten? Neu beginnen und erstmal das Formular mit der Kundenübersicht öffnen, um von dort aus einen neuen Kunden anzulegen? Und dann nochmal mit der Aufnahme der Bestellung starten, jetzt, wo der Kunde vorliegt? Nein, das wäre deutlich zu unergonomisch. Also fügen wir dem Bestellformular zwei kleine Schaltflächen hinzu.

Mit der ersten öffnet der Benutzer die Kundenübersicht, um die dortigen erweiterten Möglichkeiten zur Kundensuche zu verwenden und schließlich den gewählten Kunden in das Auswahlfeld im Bestellformular zu übernehmen.

Die zweite öffnet direkt das Formular zum Anlegen eines neuen Kunden und übernimmt den neuen Kunden nach dem Schließen in das Bestellformular. Den Entwurf des Bestellformulars passen Sie dazu wie in Abbildung 5.5 an.

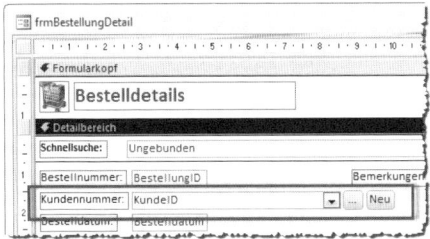

Abbildung 5.5: Schaltflächen zum Aufrufen der Kundenübersicht und zum Anlegen eines neuen Kunden

Bestehenden Kunden aus Kundenübersicht auswählen

Wenn Sie mit einem Klick auf die Schaltfläche *cmdKundenuebersicht* das Übersichtsformular *frmKundenuebersicht* öffnen, im dortigen Unterformular mit der Übersicht einen Kunden auswählen und diesen nach einem Klick auf die *OK*-Schaltfläche des Formulars übernehmen möchten, sieht das normalerweise so wie etwa im Abschnitt »Bearbeiten einer Warengruppe per Schaltfläche« (Seite 151) aus.

Das bedeutet, dass der Benutzer das Formular *frmKundenuebersicht* als modalen Dialog aufruft (*WindowMode:=acDialog*), der Benutzer den Kunden auswählt und dann auf die Schaltfläche *cmdOK* klickt, um die Kundenübersicht wieder zu schließen (Prozedur sieht unten).

Danach soll die aufrufende Prozedur den ausgewählten Eintrag im Unterformular einlesen und im Kombinationsfeld *cboKundeID* auswählen. Dabei gibt es allerdings ein Problem: Im Gegensatz zum Lookup-Formular *frmWarengruppen* aus dem oben genannten Kapitel wird das Formular *frmKundenuebersicht* direkt beim Anklicken der Schaltfläche *cmdOK* geschlossen und nicht etwa unsichtbar gemacht, sodass das aufrufende Formular die Auswahl nicht mehr auslesen kann. Nun gibt es zwei Möglichkeiten:

» Sie ändern den Code der Schaltfläche *cmdOK* so, dass die Prozedur das Formular mit *Me.Visible = False* einfach ausblendet. Die aufrufende Prozedur kann dann den ausgewählten Kunden auswählen und das Formular schließen.

» Sie referenzieren das Formular nach dem Öffnen mit einer Objektvariablen und implementieren die *Beim Entladen*-Ereignisprozedur im Klassenmodul des aufrufenden Formulars. So können Sie im Formular *frmBestellungDetail* einfach abwarten, bis der Benutzer das Formular *frmKundenuebersicht* schließt, und im *Beim Entladen*-Ereignis noch schnell den aktuellen Kunden auslesen.

Letztere Variante hört sich zwar etwas komplizierter an, ist aber letztlich die bessere Lösung. Sie brauchen den Code des Formulars *frmKundenuebersicht* nicht zu ändern, nur damit ein anderes Formular auf die enthaltenen Daten zugreifen kann. Noch besser: Das Formular *frmKundenuebersicht* braucht noch nicht einmal zu wissen, dass es von einem anderen Formular aufgerufen wurde.

Um dies zu realisieren, fügen Sie zunächst im Kopf des Klassenmoduls des Formulars *frmBestellungDetail* folgende Zeile ein:

```
Dim WithEvents objKundenuebersicht As Form
```

Diese deklariert eine Objektvariable, um auf das Formular *frmKundenuebersicht* zu verweisen.

Wenn der Benutzer nun auf die Schaltfläche *cmdKundenuebersicht* klickt, soll die folgende Prozedur ausgelöst werden:

```
Private Sub cmdKundenuebersicht_Click()
    DoCmd.OpenForm "frmKundenuebersicht", OpenArgs:=Nz(Me!cboKundeID)
```

Kapitel 5 Bestellungen verwalten

```
    Set objKundenuebersicht = Forms!frmKundenuebersicht
    With objKundenuebersicht
        .OnUnload = "[Event Procedure]"
        .Modal = True
    End With
End Sub
```

Diese öffnet zunächst das Formular *frmKundenuebersicht*. Dann weist es der Eigenschaft *OnUnload* den Wert *[Event Procedure]* zu, was bedeutet, dass beim Eintreten des Ereignisses *Beim Entladen* auch in diesem Klassenmodul nach einer Implementierung der Ereignisprozedur gesucht werden soll. Schließlich wird die Eigenschaft *Modal* auf *True* eingestellt, wodurch das Formular als modaler Dialog angezeigt wird. Dies sorgt dafür, dass der Benutzer erst wieder mit anderen Elementen der Access-Benutzeroberfläche weiterarbeiten kann, wenn er dieses Formular geschlossen hat.

Warum haben wir das Formular nicht direkt durch Angabe des Parameters *WindowMode:=acDialog* als modalen Dialog geöffnet? Ganz einfach: Weil dann auch die aufrufende Prozedur angehalten wird. Das bedeutet, dass wir dem Formular nicht mitteilen können, dass im aufrufenden Klassenmodul noch eine Implementation des Ereignisses *Beim Entladen* vorliegt (*OnUnload = "[Event Procedure]"*).

Diese Prozedur legen wir nun wie folgt an (am schnellsten durch Auswahl von *objKundenuebersicht* im linken und *OnUnload* im rechten Kombinationsfeld des Codefensters):

```
Private Sub objKundenuebersicht_Unload(Cancel As Integer)
    If Not IsNull(objKundenuebersicht!sfm.Form!KundeID) Then
        Me!cboKundeID = objKundenuebersicht!sfm.Form!KundeID
    End If
End Sub
```

Die Prozedur erledigt nichts anderes, als den Wert des Feldes *KundeID* des aktuell im Unterformular des Formulars *frmKundenuebersicht* ausgewählten Datensatzes als Wert des Kombinationsfeldes *cboKundeID* festzulegen – allerdings nur, wenn auch ein Datensatz ausgewählt ist. Dadurch wird dann der entsprechende Kunde im Kombinationsfeld angezeigt.

Neuen Kunden anlegen und auswählen

Die Schaltfläche *cmdNeuerKunde* soll beim Anklicken das Formular *frmKundeDetail* öffnen und dem Benutzer die Möglichkeit bieten, einen neuen Kunden anzulegen. Nach dem Anlegen und Schließen des Formulars soll der Kunde direkt im Kombinationsfeld *cboKundeID* des aufrufenden Formulars *frmBestellungDetail* angezeigt werden.

Dies realisieren wir fast genauso wie bei der vorherigen Schaltfläche. Zunächst benötigen wir eine entsprechende Objektvariable, deren Ereignisprozeduren wir zum Abfangen des *Beim Entladen*-Ereignisses des Formulars *frmKundeDetail* nutzen können:

Bestellung aufnehmen

```
Dim WithEvents objKundeDetail As Form
```

Die Prozedur, die beim Anklicken der Schaltfläche *cmdNeuerKunde* ausgelöst wird, öffnet diesmal direkt das Formular zum Anlegen eines neuen Kunden, legt fest, dass eine Implementierung des Ereignisses *Form_Unload* vorliegen könnte, und stellt das Formular auf den modalen Modus um. Die *OpenForm*-Methode erhält diesmal noch den Parameter *DataMode:=acFormAdd*, damit sie gleich einen neuen Datensatz anzeigt:

```
Private Sub cmdNeuerKunde_Click()
    DoCmd.OpenForm "frmKundeDetail", DataMode:=acFormAdd
    Set objKundeDetail = Forms!frmKundeDetail
    With objKundeDetail
        .OnUnload = "[Event Procedure]"
        .Modal = True
    End With
End Sub
```

Die Prozedur, die beim Schließen des Formulars *frmKundeDetail* ausgelöst wird, sieht schließlich so aus:

```
Private Sub objKundeDetail_Unload(Cancel As Integer)
    If Not IsNull(objKundeDetail!KundeID) Then
        Me!cboKundeID = objKundeDetail!KundeID
    End If
End Sub
```

Auch diese Prozedur prüft zunächst, ob das Formular einen Datensatz mit einer Kundennummer anzeigt. Dies ist gegebenenfalls nicht der Fall, wenn der Benutzer das Formular schließt, bevor er überhaupt Daten eingegeben hat.

5.1.4 Das Unterformular sfmBestellungDetail

Wir benötigen nun noch das Unterformular zur Eingabe der Bestellpositionen. Dieses Formular legen Sie unter dem Namen *sfmBestellungDetail* neu an. Es benötigt weder Formularkopf noch -fuß, sondern nur einen Detailbereich.

Interessant ist bereits die Datenherkunft. Das Formular soll ja sowohl die Daten aus der Tabelle *tblBestellpositionen* anzeigen als auch zumindest den Namen des Artikels aus der Tabelle *tblArtikel*. Da liegt die Vermutung nahe, dass als Datenherkunft eine Abfrage zum Einsatz kommt, welche die beiden Tabellen *tblArtikel* und *tblBestellpositionen* enthält, die ja über das Feld *ArtikelID* verknüpft sind.

Ob dies so ist, beantwortet die Frage nach dem Ablauf beim Hinzufügen einer Bestellposition zur Bestellung. Typischerweise geben Sie zunächst die Kundendaten ein und fügen dann die Bestellpositionen hinzu. Welches ist das wichtigste Merkmal einer Bestellposition? Richtig: der

Kapitel 5 Bestellungen verwalten

Artikel. Diesen sollte der Benutzer möglichst komfortabel auswählen können. Das gelingt am einfachsten mit einem Kombinationsfeld, das seine Werte auch noch alphabetisch sortiert anzeigt. Die Eingabe sollte also wie in Abbildung 5.6 aussehen.

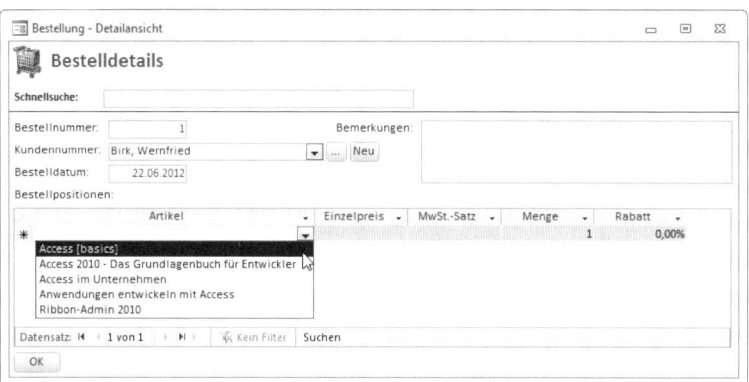

Abbildung 5.6: So soll das Hinzufügen eines Artikels zu einer Bestellung aussehen.

Nach der Auswahl soll das Formular automatisch die notwendigen Daten für den gewählten Artikel aus der Tabelle *tblArtikel* auslesen und in die Felder *Einzelpreis* und *Mehrwertsteuersatz* der frisch hinzugefügten Bestellposition eintragen.

Dem Benutzer bleibt dann noch die Aufgabe, die *Menge* und gegebenenfalls den *Rabatt* anzupassen – aufgrund der in der Tabelle *tblBestellpositionen* definierten Standardwerte werden diese ja auf *1* beziehungsweise *0,00%* eingestellt.

Schauen wir also einmal genau hin: Wir benötigen definitiv die Felder *Einzelpreis*, *Mehrwertsteuersatz*, *Menge* und *Anzahl* aus der Tabelle *tblBestellpositionen* (wobei die Letztgenannten aus der Tabelle *tblArtikel* gefüllt werden). Woher aber stammt das Feld zur Auswahl des Artikels? Ein Blick auf die Tabelle *tblBestellpositionen* liefert die Antwort (siehe Abbildung 5.7).

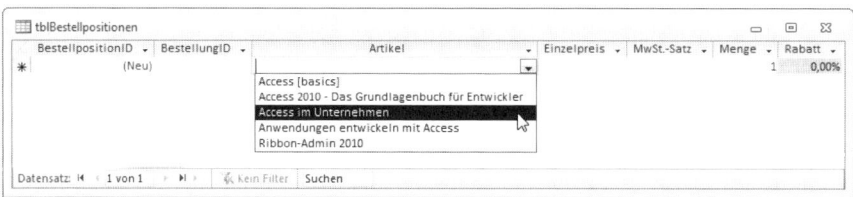

Abbildung 5.7: Die Tabelle *tblBestellpositionen* bietet mit dem Nachschlagefeld *ArtikelID* bereits die Möglichkeit, Artikel gleichzeitig auszuwählen und diese auch anzuzeigen.

Wir brauchen die Tabelle *tblArtikel* nämlich gar nicht: Alles, was wir benötigen, ist bereits im Nachschlagefeld *ArtikelID* der Tabelle *tblBestellpositionen* enthalten. Gespeichert werden soll ohnehin nur der Primärschlüsselwert der Tabelle *tblArtikel*, nämlich *ArtikelID*, und zwar im gleichnamigen Fremdschlüsselfeld der Tabelle *tblBestellpositionen*. Es reicht also vorerst völlig aus, die Tabelle *tblBestellpositionen* als Datenherkunft des Unterformulars *sfmBestellungDetail* einzusetzen.

Anlegen des Unterformulars sfmBestellungDetail

Schreiten wir also zur Tat und legen ein neues Formular namens *sfmBestellungDetail* an. Fügen Sie die Tabelle *tblBestellpositionen* als *Datenherkunft* hinzu und schieben Sie die Felder *ArtikelID*, *Einzelpreis*, *Mehrwertsteuersatz*, *Menge* und *Rabatt* zum Detailbereich des Formulars hinzu (siehe Abbildung 5.8). Warum nur diese Felder und nicht *BestellpositionID* und *BestellungID*? Formulare in der Datenblattansicht zeigen normalerweise alle Felder an, die Sie zum Detailbereich hinzugefügt haben. Das Feld *BestellpositionID* brauchen wir dort gar nicht und das Feld *BestellungID* wird nur zum Synchronisieren der Datensätze des Unterformulars mit denen des Hauptformulars benötigt – und dazu braucht es nicht sichtbar zu sein.

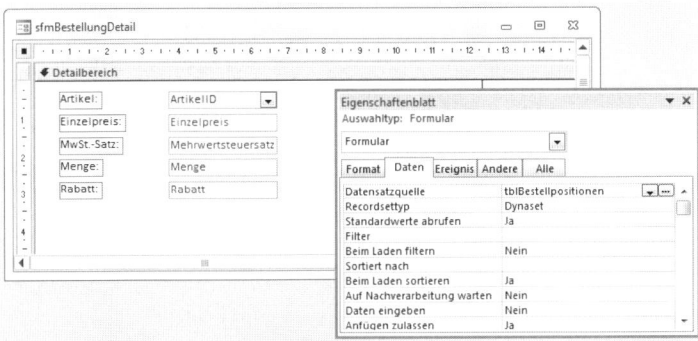

Abbildung 5.8: Datenherkunft und Aufbau des Unterformulars *sfmBestellungDetail*

Nachdem Sie die Felder zum Formular hinzugefügt haben, stellen Sie noch die Eigenschaft *Standardansicht* des Formulars auf *Datenblatt* ein. Sie können auch gleich an Ort und Stelle einmal in die Datenblattansicht wechseln und die Schriftgröße entsprechend Ihren Wünschen anpassen.

Anschließend fügen Sie das Unterformular zum Hauptformular *frmBestellungDetail* hinzu. Diesmal gehen wir etwas anders als sonst vor:

» Schließen Sie das Formular *sfmBestellungDetail*.

» Öffnen Sie das Formular *frmBestellungDetail* in der Entwurfsansicht.

» Fügen Sie im unteren Bereich ein Unterformular-Steuerelement hinzu, indem Sie es im Ribbon unter *Entwurf|Steuerelemente* markieren und dann in der gewünschten Größe aufziehen.

» Legen Sie den Namen *sfm* für das Unterformular-Steuerelement fest.

Kapitel 5 Bestellungen verwalten

» Wählen Sie für die Eigenschaft *Herkunftsobjekt* den Eintrag *Formular.sfmBestellungDetail* aus (siehe Abbildung 5.9).

Das war es schon: Access erkennt nun automatisch, dass sich im Unterformular eine Tabelle befindet, deren Fremdschlüsselfeld *BestellungID* mit dem Primärschlüsselfeld der Datenherkunft des Hauptformulars verknüpft ist, und legt eine entsprechende Verknüpfung auch für das Unterformular-Steuerelement fest.

Dazu verwendet es die beiden Eigenschaften *Verknüpfen von* und *Verknüpfen nach* (siehe Abbildung 5.10).

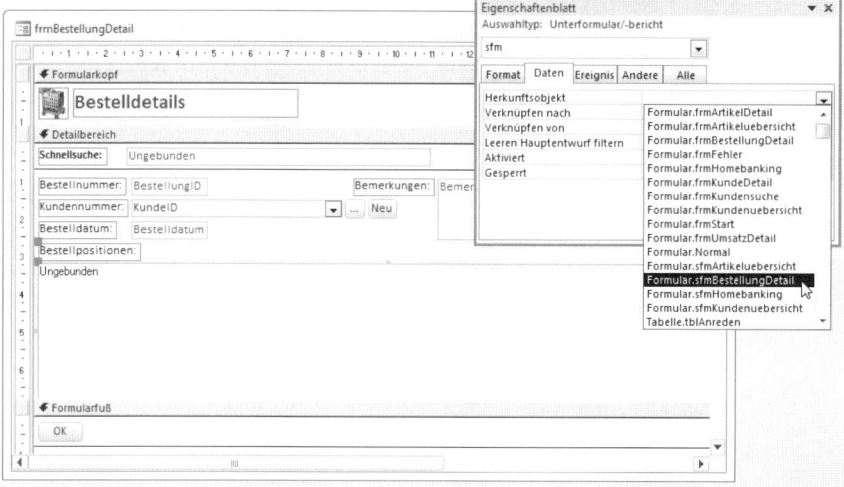

Abbildung 5.9: Haupt- und Unterformular

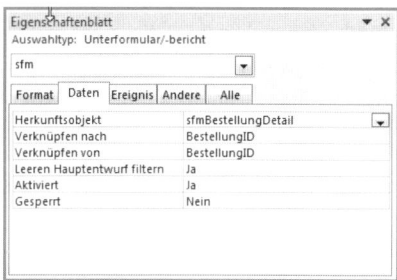

Abbildung 5.10: Angabe der Felder, über welche Haupt- und Unterformular synchronisiert werden sollen

Sie können nun bereits in die Formularansicht wechseln und Artikel zu Bestellungen hinzufügen. Dadurch, dass die Verknüpfung zwischen den Tabellen aus Haupt- und Unterformular auch für das Unterformular-Steuerelement eingetragen wurde, zeigt das Unterformular jeweils nur die zur Bestellung im Hauptformular gehörenden Bestellpositionen an.

Unterformular verankern

Damit sich das Unterformular beim Ändern der Größe des Formulars *frmBestellungDetails* in der Breite und in der Höhe anpasst, stellen Sie noch die beiden Eigenschaften *Horizontaler Anker* und *Vertikaler Anker* auf *Beide* ein. Dadurch wird das Unterformular nach rechts und/oder unten erweitert, wenn Sie das Formular vergrößern.

Achtung: Wenn Sie ein Steuerelement, an das ein Bezeichnungsfeld gebunden ist (wie etwa Textfelder, Listenfelder, Kombinationsfelder oder Unterformulare), auf diese Weise verankern, stellt Access merkwürdigerweise die Eigenschaft *Horizontaler Anker* des Bezeichnungsfeldes auf *Rechts* und *Vertikaler Anker* auf *Unten* ein. Diese Änderung müssen Sie noch rückgängig machen und die Eigenschaften auf *Links* und *Oben* einstellen.

Einzelpreis und Mehrwertsteuersatz automatisch einstellen

Natürlich möchten Sie für eine Bestellposition möglichst nur den Artikel auswählen und gegebenenfalls die Standardwerte für die Felder *Anzahl* und *Rabatt* anpassen. Der *Einzelpreis* und der *Mehrwertsteuersatz* sind ja in der Tabelle *tblArtikel* gespeichert und sollen von dort ausgelesen und in den neuen Datensatz der Tabelle *tblBestellpositionen* eingetragen werden.

Wie immer müssen wir ein Ereignis bestimmen, zu dem diese Aktion geschieht. Soll es beim Auswählen des Artikels passieren oder vielleicht sogar erst beim Speichern der Bestellposition? Nein, wir wollen gleich nach der Auswahl mit dem Kombinationsfeld den *Einzelpreis* und den *Mehrwertsteuersatz* im neuen Datensatz vorfinden.

Dazu schließen Sie das Formular *frmBestellungDetail* und öffnen das Unterformular *sfmBestellungDetail* in der Entwurfsansicht. Markieren Sie das Steuerelement *cboArtikelID* und legen Sie für die Eigenschaft *Nach Aktualisierung* den Wert *[Ereignisprozedur]* an (siehe Abbildung 5.11).

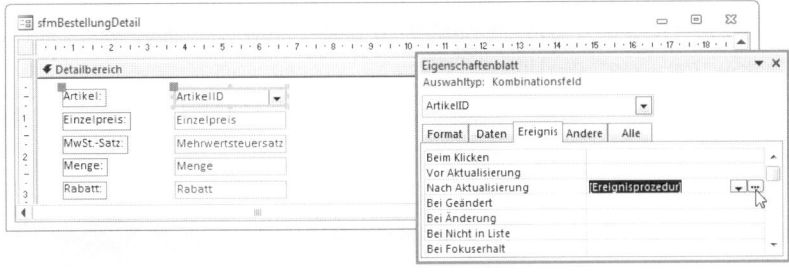

Abbildung 5.11: Anlegen des Ereignisses *Nach Aktualisierung*

Nach einem Mausklick auf die Schaltfläche mit den drei Punkten zeigt Access das Formularmodul mit der leeren Prozedur *cboArtikelID_AfterUpdate* an, die Sie wie folgt füllen:

```
Private Sub cboArtikelID_AfterUpdate()
    Dim lngArtikelID As Long
```

Kapitel 5 Bestellungen verwalten

```
    Dim lngMehrwertsteuersatzID As Long
    lngArtikelID = Nz(Me!cboArtikelID, 0)
    If lngArtikelID > 0 Then
        Me!txtEinzelpreis = _
            DLookup("Einzelpreis", "tblArtikel", "ArtikelID = " & lngArtikelID)
        lngMehrwertsteuersatzID = _
            DLookup("MehrwertsteuersatzID", "tblArtikel", "ArtikelID = " & lngArtikelID)
        Me!txtMehrwertsteuersatz = DLookup("Mehrwertsteuersatz", _
            "tblMehrwertsteuersaetze", "MehrwertsteuersatzID = " & lngMehrwertsteuersatzID)
    End If
End Sub
```

Die Prozedur liest zunächst die Nummer des mit dem Kombinationsfeld ausgewählten Artikels aus und speichert diese in der Variablen *lngArtikelID*. Diese Variable kann auch den Wert *0* erhalten, wenn der Benutzer eine leere Zeichenkette in das Feld eingegeben hat.

In diesem Fall geschieht nichts weiter, denn die in der folgenden *If...Then*-Bedingung enthaltenen Anweisungen werden nur für Werte von *lngArtikelID* größer als *0* ausgeführt.

Dann folgen drei Anweisungen: Die erste liest mit der *DLookup*-Anweisung den Wert des Feldes *Einzelpreis* aus der Tabelle *tblArtikel* für den Datensatz aus, dessen Feld *ArtikelID* dem in *lngArtikelID* enthaltenen Wert entspricht, und fügt diesen Wert zum Feld *txtEinzelpreis* hinzu. Die zweite ermittelt den gleichen Wert für das Feld *MehrwertsteuersatzID* aus der Tabelle *tblArtikel* und speichert ihn in der Variablen *lngMehrwertsteuersatzID* zwischen.

Bedenken Sie: Der Mehrwertsteuersatz wird aus einer Lookup-Tabelle ausgelesen und nicht direkt in der Tabelle *tblArtikel* gespeichert. Den eigentlichen Mehrwertsteuersatz ermittelt erst die folgende Anweisung, die ebenfalls per *DLookup* auf den Wert *Mehrwertsteuersatz* der Tabelle *tblMehrwertsteuersaetze* zugreift, dessen Feld *MehrwertsteuersatzID* dem Wert der Variablen *lngMehrwertsteuersatzID* entspricht. Das Ergebnis der *DLookup*-Anweisung wird wiederum in das Textfeld *txtMehrwertsteuersatz* des Unterformulars *sfmBestellungDetail* eingetragen.

Somit landen Einzelpreis und Mehrwertsteuersatz einer Bestellposition nun automatisch im entsprechenden Datensatz (siehe Abbildung 5.12).

5.1.5 Berechnungen: Position und Bestellsumme

Gelegentlich möchte der Kunde bei einer telefonischen Bestellung direkt wissen, wie hoch der Rechnungsbetrag ausfallen wird. Dazu fügen wir dem Bestellformular noch die benötigten Steuerelemente mit den entsprechenden Berechnungsformeln hinzu:

» ein Textfeld im Unterformular, das den Betrag einer Rechnungsposition ausgibt, und

» einige Textfelder im Hauptformular, welche die Nettosumme, die Mehrwertsteuer und die Bruttosumme ausgeben.

Bestellung aufnehmen

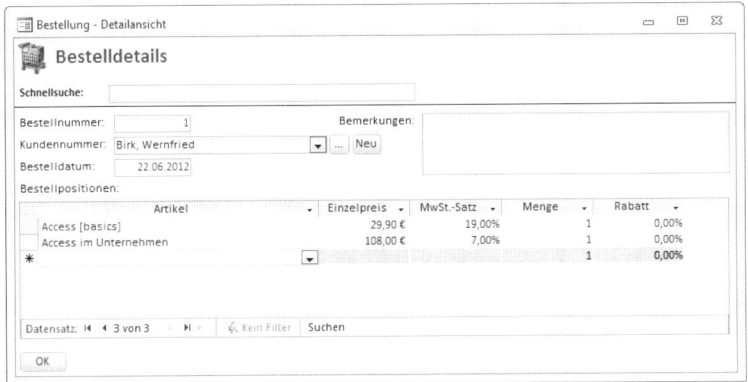

Abbildung 5.12: Automatisches Hinzufügen von Einzelpreis und Mehrwertsteuersatz

Preis einer Rechnungsposition

Zur Berechnung des Preises einer Rechnungsposition gibt es zwei Möglichkeiten. Bei der auf den ersten Blick einfacheren Variante fügen Sie dem Unterformular *sfmBestellungDetail* einfach nur ein weiteres Textfeld namens *txtBrutto* hinzu, dem Sie folgenden Ausdruck als *Steuerelementinhalt* zuweisen (siehe Abbildung 5.13):

```
=[Einzelpreis]*[Menge]*(1-[Rabatt])*(1+[Mehrwertsteuersatz])
```

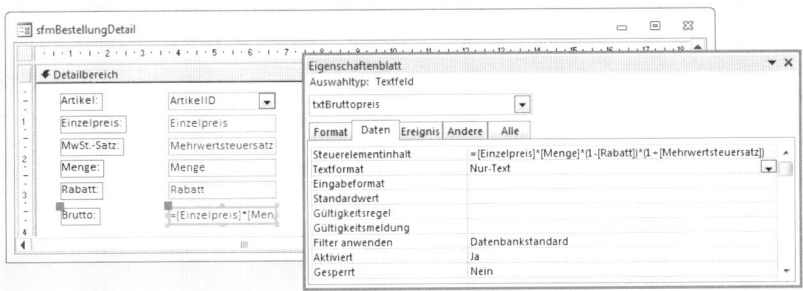

Abbildung 5.13: Berechnung des Gesamtpreises einer Rechnungsposition

Stellen Sie für dieses Textfeld außerdem die Eigenschaft *Format* auf den Wert *Währung* ein. Das Textfeld liefert dann beim Anzeigen des Datensatzes den richtigen Wert. Allerdings wird dieser berechnete Wert nicht automatisch aktualisiert, wenn Sie etwa die Menge für eine Bestellposition verändern.

Also wählen wir die zweite Variante, die etwas aufwendiger scheint, den Job aber zuverlässiger erledigt. Dabei ersetzen wir die Tabelle *tblBestellpositionen* als Datenherkunft durch eine neue Abfrage, welche ihre Felder aus eben dieser Tabelle bezieht und ein weiteres Feld namens

Kapitel 5 Bestellungen verwalten

Brutto mit der bereits in der ersten Variante verwendeten Formel hinzufügt. Dazu ziehen Sie einfach alle Felder der Tabelle *tblBestellpositionen* in das Entwurfsraster einer neuen Abfrage, die Sie unter dem Namen *qrySfmBestellungDetail* speichern. Fügen Sie dann in einer neuen Spalte in der Zeile *Feld* diesen Ausdruck hinzu (siehe Abbildung 5.14):

```
Brutto: [Einzelpreis]*[Menge]*(1+[Mehrwertsteuersatz])*(1-[Rabatt])
```

Stellen Sie auch hier die Eigenschaft *Format* des Feldes auf *Währung* ein.

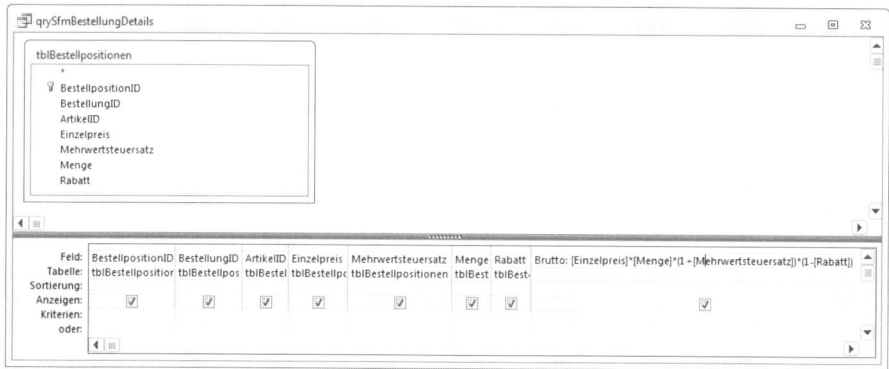

Abbildung 5.14: Neue Datenherkunft für das Unterformular *sfmBestellungDetail*

Bevor wir die Abfrage dem Unterformular zuweisen, prüfen wir noch, ob die Abfrage in der Datenblattansicht den Bruttobetrag der Rechnungsposition auch direkt nach Änderung eines der übrigen Felder wie etwa Einzelpreis oder Menge aktualisiert.

Anschließend schließen Sie die Abfrage, öffnen das Unterformular *sfmBestellungDetail* und legen als Datenherkunft die soeben erstellte Abfrage fest. Ziehen Sie außerdem das in dieser Abfrage hinzugefügte Feld *Brutto* aus der Feldliste in den Detailbereich des Formulars.

Wenn Sie das Hauptformular *frmBestellungDetail* nun in der Formularansicht öffnen, erscheint der Bruttobetrag je Rechnungsposition und wird auch bei jeder Änderung der referenzierten Felder direkt aktualisiert.

Bestellsummen im Hauptformular

Die drei Summen, also die Nettosumme, die Summe der Mehrwertsteuer und die Bruttosumme, sollen auch noch angezeigt werden. Unterformulare in der Datenblattansicht zeigen keine Steuerelemente an, die Sie dort im Formularkopf oder -fuß untergebracht haben.

Also werden wir die Steuerelemente zur Ausgabe dieser Summen unterhalb des Unterformulars im Hauptformular positionieren. Das sieht etwa wie in Abbildung 5.15 aus.

Die Steuerelemente erhalten die Namen *txtSummeNetto*, *txtSummeMwSt* und *txtSummeBrutto*. Wenn Sie die Eigenschaft *Vertikaler Anker* des Unterformulars auf *Beide* eingestellt haben, müssen

Bestellung aufnehmen

Sie diese Eigenschaft für die drei Steuerelemente und die Linien auf *Unten* einstellen. Anderenfalls werden die Textfelder beim Vergrößern der Höhe des Formulars vom Unterformular verborgen.

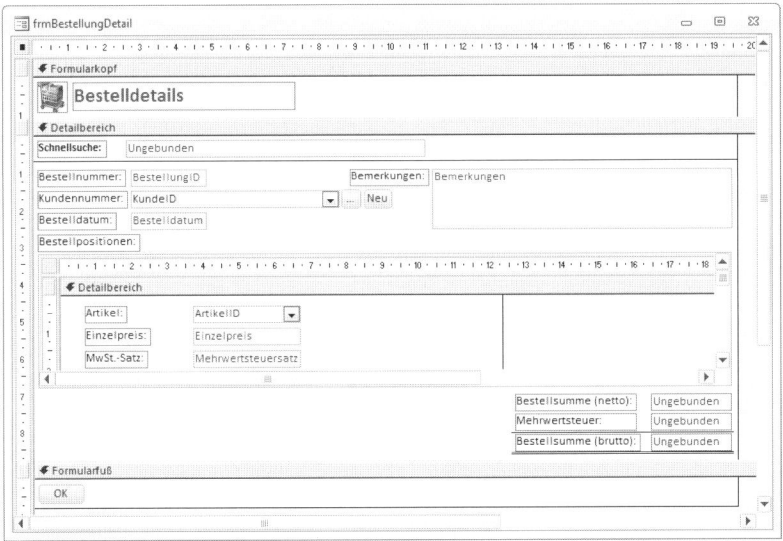

Abbildung 5.15: Bestellformular mit Steuerelementen zur Anzeige der Bestellsummen

Woher aber beziehen die Felder die berechneten Summen? Sie können nicht etwa eine Funktion namens *Summe* auf die Steuerelemente im Unterformular anwenden. Dies gelingt jedoch im Unterformular selbst!

Öffnen Sie dieses in der Entwurfsansicht (das Hauptformular müssen Sie zuvor schließen) und fügen Sie dort im Formularfuß die gleichen drei Textfelder wie im Hauptformular hinzu (Sie können diese auch kopieren, dann brauchen Sie die Namen nicht erneut einzugeben).

Tragen Sie dann für die Textfelder die folgenden Formeln ein (siehe Abbildung 5.16):

» Textfeld *txtSummeNetto*: *=Summe([Einzelpreis]*[Menge]*(1-[Rabatt]))*

» Textfeld *txtSummeMwSt*: *=Summe([Einzelpreis]*[Mehrwertsteuersatz]*(1-[Rabatt]))*

» Textfeld *txtSummeBrutto*: *=Summe([Einzelpreis]*[Menge]*(1-[Rabatt])*(1+[Mehrwertsteuersatz]))*

Wenn Sie nun in die Datenblattansicht des Unterformulars *sfmBestellungDetail* wechseln, sehen Sie keines der Summenfelder – klar, die Datenblattansicht zeigt ja nur die Steuerelemente im Detailbereich an.

In der Formularansicht jedoch erscheinen die Rechnungssummen, jedoch für alle überhaupt vorhandenen Datensätze (siehe Abbildung 5.17). Auch das ist logisch, denn die Daten werden hier ja nicht nach Bestellungen gefiltert.

Kapitel 5 Bestellungen verwalten

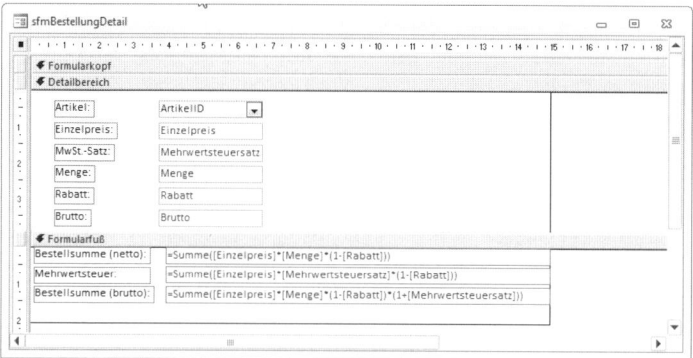

Abbildung 5.16: Steuerelemente zur Berechnung von Summen im Unterformular

Abbildung 5.17: Berechnungsergebnis im Unterformular

Um die Bestellsummen je Bestellung zu erhalten, füllen Sie nun die Eigenschaft *Steuerelementinhalt* der drei Textfelder *txtSummeNetto*, *txtSummeMwSt* und *txtSummeBrutto* im Hauptformular wie folgt:

» Textfeld *txtSummeNetto*: =sfm!txtSummeNetto

» Textfeld *txtSummeMwSt*: =sfm!txtSummeMwSt

» Textfeld *txtSummeBrutto*: =sfm!txtSummeBrutto

Interessant: Unter VBA würden Sie diese Steuerelemente vom Hauptformular aus mit *Me!sfm. Form!txtSummeNetto* referenzieren. Die Eigenschaft *Steuerelementinhalt* funktioniert aber nur mit *sfm!txtSummeNetto*. Behalten Sie das im Hinterkopf! Die Formularansicht liefert nun die gewünschten Summen (siehe Abbildung 5.18), die auch nach Änderung der Menge oder des Rabatts im Unterformular gleich angepasst werden.

5.1.6 Verpackung, Versand und sonstige Nebenkosten

Vielleicht haben Sie schon einmal Bestellformulare gesehen, bei denen Sie Kosten für Nebenkosten wie Verpackung oder Versand in eigenen Steuerelementen eintragen. Solche Steuerelemente sehen wir aus einem einfachen Grund nicht vor: Sie können diese als einfache Artikel behandeln. Legen Sie Artikel für die verwendeten Verpackungen und Versandkosten an und fügen Sie diese nach Bedarf zur Bestellung hinzu.

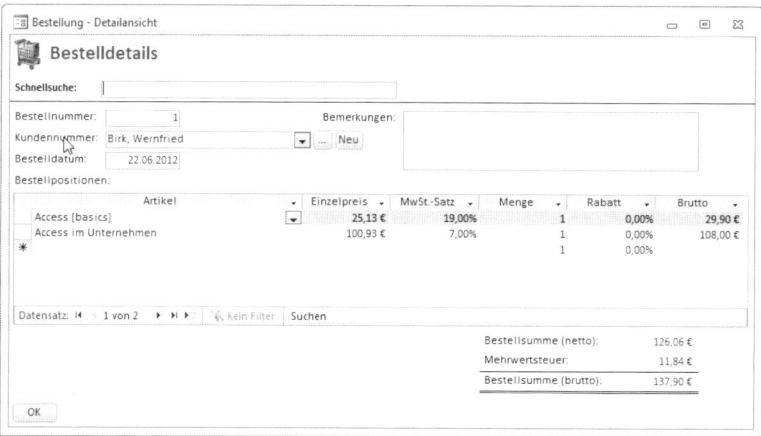

Abbildung 5.18: Bestellsummen im Hauptformular

5.2 Kunden-Formular um Bestellungen und Bestellpositionen erweitern

An dieser Stelle haben wir nun die Möglichkeit, Bestellungen und dabei gegebenenfalls auch Kunden anzulegen. Was aber geschieht mit diesen Daten, wenn die Bestellung angelegt ist? Zunächst einmal sollten Sie alle Bestellungen eines Kunden einsehen können, und zwar im Zusammenhang mit dem jeweiligen Kundendatensatz.

Was liegt da näher, als die Bestellungen im Formular *frmKundeDetail* unterzubringen? Die Vorbereitungen haben wir ja bereits getroffen, indem wir eine Seite im Register-Steuerelement dieses Formulars angelegt haben.

Wenn sich nun ein Kunde meldet und eine Frage zu einer Bestellung hat, können wir diese auf verschiedene Arten verfügbar machen. Als Erstes sollten Sie jedoch den Kundendatensatz ausfindig machen, wobei das Suchformular *frmKundensuche* hilft. Wenn Sie einen Kunden einmal ausfindig gemacht haben, brauchen Sie nur noch zur Registerseite *Bestellungen* zu wechseln.

Dort sollen folgende Elemente landen: ein Listenfeld zur Anzeige aller Bestellungen dieses Kunden, ein Unterformular, das die Bestellpositionen der im Listenfeld ausgewählten Bestellung oder alle Bestellpositionen dieses Kunden anzeigt, sowie eine Schaltfläche, um eine neue Bestellung für diesen Kunden anzulegen.

5.2.1 Neue Bestellung anlegen

Beginnen wir gleich mit dieser Schaltfläche. Diese platzieren wir zunächst oben links, später können wir entscheiden, ob ein anderer Platz günstiger ist (siehe Abbildung 5.19). Die Schaltfläche soll den Namen *cmdNeueBestellung* erhalten.

Abbildung 5.19: Schaltfläche zum Aufrufen des Dialogs zum Anlegen einer neuen Bestellung

Beim Klicken soll diese Schaltfläche das Formular *frmBestellungDetail* mit einem neuen Datensatz öffnen und möglichst direkt den Kunden auswählen, der aktuell im Formular *frmKundeDetail* ausgewählt ist. Dazu legen Sie die folgende Ereignisprozedur an:

```
Private Sub cmdNeueBestellung_Click()
    DoCmd.OpenForm "frmBestellungDetail", WindowMode:=acDialog, DataMode:=acFormAdd, _
        OpenArgs:=Me!KundeID
End Sub
```

Diese öffnet das Formular *frmBestellungDetail* als modalen Dialog und übergibt zwei Informationen: Der Wert *acFormAdd* für den Parameter *DataMode* gibt an, dass ein neuer Datensatz angezeigt werden soll, und der Parameter *OpenArgs* übergibt den Wert des Feldes *KundeID* des aktuell angezeigten Kunden.

Während die ersten drei Parameter automatisch ausgewertet werden, müssen Sie im Formular *frmBestellungDetail* festlegen, was mit dem mit dem Parameter *OpenArgs* übergebenen Wert geschehen soll. Diesen Wert lesen Sie gleich beim Öffnen des Formulars *frmBestellungDetail* aus. Das Ereignis, das zu diesem Zeitpunkt ausgelöst wird, heißt *Beim Öffnen*. Legen Sie für dieses Ereignis eine Ereignisprozedur an und füllen Sie diese wie folgt:

```
Private Sub Form_Open(Cancel As Integer)
    If Not IsNull(Me.OpenArgs) Then
        Me!cboKundeID.DefaultValue = Me.OpenArgs
    End If
End Sub
```

Den mit dem *OpenArgs*-Parameter übergebenen Wert können Sie im Klassenmodul des aufgerufenen Formulars *frmBestellungDetail* mit der Eigenschaft *OpenArgs* des Objekts *Me* auslesen (*Me* stellt alle Eigenschaften und Methoden des Formulars bereit, auf das sich das Klassenmodul bezieht).

Kunden-Formular um Bestellungen und Bestellpositionen erweitern

Wenn das Formular ohne Angabe des Parameters *OpenArgs* geöffnet wird, liefert *Me.OpenArgs* den Wert *Null*. Wir wollen mit dem übergebenen Wert den Standardwert eines Steuerelements festlegen, nämlich des Kombinationfeldes *cboKundeID* – auf diese Weise legen wir gleich beim Öffnen fest, für welchen Kunden die Bestellung aufgenommen wird.

Dazu weisen wir den Inhalt von *Me.OpenArgs* der Eigenschaft *DefaultValue* des Steuerelements *cboKundeID* zu. Dies führt allerdings zu einem Fehler, wenn *Me.OpenArgs* den Wert *Null* enthält – die Eigenschaft *DefaultValue* erwartet nämlich eine Zeichenkette. Also prüfen wir *Me.OpenArgs* vorher auf den Wert *Null* und stellen *Me!cboKundeID.DefaultValue* nur dann ein, wenn *Me.OpenArgs* nicht *Null* ist.

Wenn Sie die Schaltfläche ausprobieren, erhalten Sie das gewünschte Ergebnis – siehe Abbildung 5.20. Hierzu noch ein Hinweis: Sie müssen unbedingt die Eigenschaft *DefaultValue* verwenden.

Sie können dem Steuerelement *cboKundeID* theoretisch auch direkt einen Wert zuweisen (*Me!cboKundeID.Value = Me.OpenArgs*), aber dadurch würde auch direkt der Datensatz angelegt, was vielleicht gar nicht gewünscht ist.

Wenn Sie nur den Standardwert einstellen, können Sie das Bestellformular einfach wieder schließen, als ob nichts geschehen wäre.

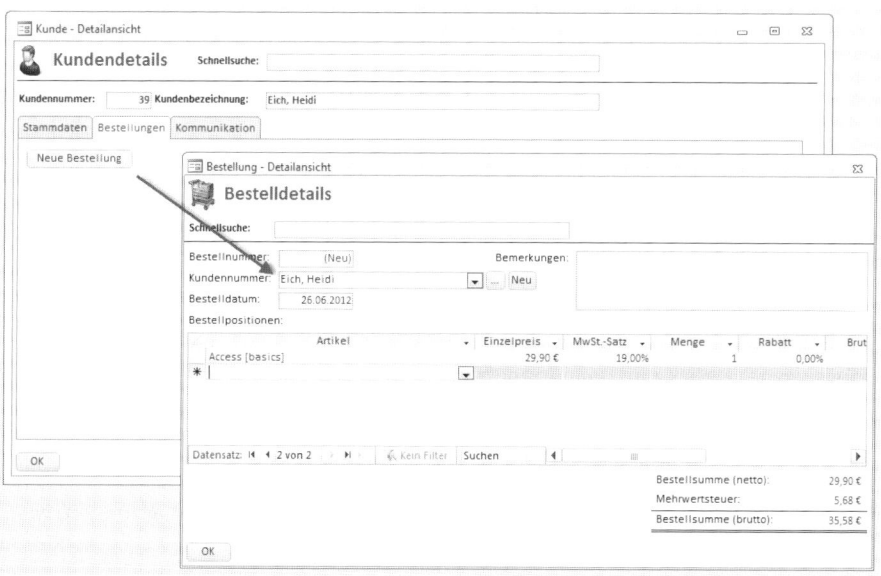

Abbildung 5.20: Das Anlegen einer neuen Bestellung legt gleich den Kunden fest.

Achtung, Gefahr durch fehlenden Datensatz im Hauptformular!

Das Formular mag unverfänglich aussehen, dennoch birgt es mögliche Probleme in sich. Das Hauptformular enthält nur wenige Datensätze, von denen die wichtigsten, nämlich *Bestelldatum* und *KundeID*, mit Standardwerten vorbelegt werden. Wenn der Benutzer nun im Unterformular die Bestellpositionen zusammenstellt, ohne eines der Felder im Hauptformular zu ändern, gibt es im Hauptformular noch keinen Datensatz – dieser wird standardmäßig erst angelegt, wenn zumindest eines der Felder durch den Benutzer geändert wurde! Dass dies so ist, erkennen Sie daran, dass das Feld *BestellungID* noch den Wert *(Neu)* anzeigt (siehe Abbildung 5.21).

Abbildung 5.21: Der Datensatz im Hauptformular ist noch nicht gespeichert.

Wenn der Benutzer im Unterformular Bestellpositionen anlegt, obwohl im Hauptformular noch kein Datensatz angelegt wurde, hat das vor allem den folgenden Nachteil: Die im Unterformular angelegten Datensätze haben den Wert *Null* im Fremdschlüsselfeld, hier also etwa im Feld *BestellungID*.

Das heißt, dass der Benutzer einige Datensätze für eine Bestellung für einen bestimmten Benutzer eingibt und diese Datensätze zwar in der Tabelle *tblBestellpositionen* gespeichert werden, aber keiner Bestellung zugeordnet sind. Es werden also Bestellpositionen, aber keine Bestellung gespeichert. Dies muss unbedingt verhindert werden!

Dazu gibt es mehrere Möglichkeiten:

» Sie prüfen beim Fokuserhalt des Unterformular-Steuerelements, ob im Hauptformular ein Datensatz angelegt wurde, und setzen gegebenenfalls den Fokus unter Ausgabe einer Meldung wieder zurück zum Hauptformular.

» Sie prüfen beim Eintreten in das Unterformular-Steuerelement, ob im Hauptformular ein Datensatz vorliegt, und legen diesen an, falls dies nicht der Fall ist.

Es gibt Situationen, in denen die erste Variante sinnvoll ist. Sie ist etwa dann anzuraten, wenn der Benutzer ohnehin noch Daten im Hauptformular eintragen muss. Das ist hier jedoch nicht so: das Bestelldatum ist vorausgefüllt, der Kunde liegt vor und das Feld Bemerkungen muss nicht zwingend gefüllt werden.

Also wählen wir die zweite Variante, welche den Datensatz im Hauptformular anlegt. Dazu machen wir den Datensatz im Hauptformular »dreckig« – die Eigenschaft *Dirty* muss auf den Wert *True* eingestellt werden. Dies führt zwar nicht zum Speichern des Datensatzes in der Tabelle, vergibt aber zumindest einen Primärschlüsselwert für das Feld *BestellungID*. Allerdings geht das nicht ohne Weiteres. Das Anlegen des Datensatzes soll in dem Moment erfolgen, indem der Benutzer auf eines der Steuerelemente im Unterformular klickt. Nach dem Klicken, aber vor dem Verschieben des Fokus auf das Unterformular wird das Ereignis *Beim Eintreten* des Unterformular-Steuerelements ausgelöst.

Legen Sie für dieses eine Ereignisprozedur an, indem Sie das Unterformular-Steuerelement markieren, im Eigenschaftsfenster für die Eigenschaft *Beim Eintreten* den Wert *[Ereignisprozedur]* auswählen und die nun im VBA-Editor erscheinende Prozedur wie folgt füllen:

```
Private Sub sfm_Enter()
    Dim ctl As control
    If IsNull(Me!BestellungID) Then
        Set ctl = Screen.ActiveControl
        Me!txtBestelldatum.SetFocus
        Me.Dirty = True
        ctl.SetFocus
        If ctl.ControlType = acComboBox Then
            ctl.Dropdown
        End If
    End If
End Sub
```

Die Prozedur prüft, ob das Feld *BestellungID* noch den Wert *Null* enthält, was darauf hindeutet, dass noch kein Datensatz angelegt ist. Ist dies der Fall, wird zunächst ein Verweis auf das Steuerelement gespeichert, das der Benutzer angeklickt hat (mit *Screen.ActiveControl*). Warum das? Nun: Wir wollen nun mit der Anweisung *Me.Dirty = True* den Datensatz im Hauptformular als »angelegt« markieren.

Dazu müssen wir den Fokus auf ein gebundenes Steuerelement im Hauptformular verschieben (hier *txtBestelldatum*), sonst löst Access einen Fehler aus. Damit der Benutzer davon nichts merkt, verschieben wir danach mit der *SetFocus*-Methode den Fokus zurück zu dem eigentlich angeklickten Steuerelement.

Für Kombinationsfelder ist noch eine Sonderbehandlung erforderlich: Wir gehen davon aus, dass der Benutzer direkt auf die Schaltfläche zum Aufklappen des Kombinationsfeldes klickt. Daher soll dieses auch nach dem Hin- und Herschieben des Fokus aufgeklappt werden, was die Methode *DropDown* erledigt.

5.2.2 Liste der bisherigen Bestellungen

Außerdem soll die Registerseite eine Liste aller bisher getätigten Bestellungen dieses Kunden anzeigen. Da diese Liste nicht bearbeitet werden soll, verwenden wir in diesem Fall ein Listenfeld zur Anzeige der Bestellungen. Dieses platzieren Sie im Formular wie in Abbildung 5.22 und nennen es *lstBestellungen*.

Kapitel 5 Bestellungen verwalten

Abbildung 5.22: Listenfeld zur Anzeige der Bestellungen eines Kunden

Um das Listenfeld zu füllen, klicken Sie auf die Eigenschaft *Datensatzherkunft* des Steuerelements und dann auf die Schaltfläche mit den drei Punkten (...). Es erscheint eine leere Abfrage, der Sie die Tabelle *tblBestellungen* hinzufügen. Als erstes Feld soll das Listenfeld das Feld *BestellungID* erhalten. Dieses soll zwar nicht angezeigt werden, dient aber als gebundene Spalte. Der Wert dieser Spalte soll als Kriterium für das noch zu erstellende Unterformular zur Anzeige der Bestellpositionen der ausgewählten Bestellung dienen.

Die zweite Spalte der Abfrage soll die erste sichtbare Spalte des Listenfeldes sein und die Bestellnummer anzeigen, die sich aus den Feldern *KundeID* und *BestellungID* zusammensetzt. Die dritte Spalte enthält das Feld *Bestelldatum* und die vierte das Feld *KundeID*. Dieses Feld soll wiederum nicht angezeigt werden, sondern nur als Kriterium dienen. Deshalb wird diese Spalte gleich im Entwurf der Abfrage als nicht sichtbar markiert. Tragen Sie hier außerdem den Ausdruck *Forms!frmKundeDetail!KundeID* in die Zeile *Kriterien* ein (siehe Abbildung 5.23).

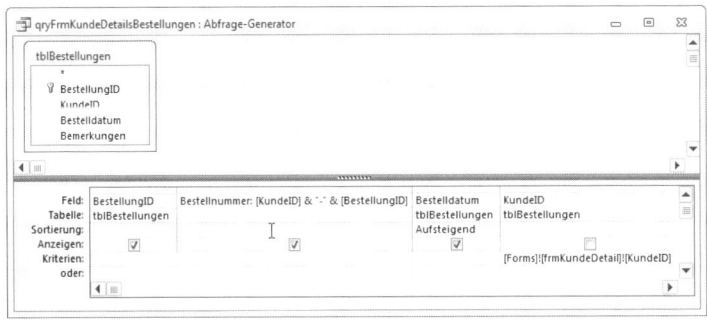

Abbildung 5.23: Abfrage, die alle Bestellungen eines Kunden anzeigt

Sie können die Abfrage nun direkt schließen, wodurch der SQL-Ausdruck hinter der Abfrage für die Eigenschaft *Datensatzherkunft* eingetragen wird. Sie können die Abfrage auch speichern, sodass diese mit dem angegebenen Namen im Navigationsbereich auftaucht. Dazu speichern Sie die Abfrage unter dem Namen *qryFrmKundeDetailsBestellungen* (mit dem Ribbon-Eintrag *Entwurf|Schließen|Speichern unter*). Die Eigenschaft *Datensatzherkunft* zeigt dann automatisch den Namen der gespeicherten Abfrage an.

Damit das Listenfeld die Felder der Datensatzherkunft wie gewünscht anzeigt, stellen Sie die Eigenschaften *Spaltenanzahl* und *Spaltenbreiten* auf die Werte *3* und *0cm;2cm* ein. Außerdem soll das Listenfeld *Spaltenüberschriften* anzeigen, was Sie durch das Einstellen der gleichnamigen Eigenschaft auf den Wert *Ja* erreichen.

Und damit die zwei Zentimeter breite erste Spalte nicht den Feldnamen *Bestellnummer* anzeigt (was nämlich nicht passt), legen Sie eine andere Spaltenüberschrift für dieses Feld fest. Dies erledigen Sie in der Abfrage, und zwar durch Markieren des Feldes *Bestellnummer* und Einstellen der Eigenschaft *Beschriftung* auf einen Wert wie *Bestell-Nr.* Das Ergebnis sieht nun wie in Abbildung 5.24 aus.

Abbildung 5.24: Listenfeld zur Anzeige der Bestellungen

Bestellungen des aktuellen Kunden anzeigen

Leider werden die Bestellungen nur beim Anzeigen des ersten Kunden angezeigt, nicht jedoch beim anschließenden Wechsel zu einem anderen Kunden. Deshalb müssen Sie noch die Ereignisprozedur hinzufügen, die durch das Ereignis *Beim Anzeigen* des Formulars *frmKundeDetail* ausgelöst wird. Dieses Ereignis wird beim Anzeigen des ersten Datensatzes und auch beim Anzeigen jedes weiteren Datensatzes ausgelöst und ist somit der ideale Zeitpunkt, um das Listenfeld zu aktualisieren. Dies geschieht mit der Methode *Requery* des Listenfelds:

```
Private Sub Form_Current()
    Me!lstBestellungen.Requery
End Sub
```

Damit wird die Datensatzherkunft des Listenfeldes neu abfragt, wobei insbesondere das Kriterium *=Forms!frmKundeDetail!KundeID* für das Feld *KundeID* neu ausgewertet wird.

Kapitel 5 Bestellungen verwalten

Einschub: Merkwürdiges Verhalten

Interessanterweise kam Access beim Erstellen des Beispiels zu diesem Buch mit dem Kriterium *=Forms!frmKundeDetail!KundeID* durcheinander. Es hat aus heiterem Himmel *frmKundeDetail* in der Abfrage durch andere Formularnamen ersetzt. Als Erstes landete dort immer ein Formular, das ich nur zu Testzwecken angelegt hatte. Ich dachte, das Problem löst sich, wenn ich dieses Formular entferne – Pustekuchen. Stattdessen stand dort plötzlich immer *frmHomebanking*. Abhilfe konnte ich schaffen, indem ich den SQL-Ausdruck aus der SQL-Ansicht kopiert und direkt statt des Namens der Abfrage *qryFrmKundeDetailsBestellungen* in die Eigenschaft *Datensatzherkunft* eingetragen habe. Vielleicht passiert dies bei Ihnen nicht – probieren Sie es aus ...

Bestellpositionen anzeigen

Interessant wird es, wenn Sie die Bestellpositionen der aktuell im Listenfeld ausgewählten Bestellung in einem weiteren Unterformular anzeigen möchten. Dieses Unterformular soll keine Bearbeitung der Bestellpositionen erlauben, sondern diese nur anzeigen und das Sortieren und Filtern ermöglichen.

Die Datenherkunft soll daher beispielsweise kein Auswahlfeld für das Feld *ArtikelID* liefern, sondern direkt das Textfeld *Artikelname* aus der Tabelle *tblArtikel*. Das Unterformular soll auch die Möglichkeit bieten, alle bisher bestellten Artikel anzuzeigen. Damit dann noch ersichtlich wird, von welcher Bestellung die Bestellposition stammt, soll das erste Feld die Bestellnummer anzeigen (die ja aus *KundeID* und *BestellungID* zusammengesetzt wird). Daher besteht die Datenherkunft nicht nur aus der Tabelle *tblBestellpositionen*, sondern auch noch aus den Tabellen *tblArtikel* und *tblBestellungen* (hier wird das Feld *KundeID* entnommen) – siehe Abbildung 5.25.

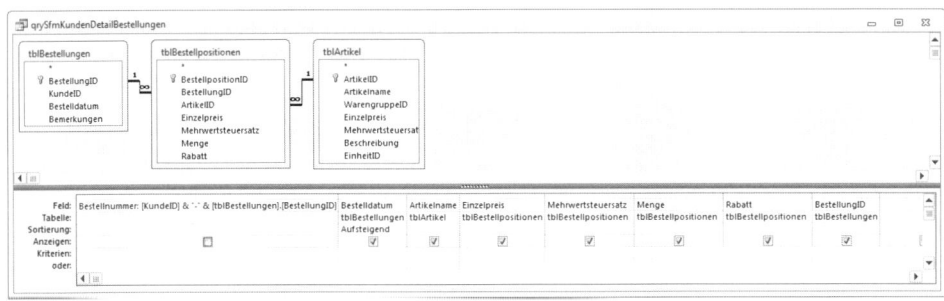

Abbildung 5.25: Datenherkunft des Unterformulars zur Anzeige der Bestellpositionen

Das Unterformular soll *sfmKundeDetail_Bestellpositionen* heißen. Es verwendet die oben erstellte Abfrage als Datenherkunft. Es soll jedoch nur die ersten sieben Felder anzeigen, das Feld *BestellungID* soll nur als Kriterium zur Synchronisierung mit dem Hauptformular dienen. Daher fügen Sie auch nur die Felder aus Abbildung 5.26 aus der Feldliste zum Entwurf des Formulars hinzu. Stellen Sie außerdem die Eigenschaft *Standardansicht* auf *Datenblatt* ein.

Kunden-Formular um Bestellungen und Bestellpositionen erweitern

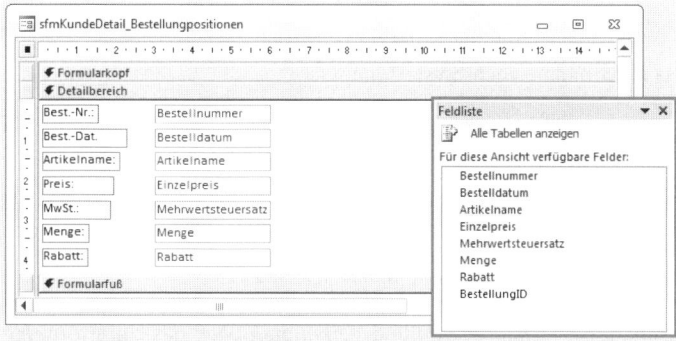

Abbildung 5.26: Entwurfsansicht des Unterformulars *sfmKundeDetailBestellungen*

Dieses Formular soll nun als weiteres Unterformular zum Hauptformular *frmKundeDetail* hinzugefügt werden, und zwar auf der Registerseite *Bestellungen*. Öffnen Sie das Hauptformular in der Entwurfsansicht, wählen Sie das Unterformular-Steuerelement im Ribbon unter *Entwurf|Steuerelemente* aus und ziehen Sie rechts vom Listenfeld einen Rahmen auf, der ein Unterformular wie in Abbildung 5.27 aufnehmen kann. Benennen Sie das Unterformular-Steuerelement *sfmBestellpositionen*. Damit auch das Unterformular *sfmKundeDetail_Bestellpositionen* angezeigt wird, wählen Sie dieses Formular für die Eigenschaft *Herkunftsobjekt* des Unterformular-Steuerelements aus.

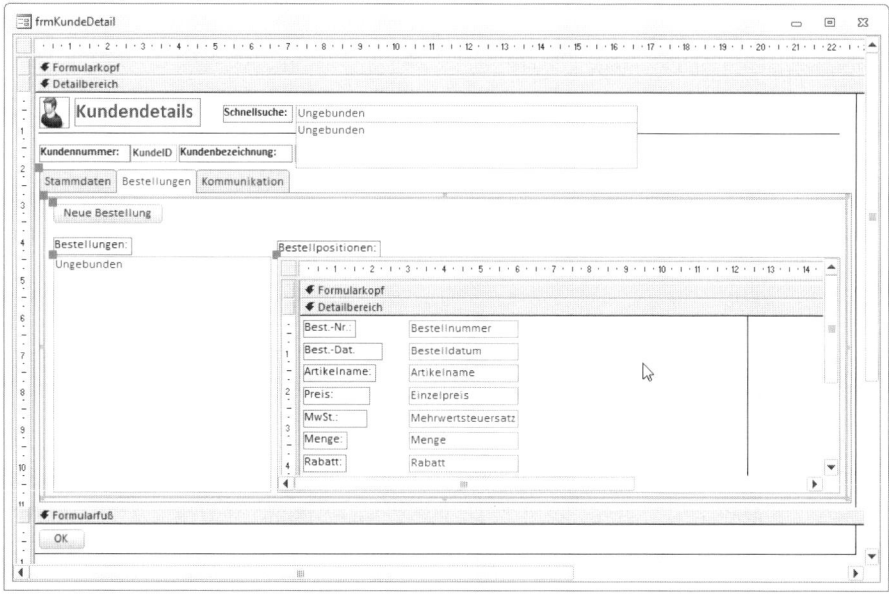

Abbildung 5.27: Entwurf des Hauptformulars *frmKundeDetail* mit dem Unterformular zur Anzeige der Bestellpositionen

Kapitel 5 Bestellungen verwalten

Wenn Sie nun in die Entwurfsansicht wechseln, geschieht noch nichts, da Access das Unterformular-Steuerelement diesmal nicht über die beiden Eigenschaften *Verknüpfen von* und *Verknüpfen nach* mit dem Hauptformular synchronisiert hat.

Das ist auch nicht möglich, da es keine für Access erkennbare Beziehung gibt – die Daten der Tabelle *tblBestellpositionen* sind eben nicht direkt mit dem Kundendatensatz im Hauptformular verknüpft. Das ist aber auch nicht schlimm, denn das Unterformular soll schließlich die Bestellpositionen zu der aktuell im Listenfeld *lstBestellungen* ausgewählten Bestellung anzeigen.

Um dies zu realisieren, gibt es zum Beispiel die folgenden Möglichkeiten:

» Sie tragen für die Eigenschaften *Verknüpfen von* und *Verknüpfen nach* des Unterformular-Steuerelements *sfmBestellpositionen* die Werte *BestellungID* und *lstBestellungen* ein. Dadurch wird die Datenherkunft des Unterformulars automatisch aktualisiert, wenn Sie einen neuen Datensatz im Listenfeld *lstBestellungen* auswählen.

» Sie fügen eine Ereignisprozedur hinzu, welche das Unterformular nach der Auswahl eines Eintrags im Listenfeld *lstBestellungen* filtert. Zusätzlich sollten Sie sicherstellen, dass beim Anzeigen des Kundendatensatzes direkt das Listenfeld auf den ersten enthaltenen Wert eingestellt und das Unterformular mit den Bestellpositionen gefiltert wird.

Schauen wir uns die zweite Variante im Detail an. Hier legen wir zunächst eine Prozedur im Klassenmodul des Formulars *frmKundeDetail* an, die den aktuell ausgewählten Datensatz im Listenfeld *lstBestellungen* prüft und das Unterformular mit einem entsprechenden Filter versieht:

```
Private Sub sfmBestellpositionenFiltern()
    If Not IsNull(Me!lstBestellungen) Then
        Me!sfmBestellpositionen.Form.Filter = "BestellungID = " & Me!lstBestellungen
    Else
        Me!sfmBestellpositionen.Form.Filter = "1=2"
    End If
    Me!sfmBestellpositionen.Form.FilterOn = True
End Sub
```

Die Prozedur prüft zunächst, ob überhaupt ein Eintrag im Listenfeld ausgewählt ist. Falls ja, stellt sie die Eigenschaft *Filter* des Formulars im Unterformular-Steuerelement auf einen Ausdruck wie *BestellungID = 12* ein.

Sollte aktuell kein Eintrag in *lstBestellungen* ausgewählt sein, soll das Unterformular keine Daten anzeigen. Das erreichen Sie beispielsweise durch das Setzen eines Filters, der für keinen Datensatz wahr ist – also etwa *1=2*. Damit der Filter wirkt, setzt die Prozedur in beiden Fällen die Eigenschaft *FilterOn* auf *True*.

Ohne Aufruf dieser Prozedur nützt diese allerdings wenig. Also hinterlegen Sie für die Ereigniseigenschaft *Nach Aktualisierung* des Listenfeldes *lstBestellungen* die folgende Ereignisprozedur:

```
Private Sub lstBestellungen_AfterUpdate()
    sfmBestellpositionenFilter
End Sub
```

Diese ruft schlicht und einfach die *Filter*-Prozedur auf, wenn der Benutzer einen neuen Datensatz ausgewählt hat. Was aber, wenn noch gar kein Eintrag im Listenfeld ausgewählt wurde? Wir sorgen einfach dafür, dass dies nicht passieren kann – zumindest nicht, wenn das Listenfeld mindestens einen Eintrag enthält.

Dazu fügen Sie für die Ereigniseigenschaft *Beim Anzeigen* des Formulars *frmKundeDetail* die folgende Prozedur hinzu:

```
Private Sub Form_Current()
    Me!lstBestellungen = Me!lstBestellungen.ItemData(1)
    sfmBestellpositionenFilter
End Sub
```

Die Prozedur stellt das Listenfeld auf den ersten Eintrag ein. Dazu weist die Prozedur dem Listenfeld den Wert der gebundenen Spalte des ersten Eintrags zu. Normalerweise würden Sie diesen mit *ItemData(0)* ermitteln, aber da das Listenfeld Spaltenüberschriften anzeigt, würde *ItemData(0)* die Überschrift für die gebundene Spalte zurückgeben.

Um die *BestellungID* der ersten mit Daten gefüllten Spalte zu ermitteln, verwenden wir daher *ItemData(1)*.

5.2.3 Bestellung zum Bearbeiten anzeigen

Sollten Sie eine der Bestellungen eines Kunden, die das Listenfeld anzeigt, bearbeiten wollen, benötigen wir eine Funktion zum Aufruf des Formulars *frmBestellungDetail* für diese Bestellung.

Die einfachste Variante, die allerdings für einige Benutzer nicht direkt offensichtlich ist, bietet das Ereignis *Beim Doppelklicken* des Listenfeldes.

Legen Sie für dieses die folgende Ereignisprozedur an:

```
Private Sub lstBestellungen_DblClick(Cancel As Integer)
    If Not IsNull(Me!lstBestellungen) Then
        DoCmd.OpenForm "frmBestellungDetail", WindowMode:=acDialog, _
            DataMode:=acFormEdit, WhereCondition:="BestellungID = " & Me!lstBestellungen
        Me!lstBestellungen.Requery
        sfmBestellpositionenFilter
    End If
End Sub
```

Die Prozedur prüft, ob überhaupt ein Datensatz im Listenfeld ausgewählt ist, und öffnet dann das Formular zum Bearbeiten des Datensatzes, dessen Feld *BestellungID* dem aktuell im

Listenfeld angeklickten Wert entspricht. Das Formular wird als modaler Dialog geöffnet, damit die aufrufende Prozedur erst nach dem Bearbeiten der Bestellung fortgesetzt wird und eventuelle Änderungen gleich anzeigen kann.

Nach dem Schließen des Formulars aktualisiert die Prozedur noch das Listenfeld und durch den Aufruf der Prozedur *sfmBestellpositionenFiltern* auch das Unterformular. Änderungen an den Datensätzen werden so gleich dargestellt.

Damit auch Benutzer die Bestelldetails anzeigen können, die ein Öffnen per Doppelklick nicht antizipieren, fügen Sie noch eine weitere Schaltfläche namens *cmdBestelldetailsAnzeigen* hinzu.

Hinterlegen Sie für diese die folgende Ereignisprozedur:

```
Private Sub cmdBestelldetailsAnzeigen_Click()
    BestelldetailsAnzeigen
End Sub
```

Und damit wir nicht den gleichen Code zweimal im Formularmodul verwenden, fügen Sie eine neue Prozedur hinzu und füllen diese mit den Anweisungen, die zuvor in der Prozedur *lstBestellungen_DblClick* untergebracht waren. Die neue Prozedur sieht so aus:

```
Private Sub BestelldetailsAnzeigen()
    If Not IsNull(Me!lstBestellungen) Then
        DoCmd.OpenForm "frmBestellungDetail", WindowMode:=acDialog, _
            DataMode:=acFormEdit, WhereCondition:="BestellungID = " & Me!lstBestellungen
        Me!lstBestellungen.Requery
        sfmBestellpositionenFiltern
    End If
End Sub
```

Von der Prozedur *cmdBestelldetailsAnzeigen* aus wird diese bereits aufgerufen. Nun ändern Sie noch die Prozedur *lstBestellungen_DblClick* so, dass diese auch die in der Prozedur *BestelldetailsAnzeigen* untergebrachten Anweisungen aufruft:

```
Private Sub lstBestellungen_DblClick(Cancel As Integer)
    BestelldetailsAnzeigen
End Sub
```

5.2.4 Keine Bearbeitung von Bestellungen im Unterformular

Das Unterformular *sfmKundeDetail_Bestellpositionen* soll keine Bearbeitung der Bestellungen erlauben – dies soll ausschließlich im Unterformular des Formulars *frmBestellungDetail* geschehen. Der Benutzer soll hier auch keine Datensätze hinzufügen können.

Am einfachsten erreichen Sie dies, indem Sie die Eigenschaft *Recordsettyp* des Unterformulars auf den Wert *Snapshot* einstellen (siehe Abbildung 5.28).

Kunden-Formular um Bestellungen und Bestellpositionen erweitern

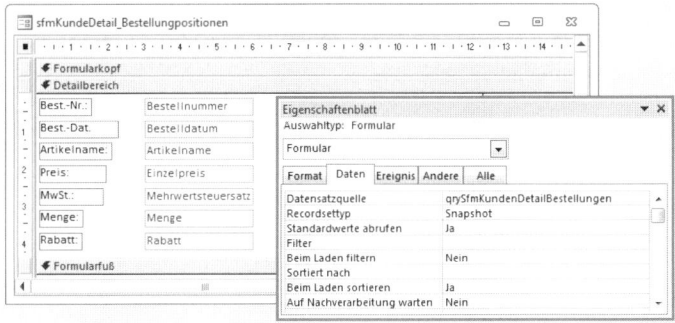

Abbildung 5.28: Einstellen des *Recordsettyp* auf *Snapshot*

Dadurch können Sie nun weder Datensätze hinzufügen noch bearbeiten oder löschen. Sie können allerdings noch die Einfügemarke in die Steuerelemente setzen, was den Benutzer irritieren könnte (siehe Abbildung 5.29).

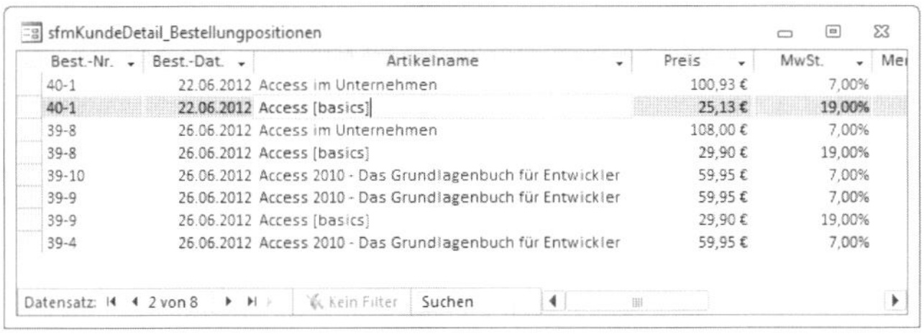

Abbildung 5.29: Datensätze können weder bearbeitet noch gelöscht oder hinzugefügt werden.

Also setzen Sie auch in diesem Unterformular in der Datenblattansicht noch die Klasse *clsDatasheet* ein. Diese deklarieren Sie im Modulkopf des Klassenmoduls *Form_frmKundeDetail* des Hauptformulars :

```
Dim WithEvents objDSBestellungen As clsDatasheetSelector
```

Anschließend instanzieren und füllen Sie das Objekt in der Prozedur *Form_Load*:

```
Private Sub Form_Load()
    ...
    Set objDSBestellpositionen = New clsDatasheetSelector
    With objDSBestellpositionen
        Set .DataSheetForm = Me!sfmBestellpositionen.Form
    End With
End Sub
```

Mehr Informationen zu dieser Klasse erhalten Sie in »Datenblatt: Komplette Zeile markieren« (Seite 406). Beachten Sie außerdem, dass die dort beschriebenen Klassen *clsDatasheetSelector*

189

und *clsDatasheetSelectorControl* für die Ausführung dieser Prozedur nötig sind. Wie Sie diese in Ihre eigene Implementierung der in diesem Buch beschriebenen Anwendung importieren, erfahren Sie unter »Objekte importieren« ab Seite 53.

6 Rechnungsbericht

In diesem Kapitel lernen Sie einen Bericht zum Anzeigen und Ausdrucken von Rechnungen kennen. Im Kapitel »Rechnungen verwalten« (Seite 225) fügen wir dann die Funktionen zur Anwendung hinzu, mit denen die Rechnung als PDF-Dokument gespeichert und vom entsprechenden Bestelldatensatz aus verlinkt wird. Schließlich ist neben dem Ausdruck zum anschließenden Versenden per Post auch der Versand per E-Mail vorgesehen.

6.1 Überlegungen und Vorarbeiten

Vor der Erstellung eines Rechnungsberichts ist ein wenig Planung nötig. Am besten nehmen Sie eine bestehende Rechnung im Papierformat, die alle nötigen Daten enthält, als Vorlage, skizzieren die notwendigen Anpassungen und begeben sich dann an die Umsetzung.

6.1.1 Bestellpositionen und Bestellsummen

Ich muss zugeben, dass ich eine Weile überlegt habe, wie ich den Bereich des Berichts gestalte, der die Rechnungspositionen enthält, und wie die Bestellsummen im unteren Teil des Berichts abgebildet werden sollen.

Landen Mehrwertsteuersatz und -betrag nur in den Bestellpositionen oder in den Bestellsummen? Und wie werden die unterschiedlichen Mehrwertsteuersätze dabei berücksichtigt? Zumindest die Mehrwertsteuer muss für die einzelnen Positionen ersichtlich sein (außer natürlich, alle Positionen enthalten den gleichen Mehrwertsteuersatz – aber das wäre zu einfach ...).

Außerdem muss die Summe der Mehrwertsteuer für alle Mehrwertsteuersätze der Rechnung zu entnehmen sein – entweder in den einzelnen Bestellpositionen oder als Summe. Und wie sollen die verschiedenen Berechnungen erfolgen? Beispiel: Eine Rechnungsposition enthält einen Artikel mit dem Preis *10 EUR*, der Menge *3*, einem Steuersatz von *19%* und einem Rabatt von *10%*.

Soll der Original-Einzelpreis abgebildet werden oder direkt der rabattierte? Soll der Einzelpreis überhaupt erscheinen oder gleich der Preis für die angegebene Anzahl? Ich drehte mich im Kreis und stellte fest: Egal, wie ich es mache – der Entwickler bekommt vom Auftraggeber sowieso individuelle Anforderungen, die mit hoher Wahrscheinlichkeit von meiner Umsetzung abweichen werden. Also soll jede Position die folgenden Daten enthalten:

» Position

» Artikelname

» Netto-Einzelpreis inklusive Rabatt

» Mehrwertsteuersatz

» Mehrwertsteuerbetrag

» Brutto-Gesamtpreis

Da dies bereits die Mehrwertsteuerbeträge für alle Positionen abbildet, soll unter den Rechnungspositionen nur noch die Rechnungssumme angezeigt werden. Zusätzlich werden wir dort einen Satz hinzufügen, der den Mehrwertsteuerbetrag für die verschiedenen Mehrwertsteuersätze ausgibt.

6.1.2 Änderungen am Datenmodell

Die für die Rechnung benötigten Daten liegen bereits vor – zumindest die Kunden- und Bestelldaten. Neben diesen Daten soll der Bericht auch noch einige Daten des Versenders erhalten. Hier stellt sich die Frage, ob man diese Daten fest im Bericht verankert oder diese gegebenenfalls in einer Stammdatentabelle speichert und von dort einliest.

Die erste Lösung ist einfacher, weil dazu keine weitere Tabelle und auch kein Formular zur Eingabe der Absenderdaten nötig ist. Wenn Sie jedoch planen, dem Kunden (oder sich selbst) eine Anwendung mit geringem Wartungsaufwand zu bescheren, sollten Sie die Daten des Rechnungsversenders nicht direkt im Bericht speichern.

Sobald sich auch nur eine Information ändert, sei es die Adresse, die Telefonnummer oder die Bankverbindung, müssen Sie in den Entwurf des Berichts eingreifen. Wenn Sie hingegen eine Tabelle mit den Stammdaten anlegen und dem Benutzer ein Formular zum Anpassen der Daten bereitstellen, kann dieser solche Änderungen selbst ganz einfach durchführen und braucht nicht auf den Entwickler zurückzugreifen.

Grundsätzlich können Sie einige Bausteine der Rechnung in einer solchen Tabelle unterbringen, zum Beispiel die Absenderzeile, die sich normalerweise über der Empfängeranschrift befindet.

Wir gehen später in diesem Kapitel auf dieses Thema ein. Im ersten Entwurf des Berichts erhält dieser feste Bezeichnungsfelder mit den Informationen, die für jede Rechnung gleich sein sollen. Später ersetzen wir diese Elemente durch Texte, die in einer Tabelle gespeichert und per Formular leicht geändert werden können, falls sich einmal die Absenderadresse oder andere Daten des Rechnungserstellers ändern.

6.2 Bericht erstellen

Einen neuen Bericht legen Sie mit dem Ribbon-Befehl *Erstellen|Berichte|Berichtsentwurf* an. Den leeren Bericht speichern Sie am besten erst einmal, und zwar unter dem Namen *rptRechnung*.

6.2.1 Datenherkunft definieren

Bevor wir nun Steuerelemente zum Bericht hinzufügen können, benötigen wir eine Datenherkunft – am besten in Form einer gespeicherten Abfrage, die wir im Folgenden zusammenstellen.

Ohne Datenherkunft könnten Sie bereits den Briefkopf layouten – aber darum kümmern wir uns später. Erstmal legen wir die Struktur des Rechnungsberichts fest, und dazu benötigen wir eine Datenherkunft.

Erstellen Sie also eine neue Abfrage und speichern Sie diese unter dem Namen *qryRechnung*. Welche Daten benötigen wir alle für den Bericht und aus welchen Tabellen stammen diese? Schauen wir uns die folgende Auflistung an:

» *tblKunden*: Die Rechnungsanschrift ist bereits vorbereitet und kann dem Feld *Rechnungsanschrift* entnommen werden. Außerdem benötigen wir die Kundennummer aus dem Feld *KundeID*. Da die Anrede dort bereits integriert ist, brauchen wir die Anrede zumindest nicht für die Anschrift. Allerdings soll im Betreff der Nachname des Kunden erscheinen, in diesem Fall der Nachname der Rechnungsadresse (*Rechnung_Nachname*).

» Für die Briefanrede benötigen wir die Tabelle *tblAnreden* nun doch: Daraus entnehmen wir die Werte des Feldes *Briefanrede*, zum Beispiel *Sehr geehrter Herr [Rechnung_Nachname]*. Den Platzhalter *[Rechnung_Nachname]* füllen wir zur Laufzeit.

» *tblBestellungen*: Diese Tabelle steuert die Felder *BestellungID*, *Bestelldatum* und *Rechnung_Am* bei.

» *tblBestellpositionen*: Aus dieser Tabelle entnehmen wir die Felder *Einzelpreis*, *Mehrwertsteuersatz* und *Menge*.

» *tblArtikel*: Fehlt noch der Name des Artikels, also das Feld *Artikelname*.

Wie nun fügen wir die Daten dieser vielen Tabellen zum Bericht hinzu? Nach dem, wie wir bisher die Formulare erstellt haben, ist das doch sicher irre viel Aufwand mit einigen Unterberichten et cetera.

Aber nein, es ist viel einfacher: Wir packen einfach alle benötigten Tabellen und Felder in eine einzige Abfrage! Wie wir die Felder nachher im Bericht platzieren, damit die Daten wie gewünscht angezeigt werden, erläutern wir im Anschluss.

Die resultierende Abfrage sieht wie in Abbildung 6.1 aus (die verwendeten Felder sind im oberen Bereich mit Pfeilen markiert).

Fügen Sie außerdem noch ein Feld zur Berechnung des rabattierten Einzelpreises hinzu:

```
Nettopreis: [tblBestellpositionen].[Einzelpreis]*(1-[Rabatt])
```

Beim Feld *Einzelpreis* müssen Sie zusätzlich die Tabelle angeben, da dieses Feld sowohl in der Tabelle *tblBestellpositionen* als auch *tblArtikel* vorkommt.

Kapitel 6 Rechnungsbericht

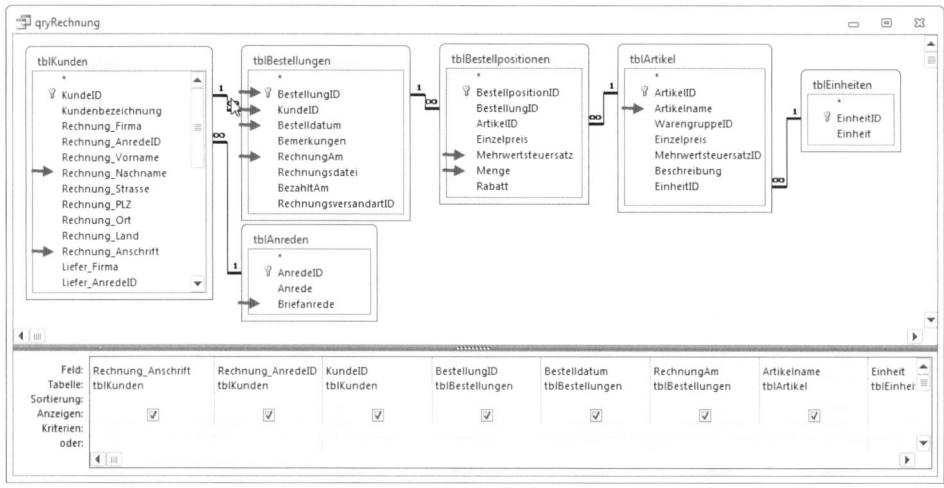

Abbildung 6.1: Datenherkunft des Berichts *rptRechnung*

Auch der Mehrwertsteuerbetrag soll gleich in der Abfrage berechnet werden. Dieser bezieht sich auf den Nettopreis (also den im vorherigen Feld berechneten, bereits rabattierten Einzelpreis), die Menge und dem Mehrwertsteuersatz:

    Mehrwertsteuerbetrag: [Nettopreis]*[Menge]*[tblBestellpositionen].[Mehrwertsteuersatz]

Der Bruttopreis berechnet sich ähnlich, er enthält die Summe aus dem mit der Menge multiplizierten Nettopreis und der Mehrwertsteuer:

    Bruttopreis: [Nettopreis]*[Menge]*(1+[tblBestellpositionen].[Mehrwertsteuersatz])

Schließlich soll die im Feld *Rechnungsanrede* gespeicherte Floskel (zum Beispiel *Sehr geehrter Herr [Rechnung_Nachname]* noch mit dem richtigen Nachnamen gefüllt werden.

Dies erledigt die *Replace*-Funktion, die als ersten Parameter den Originalausdruck, als zweiten den zu ersetzen Ausdruck und als dritten den Ersatzausdruck enthält:

    Briefanrede_Rechnung: Ersetzen([Briefanrede];"[Rechnung_Nachname]";[Rechnung_Nachname])

Das Ergebnis der Abfrage sieht wie in Abbildung 6.2 aus.

Datenherkunft zuweisen

Zeigen Sie nun den Bericht *rptRechnung* in der Entwurfsansicht an. Fügen Sie der Eigenschaft *Datenherkunft* beziehungsweise *Datensatzquelle* den Wert *qryRechnung* hinzu. Aktivieren Sie mit *Entwurf|Tools|Vorhandene Felder* hinzufügen die Feldliste (siehe Abbildung 6.3).

Wie verteilen Sie nun die Felder auf die drei angezeigten Bereiche *Seitenkopf*, *Detailbereich* und *Seitenfuß*? Sind dies überhaupt die richtigen Bereiche oder benötigen wir noch weitere?

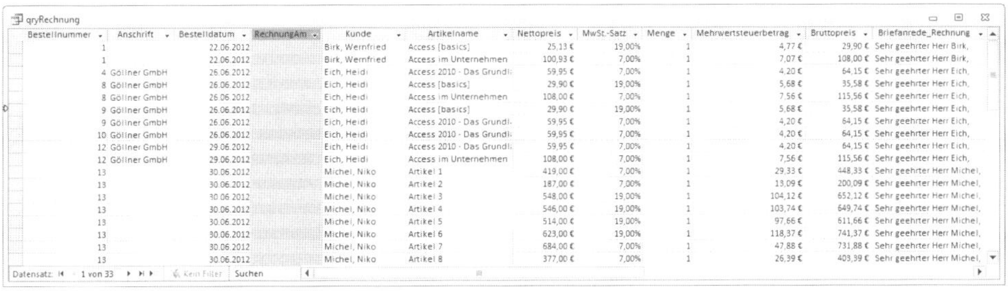

Bericht erstellen

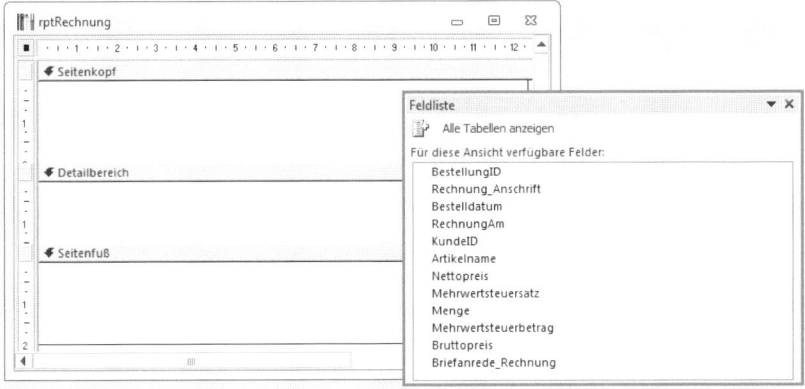

Abbildung 6.2: Datenblattansicht der Abfrage, die als Datenherkunft des Berichts dient

Abbildung 6.3: Der Bericht nach dem Anlegen und Hinzufügen der Datenherkunft

Rekapitulieren wir, welcher Bereich wie angezeigt werden kann. Der Seitenkopf erscheint oben auf jeder Seite, außer Sie ändern die Eigenschaft *Seitenkopf* des Berichts auf einen der Werte *Außer Berichtskopf*, *Außer Berichtsfuß* oder *Außer Berichtskopf/-fuß*.

Wenn der Seitenkopf beispielsweise nicht auf der ersten Seite erscheinen soll, stellen Sie die Eigenschaft also auf *Außer Berichtskopf* ein. Für den Bereich *Seitenfuß* gilt das Gleiche: Sie können ihn für die Seite mit dem Berichtskopf, mit dem Berichtsfuß oder beide ausblenden.

Interessant ist hierbei Folgendes: *Berichtskopf* wird synonym zu *Erste Seite* behandelt. Selbst wenn der Bericht gar keinen *Berichtskopf*-Bereich enthält, führt die Einstellung *Außer Berichtskopf* für die Eigenschaft *Seitenkopf* dazu, dass der Seitenkopf auf der ersten Seite nicht angezeigt wird. *Berichtsfuß* hingegen ist nicht mit *Letzte Seite* zu verwechseln: Der Seitenfuß wird auf der letzten Seite nur ausgeblendet, wenn der Bericht tatsächlich einen Berichtsfuß enthält.

Außerdem ist die Position wichtig. Der Berichtskopf befindet sich über dem Seitenkopf, der Berichtsfuß aber vor dem Seitenfuß – sofern diese auf einer Seite erscheinen. Dies hängt damit zusammen, dass der Seitenfuß zuverlässig immer ganz unten auf der Seite abgebildet wird (siehe Abbildung 6.4). Wenn Sie sehen möchten, wie Sie die Texte anordnen müssen, um diesen

Kapitel 6 Rechnungsbericht

Bericht zu erhalten, schauen Sie sich den Bericht *rptRechnung_Aufbau* an – er wird allerdings im weiteren Verlauf nicht mehr benötigt.

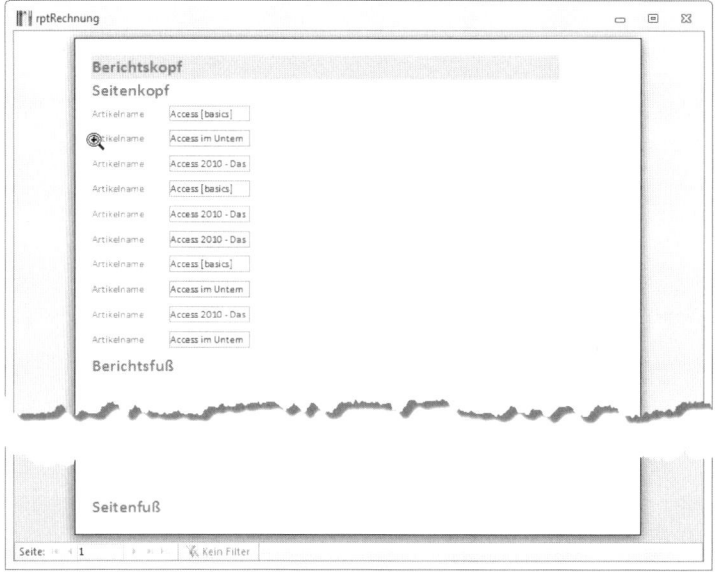

Abbildung 6.4: Struktur eines Berichts

Nicht zu vergessen: der Detailbereich. Er wird für jeden Datensatz der Datenherkunft je einmal abgebildet. Und welche Daten einer Rechnung sollen überhaupt wiederholt werden? Richtig: die Rechnungspositionen.

6.2.2 Bericht mit Steuerelementen füllen

Fügen wir also nun die Steuerelemente zum Bericht hinzu – erstmal ganz grob, um den grundsätzlichen Aufbau zu skizzieren. Zunächst einmal sollen die sich wiederholenden Felder, also alle Informationen rund um die Bestellposition, im Detailbereich landen.

Dazu ziehen Sie die entsprechenden Felder aus der Feldliste in diesen Bereich (siehe Abbildung 6.5).

So sollen die Rechnungspositionen allerdings nicht im Bericht erscheinen, sondern nebeneinander – mit den Überschriften über den Feldern. Jetzt kommt die erste wichtige Überlegung: Wenn die Überschriften nur einmal ausgegeben werden sollen, die Details der Rechnungspositionen jedoch für jeden Datensatz einmal – wo landen dann die Überschriften? Richtig: Sie landen zunächst einmal im Seitenkopf.

Seit Access 2007 ist das Arrangieren der Steuerelemente auf diese Art zum Glück sehr einfach geworden – vorher war es eine friemelige Handarbeit. Markieren Sie alle soeben hinzugefügten Textfelder und wählen Sie dann den Ribbon-Befehl *Anordnen|Tabelle|Tabelle* aus (siehe Abbildung 6.6). Dies ordnet die markierten Elemente wie in Abbildung 6.7 an.

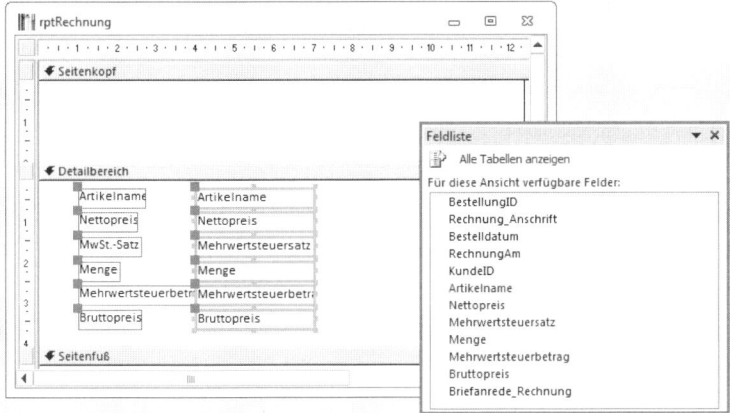

Abbildung 6.5: Hinzufügen der Informationen einer Rechnungsposition

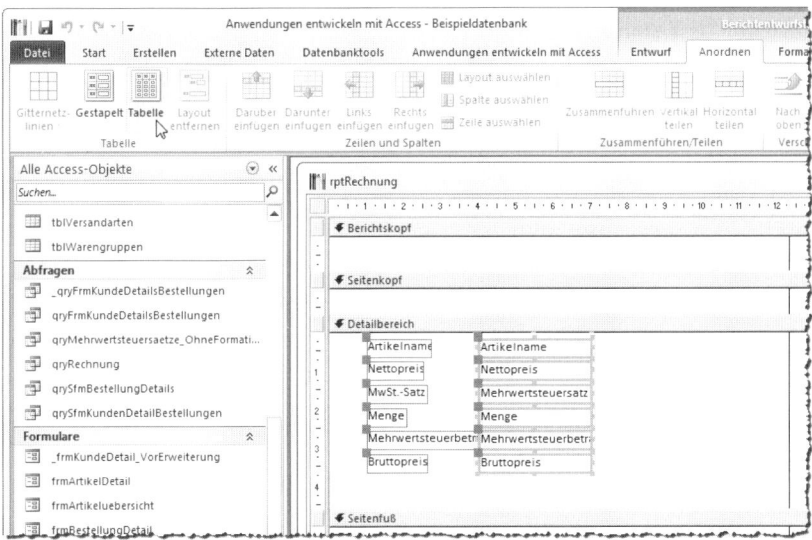

Abbildung 6.6: Markieren und Ausrichten der Bestellpositionen

Danach nutzen Sie ein weiteres Feature, das es in Access 2003 noch nicht gab – die Layoutansicht. Klicken Sie mit der rechten Maustaste auf die Titelleiste des Berichts und wählen Sie dort den Eintrag *Layoutansicht* aus. Dies öffnet den Bericht in einer weiteren Ansicht, die sowohl alle durch die Datenherkunft gelieferten Daten anzeigt als auch das Anpassen der Größe der Steuerelemente ermöglicht (siehe Abbildung 6.8).

Kapitel 6 Rechnungsbericht

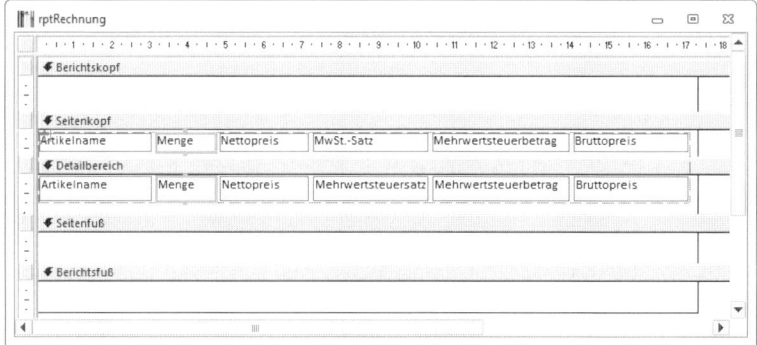

Abbildung 6.7: Ordentlich angeordnete Steuerelemente

Zu diesem Zeitpunkt sollten Sie bereits einige Datensätze angelegt haben, ansonsten holen Sie dies nach (die Beispieldatenbank enthält natürlich bereits einige Bestellungen).

Textfelder im Detailbereich anpassen

Nun können Sie die Breite der Spalten des Detailbereichs in der Layoutansicht so anpassen, dass die bisher verfügbaren Daten hineinpassen. Bei den meisten Steuerelementen lässt sich der benötigte Platz gut abschätzen – so sollten Sie bereits wissen, wie viele Zahlenstellen die Preise für Ihre Artikel einnehmen (ich hoffe, viele!). Auch der benötigte Platz für die Menge, der Steuersatz und der Bruttopreis sollten sich gut abschätzen lassen.

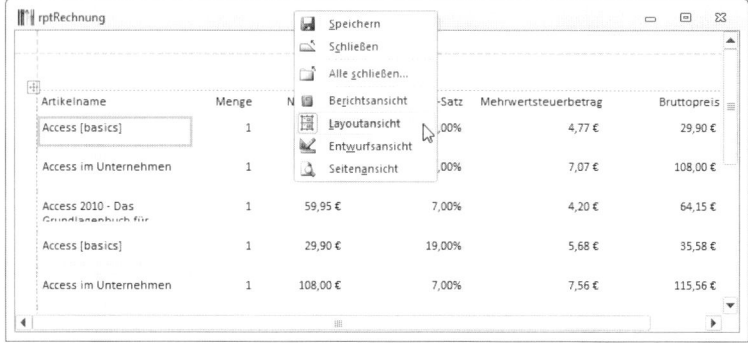

Abbildung 6.8: Anzeigen der Layoutansicht eines Berichts

Bringen Sie also die Spalten in die richtige Breite. Wenn Sie die Steuerelemente wie oben angegeben zu einem Layout zusammengefasst haben, stellt Access die Breite von Bezeichnungsfeld und Textfeld gleichzeitig ein, wenn Sie eines der beiden Elemente ändern.

Dazu klicken Sie entweder auf das Bezeichnungs- oder das Textfeld und ziehen das Feld am rechten oder unteren Rand kleiner oder größer.

Passen Sie gegebenenfalls die Spaltenüberschriften nach Wunsch an. Außerdem können Sie in einem Layout, wie Sie es angelegt haben, auch komplette Spalten verschieben, ohne das übrige Layout zu zerstören. Abbildung 6.9 zeigt, wie dies aussieht: Klicken Sie beispielsweise mitten in das Bezeichnungsfeld *Menge*, sodass eine Art Fadenkreuz erscheint. Halten Sie die *Umschalt*-Taste gedrückt und markieren Sie auch das *Textfeld* darunter. Beide sollen direkt hinter den Artikelnamen verschoben werden, also ziehen Sie die Markierung so weit nach links, bis zwischen den Feldern *Artikelname* und *Einzelpreis* eine Einfügemarke erscheint. Lassen Sie das Feld fallen und freuen Sie sich, dass Access die übrigen Felder einfach nach links verschiebt, ohne das Layout zu zerstören (in der Entwurfsansicht markieren Sie die Felder durch einen Klick auf den Steuerelement-Rahmen).

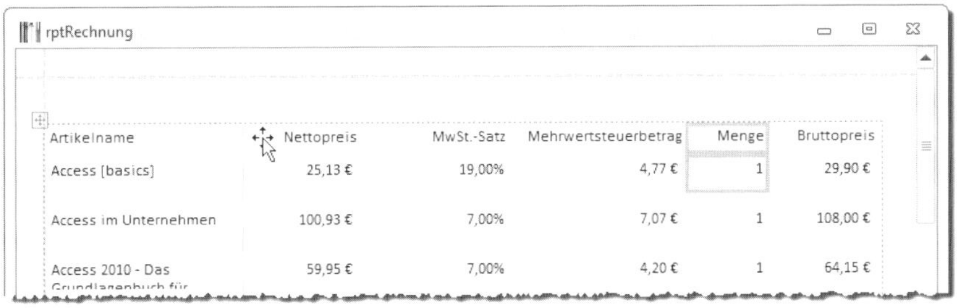

Abbildung 6.9: Verschieben eines Feldes in einem Tabellen-Layout

Die Layoutansicht ermöglicht es auch, die enthaltenen Steuerelemente auf die verfügbare Breite zu verteilen. Die gestrichelten Linien zeigen die Seitenränder an.

Tipp: Die Reihenfolge beim Erstellen eines Layouts richtet sich nach dem Wert der Eigenschaft *Aktivierreihenfolge* der Steuerelemente, die wiederum durch die Reihenfolge des Hinzufügens in den Bericht beeinflusst wird. Sie könnten also direkt in der Abfrage die gewünschte Reihenfolge der Spalten einstellen und brauchen die Felder dann nur noch von der Feldliste in den Entwurf des Berichts zu ziehen.

Mehrzeilige Artikelbezeichnungen

Das einzige Feld, das nun nach dem Hinzufügen neuer Artikel nicht ausreichend Platz bieten könnte, ist das Feld *Artikelname*. Damit zu lange Texte hier nicht abgeschnitten werden, können Sie die Inhalte auch mehrzeilig darstellen (siehe Abbildung 6.10). Legen Sie für die Eigenschaft *Vergrößerbar* des Textfeldes *Artikelname* den Wert *Ja* fest und stellen Sie sicher, dass die gleichnamige Eigenschaft des Detailbereichs ebenfalls diesen Wert enthält.

6.2.3 Überschriften verschieben

Sicher haben Sie bemerkt, dass das Anwenden des Layouts die Bezeichnungsfelder als Überschriften in den Bereich *Seitenkopf* verschoben hat. Das ist kein Zufall: Access verschiebt die Überschriften beim Layout *Tabelle* immer in den Bereich, der sich über den markierten Steuer-

Kapitel 6 Rechnungsbericht

elementen befindet – in diesem Fall war es der Bereich *Seitenkopf*. Wenn Sie den *Seitenkopf*-Bereich ausblenden, würde das Anwenden des Layouts *Tabelle* die Spaltenüberschriften in den Bereich *Berichtskopf* verschieben.

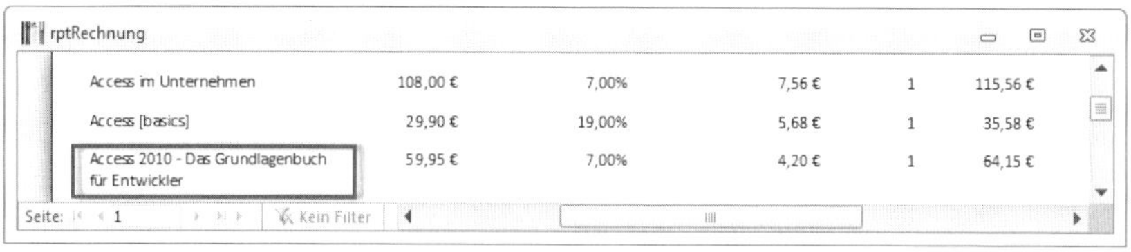

Abbildung 6.10: Mehrzeilige Felder im Bericht

Wohin mit den Überschriften?

In welchem Bereich aber sollen die Überschriften nun landen? Der Berichtskopf wird nur auf der ersten Seite angezeigt. Der Seitenkopf wird auf jeder Seite angezeigt, außer Sie legen fest, dass er nicht auf der Seite des Berichtskopfes oder des Berichtsfußes erscheinen soll. Wenn wir also festlegen, dass der Seitenkopf erst ab der zweiten Seite erscheint, könnten wir die Überschriften einmal im Berichtskopf unterbringen (für die erste Seite) und, falls die Rechnung viele Positionen enthält, im Seitenkopf.

Das heißt also, dass wir die kompletten Überschriften gleich in zwei Bereichen unterbringen – was bei Änderungen natürlich doppelten Aufwand bedeutet. Zum Glück gibt es jedoch noch weitere Bereiche, nämlich die Kopf- und Fußbereiche von Gruppierungsebenen. Mit einer Gruppierung fassen Sie mehrere Datensätze mit gleichen Eigenschaften zusammen.

Die Datenherkunft für den Bericht *rptRechnung*, also die Abfrage *qryRechnung*, liefert ja im Originalzustand alle Bestellungen für alle Kunden mit allen Bestellpositionen. Normalerweise wird dieser Bericht mit einem Parameter geöffnet, der nur die Datensätze für eine einzige Bestellung anzeigt und dazu einen Filter wie *BestellungID = 12* einstellt – beispielsweise so:

```
DoCmd.OpenReport "rptRechnung", View:=acViewPreview, WhereCondition:="BestellungID = 12"
```

Würden wir dies weglassen, würde der Bericht jedoch die Bestellpositionen für alle Bestellungen anzeigen. Hier könnten Sie nun eine neue Gruppierung nach dem Feld *BestellungID* anlegen und dieser einen Gruppenkopf hinzufügen (wie das im Detail funktioniert, erfahren Sie gleich). Wenn Sie dort das Feld *BestellungID* (und die Spaltenüberschriften) einfügen, sähe der Bericht in der Vorschau wie in Abbildung 6.11 aus. Der Clou für unsere aktuelle Aufgabe ist, dass der Gruppenkopfbereich (genau wie der Gruppenfußbereich) eine Eigenschaft namens *Bereich wiederholen* anbietet, die mit der Einstellung *Ja* dafür sorgt, dass der Bereich zu Beginn der folgenden Seite wiederholt wird, wenn auf der aktuellen Seite nicht alle Detailbereiche der Gruppe Platz finden. Das bedeutet, dass wir die Spaltenüberschriften nicht sowohl im Berichtskopf-Bereich als auch im Seitenkopf-Bereich unterbringen müssen, um Spaltenköpfe auf jeder Seite anzuzeigen – wir können dies auch mit dem Kopfbereich einer Gruppierung erreichen.

Bericht erstellen

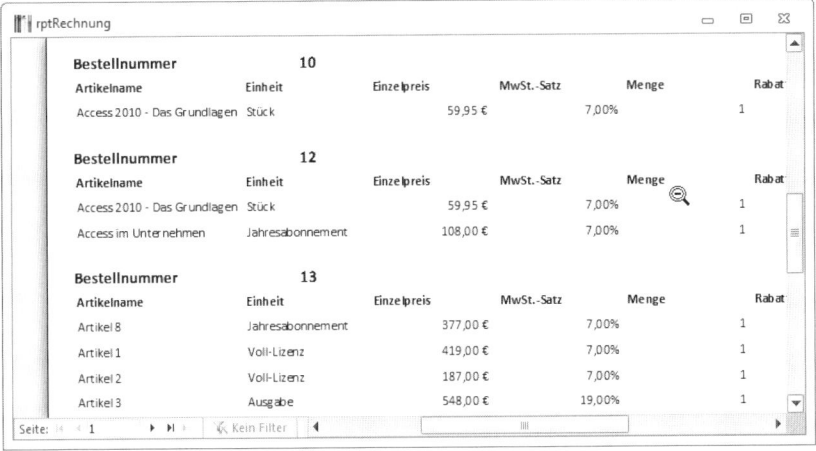

Abbildung 6.11: Effekte einer Gruppierung

Gruppierung nach *BestellungID* anlegen

Dazu legen wir nun eine Gruppierung für den Bericht an. Um den Bereich der Benutzeroberfläche anzuzeigen, der dies ermöglicht, wählen Sie den Eintrag *Entwurf|Gruppierung und Summen|Gruppieren und Sortieren* des Ribbons aus.

Im unteren Bereich erscheint der (leider nicht verschiebbare) Bereich *Gruppieren, Sortieren und Summe*. Klicken Sie hier auf *Gruppe hinzufügen* (siehe Abbildung 6.12).

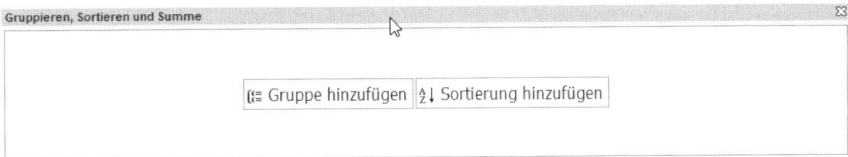

Abbildung 6.12: Anlegen einer Gruppierung

Wählen Sie unter *Gruppieren nach* das Feld *BestellungID* aus und klicken Sie dann auf *Mehr*, um die übrigen Eigenschaften zu sehen. Hier brauchen wir nichts mehr zu erledigen, da dort bereits die Option *mit Kopfzeilenbereich* ausgewählt ist (siehe Abbildung 6.13).

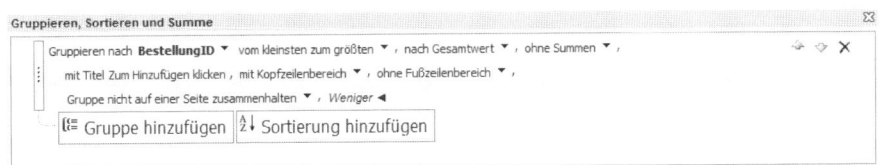

Abbildung 6.13: Eigenschaften einer Gruppierung

Nun haben Sie zwar einen Gruppenkopf erstellt, der die Spaltenüberschriften für die Rechnungspositionen aufnehmen soll, aber die benötigten Bezeichnungsfelder befinden sich noch im falschen Bereich (siehe Abbildung 6.14).

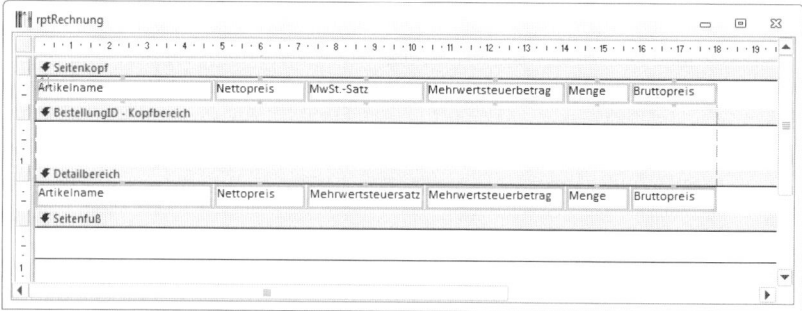

Abbildung 6.14: Rechnungsbericht mit Gruppenkopf für die Spaltenüberschriften

Um die Bezeichnungsfelder aus dem Seitenkopf in den Gruppenkopf zu verschieben, kommen Sie nicht umhin, das Layout zu zerstören – es gibt schlicht keinen Weg, die Bezeichnungsfelder in einem Rutsch zu verschieben. Also markieren Sie alle Spaltenüberschriften, betätigen die Tastenkombination *Strg + X*, um diese auszuschneiden, markieren dann den Bereichskopf der neu angelegten Gruppierung und drücken dann auf *Strg + C*. Sie können das Layout aber dann wieder herstellen, indem Sie alle Bezeichnungsfelder und Textfelder markieren und nacheinander die Kontextmenü-Befehle *Layout/Layout entfernen* und *Layout/Tabelle* auswählen. Allein einige Spaltenbreiten zerschießen Sie mit dieser Vorgehensweise, aber die sind schnell wiederhergestellt. Achten Sie darauf, die Höhe des Detailbereichs durch Verschieben des Seitenfußes nach oben an Ihre Bedürfnisse anzupassen – beim Bearbeiten des Detailbereichs wird dieser schnell zu groß und enthält in der Vorschau und beim Drucken unnötige Leerräume. Damit sind die Arbeiten am Detailbereich vorerst beendet – wenden wir uns nun den übrigen Bereichen zu.

6.2.4 Berichtskopf mit Briefkopf und Anschrift ausstatten

Der Briefkopf und die Anschrift sollen nur einmal je Rechnung angezeigt werden. Der Berichtskopf-Bereich ist genau der richtige Bereich für diesen Zweck. Also ziehen Sie den Berichtskopf auf eine entsprechende Höhe – wie hoch er wird, liegt an den Inhaltselementen, die Sie benötigen. Es sollte Platz sein für folgende Elemente:

» Briefkopf

» Empfängeranschrift (die sich in einem festen Bereich befinden muss, damit sie in den Sichtfenstern herkömmlicher Umschläge angezeigt werden kann)

» Ort/Datum

» Rechnungsnummer

Bericht erstellen

» Rechnungstext

» gegebenenfalls ein grafisches Element wie etwa ein Firmen-Logo

Wie hoch der Bereich letztendlich wird, hängt von den gewählten Elementen ab. Unser Berichtskopf sieht wie in Abbildung 6.15 aus. Es gibt dort statische und dynamische Elemente, also Bezeichnungsfelder, die immer den gleichen Text anzeigen, und Textfelder, die erst beim Anzeigen mit den Texten aus der Datenherkunft gefüllt werden.

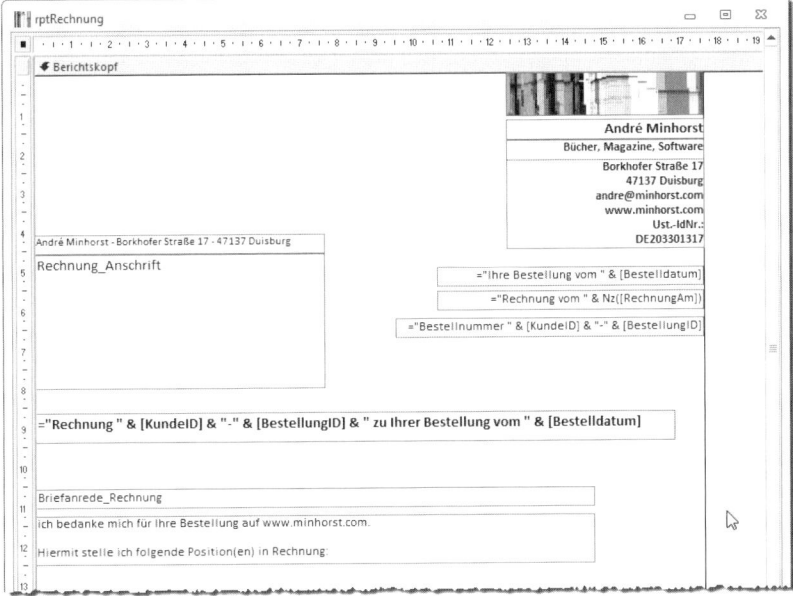

Abbildung 6.15: Entwurf des Berichtskopfes

Ein Blick auf die Entwurfsansicht verrät bereits, dass einige der Steuerelemente (es sind alles Textfelder) aus den Feldern der Datenherkunft gefüllt werden.

Dabei handelt es sich zunächst um die Anschrift, die ihre Daten aus dem Feld *Rechnung_Anschrift* der Abfrage *qryRechnung* bezieht. Dieses Feld hält die Anschrift ja direkt als Block aus mehreren Zeilen bereit, der im Formular *frmKundeDetail* auf Basis der Rechnungsadresse angepasst werden kann. Auch das Feld zur Anzeige des Bestelldatums ist an die Datenherkunft gebunden, allerdings nicht direkt.

Das heißt, dass die Eigenschaft *Steuerelementinhalt* nicht den Namen eines einzigen Feldes enthält (hier *Bestelldatum*), sondern dass stattdessen ein Ausdruck mit führendem Gleichheitszeichen angegeben wurde, der den Feldinhalt beinhaltet. Dieser Ausdruck setzt sich aus einem Literal und dem Feldnamen zusammen:

```
="Ihre Bestellung vom " & [Bestelldatum]
```

Kapitel 6 Rechnungsbericht

Ähnlich verhält es sich beim Steuerelement zur Anzeige des Rechnungsdatums, das diesen Ausdruck enthält:

    ="Rechnung vom " & Nz([RechnungAm])

Darunter befindet sich noch die Bestellnummer, die gleich zwei Felder der Datenherkunft und ein Literal zusammenführt:

    ="Bestellnummer " & [KundeID] & "-" & [BestellungID]

Wenn Sie hier noch etwa das Rechnungsjahr integrieren möchten, können Sie den Zusatz *Jahr(Bestelldatum)* mit den entsprechenden &-Zeichen an der gewünschten Stelle hinzufügen.

6.2.5 Berichtsfuß mit Bankverbindung und Co. versehen

Der Berichtsfuß soll Informationen wie beispielsweise die Bankverbindung für die Überweisung des Rechnungsbetrags und eine Grußformel enthalten. Diese fügen Sie in einfache Bezeichnungsfelder ein. Wenn Sie verschiedene Schriftarten benötigen, um beispielsweise eine Zeile mit dem Hinweis auf den zu vermerkenden Verwendungszweck hervorzuheben, verwenden Sie mehrere Bezeichnungsfelder mit unterschiedlichen Formatierungen (siehe Abbildung 6.16).

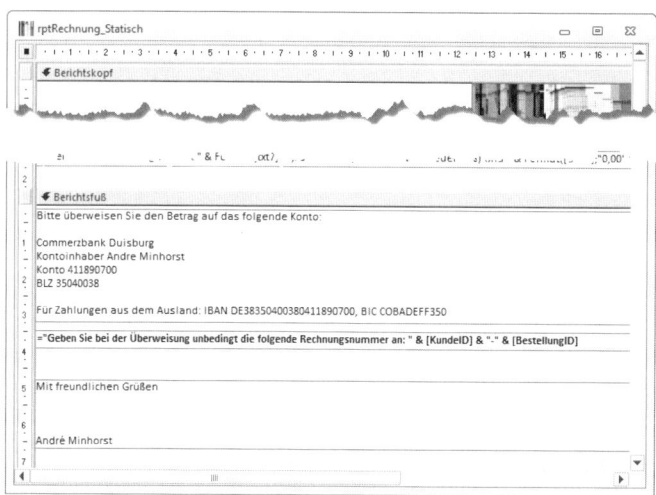

Abbildung 6.16: Statischer Gruppenfuß mit mehreren Bezeichnungsfeldern

6.2.6 Gruppenfuß mit Berichtssummen füllen

In der Beispieldatenbank gibt es verschiedene Steuersätze, die auch in einer Bestellung erfasst werden können. Folglich sollten diese auch in einer Rechnung landen. Interessant wird es hier bei der Summe der Umsatzsteuer: Muss man die Beträge für die verschiedenen Steuersätze aufführen? Das wäre doch etwas aufwendig, zumindest wenn man die Anwendung auch noch so flexibel halten kann, dass sich spätere Änderungen der Mehrwertsteuersätze ohne Änderungen am Code umsetzen lassen. Zum Glück gibt es ja Gesetze, unter anderem die Umsatzsteuer-Durchführungsverordnung. Und die besagt in § 32:

»Rechnungen über Umsätze, die verschiedenen Steuersätzen unterliegen.

Wird in einer Rechnung über Lieferungen oder sonstige Leistungen, die verschiedenen Steuersätzen unterliegen, der Steuerbetrag durch Maschinen automatisch ermittelt und durch diese in der Rechnung angegeben, ist der Ausweis des Steuerbetrags in einer Summe zulässig, wenn für die einzelnen Posten der Rechnung der Steuersatz angegeben wird.«

Zum Glück haben wir dem Detailbereich sowohl den Mehrwertsteuersatz als auch den Mehrwertsteuerbetrag zugewiesen, sodass wir relativ entspannt allein die Rechnungssumme in den Gruppenfuß schreiben können.

Um den Gruppenfuß mit dem entsprechenden Steuerelement zu bestücken, müssen Sie diesen erst einmal einblenden (sofern dies noch nicht geschehen ist). Dazu aktivieren Sie nochmals den Bereich *Gruppieren, Sortieren und Summe* im unteren Bereich des Access-Fensters und wählen die Option *mit Fußzeilenbereich* aus (siehe Abbildung 6.17).

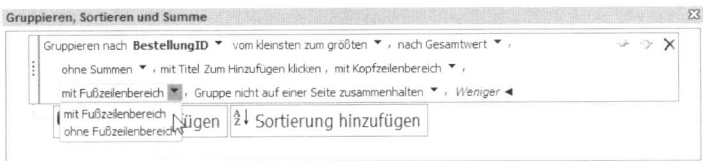

Abbildung 6.17: Hinzufügen des Gruppenfußes

Ist der Gruppenfuß sichtbar, können Sie wie in Abbildung 6.18 ein Textfeld namens *txtRechnungsbetrag* einfügen. Diesem weisen Sie den folgenden Ausdruck als Steuerelementinhalt zu:

    =Summe([Bruttopreis])

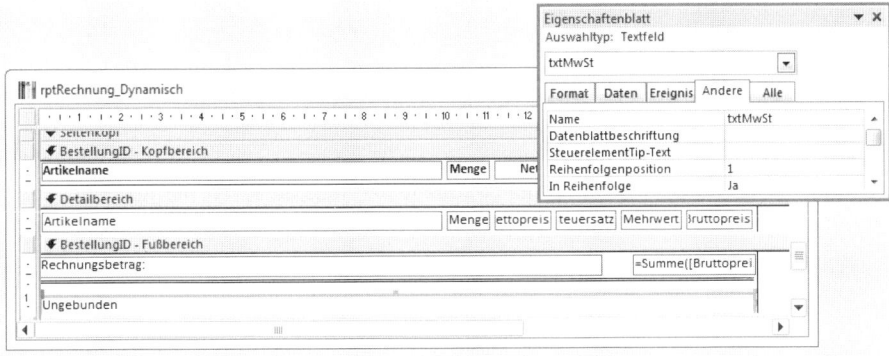

Abbildung 6.18: Berechnung der Rechnungssumme im Gruppenfuß

So, jetzt haben wir es uns aber wirklich leicht gemacht. Dumm, dass irgendwann ein Kunde kommt, der doch die Summe der Mehrwertsteuer für die verschiedenen Mehrwertsteuersätze auf der Rechnung sehen will.

In der Abbildung sehen Sie bereits ein ungebundenes Textfeld im Bereich *BestellungID - Fußbereich*. Es heißt *txtMwSt* und soll einen kleinen Text wie den Folgenden anzeigen:

```
Der Rechnungsbetrag enthält 23.40 EUR Mehrwertsteuer (7%) und 7.12 EUR Mehrwertsteuer (19%).
```

Wenn die Rechnung nur Mehrwertsteuer eines Steuersatzes enthält, fällt der zweite Teil entsprechend weg. Wie erhalten wir diesen Ausdruck? Es gibt zwei Möglichkeiten:

» Sie legen für jeden Mehrwertsteuersatz je ein Textfeld im Detailbereich des Berichts an, das prüft, ob der aktuelle Datensatz dem Steuersatz entspricht, den das Textfeld abdecken soll. Falls ja, soll der Inhalt des Textfeldes um den Mehrwertsteuerbetrag erhöht werden; das Ergebnis zeigt ein weiteres Textfeld im Gruppenfuß an.

» Sie ermitteln die Mehrwertsteuerbeträge in einer separaten VBA-Prozedur, die beim Formatieren des Gruppenfuß-Bereichs durchgeführt wird.

Wir schauen uns nun beide Methoden an.

Mehrwertsteuersummen nur mit Textfeldern und Feldbezügen

In diesem Beispiel fügen Sie zunächst zwei Textfelder namens *txt7* und *txt19* zum Detailbereich des Berichts hinzu. Hinterlegen Sie für die Eigenschaft *Steuerelementinhalt* der beiden Textfelder die folgenden Ausdrücke:

```
=Wenn([Mehrwertsteuersatz]=0.07;[Menge]*[Mehrwertsteuersatz]*[Nettopreis];0)
=Wenn([Mehrwertsteuersatz]=0.19;[Menge]*[Mehrwertsteuersatz]*[Nettopreis];0)
```

Diese Ausdrücke prüfen mit der *Wenn*-Bedingung, ob das Feld *Mehrwertsteuersatz* für den aktuellen Datensatz den Wert *0,07* beziehungsweise *0,19* enthält.

Falls ja, wird der Wert des Steuerelements auf den Ausdruck *[Menge]*[Mehrwertsteuersatz]* [Nettopreis]* des aktuellen Datensatzes eingestellt (also den Mehrwertsteuerbetrag), sonst auf den Wert *0*.

Das allein hilft noch nicht weiter. Als Nächstes stellen Sie die Eigenschaft *Laufende Summe* der beiden Steuerelemente auf *Über Gruppe* ein. Das bedeutet, dass die Werte der Textfelder aufkumuliert werden – und zwar so lange, bis eine neue Gruppe beginnt (was hier aber nicht der Fall ist – jeder Rechnungsbericht enthält nur eine Gruppe).

Sie können das Ergebnis nun in der Seitenvorschau betrachten (siehe Abbildung 6.19).

Wenn das Ergebnis korrekt ist, können Sie die Eigenschaft *Sichtbar* der beiden Textfelder auf *Nein* einstellen – sie sollen eigentlich gar nicht im Bericht erscheinen.

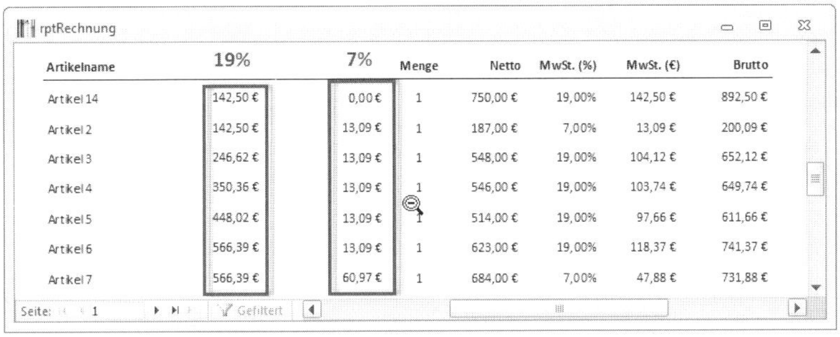

Bericht erstellen

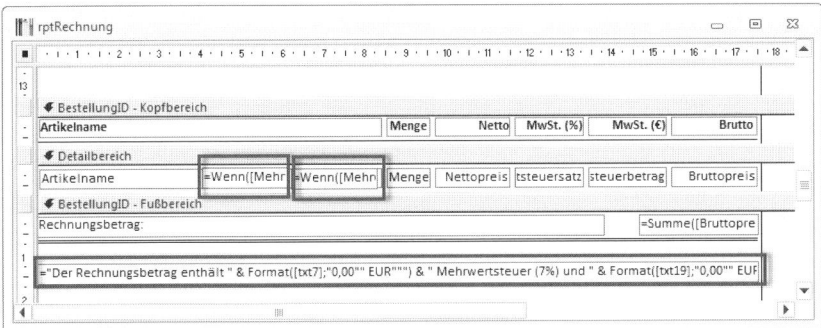

Abbildung 6.19: Die beiden Felder zum Kumulieren der Mehrwertsteuerbeträge

Anschließend fügen Sie noch ein Textfeld im Fußbereich der Gruppierung ein (siehe Abbildung 6.20 – hier ist auch die Position der beiden Textfelder im Detailbereich nochmals hervorgehoben). Dieses statten Sie mit dem folgenden Ausdruck aus:

Abbildung 6.20: Steuerelemente zum Kumulieren und Anzeigen der verschiedenen Mehrwertsteuerbeträge

Diesem Steuerelement weisen Sie den folgenden Ausdruck zu:

```
="Der Rechnungsbetrag enthält " & Format([txt7];"0,00"" EUR""") & " Mehrwertsteuer (7%) 
und " & Format([txt19];"0,00"" EUR""") & " Mehrwertsteuer (19%)."
```

Dieser Ausdruck fügt schlicht und einfach die Werte der beiden Textfelder *txt7* und *txt19* für den letzten Detaildatensatz mit einigen Texten zusammen.

Woher wissen wir, dass tatsächlich die Felder des letzten Datensatzes und somit die relevanten Felder referenziert werden? Weil Sie im Gruppenfuß immer auf den letzten Detaildatensatz zugreifen.

Der Vorteil dieser Vorgehensweise ist, dass Sie keine VBA-Prozedur anlegen müssen. Dafür müssen Sie den Bericht jedoch anpassen, wenn es einmal andere Mehrwertsteuersätze als 7 und 19 Prozent gibt.

207

Kapitel 6 Rechnungsbericht

Mehrwertsteuersummen mit VBA

Mit einer VBA-Prozedur für das Ereignis *Beim Formatieren* des Fußbereichs erledigen Sie die Aufgabe etwas flexibler. Die folgende Prozedur verwendet zwei Datensatzgruppen, um in einer äußeren Schleife alle vorhandenen Mehrwertsteuersätze und in einer inneren Schleife alle Positionen der aktuellen Rechnung zu durchlaufen:

```
Private Sub Gruppenfuß0_Format(Cancel As Integer, FormatCount As Integer)
    Dim db As DAO.Database
    Dim rstMwSt As DAO.Recordset
    Dim rstBestellpositionen As DAO.Recordset
    Dim strMwSt As String
    Dim curMwSt As Currency
    Set db = CurrentDb
    Set rstMwSt = db.OpenRecordset("SELECT * FROM tblMehrwertsteuersaetze", _
        dbOpenDynaset)
    Do While Not rstMwSt.EOF
        curMwSt = 0
        strMwSt = strMwSt & " und "
        Set rstBestellpositionen = db.OpenRecordset("SELECT * FROM tblBestellpositionen " _
            & "WHERE BestellungID = " & Me.BestellungID & " AND Mehrwertsteuersatz = " _
            & str(rstMwSt!Mehrwertsteuersatz), dbOpenDynaset)
        Do While Not rstBestellpositionen.EOF
            curMwSt = curMwSt + rstMwSt!Mehrwertsteuersatz * rstBestellpositionen!Menge _
                * (1 - rstBestellpositionen!Rabatt) * rstBestellpositionen!Einzelpreis
            rstBestellpositionen.MoveNext
        Loop
        strMwSt = strMwSt & Format(curMwSt, "0.00 EUR") & " Mehrwertsteuer (" _
            & Format(rstMwSt!Mehrwertsteuersatz, "0%") & ")"
        rstMwSt.MoveNext
    Loop
    If Len(strMwSt) > 0 Then
        strMwSt = Mid(strMwSt, 5)
    End If
    Me!txtMwSt = "Der Rechnungsbetrag enthält " & strMwSt & "."
End Sub
```

Nach dem Deklarieren der Variablen und dem Erzeugen einer Referenz auf die aktuelle Datenbank erstellt die Prozedur zunächst ein Recordset, das alle Datensätze der Tabelle *tblMehrwertsteuersaetze* enthält. Diese werden auch gleich in einer *Do While*-Schleife durchlaufen. Jeder Durchlauf dieser Schleife ermittelt den Mehrwertsteuerbetrag für den Mehrwertsteuersatz des aktuellen Datensatzes, also zum Beispiel erst für *7%* und dann für *19%*. Deshalb wird die Variable *curMwSt*, welche die Mehrwertsteuerbeträge der Bestellpositionen der aktuellen Bestellung aufsummiert, mit jedem Durchlauf der äußeren Schleife wieder auf *0* eingestellt. Außerdem wird die String-Variable *strMwSt* um das Wort *und* erweitert.

Die zweite Datensatzgruppe nimmt alle Datensätze der Tabelle *tblBestellpositionen* für die aktuelle Bestellung und für den Mehrwertsteuersatz in der äußeren Schleife auf und durchläuft diese.

Innerhalb der Schleife wird der Variablen *curMwSt* jeweils der Mehrwertsteuerbetrag der aktuellen Bestellposition hinzuaddiert. Nach dem Durchlaufen aller Datensätze eines Mehrwertsteuersatzes wird die Zeichenkette *strMwSt* um die im Währungsformat formatierte Mehrwertsteuersumme und einen Ausdruck der Form *Mehrwertsteuer (7%)* erweitert, wobei der Prozentsatz dynamisch ermittelt wird.

Wurden alle Mehrwertsteuersätze durchlaufen, prüft die Prozedur noch, ob überhaupt ein Mehrwertsteuerbetrag ermittelt wurde, und entfernt gegebenenfalls das führende *und* von der Zeichenkette. Dieser wird noch der Ausdruck *Der Rechnungsbetrag enthält* vorangestellt, sodass das Ergebnis etwa so aussieht:

```
Der Rechnungsbetrag enthält 7,07 EUR Mehrwertsteuer (7%) und 4,77 EUR Mehrwertsteuer (19%).
```

Im Gegensatz zu der Variante, die allein mit Textfeldern auskommt, kann die vorliegende auch sich ändernde Mehrwertsteuersätze behandeln, ohne dass der Entwurf der Anwendung geändert werden muss.

6.2.7 Seitenkopf und Seitenfuß

Welche Funktion kommt nun, da alle anderen Berichtsbereiche belegt sind, den Bereichen *Seitenkopf* und *Seitenfuß* zu? Der Seitenkopf wird in den meisten Fällen gar nicht in Erscheinung treten, da die relevanten Daten bereits im Berichtskopf erscheinen und kein Seitenkopf nötig ist. Wenn ein Bericht jedoch mehr als eine Seite beinhaltet, kommt die Stunde des Seitenkopf-Bereichs: Er wiederholt dann die wichtigsten Informationen des Berichtskopfes, damit der Leser auch auf den Folgeseiten weiß, worum es geht.

Auf der ersten Seite soll der Seitenkopf dann natürlich nicht erscheinen, weshalb Sie die Eigenschaft *Seitenkopf* auf den Wert *Außer Berichtskopf* einstellen (im Eigenschaftsfenster oben *Bericht* auswählen). Für die folgenden Seiten kann der Seitenkopf beispielsweise den folgenden Ausdruck anzeigen:

```
Rechnung zur Bestellung 123-12 vom 1.7.2012
```

Dazu aktivieren Sie, soweit noch nicht geschehen, mit dem Eintrag *Seitenkopf/-fuß* des Kontextmenüs (Rechtsklick auf einen der Bereichsköpfe) diese beiden Bereiche. Fügen Sie dort als Steuerelementinhalt eines neuen Textfeldes den folgenden Ausdruck hinzu (siehe Abbildung 6.21):

```
="Rechnung zur Bestellung " & [KundeID] & "-" & [BestellungID] & " vom " &
    [Bestelldatum]
```

Kapitel 6 Rechnungsbericht

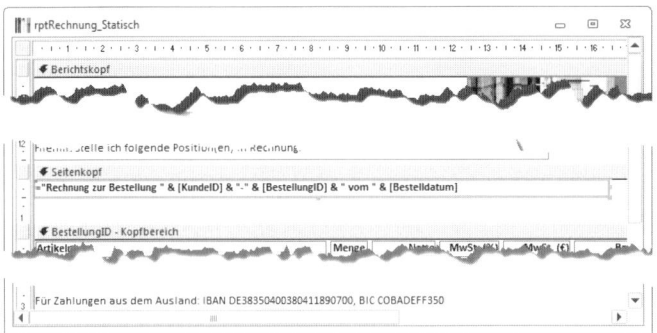

Abbildung 6.21: Seitenkopf mit den wichtigsten Angaben

Die Folgeseiten sehen dann etwa wie in Abbildung 6.22 aus.

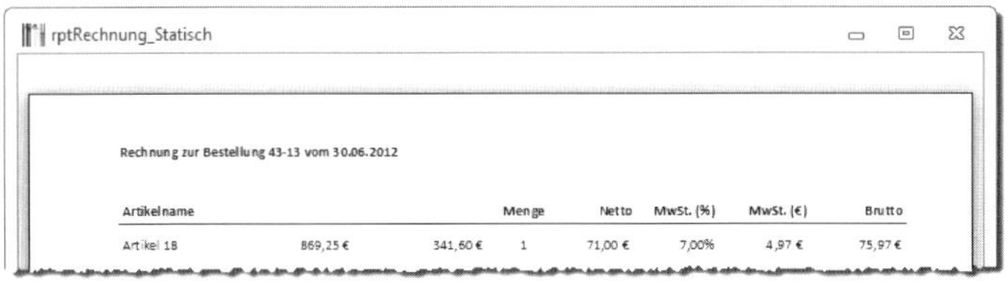

Abbildung 6.22: Seitenkopf einer Folgeseite

6.2.8 Seitenzahlen angeben

Im Seitenkopf oder -fuß können Sie natürlich auch die Seitenzahlen unterbringen. Im aktuellen Beispiel bietet es sich an, dies im Seitenkopf zu erledigen. Warum? Weil der Seitenfuß, wie Sie später sehen werden, für die Anzeige der Zwischensumme verwendet werden soll und auf der letzten Seite nicht angezeigt werden soll. Allerdings soll der Seitenkopf doch auch nicht auf der ersten Seite erscheinen, oder? Kein Problem: Die Seitenzahl können wir auf der ersten Seite auch leicht im Berichtskopf unterbringen – beispielsweise unterhalb des Rechnungsdatums.

Die Alternative, nämlich die Anzeige der Seitenzahl im Seitenfuß und auf der letzten Seite auf dem Berichtsfuß, sieht eher nicht so gut aus, da der Berichtsfuß sich je nach Datensatzanzahl auch recht weit oben auf der Seite befinden kann.

Also fügen wir die Seitenzahl zunächst auf der ersten Seite ein, und zwar im Berichtskopf unterhalb des Bestelldatums. Legen Sie den folgenden Ausdruck als *Steuerelementinhalt* fest:

```
="Seite " & [Seite] & "/" & [Seiten]
```

Dieses Textfeld fügen Sie nicht nur im Berichtskopf, sondern auch noch rechts im Seitenkopf ein (siehe Abbildung 6.23). Stellen Sie die Eigenschaft *Ausrichtung* beider Textfelder auf *Rechtsbündig* ein.

Bericht erstellen

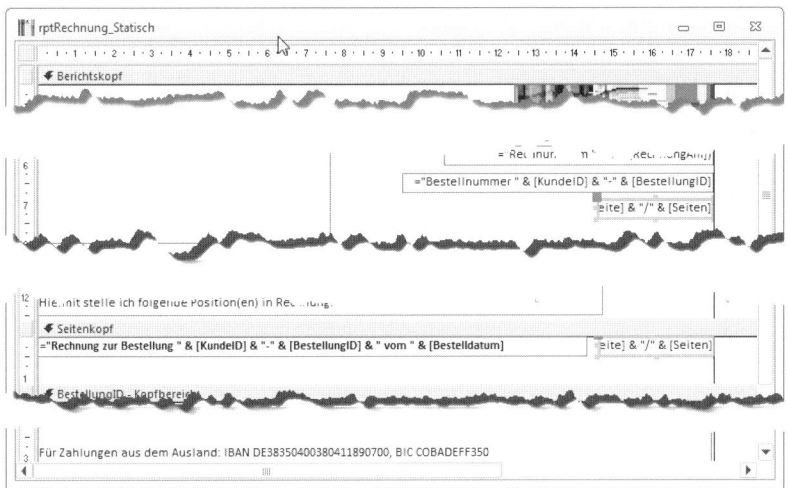

Abbildung 6.23: Textfelder zur Anzeige der Seitenzahl

Die Seitenzahlen erscheinen dann wie in Abbildung 6.24.

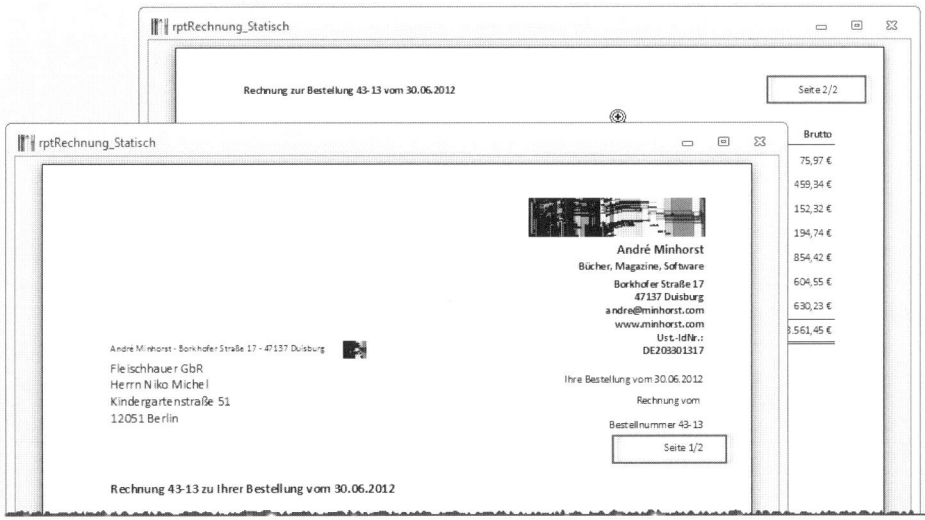

Abbildung 6.24: Seitenzahlen auf der ersten und auf den folgenden Seiten

6.2.9 Berichtsinhalt und Seitenränder

Die Steuerelemente des Berichts sollten sich im druckbaren Bereich des Berichts befinden. Dies bezieht sich vorrangig auf die Berichtsbreite. Wenn Sie beispielsweise eine Din-A4-Seite für die Ausgabe einer Rechnung verwenden, was in Deutschland üblich ist, legen Sie dafür bestimmte

Kapitel 6 Rechnungsbericht

Ränder fest. Diese sollen so großzügig bemessen werden, dass der komplette Inhalt auf allen Zieldruckern ausgegeben werden kann. Angenommen, die Seite ist *21cm* breit und Sie legen für die linke Seite einen Rand von *2cm* fest (zum Einheften) und für die rechte Seite einen Rand von *1cm*, dann darf der Inhalt des Berichtes nicht mehr als *18cm* breit sein.

Die Breite können Sie mit dem Lineal in der Entwurfsansicht ermitteln, das Sie mit einem Rechtsklick auf einen der Bereichsköpfe des Berichts und der Auswahl des Eintrags *Lineal* des Kontextmenüs erreichen. Sollten sich Steuerelemente außerhalb des möglichen zu bedruckenden Bereichs befinden, wird dies in der linken oberen Seite des Berichts wie in Abbildung 6.25 angezeigt.

Mitunter kann es geschehen, dass durch ein Steuerelement, das nur einen Millimeter in den nicht bedruckbaren Bereich hineinragt, jede zweite Seite des Berichts leer ist.

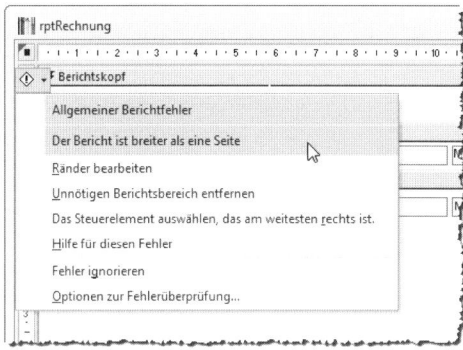

Abbildung 6.25: Hinweis bei zu breiten Berichten

Wählen Sie während des Entwurfs des Berichts den Ribbon-Eintrag *Seite einrichten|Seitenlayout|Seite einrichten*, um den Dialog aus Abbildung 6.26 zu öffnen. Dort können Sie auf der ersten Registerseite die Einstellungen für die Seitenränder vornehmen.

Abbildung 6.26: Der Dialog *Seite einrichten*

Bericht auf bestimmtem Drucker ausgeben

Wenn Sie einen Bericht mit der folgenden Anweisung öffnen, wird dieser ohne Umschweife mit dem Standarddrucker gedruckt:

```
DoCmd.OpenReport "rptRechnung", View:=acViewNormal
```

Der Wert *acViewNormal* entspricht auch der Standardeinstellung; lassen Sie diesen Parameter weg, landet der Bericht beim Aufruf von *DoCmd.OpenReport* also beim Drucker (der Wert *acViewPreview* zeigt die Vorschau an, *acViewReport* öffnet die Berichtsansicht, die eine gewisse Interaktion ermöglicht).

Wenn Sie für einen Bericht einen speziellen Drucker festlegen möchten, öffnen Sie ebenfalls in der Entwurfsansicht den Dialog *Seite einrichten* und wechseln zur zweiten Registerseite. Dort wählen Sie unten den Wert *Spezieller Drucker* für die Option *Drucker für <Berichtname>* aus und klicken auf die Schaltfläche *Drucker...*, um im folgenden Dialog den Zieldrucker auszuwählen (siehe Abbildung 6.27).

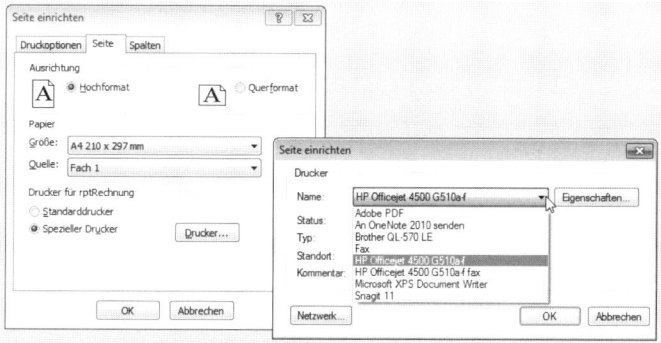

Abbildung 6.27: Festlegen eines individuellen Druckers für einen Bericht

6.3 Bericht flexibler gestalten

Grundsätzlich kann der Rechnungsbericht so eingesetzt werden, wie er ist. In den folgenden Abschnitten lernen Sie jedoch noch einige Erweiterungen kennen.

6.3.1 Leeren Bericht nicht drucken

Wenn Sie den Bericht aufrufen und ein Kriterium übergeben, für das die Datenherkunft *qryReport* keine Datensätze liefert, wird der Bericht trotzdem geöffnet. Er zeigt dann die statischen Elemente an, die gebundenen Felder bleiben leer und Felder, die Ausdrücke auf Basis der Felder der Datenherkunft enthalten, liefern eine Fehlermeldung. Alles in allem kein Anblick, den Sie dem Benutzer Ihrer Datenbank bescheren wollen.

Kapitel 6 Rechnungsbericht

Zum Glück besitzen Berichte eine Ereigniseigenschaft namens *Bei ohne Daten*, das genau in diesem Fall ausgelöst wird. Wenn Sie den Bericht in der Entwurfsansicht öffnen, für die Eigenschaft *Bei ohne Daten* den Wert *[Ereignisprozedur]* auswählen und dann auf die Schaltfläche mit den drei Punkten klicken, erscheint im Berichtsmodul die folgende Prozedur:

```
Private Sub Report_NoData(Cancel As Integer)

End Sub
```

Die Prozedur bietet natürlich zunächst einmal die Gelegenheit, den Benutzer mit einer Meldung auf die leere Datenherkunft aufmerksam zu machen. Außerdem liefert die Prozedur mit dem Parameter *Cancel* eine Möglichkeit, das Öffnen des Berichts an dieser Stelle abzubrechen. Die folgende Erweiterung erledigt bereits alles, was wir auf Seiten des Berichts in diesem Fall tun können:

```
Private Sub Report_NoData(Cancel As Integer)
    MsgBox "Der Bericht enthält keine Daten."
    Cancel = True
End Sub
```

Wenn Sie dieses Verhalten testen möchten, brauchen Sie den Bericht nur mit *DoCmd.OpenReport* vom Direktfenster aus zu öffnen. Verwenden Sie einen nicht erfüllbaren Ausdruck für den Parameter *WhereCondition* (zum Beispiel *1=2*), um die Meldung aus Abbildung 6.28 hervorzurufen.

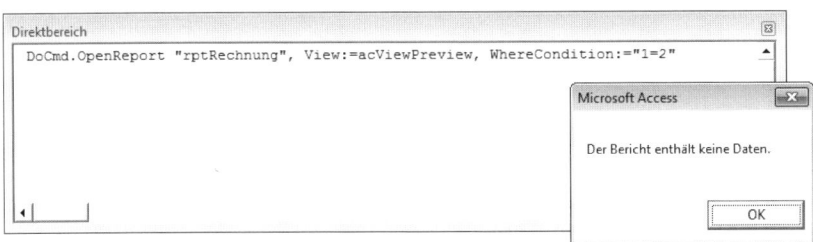

Abbildung 6.28: Aufruf eines leeren Berichts vom Direktfenster aus

Die Sache hat nur einen Haken: Die *OpenReport* Methode versucht anscheinend, nach dem Auslösen des Ereignisses *Bei ohne Daten*, auf den Bericht zuzugreifen – der ist aber zu diesem Zeitpunkt schon wieder geschlossen. Daraus resultiert die Fehlermeldung aus Abbildung 6.29.

Dieses Verhalten lässt sich jedoch leicht beheben, und zwar in der Prozedur, welche die *OpenReport*-Methode aufruft. Vor der *OpenReport*-Anweisung fügen Sie die Zeile *On Error Resume Next* ein, um die eingebaute Fehlermeldung zu unterbinden. Liefert die Datenherkunft des Berichts keine Daten, löst dies den Fehler mit der Nummer *2501* aus. In diesem Falle brauchen Sie nichts weiter zu tun, als die Fehlerbehandlung mit *On Error Goto 0* wieder zu aktivieren.

Bericht flexibler gestalten

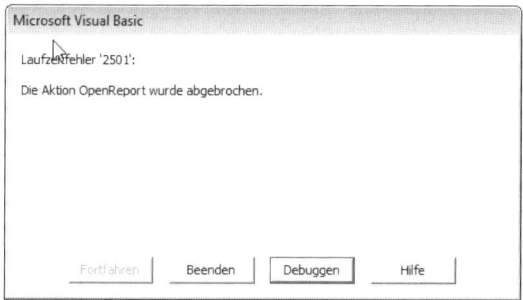

Abbildung 6.29: Fehler beim Abbrechen des Öffnungsvorgangs

Anderenfalls soll der Fehler durch eine entsprechende Meldung angezeigt werden:

```
Public Sub Test_Bericht()
    On Error Resume Next
    DoCmd.OpenReport "rptRechnung", View:=acViewPreview, WhereCondition:="1=2"
    If Not Err.Number = 2501 Then
        ErrEx.ShowErrorDialog
    End If
    On Error GoTo 0
End Sub
```

Die Meldung liefert Fehlernummer und Fehlermeldung. Wenn Sie, wie in »Fehlerbehandlung mit vbWatchdog« (Seite 453) empfohlen, *vbWatchdog* für die Fehlerbehandlung einsetzen, ersetzen Sie die *MsgBox*-Anweisung durch die folgende Zeile – dies löst den Fehler genauso aus, wie es auch bei aktivierter Fehlerbehandlung der Fall gewesen wäre:

```
ErrEx.ShowErrorDialog
```

6.3.2 Zwischensumme und Übertrag

Wenn eine Bestellung mehr Bestellpositionen aufweist, als auf eine Seite passen, ist es manchmal hilfreich, zu Kontrollzwecken die Zwischensumme auf der einen sowie den Übertrag auf der folgenden Seite einzutragen. Um dies zu realisieren, benötigen Sie drei weitere Steuerelemente (und eine Bestellung mit mehr Positionen, als auf eine Seite passen – notfalls vergrößern Sie den Detailbereich einfach temporär, um dieses Feature zu testen).

Als Erstes müssen Sie irgendwie an die aktuelle Summe der Bruttobeträge herankommen. Dazu fügen Sie ein neues Textfeld zum Detailbereich hinzu, welches das Feld *Bruttopreis* als *Steuerelementinhalt* erhält. Allerdings soll das Textfeld *txtBruttopreis_LaufendeSumme* heißen und auch die laufende Summe enthalten. Dazu stellen Sie die Eigenschaft *Laufende Summe* des Steuerelements auf *Über Gruppe* ein. Das Steuerelement soll nicht sichtbar sein, also erhält die Eigenschaft *Sichtbar* den Wert *Nein*.

Kapitel 6 Rechnungsbericht

Das zweite neue Steuerelement landet im Seitenfuß-Bereich des Berichts. Geben Sie ihm den Namen *txtZwischensumme* und weisen Sie ihm den folgenden Wert für die Eigenschaft *Steuerelementinhalt* zu:

```
=[txtBruttopreis_LaufendeSumme]
```

Damit zeigt es den Wert des Feldes *Bruttopreis* für den letzten auf der aktuellen Seite angezeigten Datensatz an. Fehlt noch das dritte Steuerelement: Es heißt *txtUebertrag* und wird im Seitenkopf angelegt. Für dieses Steuerelement legen Sie noch keinen *Steuerelementinhalt* fest. Die Positionierung der drei Steuerelemente können Sie Abbildung 6.30 entnehmen.

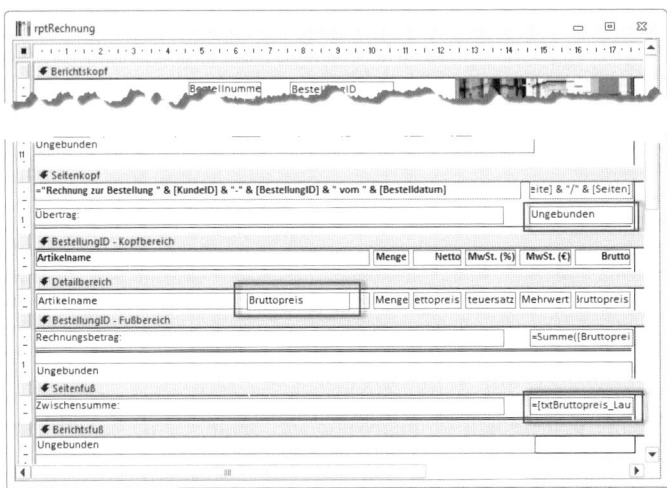

Abbildung 6.30: Steuerelemente zur Anzeige von Zwischensumme und Übertrag

Der Seitenfuß zeigt nun bereits den korrekten Wert an (siehe Abbildung 6.31). Damit dies auch im Seitenkopf geschieht, benötigen Sie eine Prozedur, die durch das Ereignis *Beim Formatieren* des Seitenfußes ausgelöst wird. Diese Prozedur sieht wie folgt aus:

```
Private Sub Seitenfußbereich_Format(Cancel As Integer, FormatCount As Integer)
    Me!txtUebertrag = Me!txtZwischensumme
End Sub
```

Sie weist dem Textfeld *txtUebertrag* im Seitenkopf-Bereich den Wert des Feldes *txtZwischensumme* aus dem aktuellen Bereich zu (siehe Abbildung 6.32).

6.3.3 Falzmarken

Für den Fall, dass Sie die Rechnung ausdrucken und per Briefpost verschicken möchten, werden Sie diese falten und in einen Standardumschlag stecken wollen. Dabei helfen Falzmarken, das Blatt auf die richtigen Maße zu falten.

Bericht flexibler gestalten

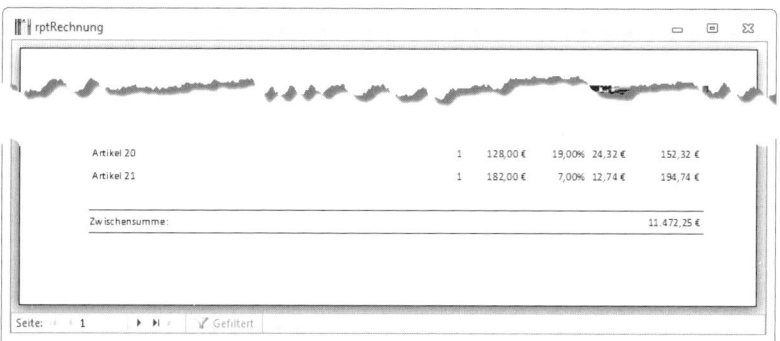

Abbildung 6.31: Zwischensumme auf der ersten ...

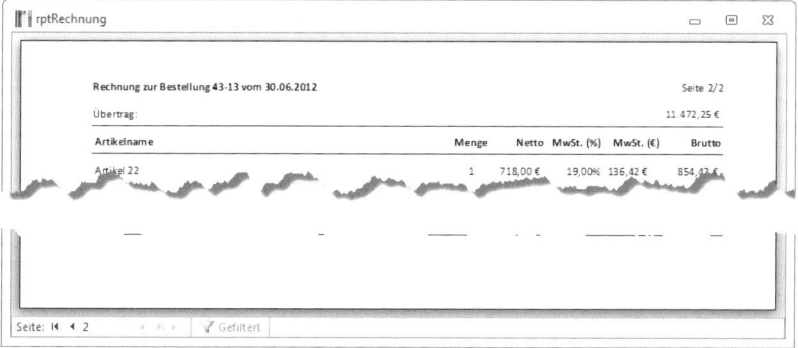

Abbildung 6.32: ... und der Übertrag auf der Folgeseite.

Um die Falzmarken zum Bericht hinzuzufügen, sind ein paar Kniffe nötig. Wie Sie der Entwurfsansicht entnehmen können, befinden sich am linken Rand bereits einige Steuerelemente, sodass Sie dort keine Falzmarke mehr unterbringen können. Diese sollen aber ohnehin nicht erst mit zwei Zentimetern Abstand vom Seitenrand gedruckt werden, sondern sich so weit wie möglich links befinden.

Wie aber bekommen wir das hin? Es ist recht einfach: Sie ändern einfach den linken Seitenrand in den Seiteneinstellungen für den aktuellen Bericht, und zwar so, dass er als nicht bedruckbarer Rand für alle vorgesehenen Drucker ausreicht – beispielsweise ein halber Zentimeter (siehe Abbildung 6.33).

Nun würden aber die linken Steuerelemente bereits einen halben Zentimeter neben dem linken Rand erscheinen. Sie sollen aber am linken Rand nach wie vor zwei Zentimeter Platz lassen. Kein Problem: Sie markieren einfach alle Steuerelemente des Berichts und verschieben diese um 1,5 Zentimeter nach rechts.

Sie erkennen am Übergang vom weißen zum schwarzen Bereich des Lineals, wo sich die Steuerelemente befinden, die am weitesten links liegen (siehe Abbildung 6.34).

Kapitel 6 Rechnungsbericht

Abbildung 6.33: Verkleinern des linken Seitenrands für die Falzmarke

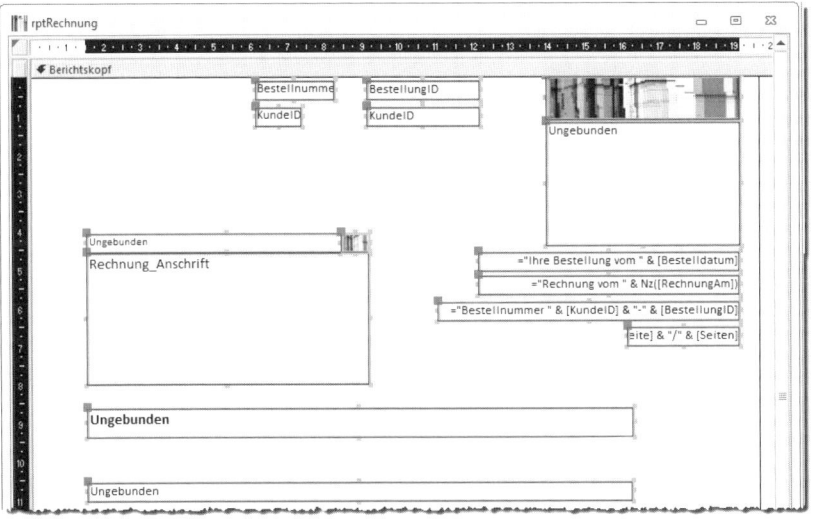

Abbildung 6.34: Um 1,5 Zentimeter verschobene Steuerelemente

Am nun frei gewordenen linken Rand können Sie nun die Falzmarken unterbringen – eine mit 10,5 Zentimetern Abstand zum oberen Seitenrand (voreingestellten Seitenrand beachten!) und eine genau auf der Hälfte (also auf 14,85 Zentimeter).

Kein Problem – fügen wir halt zwei Steuerelemente des Typs Linie an den entsprechenden Stellen ein. Oder doch ein Problem? Ja! In welchem Bereich soll man beispielsweise die Linie unterbringen, die auf 14,85 cm Abstand vom oberen Rand liegt?

Um es vorwegzunehmen: Es ist ein unverhältnismäßig hoher Aufwand, die Position genau zu ermitteln.

Doch wozu gibt es VBA: Das *Report*-Objekt liefert mit der *Line*-Methode die Möglichkeit, nach dem Rendern des Berichts Linien an den gewünschten Stellen einzuzeichnen. Folgende Ereignisprozedur, die durch das Ereignis *Bei Seite* ausgelöst wird, stellt zunächst die Einheit für die mit der *Line*-Methode gezeichneten Linien auf Millimeter ein und zeichnet dann die zwei Falzmarken:

```
Private Sub Report_Page()
    Me.ScaleMode = 6 'Millimeter
    Me.Line (Me.ScaleLeft - 10, 87)-(5, 87)
    Me.Line (Me.ScaleLeft - 10, 192)-(5, 192)
End Sub
```

Fertig – die Falzmarken erscheinen nun etwa wie in Abbildung 6.35 (allerdings nur in der Seitenansicht und im gedruckten Bericht).

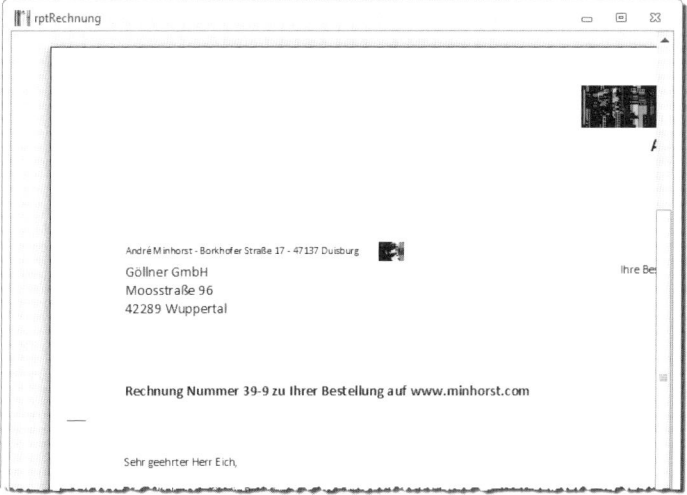

Abbildung 6.35: Bericht mit Falzmarke

6.3.4 Veränderbare Stammdaten speichern

Damit der Benutzer Teile des Berichts wie etwa den Briefkopf, den Text des Betreffs, die Briefanrede oder den Berichtsfuß selbstständig anpassen kann, soll der Bericht noch etwas erweitert werden (die Version des Berichts bis hierher finden Sie unter *rptRechnung_Statisch*).

Wie bereits erwähnt, wollen wir in einer Tabelle einige Elemente des Berichts speichern, damit der Benutzer diese selbstständig ändern kann. Die dazu verwendete Tabelle heißt *tblStammdaten* und enthält neben herkömmlichen Textfeldern auch einige Memofelder. Das ist auch eigentlich nichts Besonderes, wenn diese Memofelder nicht die mit Access 2007 eingeführte Eigenschaft *Textformat* enthalten würden: Wenn Sie diese auf den Wert *Rich-Text* einstellen (siehe Abbildung 6.36), können Sie den Inhalt auch noch formatieren.

Kapitel 6 Rechnungsbericht

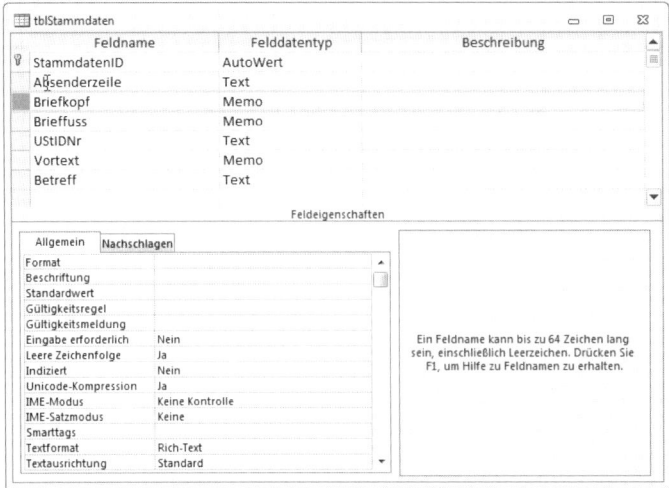

Abbildung 6.36: Entwurf der Tabelle *tblStammdaten* mit Memofeldern im Rich-Text-Format

Für die Memo-Felder der Tabelle können Sie somit Text hinterlegen, der mit bestimmten Formatierungen versehen ist. Zeilenumbrüche fügen Sie mit *Strg + Umschalttaste* hinzu.

Um eine Formatierung vorzunehmen, markieren Sie einfach mit der Maus den zu formatierenden Text und fahren dann mit dem Mauszeiger nach oben – schon erscheint ein kleines Menü zum Festlegen der Formatierungen (siehe Abbildung 6.37).

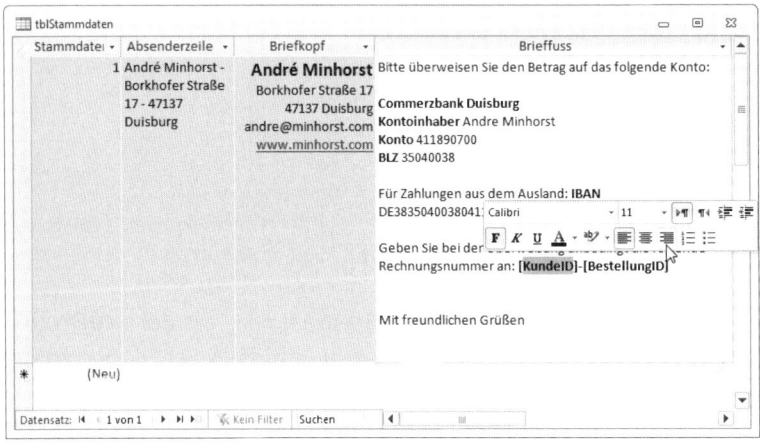

Abbildung 6.37: Rich-Text-Felder in der Tabelle *tblStammdaten* mit formatierten Texten

Für die Bearbeitung der Stammdaten haben wir ein kleines Formular namens *frmStammdaten-Rechnungsbericht* vorgesehen, dessen Erstellung wir hier nicht im Detail erläutern – es stellt lediglich die relevanten Felder der Tabelle *tblStammdaten* bereit (siehe Abbildung 6.38).

Bericht flexibler gestalten

Abbildung 6.38: Formular zum Eintragen der Stammdaten für den Bericht

Wie aber landen diese Daten im Bericht, und vor allem: Hier sind weitere Platzhalter zu finden wie zum Beispiel *[Briefanrede]*, *[BestellungID]* oder *[Kundennummer]*. Wie nutzen wir diese? Schauen wir uns erst einmal an, wie der Berichtskopf des Berichts nach einigen Änderungen aussieht (siehe Abbildung 6.39). Dort gibt es eine ganze Reihe Bereiche, die in der Abbildung rot eingerahmt sind. Die folgenden Abschnitte beschreiben, wie diese Bereiche gefüllt werden.

Der Kopfbereich enthält vier ungebundene Steuerelemente (siehe Abbildung 6.40). Diese werden nicht automatisch mit Inhalten aus der Datenherkunft gefüllt. Ihr Inhalt stammt aus der Tabelle *tblStammdaten* und wird erst mit dem Ereignis *Beim Formatieren* des Kopfbereichs gefüllt. Es handelt sich um die folgenden Steuerelemente, wobei Sie bei denjenigen, die den Inhalt von Memofeldern im RTF-Format aufnehmen sollen, noch die Eigenschaft *Text-Format* auf *Rich-Text* einstellen müssen – sonst zeigen die Steuerelemente die Inhalte inklusive HTML-Auszeichnungen an:

» *txtAbsenderzeile*: füllt die kleine Zeile über der Empfängeranschrift (Feld *Absender* der Tabelle *tblStammdaten*)

» *txtBriefkopf*: enthält die Informationen zum Unternehmen und wird aus dem Feld *Briefkopf* der Tabelle *tblStammdaten* gefüllt

» *txtBetreff*: enthält den Betreff, wird aus dem Feld *Betreff* gefüllt

Kapitel 6 Rechnungsbericht

» *txtVortext*: enthält die Briefanrede und den Text, der auf die Rechnungspositionen vorbereitet (Feld *Vortext* der Tabelle *tblStammdaten*)

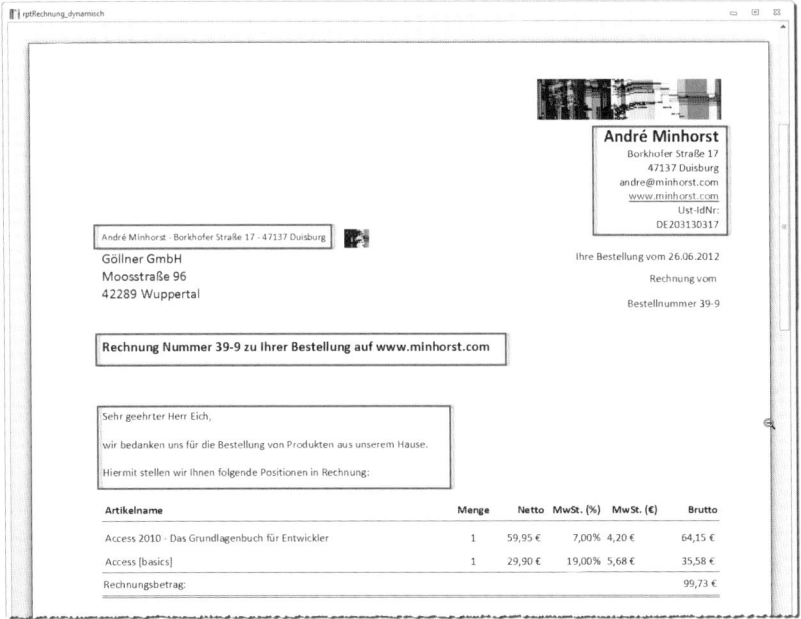

Abbildung 6.39: Berichtskopf des Rechnungsberichts

Ein weiteres Steuerelement, das sich im Berichtsfuß befindet, heißt *txtBrieffuss* und wird bei dieser Gelegenheit gleich mitverarbeitet – es nimmt die Grußformel und weitere Informationen wie die Bankverbindung auf.

Nun enthalten, wie Sie oben erkennen konnten, einige der Elemente der Tabelle *tblStammdaten* selbst noch Platzhalter, die in eckigen Klammern eingefasst sind (beispielsweise *[Briefanrede]*). Diese Platzhalter sollen dynamisch mit den Daten der Datenherkunft des Berichts angereichert werden.

Dies erledigt eine Prozedur, die beim Öffnen des Berichts durch das Ereignis *Beim Formatieren* des Berichtskopfes ausgelöst wird. Die Prozedur liest zunächst alle Felder der Tabelle *tblStammdaten*, die in den Bericht geschrieben werden sollen, mithilfe entsprechender *DLookup*-Anweisungen ein und speichert diese in *String*-Variablen wie beispielsweise *strAbsender*. Danach öffnet sie ein Recordset, das genau die gleichen Daten enthält wie der Bericht selbst. Dazu wird als Vergleichskriterium der Wert des Feldes *BestellungID* des Berichts ausgelesen. Dies ist auch der Grund, warum das Feld *BestellungID* im Entwurf oben im Kopfbereich des Berichts auftaucht – alle Felder, auf die per VBA zugegriffen werden soll, müssen in Form eines gebundenen Steuerelements im Bericht vorliegen. Damit es nicht angezeigt wird, stellen Sie einfach die Eigenschaft *Sichtbar* auf *Nein* ein.

Bericht flexibler gestalten

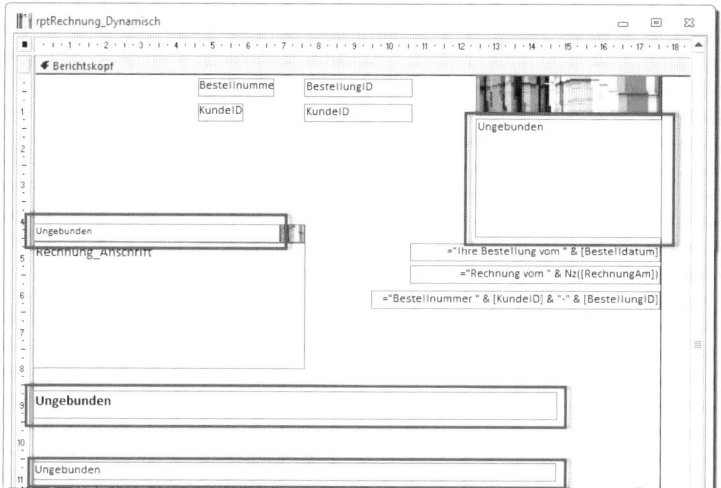

Abbildung 6.40: Entwurfsansicht des Berichtskopfes

Eigentlich könnte man die Inhalte der Variablen nun einfach an die Textfelder übergeben. Vorher müssen aber noch die Platzhalter durch die tatsächlichen Werte der Abfrage *qryRechnung* ersetzt werden.

Damit Sie künftig alle Felder dieser Abfrage als Platzhalter verwenden können, durchläuft eine Schleife alle Einträge der *Fields*-Auflistung des Recordsets, was allen Feldern der Abfrage entspricht. Dabei versucht die Prozedur, für jeden Feldnamen (etwa *Anrede_Rechnung*) einen entsprechenden Platzhalter mit eckigen Klammern zu finden (*[Anrede_Rechnung]*) und diesen durch den Wert des Feldes in der Abfrage zu ersetzen. Dies geschieht für alle fünf Steuerelemente, sodass anschließend alle Platzhalter ersetzt wurden:

```
Private Sub Berichtskopf_Format(Cancel As Integer, FormatCount As Integer)
    Dim db As DAO.Database
    Dim rst As DAO.Recordset
    Dim fld As DAO.Field
    Dim strAbsender As String
    Dim strBriefkopf As String
    Dim strVortext As String
    Dim strBetreff As String
    Dim strBrieffuss As String
    strAbsender = DLookup("Absenderzeile", "tblStammdaten")
    strBriefkopf = DLookup("Briefkopf", "tblStammdaten")
    strVortext = DLookup("Vortext", "tblStammdaten")
    strBetreff = DLookup("Betreff", "tblStammdaten")
    strBrieffuss = DLookup("Brieffuss", "tblStammdaten")
```

Kapitel 6 Rechnungsbericht

```
        Set db = CurrentDb
        Set rst = db.OpenRecordset("SELECT * FROM qryRechnung WHERE BestellungID = " _
            & Me!BestellungID, dbOpenDynaset)
        For Each fld In rst.Fields
            strAbsender = Replace(strAbsender, "[" & fld.Name & "]", Nz(fld.Value))
            strBriefkopf = Replace(strBriefkopf, "[" & fld.Name & "]", Nz(fld.Value))
            strVortext = Replace(strVortext, "[" & fld.Name & "]", Nz(fld.Value))
            strBetreff = Replace(strBetreff, "[" & fld.Name & "]", Nz(fld.Value))
            strBrieffuss = Replace(strBrieffuss, "[" & fld.Name & "]", Nz(fld.Value))
        Next fld
        Me!txtAbsender = strAbsender
        Me!txtBriefkopf = strBriefkopf
        Me!txtVortext = strVortext
        Me!txtBetreff = strBetreff
        Me!txtBrieffuss = strBrieffuss
    End Sub
```

Achtung: Die per VBA eingefügten Texte werden nur in der Seitenansicht oder im gedruckten Bericht sichtbar. Die Berichtsansicht löst die entsprechenden Ereignisprozeduren schlicht nicht aus.

7 Rechnungen verwalten

Wie Sie einen Bericht zur Ausgabe von Rechnungen erstellen, haben Sie ja bereits in »Rechnungsbericht« (Seite 191) erfahren. Noch interessanter ist jedoch, zu welchem Zeitpunkt und von welchen Formularen aus die Rechnungen erstellt werden, wie sie zum Kunden gelangen (in Briefform oder als E-Mail mit angehängtem PDF), wie Sie den Eingang prüfen und wie Sie Erinnerungen oder Mahnungen versenden.

7.1 Grundsätzliche Überlegungen

Dementsprechend betrachten wir im ersten Teil dieses Kapitels grundlegend, wie der Rechnungsbericht in die Anwendung integriert wird und wie Sie die Rechnungen und Eingänge verwalten.

Dabei gibt es viele Varianten. Beginnen wir mit der Rechnung: Diese kann, wie es im Kapitel »Rechnungsbericht« (Seite 191) geschehen ist, einfach auf der Tabelle *tblBestellungen* basieren. Das heißt, dass es eine Rechnung je Bestellung gibt – unabhängig davon, ob alle Artikel lieferbar sind oder der Kunde Artikel retourniert. Eine weitere Variante ist, dass eine Rechnung nur einige der Bestellpositionen einer Bestellung aufnimmt und andere in einer zweiten Rechnung landen, weil nicht alle Artikel gleich lieferbar sind. Eine weitere Alternative ist es, mehrere Bestellungen in einer Rechnung zu erfassen. Auf diese Weise könnten Kunden mehrere Bestellungen tätigen und würden beispielsweise einmal im Monat eine Rechnung erhalten. Oder, um die Flexibilität auf die Spitze zu treiben: Sie fügen Bestellpositionen aus mehreren Bestellungen in einer Rechnung zusammen.

Die erstgenannte Methode ist die einzige, für die Sie keine eigene Rechnungen-Tabelle anlegen müssen. Dort werden die Rechnungsinformationen wie etwa das Rechnungsdatum oder der Zahlungseingang direkt in die Tabelle *tblBestellungen* eingetragen. Sobald Sie für eine Bestellung jedoch mehrere Rechnungen schreiben, benötigen Sie eine Rechnungen-Tabelle, welche jeweils einige Bestellpositionen in einer Rechnung erfasst.

7.1.1 Änderungen im Datenmodell

In der Beispielanwendung beschreiben wir die einfache Variante mit einer Rechnung pro Bestellung. Das bedeutet für das Datenmodell, dass wir der Tabelle *tblBestellungen* einige Felder hinzufügen müssen:

» *Rechnungsdatum* (*Datum/Uhrzeit*): Nimmt das Datum der Rechnungsstellung/des Rechnungsversands auf

» *Zahlungsziel* (*Datum/Uhrzeit*): Datum des Zahlungsziels

Kapitel 7 Rechnungen verwalten

» *BezahltAm* (*Datum/Uhrzeit*): Zeitpunkt des Geldeingangs

» *RechnungsversandartID* (*Nachschlagefeld*): Fremdschlüsselfeld zur Auswahl einer Versandart aus der Tabelle *tblVersandarten* (siehe Abbildung 7.1)

» *Rechnungsdatei* (*Text*): Name der Rechnungsdatei

» *StorniertAm* (*Datum/Uhrzeit*): Zeitpunkt der Stornierung einer Rechnung

Abbildung 7.1: Die Tabelle *tblVersandarten*

7.1.2 Zeitpunkt und Ort der Rechnungserstellung

Die erste Frage ist: Wann soll die Rechnung überhaupt erstellt werden? Immerhin gehen wir davon aus, dass Bestellungen auf verschiedenen Wegen ankommen – telefonisch, per Fax, per E-Mail oder per Internet-Shop beziehungsweise Bestellformular. Bei der Internet-Variante nehmen wir an, dass die Shop-Software keine Rechnung erstellt, sondern nur die Bestellung entgegennimmt – alle Rechnungen sollen also zentral von unserer Anwendung aus erstellt werden.

Dort haben wir ein Formular, in das wir die Bestellungen manuell eingeben (*frmBestellungDetail*) und eine Übersicht der Bestellungen eines Kunden im Formular *frmKundeDetail*. Beide können wir zwar mit einer Schaltfläche zum Erstellen einer Rechnung bestücken, aber das Hauptwerkzeug zum Erstellen von Rechnungen und zum Verfolgen der Rechnungseingänge soll ein eigenes Formular sein, das alle Bestellungen inklusive Datum der Rechnungserstellung, Eingang des Rechnungsbetrages, versendete Mahnungen et cetera anzeigt.

Dieses Formular soll auch die Möglichkeit bieten, die Bestelldetails zu einer Bestellung oder den Kunden anzuzeigen, die Rechnung als PDF zu öffnen, nach verschiedenen Kriterien zu filtern (etwa nach offenen Rechnungen oder Rechnungserinnerungen) oder zu sortieren (nach Rechnungsdatum oder Geldeingang) und mehr.

7.1.3 Rechnung per Detailformular erstellen

Zunächst fügen wir jedoch dem Formular *frmBestellungDetail* zwei Schaltflächen hinzu, mit denen die Rechnung entweder gedruckt oder per E-Mail versendet werden kann. Außerdem soll eine weitere Schaltfläche einfach nur die Rechnung entsprechend den aktuellen Daten anzeigen (siehe Abbildung 7.2).

Grundsätzliche Überlegungen

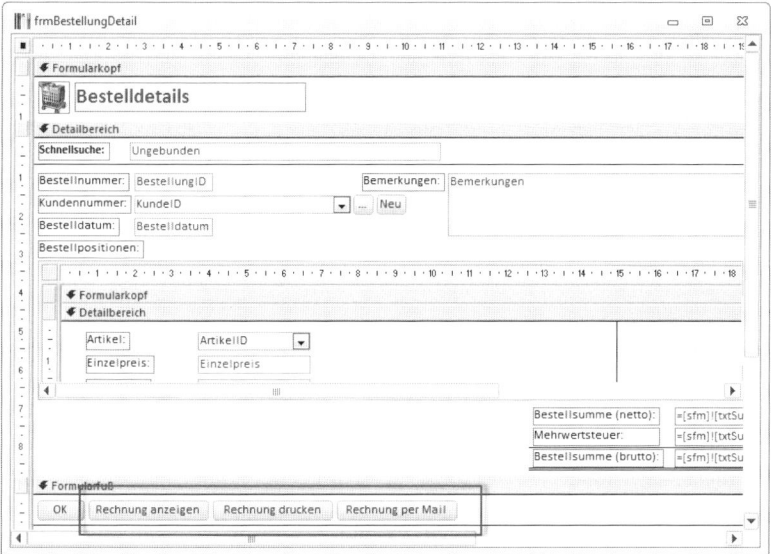

Abbildung 7.2: Schaltflächen zum Anzeigen, Drucken und Versenden der Rechnungen

Die erste Schaltfläche heißt *cmdRechnungAnzeigen*. Fügen Sie dieser Schaltfläche eine Ereignisprozedur hinzu, indem Sie die Eigenschaft *Beim Klicken* auf *[Ereignisprozedur]* einstellen und auf die Schaltfläche mit den drei Punkten klicken. Im VBA-Editor ergänzen Sie die dadurch erzeugte Prozedur wie folgt:

```
Private Sub cmdRechnungAnzeigen_Click()
    DoCmd.OpenReport "rptRechnung", View:=acViewPreview, _
        WhereCondition:="BestellungID = " & Me!BestellungID
End Sub
```

Die Prozedur zeigt den Rechnungsbericht für diese Bestellung an. Weiter passiert nichts – die Rechnung wird nicht gedruckt und auch nicht im PDF-Format gespeichert.

Dies soll erst geschehen, wenn der Benutzer auf eine der beiden anderen Schaltflächen klickt. Die Schaltfläche *cmdRechnungDrucken* etwa soll den Bericht zu Dokumentationszwecken speichern und diesen auch gleich drucken. Die Schaltfläche *cmdRechnungPerMail* speichert den Bericht ebenfalls, verschickt diesen dann aber als Anhang einer E-Mail.

7.1.4 Rechnung drucken

Egal, ob die Rechnung gedruckt und per Post versendet oder im PDF-Format per E-Mail verschickt werden soll: Sie muss auf jeden Fall im PDF-Format gespeichert werden. Außerdem soll das Feld *RechnungAm* mit dem Datum der Rechnungserstellung gefüllt werden und das Feld *Rechnungsdatei* soll den Dateinamen der Rechnung erhalten. Der Teil, den die Prozedur dazu

Kapitel 7 Rechnungen verwalten

beiträgt, die durch einen Mauslick auf die Schaltfläche *cmdRechnungDrucken* ausgelöst wird, sieht so aus:

```
Private Sub cmdRechnungDrucken_Click()
    Me!Rechnungsdatei = RechnungErstellen(Me!BestellungID)
    Me!RechnungAm = Now
        DoCmd.OpenReport "rptRechnung", acViewNormal, _
            WhereCondition:="BestellungID = " & BestellungID
End Sub
```

7.1.5 Rechnung als PDF speichern

Hier verbirgt sich natürlich der Aufruf einer weiteren Funktion, nämlich *RechnungErstellen*. Diese bringen wir in einem neuen Standardmodul unter, das Sie im VBA-Editor mit dem Menübefehl *Einfügen|Standardmodul* anlegen. Speichern Sie dieses gleich unter dem Namen *mdlRechnungen*.

Warum soll die Prozedur in einem eigenen Modul landen und nicht im Klassenmodul des Formulars? Weil wir noch von anderen Stellen aus Rechnungen erstellen werden, zum Beispiel vom Formular mit der Rechnungsübersicht. Also fügen wir die notwendigen Anweisungen in eine eigene Prozedur ein und bringen diese an einer Stelle unter, auf welche die in den anderen Modulen befindlichen Prozeduren einfach zugreifen können.

Die Prozedur braucht nur eine Information, nämlich den Primärschlüsselwert des Bestelldatensatzes. Diese übergeben Sie mit dem Parameter *lngBestellungID*. Die Prozedur deklariert und füllt eine Variable namens *strBericht* mit dem Namen des Berichts. Das ist reine Faulheit, denn dieser Name wird im Folgenden gleich dreimal benutzt. Sollte sich der Bericht mal ändern, braucht man diesen so nur an einer statt an drei Stellen zu ändern.

Die zweite Variable *strDateipfad* wird mit dem Ergebnis der Funktion *DateipfadErmitteln* aus dem Modul *mdlTools* gefüllt. Dies ist eine Funktion, die wiederum von unterschiedlichen Stellen aus aufgerufen wird und sich von verschiedenen Orten das Verzeichnis und den Dateinamen zusammensucht, die enthaltenen Platzhalter ersetzt und daraus den Dateipfad erstellt – mehr dazu im Anschluss an die Rechnungserstellung. Mit dem Dateipfad im Gepäck folgen nun drei Schritte:

» Öffnen des Berichts für die angegebene Bestellung in der Vorschauansicht, allerdings im nicht sichtbaren Modus (*WindowMode:=acHidden*)

» Exportieren beziehungsweise Speichern des Berichts mit der *Output*-Methode des *DoCmd*-Objekts. Der erste Parameter gibt die Objektart an, der zweite den Namen des zu exportierenden Berichts, der dritte das Export-Format und der vierte den Namen der Zieldatei. Die Ermittlung der Pfad- und Dateiangaben in der Funktion basieren auf den Angaben in einigen Feldern der Tabelle *tblOptionen*, die weiter unten vorgestellt werden.

» Schließen des Berichts

Grundsätzliche Überlegungen

Trotz des verborgenen Öffnens des Berichts flackert der Bildschirm bei diesem Vorgang ein wenig, aber das soll uns nicht weiter stören. Schließlich wird der Name der erstellten Datei als Rückgabewert der Funktion festgelegt:

```
Public Function RechnungErstellen(lngBestellungID As Long) As String
    Dim strDateipfad As String
    Dim strBericht As String
    strBericht = "rptRechnung"
    strDateipfad = DateipfadErmitteln("tblBestellungen", "BestellungID", _
        lngBestellungID, "VerzeichnisRechnungsdateien", "DateinameRechnungsdateien")
    DoCmd.OpenReport strBericht, WhereCondition:="BestellungID = " & lngBestellungID, _
        View:=acViewPreview, WindowMode:=acHidden
    DoCmd.OutputTo acOutputReport, strBericht, "PDF", strDateipfad
    DoCmd.Close acReport, strBericht
    RechnungErstellen = strDateipfad
End Function
```

Wenn Sie noch die nachfolgende beschriebene Funktion *DateipfadErmitteln* erstellt haben (siehe Beispieldatenbank, Modul *mdlTools*), war es das schon – die Rechnung befindet sich im angegebenen Verzeichnis (siehe Abbildung 7.3). Und auch die PDF-Dateien des Rechnungsberichts sehen genau wie erwartet aus (siehe Abbildung 7.4).

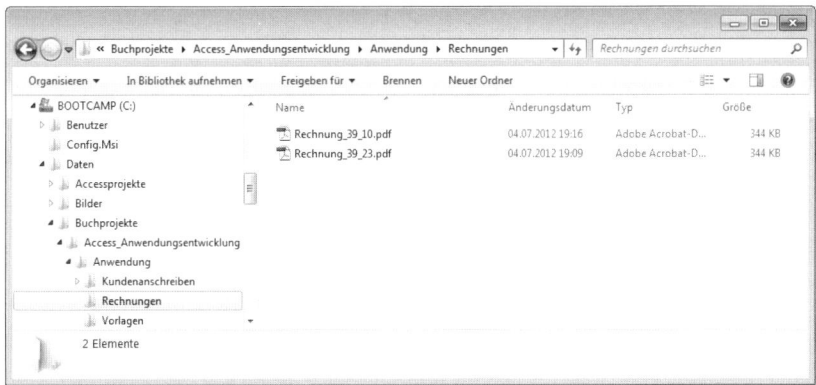

Abbildung 7.3: Verzeichnisstruktur mit Beispielrechnungen

Ermitteln des Dateipfades für die zu erstellende PDF-Datei

Für die Dateipfade, also für Verzeichnisse und Dateinamen, soll die Anwendung bestimmte Standardwerte bereithalten, die der Anwender nach Bedarf anpassen kann. Diese Einstellungen werden im Dialog *frmOptionen* gespeichert, der wie in Abbildung 7.5 aussieht. Das Formular enthält Daten aus der Tabelle *tblOptionen* (die Feldbeschreibungen finden Sie im Entwurf der Tabelle in der Beispieldatenbank).

Kapitel 7 Rechnungen verwalten

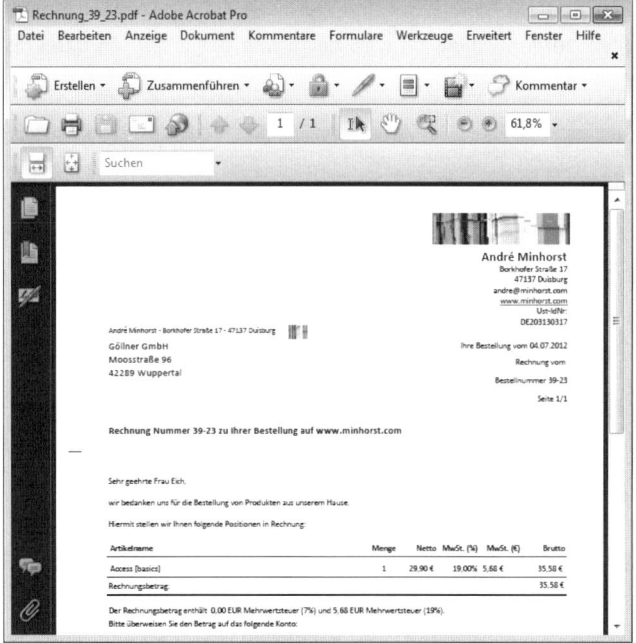

Abbildung 7.4: Ein Access-Bericht im PDF-Format

Der Standardwert für das Verzeichnis der Rechnungsdateien steht im Feld *VerzeichnisRechnungsdateien* der Tabelle *tblOptionen*, der Standardwert für den Dateinamen im Feld *DateinameRechnungsdateien*. Die in der Beispieldatenbank für die Felder hinterlegten Werte *[Backend]\Rechnungen* und *Rechnung_[KundeID]_[BestellungID].pdf* enthalten bereits einige Platzhalter.

Abbildung 7.5: Angabe des Pfades für die Rechnungsdateien

Die Funktion *DateipfadErmitteln* aus dem Modul *mdlTools* macht aus diesen Vorlagen einen richtigen Dateipfad, indem sie die Werte der Tabelle *tblOptionen* einliest und die Platzhalter ersetzt. Nun gibt es nicht nur Platzhalter wie *[Backend]*, der durch das Verzeichnis des Backends ersetzt werden soll, sondern auch Feldnamen aus Tabellen. Um wie hier Verzeichnis und Dateiname

Grundsätzliche Überlegungen

für die zu erstellende PDF-Datei zu ermitteln, übergibt die Prozedur *RechnungErstellen* folgende Parameter an die Funktion *DateipfadErmitteln*:

» *strDatenherkunft*: Enthält den Namen der Tabelle, aus der Werte für Platzhalter stammen (hier *tblBestellungen*)

» *strID*: Primärschlüsselfeld dieser Tabelle (hier *BestellungID*)

» *lngID*: Wert des Primärschlüsselfeldes für den Datensatz, der die Werte für die Platzhalter liefern soll

» *strVorlageVerzeichnis*: Feld der Tabelle *tblOptionen*, welches die Vorlage für das Verzeichnis liefert (hier das Feld *VerzeichnisRechnungsdateien*)

» *strVorlageDateiname*: Feld der Tabelle *tblOptionen*, aus der die Vorlage für den Dateinamen stammt (hier das Feld *DateinameRechnungsdateien*)

Damit ermittelt die Funktion zunächst per *DLookup*-Funktion die Vorlagen für Verzeichnis und Dateiname und speichert diese in *strVerzeichnis* und *strDateiname*. In *strVerzeichnis* werden, soweit vorhanden, die Platzhalter *[Backend]* und *[Frontend]* durch entsprechende Verzeichnisse ersetzt. Wenn *strVerzeichnis* nicht auf \ endet, hängt die Prozedur dieses Zeichen nachträglich an. Dann folgt der Teil, der Platzhalter durch Feldinhalte der mit *strDatenherkunft* übergebenen Tabelle oder Abfrage ersetzt. Dazu durchläuft die Prozedur alle Felder dieser Datenherkunft und ersetzt Platzhalter, die dem in eckige Klammern eingefassten Feldnamen entsprechen, durch den Wert des jeweiligen Feldes. So wird aus *Rechnung_[KundeID]_[BestellungID].pdf* beispielsweise *Rechnung_12_31.pdf*. Die Prozedur *VerzeichnisErstellen* legt die Verzeichnisstruktur an, falls noch nicht geschehen (diese Prozedur finden Sie im Modul *mdlTools*). Der aus *strVerzeichnis* und *strDateiname* zusammengesetzte Ausdruck wird schließlich als Funktionswert zurückgeliefert.

```
Public Function DateipfadErmitteln(strDatenherkunft As String, strID As String, _
        lngID As Long, strVorlageVerzeichnis As String, _
        strVorlageDateiname As String) As String
    Dim db As DAO.Database
    Dim rst As DAO.Recordset
    Dim fld As DAO.Field
    Dim strVerzeichnis As String
    Dim strDateiname As String
    strVerzeichnis = DLookup(strVorlageVerzeichnis, "tblOptionen")
    strDateiname = DLookup(strVorlageDateiname, "tblOptionen")
    strVerzeichnis = Replace(strVerzeichnis, "[Backend]", Backendverzeichnis)
    strVerzeichnis = Replace(strVerzeichnis, "[Frontend]", CurrentProject.Path)
    If Not Right(strVerzeichnis, 1) = "\" Then
        strVerzeichnis = strVerzeichnis & "\"
    End If
    Set db = CurrentDb
```

```
        Set rst = db.OpenRecordset("SELECT * FROM " & strDatenherkunft & " WHERE " _
            & strID & " = " & lngID)
        For Each fld In rst.Fields
            On Error Resume Next
            strVerzeichnis = Replace(strVerzeichnis, "[" & fld.Name & "]", fld.Value)
            strDateiname = Replace(strDateiname, "[" & fld.Name & "]", fld.Value)
            On Error GoTo 0
        Next fld
        VerzeichnisErstellen strVerzeichnis
        DateipfadErmitteln = strVerzeichnis & strDateiname
    End Function
```

7.2 Übersichtsformular für Rechnungen

Das Übersichtsformular für Rechnungen soll zeigen, wie Sie in einem Hauptformular und in einem Unterformular Daten aus der gleichen Datenquelle anzeigen, in diesem Falle aus der Tabelle *tblBestellungen*. Der Fokus liegt dabei natürlich auf den rechnungsrelevanten Daten.

7.2.1 Rechnung als bezahlt markieren oder Abgleich mit den Umsätzen?

Die obige Vorgehensweise erwartet, dass der Benutzer etwa beim manuellen Abgleich mit dem Kontoauszug die einzelnen Rechnungen durch Eintragen eines Datums in das Feld *BezahltAm* als bezahlt markiert.

Später werden Sie im Kapitel »Onlinebanking« (Seite 301) Techniken kennenlernen, mit denen Sie die Umsätze auf einem Bankkonto in einer Tabelle namens *tblUmsaetze* erfassen können. Diese Tabelle enthält auch ein Feld namens Betrag, der den ein- oder ausgehenden Umsatz liefert.

Wäre es nicht eine praktische Idee, wenn man die Umsätze gegen die Rechnungsbeträge abgleichen könnte? Im Idealfall zahlt der Kunde genau den Betrag, der auch auf der Rechnung angegeben ist, aber gelegentlich kommt es vor, dass er sich vertippt oder dass er nicht den kompletten Betrag auf einmal zahlt.

Wenn Sie nur ein Feld namens *BezahltAm* vorhalten und der Kunde den Betrag in mehr als einem Schritt bezahlt, müssen Sie schon das Bemerkungen-Feld bemühen, um dies zu vermerken – die Rechnung kann ja zu diesem Zeitpunkt nicht als bezahlt markiert werden.

Also machen wir aus der Not eine Tugend und ermöglichen es, einer Bestellung beziehungsweise Rechnung beliebig viele Beträge aus der Tabelle *tblUmsaetze* zuzuweisen. Eigentlich reicht es aus, wenn Sie der Tabelle *tblUmsaetze* ein Feld namens *BestellungID* hinzufügen, mit dem

Übersichtsformular für Rechnungen

ein Datensatz der Tabelle *tblUmsaetze* einem Datensatz der Tabelle *tblBestellungen* zugewiesen werden kann. Auf diese Weise können Sie einer Bestellung auch mehrere Umsätze zuweisen.

Andersherum soll man ein Datenmodell immer so flexibel anlegen wie möglich – zumindest, wenn es nicht schadet. Warum also nicht gleich eine m:n-Beziehung mithilfe einer Verknüpfungstabelle zwischen den Tabellen *tblBestellungen* und *tblUmsaetzen* anlegen, mit der Sie jeder Bestellung verschiedene Umsätze zuweisen können und umgekehrt? Aber warum der umgekehrte Fall?

Nun: Es kann ja auch einmal vorkommen, dass ein Kunde zwei oder mehr Bestellungen mit einer Überweisung bezahlt. Diesen Fall wollen wir in dieser Version der Anwendung nicht ausprogrammieren, aber wir schaffen so zumindest die Möglichkeit, dieses Feature zu gegebener Zeit hinzuzufügen. Die Verknüpfungstabelle sieht wie in Abbildung 7.6 aus.

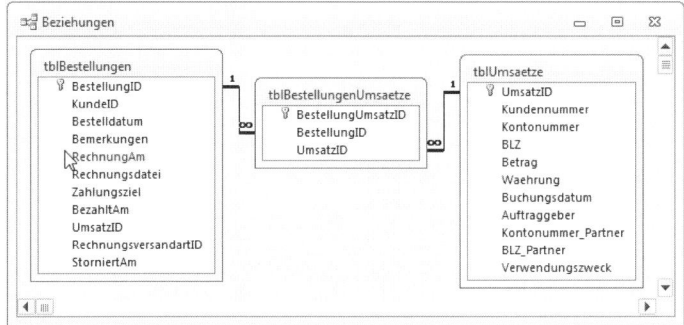

Abbildung 7.6: Verknüpfungstabelle für flexible Zuteilung von Umsätzen zu Bestellungen

Die Tabelle *tblUmsaetze* wird später im Kapitel »Onlinebanking« (Seite 301) genauer beschrieben, die Tabelle *tblBestellungen* kennen Sie ja bereits.

Mit diesen Informationen im Hinterkopf schauen wir uns zunächst das komplette Formular an – es ist ein wenig aufwendiger, daher kann ein vorheriger Überblick nicht schaden. Sie finden das Formular in Abbildung 7.7.

Das Formular *frmRechnungsuebersicht* zeigt im oberen Bereich alle Rechnungen in einem Unterformular in der Datenblattansicht an. Darüber finden Sie einige Filter-Steuerelemente. Damit können Sie die angezeigten Bestellungen nach folgenden Kriterien filtern:

» Bestelldatum
» Rechnungsdatum
» Rechnung bezahlt
» Rechnung storniert

Sie werden sicher weitere Kriterien finden, die für Ihren speziellen Fall sinnvoll sind.

Kapitel 7 Rechnungen verwalten

Abbildung 7.7: Verwaltung von Bestellungen/Rechnungen

Ein Doppelklick auf eines der Datumstextfelder öffnet den Dialog aus Abbildung 7.8, mit dem Sie komfortabel den anzuzeigenden Zeitraum auswählen können. Dort klicken Sie bei gedrückter Maustaste auf das erste Datum des gewünschten Zeitraums und lassen die Maus über dem zweiten Datum wieder los. Der Zeitraum wird im Formular angezeigt und dann in das aufrufende Formular übernommen.

Für die beiden übrigen Filterkriterien, die festlegen, ob nur bezahlte, nicht bezahlte, stornierte oder nicht stornierte Artikel angezeigt werden sollen, haben wir jeweils eine Optionsgruppe vorgesehen.

Zuerst war hier jeweils ein Kontrollkästchen geplant, aber damit kann man ja nur entweder alle bezahlten oder alle nicht bezahlten Bestellungen anzeigen – aber nicht einfach alle Bestellungen.

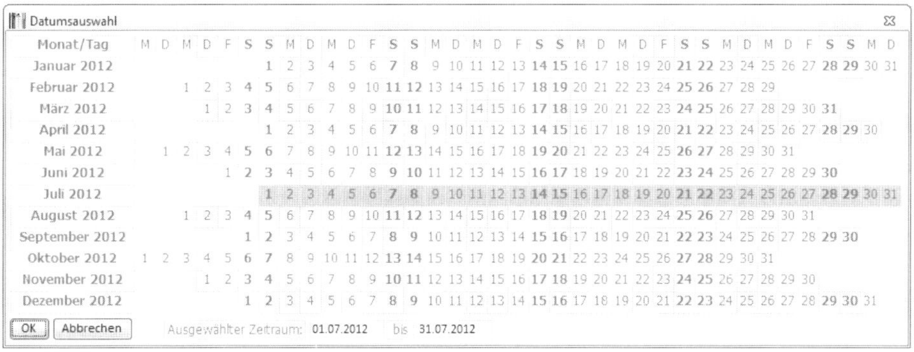

Übersichtsformular für Rechnungen

Abbildung 7.8: Zeiträume auswählen per Formular

Nach dem Filtern und Auswählen einer Bestellung können Sie über die Schaltflächen direkt über dem Unterformular eine Bestellung löschen oder die Rechnung zur Bestellung drucken, anzeigen oder gleich per E-Mail verschicken.

Außerdem zeigen die Steuerelemente unterhalb des Unterformulars alle Details der Bestellung an (mit Ausnahme der Bestellpositionen – aber die erhalten Sie, wenn Sie auf die Schaltfläche *Details anzeigen* klicken).

Neben einem Überblick über alle Rechnungen befindet sich im unteren Bereich noch eine ganz wichtige Funktion der Anwendung: Dort werden alle in der Tabelle *tblUmsaetze* verbuchten Umsätze aufgelistet und können einer Bestellung zugewiesen werden.

Dazu zeigt das obere von zwei Listenfeldern alle noch nicht zugewiesenen Umsätze an. Das untere Listenfeld hingegen liefert alle Umsätze der Tabelle *tblUmsaetze*, die über die Verknüpfungstabelle *tblBestellungenUmsaetze* bereits einer Bestellung zugewiesen wurden.

Wie soll man nun aus den möglicherweise vielen Eingängen genau den herausfinden, der zur aktuellen Bestellung passt? Ganz einfach: Dazu verwenden Sie die Kontrollkästchen über dem Listenfeld, die folgende Wirkung haben:

» *Bestellnummer*: Untersucht den Verwendungszweck auf das Vorkommen der Bestellnummer.

» *Kundennummer*: Untersucht den Verwendungszweck auf das Vorkommen der Kundennummer.

» *Name in Auftraggeber*: Sucht im Feld Auftraggeber nach dem Vornamen oder dem Nachnamen – es reicht für einen Treffer, wenn eines von beiden vorkommt.

» *Name in Verwendungszweck*: Sucht im Feld *Verwendungszweck* nach Vor- und Nachname.

» *Gleicher Betrag*: Sucht nach Datensätzen, deren Umsatz mit der Bestellsumme übereinstimmt. Hier könnte man gegebenenfalls noch die Schrauben lockern und ein paar Euro oder Cent Spiel einräumen.

Kapitel 7 Rechnungen verwalten

Mit diesen Kontrollkästchen können Sie die Einträge im oberen Listenfeld so weit filtern, dass Sie den passenden Umsatz schnell finden. Sollten noch einige übrig bleiben, hilft möglicherweise die Anzeige der Umsatzdetails rechts von den Listenfeldern.

Wenn Sie einen Umsatz gefunden haben, der zur gewählten Rechnung passt, markieren Sie diesen und klicken auf die Schaltfläche mit der Beschriftung *Markierten Umsatz zu Rechnung zuordnen*. Dadurch wird in der Tabelle *tblBestellungenUmsaetze* ein Eintrag angelegt, der die aktuelle Bestellung und den Umsatz zusammenführt.

Der Umsatz wird nun im unteren Listenfeld angezeigt. Sollte der Kunde die Rechnung in mehreren Zügen bezahlt haben, können Sie einer Bestellung auch mehrere Umsätze zuweisen.

Sollten Sie sich einmal vertun, entfernen Sie einen einmal zugeteilten Umsatz mit der Schaltfläche *Markierten Umsatz von Rechnung entfernen*.

Das Zuweisen eines Umsatzes hat noch weitere Folgen: Das Unterformular mit der Liste der Bestellungen wird aktualisiert, indem dort die Summe der Eingänge angezeigt wird – und eine Spalte mit der Überschrift *Offen* zeigt an, ob der Kunde noch nachzahlen muss.

Schließlich haben wir für zwei Felder in der Übersicht bedingte Formatierungen festgelegt:

» Das Feld *Zahlungsziel* wird rot markiert, wenn dieser Zeitpunkt überschritten und die Zahlung noch nicht vollständig beglichen ist.

» Das Feld *Offen* wird orange markiert, wenn der Kunde zu viel gezahlt hat.

Beispiele für beides finden Sie in Abbildung 7.9.

Abbildung 7.9: Markierungen offener und zu viel gezahlter Rechnungen

7.2.2 Anzeige der Bestellungen im Unterformular

Die Bestellungen werden im Unterformular *sfmRechnungsuebersicht* angezeigt, das in der Datenblattansicht erscheinen soll. Das Formular verwendet eine Abfrage namens *qrySfmRechnungsuebersicht* als Datenherkunft (siehe Abbildung 7.10) und zeigt alle enthaltenen Felder an.

Übersichtsformular für Rechnungen

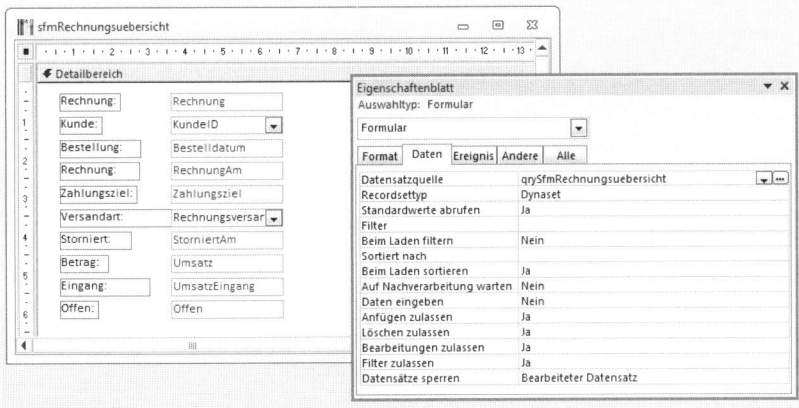

Abbildung 7.10: Das Unterformular *sfmRechnungsuebersicht* in der Entwurfsansicht

Diese Abfrage ist etwas komplizierter aufgebaut. Sie besteht im Wesentlichen aus Feldern der Tabelle *tblBestellungen*, bezieht jedoch weitere Daten aus zwei weiteren verknüpften Abfragen, die eigens für diese Abfrage erstellt wurden. Abbildung 7.11 zeigt zunächst den Aufbau der Abfrage *qrySfmRechnungsuebersicht*.

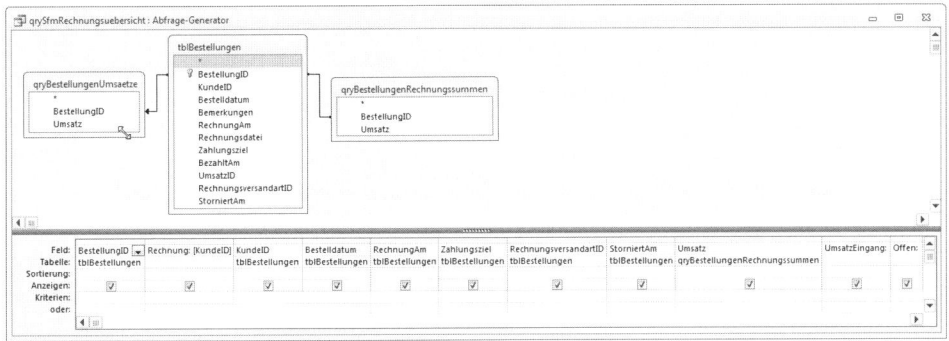

Abbildung 7.11: Entwurfsansicht der Abfrage *qrySfmRechnungsuebersicht*

Neben allen Feldern der Tabelle *tblBestellungen* liefert die Abfrage mit dem Feld *Umsatz* aus der Abfrage *qryBestellungenRechnungssummen* noch den Umsatz der aktuellen Bestellung, also die Summe aller Bestellungspositionen samt Mehrwertsteuer, Rabatt und Menge. Die Abfrage *qryBestellungenRechnungssummen* sieht wie in Abbildung 7.12 aus und liefert nebem dem Feld *BestellungID*, über das diese in der Hauptabfrage mit der Tabelle *tblBestellungen* verknüpft wird, noch ein Feld namens *Umsatz*, das die Summe aller Rechnungspositionen liefert (aus der Formel *[Einzelpreis]*(1+[Mehrwertsteuersatz])*[Menge]*(1-[Rabatt])*). Damit die Abfrage die Positionen einer Bestellung zu einer Summe zusammenfasst, fügen Sie eine Gruppierung nach dem Feld *BestellungID* hinzu.

Kapitel 7 Rechnungen verwalten

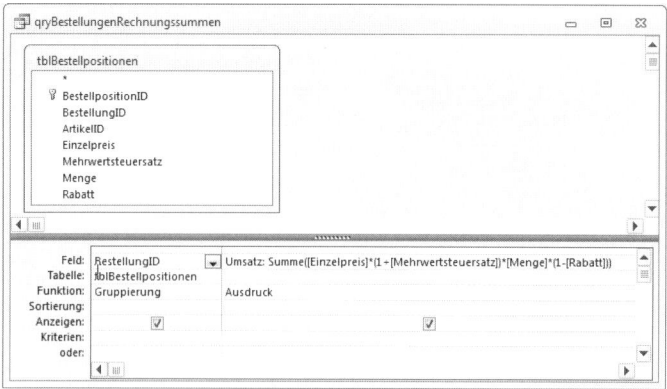

Abbildung 7.12: Berechnung der Rechnungssumme für eine Bestellung

Das Ergebnis dieser Abfrage sieht schließlich wie in Abbildung 7.13 aus. Wenn diese Abfrage nun in der Hauptabfrage über das Feld *BestellungID* mit dem gleichnamigen Feld der Tabelle *tblBestellungen* verknüpft wird, fügt dies zu jedem Bestell-Datensatz die Bestellsumme hinzu.

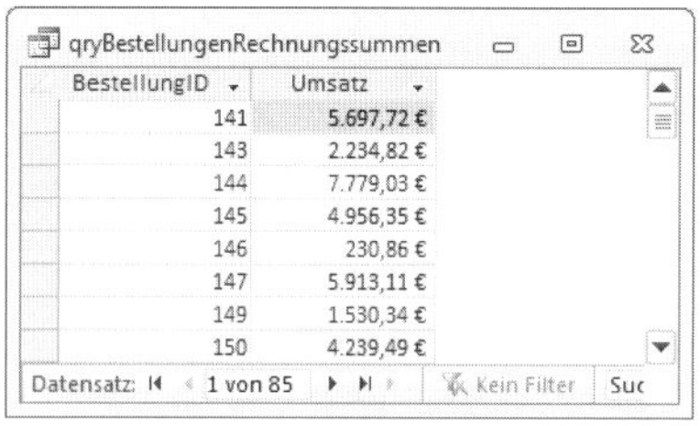

Abbildung 7.13: Ergebnis der Abfrage *qryBestellungenRechnungssummen*

Die Abfrage *qryBestellungenUmsaetze* soll alle Einträge der Tabelle *tblUmsaetze* ermitteln, die über die Tabelle *tblBestellungenUmsaetze* mit der Tabelle *tblBestellungen* und somit mit einer Bestellung verknüpft sind.

Auch hier kann es sein, dass einer Bestellung mehr als ein weiterer Datensatz zugeordnet ist – genau wie bei den Bestellpositionen kann es also auch mehrere Zahlungseingänge auf eine Rechnungsnummer geben. Auch dies berücksichtigt die Abfrage aus Abbildung 7.14, denn sie gruppiert die Daten nach dem Feld *BestellungID* und summiert alle anfallenden Umsätze.

Zurück zur Hauptabfrage *qrySfmRechnungsuebersicht*. Diese verknüpft die Abfrage *qryBestellungenRechnungssummen* und *qryBestellungenUmsaetze* über das Feld *BestellungID* mit dem Primärschlüsselfeld der Tabelle *tblBestellungen*.

Nun ist es so, dass es zwar zu jeder Bestellung mindestens eine Rechnungsposition geben sollte, aber nicht unbedingt immer einen Zahlungseingang. Deshalb stellen Sie die Verknüpfungseigenschaften zwischen *tblBestellungen* und *qryBestellungenUmsaetze* so ein, dass auf jeden

Übersichtsformular für Rechnungen

Fall alle Datensätze der Tabelle *tblBestellungen* angezeigt werden, auch wenn es zu diesem Datensatz noch gar keinen Umsatz gibt (siehe Abbildung 7.15).

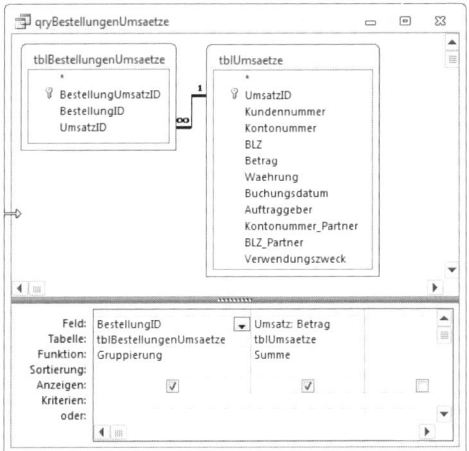

Abbildung 7.14: Diese Abfrage ermittelt alle Zahlungseingänge zu einer Bestellung.

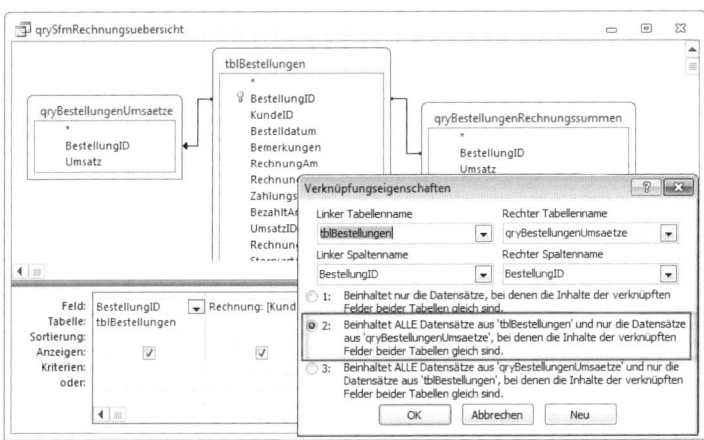

Abbildung 7.15: Umsätze sollen nur angezeigt werden, wenn diese vorhanden sind.

Fehlen noch zwei entscheidende Felder in der Abfrage *qrySfmRechnungsuebersicht*. Das Feld *UmsatzEingang* zeigt die Summe aller Zahlungseingänge an, und wenn keiner vorhanden ist, den Wert *0*:

    UmsatzEingang: Nz([qryBestellungenUmsaetze].[Umsatz];0)

Und das Feld Offen *liefert* die Differenz zwischen Rechnungsbetrag und Zahlungeingängen:

    Offen: [qryBestellungenRechnungssummen].[Umsatz]-Nz([qryBestellungenUmsaetze].[Umsatz];0)

Kapitel 7 Rechnungen verwalten

7.2.3 Überfällige Zahlungen und zu viel gezahlte Beträge markieren

Damit der Benutzer offene Rechnungen, deren Zahlungsziel überschritten wurde, auf einen Blick erkennen kann, legen Sie eine entsprechende bedingte Formatierung fest. Diese erstellen Sie gleich in der Entwurfsansicht des Unterformulars *sfmRechnungsuebersicht*.

Markieren Sie zunächst das Textfeld *txtZahlungsziel*, wählen Sie aus dem Kontextmenü den Eintrag *Bedingte Formatierung ...* aus und klicken Sie auf die Schaltfläche *Neue Regel*.

Im nun erscheinenden Dialog wählen Sie im linken Kombinationsfeld den Eintrag *Ausdruck ist* aus und tragen im Textfeld rechts daneben den folgenden Ausdruck ein:

```
([Zahlungsziel]<Datum()) Und ([Offen]>0)
```

Legen Sie dann die gewünschte Formatierung fest, in diesem Fall einen roten Hintergrund. Dies sorgt dafür, dass das Textfeld immer markiert wird, wenn das Zahlungsziel überschritten und die Zahlung noch offen ist (siehe Abbildung 7.16).

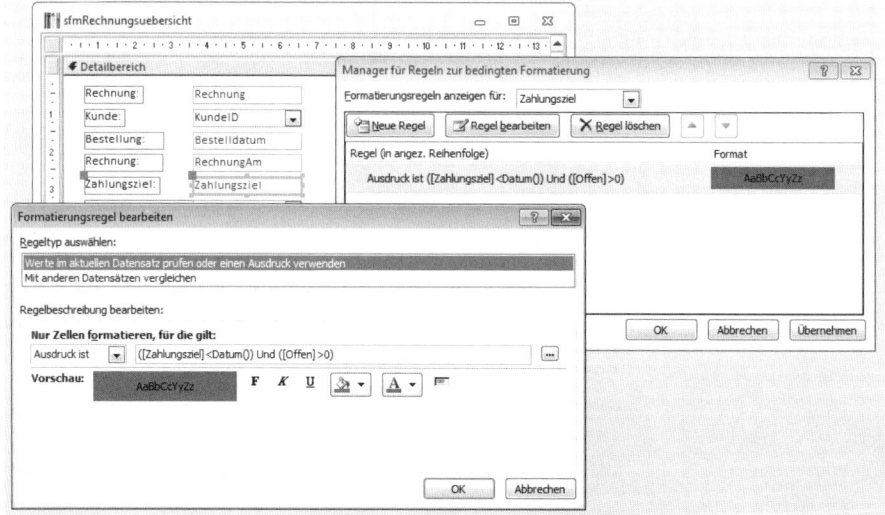

Abbildung 7.16: Bedingte Formatierung zur Markierung nicht beglichener Rechnungen

Die zweite bedingte Formatierung soll dafür sorgen, dass das Textfeld *txtOffen* orange markiert wird, wenn der Kunde mehr gezahlt hat als in Rechnung gestellt wurde. Diese bedingte Formatierung verwendet keinen Ausdruck, sondern bezieht sich direkt auf den aktuellen Feldwert (siehe Abbildung 7.17).

Dies sind nur zwei Beispiele zum Hervorheben von Daten mit der bedingten Formatierung – Ihnen fallen sicher noch weitere Anwendungsfälle ein.

Damit ist das Unterformular fertiggestellt und kann in das Hauptformular integriert werden.

Übersichtsformular für Rechnungen

Abbildung 7.17: Bedingte Formatierung für zu viel gezahlte Beträge

7.2.4 Unterformular und Hauptformular synchronisieren

Das Hauptformular soll Daten der Bestellung anzeigen, die im Unterformular markiert ist. Dazu soll das Hauptformular die Steuerung des Unterformulars in der Form übernehmen, dass es auf die Ereignisse des Unterformulars wie etwa *Beim Anzeigen* reagiert.

Dazu soll das Hauptformular jedoch zunächst einige Daten der Tabelle *tblBestellungen* anzeigen. Stellen Sie also die Eigenschaft *Datenherkunft* des Formulars *sfmBestellungenUebersicht* auf die Tabelle *tblBestellungen* ein.

Anschließend fügen Sie die Felder der Tabelle *tblBestellungen* zum Formular hinzu (siehe Abbildung 7.18). Zu den Steuerelementen zum Filtern und zum Erstellen von Rechnungen im oberen Bereich kommen wir später.

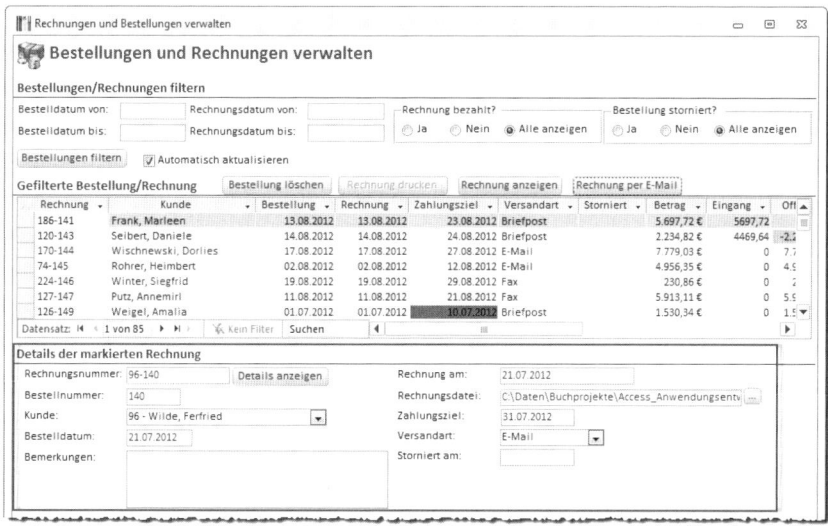

Abbildung 7.18: Steuerelemente zur Anzeige der Felder der Tabelle *tblBestellungen*

Kapitel 7 Rechnungen verwalten

Nun soll das Hauptformular immer genau den im Unterformular markierten Datensatz anzeigen. Dies erreichen Sie durch drei Aktionen. Als Erstes deklarieren Sie eine Variable, mit der Sie auf das Unterformular verweisen und auf dessen Ereignisse reagieren können – und zwar im Kopf des Klassenmoduls des Hauptformulars:

```
Dim WithEvents Form_sfmRechnungsuebersicht As Form
```

Danach fügen Sie dem Formular eine Ereignisprozedur für das Ereignis *Beim Laden* hinzu und legen dort die folgenden Anweisungen an:

```
Private Sub Form_Load()
    Set Form_sfmRechnungsuebersicht = Me!sfmRechnungsuebersicht.Form
    With Form_sfmRechnungsuebersicht
        .OnCurrent = "[Event Procedure]"
    End With
    ...
End Sub
```

Diese Anweisungen referenzieren zunächst das Unterformular und legen dann fest, dass es die in diesem Klassenmodul befindliche Ereignisprozedur für das Ereignis *Beim Anzeigen* ausführen soll. Dieses Ereignis implementieren Sie schließlich wie folgt:

```
Private Sub Form_sfmRechnungsuebersicht_Current()
    Me.Recordset.FindFirst "BestellungID = " & Form_sfmRechnungsuebersicht!BestellungID
    Call UmsaetzeFiltern
End Sub
```

Die erste Anweisung sucht in der Datenherkunft des Hauptformulars nach dem ersten Datensatz, der die gleiche *BestellungID* wie der Datensatz im Unterformular hat. Anschließend ruft die Prozedur die Routine *UmsaetzeFiltern* auf, die sich um die Listenfelder im unteren Bereich des Formulars kümmert – mehr dazu später.

Das Fernsteuern des Unterformulars vom Hauptformular aus hat hier den praktischen Nutzen, dass die Synchronisierung andersherum wesentlich komplizierter wäre.

Wenn Sie nämlich den im Hauptformular angezeigten Datensatz vom Unterformular aus aktualisieren wollten, wäre das beim Öffnen problematisch: Dann würde nämlich das *Beim Anzeigen*-Ereignis im Unterformular ausgelöst, bevor das Hauptformular überhaupt mit Daten gefüllt ist. Auf dem hier dargestellten Weg tritt dieses Problem gar nicht erst auf.

Rechnungsdatei öffnen

Und wo wir gerade bei den Steuerelementen zur Anzeige der Bestelldetails sind: Hier finden Sie neben dem Textfeld zur Anzeige des Dateinamens der Rechnung eine Schaltfläche, welche die im PDF-Format gespeicherte Rechnung öffnen soll. Diese Schaltfläche löst die folgende Porzedur aus:

```
Private Sub cmdRechnungsdateiOeffnen_Click()
    Application.FollowHyperlink Me!txtRechnungsdatei
End Sub
```

7.2.5 Bestellungen filtern

Um die Bestellungen im Unterformular zu filtern, finden Sie einige Steuerelemente im Kopf des Formulars. Als Erstes finden Sie dort die zwei Felder zum Eingrenzen des Bestelldatums, *txtBestelldatumVon* und *txtBestelldatumBis*.

Ein Doppelklick in eines der beiden Felder soll das Formular *frmDatumsauswahl* öffnen und nach dem Schließen die gewählten Datumsangaben in die Textfelder zurückschreiben.

Das Formular zur Eingabe des Datumsbereichs wird weitgehend von einer Klasse namens *clsDatumsauswahl* gesteuert, die Sie beim Laden des Formulars erzeugen und mit Verweisen auf die Textfelder füllen, die mit dem Formular zusammenarbeiten sollen. Zunächst deklarieren Sie diese Klasse mit der folgenden Zeile im Kopf des Klassenmoduls:

```
Dim WithEvents objDatumsauswahlBestellung As clsDatumsauswahl
```

Die *Form_Load*-Prozedur erweitern Sie um die folgenden Zeilen:

```
Set objDatumsauswahlRechnung = New clsDatumsauswahl
With objDatumsauswahlRechnung
    Set .Form = Me
    Set .StartdateTextbox = Me!txtRechnungsdatumVon
    Set .EnddateTextbox = Me!txtRechnungsdatumBis
End With
```

Die erste Zeile instanziert ein neues Objekt auf Basis der Klasse *clsDatumsauswahl*, die folgenden teilen der Klasse mit, von welchem Formular aus das Datumsauswahl-Formular aufgerufen werden soll und welche die Textfelder sind, die beim Doppelklicken die Datumsauswahl starten sollen.

Damit sind die Arbeiten für die Integration des Formulars *frmDatumsauswahl* auch bereits abgeschlossen – für die beiden Textfelder *txtRechnungsdatumVon* und *txtRechnungsdatumBis* läuft dies genauso, außer dass Sie dafür eine eigene Instanz der Klasse namens *objDatumsauswahlRechnung* verwenden und die Eigenschaften der Instanz mit Verweisen auf die entsprechenden Textfelder gefüllt werden.

Die Funktionsweise der Klasse und des aufgerufenen Formulars *frmDatumsauswahl* kann an dieser Stelle aus Platzgründen leider nicht im Detail beschrieben werden.

Bei den beiden Steuerelementen *ogrRechnungBezahlt* und *ogrStorniert* handelt es sich um normale Optionsgruppen, deren Optionsschaltflächen die Werte *-1* (*Ja*), *0* (*Nein*) und *1* (*Alle*) enthalten.

7.2.6 Unterformular erweitern

Fehlen noch zwei Features für das Unterformular in der Datenblattansicht, die Sie bereits aus den vorherigen Kapitel kennen. Das Unterformular wird mit der Klasse *clsDatasheetSelector* ausgestattet, die beim Anklicken eines der Steuerelemente automatisch den kompletten Datensatz markiert und Ereignisprozeduren etwa für den Doppelklick im Hauptformular bereitstellt. Die Deklaration sieht so aus:

```
Dim WithEvents objDSBestellungen As clsDatasheetSelector
```

Schauen wir uns gleich noch die Deklaration des Objekts an, das die Spaltenbreite im Unterformular automatisch optimieren soll:

```
Dim objCWRechnungen As clsColumnWidths
```

Beide werden in der *Form_Load*-Ereignisprozedur eingerichtet, und zwar durch die folgenden Anweisungen:

```
Set objCWRechnungen = New clsColumnWidths
With objCWRechnungen
    Set .DataSheetForm = Me!sfmRechnungsuebersicht.Form
    .OptimizeColumnWidths
End With
Set objDSBestellungen = New clsDatasheetSelector
With objDSBestellungen
    Set .DataSheetForm = Me!sfmRechnungsuebersicht.Form
End With
```

7.2.7 Bestelldetails anzeigen

Wenn der Benutzer doppelt auf einen der Einträge des Unterformulars klickt, soll der entsprechende Bestelldatensatz im Formular *frmBestellungDetail* angezeigt werden. Dies erledigt die Prozedur, die durch das Ereignis *Beim Doppelklicken* des Objekts *objDSBestellungen* ausgelöst wird:

```
Private Sub objDSBestellungen_DblClick()
    DoCmd.OpenForm "frmBestellungDetail", WhereCondition:="BestellungID = " _
        & Me!sfmRechnungsuebersicht.Form!BestellungID, DataMode:=acFormEdit, _
        WindowMode:=acDialog
    SilentRequery Me!sfmRechnungsuebersicht.Form, "BestellungID"
End Sub
```

Anschließend sorgt ein Aufruf der Funktion *SilentRequery* dafür, dass das Unterformular aktualisiert wird, wobei der aktuelle Datensatz markiert und an der aktuellen Position stehen bleibt, was beim herkömmlichen Requery nicht der Fall ist – weitere Informationen zu *SilentRequery* siehe »Kein Datensatz- und Positionswechsel bei Requery« (Seite 417).

Übersichtsformular für Rechnungen

Und auch unter den Textfeldern zur Anzeige der Bestelldetails findet sich noch eine Schaltfläche mit der Beschriftung *Details anzeigen*, die den aktuellen Bestelldatensatz im Detailformular aufrufen soll. Diese Schaltfläche löst die folgende Ereignisprozedur aus:

```
Private Sub cmdDetailsAnzeigen_Click()
    DoCmd.OpenForm "frmBestellungDetail", WhereCondition:="BestellungID = " _
        & Me!BestellungID, DataMode:=acFormEdit
End Sub
```

7.2.8 Bestellungen filtern

Schauen wir uns nun an, wie die Bestellungen anhand der vier Filterkriterien gefiltert werden. Zuvor noch ein Hinweis auf das Kontrollkästchen *chkAutomatischAktualisieren*: Wenn der Benutzer dieses aktiviert, sollen die Datensätze im Unterformular direkt nach der Aktualisierung eines der Filter-Steuerelemente aktualisiert werden, anderenfalls erst nach Anklicken der Schaltfläche *cmdBestellungenFiltern_Click*. Wenn *chkAutomatischAktualisieren* also aktiviert ist, soll etwa nach der Eingabe eines neuen Datums im Textfeld *txtBestelldatum* gleich die Prozedur aufgerufen werden, die auch ein Klick auf die Schaltfläche *cmdBestellungenFiltern_Click* auslöst:

```
Private Sub txtBestelldatumBis_AfterUpdate()
    If Me!chkAutomatischAktualisieren = True Then
        cmdBestellungenFiltern_Click
    End If
End Sub
```

Die gleichen Zeilen finden Sie auch in den *Nach Aktualisieren*-Ereignisprozeduren der Textfelder *txtBestelldatumVon*, *txtRechnungsdatumBis* und *txtRechnungsdatumVon*; und auch die beiden Optionsgruppen verwenden die gleichen drei Zeilen.

Was aber geschieht, wenn der Benutzer doppelt auf eines der Textfelder zur Datumseingabe klickt und damit die Anzeige eines neuen Datums in einem der Textfelder bewirkt? Dies löst nicht das Ereignis *Nach Aktualisierung* aus, also wird auch nicht neu gefiltert.

Dafür bietet die Klasse *clsDatumsauswahl* ein Ereignis namens *Aktualisiert* an. Dieses wird ausgelöst, wenn der Benutzer das Formular *frmDatumsauswahl* geschlossen hat. Raten Sie mal, welche drei Zeilen die entsprechende Ereignisprozedur aufnimmt:

```
Private Sub objDatumsauswahlBestellung_Aktualisiert()
    If Me!chkAutomatischAktualisieren = True Then
        cmdBestellungenFiltern_Click
    End If
End Sub
```

Kommen wir also zum eigentlichen Arbeitstier, nämlich der Prozedur, die direkt durch einen Mausklick auf die Schaltfläche *cmdBestellungenFiltern* ausgelöst wird:

```
Private Sub cmdBestellungenFiltern_Click()
    Dim strFilter As String
    If Not IsNull(Me!txtBestelldatumVon) Then
        strFilter = strFilter & " AND Bestelldatum >= " & ISODatum(Me!txtBestelldatumVon)
    End If
    If Not IsNull(Me!txtBestelldatumBis) Then
        strFilter = strFilter & " AND Bestelldatum <= " & ISODatum(Me!txtBestelldatumBis)
    End If
    If Not IsNull(Me!txtRechnungsdatumVon) Then
        strFilter = strFilter & " AND RechnungAm >= " & ISODatum(Me!txtRechnungsdatumVon)
    End If
    If Not IsNull(Me!txtRechnungsdatumBis) Then
        strFilter = strFilter & " AND RechnungAm <= " & ISODatum(Me!txtRechnungsdatumBis)
    End If
    Select Case Me!ogrRechnungBezahlt
        Case -1
            strFilter = strFilter & " AND Offen = 0"
        Case 0
            strFilter = strFilter & " AND Offen > 0"
    End Select
    Select Case Me!ogrStorniert
        Case -1
            strFilter = strFilter & " AND StorniertAm IS NOT NULL"
        Case 0
            strFilter = strFilter & " AND StorniertAm IS NULL"
    End Select
    If Len(strFilter) > 0 Then
        strFilter = Mid(strFilter, 5)
        Me!sfmRechnungsuebersicht.Form.Filter = strFilter
        Me!sfmRechnungsuebersicht.Form.FilterOn = True
    Else
        Me!sfmRechnungsuebersicht.Form.Filter = ""
        Me!sfmRechnungsuebersicht.Form.FilterOn = False
    End If
End Sub
```

Die Prozedur stellt Schritt für Schritt einen Filterausdruck zusammen und verwendet dabei die zur Eingabe der Filterkriterien verwendeten Steuerelemente.

Für die Textfelder *txtBestelldatumVon*, *txtBestelldatumBis*, *txtRechnungsdatumVon* und *txtRechnungsdatumBis* kommt jeweils ein Ausdruck der folgenden Form hinzu:

```
AND Bestelldatum >= 31.7.2012
```

Für die beiden Optionsgruppen ermittelt die Prozedur, ob der Wert *-1* oder *0* ausgewählt wurde, also ob alle bezahlten oder nicht bezahlten beziehungsweise alle stornierten oder nicht stornierten Rechnungen angezeigt werden sollen.

Schließlich prüft die Prozedur, ob aufgrund der Benutzereingaben in die Steuerelemente überhaupt ein Filter zusammengestellt werden muss, und entfernt gegebenenfalls das führende *AND*, das jedem Teilausdruck vorangestellt wird – also auch dem ersten. Danach stellt die Prozedur die Eigenschaften *Filter* und *FilterOn* auf die entsprechenden Werte ein.

7.2.9 Umsätze anzeigen und zuordnen

Kommen wir zum unteren Bereich des Formulars, in dem Sie die zur Rechnung passenden Umsätze ermitteln und zuweisen (siehe Abbildung 7.19).

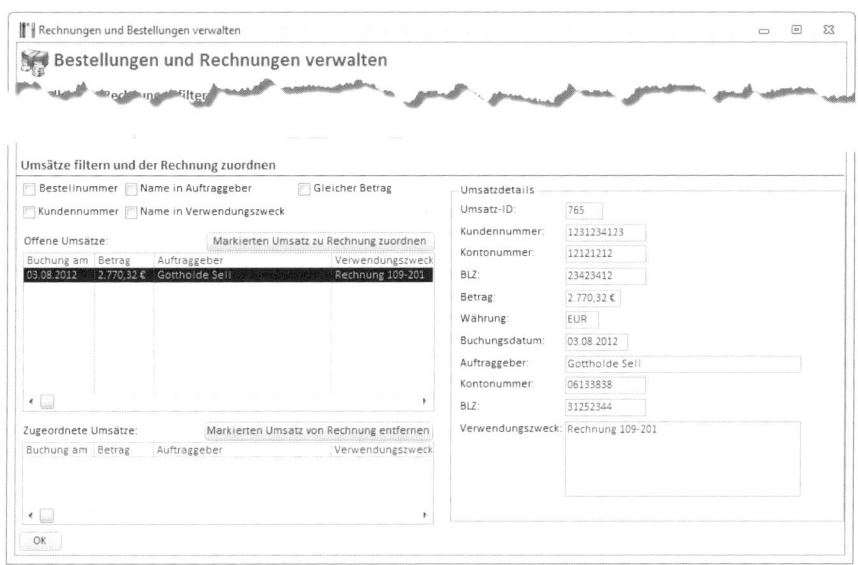

Abbildung 7.19: Filtern und zuordnen von Umsätzen zu den Rechnungen

Dort finden Sie zunächst einmal das Listenfeld *lstOffeneUmsaetze*, das die Abfrage *qryFrmRechnungsuebersichtLstOffeneUmsaetze* als Datensatzherkunft verwendet. Diese Abfrage sieht wie in Abbildung 7.20 aus und führt die beiden Tabellen *tblUmsaetze* und *tblBestellungenUmsaetze* zusammen.

Dabei wird die Verknüpfung derart gestaltet, dass alle Einträge der Tabelle *tblUmsaetze* im Abfrageergebnis angezeigt werden – aber nur, bevor das Kriterium zuschlägt. Und dieses legt fest, dass das Feld *BestellungUmsatzID* den Wert *Null* aufweisen muss, also kein Datensatz für die Tabelle *tblBestellungenUmsaetze* vorhanden ist. Sprich: Die Abfrage liefert nur solche Umsätze, die noch keiner Bestellung zugeordnet wurden.

Kapitel 7 Rechnungen verwalten

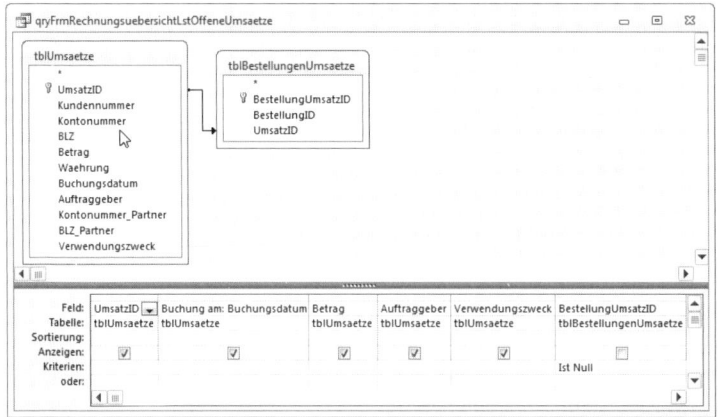

Abbildung 7.20: Diese Abfrage liefert alle offenen Umsätze der Tabelle *tblUmsaetze*.

Das untere Listenfeld *lstZugeordneteUmsaetze* soll hingegen alle zugeordneten Umsätze anzeigen – aber nur für die aktuell ausgewählte Bestellung. Sie verwendet die Abfrage *qryFrmRechnungsuebersichtLstUmsaetzeZugeordnet* als Datenherkunft, wobei diese noch um einen Parameter erweitert wird. Dies erledigt die Ereignisprozedur, die durch das Ereignis *Beim Anzeigen* des Hauptformulars ausgelöst wird:

```
Private Sub Form_Current()
    Me!lstZugeordneteUmsaetze.RowSource = _
        "SELECT * FROM qryFrmRechnungsuebersichtLstUmsaetzeZugeordnet " _
        & "WHERE BestellungID = " & Me!BestellungID
End Sub
```

Die Basisabfrage *qryFrmRechnungsuebersichtLstUmsaetzeZugeordnet* sieht genauso aus wie die für das obere Listenfeld, enthält jedoch eine normale Verknüpfung, die nur Daten liefert, für die auf beiden Seiten der Beziehung Daten vorliegen.

Um die grundlegende Anzeige der beiden Listenfelder zu komplettieren, fehlen noch ein paar Zeilen, die in der Prozedur *Form_Load* Platz finden:

```
Private Sub Form_Load()
    ....
    If Me!lstOffeneUmsaetze.ListCount > 1 Then
        Me!lstOffeneUmsaetze = Me!lstOffeneUmsaetze.ItemData(1)
    End If
    ...
End Sub
```

Diese sorgen dafür, dass der erste Eintrag des Listenfeldes *lstOffeneUmsaetze* markiert wird, wenn denn überhaupt ein Datensatz vorliegt. Während normalerweise *ItemData(0)* zum Ermitteln des ersten Datensatzes verwendet wird, ist es hier *ItemData(1)* – der Grund ist, dass dieses Listenfeld Spaltenüberschriften anzeigt, was intern als 0. Zeile behandelt wird.

7.2.10 OffeneUmsätze filtern

Um schnell den richtigen Umsatzposten für die aktuelle Rechnung zu finden, gibt es verschiedene Filter. Hintergrund ist, dass Kunden zwar in der Regel schlau genug sind, die Rechnungsnummer im Verwendungszweck anzugeben – was zur Zuordnung reichen würde –, aber nicht immer.

Und für diesem Fall stellt das Formular Möglichkeiten bereit, etwa im Verwendungszweck oder beim Auftraggeber nach dem Vor- oder Nachnamen der Rechnungsadresse zu fahnden oder etwa nach dem passenden Betrag zu suchen.

Auch hier wird wieder ein entsprechender Filter zusammengestellt. Dies erledigt die Prozedur *UmsaetzeFiltern*, die durch verschiedene Aktionen ausgelöst wird. Bei diesen Aktionen handelt es sich um die Ereignisprozeduren, die durch das Ereignis *Nach Aktualisierung* der fünf zum Filter vorgesehenen Kontrollkästchen ausgelöst werden. Schauen wir uns stellvertretend die Prozedur an, die beim Aktualisieren des Kontrollkästchens *chkBestellnummer* ausgelöst wird:

```
Private Sub chkBestellnummer_AfterUpdate()
    Call UmsaetzeFiltern
End Sub
```

Diese ruft schlicht und einfach die Prozedur *UmsaetzeFiltern* auf, die sich um alles Weitere kümmert. Schauen wir uns also direkt die Prozedur *UmsaetzeFiltern* an, die wie folgt aussieht:

```
Private Sub UmsaetzeFiltern()
    Dim strFilter As String
    Dim strVorname As String
    Dim strNachname As String
    strVorname = DLookup("Rechnung_Vorname", "tblKunden", "KundeID = " & Me!KundeID)
    strNachname = DLookup("Rechnung_Nachname", "tblKunden", "KundeID = " & Me!KundeID)
    If Me!chkBestellnummer = True Then
        strFilter = strFilter & " AND Verwendungszweck LIKE '*" & Me!BestellungID & "*'"
    End If
    If Me!chkGleicherBetrag = True Then
        strFilter = strFilter & " AND Betrag = " _
            & str(Fix(Me!txtRechnungsbetrag * 100) / 100)
    End If
    If Me!chkKundennummer = True Then
        strFilter = strFilter & " AND Verwendungszweck LIKE '*" & Me!KundeID & "*'"
    End If
    If Me!chkNameVerwendungszweck = True Then
```

Kapitel 7 Rechnungen verwalten

```
            strFilter = strFilter & " AND (Verwendungszweck LIKE '*" & strVorname _
                & "*' OR Verwendungszweck LIKE '*" & strNachname & "*')"
        End If
        If Me!chkNameAuftraggeber = True Then
            strFilter = strFilter & " AND (Auftraggeber LIKE '*" & strVorname _
                & "*' OR Auftraggeber LIKE '*" & strNachname & "*')"
        End If
        If Len(strFilter) > 0 Then
            strFilter = Mid(strFilter, 5)
            Me!lstOffeneUmsaetze.RowSource = _
                "SELECT * FROM qryFrmRechnungsuebersichtLstOffeneUmsaetze WHERE " & strFilter
        Else
            Me!lstOffeneUmsaetze.RowSource = "qryFrmRechnungsuebersichtLstOffeneUmsaetze"
        End If
    End Sub
```

Die Prozedur liest zunächst den Vornamen und den Nachnamen des Rechnungsempfängers in die beiden Variablen *strVorname* und *strNachname* ein. Danach prüft sie, ob das Kontrollkästchen *chkBestellnummer* aktiviert ist. Falls ja, wird der *String*-Variablen *strFilter* ein Ausdruck wie der folgende hinzugefügt:

```
AND Verwendungszweck LIKE '*<BestellungID>*'
```

Dabei ist *<BestellungID>* durch den jeweiligen Wert aus dem aktuellen Datensatz der Tabelle *tblBestellungen* zu ersetzen. Ist *chkGleicherBetrag* aktiviert, vergleicht ein weiteres Kriterium den Rechnungsbetrag mit dem in der Tabelle *tblUmsaetze* gespeicherten Umsatz. *str(Fix(Me!txtRechnungsbetrag * 100) / 100)* schneidet dabei alle Stelle hinter der zweiten Nachkommastelle ab – zum Beispiel: *1,2345* wird mit *100* multipliziert, was *123,45* ergibt.

Fix schneidet alle Nachkommastellen ab, also bleibt *123* über. Dies wird wieder durch *100* geteilt, was das Ergebnis *1,23* liefert. Soll die Kundennummer geprüft werden, was durch das aktivierte Kontrollkästchen *chkKundennummer* festgelegt wird, erweitert die Prozedur den Filter um die Prüfung, ob der Verwendungszweck die Kundennummer enthält.

Fehlen noch die beiden Kontrollkästchen, die den Verwendungszweck und den Auftraggeber auf den Vor- und den Nachnamen prüfen sollen. Hier wird ein Kriteriumsausdruck erstellt, der den Vornamen oder den Nachnamen sucht, also etwa so:

```
AND (Verwendungszweck LIKE '*Andre*' OR Verwendungszweck LIKE '*Minhorst*')
```

Gleiches gilt für die Prüfung von Vorname und Nachname im Feld *Auftraggeber* der Tabelle *tblUmsaetze*. Schließlich prüft die Prozedur, ob überhaupt ein Kriterium vorliegt, und schneidet gegebenenfalls das führende *AND* ab. Dann wird eine *SELECT*-Abfrage auf Basis der gespeicherten Abfrage *qryFrmRechnungsuebersichtLstOffeneUmsaetze* mit dem ermittelten Filterausdruck an die Eigenschaft *Datensatzherkunft* des Listenfeldes übergeben.

7.2.11 Umsatz zu einer Bestellung zuordnen

Wenn Sie durch das Setzen eines entsprechenden Filters den gewünschten Zahlungseingang gefunden haben, möchten Sie diesen der entsprechenden Rechnung zuweisen, um diese als bezahlt zu kennzeichnen. Dies erledigen Sie durch Markieren des entsprechenden Eintrags des Listenfeldes *lstOffeneUmsaetze* und anschließendes Anklicken der Schaltfläche *cmdMarkiertenUmsatzZuordnen*. Dies löst die folgende Prozedur aus:

```
Private Sub cmdMarkiertenUmsatzZuordnen_Click()
    Dim db As DAO.Database
    Set db = CurrentDb
    If Not IsNull(Me!lstOffeneUmsaetze) Then
        db.Execute "INSERT INTO tblBestellungenUmsaetze(BestellungID, UmsatzID) VALUES(" _
            & Me!BestellungID & ", " & Me!lstOffeneUmsaetze & ")", dbFailOnError
        If db.RecordsAffected = 1 Then
            MsgBox "Der Umsatz wurde der Bestellung zugeordnet."
            Me!lstOffeneUmsaetze.Requery
            Me!lstZugeordneteUmsaetze.Requery
            SilentRequery Me!sfmRechnungsuebersicht.Form, "BestellungID"
        End If
    End If
    Set db = Nothing
End Sub
```

Die Prozedur prüft zuerst, ob der Benutzer überhaupt einen Listenfeldeintrag ausgewählt hat. Falls ja, fügt sie der Tabelle *tblBestellungenUmsaetze* einen Eintrag hinzu, der sich auf die aktuelle Bestellung und den im Listenfeld ausgewählten Umsatz bezieht. Es erscheint eine entsprechende Meldung und die beiden Listenfelder werden aktualisiert. Und auch die Daten im Unterformular mit den Bestellungen werden erneut eingelesen, damit ein eventuell offener Posten als bezahlt markiert werden kann.

7.2.12 Umsatz von einer Bestellung entfernen

Es kommt vor, dass Sie einen Umsatz einer falschen Bestellung zuweisen. In diesem Fall soll das Markieren des falschen Eintrags in der unteren Liste und ein Mausklick auf die Schaltfläche *cmdUmsatzEntfernen* den Umsatz wieder aus der Tabelle *tblBestellungenUmsaetze* löschen. Dies erledigt die folgende Prozedur:

```
Private Sub cmdUmsatzEntfernen_Click()
    Dim db As DAO.Database
    Set db = CurrentDb
    If Not IsNull(Me!lstZugeordneteUmsaetze) Then
        db.Execute "DELETE FROM tblBestellungenUmsaetze WHERE BestellungID = " _
```

Kapitel 7 Rechnungen verwalten

```
            & Me.BestellungID & " AND UmsatzID = " & Me.lstZugeordneteUmsaetze, _
            dbFailOnError
        If db.RecordsAffected = 1 Then
            MsgBox "Der Umsatz wurde von der Bestellung entfernt."
            Me!lstOffeneUmsaetze.Requery
            Me!lstZugeordneteUmsaetze.Requery
            SilentRequery Me!sfmRechnungsuebersicht.Form, "BestellungID"
        End If
    End If
    Set db = Nothing
End Sub
```

Sie funktioniert genauso wie die Prozedur, die beim Hinzufügen eines Umsatzes ausgelöst wird, allerdings mit einer *DELETE*-Anweisung statt mit einer *INSERT INTO*-Anweisung.

7.2.13 Zahlungsziel automatisch einfügen

Es gibt in der Tabelle *tblBestellungen* zwar ein Feld namens *Zahlungsziel*, allerdings muss dieses aktuell noch manuell gefüllt werden. Das soll natürlich nicht dauerhaft so bleiben. Also fügen Sie zunächst der Tabelle *tblOptionen* ein weiteres Feld namens *ZahlungszielTage* mit dem Datentyp *Zahl* hinzu. Dieses Feld soll die Anzahl Tage aufnehmen, bis zu denen die Zahlung erfolgen soll.

Damit der Benutzer diese Information leicht einstellen kann, fügen Sie dem Formular *frmOptionen* das entsprechende Feld der ohnehin schon an dieses Formular gebundenen Tabelle *tblOptionen* hinzu (siehe Abbildung 7.21).

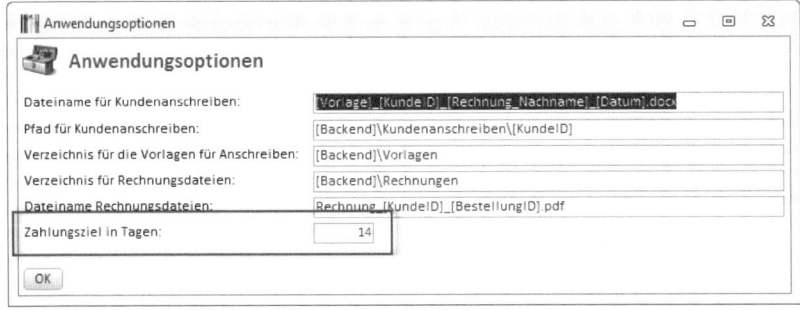

Abbildung 7.21: Das Formular frmOptionen mit dem Feld zur Eingabe des Zahlungsziels in Tagen

Nun fehlt noch ein Automatismus, der das Feld *Zahlungsziel* der Tabelle *tblBestellungen* automatisch füllt, wenn das Feld *RechnungAm* gefüllt wird. Unter Access 2010 könnte man dies mit einem Datenmakro erledigen. Diese Funktion ist unter Access 2007 aber noch nicht verfügbar, sodass wir den Code an den entsprechenden Stellen ergänzen. Welche Stellen dies sind, lässt sich mit den in »MZ-Tools« ab Seite 21 vorgestellten MZ-Tools leicht ermitteln.

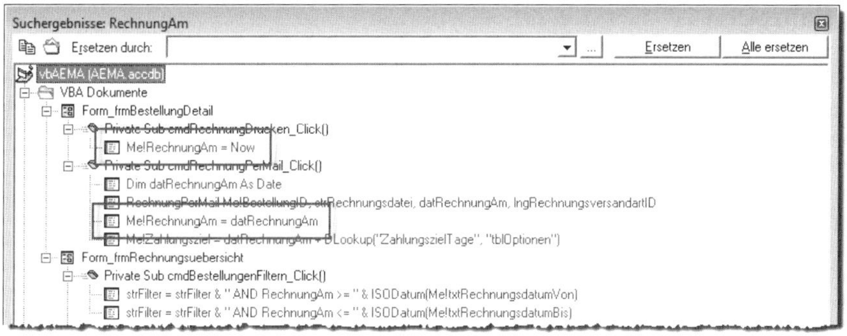

Übersichtsformular für Rechnungen

Abbildung 7.22: Anpassungen des Rechnungsdatums mit MZ-Tools ermitteln

Klicken Sie im VBA-Editor in ein Code-Fenster, wählen Sie aus dem Kontextmenü den Eintrag *MZ-Tools|Suchen* aus und klicken Sie in der nun erscheinenden Liste auf die Einträge, in denen das Feld *RechnungAm* mit dem aktuellen Datum gefüllt wird. Dort fügen Sie eine Zeile wie die folgende hinzu (an manchen Stellen variiert dies, zum Beispiel weil das Rechnungsdatum nicht direkt mit *Date* ermittelt wird):

```
Me!Zahlungsziel = Date + DLookup("ZahlungszielTage", "tblOptionen")
```

7.2.14 Rechnungen im Griff

Wenn Sie schon eine Übersicht aller Bestellungen mit Rechnungsdaten und entsprechenden Filtermöglichkeit in die Anwendung einbauen, sollte es von dort aus auch möglich sein, eine Rechnung zu erstellen, diese zu betrachten oder auch direkt per E-Mail an den Kunden zu versenden. Und auch das Löschen einer Bestellung ist ein Vorgang, der gelegentlich vorkommt – beispielsweise, wenn Daten schlicht falsch eingelesen oder eingegeben wurden.

Rechnung löschen

Die dazu verwendete Schaltfläche mit der Beschriftung *Bestellung löschen* löst diese Prozedur aus:

```
Private Sub cmdBestellungLoeschen_Click()
    Dim db As DAO.Database
    Set db = CurrentDb
    db.Execute "DELETE FROM tblBestellungen WHERE BestellungID = " & Me!BestellungID, _
        dbFailOnError
    Me!sfmRechnungsuebersicht.Form.Requery
    Set db = Nothing
End Sub
```

Sie löscht die aktuell markierte Rechnung und aktualisiert das Unterformular mit der Liste der Bestellungen – was in der Folge auch das Hauptformular aktualisiert.

Rechnung anzeigen

Das Anzeigen der Rechnung als Rechnungsbericht erfolgt auf Basis der aktuell vorliegenden Daten. Dazu ruft die durch die Schaltfläche *Rechnung anzeigen* ausgelöste Prozedur den Bericht *rptRechnung* mit den entsprechenden Parametern auf:

```
Private Sub cmdRechnungAnzeigen_Click()
    DoCmd.OpenReport "rptRechnung", View:=acViewPreview, _
        WhereCondition:="BestellungID = " & Me!sfmRechnungsuebersicht.Form!BestellungID
End Sub
```

Rechnung neu erstellen und drucken

Auch das Erstellen einer Rechnung als PDF-Datei und das anschließende Drucken soll möglich sein. Die Prozedur, die dies erledigt, sieht so aus:

```
Private Sub cmdRechnungDrucken_Click()
    Me!Rechnungsdatei = RechnungErstellen(Me!sfmRechnungsuebersicht.Form!BestellungID)
    Me!RechnungAm = Now
    DoCmd.OpenReport "rptRechnung", acViewNormal, WhereCondition:="BestellungID = " _
        & Me!sfmRechnungsuebersicht.Form!BestellungID
End Sub
```

Rechnung per E-Mail verschicken

Fehlt noch das Versenden einer Rechnung per E-Mail. Dies erledigt die Schaltfläche *Rechnung per E-Mail*, welche den Hauptteil der Arbeit an die Prozedur *RechnungPerMail* weitergibt – siehe »E-Mail mit Rechnung versenden« (Seite 441). Im Anschluss aktualisiert die Prozedur noch die Felder, welche Daten über die Erstellung der E-Mail speichern:

```
Private Sub cmdRechnungPerMail_Click()
    Dim strRechnungsdatei As String
    Dim datRechnungAm As Date
    Dim lngRechnungsversandartID As Long
    RechnungPerMail Me!sfmRechnungsuebersicht.Form!BestellungID, strRechnungsdatei, _
        datRechnungAm, lngRechnungsversandartID
    Me!txtRechnungsdatei = strRechnungsdatei
    Me!RechnungAm = datRechnungAm
    Me!RechnungsversandartID = lngRechnungsversandartID
End Sub
```

Fertig – mit diesem Formular können Sie nun prima Bestellungen und Rechnungen verwalten und diesen die Geldeingänge zuweisen.

8 Kommunikation verwalten

Die E-Mail-Kommunikation ist ein wichtiges Instrument, um Kundenanfragen entgegenzunehmen und zu beantworten. Die in diesem Buch vorgestellte Version der Anwendung lässt andere Kommunikationsarten (außer dem Erstellen von individuellen Anschreiben, die dann als PDF per Mail oder als Brief verschickt werden) außen vor und konzentriert sich auf die Verwaltung von E-Mails.

Die Kommunikation wird zunächst kundenbezogen verwaltet. Das bedeutet, dass wir im Formular zur Verwaltung der Kundendetails auch einen Bereich vorsehen, der sich allein der Kommunikation per E-Mail widmet.

Dieser Bereich soll auf einer eigenen Seite des Register-Steuerelements im Formular *frmKundeDetail* landen (siehe Abbildung 8.1).

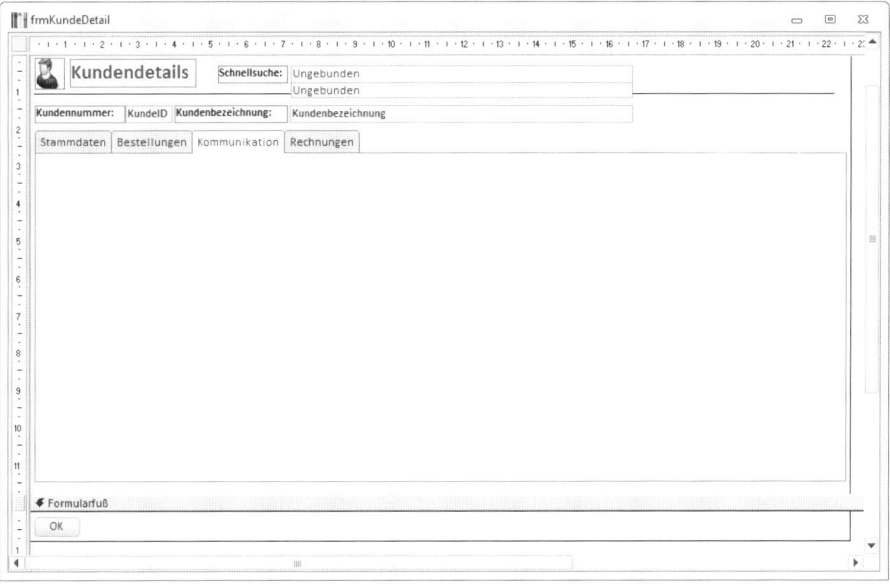

Abbildung 8.1: Der für die Kommunikationsdaten vorgesehene Bereich

Als Erstes fügen wir jedoch ein neues Formular zur Anwendung hinzu, um die weiteren E-Mail-Adressen eines Kunden erfassen zu können. Dieses Formular basiert auf der Tabelle *tblEMailAdressen*, das ein Fremdschlüsselfeld zum Herstellen der Beziehung zum Kundendatensatz aufweist.

Das Formular soll durch einen Mausklick auf eine Schaltfläche angezeigt werden, die sich neben dem Feld zum Eintragen der primären E-Mail-Adresse befindet (siehe Abbildung 8.2).

Kapitel 8 Kommunikation verwalten

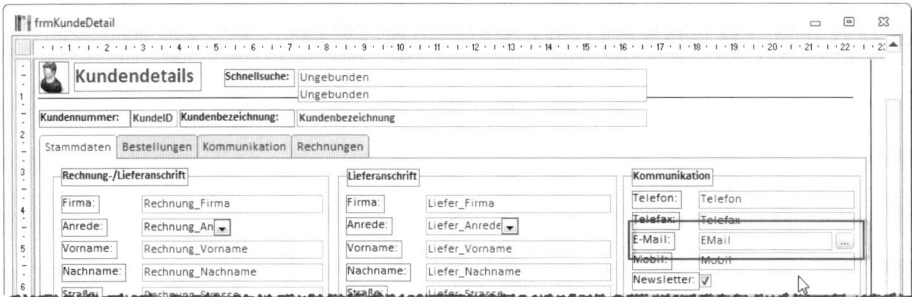

Abbildung 8.2: Schaltfläche zum Öffnen des Formulars mit weiteren E-Mail-Adressen

Das Unterformular verwendet die Tabelle *tblEMailAdressen* als Datenherkunft. Es soll nur das Feld *EMailAdresse* anzeigen, das Sie zu diesem Zweck in den Detailbereich des Formularentwurfs ziehen. Stellen Sie die Eigenschaft *Standardansicht* auf *Datenblatt* ein (siehe Abbildung 8.3). Außerdem können Sie gleich den Text des Bezeichnungsfeldes, das im Datenblatt als Spaltenüberschrift angezeigt wird, von *EMailAdresse* in *E-Mail-Adresse* ändern.

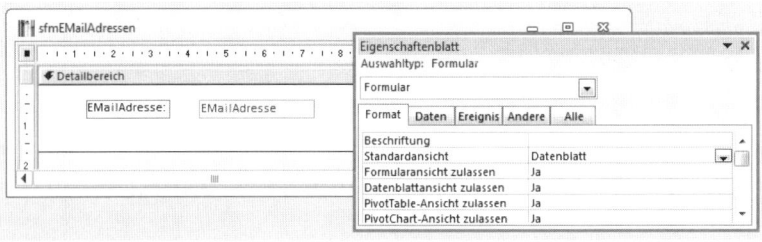

Abbildung 8.3: Das Unterformular *sfmEMailAdressen*

Anschließend erstellen Sie das Hauptformular, in welches das Unterformular eingebettet werden soll. Dieses verwendet die Tabelle *tblKunden* als Datenherkunft und zeigt die beiden Felder *KundeID* und *Kundenbezeichnung* an. Stellen Sie die Eigenschaften *Aktiviert* und *Gesperrt* auf die Werte *Nein* und *Ja* ein, damit der Benutzer diese in der aktuellen Ansicht nicht anpassen kann.

Fügen Sie dann das mittlerweile geschlossene Formular *sfmEMailAdressen* als Unterformular in das Formular *frmEMailAdressen* ein. Dadurch, dass das Hauptformular die Tabelle *tblKunden* als Datenherkunft verwendet und dass die Datenherkunft des Unterformulars ein Fremdschlüsselfeld mit Bezug auf diese Tabelle enthält, stellt Access beim Hinzufügen automatisch eine Verknüpfung zwischen Haupt- und Unterformular her. Diese wird in den Eigenschaften *Verknüpfen von* und *Verknüpfen nach* festgelegt (siehe Abbildung 8.4).

Damit ein Mausklick auf die Schaltfläche *cmdEMailAdressen* auf der Registerseite *Stammdaten* des Formulars *frmKundeDetail* nun das Formular *frmEMailAdressen* öffnet, fügen Sie diesem eine Ereignisprozedur hinzu, die wie folgt aussieht:

```
Private Sub cmdEMailAdressen_Click()
    DoCmd.OpenForm "frmEMailAdressen", WindowMode:=acDialog, _
        WhereCondition:="KundeID = " & Me!KundeID
End Sub
```

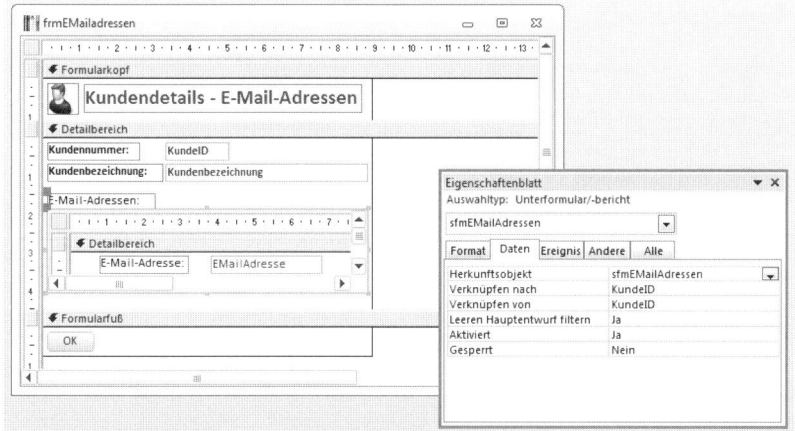

Abbildung 8.4: Einbau des Unterformulars ins Hauptformular

Dies zeigt das Formular *frmEMailAdressen* wie in Abbildung 8.5 an. Diesem fehlt nur noch eine Ereignisprozedur für die Schaltfläche *cmdOK*. Die folgende Prozedur schließt das Formular *frmEMailAdressen* wieder:

```
Private Sub cmdOK_Click()
    DoCmd.Close acForm, Me.Name
End Sub
```

8.1 E-Mail-Adressen in tblKunden und tblEMailAdressen

Wie gehen wir nun mit den an verschiedenen Stellen gespeicherten E-Mail-Adressen um? Es gibt nun schließlich ein Feld namens *EMail* in der Tabelle *tblKunden* und eines in der verknüpften Tabelle *tblEMailAdressen*.

Das Feld in der Tabelle *tblKunden* hätte seinen Sinn, wenn wir damit festlegen, welche der E-Mail-Adressen in der Tabelle *tblEMailAdressen* die Standard-E-Mail-Adresse für einen Kunden ist.

Da wir noch in der Entwicklungsphase der Anwendung sind, machen wir das doch einfach: Das Feld *EMail* in der Tabelle *tblKunden* soll keinen Text mehr mit der primären E-Mail-Adresse enthalten, sondern einen Verweis auf den Datensatz der Tabelle *tblEMailAdressen*, welcher die primäre E-Mail-Adresse des Kunden enthält.

Kapitel 8 Kommunikation verwalten

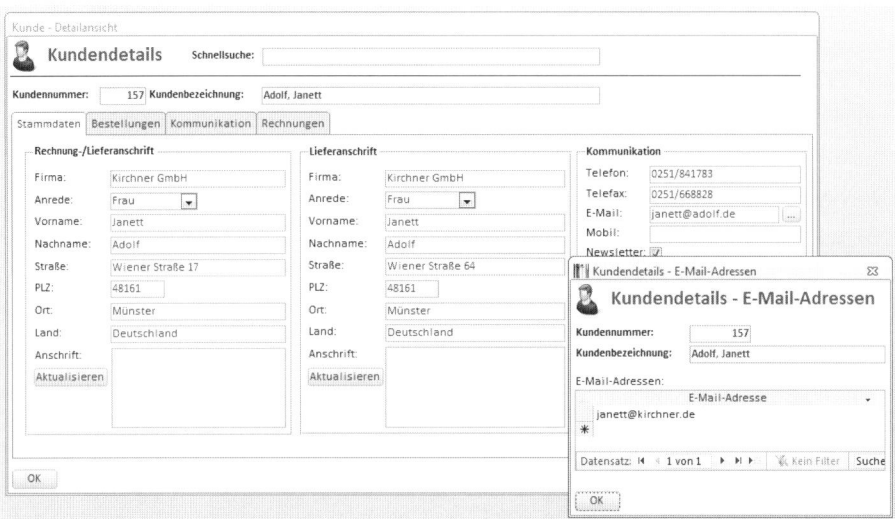

Abbildung 8.5: Anzeigen der weiteren E-Mail-Adressen per Mausklick vom Kundenformular aus

Wenn Sie diese Umstellung vornehmen, wenn bereits Daten im Feld *EMail* der Tabelle *tblKunden* enthalten sind, müssen Sie diese zunächst in die Tabelle *tblEMailAdressen* übertragen.

Danach legen wir ein neues Feld namens *EMailID* an und stellen dieses für jeden Kunden auf den Datensatz der Tabelle *tblEMailAdressen* ein, welcher dem vorherigen Wert im Feld *EMail* entspricht. Das Feld *EMail* kann danach aus der Tabelle *tblKunden* entfernt werden. Schließlich müssen Sie noch das Formular *frmKundeDetail* auf das neue Feld anpassen – dazu später mehr.

Um die E-Mail-Adressen unter Angabe des Wertes des Feldes *KundeID* aus der Tabelle *tblKunden* in die Tabelle *tblEMailAdressen* zu übertragen, verwenden wir eine Anfügeabfrage. Diese soll zunächst alle E-Mail-Adressen samt passender Kundennummer in die Tabelle *tblEMailAdressen* schreiben. Erstellen Sie dazu zunächst eine Abfrage namens *qryINSERTINTO_tblEMailAdressen*, welche die beiden Felder *KundeID* und *EMail* der Tabelle *tblKunden* enthält (siehe Abbildung 8.6).

Klicken Sie dann im Ribbon auf den Eintrag *Entwurf|Abfragetyp|Anfügen* und wählen Sie im folgenden Dialog den Eintrag *tblEMailAdressen* als Zieltabelle aus (siehe Abbildung 8.7).

Im Abfrageentwurf können Sie nun für jedes Quellfeld ein Zielfeld in der Tabelle *tblEMailAdressen* auswählen. Die Werte des Feldes *KundeID* sollen dabei im gleichnamigen Fremdschlüsselfeld landen, die Werte des Feldes *EMail* im Feld *EMailAdresse* (siehe Abbildung 8.8).

Wenn Sie die Anfügeabfrage nun mit dem Ribbon-Befehl *Entwurf|Ergebnisse|Ausführen* starten, trägt diese alle E-Mail-Adressen samt *KundeID* in die Tabelle *tblEMailAdressen* ein. Es könnte zu Fehlern beim Anfügen wegen Schlüsselverletzungen kommen. Dies liegt daran, dass vielleicht schon die eine oder andere E-Mail-Adresse in der Tabelle *tblEMailAdressen* vorhanden ist – dies können Sie ignorieren. Wichtig ist allein, dass jede E-Mail-Adresse nun entweder hinzugefügt wurde oder bereits vorhanden ist.

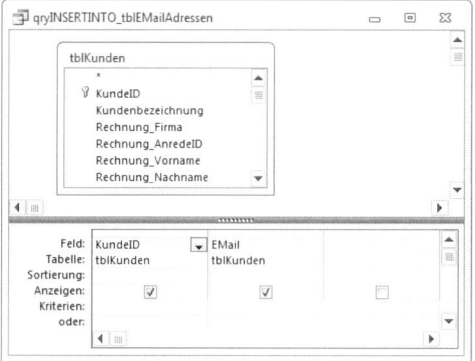

Abbildung 8.6: Vorbereitung der Anfügeabfrage zum Übertragen der E-Mail-Adressen

Abbildung 8.7: Auswahl der Zieltabelle für die Anfügeabfrage

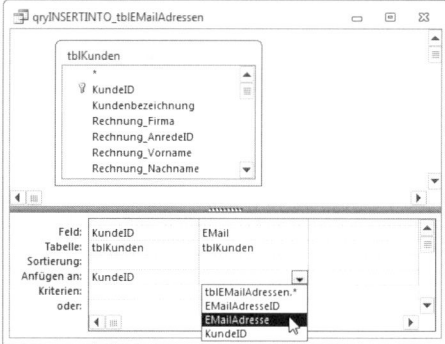

Abbildung 8.8: Zuteilen der Quell- und Zielfelder

Fügen Sie nun ein neues Feld namens *EMailAdresseID* zur Tabelle *tblKunden* hinzu – am besten gleich unterhalb des Feldes *EMail* (siehe Abbildung 8.9). Um die Auswahl zu vereinfachen, soll das Feld als Nachschlage-Feld eingerichtet werden, was Sie am schnellsten mit dem Nachschlage-Assistenten hinbekommen.

Kapitel 8 Kommunikation verwalten

Nun enthält das Feld *EMailAdresseID* der Tabelle *tblKunden* noch keinen Wert. Dieser soll nun auf den Datensatz der Tabelle *tblEMailAdressen* eingestellt werden, der die zuvor im Feld *EMail* der Tabelle *tblKunden* enthaltene E-Mail-Adresse enthält.

Dazu erstellen Sie wiederum eine Aktionsabfrage, diesmal jedoch als Aktualisierungsabfrage ausgeführt. Nach dem Öffnen einer neue Abfrage in der Entwurfsansicht fügen Sie zunächst die beiden Tabellen *tblKunden* und *tblEMailAdressen* hinzu.

Dies liefert nun nach den Änderungen im Datenmodell ein interessantes Bild, denn beide Tabellen sind jeweils über ein Fremdschlüsselfeld mit der jeweils anderen Tabelle verknüpft: *tblKunden* referenziert *tblEMailAdressen* über das Feld *EMailAdresseID*, *tblEMailAdressen* wiederum legt über das Feld *KundeID* fest, zu welchem Kunden eine E-Mail-Adresse gehört.

Beide werfen wir im Rahmen dieser Abfrage über Bord und erstellen eine neue Beziehung zwischen den beiden Tabellen – nämlich zwischen den Feldern *EMail* und *EMailAdresse*. Ziehen Sie dann das Feld *EMailAdresseID* der Tabelle *tblKunden* in das Entwurfsraster und wandeln Sie die Abfrage mit dem Ribbon-Eintrag *Entwurf|Abfragetyp|Aktualisierung* in eine Aktualisierungsabfrage um. Nun tragen Sie in die Zeile *Aktualisieren* den Ausdruck [tblEMailAdressen].[EMailAdresse] ein (siehe Abbildung 8.10). Die Abfrage fügt nun beim Ausführen jeweils den Wert des Feldes *EMailAdresseID* der Tabelle *tblEMailAdressen* in das Fremdschlüsselfeld *EMailAdresseID* der Tabelle *tblKunden* ein, für welches die E-Mail-Adresse zwischen den beiden Feldern *EMail* und *EMailadresse* übereinstimmt.

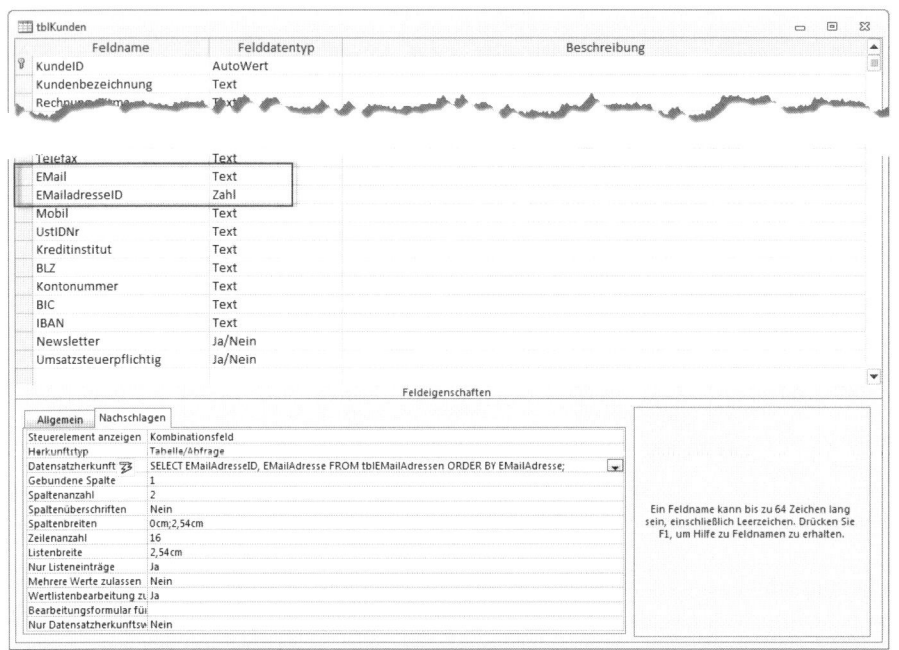

Abbildung 8.9: Neues Feld zum Einstellen der Standard-E-Mail-Adresse

E-Mail-Adressen in tblKunden und tblEMailAdressen

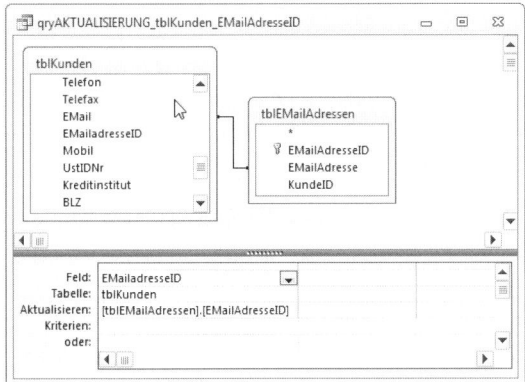

Abbildung 8.10: Herstellen der Verknüpfung zwischen den Datensätzen der Tabellen *tblKunden* und *tblEMailAdressen*

Anschließend können Sie das Feld *EMail* aus der Tabelle *tblKunden* entfernen. Aber Achtung: Vor solchen Aktionen lohnt es sich immer, eine Sicherungskopie der Datenbank anzulegen.

Nun müssen wir noch das Formular *frmKundeDetail* so anpassen, dass sich die primäre E-Mail-Adresse einfach auswählen lässt. Dazu stellen Sie zunächst den Steuerelementinhalt des Textfeldes *txtEMail* auf das neue Feld *EMailAdresseID* ein. Wenn Sie das Feld *EMail* bereits aus der Tabelle *tblKunden* gelöscht haben, dürfte dieses Steuerelement ohnehin bereits mit einem Hinweis versehen sein (siehe Abbildung 8.11).

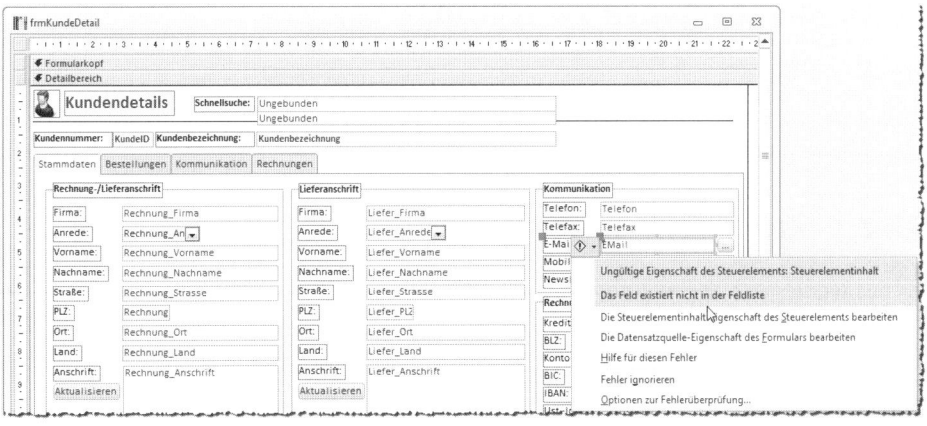

Abbildung 8.11: Access bemängelt den ungültigen Steuerelementinhalt.

Wandeln Sie das Feld mit dem Kontextmenü-Eintrag *Ändern zu|Kombinationsfeld* in ein Kombinationsfeld, stellen Sie seinen Namen auf *cboEMailAdresseID* ein und legen Sie für die Eigenschaften *Datensatzherkunft* den folgenden Ausdruck fest:

261

Kapitel 8 Kommunikation verwalten

```
SELECT MailAdresseID, EMailAdresse FROM tblEMailAdressen
    WHERE KundeID=[Forms]![frmKundeDetail]![KundeID];
```

Stellen Sie die Eigenschaften *Spaltenanzahl* und *Spaltenbreiten* auf die Werte *2* und *0cm* ein, damit nur die E-Mail-Adresse angezeigt wird. Ändern Sie außerdem den Namen des Steuerelements in *cboEMailAdresseID*.

Damit der Inhalt des Kombinationsfeldes nach dem Ändern der E-Mail-Adressen im Formular *frmEMailAdressen* aktualisiert wird, fügen Sie zur Ereignisprozedur für die Schaltfläche *cmdMailAdressen* noch eine Zeile hinzu:

```
Private Sub cmdEMailAdressen_Click()
    DoCmd.OpenForm "frmEMailAdressen", WindowMode:=acDialog, _
        WhereCondition:="KundeID = " & Me!KundeID
    Me!cboEMailAdresseID.Requery
End Sub
```

Im Unterformular *sfmKundenuebersicht* des Formulars *frmKundenuebersicht* sind kleinere Änderungen nötig, die Sie in der Beispieldatenbank betrachten können. Dort wurde die als Datenherkunft verwendete Abfrage um das Feld *EMailAdresse* der Tabelle *tblEMailAdressen* erweitert.

Auch im Suchformular *frmKundensuche* muss das Textfeld *txtEMail* in *txtEMailAdresse* umbenannt werden.

8.2 E-Mail an Kunde verschicken

Es gibt eine Reihe von Aktionen, die Sie in Zusammenhang mit einem Kunden erledigen können. Ein einfaches Beispiel ist eine E-Mail an einen Kunden. Die folgenden Abschnitte zeigen, wie wir dies in die Anwendung integriert haben.

8.2.1 E-Mail-Adresse auswählen

Auf der Registerseite *Kommunikation* soll der Benutzer eine E-Mail an den aktuell ausgewählten Kunden erstellen können. Dazu soll er zunächst mit einem Kombinationsfeld namens *cboEMailAdresseNeueMail* die Mail-Adresse des Adressaten auswählen (siehe Abbildung 8.12). Dieses Kombinationsfeld verwendet den folgenden Ausdruck als *Datensatzherkunft*:

```
SELECT EMailAdresseID, EMailAdresse FROM tblEMailAdressen
    WHERE KundeID=[Forms]![frmKundeDetail]![KundeID];
```

Damit dieses Steuerelement beim Öffnen jeweils die Standard-E-Mail-Adresse dieses Kunden anzeigt, fügen Sie dem Ereignis, das beim Anzeigen eines Datensatzes ausgelöst wird, die folgende Zeile hinzu:

E-Mail an Kunde verschicken

```
Private Sub Form_Current()
    ...
    Me!cboEMailAdresseNeueMail = Me!cboEMailAdresseID
End Sub
```

Dies übernimmt die aktuelle Standardadresse aus dem Feld *MailAdresseID* in das Kombinationsfeld *cboEMailAdresseNeueMail*.

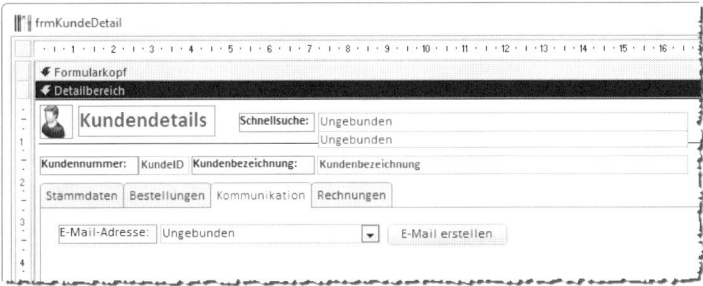

Abbildung 8.12: Kombinationsfeld und Schaltfläche zum Erstellen einer neuen E-Mail

8.2.2 Vorlage für eine Standard-E-Mail

Bevor wir die E-Mail erstellen, benötigen wir noch einen Satz von Stammdaten. Diese landen wie in einigen anderen Fällen in der Tabelle *tblStammdaten* (siehe Abbildung 8.13).

Feldname	Felddatentyp	
StammdatenID	AutoWert	
Absenderzeile	Text	Absender für Adressfeld im Rechnungsbericht
Briefkopf	Memo	Briefkopf für Rechnungsbericht
Brieffuss	Memo	Brieffuss für Rechnungsbericht
UStIDNr	Text	Umsatzsteuer-Identifikationsnummer des Rechnungserstellers
Vortext	Memo	Einleitungstext für Rechnungsbericht
Betreff	Text	Betreffzeile für Rechnungsbericht
TextRechnungEmail	Memo	Text der E-Mail zum Versenden von Rechnungen
BetreffRechnungEmail	Text	Betreff der E-Mail zum Versenden von Rechnungen
AbsenderRechnungEMail	Text	Absender, unter dem die Rechnung verschickt werden soll
ZielverzeichnisRechnungEMail	Text	Verzeichnis unter "Gesendete Objekt" in Outlook für versendete Rechnungsmails
AbsenderStandardEMail	Text	E-Mail-Adresse für Kommunikation mit dem Kunden
BetreffStandardEMail	Text	Betreff von Standard-EMails
TextStandardEMail	Memo	Text von Standard-EMails

Abbildung 8.13: Stammdaten für den Versand von E-Mails an den Kunden

Das Formular aus Abbildung 8.14 bietet dem Benutzer die Möglichkeit, die in diesen Feldern enthaltenen Daten gezielt zu bearbeiten.

In diesen Text können Sie auch Platzhalter eintragen, wobei Sie diese Vorlage möglichst einfach halten sollten – es gibt noch eine weitere Möglichkeit, auf spezielle Fälle zugeschnittene Vorlagen einzusetzen.

Kapitel 8 Kommunikation verwalten

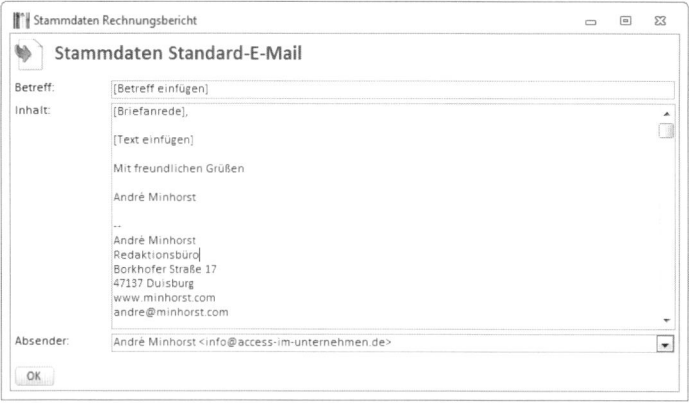

Abbildung 8.14: Formular zur Anzeige von E-Mail-Stammdaten

8.2.3 Standard-E-Mail erstellen und verschicken

Das eigentliche Erstellen der E-Mail auf Basis dieser Vorlage erläutern wir ein paar Abschnitte weiter unten. Warum? Weil es noch eine weitere Möglichkeit gibt, flexibel E-Mails auf Basis benutzerdefinierter Vorlagen zu erstellen. Beide Varianten verwenden aber die gleiche Funktion, um die E-Mail zu erstellen. Daher schauen wir uns an dieser Stelle an, was bei einem Mausklick auf die Schaltfläche *cmdEMailErstellen* geschieht:

```
Private Sub cmdEMailErstellen_Click()
    EMailErstellen Me!cboEMailAdresseNeueMail.Column(1), Me!KundeID
End Sub
```

Diese Prozedur ruft eine Funktion namens *EMailErstellen* auf, die nur zwei Parameter benötigt: die E-Mail-Adresse, an welche die E-Mail geschickt werden soll, sowie den Wert des Feldes *KundeID* für den aktuell angezeigten Kunden. Die Funktion verwendet noch einen dritten Parameter, der aber hier nicht zum Zuge kommt, da die Standardvorlage verwendet werden soll. Mehr zu dieser Funktion erfahren Sie weiter unten unter 8.3.

8.2.4 Individuelle E-Mail-Vorlagen

Neben dieser einen Standardvorlage gibt es für den Benutzer noch die Möglichkeit, weitere Vorlagen anzulegen – und zwar für verschiedenste Zwecke. Legen Sie eine Vorlage für die Antwort auf Beschwerden an, eine, um sich für ein Lob zu bedanken, oder auch Vorlagen, mit denen Sie auf häufige Anfragen von Kunden antworten können.

Die flexiblen Vorlagen werden in der Tabelle *tblVorlagentexte* gespeichert. Diese Tabelle enthält nur drei Felder:

» *VorlagenID*: Primärschlüsselfeld der Tabelle

E-Mail an Kunde verschicken

» *VorlagenBezeichnung*: Bezeichnung der Vorlage

» *VorlageInhalt*: Memofeld mit dem eigentlichen Vorlagentext

» *VorlageBetreff*: Textfeld mit dem Betreff für die Vorlage

Interessant ist das Formular, mit dem Sie die Vorlagentexte bearbeiten können. Dieses Formular sieht im Entwurf wie in Abbildung 8.15 aus. Es verwendet die Tabelle *tblVorlagen* als Datenherkunft. Die drei Felder auf der rechten Seite, *txtVorlageBezeichnung*, *txtVorlageInhalt* und *txtVorlageBetreff*, sind an die Felder *VorlageBezeichnung*, *VorlageInhalt* und *VorlageBetreff* dieser Tabelle gebunden. Das Listenfeld *lstVorlagen* verwendet die gleiche Tabelle als *Datensatzherkunft*, allerdings nur die ersten beiden Felder – und nach der Bezeichnung des Vorlagentextes sortiert. Der Ausdruck für die Datensatzherkunft lautet wie folgt:

```
SELECT VorlagenID, VorlageBezeichnung FROM tblVorlagen
ORDER BY VorlageBezeichnung;
```

Damit das Listenfeld das erste, gebundene Feld ausblendet und nur das zweite Feld mit den Vorlagenbezeichnungen anzeigt, stellen Sie die Eigenschaften *Spaltenanzahl* und *Spaltenbreiten* auf die Werte *2* und *0cm* ein.

Abbildung 8.15: Entwurfsansicht des Formulars *frmVorlagentexte*

8.2.5 Aktionen beim Öffnen des Formulars

Beim Öffnen des Formulars wird das Ereignis *Beim Laden* ausgelöst, für das Sie die folgende Ereignisprozedur hinterlegen:

```
Private Sub Form_Load()
    Me!lstVorlagen = Me!lstVorlagen.ItemData(0)
```

Kapitel 8 Kommunikation verwalten

```
        If Not IsNull(Me!lstVorlagen) Then
            Me.Recordset.FindFirst "VorlageID = " & Me!lstVorlagen
        End If
    End Sub
```

Diese sorgt dafür, dass im Listenfeld gleich zu Beginn der erste Datensatz markiert wird. Dazu ermitteln Sie mit der *ItemData*-Eigenschaft den Wert der gebundenen Spalte für den ersten Datensatz (der Index ist *0*-basiert) und weisen diesen dem Listenfeld als Wert zu. Die folgende *If...Then*-Bedingung prüft, ob damit ein Datensatz markiert wurde oder ob das Listenfeld wie vorher den Wert *Null* hat – was bedeutet, dass gar kein Datensatz in der zugrunde liegenden Tabelle *tblVorlagen* enthalten ist. Wurde jedoch durch die erste Anweisung ein Eintrag im Listenfeld markiert, sucht die Prozedur den ersten Datensatz des Recordsets des Formulars und setzt den Datensatzzeiger auf diesen Datensatz.

Formular nach Listenauswahl aktualisieren

Wenn der Benutzer einen anderen Eintrag im Listenfeld auswählt, löst dies das Ereignis *Nach Aktualisierung* des Listenfeldes aus. Dies ist gleichbedeutend mit dem Aufruf der folgenden Ereignisprozedur, die den Datensatz mit dem entsprechenden Wert im Feld *VorlagentextID* im Formular anzeigt:

```
    Private Sub lstVorlagentexte_AfterUpdate()
        Me.Recordset.FindFirst "VorlageID = " & Me!lstVorlagen
    End Sub
```

Anlegen eines neuen Vorlagentextes

Um einen neuen Vorlagentext anzulegen, klickt der Benutzer auf die Schaltfläche *cmdNeueVorlage*. Dies löst die folgende Prozedur aus:

```
    Private Sub cmdNeueVorlage_Click()
        Dim strVorlage As String
        Dim db As DAO.Database
        Dim lngVorlageID As Long
        strVorlage = InputBox("Geben Sie die Bezeichnung der neuen Vorlage ein.", _
            "Neue Vorlage")
        If IsNull(DLookup("VorlagenID", "tblVorlagen", _
                "VorlageBezeichnung = '" & strVorlage & "'")) Then
            If Len(strVorlage) > 0 Then
                Set db = CurrentDb
                db.Execute "INSERT INTO tblVorlagen(VorlagenBezeichnung) VALUES('" _
                    & strVorlage & "')", dbFailOnError
                lngVorlageID = db.OpenRecordset("SELECT @@IDENTITY").Fields(0)
                Me!lstVorlagen.Requery
```

```
            Me!lstVorlagen = lngVorlageID
            Me.Requery
            Me.Recordset.FindFirst "VorlageID = " & lngVorlageID
            Me!txtVorlageInhalt.SetFocus
            Set db = Nothing
        End If
    Else
        MsgBox "Die Vorlagenbezeichnung '" & strVorlage & "' ist bereits vorhanden."
    End If
End Sub
```

Wenn Sie denken, dass das Anlegen eines neuen Datensatzes doch schneller zu erledigen wäre, wenn man einfach den folgenden Befehl absetzt, haben Sie Recht:

```
DoCmd.GoToRecord Record:=acNewRec
```

Aber diese Variante erledigt nicht das Gleiche wie die oben abgebildete Ereignisprozedur. Diese fragt zuerst den Namen für den neuen Vorlagentext ab und speichert diesen in der Variablen *strVorlage*. Wenn der Benutzer hier auf *Abbrechen* klickt, enthält *strVorlage* eine leere Zeichenkette. Nun folgen zwei *If...Then*-Bedingungen.

Die erste prüft, ob es bereits einen Datensatz mit dieser *Vorlagentextbezeichnung* in der Tabelle *tblVorlagentexte* gibt, und bricht gegebenenfalls mit einer entsprechenden Meldung ab. Die zweite *If...Then*-Bedingung prüft, ob *strVorlage* leer ist, was darauf hindeutet, dass der Benutzer entweder keine Bezeichnung eingegeben oder aber die *Abbrechen*-Schaltfläche betätigt hat. In beiden Fällen werden die innerhalb der *If...Then*-Bedingung enthaltenen Anweisungen nicht ausgeführt.

Hat der Benutzer jedoch eine gültige Bezeichnung eingegeben, legt die Prozedur zunächst einen neuen Datensatz mit der entsprechenden Bezeichnung in der Tabelle *tblVorlagen* an. Eine Anweisung später ermittelt sie den Autowert des zuletzt in dieser Session angelegten Datensatzes, also den Wert des Feldes *VorlagentextID* des neuen Datensatzes (SELECT @@IDENTITY liest den zuletzt angelegten Wert für ein Autowertfeld ein).

Diesen benötigt die Prozedur, um nach dem Aktualisieren des Inhalts des Listenfeldes *lstVorlagentexte* gleich den neuen Datensatz zu markieren. Im gleichen Zuge aktualisiert die Prozedur die Datenherkunft des Formulars und setzt den Datensatzzeiger auf den neuen Datensatz, der nun zwar bereits eine Bezeichnung, aber noch keinen Vorlagentext enthält. Schließlich verschiebt die Prozedur gleich den Fokus in das Textfeld *txtVorlagentext*, damit der Benutzer gleich mit der Bearbeitung beginnen kann.

Vorlagentext löschen

Ein Klick auf die Schaltfläche *cmdVorlageLoeschen* soll den aktuell im Listenfeld markierten Eintrag aus der Tabelle *tblVorlagentexte* löschen und die Steuerelemente entsprechend aktualisieren. Dazu fragt die Prozedur zunächst mithilfe einer *MsgBox*-Anweisung ab, ob der Benutzer den Datensatz wirklich löschen möchte, und bricht den Vorgang gegebenenfalls ab.

Soll der Datensatz gelöscht werden, erledigt eine *DELETE*-Aktionsabfrage als Parameter der *Execute*-Methode des aktuellen *Database*-Objekts diesen Job. Danach aktualisiert die Prozedur den Inhalt des Listenfeldes und markiert den obersten Eintrag, der anschließend auch im Formular angezeigt wird. Dies geschieht jedoch nur, wenn die Tabelle *tblVorlagentexte* und somit auch das Listenfeld überhaupt noch einen Eintrag enthält.

Anderenfalls ruft die Prozedur noch die *Requery*-Methode des Formulars auf, um eventuell verbleibende *#Gelöscht*-Texte aus den Textfeldern zu verbannen (siehe Abbildung 8.16):

```
Private Sub cmdVorlageLoeschen_Click()
    Dim db As DAO.Database
    If MsgBox("Vorlage '" & Me!txtVorlageBezeichnung & "' wirklich löschen?", _
            vbYesNo, "Vorlage löschen") = vbYes Then
        Set db = CurrentDb
        db.Execute "DELETE FROM tblVorlagen WHERE VorlageID = " _
            & Me!VorlageID, dbFailOnError
        Me!lstVorlagen.Requery
        Me!lstVorlagen = Me!lstVorlagen.ItemData(0)
        If Not IsNull(Me!lstVorlagen) Then
            Me.Recordset.FindFirst "VorlageID = " & Me!lstVorlagen
        Else
            Me.Requery
        End If
        Set db = Nothing
    End If
End Sub
```

Abbildung 8.16: Diese Werte werden angezeigt, wenn der zugrunde liegende Datensatz per VBA gelöscht wird, ohne das Formular anschließend zu aktualisieren.

Steuerelemente aktivieren und deaktivieren

Wenn das Formular noch keinen Datensatz enthält, sollen die beiden Steuerelemente *txtVorlagentext* und *txtVorlagentextbezeichnung* deaktiviert sein. Diese Einstellung soll bei jedem

Datensatzwechseln erneut geprüft und gegebenenfalls korrigiert werden, was die folgende, beim Anzeigen eines jeden Datensatzes ausgelöste Prozedur erledigt:

```
Private Sub Form_Current()
    Me!txtVorlageInhalt.Enabled = Not IsNull(Me!VorlageID)
    Me!txtVorlageInhalt.Locked = IsNull(Me!VorlageID)
    Me!txtVorlageBezeichnung.Enabled = Not IsNull(Me!VorlageID)
    Me!txtVorlageBezeichnung.Locked = IsNull(Me!VorlageID)
End Sub
```

Formular schließen

Bevor wir uns um den eigentlichen Clou des Formulars kümmern, hier der Vollständigkeit halber noch die Prozedur, welche die Schaltfläche *cmdOK* beim Anklicken auslöst, um das Formular zu schließen:

```
Private Sub cmdOK_Click()
    DoCmd.Close acForm, Me.Name
End Sub
```

Platzhalter einfügen

Sie können die Vorlagentexte mit Platzhaltern ausstatten, welche beim Einsatz der Vorlage als E-Mail an einen bestimmten Kunden mit den Daten aus einer speziellen Abfrage, hier *qryPlatzhalterKontextmenue*, gefüllt werden. Das heißt, dass ein Text wie

```
[Rechnung_Briefanrede]
bitte bestätigen Sie uns die Richtigkeit Ihrer E-Mail-Adresse [EMail].
```

mit dem folgenden Text ersetzt wird:

```
Sehr geehrter Herr Müller,
bitte bestätigen Sie uns die Richtigkeit Ihrer E-Mail-Adresse heinz@mueller.de.
```

Um einen entsprechenden Vorlagentext zu erstellen, muss der Benutzer alle möglichen Platzhalter kennen.

Da dieser jedoch keinen Zugriff auf die Tabellen und Abfragen hat, müssen Sie die Platzhalter auf anderem Wege zugänglich machen – und zwar auf einem möglichst ergonomischen Weg.

Eine praktische Lösung ist das Einfügen der Platzhalter über ein Kontextmenü, das alle möglichen Platzhalter anzeigt und diese nach dem Auswählen an der gewünschten Stelle einfügt – siehe auch Abbildung 8.17.

Dabei kann der Benutzer sowohl einfach die Einfügemarke an der entsprechenden Stelle platzieren und dort den Text einfügen, oder er kann einen Text markieren, den der Platzhalter überschreiben soll. In beiden Fällen wählt der Benutzer den Platzhalter über das Kontextmenü aus.

Kapitel 8 Kommunikation verwalten

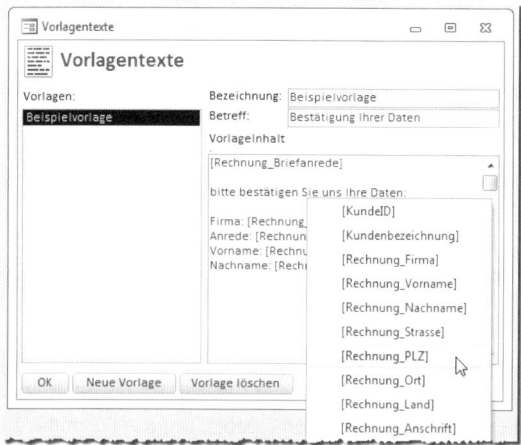

Abbildung 8.17: Einfügen von Platzhaltern per Kontextmenü

Die verwendete Technik erfordert nur zwei Prozeduren. Die erste wird beim Loslassen der rechten Maustaste ausgelöst, also durch das Ereignis *Bei Maustaste auf*. Hinterlegen Sie für diese Ereigniseigenschaft die folgende Prozedur:

```
Private Sub txtVorlageInhalt_MouseUp(Button As Integer, Shift As Integer, _
        X As Single, Y As Single)
    Dim db As DAO.Database
    Dim cbr As Office.Commandbar
    Dim cbc As Office.CommandBarControl
    Dim qdf As DAO.QueryDef
    Dim fld As DAO.Field
    If Not IsNull(Me!VorlageID) Then
        If Button = acRightButton Then
            Me.ShortcutMenu = False
            Set db = CurrentDb
            On Error Resume Next
            CommandBars("cbrPlatzhalter").Delete
            On Error GoTo 0
            Set cbr = CommandBars.Add("cbrPlatzhalter", msoBarPopup, , True)
            Set qdf = db.QueryDefs("qryPlatzhalter")
            For Each fld In qdf.Fields
                Set cbc = cbr.Controls.Add(msoControlButton, , , , True)
                cbc.Caption = "[" & fld.Name & "]"
                cbc.onAction = "=PlatzhalterHinzufuegen(""[" & fld.Name & "]"")"
            Next fld
            cbr.ShowPopup
```

```
            End If
        End If
End Sub
```

Die Prozedur prüft zunächst, ob das Formular überhaupt einen Datensatz anzeigt oder ob der Datensatzzeiger auf einem neuen, leeren Datensatz steht. In letzterem Fall wird die Prozedur beendet – genauso, wenn der Mausklick nicht durch die rechte Maustaste erfolgte (*Button = acRightButton*).

Hat der Benutzer jedoch die rechte Maustaste betätigt, schaltet die Prozedur zunächst das eingebaute Kontextmenü ab und löscht ein eventuell bereits vorhandenes Kontextmenü namens *cbrPlatzhalter* aus der *CommandBars*-Auflistung.

Dieses fügt die Prozedur gleich im Anschluss neu hinzu. Die Parameter legen fest, dass das Kontextmenü den Namen *cbrPlatzhalter* erhalten und als temporäres Kontextmenü eingerichtet werden soll. Danach öffnet die Prozedur die Struktur der Abfrage, welche die Felder für die Platzhalter liefern soll – hier *qryPlatzhalter*. Für jedes der enthaltenen *Field*-Elemente der Abfrage soll die Prozedur einen Eintrag zum Kontextmenü hinzufügen.

Dabei legt die Prozedur zunächst ein neues Element des Typs *msoControlButton* an, trägt als Bezeichnung den in eckigen Klammern eingefassten Namen des Feldes ein und fügt für die *onAction*-Eigenschaft einen Ausdruck wie *=PlatzhalterHinzufuegen("[Rechnung_Vorname]")* hinzu. Letzteres gibt die beim Anklicken des Kontextmenü-Eintrags aufzurufende VBA-Funktion samt Parameter an. Schließlich zeigt die *ShowPopup*-Methode des mit *cbr* referenzierten, frisch erstellten *Commandbar*-Objekts das Kontextmenü an.

Aktion bei Kontextmenü-Klick

Wenn der Benutzer einen der Kontextmenü-Einträge anklickt, löst dies die Funktion *PlatzhalterHinzufuegen* aus, welche den Namen des Platzhalters als Parameter erhält. Die Funktion ermittelt zunächst die aktuelle Markierung im Textfeld *txtVorlagentext*, wobei *SelStart* das erste Zeichen der Markierung und *SelLength* die Länge liefert. Befindet sich die Einfügemarke einfach nur im Text, ohne einen Teil davon zu markieren, hat *SelLength* den Wert *0*.

Die Variable *strVorlage* nimmt dann den kompletten Inhalt des Textfeldes auf und fügt den unberührten Teil vor Beginn der Markierung, den Platzhalter und den unberührten Teil hinter der Markierung zum neuen Text zusammen. Dieser bearbeitete Text wird zurück in das Textfeld geschrieben. Schließlich markiert die Funktion noch den hinzugefügten Platzhalter – siehe Abbildung 8.18.

```
Private Function PlatzhalterHinzufuegen(strName As String)
    Dim intSelStart As Integer
    Dim intSelLength As Integer
    Dim strVorlage As String
    intSelStart = Me!txtVorlageInhalt.SelStart
```

Kapitel 8 Kommunikation verwalten

```
        intSelLength = Me!txtVorlageInhalt.SelLength
        strVorlage = Me!txtVorlageInhalt.Text
        strVorlage = Left(str, intSelStart) & strName & Mid(str, _
            intSelStart + 1 + intSelLength)
        Me!txtVorlageInhalt.Value = strVorlage
        Me!txtVorlageInhalt.SelStart = intSelStart
        Me!txtVorlageInhalt.SelLength = Len(strName)
    End Function
```

Abbildung 8.18: Eingefügte Platzhalter werden markiert dargestellt.

8.2.6 Vorlagen bearbeiten

Fehlt noch eine Möglichkeit, diesen Dialog zu öffnen. Diesen legen wir im Ribbon an – mehr dazu siehe »Ribbons« (Seite 491).

8.2.7 Vorlage verwenden

Wenn Sie eine dieser Vorlagen verwenden möchten, wählen Sie diese mit dem Kombinationsfeld *cboVorlageID* aus, das Sie direkt neben der Schaltfläche zum Anlegen einer Standard-E-Mail einfügen. Rechts davon platzieren Sie die Schaltfläche *cmdEMailNachVorlage*, die eine E-Mail auf Basis der gewählten Vorlage erstellt (siehe Abbildung 8.19).

Abbildung 8.19: Auswählen einer Vorlage zum Erstellen einer E-Mail

Das Kombinationsfeld *cboVorlageID* verwendet den folgenden Ausdruck für die Eigenschaft *Datensatzherkunft*:

```
SELECT tblVorlagen.VorlageID, tblVorlagen.VorlageBezeichnung FROM tblVorlagen;
```

Damit nur die Bezeichnung angezeigt und das gebundene Feld ausgeblendet wird, stellen Sie die beiden Eigenschaften *Spaltenanzahl* und *Spaltenbreiten* auf die Werte *2* und *0cm* ein.

Die Schaltfläche *cmdEMailNachVorlage* löst schließlich die folgende Prozedur aus:

```
Private Sub cmdEMailNachVorlage_Click()
    EMailErstellen Me!cboEMailAdresseNeueMail.Column(1), Me!KundeID, Me!cboVorlageID
End Sub
```

Dies ist der zweite Aufruf der Funktion *EMailErstellen* (der erste wird weiter oben beschrieben und öffnet eine neue E-Mail unter Verwendung der Standardvorlage). Im vorliegenden Fall übergibt der Aufruf ebenfalls die gewählte Empfängeradresse und den Wert des Feldes KundeID. Zusätzlich weist die Prozedur dem dritten Parameter der Funktion *EMailErstellen* noch die *VorlageID* der mit dem Kombinationsfeld *cboVorlageID* gewählten Vorlage zu.

8.3 E-Mail erstellen und öffnen

Damit kommen wir nun auch zur Funktion *EMailErstellen*, die nicht direkt auf Outlook zugreift, sondern die dazu vorgesehene Klasse *clsMail* verwendet. Diese beschreibt das Kapitel »Outlook« (Seite 425) im Detail.

Grundsätzlich erstellt diese Prozedur E-Mails auf Basis zweier verschiedener Vorlagenarten – erstens der Standardvorlage mit den Daten aus den Feldern *TextStandardEMail* und *BetreffStandardEMail* aus der Tabelle *tblStammdaten* und zweitens mit den speziellen Vorlagen für verschiedene Zwecke aus den Feldern *VorlageBetreff* und *VorlageInhalt* aus der Tabelle *tblVorlagen*.

Woher weiß die Funktion *EMailErstellen* nun, ob die Vorlage nun aus der Tabelle *tblStammdaten* oder aus der Tabelle *tblVorlagen* stammt? Ganz einfach: Wenn die aufrufende Prozedur den Parameter *lngVorlageID* nicht füllt, soll die Funktion die Standardvorlage verwenden. Ist *lngVorlageID* hingegen gefüllt, soll die Vorlage mit der übergebenen ID verwendet werden.

Die Prozedur sieht wie folgt aus:

```
Public Function EMailErstellen(strEMail As String, lngKundeID As Long, _
        Optional lngVorlageID As Long)
    Dim objMail As clsMail
    Dim strInhalt As String
    Dim strBetreff As String
    Set objMail = New clsMail
```

Kapitel 8 Kommunikation verwalten

```
With objMail
    If lngVorlageID = 0 Then
        strBetreff = DLookup("BetreffStandardEmail", "tblStammdaten")
        strInhalt = DLookup("TextStandardEMail", "tblStammdaten")
    Else
        strBetreff = DLookup("VorlageBetreff", "tblVorlagen", _
            "VorlageID = " & lngVorlageID)
        strInhalt = DLookup("VorlageInhalt", "tblVorlagen", _
            "VorlageID = " & lngVorlageID)
    End If
    strBetreff = PlatzhalterErsetzen(strBetreff, "qryPlatzhalter", "KundeID", _
        lngKundeID)
    strBetreff = PlatzhalterErsetzen(strBetreff, "qryPlatzhalter", "KundeID", _
        lngKundeID)
    .Betreff = strBetreff
    strInhalt = PlatzhalterErsetzen(strInhalt, "qryPlatzhalter", "KundeID", _
        lngKundeID)
    strInhalt = PlatzhalterErsetzen(strInhalt, "qryPlatzhalter", "KundeID", _
        lngKundeID)
    .ToHinzufuegen strEMail
    .Inhalt = strInhalt
    .Anzeigen
    If .Gesendet = True Then
        EMailSpeichern lngKundeID, .Betreff, .Inhalt, Now, .Von, .An, .CC, .BCC
        Call TreeViewKommunikationAktualisieren
    End If
End With
End Function
```

Sie deklariert und instanziert zunächst ein neues Objekt auf Basis der Klasse *clsMail*. Um diese drehen sich die folgenden Anweisungen, wobei die meisten schlicht Eigenschaften der E-Mail-Klasse füllen. Allerdings wertet die Prozedur zuvor noch den Wert des Parameters *lngVorlageID* aus. Ist dieser *0*, trägt die Prozedur die Daten aus der Tabelle *tblStammdaten* in die beiden Variablen *strBetreff* und *strInhalt* ein. Anderenfalls füllt sie die beiden Variablen mit den Daten der Tabelle *tblVorlagen* für den entsprechenden Wert des Primärschlüsselfeldes *VorlageID*.

Sowohl die Inhalte der Variablen *strBetreff* als auch *strInhalt* werden danach durch die Funktion *PlatzhalterErsetzen* gejagt. Diese ersetzt alle in eckigen Klammern eingefassten Feldnamen durch die in dem entsprechenden Datensatz enthaltenen Kundendaten. Als Datenquelle kommt die Abfrage *qryPlatzhalter* zum Einsatz, die alle notwendigen Felder enthält.

Schließlich füllt die Prozedur die Eigenschaften *Betreff* und *Inhalt* des Objekts *objMail* mit den Inhalten der Variablen *strBetreff* und *strInhalt*. Ein Aufruf der Methode *ToHinzufuegen* übergibt auch noch den Namen des Empfängers der E-Mail. Schließlich wird die E-Mail durch die Methode *Anzeigen* unter Outlook geöffnet und angezeigt (siehe Abbildung 8.20).

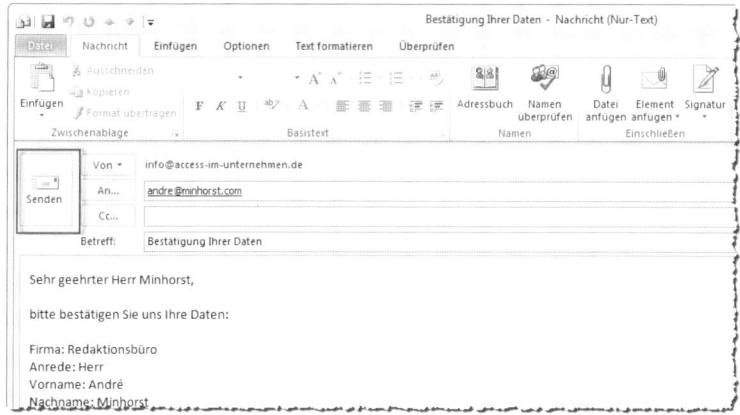

Abbildung 8.20: Die neu angelegte und gefüllte E-Mail muss nur noch abgeschickt werden.

Während die E-Mail geöffnet ist, wird auch der Code der Funktion *EMailErstellen* angehalten. Diese läuft erst weiter, wenn der Benutzer die E-Mail entweder gesendet oder anderweitig geschlossen hat.

Dann liefert die Eigenschaft *Gesendet* des Objekts *objMail* einen Hinweis darauf, ob der Benutzer auf die *Senden*-Schaltfläche geklickt hat – mehr zu den dort verwendeten Techniken erfahren Sie im Kapitel »Outlook« (Seite 425). Falls ja, führt dies zu zwei weiteren Aktionen:

» Speichern der E-Mail in der Tabelle *tblKommunikation* mit der Funktion *EMailSpeichern*

» Aktualisieren des TreeViews zur Anzeige des E-Mail-Verkehrs

8.4 E-Mails speichern

Das Speichern einer E-Mail erfolgt mit der Funktion *EMailSpeichern*. Diese erwartet die folgenden Parameter:

» *lngKundeID*: Wert des Feldes *KundeID* des Kunden, der die zu speichernde E-Mail gesendet oder empfangen hat

» *strBetreff*: Betreff der E-Mail

» *strInhalt*: Inhalt der E-Mail

» *datKommunikationsdatum*: Versanddatum

» *strEMailVon*: Absender der E-Mail

Kapitel 8 Kommunikation verwalten

- » *strEMailAn*: Empfänger der E-Mail
- » *strEMailCC*: Empfänger von Kopien der E-Mail
- » *strEMailBCC*: Empfänger von Kopien der E-Mail (für andere Empfänger nicht sichtbar)
- » *lngEMailParentID*: ID einer übergeordneten E-Mail, falls die E-Mail eine Antwort auf eine bereits zu diesem Kunden gespeicherte E-Mail ist

Die Prozedur sieht wie folgt aus:

```
Public Function EMailSpeichern(lngKundeID As Long, strBetreff As String, _
        strInhalt As String, datKommunikationsdatum As Date, strEMailVon As String, _
        strEMailAn As String, strEMailCC As String, strEMailBCC As String, _
        Optional lngEMailParentID As Long) As Long
    Dim db As DAO.Database
    Dim rst As DAO.Recordset
    Dim lngKommunikationID As Long
    Set db = CurrentDb
    Set rst = db.OpenRecordset("SELECT * FROM tblKommunikation WHERE 1 = 2", dbOpenDynaset)
    rst.AddNew
    rst!KommunikationsartID = 1
    rst!KundeID = lngKundeID
    rst!Betreff = strBetreff
    rst!Inhalt = strInhalt
    rst!Kommunikationsdatum = datKommunikationsdatum
    rst!EMailVon = strEMailVon
    rst!EMailAn = strEMailAn
    rst!EMailCC = strEMailCC
    rst!EMailBCC = strEMailBCC
    lngKommunikationID = rst!KommunikationID
    rst.Update
    rst.Close
    If lngEMailParentID > 0 Then
        Set rst = db.OpenRecordset("SELECT KommunikationID, AntwortID " _
            & "FROM tblKommunikationsantworten", dbOpenDynaset)
        rst.AddNew
        rst!KommunikationID = lngEMailParentID
        rst!AntwortID = lngKommunikationID
        rst.Update
        rst.Close
    End If
    EMailSpeichern = lngKommunikationID
    Set rst = Nothing
```

E-Mails speichern

```
        Set db = Nothing
    End Function
```

Die Prozedur öffnet zunächst eine Datensatzgruppe auf Basis der Tabelle *tblKommunikation*, wobei das Kriterium *1=2* dafür sorgt, dass diese keinen Datensatz enthält. Das hat den Hintergrund, dass wir ja nur einen neuen Datensatz anlegen möchten. Die *AddNew*-Methode des Recordset-Objekts legt einen neuen Datensatz an, der weiter unten durch die *Update*-Methode in der Tabelle gespeichert wird. Dazwischen weist die Prozedur den Feldern die in den entsprechenden Parametern enthaltenen Werte für die zu speichernde E-Mail zu.

Schließlich wird vor dem Speichern noch der Wert des Primärschlüsselfeldes *KommunikationID* des neuen Datensatzes ausgelesen und in der Variablen *lngKommunikationID* gespeichert. Wozu dies? Es kann sein, dass die Funktion von einer Prozedur aufgerufen wurde, die eine E-Mail als Antwort auf eine bestehende E-Mail erstellt hat. In diesem Fall soll der Datensatz in der Tabelle *tblKommunikation* zur neuen E-Mail gleich mit dem Datensatz in Beziehung gesetzt werden, für den er als Antwort erstellt wurde.

Ist dies der Fall, enthält der Parameter *lngEMailParent* die ID des übergeordneten Datensatzes. Die folgenden Anweisungen erstellen dann einen weiteren neuen Datensatz, diesmal in der Tabelle *tblKommunikationsantworten*. Das Feld *KommunikationID* verweist auf die Ausgangs-E-Mail und wird mit dem Wert der Variablen *lngEMailParentID* gefüllt.

AntwortID hingegen füllt die Prozedur mit dem ID-Wert des neu in der Tabelle *tblKommunikation* angelegten Datensatzes. Die Funktion *EMailSpeichern* gibt in jedem Fall die ID des neuen Datensatzes in der Tabelle *tblKommunikation* an die aufrufende Prozedur zurück.

Eine Prozedur wie obige scheint im Wesentlichen Schreibarbeit zu sein. Diese können Sie sich jedoch weitgehend abnehmen lassen, indem Sie das unter »Datenzugriffscode« (Seite 26) vorgestellte Add-In verwenden.

Dieses kann den Code zum Hinzufügen der beiden Datensätze zu den Tabellen *tblKommunikation* und *tblKommunikationsantworten* auch in Form des Aufrufs einer SQL-Anweisung zusammenstellen. Wie dies aussieht, zeigt die folgende Version der Prozedur *EMailSpeichern*, die genau das Gleiche tut wie die oben vorgestellte Variante – nur mit einer anderen Datenzugriffstechnik:

```
    Public Function EMailSpeichern(lngKundeID As Long, strBetreff As String, _
            strInhalt As String, datKommunikationsdatum As Date, strEMailVon As String, _
            strEMailAn As String, strEMailCC As String, strEMailBCC As String, _
            Optional lngEMailParentID As Long) As Long
        Dim db As DAO.Database
        Dim lngKommunikationID As Long
        Set db = CurrentDb
        db.Execute "INSERT INTO tblKommunikation(KommunikationsartID, KundeID, Betreff, " _
            & "Inhalt, Kommunikationsdatum, EMailVon, EMailAn, EMailCC, EMailBCC) " _
            & "VALUES(1, " & lngKundeID & ", '" & Replace(strBetreff, "'", "''") _
```

Kapitel 8 Kommunikation verwalten

```
            & "', '" & Replace(strInhalt, "'", "''") & "', " _
            & ISODatum(datKommunikationsdatum) & ", '" & strEMailVon & "', '" _
            & strEMailAn & "', '" & strEMailCC & "', '" & strEMailBCC & "')", dbFailOnError
    lngKommunikationID = db.OpenRecordset("SELECT @@IDENTITY").Fields(0)
    If lngEMailParentID > 0 Then
            db.Execute "INSERT INTO tblKommunikationsantworten(KommunikationID, AntwortID) " _
                "VALUES(" & lngEMailParentID & ", " & lngKommunikationID & ")", dbFailOnError
    End If
    EMailSpeichern = lngKommunikationID
    Set db = Nothing
End Function
```

Sie verwendet zunächst einen Aufruf der *Execute*-Methode des *Database*-Objekts, um den neuen Datensatz der Tabelle *tblKommunikation* mit einer INSERT INTO-Aktionsabfrage hinzuzufügen. Die Abfrage *SELECT @@IDENTITY* ermittelt anschließend den Wert des zuletzt im Rahmen dieser Session hinzugefügten Autowerts, welcher dem Wert des Feldes *KommunikationID* des neuen Datensatzes der Tabelle *tblKommunikation* entspricht. Mit diesem Wert ausgestattet geht es – sofern es einen übergeordneten Datensatz in der Tabelle *tblKommunikation* gibt – an die zweite *INSERT INTO*-Anweisung, welche die Beziehung der vorausgehenden E-Mail sowie die Antwort in der Tabelle *tblKommunikationsantworten* speichert.

8.5 E-Mails von Outlook einlesen

Das Einlesen von E-Mails, die von Kunden geschickt und mit Outlook empfangen wurden, gehört thematisch sicher in das vorliegende Kapitel. Nachdem wir aber alle Techniken, die sich um den Einsatz von Outlook und dessen Programmierung drehen, im Kapitel »Outlook« (Seite 425) untergebracht haben, wollen wir dies auch so beibehalten.

Sie finden also im Abschnitt »E-Mails importieren« (Seite 446) alle Informationen darüber, wie bereits empfangene E-Mails eingelesen und anhand der Absender-E-Mail-Adresse dem entsprechenden Kunden zugeordnet werden können.

8.6 E-Mails hierarchisch anordnen

Wenn Sie individuell auf einen Kunden eingehen möchten, ist es sinnvoll, die bisherige Kommunikation direkt im Überblick zu haben. Dazu soll das Formular *frmKundeDetail* für jeden Kunden auf einer eigenen Registerseite den kompletten Mail-Verkehr in einem TreeView-Steuerelement abbilden und die jeweils markierte E-Mail samt Absender, Empfänger, Betreff und Inhalt in einem eigenen Bereich abbilden.

Dies soll später einmal wie in Abbildung 8.21 aussehen.

E-Mails hierarchisch anordnen

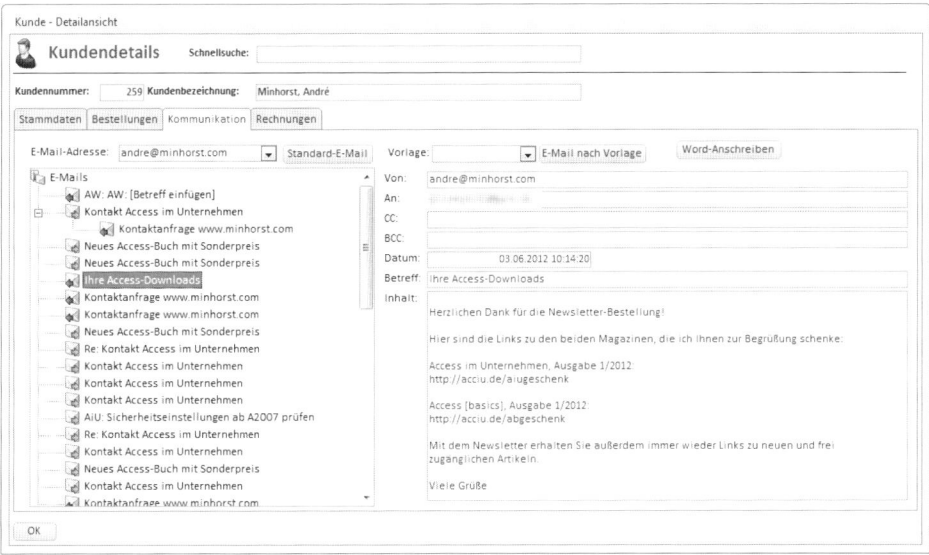

Abbildung 8.21: Übersicht der E-Mail-Historie zu einem Kunden

Diese Ansicht bietet eine ganze Reihe Funktionen, die wir in den folgenden Abschnitten zum Formular hinzufügen. Als Erstes wäre da die Tatsache, dass das TreeView mit den Daten der beiden Tabellen *tblKommunikation* und *tblKommunikationsantworten* gefüllt wird. Dabei enthält die Tabelle *tblKommunikation* jeweils einen Datensatz für eine E-Mail, die Tabelle *tblKommunikationsantworten* speichert die Beziehung zwischen den E-Mails – was sich auf die Angabe beschränkt, ob eine E-Mail eine Antwort auf eine andere E-Mail ist.

Antworten auf andere E-Mails sollen im TreeView-Steuerelement als Kindelemente der Originalmail dargestellt werden. Jedes Element enthält eines von zwei Icons, je nachdem, ob es sich um eine Mail des Benutzers der Datenbank handelt oder um eine E-Mail des Kunden. Bei einem Klick auf eines der Elemente im TreeView-Steuerelement soll der Inhalt der markierten E-Mail im Bereich rechts vom TreeView-Steuerelement angezeigt werden (siehe Abbildung 8.22). Außerdem liefert das TreeView-Steuerelement ein Kontextmenü, über das Sie direkt eine Antwort auf eine E-Mail verfassen oder eine E-Mail löschen können.

8.6.1 TreeView-Steuerelement hinzufügen

Das TreeView-Steuerelement fügen Sie über den Ribbon-Eintrag *Entwurf|Steuerelemente|ActiveX-Steuerelemente* zum Entwurf des Formulars *frmKundeDetail* hinzu. Damit das TreeView-Steuerelement auch auf der richtigen Seite des Register-Steuerelements angelegt wird, klicken Sie vorher zweimal auf den Registerreiter. Dies markiert die eigentliche Seite mit einem orangen Rahmen. Neu angelegte Steuerelemente landen nun in diesem Bereich (siehe Abbildung 8.23)

Kapitel 8 Kommunikation verwalten

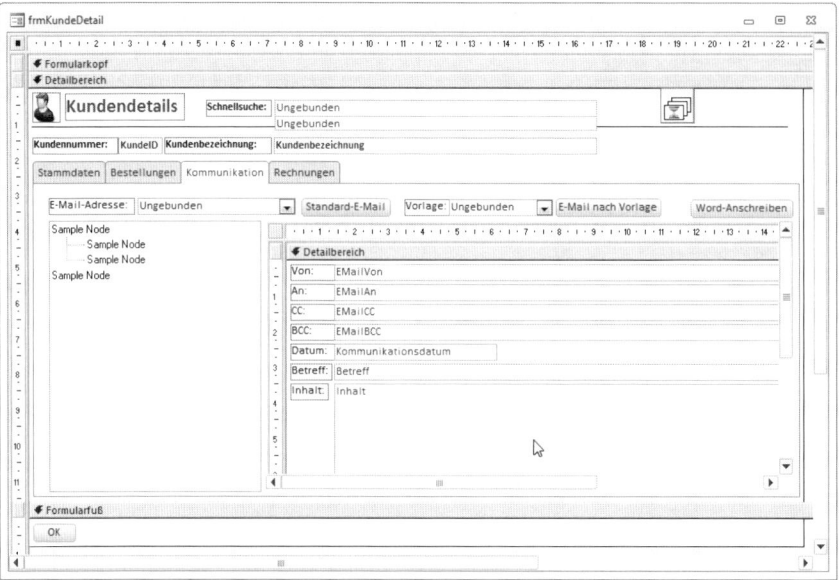

Abbildung 8.22: Entwurfsansicht der Registerseite zur Anzeige der Kommunikation mit dem Kunden

Abbildung 8.23: Wenn die komplette Seite des Register-Steuerelements orange eingerahmt ist, können Sie Steuerelemente zu dieser Seite hinzufügen.

Vergeben Sie für das TreeView-Steuerelement den Namen *ctlTreeView*. Zusätzlich benötigen Sie noch ein *ImageList*-Steuerelement, welches die Bilddateien für die Icons des TreeView-Steuerelements aufnimmt. Was es mit diesem Steuerelement genau auf sich hat und wie Sie die Icons dort aufnehmen, erfahren Sie im Kapitel »Bilder im TreeView-Steuerelement« (Seite 477).

8.6.2 TreeView füllen

Nachdem Sie das TreeView-Steuerelement angelegt haben, können wir bereits in die Vollen gehen. Normalerweise würden Sie für das TreeView-Steuerelement nun einige Eigenschaften

E-Mails hierarchisch anordnen

in dem dafür vorgesehenen Dialog vornehmen, den Sie mit dem Kontextmenü-Eintrag *TreeCtrl-Object/Properties* anzeigen (siehe Abbildung 8.24). Allerdings habe ich es mir angewöhnt, diese Eigenschaften per VBA festzulegen. Dies hat den Vorteil, dass Sie diese Eigenschaften nicht jedes Mal neu einstellen müssen, wenn Sie ein TreeView in einem anderen Formular oder gar in einer anderen Anwendung benötigen. Sie kopieren dann einfach die gewünschten Codezeilen und nehmen, falls nötig, ein paar Änderungen vor.

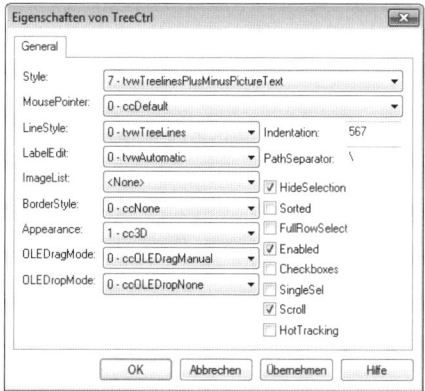

Abbildung 8.24: Dialog zum Einstellen der Eigenschaften des TreeView-Steuerelements

In diesem Fall befinden sich die notwendigen Einstellungen in einer eigenen Prozedur namens *TreeViewInstanzieren*, auf die wir gleich zu sprechen kommen. Als Erstes legen wir jedoch fest, wann das TreeView-Steuerelement überhaupt gefüllt werden soll. Um das Öffnen des Formulars nicht unnötig zu verzögern, sollte das TreeView-Steuerelement erst gefüllt werden, wenn der Benutzer die Registerseite *Kommunikation* des Formulars anklickt – und zu noch einer weiteren Gelegenheit, auf die wir gleich zu sprechen kommen.

Ein Mausklick auf einen der Registerreiter löst das Ereignis *Bei Änderung* des Register-Steuerelements aus (siehe Abbildung 8.25).

Abbildung 8.25: Anlegen der Ereignisprozedur, die bei Auswahl einer Registerseite augelöst wird

Kapitel 8 Kommunikation verwalten

Für dieses Ereignis hinterlegen Sie die folgende Prozedur. Diese prüft den Wert des Register-Steuerelements, welcher dem Wert der Eigenschaft *Seitenindex* einer jeden Registerseite entspricht. In unserem Falle hat die Registerseite *Kommunikation* dort den Wert *2*. Für diesen Fall ruft die Prozedur vier weitere Prozeduren auf, die nachfolgend beschrieben werden:

```
Private Sub regKundendetails_Change()
    Select Case Me!regKundendetails.Value
        Case 2
            ImageListFuellen
            TreeViewInstanzieren
            TreeViewFuellen
            TreeViewEintragMarkieren
        Case Else
            Debug.Print Me!regKundendetails.Value
    End Select
End Sub
```

Zuvor kommen wir noch kurz zu der zweiten Aktion, welche das TreeView-Steuerelement aktualisieren soll. Dies ist der Fall, wenn der Benutzer über das Suchfeld des Formulars einen anderen Kunden auswählt. Dies löst zumindest das Ereignis *Beim Anzeigen* des Formulars aus, weshalb wir hier einen Aufruf der Prozedur *regKundendetails_Change* hinzufügen:

```
Private Sub Form_Current()
    ...
    regKundendetails_Change
End Sub
```

Somit ist sichergestellt, dass beim Anzeigen eines neuen Kunden geprüft wird, ob das Register-Steuerelement gerade die Seite mit dem TreeView-Steuerelement anzeigt und gegebenenfalls aktualisiert wird.

8.6.3 ImageList füllen

Im ersten Schritt wird die Prozedur *ImageListFuellen* aufgerufen, welche die drei im TreeView-Steuerelement benötigten Bilddateien aus der Tabelle *MSysResources* in das *ImageList*-Steuerelement einliest:

```
Private Sub ImageListFuellen()
    Set objImageList = Me.ctlImageList.Object
    objImageList.ListImages.Clear
    objImageList.ImageHeight = 16
    objImageList.ImageWidth = 16
    ImageHinzufuegen objImageList, "folder3_mail_16"
    ImageHinzufuegen objImageList, "mail_16_next"
```

```
    ImageHinzufuegen objImageList, "mail_16_previous"
End Sub
```

Mehr zur hier verwendeten Technik erfahren Sie im Kapitel »Bilder im TreeView-Steuerelement« (Seite 477).

8.6.4 TreeView instanzieren

Die Prozedur *TreeViewInstanzieren* nimmt die wichtigsten Einstellungen am TreeView vor und legt den Root-Knoten für alle E-Mails an. Voraussetzung ist eine Objektvariable für das TreeView-Steuerelement, das Sie im Kopf des Klassenmoduls des Formulars wie folgt deklarieren:

```
Dim WithEvents objTreeView As MSComctlLib.TreeView
```

Das *WithEvents*-Schlüsselwort sorgt dafür, dass wir später die Ereignisse des TreeView-Steuerelements nutzen können, die etwa durch Drag and Drop oder durch das Betätigen der rechten Maustaste ausgelöst werden.

Die Prozedur weist der Variablen *objTreeView* einen Verweis auf das TreeView-Steuerelement zu. Danach nimmt es folgende Einstellungen vor:

» Leeren aller Elemente

» Flaches Erscheinungsbild statt 3D

» Anzeige des Root-Elements ohne Linie

» Anzeige von Plus/Minus-Zeichen zum Ein- und Ausblenden untergeordneter Elemente und von Icons und Text

» Schriftart *Calibri* und Schriftgröße *10*

» Zuweisen des *ImageList*-Steuerelements *ctlImageList* als Icon-Lieferant

» Anlegen eines ersten Elements mit der Beschriftung *E-Mails* und dem Icon *folder3_mail_16*. Dieses Element wird später über den Wert *a0* der Eigenschaft *Key* als Ausgangspunkt für das Anlegen der untergeordneten Elemente referenziert.

» Ausklappen der untergeordneten Elemente (die zu diesem Zeitpunkt noch nicht vorhanden sind)

```
Public Sub TreeViewInstanzieren()
    Dim objNode As MSComctlLib.Node
    Set objTreeView = Me!ctlTreeView.Object
    With objTreeView
        .Nodes.Clear
        .Appearance = ccFlat
        .LineStyle = tvwTreeLines
```

Kapitel 8 Kommunikation verwalten

```
            .Style = tvwTreelinesPlusMinusPictureText
            .OLEDragMode = ccOLEDragAutomatic
            .OLEDropMode = ccOLEDropManual
            .Font.Name = "Calibri"
            .Font.Size = 10
            Set .ImageList = Me!ctlImageList.Object
            Set objNode = .Nodes.Add(, , "a0", "E-Mails", "folder3_mail_16")
            objNode.Expanded = True
        End With
    End Sub
```

Zu diesem Zeitpunkt enthält das TreeView-Steuerelement nun genau ein Element wie in Abbildung 8.26.

Abbildung 8.26: Das TreeView-Steuerelement mit dem Root-Element

8.6.5 TreeView füllen

Das TreeView-Steuerelement wird mithilfe zweier Prozeduren mit Elementen gefüllt. Die erste Prozedur heißt *TreeViewFuellen* und trägt genau die erste Ebene von Elementen unterhalb des Root-Elements mit der Beschriftung *E-Mails* und dem Wert *a0* für die Eigenschaft *Key* ein:

```
    Public Sub TreeViewFuellen()
        Dim db As DAO.Database
        Dim rst As DAO.Recordset
        Dim objNode As MSComctlLib.Node
        Set db = CurrentDb
        Set rst = db.OpenRecordset("SELECT * FROM qryKommunikationRoot WHERE KundeID = " _
            & Me!KundeID, dbOpenDynaset)
        Do While Not rst.EOF
            Set objNode = objTreeView.Nodes.Add("a0", tvwChild, _
                "k" & rst!KommunikationID, rst!Betreff)
            If rst!EMailVon = DLookup("AbsenderStandardEMail", "tblStammdaten") Then
                objNode.Image = "mail_16_next"
            Else
```

E-Mails hierarchisch anordnen

```
            objNode.Image = "mail_16_previous"
        End If
        objNode.Expanded = True
        TreeViewFuellenRek rst!KommunikationID
        rst.MoveNext
    Loop
End Sub
```

Für die erste Ebene des TreeView-Steuerelements benötigen wir nun alle Datensätze der Tabelle *tblKommunikation*, die nicht über die Tabelle *tblKommunikationsantworten* als Antwort auf eine andere E-Mail festgelegt wurden.

Daher verwendet die Prozedur die Abfrage *qryKommunikationRoot* als Datenherkunft zum Füllen der ersten Ebene des TreeView-Elements. Dabei wird diese Abfrage noch nach dem aktuellen Kunden gefiltert, damit nur die damit zusammenhängenden E-Mails abgebildet werden.

Die Abfrage sieht wie in Abbildung 8.27 aus. Sie führt die beiden Tabellen *tblKommunikation* und *tblKommunikationsantworten* zusammen, und zwar so, dass alle Datensätze der Tabelle *tblKommunikation* abgebildet werden und nur die Datensätze der Tabelle *tblKommunikationsantworten*, die über das Fremdschlüsselfeld *AntwortID* mit der Tabelle *tblKommunikation* verknüpft sind.

Normalerweise würden Sie nur die Kombinationen der Datensätze beider Tabellen erhalten, für die auf beiden Seiten der Verknüpfung Daten vorhanden sind.

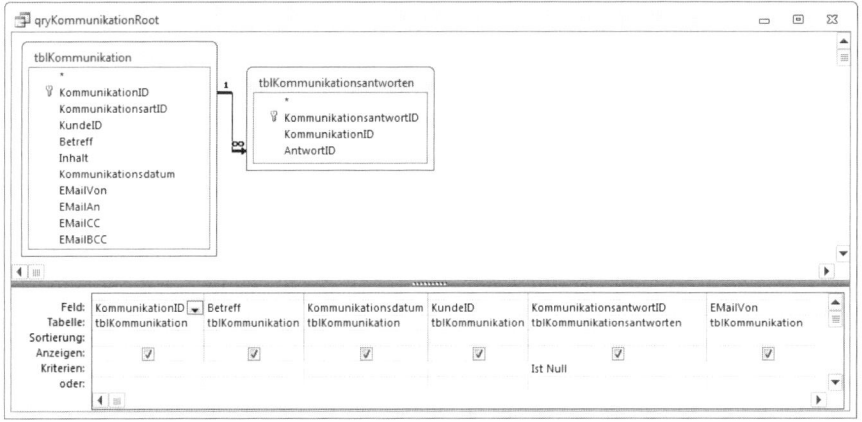

Abbildung 8.27: Datenherkunft für das Füllen der ersten Ebene des TreeView-Steuerelements

Dass die Abfrage auch Datensätze der Tabelle *tblKommunikation* liefert, die nicht im Feld *AntwortID* der Tabelle *tblKommunikationsantworten* referenziert sind, liegt an den Einstellungen der Verknüpfung, die Sie durch einen Doppelklick auf den Beziehungspfeil anzeigen. Nehmen Sie dort die Einstellung aus Abbildung 8.28 vor.

Kapitel 8 Kommunikation verwalten

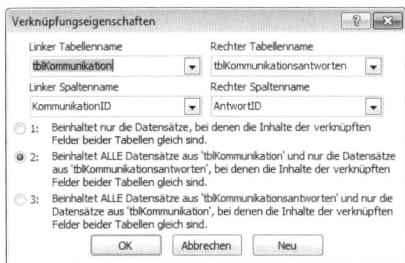

Abbildung 8.28: Verknüpfungseigenschaften für die Verknüpfung zwischen den Tabellen *tblKommunikation* und *tblKommunikationsantworten*

Die Abfrage liefert also nun alle Datensätze der Tabelle *tblKommunikation*, manche mit einem Wert im Feld *KommunikationsantwortID* der Tabelle *tblKommunikationsantworten*, manche ohne. Wir wollen alle Einträge erhalten, die keinem anderen Eintrag untergeordnet sind, also nur solche, deren Feld *KommunikationsantwortID* den Wert *Null* aufweist.

Damit gehen wir zurück zur Prozedur *TreeViewFuellen*. Diese durchläuft nun alle Einträge der Datensatzgruppe auf Basis der Abfrage *qryKommunikationRoot*, die sich auf den aktuellen Kunden beziehen. Dabei fügt die Prozedur zunächst mit der *Add*-Methode der *Nodes*-Auflistung des TreeView-Steuerelements ein neues Element hinzu.

Die dabei verwendeten Parameter legen fest, dass das Element mit dem Wert *a0* für die Eigenschaft *Key* als Referenz gilt, wobei das neue Element als Kind-Element dieses Elements angelegt wird – also unterhalb des Root-Elements mit der Beschriftung *E-Mails*.

Das neue Element soll seinerseits einen Wert für die Eigenschaft *Key* erhalten, der sich aus dem Buchstaben *k* (der Wert der *Key*-Eigenschaft muss mit einem Buchstaben beginnen) und dem Wert des Primärschlüsselfeldes des Datensatzes, also *KommunikationID*, zusammensetzt. Schließlich soll der E-Mail-Betreff des Datensatzes als Beschriftung des Elements erscheinen.

Danach prüft die Prozedur noch, ob die E-Mail des Absenders dieser E-Mail mit der im Feld *AbsenderStandardEMail* aus der Tabelle *tblStammdaten* übereinstimmt – dies ist die beim Versenden von E-Mails mit dieser Anwendung verwendete E-Mail-Adresse. Ist dies der Fall, wurde die E-Mail vom Benutzer der Anwendung aus versendet, sonst hat der Kunde die E-Mail geschickt. In beiden Fällen weist die Prozedur dem Element ein entsprechendes Icon zu.

Zu guter Letzt ruft die Prozedur eine weitere Prozedur namens *TreeViewFuellenRek* auf – eine rekursiv definierte Prozedur, die sich so lange selbst aufruft, bis es keine untergeordneten Elemente mehr gibt. Diese Prozedur erwartet den Wert des Feldes *Kommunikation* des übergeordneten Elements und sieht im Detail wie folgt aus:

```
Private Sub TreeViewFuellenRek(lngParentID As Long)
    Dim db As DAO.Database
    Dim rst As DAO.Recordset
```

E-Mails hierarchisch anordnen

```
    Dim objNode As MSComctlLib.Node
    Set db = CurrentDb
    Set rst = db.OpenRecordset("SELECT * FROM qryKommunikationChildren " _
        & "WHERE ParentID = " & lngParentID, dbOpenDynaset)
    Do While Not rst.EOF
        Set objNode = objTreeView.Nodes.Add("k" & lngParentID, tvwChild, _
            "k" & rst!KommunikationID, rst!Betreff)
        If rst!EMailVon = DLookup("AbsenderStandardEMail", "tblStammdaten") Then
            objNode.Image = "mail_16_next"
        Else
            objNode.Image = "mail_16_previous"
        End If
        TreeViewFuellenRek rst!KommunikationID
        rst.MoveNext
    Loop
End Sub
```

Diese Prozedur ist fast identisch mit der Prozedur *TreeViewFuellen*. Sie verwendet allerdings eine andere Datenherkunft namens *qryKommunikationChildren* (siehe Abbildung 8.29). Diese Abfrage liefert alle Datensätze der Tabelle *tblKommunikation*, denen die Tabelle *tblKommunikationsantworten* ein Eltern-Element aus der Tabelle *tblKommunikation* zuweist.

Von dieser Abfrage werden allerdings nur diejenigen Datensätze benötigt, deren Eltern-Element eine ID aufweist, die mit der mit dem Parameter *lngParentID* gelieferten ID übereinstimmt.

Die Prozedur durchläuft alle Datensätze dieser Abfrage und legt jeweils ein neues Element unterhalb des Elements an, von dem aus die Prozedur aufgerufen wurde. Das Anlegen geschieht dabei genau wie in der Prozedur *TreeViewFuellen*.

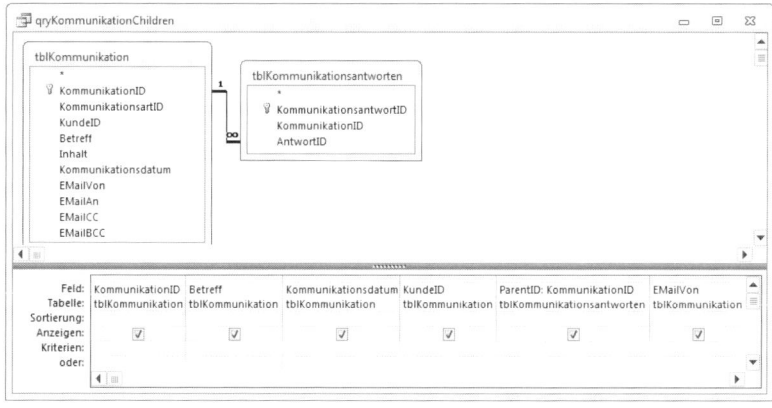

Abbildung 8.29: Datenherkunft für das rekursive Anlegen von E-Mail-Elementen im *TreeView*-Steuerelement

8.6.6 Aktuellen Eintrag markieren

Schließlich soll nach dem Füllen des TreeView-Elements noch der erste angezeigte Eintrag markiert und der Inhalt der entsprechenden E-Mail im Unterformular *sfmKundeDetail_Kommunikation* angezeigt werden. Diese Aufgabe erledigt die Prozedur *TreeViewEintragMarkieren*. Die Prozedur prüft zunächst, ob das TreeView-Steuerelement überhaupt mehr als einen Eintrag enthält. Liegt nur ein Eintrag vor, handelt es sich um den Root-Eintrag mit der Beschriftung E-Mails – in diesem Fall soll das Unterformular einfach ausgeblendet werden.

Ist jedoch zumindest noch ein zweiter Eintrag enthalten, markiert die Prozedur diesen, indem sie der Eigenschaft *SelectedItem* des TreeView-Steuerelements einen Verweis auf dieses *Node*-Objekt zuweist (*objTreeView.Nodes(2)*).

Vorher wird das Unterformular gegebenenfalls noch eingeblendet und nachher ruft die Prozedur eine weitere Prozedur namens *objTreeView_NodeClick* auf, die normalerweise nur durch das Anklicken eines der *Node*-Elemente ausgelöst wird. Ihr übergibt die Prozedur einen Verweis auf das erste *Node*-Element unterhalb des Root-Elements.

Diese Prozedur stellt – soviel sei vorweggenommen – das Unterformular auf den entsprechenden Datensatz der Tabelle *tblKommunikation* ein. Schließlich erhält das TreeView-Steuerelement den Fokus, weil dieses sonst den aktuell markierten Eintrag nicht farbig hervorhebt:

```
Private Sub TreeViewEintragMarkieren()
    If objTreeView.Nodes.count > 1 Then
        Me!sfmKundeDetail_Kommunikation.Visible = True
        Set objTreeView.SelectedItem = objTreeView.Nodes(2)
        objTreeView_NodeClick objTreeView.Nodes(2)
        Me!ctlTreeView.SetFocus
    Else
        Me!sfmKundeDetail_Kommunikation.Visible = False
    End If
End Sub
```

8.6.7 E-Mails im Unterformular anzeigen

Damit kommen wir zum Unterformular *sfmKundeDetail_Kommunikation*, dessen einzige Aufgabe es ist, den aktuell im TreeView-Steuerelement ausgewählten Datensatz der Tabelle *tblKommunikation* anzuzeigen.

Das Unterformular zeigt alle E-Mail-relevanten Daten dieser Tabelle an, wobei diese wie in Abbildung 8.30 angeordnet sind. Da dieses Formular Daten zu bereits versendeten oder erhaltenen E-Mails enthält, soll der Benutzer diese nicht ändern können. Daher stellen Sie für alle Steuerelemente die Eigenschaften *Aktiviert* und *Gesperrt* auf die Werte *Nein* und *Ja* ein – dies können Sie en bloc erledigen.

E-Mails hierarchisch anordnen

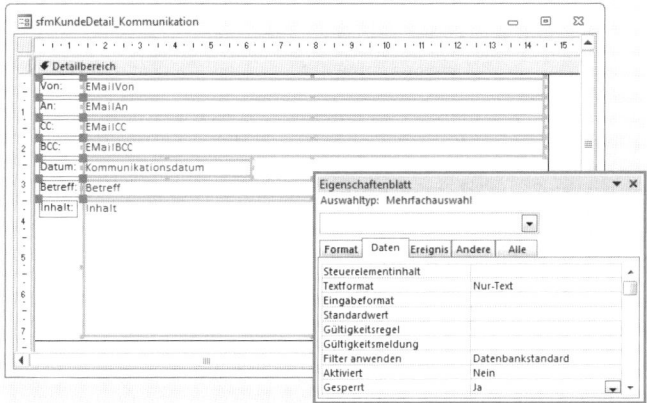

Abbildung 8.30: Das Unterformular *sfmKundeDetail_Kommunikation* in der Entwurfsansicht

Nun kommen wir zur ersten Ereignisprozedur des TreeView-Steuerelements. Es soll durch das Anklicken eines der *Node*-Elemente im TreeView-Steuerelement ausgelöst werden. Das TreeView-Steuerelement ist keines der eingebauten Steuerelemente, die all ihre Ereigniseigenschaften im Eigenschaftsfenster anbieten.

Daher müssen Sie einen anderen Weg wählen, um den Prozedurkopf anzulegen. Stellen Sie das linke Kombinationsfeld im Codefenster des Klassenmoduls des Formulars *frmKundeDetail* auf den Wert *objTreeView* und das rechte auf den Wert *NodeClick* ein (siehe Abbildung 8.31).

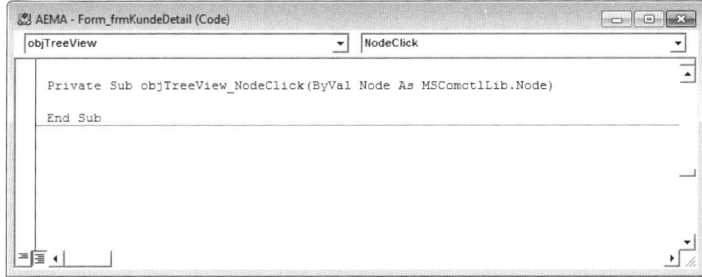

Abbildung 8.31: Anlegen einer Ereignisprozedur für das TreeView-Steuerelement

Die Prozedur *objTreeView_NodeClick* füllen Sie anschließend mit den folgenden Anweisungen:

```
Private Sub objTreeView_NodeClick(ByVal Node As MSComctlLib.Node)
    Dim lngKommunikationID As Long
    Dim strType As String
    strType = Left(Node.Key, 1)
    Select Case strType
        Case "k"
```

Kapitel 8 Kommunikation verwalten

```
            lngKommunikationID = Mid(Node.Key, 2)
            Me!sfmKundeDetail_Kommunikation.Form.Recordset.FindFirst _
                "KommunikationID = " & lngKommunikationID
    End Select
End Sub
```

Was erledigt diese Prozedur? Sie ermittelt zunächst den ersten Buchstaben des ersten Werts der *Key*-Eigenschaft des angeklickten *Node*-Objekts (dessen Verweis als Parameter übergeben wird – entweder von Access oder von einer aufrufenden Prozedur wie *TreeViewEintragMarkieren*). Lautet dieser *k*, hat der Benutzer auf einen der E-Mail-Einträge geklickt. In diesem Fall ermittelt die Prozedur danach den Primärschlüsselwert (zum Beispiel *213* aus dem Key *k213*) und stellt den Datensatzzeiger im Recordset des Unterformulars auf den ersten Datensatz ein, dessen Feld *KommunikationID* diesen Wert enthält. Klickt der Benutzer auf das Root-Element, geschieht nichts, denn dieses enthält ja als *Key* den Wert *a0*.

8.6.8 Antwort auf E-Mail per Kontextmenü erstellen

Die einfachste Methode, auf eine im TreeView angezeigte E-Mail zu antworten, ist die Auswahl des Eintrags *E-Mail beantworten* des Kontextmenüs des entsprechenden Eintrags. Dementsprechend löschen Sie eine E-Mail auch am schnellsten mit den Eintrag *E-Mail löschen* (siehe Abbildung 8.32).

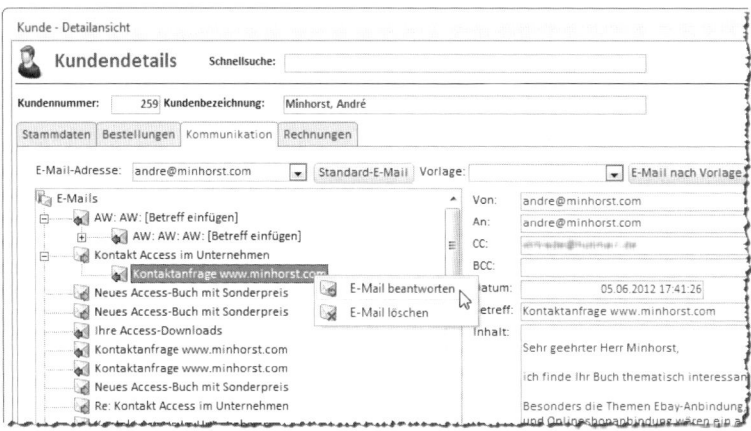

Abbildung 8.32: Erstellen einer Antwort per Kontextmenü

Die zum Anzeigen des Kontextmenüs verwendete Technik finden Sie im folgenden Abschnitt. Die dadurch erzeugten Kontextmenü-Einträge rufen die folgenden Funktionen auf:

» Kontextmenü des Root-Eintrags *E-Mails*: *EMailErstellen*

» Kontextmenü der Einträge für die E-Mails: *AntwortErstellen*, *EMailLoeschen*

Die Funktion *EMailErstellen* haben Sie bereits weiter oben kennengelernt, die Funktionen *EMail-Loeschen* und *AntwortErstellen* finden Sie gleich im Anschluss.

8.6.9 Kontextmenü im TreeView-Steuerelement

Die Prozedur zur Anzeige des Kontextmenüs sieht im Überblick wie folgt aus:

```
Private Sub objTreeView_MouseUp(ByVal Button As Integer, ByVal Shift As Integer, _
        ByVal x As stdole.OLE_XPOS_PIXELS, ByVal y As stdole.OLE_YPOS_PIXELS)
    Dim objNode As MSComctlLib.Node
    Dim cbr As Office.Commandbar
    Dim cbb As Office.CommandBarButton
    Dim strType As String
    Dim lngKommunikationID As Long
    Set objNode = objTreeView.HitTest(x, y)
    objTreeView.SelectedItem = objNode
    Select Case Button
        Case acRightButton
            If Not objNode Is Nothing Then
                strType = Left(objNode.Key, 1)
                On Error Resume Next
                CommandBars("cbrKommunikation").Delete
                On Error GoTo 0
                Set cbr = CommandBars.Add("cbrKommunikation", msoBarPopup, , True)
                Select Case strType
                    Case "k"
                        lngKommunikationID = Mid(objNode.Key, 2)
                        Set cbb = cbr.Controls.Add(msoControlButton)
                        cbb.Caption = "E-Mail beantworten"
                        cbb.Picture = GetPictureByName("mail_forward_16")
                        cbb.Mask = MaskFromPicture(cbb.Picture)
                        cbb.onAction = "=AntwortErstellen(" & lngKommunikationID & ")"
                        Set cbb = cbr.Controls.Add(msoControlButton)
                        cbb.Caption = "E-Mail löschen"
                        cbb.Picture = GetPictureByName("mail_delete_16")
                        cbb.Mask = MaskFromPicture(cbb.Picture)
                        cbb.onAction = "=EMailLoeschen(" & lngKommunikationID & ")"
                    Case "a"
                        Set cbb = cbr.Controls.Add(msoControlButton)
                        cbb.Caption = "E-Mail erstellen"
                        cbb.Picture = GetPictureByName("mail_add_16")
                        cbb.Mask = MaskFromPicture(cbb.Picture)
```

Kapitel 8 Kommunikation verwalten

```
                    cbb.onAction = "=EMailErstellen('" _
                        & Me.cboEMailAdresseNeueMail.Column(1) _
                        & "', " & Me!KundeID & ")"
                End Select
                cbr.ShowPopup
            End If
        End Select
    End Sub
```

Sie ermittelt zunächst das gedrückte *Node*-Element, indem mit der *HitTest*-Funktion die als Parameter übergebenen Koordinaten *x* und *y* auswertet. Danach stellt die Prozedur dieses Element als aktuelles Element ein. Nun folgt die Prüfung, welche Maustaste der Benutzer angeklickt hat. Diese Information liefert der Parameter *Button*. Liefert diese den Wert *acRightButton*, hat der Benutzer die rechte Maustaste betätigt und das Kontextmenü soll angezeigt werden.

Es gibt noch eine Ausstiegmöglichkeit, wenn *objNode* leer ist und der Benutzer den Mausklick an einer leeren Stelle im TreeView-Steuerelement ausgeführt hat. Das TreeView-Steuerelement enthält verschiedene Elemente, die unterschiedliche Kontextmenüs anbieten sollen. Den Typ ermittelt die Prozedur über den ersten Buchstaben der *Key*-Eigenschaft des *Node*-Elements, das diese eindeutig identifiziert. Dieses Zeichen wird mit der *Left*-Methode und dem *Key* sowie der Anzahl der auszulesenden Zeichen als Parameter ermittelt und in der Variablen *strType* gespeichert.

Vor der Auswertung löscht die Prozedur noch ein eventuell vorhandenes Kontextmenü namens *cbrKommunikation* und erstellt dieses neu. Auf diese Weise wird verhindert, dass Steuerelemente an ein eventuell vorhandenes Kontextmenü angefügt werden. Da nicht klar ist, ob ein solches Kontextmenü überhaupt existiert, deaktiviert die Prozedur die Fehlerbehandlung während des Aufrufs der *Delete*-Methode.

Beim Neuanlegen des Kontextmenüs mit der Add-Methode der *CommandBars*-Auflistung wird der Name als erster Parameter angegeben. Weitere Parameter geben an, dass die Symbolleiste (die hier eigentlich angelegt wird), als Kontextmenü ausgeführt wird (*msoBarPopup*) und nur temporär gespeichert, also mit dem Schließen der Anwendung wieder entsorgt werden soll.

Bevor die Prozedur die eigentlichen Steuerelemente zur Kontextmenüleiste hinzufügt, muss sie den Typ des *Node*-Elements ermitteln. Dies erledigt eine *Select Case*-Bedingung, welche die verschiedenen in der Variablen *strType* gespeicherten Werte bearbeitet. Es gibt zwei verschiedene Werte:

» *k*: Ein Kommunikations-Element, also in dieser Version der Anwendung eine E-Mail. Für solche Einträge sollen die beiden Kontextmenü-Befehle *E-Mail beantworten* und *E-Mail löschen* erstellt werden.

» *a*: Das Root-Element des TreeView-Steuerelements mit der Beschriftung *E-Mails*. Durch einen Rechtsklick auf diesen Eintrag soll der Benutzer eine neue E-Mail erstellen können.

E-Mails hierarchisch anordnen

Zum Erstellen einer Antwort auf eine bestehende E-Mail wird die *KommunikationID* der E-Mail benötigt, um das neue Element direkt unterzuordnen zu können. Dieser Wert kann ab dem zweiten Zeichen der Eigenschaft *Key* eingelesen werden, also beispielsweise *312* beim *Key*-Wert *k312*.

Damit ausgestattet, legt die Prozedur zunächst die Beschriftung fest (*E-Mail beantworten*). Die folgende Zeile weist dem Kontextmenü-Eintrag ein Icon hinzu. Mehr dazu erfahren Sie unter »Bilder in Kontextmenüs« ab Seite 480.

Schließlich erhält der Kontextmenü-Eintrag noch den Namen einer VBA-Funktion, die er beim Anklicken aufrufen soll. Dieser wird aus dem Ausdruck *"=AntwortErstellen(" & lngKommunikationID & ")"* ermittelt, was zum Beispiel einen Wert wie *=AntwortErstellen(312)* liefert. Die Funktion *AntwortErstellen* müssen Sie als öffentliche Prozedur in einem Standardmodul oder im Klassenmodul des Formulars, in dem das Kontextmenü angezeigt wird, anlegen. Die Prozedur wird unter »Kommunikation verwalten« ab Seite 255 erläutert. Auf die gleiche Weise wird der Eintrag *E-Mail löschen* erstellt. Auch die dort verwendete Funktion *EMailLoeschen* finden Sie in oben genanntem Kapitel.

Fehlt noch das Anlegen eines neuen Eintrag, wenn der Benutzer auf das Node-Element *E-Mails* klickt (*Key*-Wert *a0*). Der Eintrag wird auf die gleiche Weise wie die oben beschriebenen Einträge zum Kontextmenü hinzugefügt. Die für die Eigenschaft onAction angegebene Funktion enthält allerdings mehrere Parameter:

```
"=EMailErstellen('" & Me.cboEMailAdresseNeueMail.Column(1) & "'. " & Me!KundeID & ")"
```

Dabei wird die Ziel-E-Mail-Adresse aus dem Kontextmenü *cboEMailAdresseNeueMail* ermittelt und der aktuelle Kunde an die Funktion *EMailErstellen* übergebend. Der Wert von *onAction* lautet also beispielsweise *=EMailErstellen('andre@minhorst.com', 123)*.

Wenn alle Einträge angelegt sind, zeigt die Prozedur das Kontextmenü mit seiner Methode *ShowPopup* an.

8.6.10 E-Mail löschen per Kontextmenü

Wenn der Benutzer den Kontextmenü-Eintrag *E-Mail löschen* betätigt, löst dies die folgende Funktion aus:

```
Public Function EMailLoeschen(lngKommunikationID As Long)
    Dim db As DAO.Database
    Set db = CurrentDb
    db.Execute "DELETE FROM tblKommunikation WHERE KommunikationID = " _
        & lngKommunikationID, dbFailOnError
    Call TreeViewKommunikationAktualisieren
    Set db = Nothing
End Function
```

Kapitel 8 Kommunikation verwalten

Die Funktion erwartet den Primärschlüsselwert der zu löschenden E-Mail in der Tabelle *tblKommunikation* als Parameter. Damit ausgestattet, ruft sie über die *Execute*-Methode des aktuellen *Database*-Objekts eine *DELETE*-Anweisung auf, die genau den Datensatz mit dem angegebenen Wert für das Feld *KommunikationID* aus der Tabelle *tblKommunikation* löscht.

Damit sich diese Änderung gleich im TreeView-Steuerelement niederschlägt, ruft die Prozedur die Prozedur *TreeViewKommunikationAktualisieren* auf.

Alternativ könnten Sie auch einfach den entsprechenden Eintrag aus dem TreeView-Steuerelement entfernen.

8.6.11 Antwort auf eine bestehende E-Mail erstellen

Ein weiteres Feature ist das Erstellen einer Antwort auf eine bestehende E-Mail. Diese Funktion wird ausgelöst, wenn der Benutzer im Kontextmenü eines TreeView-Elements den Eintrag *Antwort erstellen* anklickt.

Diese Funktion soll genau wie unter Outlook die Zeichen *AW:* vor den Betreff schreiben und außerdem die Original-E-Mail zitieren, indem der Inhalt mit führenden Größer-Zeichen versehen wird.

Dies erledigt die folgende Prozedur:

```
Public Function AntwortErstellen(lngKommunikationID As Long)
    Dim db As DAO.Database
    Dim rst As DAO.Recordset
    Dim objMail As clsMail
    Dim lngAntwortID As Long
    Dim strInhalt As String
    Dim strInhaltAntwort As String
    Dim strZeilen() As String
    Dim strBetreff As String
    Dim i As Integer
    Set db = CurrentDb
    Set rst = db.OpenRecordset("SELECT * FROM tblKommunikation WHERE KommunikationID = " _
        & lngKommunikationID, dbOpenDynaset)
    If Not rst.EOF Then
        Set objMail = New clsMail
        With objMail
            .ToHinzufuegen rst!EMailVon
            .Von = rst!EMailAn
            strBetreff = "AW: " & rst!Betreff
            .Betreff = strBetreff
            strInhalt = rst!Inhalt
```

E-Mails hierarchisch anordnen

```
            strZeilen = Split(strInhalt, vbCrLf)
            For i = LBound(strZeilen) To UBound(strZeilen)
                strInhaltAntwort = strInhaltAntwort & "> " & strZeilen(i) & vbCrLf
            Next i
            strInhaltAntwort = vbCrLf & vbCrLf & strInhaltAntwort
            .Inhalt = strInhaltAntwort
            .Anzeigen
            If .Gesendet = True Then
                lngAntwortID = EMailSpeichern(rst!KundeID, .Betreff, .Inhalt, Now, _
                    .Von, .An, .CC, .BCC)
                db.Execute "INSERT INTO tblKommunikationsantworten(KommunikationID, " _
                    "AntwortID) VALUES(" & lngKommunikationID & ", " & lngAntwortID _
                    & ")", dbFailOnError
                Call TreeViewKommunikationAktualisieren
            End If
        End With
    End If
    Set db = Nothing
End Function
```

Die Prozedur erwartet als einzigen Parameter den Primärschlüsselwert der E-Mail in der Tabelle *tblKommunikation* (*lngKommunikationID*). Darauf aufbauend erstellt die Prozedur eine Datensatzgruppe mit allen Feldern des entsprechenden Datensatzes der Tabelle *tblKommunikation*.

Sie legt ein neues Objekt des Typs *clsMail* an und füllt die Empfänger- und die Absenderadresse genau umgekehrt aus wie es in der Original-E-Mail der Fall war. Den Betreff übernimmt die Prozedur ebenfalls für die neue E-Mail, stellt jedoch noch die Zeichenfolge *AW:* voran.

Für das Ausstatten des Inhalts mit einem führenden Größer-Zeichen je Zeile sind ein paar Code-Zeilen mehr nötig. Zunächst schreibt die Prozedur den Inhalt in die Variable *strInhalt*, deren Inhalt wiederum mit der *Split*-Funktion auf die einzelnen Elemente eines String-Arrays namens *strZeilen* aufgeteilt wird. Dabei trennt die *Split*-Funktion den Inhalt von *strInhalt* jeweils an den Stellen, die einen Zeilenumbruch enthalten (*vbCrLf*).

Eine *For...Next*-Schleife durchläuft dann alle Elemente des Arrays. Dabei fügt sie jeweils ein Größer-Zeichen gefolgt von einem Leerzeichen vorne an und hängt die gesamte Zeile an den Inhalt der Variablen *strInhaltAntwort* an, die so nach und nach mit allen Zeilen der Original-E-Mail gefüllt wird. Schließlich stellt die Prozedur diesem Ausdruck noch zwei Leerzeilen voran, damit oben im Body Platz für die Antwort ist. Dieser Ausdruck landet schließlich in der Eigenschaft *Inhalt* der Klasse *clsMail*.

Die Anzeigen-Methode dieser Klasse offenbart das Ergebnis und bietet dem Benutzer noch die Gelegenheit, die Antwort einzufügen, bevor er die E-Mail mit einem Klick auf die *Senden*-Schaltfläche losschickt.

Die folgende *If...Then*-Bedingung prüft noch, ob die E-Mail gesendet wurde, und ruft die oben beschriebene Funktion *EMailSpeichern* auf, um die Antwort-E-Mail in der Tabelle *tblKommunikation* zu verewigen. Die Funktion liefert als Rückgabewert den Wert des Primärschlüsselwertes *KommunikationID* des frisch angelegten Datensatzes, der gleich in der Variablen *lngAntwortID* landet.

Wozu benötigen wir diesen Wert? Klar, um in der Tabelle *tblKommunikationsantworten* die Beziehung zwischen der Original-E-Mail und der Antwort herzustellen. Dies übernimmt eine per *Execute*-Methode abgesetzte *INSERT INTO*-Aktionsabfrage. Ein Aufruf der Prozedur *TreeViewKommunikationAktualisieren* fügt das neue Element schließlich zum TreeView hinzu.

8.7 Drag and Drop im TreeView-Steuerelement

Unter »E-Mails importieren« (Seite 446) erfahren Sie, wie Sie E-Mails, deren Absenderadresse mit einer E-Mail-Adresse eines Kunden übereinstimmt, in die Tabelle *tblKommunikation* einlesen und diese somit als neuen Eintrag im TreeView-Steuerelement anzeigen. Diese E-Mails werden direkt unterhalb des Root-Elements im TreeView-Steuerelement angezeigt, eine Zuteilung zu bestehenden Elementen erfolgt nicht (es wäre technisch möglich, dies auf Basis des Betreffs zu erledigen, aber das würde den Rahmen sprengen).

Also muss der Benutzer noch selbst Hand anlegen, wenn er etwas Struktur in seiner Kundenkommunikation haben möchte. Dazu benötigen Sie drei Ereignisse: Das erste wird beim Beginn einer Drag-and-Drop-Operation ausgelöst, also sobald der Benutzer den Mauszeiger bei gedrückter Maustaste bewegt. Dies äußert sich durch das Ändern des Mauszeigers in ein entsprechendes Symbol (siehe Abbildung 8.33).

Abbildung 8.33: Beginn einer Drag-and-Drop-Operation

Was geschieht noch zu diesem Zeitpunkt? Access löst das Ereignis *OLEStartDrag* aus, das Sie mit folgender Ereignisprozedur hinterlegen:

Drag and Drop im TreeView-Steuerelement

```
Private Sub objTreeView_OLEStartDrag(Data As MSComctlLib.DataObject, _
        AllowedEffects As Long)
    Dim objNode As MSComctlLib.Node
    Set objNode = objTreeView.SelectedItem
    If objNode Is Nothing Then Exit Sub
    Data.Clear
    Data.SetData objNode.Key
End Sub
```

Diese Prozedur stellt zunächst die Variable *objNode* auf das aktuell markierte Element im TreeView ein. Handelt es sich dabei um das Element, das der Benutzer per Drag and Drop verschieben möchte? Nicht zwingend. Dazu muss er das Element vorher anklicken, sonst versucht Access, das zuletzt markierte Element zu verschieben.

Das ist aber kein Problem, denn mit der folgenden Ereignisprozedur, die beim Herunterdrücken der Maustaste ausgelöst wird, markieren Sie den gewünschten Eintrag als aktuelles Element:

```
Private Sub objTreeView_MouseDown(ByVal Button As Integer, ByVal Shift As Integer, _
        ByVal x As stdole.OLE_XPOS_PIXELS, ByVal y As stdole.OLE_YPOS_PIXELS)
    objTreeView.SelectedItem = objTreeView.HitTest(x, y)
End Sub
```

HitText(x,y) wertet dabei die Koordinaten der aktuellen Position des Mauszeigers aus. Befindet sich unter dem Mauszeiger ein Objekt, stellt die Prozedur dieses Element als aktuell ausgewähltes Element im TreeView ein.

Die Prozedur *objTreeViewOLEDragStart* prüft dann, ob *objNode* überhaupt einen Verweis auf ein Element enthält. Klickt der Benutzer nämlich an eine freie Stelle im TreeView, wird *objTreeView.SelectedItem* in der Prozedur *objTreeView_MouseDown* auf *Nothing* eingestellt. Die Prozedur *objTreeView_OLEStartDrag* bricht dann vor den entscheidenden Zeilen ab.

Diese nämlich speichern den *Key* des aktuellen Objekts mit der Methode *SetData* im Objekt *Data*. Dieses Objekt steht für Drag-and-Drop-Operationen zur Verfügung, und zwar vom Start bis zum Fallenlassen des Elements.

Zwischen Aufnehmen und Fallenlassen des Elements findet noch das eigentliche Ziehen des Elements statt. Dies löst fortwährend das Ereignis *OLEDragOver* des TreeView-Steuerelements aus, für das Sie folgende Ereignisprozedur anlegen:

```
Private Sub objTreeView_OLEDragOver(Data As MSComctlLib.DataObject, Effect As Long, _
        Button As Integer, Shift As Integer, x As Single, y As Single, State As Integer)
    Set objTreeView.DropHighlight = objTreeView.HitTest(x, y)
End Sub
```

Diese Prozedur ermittelt jeweils das aktuell überfahrene Element und markiert dieses mit der Eigenschaft *DropHighlight* als aktuelles Zielelement der Drag-and-Drop-Operation.

Fehlt nur noch das Fallenlassen eines Elements auf ein anderes und die dadurch ausgelösten Aktionen. Die ausgelöste Ereignisprozedur heißt *objTreeView_OLEDragDrop*. Diese Prozedur liest zunächst den im Objekt *Data* gespeicherten Wert ein, der ja zu Beginn der Drag-and-Drop-Operation dort eingetragen wurde, und speichert diesen in der Variablen *strData*.

Aus dem Wert, der ja dem Key des zu verschiebenden Elements entspricht, liest die Prozedur mit der *Left*-Funktion zunächst den ersten Buchstaben aus. Dies ist in der aktuellen Version, in der nur E-Mails im Kommunikations-TreeView dargestellt werden sollen, noch nicht relevant, sondern erst, wenn auch andere Kommunikationsarten wie Telefonate, Telefaxe et cetera mit eigenen Startbuchstaben in der *Key*-Eigenschaft versehen werden. Dann können Sie anhand des Startbuchstabens entscheiden, ob der Drag-and-Drop-Vorgang überhaupt zulässig ist.

Im Moment ist eher die in der *Key*-Eigenschaft enthaltene Zahl interessant, welche dem Primärschlüsselwert der Tabelle *tblKommunikation* entspricht. Diesen speichert die Prozedur in der Variablen *lngKeyDrag*.

Danach füllt die Prozedur zunächst die Variable *objNodeDrag* mit einem Verweis auf das Element, dessen *Key*-Wert mit *GetData* aus dem *Data*-Objekt ermittelt wurde, und die Variable *objNodeDrop* mit einem Verweis auf das Objekt, über dem sich die Maus beim Fallenlassen des Elements befindet.

Sollte *objNodeDrop* danach den Wert *Nothing* enthalten, deutet dies darauf hin, dass der Benutzer das Element an einer freien Stelle im *TreeView*-Steuerelement fallen lassen hat – der Vorgang wird dann an dieser Stelle abgebrochen.

Anderenfalls geht es weiter, indem die beiden Variablen *strKeyDrop* und *lngKeyDrop* mit dem Anfangsbuchstaben und der folgenden Zahl der Eigenschaft *Key* des Zielelements gefüllt werden.

Sollten *lngKeyDrag* und *lngKeyDrop* gleich sein, versucht der Benutzer, ein Element auf sich selbst zu ziehen – auch hier wird die Prozedur beendet.

Ein weiteres Problem, das auftreten kann, ist ein Zirkelbezug, den Sie vielleicht von Excel her kennen. Beim *TreeView*-Steuerelement bedeutet dies, dass der Benutzer ein Element auf ein untergeordnetes Element zieht. Das erzeugt normalerweise einen Fehler, den wir aber durch vorheriges Ausschalten der Fehlerbehandlung zunächst ignorieren.

Allerdings nicht vollständig: Im Anschluss an den Versuch, das mit *objNodeDrop* referenzierte Objekt als *Child*-Element des mit *objNodeDrag* referenzierten Zielobjekts anzulegen, wird die im *Err*-Objekt gespeicherte Fehlernummer geprüft. Sollte der Benutzer hier versucht haben, einen Zirkelbezug zu erzeugen, liefert dies den Wert *35614* und die Prozedur wird kommentarlos verlassen. Anderenfalls folgt tatsächlich ein glückliches Ende für die Drag-and-Drop-Operation, wobei noch der Buchstabe des Zielelements geprüft wird:

» *a* bedeutet dabei, dass der Benutzer das Element auf das Root-Element mit der Beschriftung *E-Mails* gezogen hat. In diesem Fall wird lediglich eine eventuell bestehende Unterordnung zu einem anderen Elemente gelöscht, sprich: ein Datensatz aus der Tabelle *tblKommunika-*

Drag and Drop im TreeView-Steuerelement

tionsantworten, an dem das verschobene Element beteiligt ist, wird gelöscht. Das Element wird dann wieder als direktes *Child*-Element des Root-Elements angezeigt.

» *k* bedeutet, dass das Element einem anderen Element untergeordnet werden soll. Ist dies der Fall, wird eine eventuell bestehende Unterordnung in der Tabelle *tblKommunikationsantworten* aktualisiert, ansonsten legt die Prozedur diese neu an.

Die letzten beiden Anweisungen sind ebenfalls noch wichtig: Sie sorgen dafür, dass die Markierung für das Zielelement und für das gezogene Element wieder aufgehoben werden.

```
Private Sub objTreeView_OLEDragDrop(Data As MSComctlLib.DataObject, Effect As Long, _
        Button As Integer, Shift As Integer, x As Single, y As Single)
    Dim strData As String
    Dim strKeyDrag As String
    Dim db As DAO.Database
    Dim objNodeDrop As MSComctlLib.Node
    Dim strKeyDrop As String
    Dim lngKeyDrop As Long
    Dim lngKeyDrag As Long
    Dim objNodeDrag As MSComctlLib.Node
    Set db = CurrentDb
    strData = Data.GetData(ccCFText)
    strKeyDrag = Left(strData, 1)
    lngKeyDrag = Mid(strData, 2)
    Set objNodeDrag = objTreeView.Nodes(strData)
    Set objNodeDrop = objTreeView.HitTest(x, y)
    If objNodeDrop Is Nothing Then
        Exit Sub
    End If
    strKeyDrop = objNodeDrop.Key
    lngKeyDrop = Mid(strKeyDrop, 2)
    If strKeyDrop = strKeyDrag Then
        Exit Sub
    End If
    On Error Resume Next
    Set objNodeDrag.Parent = objNodeDrop
    If Err.Number = 35614 Then
        Exit Sub
    End If
    On Error GoTo 0
    Select Case strKeyDrop
        Case "a"
            db.Execute "DELETE FROM tblAufgabenUnteraufgaben WHERE UnteraufgabeID = " _
```

Kapitel 8 Kommunikation verwalten

```
                    & lngKeyDrag, dbFailOnError
        Case "k"
            db.Execute "UPDATE tblKommunikationsantworten SET KommunikationID = " _
                & lngKeyDrop & " WHERE AntwortID = " & lngKeyDrag, dbFailOnError
            If db.RecordsAffected = 0 Then
                db.Execute "INSERT INTO tblKommunikationsantworten(KommunikationID, " _
                    & " AntwortID) VALUES(" & lngKeyDrop & ", " & lngKeyDrag & ")", _
                    dbFailOnError
            End If
    End Select
    If Not objNodeDrag Is Nothing Then objNodeDrag.Selected = False
    Set objTreeView.DropHighlight = Nothing
    Set db = Nothing
End Sub
```

9 Onlinebanking

Wer ein echter Access-Entwickler ist, der gibt sich natürlich nicht mit einer Homebanking-Software von der Stange ab. Nein, richtige Cracks bauen sich ihren Geldverwalter selbst – und natürlich mit Access. Was, Sie haben keine Idee, wie Sie per VBA auf Ihre Konten zugreifen können? Kein Problem: Dafür gibt es komplette Funktionssammlungen und gar ganze Frameworks – zum Beispiel die für diese Lösung verwendeten *DataDesign Banking Application Components* (*DDBAC*) der Firma *B+S Banksysteme AG*.

Und das Beste ist: Die benötigten Komponenten sind für den Privatgebrauch sogar kostenlos. Erst wenn Sie eine Anwendung entwickeln, welche mit DDBAC-Komponenten zusammenarbeitet, und Sie diese vertreiben, fallen Lizenzkosten an (nähere Informationen über die Konditionen erhalten Sie beim Hersteller selbst).

Vorerst aber schauen Sie sich anhand unserer Onlinebanking-Lösung an, wie das Ganze funktioniert und wie Sie zum Beispiel Ihren Kontostand abfragen, die Umsätze einlesen oder gar Überweisungen tätigen.

Dieses Kapitel ist etwas VBA-lastig, weil wir ausschließlich per Code auf Kontostände oder Umsatzdaten zugreifen oder auch Überweisungen tätigen können. Nachdem die diesbezüglichen Möglichkeiten erschlossen wurden, kümmern wir uns darum, wie Sie die gewonnenen Daten in Tabellen speichern und in Formularen angezeigen können.

In »Umsätze anzeigen und zuordnen« (Seite 247) finden Sie bereits ein Formular, mit dem Sie die per Onlinebanking eingelesenen Umsätze den Bestellungen beziehungsweise Rechnungen zuweisen können.

9.1 Voraussetzungen

Die vorliegende Lösung setzt die Installation der *DDBAC*-Komponenten der Firma *DataDesign* voraus. Diese können Sie in der aktuellen Fassung unter folgendem Link herunterladen: *http://www.ddbac.de/Dev.SDK.shtml*. Sie benötigen das *DDBAC Software Development Kit* in der jeweils aktuellen Version. Nach dem Herunterladen und dem Installieren wäre dieser Teil der Vorbereitungen schon abgehakt. Bitte vergessen Sie nicht, die Lizenzbedingungen sorgfältig zu lesen.

Eine weitere Voraussetzung ist ein Bankkonto, dessen HBCI-Funktionen freigeschaltet sind, und ein Satz von Informationen, die Sie für den Einsatz der DDBAC-Komponenten benötigen. Details hierzu finden Sie beim Kreditinstitut Ihres Vertrauens – aber wahrscheinlich sind Sie ohnehin schon längst online unterwegs, was Ihre Bankgeschäfte angeht.

Die Installation des DDBAC-Pakets hat eine ganze Reihe Dateien auf Ihre Festplatte geschaufelt, die Sie sich über das Startmenü von Windows zugänglich machen können. Dort finden Sie unter

Kapitel 9 Onlinebanking

anderem eine Reihe Beispiele und haufenweise Dokumentation. Welche Informationen für Sie interessant sein können, zeigen wir Ihnen im Laufe dieses Kapitels.

9.2 Homebanking-Kontakt erstellen

Funktionell betrachtet brauchen Sie diese ganzen Dateien jedoch erstmal nicht. Was Sie brauchen, ist ein sogenannter Homebanking-Kontakt, der einem Benutzerkonto bei einem Kreditinstitut entspricht. Das ist keinesfalls identisch mit einem Bankkonto – auch wenn es möglicherweise später den Anschein hat, weil die Nummern von Benutzerkonto und Bankkonto Ähnlichkeiten aufweisen oder gar gleich sind.

Das Benutzerkonto entspricht vielmehr dem, was Sie auch vorfinden, wenn Sie sich über die Internetseite Ihrer Bank einloggen, um dort etwa Kontostände abzurufen oder Überweisungen vorzunehmen. In vielen Fällen scheinen Benutzerkonto und Bankkonto identisch, wenn Sie nur ein Konto bei der Bank eingerichtet haben – etwa ein Girokonto.

Wenn Sie noch weitere Konten, Depots oder Sparkonten bei dieser Bank hätten, würden diese jedoch wahrscheinlich online über das gleiche Benutzerkonto zugänglich sein.

Und den Zugriff auf ein solches Benutzerkonto müssen Sie nun einrichten, wenn Sie mit Access auf Ihre Bankkonten zugreifen möchten. Die nötigen Daten erhalten Sie von Ihrem Kreditinstitut, den Rest erledigt der *Administrator für Homebanking Kontakte*. Den finden Sie nicht etwa im Startmenü bei den übrigen Dateien der DDBAC-Installation, sondern gut untergebracht in der Systemsteuerung (siehe Abbildung 9.1).

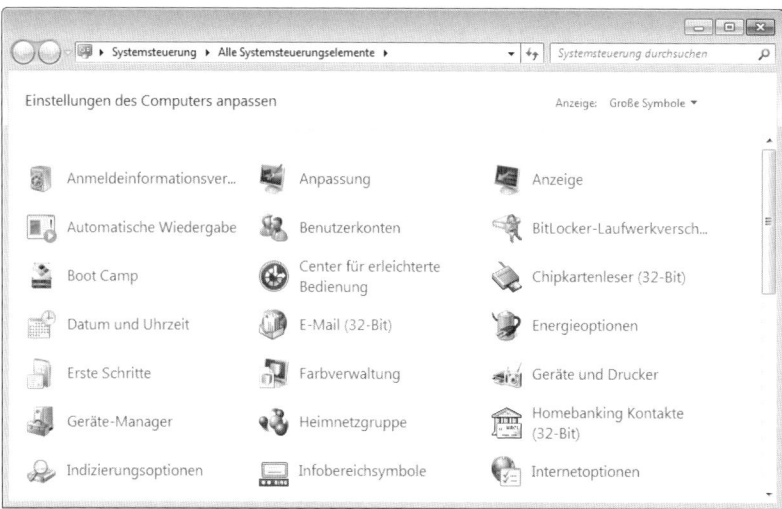

Abbildung 9.1: Über den Eintrag *Homebanking Kontakte (32-bit)* in der Systemsteuerung bereiten Sie den Zugriff auf Ihre Kontodaten vor.

Homebanking-Kontakt erstellen

Mit einem Doppelklick auf diesen Eintrag öffnen Sie den Dialog aus Abbildung 9.2. Er enthält zunächst keine Einträge, was wir aber in den nächsten Schritten ändern werden – sofern Ihnen die notwendigen Daten bereits vorliegen. Das könnte zumindest der Fall sein, wenn Sie schon mit einer anderen Homebanking-Software arbeiten. Klicken Sie hier auf die Schaltfläche *Neu*, um einen neuen Kontakt anzulegen (der wiederum einem Benutzerkonto entspricht):

Abbildung 9.2: Ein Banking-Kontakt ist prinzipiell mit einem Konto bei einem Kreditinstitut identisch.

Der erste Schritt nach dem Willkommen-Dialog ist ganz einfach. Hier geben Sie einfach nur die Bankleitzahl Ihres Kreditinstituts ein (siehe Abbildung 9.3).

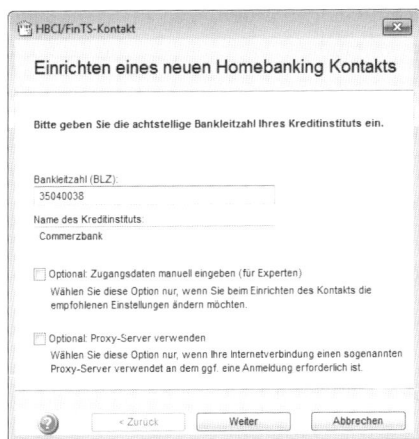

Abbildung 9.3: Als Erstes benötigt der Assistent die Bankleitzahl Ihres Kreditinstituts.

Dann ist erstmal der Assistent gefragt, der die möglichen Zugangsarten für den Zugriff auf die Konten dieser Bank ermittelt (siehe Abbildung 9.4).

Kapitel 9 Onlinebanking

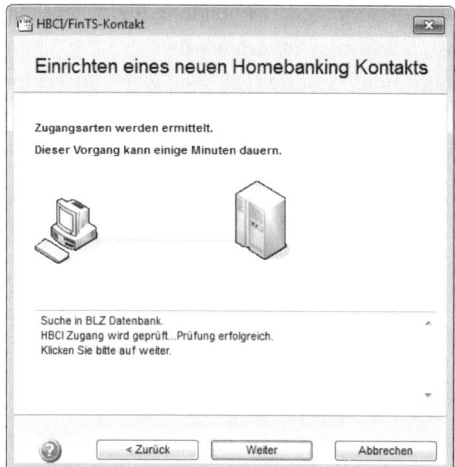

Abbildung 9.4: Anschließend prüft der Assistent die für das angegebene Kreditinstitut verfügbaren Zugangsarten.

Dabei gibt es verschiedene Varianten:

» PIN/TAN: Die klassische Variante und von einigen Banken schon nicht mehr unterstützte Variante. Sie erfordert keine weiteren Hilfsmittel außer einer PIN-Nummer, mit der Sie sich bei der Bank anmelden, und eine Liste mit TANs (TransAktion-Nummer). Wenn Sie während einer Sitzung, für die Sie sich mit Ihrer PIN-Nummer angemeldet haben, Aktionen wie etwa eine Überweisung vornehmen möchten, brauchen Sie eine der auf der Liste enthaltenen TANs. Diese veraltete, aber wegen der geringen technischen Anforderungen auf Client-Seite immer noch sehr verbreitete Methode werden Sie vermutlich bereits einmal durchgeführt haben.

» Chipkarte: Hierbei erhalten Sie von Ihrem Kreditinstitut einen Chipkartenleser und eine entsprechende Chipkarte, die für die Signatur verschlüsselter Nachrichten verwendet wird. Wichtig ist hier die Authentifizierung, also der Vorgang, bei dem sichergestellt wird, dass sich auch der entsprechende Kunde mit der Chipkarte anmeldet. Die Authentifizierung besteht hier schlicht darin, dass die Bank dem Kunden die Karte übergibt.

» Ähnlich sieht es bei der Verwendung einer Schlüsseldatei aus: Auch diese hilft bei der Verschlüsselung der Nachrichten. Allerdings erfolgt die Authentifizierung hier dadurch, dass der Kunde den öffentlichen Part eines durch die notwendige Software erzeugten Schlüsselpaars gleichzeitig auf elektronischem als auch auf postalischem Wege an die Bank schickt. Ein erfolgreicher Vergleich dieser beiden Schlüssel entspricht der Authentifizierung.

Wenn sichergestellt ist, dass nur der Benutzer die Chipkarte beziehungsweise den privaten Teil des Schlüsselpaares besitzt (dafür ist letztlich der Benutzer verantwortlich), kann dieser seine Nachrichten damit verschlüsseln und somit signieren.

Homebanking-Kontakt erstellen

Der Dialog aus Abbildung 9.5 stellt die möglichen Zugangsarten zur Auswahl.

Abbildung 9.5: In diesem Fall ist der Zugang per PIN/TAN, Chipkarte und per Schlüsseldatei möglich.

Wir wählen zu Beispielzwecken den Eintrag *Schlüsseldatei* aus. Im folgenden Schritt geben Sie dann an, ob Sie bereits eine Schlüsseldatei besitzen oder nicht (siehe Abbildung 9.6).

Falls nicht, startet der oben beschriebene Vorgang – es wird ein Schlüsselpaar erzeugt und durch die Zusendung des öffentlichen Schlüssels auf zwei Wegen an die Bank wird dieser als Ihr Schlüssel authentifiziert.

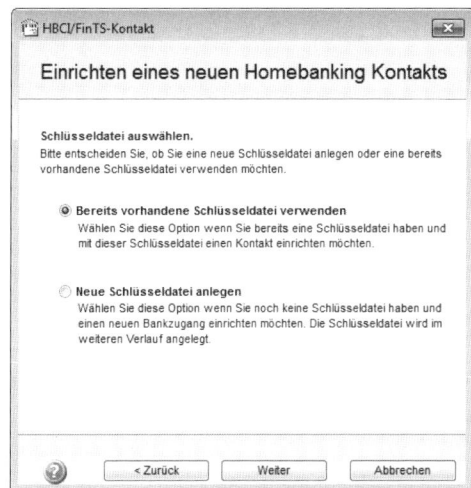

Abbildung 9.6: Möglicherweise verfügen Sie durch den Einsatz einer alternativen Homebanking-Software bereits über eine Schlüsseldatei – sonst müssen Sie eine neue anlegen.

Kapitel 9 Onlinebanking

Davon ausgehend, dass bereits eine Schlüsseldatei vorliegt, geben Sie den Speicherort dieser Datei an (siehe Abbildung 9.7). Stellen Sie sicher, dass das Medium mit dieser Datei (heutzutage wohl eher ein USB-Stick als eine Diskette) an einem geschützten Ort untergebracht ist.

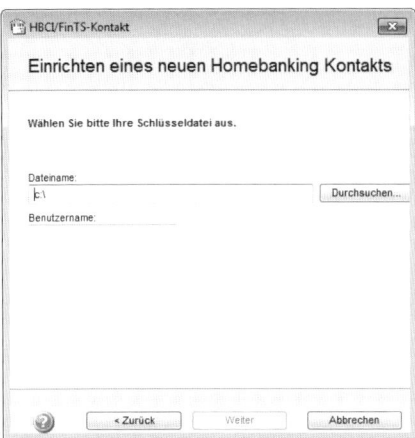

Abbildung 9.7: Falls eine Schlüsseldatei vorhanden ist, geben Sie ihren Speicherort hier an.

Zum Anlegen des Kontakts fehlt nun noch die Angabe der Passphrase, die Sie beim Erstellen des Schlüsselpaars angegeben haben. Diese geben Sie im Dialog aus Abbildung 9.8 ein.

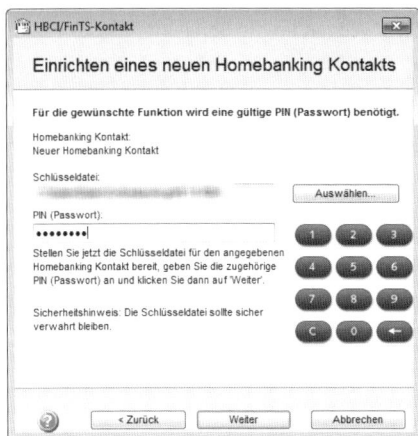

Abbildung 9.8: Wenn Sie bereits eine Schlüsseldatei besitzen, brauchen Sie nur noch das Passwort einzugeben.

Es fehlen noch ein paar Kundendaten, die der Dialog aus Abbildung 9.9 abfragt.

Gleich im Anschluss nimmt der Assistent nochmals Kontakt zum Server des Kreditinstituts auf und ruft die letzten erforderlichen Informationen ab (siehe Abbildung 9.10).

Funktionen der Lösung

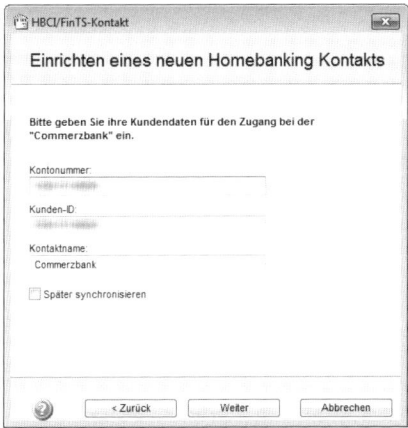

Abbildung 9.9: Jetzt nur noch schnell die Kundendaten eingeben, die Sie ebenfalls von Ihrer Bank erhalten ...

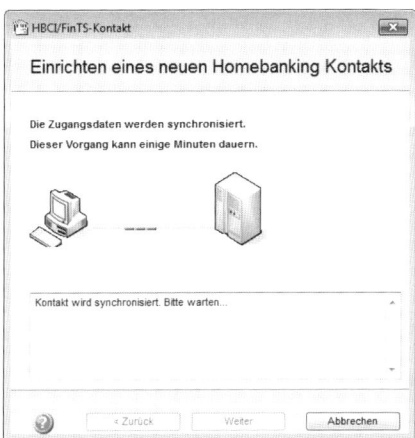

Abbildung 9.10: ... und synchronisieren – fertig!

Mit diesen im Gepäck erstellt er schließlich den neuen Eintrag in der Liste der Bank-Kontakte. Wenn Sie diesen Kontakt markieren, können Sie ihn neu synchronisieren (was von Zeit zu Zeit nötig sein kann, aber auch per Code durchführbar ist), ihn bearbeiten oder auch entfernen (siehe Abbildung 9.11). Natürlich können Sie hier auch noch weitere Kontakte anlegen – vielleicht haben Sie ja etwa sowohl ein privates als auch ein Geschäftskonto:

9.3 Funktionen der Lösung

Damit Sie wissen, worauf dieses Kapitel hinausläuft, wollen wir kurz die geplanten Funktionen vorstellen:

Kapitel 9 Onlinebanking

» Einlesen des aktuellen Kontostands

» Einlesen der Umsätze der letzten maximal 90 Tage

» Speichern der Umsatzdaten in einer Tabelle

» Ausführen von Inlandsüberweisungen inklusive Formular zur Eingabe der Überweisungsdaten

» Speichern der Daten der Überweisungsempfänger für weitere Vorgänge

» Anzeige der Überweisungen in einer Übersicht und als Detailansicht

» Anzeige der Umsätze in einer Übersicht und als Detailansicht

Desweiteren soll die Lösung die Möglichkeit bieten, die Umsätze den Rechnungsdatensätzen zuzuweisen, um diese gleichzeitig als bezahlt zu markieren.

Abbildung 9.11: Anschließend finden Sie im *Administrator für Homebanking Kontakte* einen ersten Eintrag, dem Sie bei Bedarf noch weitere hinzufügen können.

9.4 Kontakt herstellen

Wenn Sie das DDBAC Software Development Kit installiert und einen oder mehrere Kontakte eingerichtet haben, können Sie gleich per VBA auf die eingerichteten Daten zugreifen. Das ist wichtig, weil Sie ja im Kontext eines bestimmten Benutzers und eines Bankkontos arbeiten möchten, um etwa Kontostände oder Umsätze einzulesen oder auch eine Überweisung zu tätigen.

Sie müssen also zunächst einmal das Benutzerkonto (später abgebildet durch das *Contact*-Objekt) und das Bankkonto (entspricht dem *Account*-Objekt) auswählen, mit dem Sie arbeiten möchten. Grundlage dafür ist ein Formular, das zwei abhängige Formulare zur Auswahl der gewünschten Einträge anbietet.

Erstellen Sie also ein neues, leeres Formular, speichern Sie es unter dem Namen *frmHomebanking* und öffnen Sie es in der Entwurfsansicht. Fügen Sie nun wie in Abbildung 9.12 zwei Kombinationsfelder hinzu, deren Beschriftungen *Bankverbindung* und *Konto/Depot* lauten und die *cboContacts* und *cboAccounts* heißen (wir weichen hier ausnahmsweise von der sonst in diesem Buch üblichen deutschen Benennung von Steuerelementen und Variablen ab, um die Benennung der verwendeten DDBAC-Komponente weiterzuverwenden und nicht allzuviel Durcheinander zu erzeugen).

Eine Datenherkunft für das Formular oder Datensatzherkünfte für die Kombinationsfelder in Form einer Tabelle oder Abfrage brauchen wir vorerst nicht. Das Formular zeigt die gewohnten Daten später in einem Unterformular an, und die Kombinationsfelder füllen wir dynamisch mit VBA-Funktionen, welche die mit dem DDBAC-Assistenten erstellten Bankverbindungen und Konten auslesen.

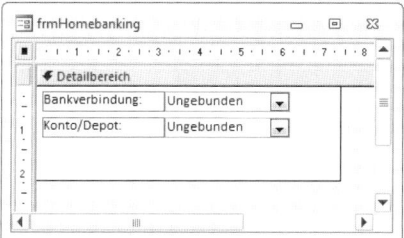

Abbildung 9.12: Das Formular zur Auswahl der Bankverbindung im Entwurf

Beim ersten Öffnen des Formulars soll dieses automatisch die Datensatzherkunft des Kombinationsfeldes *cboContacts* füllen. Nach der Auswahl eines Eintrags durch Benutzer trägt eine entsprechende Prozedur dann die Kontos/Depots dieser Bankverbindung in die Datensatzherkunft des zweiten Kombinationsfelds *cboAccounts* ein.

9.4.1 Bankverbindungen einlesen

Als Erstes lesen wir die Bankverbindungen ein und schreiben die resultierende Liste als Datensatzherkunft in die entsprechende Eigenschaft des Kombinationsfeldes *cboContacts*. Dies erledigen wir innerhalb der Ereignisprozedur, die durch die Ereigniseigenschaft *Beim Laden* des Formulars ausgelöst wird. Diese sieht zunächst ganz einfach so aus:

```
Private Sub Form_Load()
    Me!cboContacts.RowSource = GetContacts
End Sub
```

Nun fehlt natürlich noch die Funktion *GetContacts*, die wir selbst anlegen müssen.

Kapitel 9 Onlinebanking

Für diese und alle weiteren für den Zugriff auf die DDBAC-Komponenten nötigen Prozeduren legen wir ein eigenes Standardmodul namens *mdlHBCI* an. Um die DDBAC-Objekte zu nutzen, setzen Sie über den Verweise-Dialog (VBA-Editor, Menüeintrag *Extras/Verweise*) zunächst einen Verweis auf die Bibliothek *DataDesign DDBAC HBCI Banking Application Components*, die Sie durch die oben beschriebene Installation zum System hinzugefügt haben (siehe Abbildung 9.13).

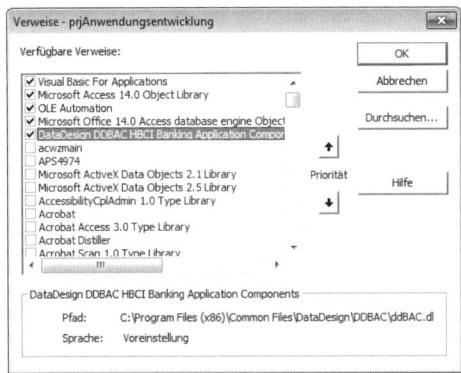

Abbildung 9.13: Verweis auf die DDBAC-Bibliothek

Für den Zugriff auf die Bibliothek benötigen wir zunächst eine Objektvariable, die einen Verweis auf ein Objekt des Typs *BACContacts* erhalten soll. Dieses macht die einzelnen *BACContact*-Objekte verfügbar. Ein *BACContact*-Objekt entspricht einem Kontakt, den Sie mit dem oben beschriebenen DDBAC-Assistenten angelegt haben.

Da Sie normalerweise mehrmals während einer Session auf die *BACContacts*-Auflistung zugreifen werden, gestalten wir den Zugriff darauf so, dass Sie dieses beim ersten Zugriff erzeugen und bei jedem weiteren Zugriff auf diese Instanz zugreifen können – bis diese beabsichtigt oder unbeabsichtigt (etwa durch einen unbehandelten Laufzeitfehler) gelöscht wird. In diesem Fall erhalten Sie einfach einen Verweis auf eine neue Instanz.

Im Modul *mdlHBCI* deklarieren Sie zunächst eine private Variable namens *m_Contacts*, welche gleich mit dem Objektverweis gefüllt wird:

```
Private m_Contacts As BACContacts
```

Nun können Sie natürlich nicht von überall auf diese private deklarierte Variable zugreifen, weshalb wir nun eine Funktion zum Modul hinzufügen, die den Zugriff auf den in der Variable gespeicherten Verweis ermöglicht.

Diese Funktion prüft, ob *m_Contacts* bereits einmal gefüllt wurde, und liefert dann den bestehenden Objektverweis zurück oder sie erstellt einfach ein neues *BACContacts*-Objekt und reicht dieses dann weiter. Vorher füllt die Routine die Auflistung noch mit der *Populate*-Methode (leere Zeichenkette als Parameter nicht vergessen!), damit jederzeit der aktuelle Stand zurückgeliefert wird:

Kontakt herstellen

```
Public Function objContacts() As BACContacts
    If m_Contacts Is Nothing Then
        Set m_Contacts = New BACContacts
    End If
    m_Contacts.Populate ""
    Set objContacts = m_Contacts
End Function
```

Der Clou hierbei ist, dass Sie somit keine globale Variable haben, die versehentlich gelöscht werden kann. Die folgende Funktion namens *GetContacts* schließlich liefert die Zeichenkette, die Sie als Datensatzherkunft des Kombinationsfelds *cboContact* verwenden können.

Damit dieses eine Zeichenkette als Datensatzherkunft akzeptiert, müssen Sie noch die Eigenschaft *Herkunftsart* auf den Wert *Wertliste* einstellen.

Alternativ können Sie auch die folgende Zeile als erste Anweisung in die Prozedur *Form_Load* des Formulars *frmHomebanking* integrieren (das Gleiche sollten Sie dann auch für das Kombinationsfeld *cboAccounts* erledigen):

```
Me!cboContacts.RowSourceType = "Value List"
```

Stellen Sie gegebenenfalls auch noch die Eigenschaft *Wertlistenbearbeitung zulassen* auf *Nein* ein. Die Funktion *GetContacts* liefert eine Zeichenkette wie die folgende zurück – hier mit nur einem Bank-Kontakt:

```
0:1234567890:Commerzbank|12121212|1234567890:
```

Das Zusammenstellen dieser Wertliste erledigt die folgende Funktion:

```
Public Function GetContacts() As String
    Dim objContact As BACContact
    Dim strContacts As String
    Dim i As Integer
    For Each objContact In objContacts
        strContacts = strContacts & i & ":" & objContact.UserID & ":" _
            & objContact("Contact") _
            & "|" & objContact.BankCode
            & "|" & objContact.UserID & ":"
        i = i + 1
    Next objContact
    GetContacts = strContacts
End Function
```

Die Prozedur deklariert zunächst ein Objekt namens *objContacts*, das einen Bank-Kontakt repräsentiert. Die Zeichenkette *strContacts* soll den späteren Rückgabewert zwischenspeichern, und *i* ist eine Zählervariable.

Danach durchläuft die Prozedur die Elemente der *objContacts*-Auflistung und schreibt diese in eine Zeichenkette, die zuerst den Wert der Zählervariable *i*, dann ein Semikolon, einmal das Benutzerkonto allein und schließlich die drei Informationen *Bankname*, *Bankleitzahl* und *Benutzerkonto* aneinanderhängt. Die hinteren drei Informationen werden dabei durch das Pipe-Zeichen (|) voneinander getrennt. Wenn mehr als ein Kontakt vorliegt, werden die übrigen unter Angabe einer jeweils um eins erhöhten Zählervariablen an die Zeichenkette angehängt. Die Kundennummer, die an zweiter Position der Semikola-separierten Liste gespeichert wird, brauchen wir erst später.

Die letzte Anweisung schreibt das Ergebnis schließlich in den Rückgabewert der Funktion, damit dieser auch der Eigenschaft *RowSource* des Kombinationsfeldes zugewiesen werden kann.

Damit das Kombinationsfeld jeweils den Wert der Zählervariablen (also den Wert vor dem Semikolon) als gebundenen, nicht sichtbaren Wert, das Benutzerkonto allein ebenfalls unsichtbar und die durch die Pipe-Zeichen voneinander getrennten Informationen als sichtbaren Wert anzeigt, stellen Sie noch die Eigenschaften *Spaltenanzahl* und *Spaltenbreiten* auf die Werte 3 und 0cm;0cm ein (Gleiches gilt für das Kombinationsfeld *cboAccounts*). Die dritte Spalte wird so über die gesamte Breite des Kombinationsfelds angezeigt, die dritte erscheint wie die erste gar nicht.

Wenn Sie das Formular nun in der Formularansicht öffnen und das Kombinationsfeld aufklappen, finden Sie etwa die Ansicht aus Abbildung 9.14 vor.

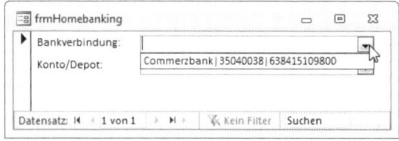

Abbildung 9.14: Auswahl des bislang einzigen Bank-Kontakts per Kombinationsfeld

Nun wollen wir zunächst dafür sorgen, dass der Inhalt des zweiten Kombinationsfeldes in Abhängigkeit von dem im ersten Kombinationsfeld ausgewählten Bank-Kontakt gefüllt wird. Dazu kehren wir zunächst wieder zum Modul *mdlHBCI* zurück. Wir brauchen eine Funktion, die in Abhängigkeit vom ausgewählten Kontakt die entsprechenden Konten und Depots zurückliefert. Diese arbeitet prinzipiell genau so wie die Funktion *GetContacts* und sieht wie folgt aus:

```
Public Function GetAccounts(intAccount As Integer) As String
    Dim objContact As BACContact
    Dim objAccount As BACAccount
    Dim strAccounts As String
    Dim i As Integer
    Set objContact = objContacts.Item(intAccount)
    For Each objAccount In objContact.Accounts
        strAccounts = strAccounts & i & ":" _
            & objAccount.AccountNumber & ":" _
```

Kontakt herstellen

```
            & objAccount.AccountNumber _
            & "|" & objAccount.AcctName & ";"
        i = i + 1
    Next objAccount
    GetAccounts = strAccounts
End Function
```

Die Funktion erwartet allerdings einen Parameter, und zwar den Index des zu durchsuchenden Kontakts. Dieser ist nullbasiert, entspricht also genau den Werten der ersten Spalte der Datensatzherkunft des Kombinationsfeldes *cboContacts* (welch ein Zufall!) und wird gleich der *Item*-Eigenschaft der *objContacts*-Auflistung als Parameter übergeben. Dies wird, wie bereits in der Funktion *GetContacts*, ständig aktuell über die Funktion *objContacts* bezogen.

Die Objektvariable *objContact* nimmt schließlich den per Parameterwert identifizierten Eintrag der *objContacts*-Auflistung auf. Elemente vom Typ *BACContact* enthalten wiederum eine Auflistung namens *Accounts*, die wir im Folgenden durchlaufen und dabei einige Informationen zu einer Zeichenkette zusammenstellen. Diese sieht beispielsweise so aus:

```
0:121212300|Kontokorrent;1:121212390|Spar;2:121212300|Depot;
```

Dies soll im Kombinationsfeld *cboAccounts* des Formulars *frmHomebanking* mal drei Einträge ergeben, wobei die Indexwerte *0*, *1* und *2* wieder in der unsichtbaren erste Spalte landen und die folgenden Ausdrücke (etwa *121212300|Kontokorrent*) als angezeigter Wert dienen. Damit *cboAccounts* nach der Auswahl in *cboContacts* aktualisiert wird, legen Sie für das Ereignis *Nach Aktualisierung* die folgende Ereignisprozedur an:

```
Private Sub cboContacts_AfterUpdate()
    If Not IsNull(Me!cboContacts) Then
        Me!cboAccounts.RowSource = GetAccounts(Me!cboContacts)
    Else
        Me!cboAccounts.RowSource = ""
    End If
End Sub
```

Das Ergebnis sieht dann wie in Abbildung 9.15 aus.

Abbildung 9.15: Nach der Auswahl eines Bank-Kontakts offeriert das Formular auch dessen Konten und Depots.

313

9.4.2 Letzten Contact und Account speichern

Ein kleines Feature des Formulars soll sein, dass der zuletzt verwendete Bank-Kontakt und das letzte Konto oder Depot gespeichert werden, damit das Formular diese beim nächsten Öffnen gleich wieder herstellen kann.

Dazu sollen die relevanten Informationen automatisch in der bereits vorhandenen Optionstabelle gespeichert werden, damit der Benutzer beim erneuten Öffnen gleich auf die Bankverbindung und die Kontodaten zugreifen kann, die beim letzten Zugriff verwendet wurden.

Dazu fügen Sie zur Tabelle *tblOptionen* zwei weitere Felder hinzu, und zwar *LetzterBankkontakt* und *LetztesKonto* (siehe Abbildung 9.16).

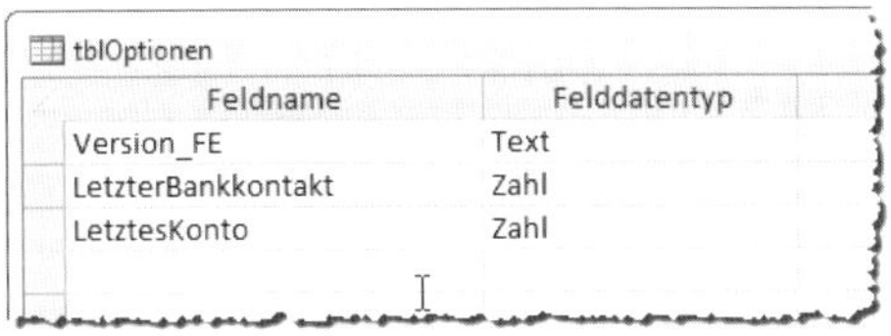

tblOptionen	
Feldname	Felddatentyp
Version_FE	Text
LetzterBankkontakt	Zahl
LetztesKonto	Zahl

Abbildung 9.16: Erweiterung der Tabelle *tblOptionen* zum Speichern der zuletzt verwendeten Bankdaten

Nun brauchen wir eine *OK*-Schaltfläche, die das Formular schließt und vorher die verwendete Konfiguration in der Tabelle *tblOptionen* sichert. Diese Schaltfläche heißt *cmdOK* und soll für die Ereigniseigenschaft *Beim Klicken* die folgende Ereignisprozedur erhalten:

```
Private Sub cmdOK_Click()
    Dim db As DAO.Database
    Set db = CurrentDb
    If Not IsNull(Me!cboContacts) Then
        db.Execute "UPDATE tblOptionen SET LetzterBankkontakt = '" & Me!cboContacts _
            & "'", dbFailOnError
        If Not IsNull(Me!cboAccounts) Then
            db.Execute "UPDATE tblOptionen SET LetztesKonto = '" & Me!cboAccounts _
                & "'", dbFailOnError
        End If
    End If
    DoCmd.Close acForm, Me.Name
End Sub
```

Nachdem wir das Formular ein wenig angehübscht haben, sieht dieses wie in Abbildung 9.17 aus. Dazu haben wir die Beschriftung des Formulars auf *Online-Banking* eingestellt, die Eigenschaften *Navigationsschaltflächen*, *Bildlaufleisten*, *Trennlinien* und *Datensatzmarkierer* auf *Nein* und *Automatisch zentrieren* auf *Ja* eingestellt. Außerdem enthält der Formularkopf nun ein Bildsteuerelement mit einem hübschen Icon und eine entsprechende Überschrift.

Kontakt herstellen

Abbildung 9.17: Auswahl von Bank-Kontakt und Konto/Depot

Ein Klick auf *OK* speichert nun die ausgewählten Einstellungen, die wie in Abbildung 9.18 in der Tabelle *tblOptionen* landen.

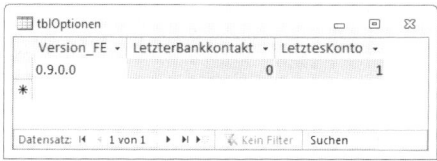

Abbildung 9.18: Die zuletzt im Formular *frmHomebanking* gewählte Konfiguration wird hier gespeichert.

Nun fehlt noch eine Erweiterung der Ereignisprozedur *Beim Öffnen* des Formulars *frmHomebanking*, welche die gespeicherten Optionen ausliest und die Kombinationsfelder entsprechend einstellt. Dazu erweitern Sie die Prozedur *Form_Load* wie folgt um die kursiv gedruckten Zeilen:

```
Private Sub Form_Load()
    Dim intLastContact As Integer
    Dim intLastAccount As Integer
      Me!cboContacts.RowSource = GetContacts
      intLastContact = Nz(DLookup("LetzterBankkontakt", "tblOptionen"), -1)
    If Not intLastContact = -1 Then
        Me!cboContacts = Me!cboContacts.ItemData(intLastContact)
        Me!cboAccounts.RowSource = GetAccounts(intLastContact)
        intLastAccount = Nz(DLookup("LetztesKonto", "tblOptionen"), -1)
        If Not intLastAccount = -1 Then
            Me!cboAccounts = Me!cboAccounts.ItemData(intLastAccount)
        End If
    End If
End Sub
```

Die Routine deklariert zunächst zwei Integer-Variablen zum Zwischenspeichern der in der Tabelle *tblOptionen* enthaltenen Werte. Die erste *DLookup*-Anweisung liest den Wert des Feldes *LetzterBankkontakt* ein. Ist dieser *Null*, ändert die umschließende *Nz*-Funktion den Rückgabewert auf *-1* und schreibt ihn dann in die Variable *intLastContact*. Dies wertet die folgende *If...Then*-

Kapitel 9 Onlinebanking

Bedingung aus: Ist der Wert *-1*, bricht sie ab, sonst geht sie davon aus, dass der Kontakt mit dem gespeicherten Index angezeigt werden soll, und erledigt dies auch.

Hier kommt die *ItemData*-Eigenschaft zum Zuge, die den Kombinationsfeldeintrag mit dem angegebenen Index anzeigt (hier *intLastContact*). Da nun ein Eintrag für das erste Kombinationsfeld ausgewählt wurde, kümmert sich die Prozedur zumindest noch darum, dass die Datensatzherkunft des zweiten Kombinationsfelds so eingestellt wird, dass es alle Accounts zu dem im ersten Kombinationsfeld ausgewählten *Contact* enthält. Nachdem dies geschehen ist, fragt eine zweite *DLookup*-Funktion ab, ob in der Tabelle *tblOptionen* auch ein Index für den zuletzt ausgewählten Account vorliegt.

Falls nicht, liefert diese Funktion den Wert *Null* zurück, was wiederum als *-1* in der Variablen *intLastAccount* gespeichert wird. In diesem Fall endet die Prozedur hier. Anderenfalls stellt sie auch noch den Wert des zweiten Kombinationsfeldes ein, und zwar auf den durch die *DLookup*-Funktion ermittelten Wert.

9.5 Transaktionen ausführen

Grundlage für alle geplanten Transaktionen wie etwa das Einlesen des Kontostandes oder der Umsätze und das Durchführen einer Überweisung ist ein Objekt des Typs *BACBanking*.

Diese könnten Sie nun global deklarieren, aber auch hier wählen wir wieder den Weg, das Objekt als private Variable zu speichern, auf die über eine öffentlich deklarierte Funktion zugegriffen werden kann – so führt dies nicht zu Problemen, wenn etwa ein unbehandelter Fehler die Objektvariablen löscht.

Das sieht dann so aus und landet im Modul *mdlHBCI*:

```
Private m_Banking As BACBanking

Public Function objBanking() As BACBanking
    If m_Banking Is Nothing Then
        Set m_Banking = New BACBanking
    End If
    Set objBanking = m_Banking
End Function
```

Über die Deklaration und Instanzierung dieses Objekts brauchen Sie sich nun keine Sorgen mehr zu machen. Sie müssen einfach nur von beliebiger Stelle auf die Funktion *objBanking* zugreifen. Sie können beispielsweise wie folgt im Direktfenster die Anzahl der *Customer*-Objekte anzeigen:

```
? objBanking.Customers.Count
 1
```

9.5.1 Kontostand abrufen

Das war es – wir haben alle Vorbereitungen abgeschlossen, um uns detailliert mit den eigentlichen Homebanking-Funktionen auseinanderzusetzen.

Wir beginnen mit dem Kontostand, der in Form von vier wichtigen Informationen kommt:

» Datum des Kontostands

» Währung

» Saldo

» Kennzeichen für Soll/Haben

Das Formular *frmHomebanking* soll den Kontostand wie in Abbildung 9.19 darstellen.

Das Einlesen erfolgt über einen Klick auf die Schaltfläche *cmdKontostand*, welche die Funktion *Kontostand* aus dem Modul *mdlHBCI* aufruft und eine Variable des Typs *tKontostand* zurückerhält.

Abbildung 9.19: Das Formular *frmHomebanking* mit den vier Steuerelementen zur Anzeige des aktuellen Saldo

tKontostand ist ein benutzerdefinierter Typ, mit dem Sie mehrere Variablen auch unterschiedlichen Typs zusammenfassen können. In diesem Fall soll er alle zuvor beschriebenen Elemente enthalten. Seine Deklaration landet im Modul *mdlHBCI* und sieht so aus:

```
Public Type tKontostand
    Wert As Currency
    Datum As Date
    Waehrung As String
    SollHaben As String
End Type
```

Kapitel 9 Onlinebanking

Die Ereignisprozdur, die durch das Ereignis *Beim Klicken* der Schaltfläche *cmdKontostand* ausgelöst wird, deklariert eine Variable dieses benutzerdefinierten Typs und weist dieser den Rückgabewert der Funktion *Kontostand* zu. Was diese erledigt, erfahren Sie weiter unten.

Im Anschluss sehen Sie, wie Sie mit einem gefüllten benutzerdefinierten Typ umgehen können: Sie können über die Punkt-Syntax auf jedes seiner Elemente zugreifen und diese beispielsweise den vier Textfeldern im Formular *frmHomebanking* aus der vorherigen Abbildung zuweisen.

```
Private Sub cmdKontostand_Click()
    Dim AktuellerKontostand As tKontostand
    AktuellerKontostand = Kontostand(Me!cboContacts, Me!cboAccounts)
    With AktuellerKontostand
        Me!txtKontostandDatum = .Datum
        Me!txtKontostandSaldo = .Wert
        Me!txtKontostandSollHaben = .SollHaben
        Me!txtKontostandWaehrung = .Waehrung
    End With
End Sub
```

Der Rückgabewert der Funktion *Kontostand* hat logischerweise den Datentyp *tKontostand*. Die Funktion erwartet als Parameter den Index der in den Kombinationsfeldern ausgewählten *Contact*- und *Account*-Elemente.

Da die Prozedur ein paar Zeilen länger ist, gliedern wir sie in den Fließtext ein – für die zusammenhängende Übersicht empfehlen wir einen Blick in das Modul *mdlHBCI* der Beispieldatenbank.

Ablauf beim Abfragen des Kontostands

Vorab finden Sie einen kurzen Überblick darüber, was die Funktion erledigt:

» Abfragen der Passphrase (etwa bei Verwendung einer Schlüsseldatei) oder des PIN (bei PIN/TAN-Verfahren)

» Aufbauen der Verbindung zum Server der Bank

» Aufbauen des Segments mit Informationen zu den abzufragenden Daten (etwa Kreditinstitut-Code, Kontonummer ...)

» Abschicken des Segments und Abholen des Antwort-Segments

» Auswerten des Antwort-Segments

Kontostandabfrage im Detail

Die Funktion deklariert zunächst einige Variablen, deren Bedeutung wir im Verlauf der Prozedur erläutern:

Transaktionen ausführen

```
Public Function Kontostand(intContact As Integer, intAccount As Integer) As tKontostand
    Dim objContact As BACContact
    Dim objAccountSegment As BACSegment
    Dim objDialog As BACDialog
    Dim objMessage As BACMessage
    Dim objResponseSegment As BACSegment
    Dim objHKSAL As BACSegment
    Dim objHKSALs As BACSegment
    Dim objAccount As BACAccount
    Dim lngMaxSegmentVersion As Long
    Dim tKontostandTemp As tKontostand
```

Die Objektvariable *objContact* wird mit dem Element der *BACContacts*-Auflistung gefüllt, das dem mit dem Parameter *intContact* übergebenen Index entspricht:

```
Set objContact = objContacts(intContact)
```

Gleiches gilt für die Variable *objAccount*:

```
Set objAccount = objContact.Accounts(intAccount)
```

Anschließend folgt bereits die Anweisung, die den Dialog zum Eingeben der erforderlichen Benutzerdaten abfragt. Dies erledigt die Methode *NewDialogUI* des *BACContact*-Objekts:

```
Set objDialog = objContact.NewDialogUI
```

Der Dialog sieht je nach Zugriffsart (PIN/TAN, Chipkarte, Schlüsseldatei) anders aus. Für eine Schlüsseldatei etwa erscheint der Dialog aus Abbildung 9.20.

Abbildung 9.20: Hier geben Sie die Passphrase für die Schlüsseldatei ein, mit der die Anfragen an die Bank verschlüsselt werden.

Kapitel 9 Onlinebanking

Anschließend erstellt die folgende Zeile ein Account-Segment, also ein Objekt, das den Zugriff auf die Informationen des in diesem Zusammenhang verwendeten Accounts über eine spezielle, gleich vorgestellte Syntax erlaubt:

```
Set objAccountSegment = objAccount.Segment
```

Damit sind die Vorbereitungen abgeschlossen. Die Routine prüft nun noch, ob *objDialog* einen Objektverweis enthält. Dies ist zum Beispiel dann nicht der Fall, wenn der Dialog zur Eingabe der Passphrase mit der *Abbrechen*-Schaltfläche beendet wurde. Anderenfalls wird nun eine Verbindung zum Server der Bank aufgenommen:

```
If Not objDialog Is Nothing Then
    objDialog.BeginDialog
```

Anschließend ermittelt die Prozedur anhand der Funktion *FindOptimalBPDSegment* die aktuelle Version des für diesen Vorgang, also die Abfrage eines Kontos, benötigten Segments. *FindOptimalBPDSegment* erwartet die Kennung des Segments, hier *HKSAL*, und eine leere *Long*-Variable, mit der Sie die Versionsnummer übergeben können.

Hier übergeben wir den Standardwert *0*, was automatisch dazu führt, dass die neueste Version des Segments verwendet wird:

```
Set objHKSALs = objAccount.FindOptimalBPDSegment("HKSAL", _
    lngMaxSegmentVersion)
```

> **Dokumentation des Objektmodells der DDBAC**
> Wer tiefer in das Objektmodell der DDBAC-Komponenten einsteigen möchte, wirft am besten einen Blick in die Dokumentation unter *C:\Programme\DataDesign\DDBACSDK\DDBAC Reference Manual.html*.

Auf Basis der mit dem Objekt *objHKSALs* zurückgelieferten Versionsnummer, verfügbar über die Eigenschaft *Version*, erstellt die folgende Anweisung ein neues Segment-Objekt namens *objHKSAL* mit dem Segmenttyp *HKSAL*:

```
Set objHKSAL = objBanking.NewSegment("HKSAL", objHKSALs.Version)
```

> **Dokumentation der Segmenttypen**
> Eine Übersicht über alle Segmenttypen und deren Elemente erhalten Sie in verschiedenen Dokumenten im Verzeichnis *C:\Programme\DataDesign\DDBACSDK*, zum Beispiel in *HBCI Segmente.html*.

Die folgenden Zeilen bestücken das Segment nun mit den benötigten Informationen. Die Parameter wie *AuftraggeberKontoverbindung1*, *Kontonummer1* et cetera können Sie, wenn Sie

Transaktionen ausführen

eigene Anfragen zusammenstellen möchten, über die im Kasten *Dokumentation der Segmenttypen* angegebenen Dokumentationen finden. Hier wird nun auch klar, wozu das Objekt *objAccountSegment* nötig ist – es enthält nämlich all die Informationen zu dem Konto, für das wir den Kontostand auslesen wollen.

Die benötigten Elemente erhält man, wenn man die entsprechenden Parameter übergibt:

```
objHKSAL("AuftraggeberKontoverbindung1", "Kontonummer1") _
    = objAccountSegment("Kontoverbindung1", "Kontonummer1")
objHKSAL("AuftraggeberKontoverbindung1", "Laenderkennzeichen1") _
    = objAccountSegment("Kontoverbindung1", _
    "Laenderkennzeichen1")
objHKSAL("AuftraggeberKontoverbindung1", "Kreditinstitutcode1") _
    = objAccountSegment("Kontoverbindung1", "Kreditinstitutcode1")
objHKSAL("AuftraggeberKontoverbindung1", "Unterkontomerkmal1") _
    = objAccountSegment("Kontoverbindung1", "Unterkontomerkmal1")
objHKSAL("AlleKonten1") = False
```

Schließlich führen wir die Anfrage aus, und zwar mit der *ExecuteSegment*-Methode des Objekts *objDalog*:

```
Set objMessage = objDialog.ExecuteSegment(objHKSAL)
```

Das Antwortsegment finden wir anschließend in der Auflistung *objMessage.Transactions(0).ResponseSegments*. Diese Auflistung kann je nach Anfrage-Segment auch mehrere Elemente enthalten, zum Beispiel beim nachfolgend vorgestellten Segment zum Abfragen der Umsätze.

Hier gibt es nur ein Segment, dessen Inhalt über die folgenden Zeilen ermittelt und – ganz wichtig – in die einzelnen Elemente unseres speziell für diesen Zweck erstellen benutzerdefinierten Typen geschrieben werden:

```
For Each objResponseSegment In objMessage.Transactions(0).ResponseSegments
    tKontostandTemp.Wert = objResponseSegment("SaldoGebucht1", "Wert1")
    tKontostandTemp.Datum = objResponseSegment("SaldoGebucht1", "Datum1")
    tKontostandTemp.Waehrung = objResponseSegment("SaldoGebucht1", "Waehrung1")
    tKontostandTemp.SollHaben = objResponseSegment("SaldoGebucht1", _
        "SollHabenKennzeichen1")
Next objResponseSegment
```

Schließlich wird der Dialog mit dem Bankserver über die Methode *EndDialog* beendet und der benutzerdefinierte Typ *tKontostandTemp* gefüllt an den Rückgabewert der Funktion übergeben:

```
        objDialog.EndDialog
        Kontostand = tKontostandTemp
    End If
End Function
```

Und damit kommen wir zurück zum Ausgangspunkt – dem Formular *frmHomebanking*, dessen Felder nun mit den Informationen zum aktuellen Kontostand gefüllt werden (siehe Abbildung 9.21).

Abbildung 9.21: Das Formular *frmHomebanking* mit dem aktuellen Kontostand

9.5.2 Umsätze einlesen

Die folgende Funktion ist grundsätzlich nicht komplizierter als der Abruf des aktuellen Kontostands, aber ein wenig aufwendiger.

Das hat zwei Gründe: Erstens gibt es diesmal nicht nur einen Satz von Rückgabewerten, sondern mehrere – und zwar je Umsatzposition einen.

Und zweitens sollen die Umsätze nicht nur einfach im Formular angezeigt werden, sondern am besten gleich gespeichert werden – zum Beispiel in einer Tabelle.

Ablauf beim Einlesen der Umsätze

Der grundsätzliche Ablauf sieht so aus:

» Aufruf der Funktion *Kontoauszug* über eine Schaltfläche des Formulars *frmHomebanking*

» Abfrage der nötigen Zugangsdaten (etwa Passphrase bei Verwendung einer Schlüsseldatei oder PIN beim PIN/TAN-Verfahren)

» Aufbau einer Verbindung zum Server der Bank

» Zusammenstellen des Anfrage-Segments, hier *HKKAZ*

» Ausführen des Segments

» Auswerten der Antwort, die im Gegensatz zur Abfrage des Kontostands einige Informationen mehr zurückliefert

» Speichern jeder einzelnen Umsatzposition in einem eigenen Objekt einer Auflistung

» Auswerten der Auflistung, etwa durch Eintragen der gewonnenen Informationen in eine Tabelle mit den Umsätzen

Einlesen der Umsätze im Detail

Die nachfolgend beschriebenen Techniken sind für Einsteiger möglicherweise nicht allzu leicht nachzuvollziehen. Versuchen Sie es einfach – wenn Sie dies alles verstanden haben, können Sie vielleicht bald selbst mit der Klassenprogrammierung starten.

Beginnen wir mit einem kleinen Detail: Es gibt zwei Arten von Umsätzen, die man mit der Funktion *Kontoauszug* abrufen kann. Die erste Sorte sind die bereits gebuchten Umsätze, bei der zweiten handelt es sich um vorgemerkte Umsätze. Eines vorneweg: Wenn Sie beide gleichzeitig abfragen und in eine Tabelle schreiben, müssen Sie die Tabelle, in der die Umsätze gespeichert werden, unbedingt mit einem Feld versehen, das angibt, ob der gespeicherte Umsatz ein gebuchter oder ein vorgemerkter Umsatz ist.

Der Grund: Wenn Sie heute Ihre Umsätze einlesen, sind vielleicht drei Positionen dabei, die vorgemerkt sind. Diese landen aber auch in Ihrer Tabelle. Fragen Sie ein paar Tage später nochmals die Umsätze ab, sind die zuvor als vorgemerkt gekennzeichneten Umsätze gebucht und werden nochmals gespeichert.

Die Aufgabe ist nun, die Umsätze, die als vorgemerkt markiert waren, aus der Tabelle zu löschen, sobald sie gebucht wurden und somit zweimal in der Tabelle vorkommen. Dies ist aber nicht ganz trivial, weil Sie genau identifizieren müssen, für welchen vorgemerkten Umsatz bereits ein gebuchter Umsatz vorliegt. Daher werden wir in der Lösung dieses Kapitels ausschließlich mit gebuchten Umsätzen arbeiten und die noch nicht gebuchten, aber vorgemerkten Umsätze lediglich in einem Meldungsfenster ausgeben. Um der Funktion *Kontoauszug* mitzuteilen, ob Sie die gebuchten oder die vorgemerkten Umsätze abfragen wollen, haben wir eine Enumeration definiert. Eine Enumeration ist prinzipiell eine Variable, für die mehrere Werte zur Auswahl angeboten werden. Die Definition sieht so aus:

```
Public Enum eGebucht
    eUmsaetzeGebucht = 0
    eUmsaetzeNichtGebucht = 1
End Enum
```

Die Definition dieser Enumeration bringen Sie gemeinsam mit den anderen Deklarationen und Prozeduren im Standardmodul *mdlHBCI* unter. Schwenken wir nun direkt zur Funktion *Kontoauszug* über, wo diese Enumeration als Parameter verwendet wird. Der Kopf der Funktion mit den Parametern sieht so aus (die Klasse *clsTransactions* wird weiter unten beschrieben – diese müssen Sie noch implementieren, damit die Funktion *Kontoauszug* lauffähig wird):

```
Public Function Kontoauszug(intContact As Integer, _
    intAccount As Integer, _
    intGebucht As eGebucht, _
    Optional dateStart As Date, _
    Optional dateEnd As Date) _
    As clsTransactions
```

Kapitel 9 Onlinebanking

Die Parameter *intContact* und *intAccount* erwarten genau wie bereits die Funktion *Kontostand* den Index des Kontakts und des Kontos/Depots, für den die Umsätze bestimmt werden sollen. Diese liefert am einfachsten der Aufruf vom Formular *frmHomebanking* aus, in dem Sie diese Werte ja ganz einfach per Kombinationsfeld auswählen können. Der Parameter *intGebucht* hat den Typ der soeben vorgestellten Enumeration.

Abbildung 9.22 zeigt, wie sich diese Enumeration bei der Eingabe bemerkbar macht:

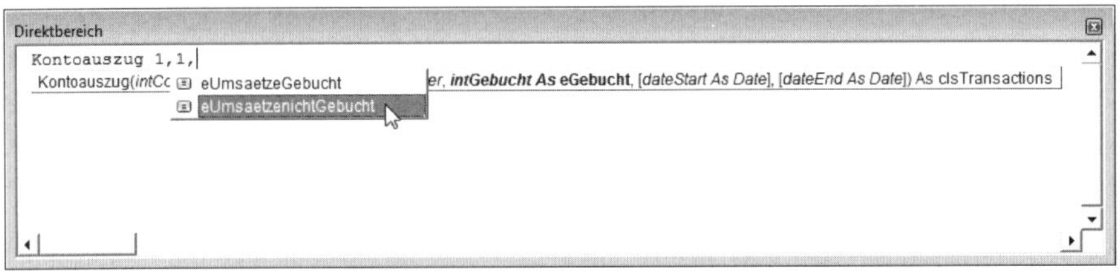

Abbildung 9.22: Benutzerdefinierte Enumerationen vereinfachen die Eingabe von Parameterwerten

Als weitere Parameter können Sie das Startdatum und das Enddatum des Zeitraums eingeben, für den die Umsätze ermittelt werden sollen. Innerhalb der Funktion brauchen wir einige Variablen, die zu Beginn deklariert, aber erst in den folgenden Abschnitten erläutert werden:

```
Dim objAccountSegment As BACSegment
Dim objDialog As BACDialog
Dim objMessage As BACMessage
Dim objResponseSegment As BACSegment
Dim objHKKAZ As BACSegment
Dim objHKKAZV As BACSegment
Dim objBACTransaction As BACTransaction
Dim objLine As BACSwiftStatementLine
Dim objContact As BACContact
Dim objAccount As BACAccount
Dim objSwiftObject As Object
Dim lngMaxSegmentVersion As Long
Dim objTransactions As clsTransactions
Dim objTransaction As clsTransaction
```

Die folgende Anweisung holt zunächst einen Verweis auf das benötigte Element der Auflistung *objContacts*:

```
Set objContact = objContacts(intContact)
```

Als Nächstes erscheint wiederum der Dialog, mit dem Sie die für die Anmeldung erforderlichen Daten eingeben – also etwa die Passphrase oder einen PIN:

```
Set objDialog = objContact.NewDialogUI
```

Transaktionen ausführen

Dann wird der Account festgelegt und ein Segment erstellt, aus dem die Prozedur später die Informationen zu dem Konto erhält, die für den Zugriff benötigt werden:

```
Set objAccount = objContact.Accounts(intAccount)
Set objAccountSegment = objAccount.Segment
```

Zuvor müssen wir allerdings noch Verbindung zum Bankserver aufnehmen, was die folgende Anweisung erledigt:

```
objDialog.BeginDialog
```

Das hier verwendete Segment heißt *HKKAZ*. Wie schon zuvor ermitteln wir die aktuellste Version des Segments und erzeugen ein neues Segment, das wir schließlich der Objektvariablen *objHKKAZ* zuweisen.

Beachten Sie, dass in den folgenden beiden Zeilen zwei verschiedene Objekte verwendet werden – eines davon trägt zusätzlich den Buchstaben *V* für *Version* im Namen:

```
Set objHKKAZV = _
    objAccount.FindOptimalBPDSegment("HKKAZ", lngMaxSegmentVersion)
Set objHKKAZ = objBanking.NewSegment("HKKAZ", objHKKAZV.Version)
```

Nun füllt die Prozedur das *HKKAZ*-Objekt mit den benötigten Daten, die aus dem bereits erwähnten Account-Segment stammen:

```
objHKKAZ("AuftraggeberKontoverbindung1", "Kontonummer1") = _
    objAccountSegment("Kontoverbindung1", "Kontonummer1")
objHKKAZ("AuftraggeberKontoverbindung1", "Laenderkennzeichen1") = _
    objAccountSegment("Kontoverbindung1", "Laenderkennzeichen1")
objHKKAZ("AuftraggeberKontoverbindung1", "Kreditinstitutcode1") = _
    objAccountSegment("Kontoverbindung1", "Kreditinstitutcode1")
objHKKAZ("AuftraggeberKontoverbindung1", "Unterkontomerkmal1") = _
    objAccountSegment("Kontoverbindung1", "Unterkontomerkmal1")
objHKKAZ("AlleKonten1") = False
```

Dies waren die Informationen, die wir bereits für die Abfrage des Kontostands eingegeben haben. Der vorliegende Aufruf benötigt aber noch weitere optionale Daten, nämlich den Zeitraum, für den die Abfrage die Umsätze liefern soll.

Dieser wird jedoch nur eingesetzt, wenn im Funktionsaufruf sowohl *datStart* als auch *datEnd* eingegeben wurden und *datEnd* größer als *datStart* ist. In diesem Fall weist die Funktion die angegebenen Werte weiteren Eigenschaften des Segments zu:

```
If dateStart > 0 And dateEnd > 0 And (dateEnd >= dateStart) Then
    objHKKAZ("DatumVon1") = dateStart
    objHKKAZ("DatumBis1") = dateEnd
End If
```

325

Die nächste Anweisung prüft zunächst den Status des Objekts *objDialog*:

```
If objDialog.State = bacDialogReady Then
```

Wenn dieser dem Wert der Konstanten *bacDialogReady* entspricht, kann die Ausführung des Segments starten. Dies erledigt wiederum die Methode *ExecuteSegment* des Objekts *objDialog*:

```
Set objMessage = objDialog.ExecuteSegment(objHKKAZ)
```

Das Ergebnis landet im Objekt *objMessage*, und da es sich hier um eine einzelne Transaktion handelt, erhalten wir alle notwendigen Daten über das Element *Transactions(0)* von *objMessage*. Anschließend erfolgt eine Prüfung, ob die Transaktion genau ein Antwort-Segment geliefert hat:

```
Set objBACTransaction = objMessage.Transactions(0)
If objBACTransaction.ResponseSegments.Count = 1 Then
```

Ist dies der Fall, weisen wir das Antwort-Segment dem Objekt *objResponseSegment* zu:

```
Set objResponseSegment = objBACTransaction.ResponseSegments(0)
```

Hier kommt schließlich der Parameter *intGebucht* ins Spiel. In Abhängigkeit davon lesen wir nämlich das Antwort-Segment mit dem Parameterwert *UmsaetzeGebucht1* oder *UmsaetzeNichtGebucht1* in das Objekt *objSwiftObjekt* ein:

```
If Not IsEmpty(objResponseSegment) Then
    Select Case intGebucht
        Case 0
            Set objSwiftObject = _
                objResponseSegment("UmsaetzeGebucht1")
        Case 1
            Set objSwiftObject = _
                objResponseSegment("UmsaetzeNichtGebucht1")
    End Select
End If
End If
```

objSwiftObjekt enthält das eigentliche Fleisch der Antwort des Bankservers – die Umsätze. Betrachten Sie die nächsten Zeilen einfach so, als ob statt der *objTransction*...-Anweisungen links vom Gleichheitszeichen die Anweisung *Debug.Print* stehen würde und die gelieferten Informationen einfach im Direktfenster ausgegeben werden sollen – das erleichtert das Verständnis für den Moment, bevor wir uns im Anschluss an die hier tatsächlich angewandte Vorgehensweise heranwagen.

Das *objSwiftObject*-Objekt enthält eine Auflistung namens *StatementLines*, welche die folgenden Zeilen durchlaufen. Jedes Element der *StatementLines*-Auflistung wird dabei in das Objekt *objLine* geschrieben, das den Typ *BICSwiftStatementLine* hat. Dieses wiederum hat eine ganze Reihe von Eigenschaften, die genau den Informationen zu einer einzelnen Umsatzposition entspricht. So liefert *Amount* den Betrag der Transaktion, *EntryDate* das Buchungsdatum und *Purpose* den Verwendungszweck. Schauen Sie sich die in den folgenden Anweisungen enthaltenen Eigenschaften im Hinblick auf die Daten an, die Sie möglicherweise einmal für eigene Zwecke benötigen, und machen Sie sich dann auf einen Ausflug in die Welt der Klassenprogrammierung bereit:

```
Set objTransactions = New clsTransactions
For Each objLine In objSwiftObject.StatementLines
    With objLine
        Set objTransaction = New clsTransaction
        objTransaction.BLZ = objContact.UserID
        objTransaction.Buchungsdatum = .ValidityDate
        objTransaction.Betrag = .Amount
        objTransaction.Verwendungszweck = .Purpose
        objTransaction.Auftraggeber = .Name
        objTransaction.Kontonummer_Partner = .AccountNumber
        objTransaction.BLZ_Partner = .BankCode
        objTransaction.Waehrung = .CurrencyCode
        objTransaction.BusinessTransactionCode = _
            .BusinessTransactionCode
        objTransaction.BusinessTransactionText = _
            .BusinessTransactionText
        objTransaction.ChargesAmount = .ChargesAmount
        objTransaction.ChargesCurrencyCode = .ChargesCurrencyCode
        objTransaction.CustomerReference = .CustomerReference
        objTransaction.EquivalentAmount = .EquivalentAmount
        objTransaction.EquivalentCurrencyCode = _
            .EquivalentCurrencyCode
        objTransaction.InstitutionReference = .InstitutionReference
        objTransaction.OriginalAmount = .OriginalAmount
        objTransaction.OriginalCurrencyCode = .OriginalCurrencyCode
        objTransaction.PrimaNoteNumber = .PrimaNoteNumber
        objTransaction.RealValidityDate = .RealValidityDate
        objTransaction.Reversal = .Reversal
        objTransaction.SupplementaryDetails = .SupplementaryDetails
        objTransaction.TextKeySupplement = .TextKeySupplement
        objTransaction.TransactionType = .TransactionType
        objTransaction.ValidityDate = .ValidityDate
        objTransactions.Add objTransaction
    End With
Next objLine
```

Kapitel 9 Onlinebanking

Vorher noch ein kurzer Blick auf das Ende der Funktion: Diese gibt mit dem Objekt *objTransactions* die komplette Sammlung der Umsätze (mehr dazu weiter unten) an die aufrufende Prozedur zurück, welche diese dann auswerten kann. Anschließend wird noch der Dialog beendet. Und für den Fall, dass keine Verbindung hergestellt werden konnte, findet sich auch noch eine *MsgBox*-Anweisung, die den Benutzer über das Scheitern des geplanten Vorgangs informiert.

```
            Set Kontoauszug = objTransactions
            objDialog.EndDialog
        Else
            MsgBox "Es konnte keine Verbindung hergestellt werden. Bitte synchronisieren
Sie den Account erneut."
        End If
End Function
```

Die Klasse *clsTransaktionen*

Natürlich könnten wir die Funktion *Kontoumsätze* auch einfach dazu verwenden, die Attributwerte der einzelnen Kontoumsätze in die im Anschluss vorgestellte Tabelle zu schreiben. Das ist aber unflexibel: Vielleicht hat ja jemand mal etwas ganz anderes mit diesen Daten vor und möchte sie beispielsweise in eine Textdatei oder in eine XML-Datei schreiben.

Daher verwenden wir zwei Klassen, mit denen wir die Umsatzdaten temporär speichern und in Form eines einzigen Objekts an die aufrufende Prozedur zurückgeben, die dann mit den Daten machen kann, was sie will. In unserem Beispiel schreibt diese die Daten natürlich in eine Tabelle.

Schauen wir uns zunächst an, wie die beiden Klassen aufgebaut sind, die den möglicherweise umfangreichen Satz von Umsatzdaten in einem einzigen Objekt speichern. Um das Beispiel zu reproduzieren, legen Sie zunächst ein neues, leeres Klassenmodul an (VBA-Editor, Menüeintrag *Einfügen|Klassenmodul*) und speichern es unter dem Namen *clsTransaction*. Dieses Klassenmodul ist der Bauplan für Objekte, die sämtliche Daten einer Umsatzposition speichern können.

Außerdem benötigen Sie einen weiteren Verweis auf die im DDBAC-Paket enthaltenen Bibliotheken, und zwar auf die Bibliothek *DataDesign DDBAC S.W.I.F.T. Format Component*. Den Verweis fügen Sie wie den bereits oben beschriebenen Verweis über den *Verweise*-Dialog (VBA-Editor, Menüeintrag *Extras|Verweise*) zum VBA-Projekt hinzu.

Wir schauen uns im Folgenden für Lernzwecke zunächst eine Minimalversion der Klasse an, damit Klassen-Einsteiger leichter nachvollziehen können, wie diese programmiert und eingesetzt wird.

Legen Sie in der frisch erzeugten Klasse eine private Variable namens *m_Verwendungszweck* an. Diese soll einmal den Verwendungszweck für die in diesem Objekt gespeicherte Umsatzposition enthalten:

```
Dim m_Verwendungszweck As String
```

Zusätzlich benötigen wir zwei *Property*-Prozeduren, eine mit dem Schlüsselwort *Set* und eine mit *Get*. Die erste dient dazu, der privaten Variablen *m_Purpose* einen Verwendungszweck zuzuweisen und hat deshalb auch einen Parameter namens *strVerwendungszweck*, den die aufrufende Zeile füllen soll:

```
Public Property Let Verwendungszweck(strVerwendungszweck As String)
    m_Verwendungszweck = strVerwendungszweck
End Property
```

Mit der zweiten lässt sich dieser Verwendungszweck wieder abfragen:

```
Public Property Get Verwendungszweck() As String
    Verwendungszweck = m_Verwendungszweck
End Property
```

In einem Standardmodul deklarieren, instanzieren und verwenden Sie nun diese Rumpfversion der Klasse *clsTransactions* – die folgenden Zeilen dienen allerdings nur Beispielzwecken:

```
Public Sub Klassenbeispiel()
    Dim objTransaction As clsTransaction
    Set objTransaction = New clsTransaction
    With objTransaction
        .Verwendungszweck = "Testverwendungszweck"
    End With
    MsgBox "Verwendungszweck aus der Klasse: " _
        & objTransaction.Verwendungszweck
End Sub
```

Hier wird die Klasse zunächst als *objTransaction* deklariert und dann instanziert, das heißt, eine neue Instanz dieser Klasse wird erstellt.

Anschließend weist die Prozedur der Eigenschaft *Verwendungszweck* den Wert *Testverwendungszweck* zu und gibt diesen anschließend in einem Meldungsfenster aus – direkt als Eigenschaft des auf der Klasse *clsTransaction* basierenden Objekts, versteht sich. Auf die gleiche Art fügen wir noch eine Reihe weiterer Eigenschaften zur Klasse *clsTransaction* hinzu.

Die neben dem Verwendungszweck wichtigsten Eigenschaften wie die Kontonummer und die Bankleitzahl des Kontos, der Betrag und das Buchungsdatum sehen als Eigenschaften der Klasse *clsTransaction* so aus:

```
Dim m_Verwendungszweck As String
Dim m_Kontonummer As String
Dim m_BLZ As String
Dim m_Betrag As Currency
```

Kapitel 9 Onlinebanking

```vb
Dim m_Buchungsdatum As Date
Dim m_Auftraggeber As String
Dim m_Kontonummer_Partner As String
Dim m_BLZ_Partner As String
Dim m_Waehrung As String

Public Property Get Verwendungszweck() As String
    Verwendungszweck = m_Verwendungszweck
End Property

Public Property Let Verwendungszweck(strVerwendungszweck As String)
    m_Verwendungszweck = strVerwendungszweck
End Property

Public Property Get Kontonummer() As String
    Kontonummer = m_Kontonummer
End Property

Public Property Let Kontonummer(strKontonummer As String)
    m_Kontonummer = strKontonummer
End Property

Public Property Get BLZ() As String
    BLZ = m_BLZ
End Property

Public Property Let BLZ(strBLZ As String)
    m_BLZ = strBLZ
End Property

Public Property Get Betrag() As Currency
    Betrag = m_Betrag
End Property
Public Property Let Betrag(curBetrag As Currency)
    m_Betrag = curBetrag
End Property

Public Property Get Buchungsdatum() As Date
    Buchungsdatum = m_Buchungsdatum
End Property
```

```vb
Public Property Let Buchungsdatum(datBuchungsdatum As Date)
    m_Buchungsdatum = datBuchungsdatum
End Property

Public Property Get Auftraggeber() As String
    Auftraggeber = m_Auftraggeber
End Property

Public Property Let Auftraggeber(strAuftraggeber As String)
    m_Auftraggeber = strAuftraggeber
End Property

Public Property Get Kontonummer_Partner() As String
    Kontonummer_Partner = m_Kontonummer_Partner
End Property

Public Property Let Kontonummer_Partner(strKontonummer_Partner As String)
    m_Kontonummer_Partner = strKontonummer_Partner
End Property

Public Property Get BLZ_Partner() As String
    BLZ_Partner = m_BLZ_Partner
End Property

Public Property Let BLZ_Partner(strBLZ_Partner As String)
    m_BLZ_Partner = strBLZ_Partner
End Property

Public Property Get Waehrung() As String
    Waehrung = m_Waehrung
End Property

Public Property Let Waehrung(strWaehrung As String)
    m_Waehrung = strWaehrung
End Property
```

Von hier aus können Sie noch einmal einen Blick zurück zur Beschreibung der Prozedur *Kontoauszug* werfen, und zwar dorthin, wo wir empfohlen haben, sich statt der Zuweisungen der eingelesenen Daten zu den Eigenschaften einer Klasse einfache *Debug.Print*-Anweisungen vorzustellen. Hier setzen wir nun, wo wir die Klasse *clsTransaction* kennen, auf der unser Objekt *objTransaction* basiert, erneut an. Hier nochmal, in gekürzter Fassung, der relevante Code:

Kapitel 9 Onlinebanking

```
Set objTransactions = New clsTransactions
For Each objLine In objSwiftObject.StatementLines
    With objLine
        Set objTransaction = New clsTransaction
        objTransaction.BLZ = objContact.UserID
        objTransaction.Buchungsdatum = .EntryDate
        ' ... Zuweisung vieler weiterer Eigenschaften
        objTransactions.Add objTransaction
    End With
Next objLine
```

Da wird zunächst ein Objekt *objTransactions* instanziert, das gleich alle erzeugten Objekte des Typs *clsTransaction* aufnehmen soll. Diese werden innerhalb der Schleife, die alle Umsatzpositionen im Element *objSwiftObject* durchläuft, erzeugt, mit Daten gefüllt und schließlich mit der *Add*-Methode zur Klasse *clsTransactions* hinzugefügt.

Nehmen wir das Objekt *objTransactions*, das die ganzen Objekte des Typs *clsTransaction* aufnimmt, zunächst als Black Box hin und schauen uns an, was sich damit anstellen lässt.

Tabelle zum Speichern der Umsatzdaten

Die Umsatzdaten wollen wir in einer eigenen Tabelle speichern. Diese Tabelle legen Sie zunächst an und speichern sie unter dem Namen *tblUmsaetze*. Die Tabelle speichert nur die wesentlichen Felder – wenn Sie weitere benötigen, erweitern Sie einfach die Tabelle und die nachfolgend vorgestellten Zeilen zum Übertragen der Daten aus den Objekten des Typs *clsTransaction*. Die Tabelle sieht wie in Abbildung 9.23 aus, die Feldnamen und die zugeordneten Datentypen sind weitgehend selbsterklärend.

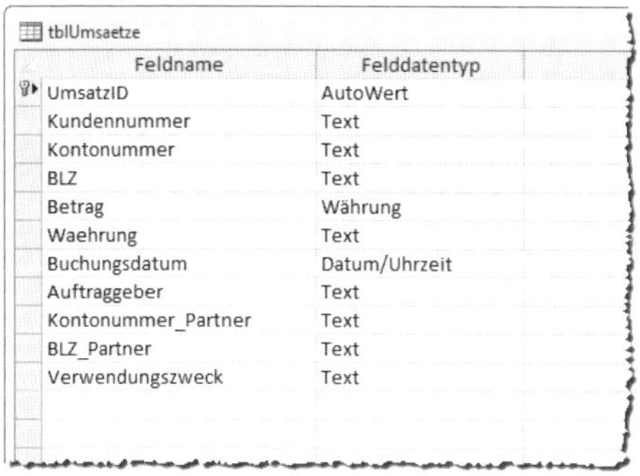

Feldname	Felddatentyp
UmsatzID	AutoWert
Kundennummer	Text
Kontonummer	Text
BLZ	Text
Betrag	Währung
Waehrung	Text
Buchungsdatum	Datum/Uhrzeit
Auftraggeber	Text
Kontonummer_Partner	Text
BLZ_Partner	Text
Verwendungszweck	Text

Abbildung 9.23: Entwurfsansicht der Tabelle *tblUmsaetze*

Ein Hinweis zur Zuordnung des Datentyps *Text* zu den Feldern, die Bankleitzahlen und Kontonummern speichern: Dies ist gewollt, weil diese gelegentlich führende Nullen aufweisen und diese bei Zahlen-Datentypen nicht angezeigt werden. Außerdem sollen die Werte bei

Sortierungen nicht nach dem Zahlenwert, sondern in alphanumerischer Reihenfolge dargestellt werden.

Wir nehmen noch eine Überlegung vorneweg, die sich auf folgendes Problem bezieht: Sie können zwar genau festlegen, für welchen Zeitraum die Umsätze ermittelt werden sollen. Dies kann jedoch nur tagesgenau geschehen. Wenn Sie nun am 1. Februar 2009 mittags um 12.00 Uhr die Umsätze abfragen, erhalten Sie alle Umsätze bis zu diesem Zeitpunkt, unter Umständen also auch solche, die genau am 1. Februar 2009 gebucht wurden.

Wenn Sie nun am 2. Februar erneut die Umsätze einlesen möchten, und zwar genau diejenigen, die noch nicht eingelesen wurden, können Sie dies über die Angabe eines Zeitraums nicht zuverlässig erledigen: Wenn Sie alle Umsätze einlesen, die am 2. Februar 2009 erfolgten, fehlen möglicherweise welche, die am 1. Februar nach 12.00 Uhr mittags erfolgten. Wenn Sie als Beginn des Zeitraums hingegen den 1. Februar einstellen, erhalten Sie solche Umsätze, die bis 12.00 Uhr mittags gebucht wurden, ein zweites Mal.

Das ist ein Problem, weil Sie ja keine Umsatzposition zwei Mal in der Tabelle *tblUmsaetze* speichern wollen. Es gibt nun zwei Möglichkeiten:

» Hypothetisch: Sie rufen die Umsätze immer genau um 0:00 Uhr ab. Das ist aber nur praktikabel, wenn Sie diesen Vorgang fernsteuern oder um diese Zeit regelmäßig vor dem Rechner sitzen (ich weiß, dass das einige von Ihnen tun ...). Trotzdem betrachten wir lieber Vorschlag zwei, der mehr Unterstützung finden dürfte.

» Sie prüfen jeweils beim Einlesen der Umsätze, ob die aktuelle Position bereits in der Tabelle gespeichert ist, und schreiben nur diese in die Tabelle, die noch fehlen.

Dabei gibt es nur ein Problem: Anhand welcher Felder prüfen wir das, und welche ist die einfachste Methode, um dies zu prüfen? Leider bietet ein *Transaction*-Objekt frisch vom Bank-Server kein eindeutiges Merkmal. Daher verwenden wir eine Kombination mit einer geringen Wahrscheinlichkeit für wiederholtes Auftreten.

Ein Bestandteil ist auf jeden Fall das Buchungsdatum. Als Zweites verwenden wir den Betrag und als Drittes den Verwendungszweck. Viel mehr können wir nicht machen – und falls Sie mal auf die Idee kommen, eine Zahlung am gleichen Tag an den gleichen Empfänger in der gleichen Höhe vorzunehmen, dann schreiben Sie zumindest eine laufende Nummer in den Verwendungszweck, damit Ihre Access-Homebanking-Lösung zumindest den Hauch einer Chance hat, die Umsätze zu unterscheiden.

Wie nun prüfen wir vor dem Schreiben in die Tabelle, ob die Buchung schon vorhanden ist oder nicht? Ganz einfach: Wir schreiben die Daten einfach in die Tabelle – oder zumindest versuchen wir das. Zusätzlich legen wir nämlich noch einen zusammengesetzten eindeutigen Index an, der einen Fehler auslöst, wenn ein Datensatz angelegt wird, dessen Werte in den so indizierten Feldern bereits vorhanden sind.

Der zusammengesetzte Index sieht wie in Abbildung 9.24 aus.

Kapitel 9 Onlinebanking

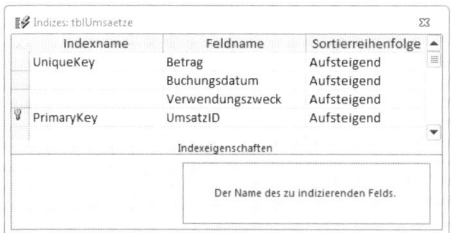

Abbildung 9.24: Dieser zusammengesetzte eindeutige Index verhindert doppeltes Schreiben von Umsätzen in die Tabelle *tblUmsaetze*.

Kehren wir nun zum Formular *frmHomebanking* zurück und fügen diesem eine Schaltfläche namens *cmdUmsaetzeAbfragen* hinzu (siehe Abbildung 9.25).

Abbildung 9.25: Neue Schaltfläche zum Abfragen der Umsätze

Die Ereigniseigenschaft *Beim Klicken* dieses Steuerelements statten wir mit der folgenden Ereignisprozedur aus (die in der *Execute*-Anweisung verwendete Funktion *SQLDatum* zur SQL-konformen Formatierung des Datums finden Sie im Modul mdlTools der Beispieldatenbank):

```
Private Sub cmdUmsaetzeAbfragen_Click()
    Dim objTransactions As clsTransactions
    Dim objTransaction As clsTransaction
    Dim db As DAO.Database
    Dim i As Integer
    Dim intNeueUmsaetze As Integer
    Set db = CurrentDb
    Set objTransactions = Kontoauszug(Me!cboContacts, Me!cboAccounts, _
        eUmsaetzeGebucht)
    For i = 1 To objTransactions.Count
```

```
            With objTransactions.Item(i)
                On Error Resume Next
                db.Execute "INSERT INTO tblUmsaetze(Kontonummer, BLZ, " _
                    & "Betrag, Waehrung, Buchungsdatum, Auftraggeber, " _
                    & "Kontonummer_Partner, BLZ_Partner, Verwendungszweck)" _
                    & " VALUES('" & .Kontonummer & "', '" & .BLZ & "', " _
                    & Replace(.Betrag, ".", ",") & ", '" & .Waehrung & "', " _
                    & SQLDatum(.Buchungsdatum) & ", '" & .Auftraggeber _
                    & "', '" & .Kontonummer_Partner & "', '" & .BLZ_Partner _
                    & "', '" & .Verwendungszweck & "')", dbFailOnError
                Select Case Err.Number
                    Case 0
                        intNeueUmsaetze = intNeueUmsaetze + 1
                    Case 3022
                        'Fehler durch den Versuch, eine bereits vorhandene
                        'Buchung zu schreiben - kann ignoriert werden
                    Case Else
                        MsgBox "Fehler " & Err.Number & ", '" _
                            & Err.Description & "'"
                End Select
            End With
        Next i
        If intNeueUmsaetze = 0 Then
            MsgBox "Es wurden keine neuen Umsätze eingelesen."
        Else
            MsgBox "Es wurden " & intNeueUmsaetze & " neue Umsätze eingelesen."
        End If
    End Sub
```

Die Prozedur füllt nach dem Deklarationsteil zunächst die Objektvariable *db* mit einem Verweis auf das *Database*-Objekt der aktuellen Datenbank. Dieses brauchen wir später, um die zum Hinzufügen der Umsatzposition nötige Aktionsabfrage aufzurufen.

Dann versieht die Prozedur die Objektvariable *objTransactions* mit einem Verweis auf die in der oben ausführlich beschriebenen Funktion *Kontoauszug* erzeugte neue Instanz der Klasse *clsTransactions*, die in dieser Funktion außerdem mit den Buchungen des angegebenen Zeitraums – hier standardmäßig der maximal mögliche Zeitraum von 90 Tagen – gefüllt wird.

Danach geht es rund: Die Prozedur ermittelt mit der Eigenschaft *Count* die Anzahl der in *objTransactions* enthaltenen Umsatzpositionen und durchläuft diese dann in einer Schleife. Innerhalb dieser Schleife greift die Prozedur über die Referenz *Item(i)* mit *i* als Laufvariable auf alle in *objTransactions* enthaltenen Objekte des Typs *clsTransaction* zu und schreibt den Inhalt einiger Eigenschaften in einen neuen Datensatz der Tabelle *tblUmsaetze*. Dies geschieht mit der *Execute*-Methode des *Database*-Objekts *db*. Damit diese einen Fehler auslöst, wenn der Datensatz aus den oben beschriebenen Gründen nicht an die Tabelle *tblUmsaetze* angehängt werden kann, erhält sie als zusätzlichen Parameter den Wert *dbFailOnError*.

Um den Fehler entsprechend behandeln zu können, sorgt vor dem Ausführen der *Execute*-Anweisung ein *On Error Resume Next* dafür, dass die Access-eigenen Fehlermeldungen unterbunden werden und die Prozedur im Anschluss selbst anhand des Ausdrucks *Err.Number* untersuchen kann, ob beim Schreiben des Datensatzes ein Fehler aufgetreten ist. Liefert *Err.Number* den Wert *0*, ist kein Fehler aufgetreten – die Zählervariable *intNeueUmsaetze* kann um eins erhöht werden. Der Wert *3022* hingegen deutet auf den Fehler mit dem Fehlertext *Die von Ihnen vorgenommenen Änderungen an der Tabelle konnten nicht vorgenommen werden, da der Index, Primärschlüssel oder die Beziehung mehrfach vorkommende Werte enthalten würde. [...]* hin. Es ist also bereits ein Datensatz mit gleichem Buchungsdatum, Betrag und Verwendungszweck vorhanden, was verhindert, dass dieser Umsatz erneut in die Tabelle aufgenommen wird.

Die *INSERT INTO*-Aktionsabfrage, die den Datensatz anfügt, wirkt etwas lang, ist aber schnell zu überblicken: Sie schreibt einfach die Werte der benötigten Eigenschaften von *objTransaction* in die entsprechenden Felder der Tabelle *tblUmsaetze*. Das Resultat sieht dann beispielsweise so aus:

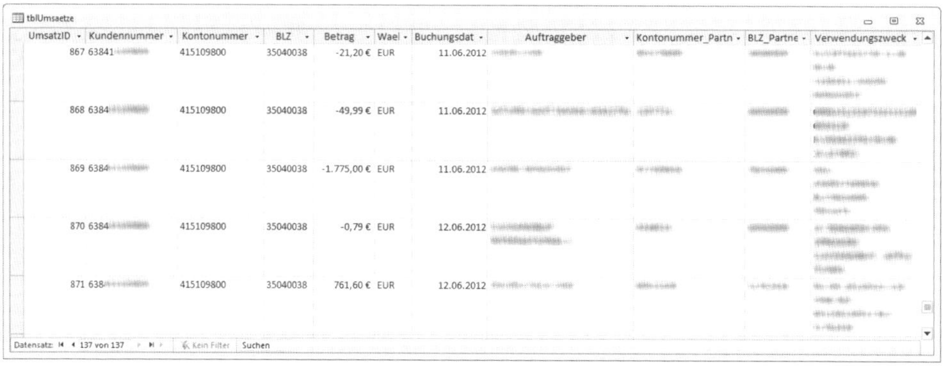
tblUmsaetze

UmsatzID	Kundennummer	Kontonummer	BLZ	Betrag	Wael	Buchungsdat	Auftraggeber	Kontonummer_Partn	BLZ_Partne	Verwendungszweck
867	63841[illegible]	415109800	35040038	-21,20 €	EUR	11.06.2012	[illegible]	[illegible]	[illegible]	[illegible]
868	6384[illegible]	415109800	35040038	-49,99 €	EUR	11.06.2012	[illegible]	[illegible]	[illegible]	[illegible]
869	6384[illegible]	415109800	35040038	-1.775,00 €	EUR	11.06.2012	[illegible]	[illegible]	[illegible]	[illegible]
870	6384[illegible]	415109800	35040038	-0,79 €	EUR	12.06.2012	[illegible]	[illegible]	[illegible]	[illegible]
871	638[illegible]	415109800	35040038	761,60 €	EUR	12.06.2012	[illegible]	[illegible]	[illegible]	[illegible]

Datensatz: 137 von 137 Kein Filter Suchen

Abbildung 9.26: Beispielbuchungen in der Tabelle *tblUmsaetze*

Bevor wir uns zum Einarbeiten der Kontoumsätze an das Formular *frmHomebanking* machen, kümmern wir uns noch kurz um die Klasse *clsTransactions*. Diese hat immerhin die verantwortungsvolle Aufgabe, die Umsätze und ihre Eigenschaften wohlbehalten von der Funktion *Kontoauszug* zur aufrufenden Ereignisprozedur *cmdUmsaetzeAbfragen* zu transportieren. Außerdem erhalten Sie so wieder ein wenig Know-how rund um die Klassenprogrammierung.

Klasse zum Sammeln der Umsatzpositionen

Die Klasse *objTransactions* deklariert und instanziert gleich beim Öffnen ein *Collection*-Objekt namens *mColTransactions*. Objekte des Typs *Collection* sind dafür gedacht, ein oder mehrere Objektverweise aufzunehmen.

In unserem Fall wollen wir für jede Umsatzposition eine eigene Klasse anlegen, die mit ihren Eigenschaften (die wir natürlich alle selbst definieren können) die entsprechenden Eigenschaften der Umsatzposition aufnehmen kann. *mColTransactions* wird wie folgt im Kopf des neuen Klassenmoduls deklariert und instanziert:

```
Dim mColTransactions As New Collection
```

Die folgende Methode der Klasse heißt *Add* und erwartet einen Objektverweis auf ein Objekt des Typs *clsTransaction* als Parameter. Diesen schreibt sie gleich als neues Element in die Collection *mColTransactions* – mit der dort ebenfalls *Add* benannten Methode:

```
Public Sub Add(objTransaction As clsTransaction)
    mColTransactions.Add objTransaction
End Sub
```

Kassensturz gefällig? Die folgende Funktion liefert die Anzahl der in der Collection *mColTransactions* enthaltenen Elemente. Diesen Wert erhält sie über die Eigenschaft *Count* des Collection-Objekts:

```
Public Function Count()
    Count = mColTransactions.Count
End Function
```

Nach dem Einlesen fehlt noch eine Funktion, mit der eine Prozedur von außen auf die in der Collection gesammelten Objektverweise zugreifen kann, um auf die Attribute der entsprechenden *clsTransaction*-Objekte zuzugreifen.

Dies erledigt die Klasse *clsTransactions* mit der Funktion *Item*, die den Index des gewünschten Elements als Parameter erwartet und dieses aus der Collection *mColTransactions* herausliest und als Rückgabewert der Funktion zurückliefert:

```
Public Function Item(intIndex As Integer) As clsTransaction
    Set Item = mColTransactions.Item(intIndex)
End Function
```

9.5.3 Umsätze im Formular anzeigen

Nun müssen wir die in der Tabelle *tblUmsaetze* gespeicherten Umsätze noch im Formular *frmHomebanking* unterbringen – es wäre doch schön, wenn der Benutzer die frisch eingelesenen Umsätze gleich im Formular betrachten kann.

Dazu verwenden wir ein Unterformular namens *sfmHomebanking*, das die Tabelle *tblUmsaetze* als Datenherkunft verwendet und deren Felder in der Datenblattansicht anzeigt. Dieses Formular fügen Sie nun als Unterformular zum Formular *frmHomebanking* hinzu. Das Unterformular soll seine Daten in der Datenblattansicht anzeigen. Das Ergebnis sieht schließlich wie in Abbildung 9.27 aus.

Kapitel 9 Onlinebanking

Multikontenfähigkeit

Im aktuellen Zustand zeigt das Formular immer alle Umsätze an. Wir müssen den Inhalt des Unterformulars also noch nach den ausgewählten Werten der Kombinationsfelder *cboContacts* und *cboAccounts* filtern.

Hier finden nun auch die jeweils in der letzten Spalte der beiden Kombinationsfelder befindlichen, aber nicht sichtbaren Werte Verwendung – diese enthalten nämlich noch die Kundennummer und die Kontonummer, die wir für das Filtern der Datenherkunft des Unterformulars brauchen.

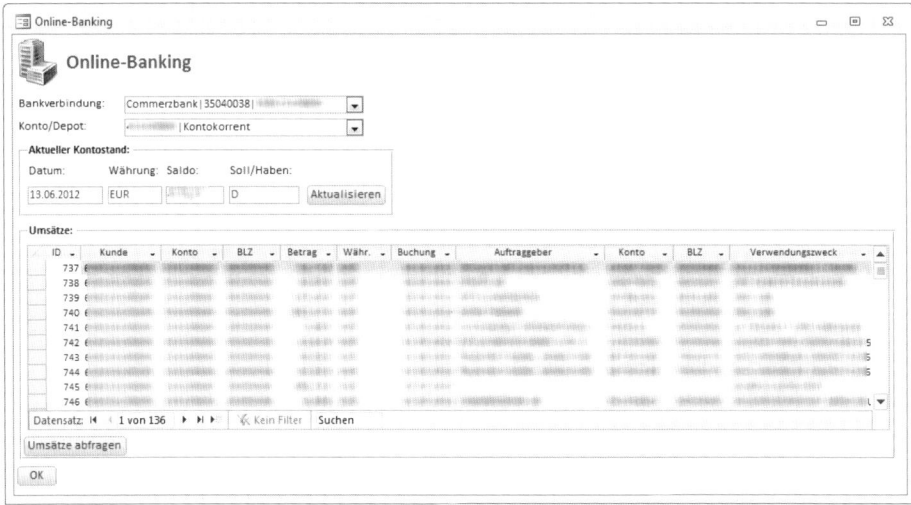

Abbildung 9.27: Das Formular *frmHomebanking* zeigt nun alle bislang eingelesenen Umsätze an.

Zum Filtern verwenden wir zwei Prozeduren, die im Klassenmodul des Formulars *frmHomebanking* landen. Die erste leert das Unterformular *sfmHomebanking*, indem sie einen Filter setzt, den kein Datensatz erfüllen kann:

```
Private Sub UnterformularLeeren()
    Me!sfmHomebanking.Form.Filter = "1=2"
    Me!sfmHomebanking.Form.FilterOn = True
End Sub
```

Die zweite Prozedur filtert die Datensätze nach der Kundennummer und der Kontonummer, die der Benutzer in den beiden Kombinationsfeldern *cboContacts* und *cboAccounts* ausgewählt hat. Die relevanten Informationen stecken in beiden Steuerelementen jeweils in der dritten Spalte, können also über die Eigenschaft *Column(2)* referenziert werden (diese Auflistung ist nullbasiert).

Die Prozedur *UnterformularFiltern* liest diese Informationen ein und legt ein Filterkriterium für die Datenherkunft des Unterformulars fest, das nur die Datensätze anzeigt, die den ausgewählten Werten für Kundennummer und Kontonummer entsprechen:

```
Private Sub UnterformularFiltern()
    Dim strKontonummer As String
    Dim strKundennummer As String
    strKundennummer = Me!cboContacts.Column(1)
    strKontonummer = Me!cboAccounts.Column(1)
    With Me!sfmHomebanking.Form
        .Filter = "Kundennummer = '" & strKundennummer _
            & "' AND Kontonummer = '" & strKontonummer & "'"
        .FilterOn = True
    End With
End Sub
```

Fehlen noch die Stellen, von denen aus diese Prozeduren aufgerufen werden. Die erste findet sich gleich in der Ereignisprozedur *Form_Load*. Wenn die Optionentabelle dort Material für die beiden Kombinationsfelder *cboContact* und *cboAccount* liefert, wird die Prozedur zum Setzen des Filters (*UnterformularFiltern*) nach dem Einstellen von *cboAccount* ausgelöst.

Außerdem geschieht dies nach der Auswahl eines neuen Kontos mit dem Kombinationsfeld *cboAccount*.

Die Auswahl einer neuen Kundennummer hingegen leert das Kombinationsfeld *cboAccount*. Da dann kein Konto ausgewählt ist, soll das Unterformular auch keine Datensätze anzeigen, weshalb auch die Ereignisprozedur *cboContacts_AfterUpdate* das Unterformular durch einen Aufruf von *UnterformularLeeren* leert.

Der Filter wird auch nach der Auswahl eines neuen Kontos mit *cboAccounts* aktualisiert. Hier brauchen wir eine neue Ereignisprozedur, die durch das Ereignis *Nach Aktualisierung* ausgelöst wird.

Die Prozedur sieht wie folgt aus und filtert das Formular nach der Auswahl eines vorhandenen Eintrags. Anderenfalls ruft es die Prozedur *UnterformularLeeren* auf:

```
Private Sub cboContacts_AfterUpdate()
    If Not IsNull(Me!cboContacts) Then
        Me!cboAccounts.RowSource = GetAccounts(Me!cboContacts)
    Else
        Me!cboAccounts.RowSource = ""
    End If
    UnterformularLeeren
End Sub
```

Details einer Umsatzposition anzeigen

Da man im Unterformular nur schwer alle Informationen einer Umsatzposition lesen kann, ohne zu scrollen und die Spaltenhöhe so einzustellen, dass auch die meist mehrzeiligen Verwendungszwecke lesbar sind, stellen wir noch ein Formular zur Anzeige der Detailansicht einer Umsatzposition bereit. Da an anderer Stelle in diesem Buch bereits genügend solcher Detailformulars erstellt wurden, hier nur ein Screenshot dieses Formulars (siehe Abbildung 9.28).

Abbildung 9.28: Das Formular *frmUmsatzpositionDetail* zeigt alle Informationen zu einer Buchung übersichtlich an.

Das Formular öffnen Sie mit einer Schaltfläche namens *cmdDetails*, welches die folgende Prozedur auslöst:

```
Private Sub cmdDetails_Click()
    DoCmd.OpenForm "frmUmsatzDetail", WindowMode:=acDialog, _
        WhereCondition:="UmsatzID = " & Me!sfmHomebanking.Form!UmsatzID, _
        DataMode:=acFormReadOnly
End Sub
```

Dies öffnet das Formular *frmUmsatzDetail* als modalen Dialog. Das Formular soll nur den aktuell im Unterformular ausgewählten Datensatz anzeigen, was der Parameter *WhereCondition* festlegt. Außerdem sollen die Daten dieses Formulars nicht bearbeitet werden können, weshalb der Parameter *DataMode* den Wert *acFormReadOnly* erhält.

10 Individuelle Anschreiben mit Word

Hin und wieder wird vorkommen, dass Sie einem Kunden ein individuelles Anschreiben zukommen lassen möchten. Normalerweise sollte das zwar in Zeiten der E-Mail nicht vorkommen, aber es kann ja beispielsweise einmal sein, dass der Kunde eine falsche E-Mail-Adresse angegeben hat und Sie ihn deshalb nicht erreichen können. Für diesen Fall ist ein schnell auf Basis einer Vorlage gefülltes, ausgedrucktes und verschicktes Word-Dokument doch genau die richtige Lösung.

10.1 Funktionsweise

Dieser Teil der Anwendung liefert ein Formular, das als Schaltfläche für die Erstellung von (halb) individuellen Word-Dokumenten dient. Will meinen: Sie werden zumindest eine Vorlage anlegen, welche beispielsweise die Anschrift des Kunden als Platzhalter enthält.

Sie können mit der hier vorgestellten Lösung auch noch einen Schritt weitergehen und Word-Dokumente für spezielle Zwecke vorbereiten: Diese enthalten dann bereits den vollständigen Text mit Platzhaltern, die in Abhängigkeit vom Kunden gefüllt werden sollen.

Und es kommt noch besser: Sie können wahlweise Dokumente erstellen, die Platzhalter nicht nur mit Kundendaten füllen, sondern auch noch mit den Daten einer bestimmten Bestellung. Auf diese Weise können Sie dem Kunden etwa ein Schreiben schicken, mit dem Sie sich für die Lieferung eines falschen oder kaputten Artikels entschuldigen, und dabei direkt die Bestellnummer oder das Bestelldatum in Form eines Platzhalters verwenden.

Wichtig ist an dieser Stelle, dass wir nicht von klassischen Word-Vorlagen sprechen, sondern von einfachen Word-Dokumenten, die schlicht Platzhalter in der Form *[Platzhalter]* enthalten.

10.1.1 Ablauf beim Erstellen individueller Dokumente

Die Erstellung eines individuellen Dokuments können Sie beispielsweise durch eine Schaltfläche auf der Registerseite *Kommunikation* des Formulars *frmKundeDetail* starten (siehe Abbildung 10.1).

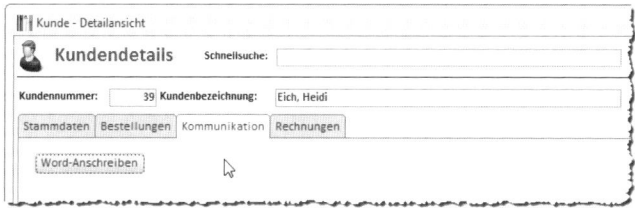

Abbildung 10.1: Aufruf des Dialogs zum Erstellen eines individuellen Anschreibens

Kapitel 10 Individuelle Anschreiben mit Word

Ein Klick auf diese Schaltfläche öffnet das Formular aus Abbildung 10.2. Es teilt den Ablauf in zwei Schritte ein:

» Vorbereiten des zu füllenden Word-Dokuments

» Erstellen des individuellen Anschreibens auf Basis des vorbereiteten Dokuments und der für die Platzhalter einzufügenden Daten

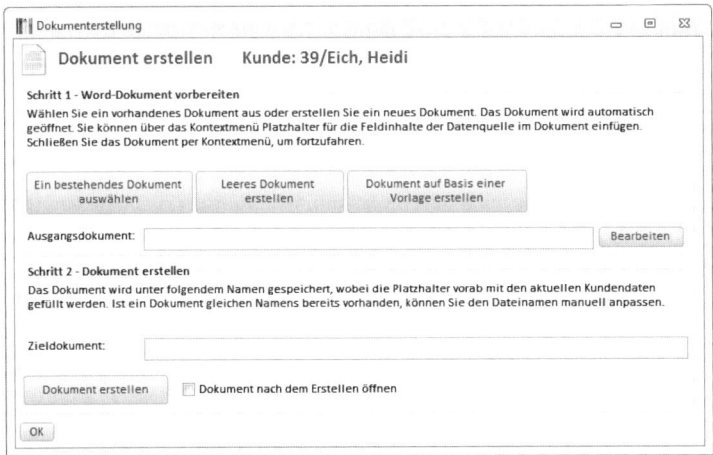

Abbildung 10.2: Schaltzentrale zum Erstellen von Word-Anschreiben

10.1.2 Word-Dokument vorbereiten

Für die Vorbereitung gibt es drei Möglichkeiten:

» Sie wählen ein bestehendes Word-Dokument aus, das Sie bereits zuvor für die Verwendung mit dieser Anwendung vorbereitet haben und das bereits über entsprechende Platzhalter verfügt.

» Sie erstellen ein neues, leeres Word-Dokument.

10.1.3 Vorlage mit Daten füllen

Wir zeigen beispielhaft, wie Sie ein leeres Dokument erstellen und mit Platzhaltern füllen. Die Platzhalter sind in eckige Klammern eingefasste Feldnamen. Um ein neues Dokument zu erstellen, klicken Sie einfach auf die Schaltfläche *Leeres Dokument erstellen*. Word wird geöffnet und zeigt ein leeres Dokument an.

Wir könnten nun eine einfache Lösung bauen, bei welcher der Benutzer die Platzhalter selbst eintragen muss, indem er die entsprechenden Feldnamen in eckige Klammern einfasst und diese im Dokument anlegt. Aber wir wollen ja eine richtig coole Anwendung erstellen, die dem

Funktionsweise

Anwender größtmöglichen Komfort bietet – und deshalb stellen wir alle zur Verfügung stehenden Platzhalter per Kontextmenü bereit (siehe Abbildung 10.3). Mit der Auswahl eines der Platzhalter wird dieser an der aktuellen Position der Einfügemarke eingefügt.

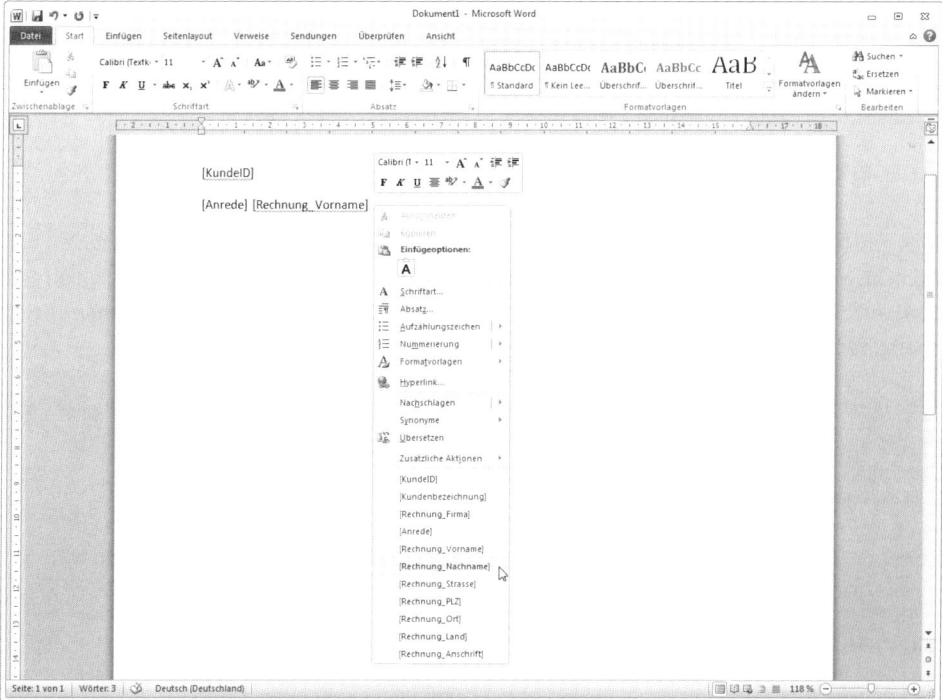

Abbildung 10.3: Hinzufügen von Platzhaltern

Um das mit Platzhaltern ausgestattete Dokument zu speichern, brauchen Sie es einfach nur zu schließen. Es erscheint dann eine *Inputbox*, mit der Sie den Dateinamen ohne Dateiendung angeben (siehe Abbildung 10.4). Das Verzeichnis zum Speichern der Vorlagen ist in der Tabelle *tblOptionen* gespeichert.

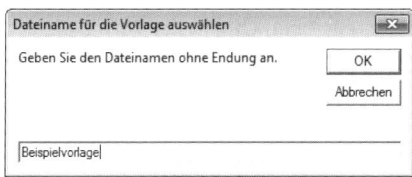

Abbildung 10.4: Eingabe des Dateinamens für die Vorlage

Das Verzeichnis der Vorlagendatei wird im Formular *frmWordAnschreiben* schließlich unter *Ausgangsdokument* eingetragen (siehe Abbildung 10.5).

Kapitel 10 Individuelle Anschreiben mit Word

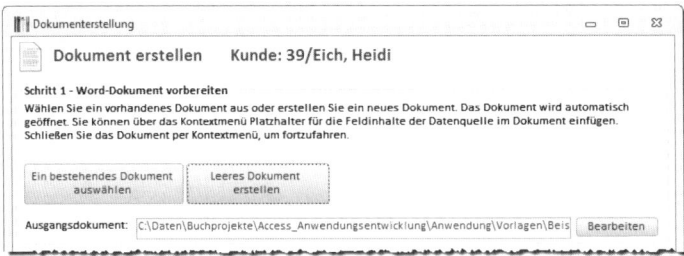

Abbildung 10.5: Anzeige der erstellten oder ausgewählten Vorlagendatei

Dies geschieht auch, wenn Sie mit der Schaltfläche *Ein bestehendes Dokument auswählen* den Dateiauswahl-Dialog aus Abbildung 10.6 öffnen und damit eine der Vorlagen auswählen. Als Startverzeichnis wird hier das im Feld *PfadVorlagenAnschreiben* der Tabelle *tblOptionen* gespeicherte Verzeichnis verwendet.

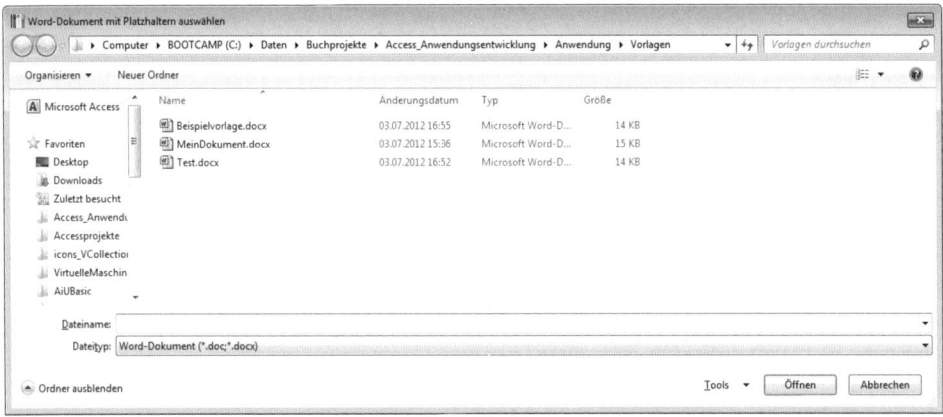

Abbildung 10.6: Auswahl einer bereits erstellten Vorlagendatei

Danach brauchen Sie nur noch auf die Schaltfläche *Dokument erstellen* zu klicken (siehe Abbildung 10.7). Die Anwendung öffnet dann das als Vorlage angegebene Dokument, ersetzt die Platzhalter und speichert das Dokument. Der Zieldateiname wurde bereits beim Öffnen des Formulars vorbelegt. Dabei verwendet die Anwendung die in den beiden Feldern *PfadKundenanschreiben* und *DateinameKundenanschreiben* enthaltenen Angaben und ersetzt auch dort die Platzhalter.

10.2 Programmierung des Word-Exports

Der Aufruf des Dialogs zum Erstellen und Füllen von Word-Vorlagen auf Basis der Daten in den Tabellen der Datenbank erfolgt über eine Schaltfläche, die sich auf der Registerseite *Kommunikation* des Formulars *frmKundeDetail* befindet (siehe Abbildung 10.8).

Programmierung des Word-Exports

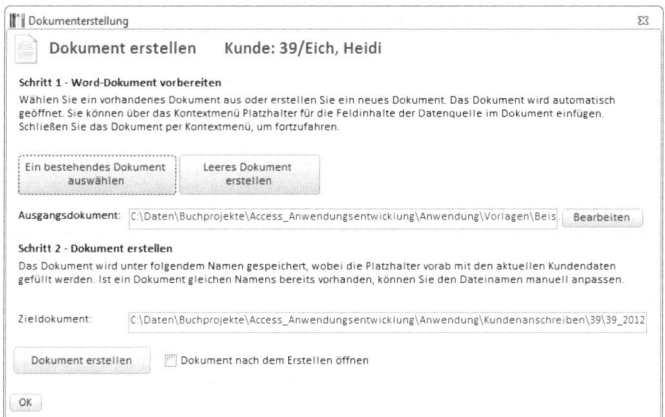

Abbildung 10.7: Alle zum Erstellen des neuen Dokuments benötigten Daten liegen nun vor.

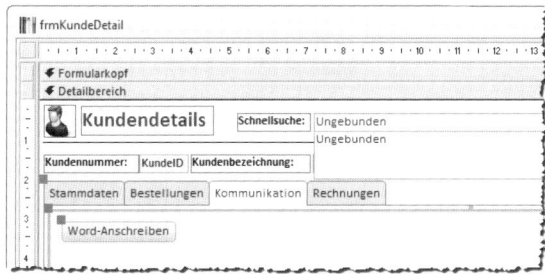

Abbildung 10.8: Schaltfläche zum Öffnen des Word-Exports

Diese Schaltfläche löst die folgende Prozedur aus, die das Formular *frmWordAnschreiben* als modalen Dialog öffnet und mit dem *OpenArgs*-Parameter den Wert des Feldes *KundeID* des aktuell im Formular *frmKundeDetail* angezeigten Kunden als Öffnungsargument übergibt:

```
Private Sub cmdWordAnschreiben_Click()
    DoCmd.OpenForm "frmWordAnschreiben", OpenArgs:=Me!KundeID, WindowMode:=acDialog
End Sub
```

Das Formular *frmWordAnschreiben* sieht wie in Abbildung 10.9 aus. Gleich beim Laden wird das Bezeichnungsfeld im Kopfbereich mit den Daten des Benutzers gefüllt, für den das Anschreiben erstellt werden soll. Dazu hinterlegen Sie für die Ereigniseigenschaft *Beim Laden* des Formulars die folgende Prozedur:

```
Private Sub Form_Load()
    Dim strKunde As String
    Dim strBeschriftung As String
    lngKundeID = Nz(Me.OpenArgs)
```

Kapitel 10 Individuelle Anschreiben mit Word

```
        strKunde = DLookup("Kundenbezeichnung", "tblKunden", "KundeID = " & lngKundeID)
        strBeschriftung = "Kunde: " & lngKundeID & "/" & strKunde
        Me!lblKunde.Caption = strBeschriftung
    End Sub
```

Die Prozedur liest den Wert des Öffnungsarguments ein und ermittelt mit einer *DLookup*-Abfrage den Wert des Feldes *Kundenbezeichnung* für diesen Kunden. Beides wird in der String-Variablen *strBeschriftung* zusammengefasst und schließlich der Eigenschaft *Caption* des Bezeichnungsfeldes *lblKunde* zugewiesen.

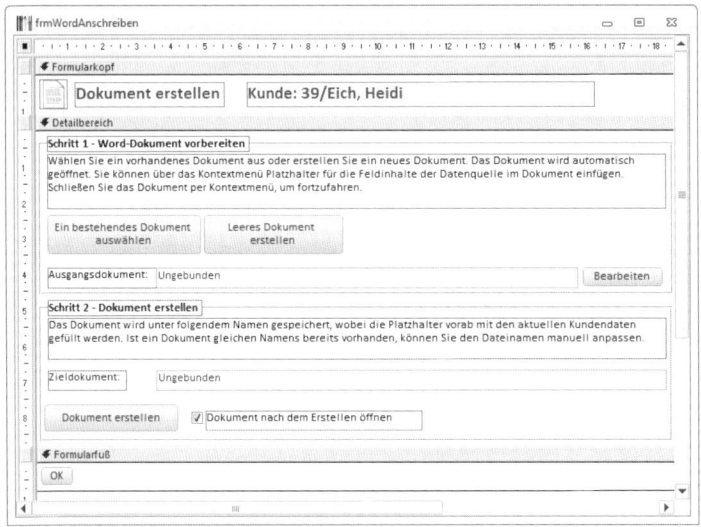

Abbildung 10.9: Entwurf des Formulars *frmWordAnschreiben*

Was aber geschieht, wenn kein Öffnungsargument übergeben wird, weil das Formular beispielsweise direkt über den Navigationsbereich geöffnet wird (was natürlich nicht passieren wird, weil wir dieses ausblenden)? Diesen Fall deckt das Ereignis *Beim Öffnen* ab. Es prüft, ob *OpenArgs* den Wert *Null* hat, und bricht den Öffnungsvorgang gegebenenfalls ab:

```
    Private Sub Form_Open(Cancel As Integer)
        If IsNull(Me.OpenArgs) Then
            Cancel = True
        End If
    End Sub
```

10.2.1 Quelldokument auswählen

Die Schaltfläche mit der Beschriftung *Ein bestehendes Dokument auswählen* löst die folgende Ereignisprozedur aus:

Programmierung des Word-Exports

```
Private Sub cmdDokumentAuswaehlen_Click()
    Dim strVorlagenpfad As String
    strVorlagenpfad = DLookup("PfadVorlagenAnschreiben", "tblOptionen")
    strVorlagenpfad = Replace(strVorlagenpfad, "[Backend]", Backendpfad)
    Me!txtQuelldokument = OpenFilename(strVorlagenpfad, _
        "Word-Dokument mit Platzhaltern auswählen", "Word-Dokument (*.doc, *.docx)")
    If Len(Nz(Me!txtQuelldokument, "")) = 0 Then
        Exit Sub
    End If
    Me!txtZieldokument = DokumentErmitteln(lngKundeID)
End Sub
```

Zunächst ermittelt die Prozedur den Pfad, in dem die Vorlagen für die Anwendung gespeichert sind. Die Basisinformation dazu befindet sich im Feld *PfadVorlagenAnschreiben* der Tabelle *tblOptionen*. Diese Daten stellen Sie über ein einfaches Formular ein, das an die Tabelle *tblOptionen* gebunden ist (siehe Abbildung 10.10).

Abbildung 10.10: Eingeben der Optionen für den Einsatz von Word-Anschreiben

Vorlagenpfad zusammenstellen

Als Vorlagen-Pfad ist beispielsweise der Ausdruck *[Backend]\Vorlagen* angegeben. Das heißt, dass das Vorlagen-Verzeichnis sich im gleichen Verzeichnis befinden soll wie die Backend-Datenbank bei einer aufgeteilten Datenbank, also meist auf einem Server-Rechner. Wenn die Datenbank noch nicht aufgeteilt ist, spielt das auch keine Rolle – dann verwendet die Prozedur einfach das Verzeichnis der aktuellen Datenbank. Bei der Variante, die zum Zeitpunkt der Erstellung dieses Kapitels verwendet wurde, war die Datenbank noch nicht aufgeteilt. Die Prozedur *cmdDokumentAuswaehlen* liest dann mit der *DLookup*-Funktion den Wert des Feldes *PfadVorlagenAnschreiben* aus der Tabelle *tblOptionen* ein. Die folgende Zeile ersetzt, soweit dieser vorhanden ist, den Ausdruck *[Backend]* durch den tatsächlichen Pfad des Backends oder, wie im diesen Fall, den Anwendungspfad. Diesen ermittelt wiederum die Funktion *Backendpfad*, die das Feld *Database* der Systemtabelle für die Tabelle *tblKunden* ausliest. Dort befindet sich der Dateiname des Backends, wenn die Tabelle aus einer anderen Datenbank stammt. Ist dieses Feld leer, gibt es kein Backend und die Funktion liefert den Pfad der aktuellen Datenbank:

```
Public Function Backendpfad() As String
    Dim strPfad As String
```

Kapitel 10 Individuelle Anschreiben mit Word

```
        strPfad = Nz(DLookup("Database", "MSysObjects", "Name = 'tblKunden'"), "")
        If Len(strPfad) > 0 Then
            strPfad = Left(strPfad, InStrRev(strPfad, "\") - 1)
        Else
            strPfad = CurrentProject.Path
        End If
        Backendpfad = strPfad
    End Function
```

Mit der Einstellung *[Backend]\Vorlagen* wird übrigens ein Verzeichnis wie in Abbildung 10.11 verwendet.

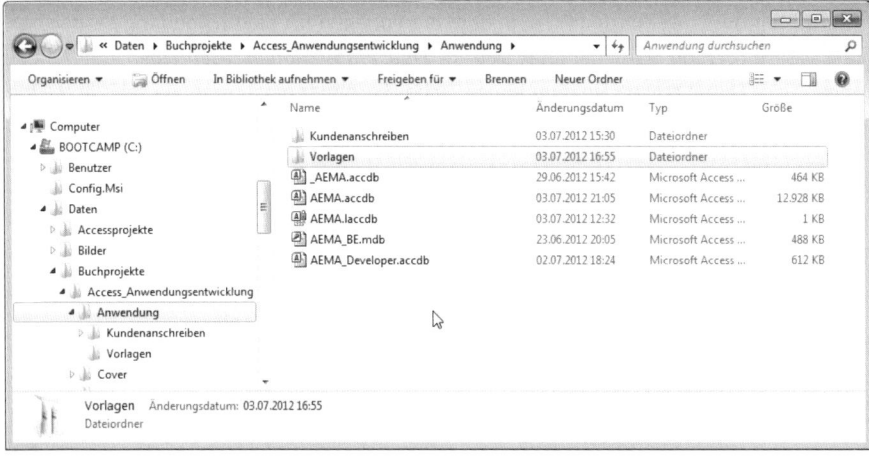

Abbildung 10.11: Verzeichnisstruktur der Anwendung

Anschließend soll mit der im Modul *mdlDateidialoge* enthaltenen Funktion *OpenFilename* das als Vorlage zu verwendende Word-Dokument ausgewählt werden. Diese Funktion erwartet als ersten Parameter das Verzeichnis, das gleich beim Öffnen des Dialogs angezeigt werden soll, eine Überschrift für die Titelleiste und einen Filter für die anzuzeigenden Dateitypen.

Wählt der Benutzer mit diesem Dialog keine Datei aus, wird die Prozedur beendet, sonst füllt diese das Textfeld *txtQuelldokument* mit dem entsprechenden Dateinamen.

Zielfunktion ermitteln

Davon wird auch gleich die Vorgabe für das Zieldokument abgeleitet, was mithilfe einer weiteren Funktion namens *DokumentErmitteln* geschieht. Diese Funktion erwartet als Parameter den Wert des Feldes *KundeID*, der hier in der Variablen *lngKunde* übergeben wird.

Warum das? Nun: Wenn Sie häufiger individuelle Anschreiben für Kunden erstellen, werden Sie es zu schätzen wissen, wenn Sie Elemente der Kundendaten wie beispielsweise *KundeID*, *Vorname*

Programmierung des Word-Exports

oder *Nachname* in die Dateinamen der erstellten Dokumente integrieren können, um diese später leichter zuordnen zu können. In der aktuellen Optionentabelle liegt folgender Wert vor:

    [Vorlage]_[KundeID]_[Rechnung_Nachname]_[Datum].docx

Damit werden gleich eine ganze Reihe Platzhalter abgedeckt, die wie folgt funktionieren:

» *[Vorlage]*: Wird durch den Dateinamen der Vorlage ohne Dateiendung ersetzt. Vergeben Sie für die Vorlagen treffende Namen wie *Mahnung.docx*, fügen Sie den Ausdruck *Mahnung* an beliebiger Stelle in den zu erstellenden Dokumenten ein.

» *[KundeID], [Rechnung_Nachname]*: Sie können hier alle Felder der in der Abfrage *qryWordAnschreiben* in eckigen Klammern angeben. Die Platzhalter werden durch die Feldinhalte ersetzt.

» *[Datum]*: Wird durch das Datum im Format *yyyymmdd* ersetzt.

Es gibt mit *[Zeit]* noch einen weiteren Platzhalter, der die Uhrzeit im Format *hhnnss* liefert.

Wer kümmert sich nun um das Ersetzen der Platzhalter? Dies erledigt die Funktion *DokumentErmitteln*, die sich ebenfalls im Klassenmodul des Formulars *frmWordAnschreiben* befindet:

```
Private Function DokumentErmitteln(lngKundeID As Long) As String
    Dim db As DAO.Database
    Dim rst As DAO.Recordset
    Dim fld As DAO.Field
    Dim strDateiname As String
    Dim strPfad As String
    Set db = CurrentDb
    Set rst = db.OpenRecordset("SELECT * FROM qryWordAnschreiben WHERE KundeID = " _
        & lngKundeID, dbOpenDynaset)
    strDateiname = DLookup("DateinameKundenanschreiben", "tblOptionen")
    strPfad = DLookup("PfadKundenanschreiben", "tblOptionen")
    For Each fld In rst.Fields
        strDateiname = Replace(strDateiname, "[" & fld.Name & "]", Nz(fld.Value))
        strPfad = Replace(strPfad, "[" & fld.Name & "]", Nz(fld.Value))
    Next fld
    strDateiname = Replace(strDateiname, "[Zeit]", Format(Time, "hhnnss"))
    strDateiname = Replace(strDateiname, "[Datum]", Format(Date, "yyyymmdd"))
    strDateiname = Replace(strDateiname, "[Vorlage]", _
        DateinameOhneEndung(Me!txtQuelldokument))
    strPfad = Replace(strPfad, "[Backend]", Backendpfad)
    DokumentErmitteln = strPfad & "\" & strDateiname
End Function
```

Die Prozedur öffnet zunächst eine Datensatzgruppe auf Basis der Abfrage *qryWordAnschreiben*. Diese können Sie beliebig gestalten, zu Beispielzwecken haben wir nur einige Felder der

Kapitel 10 Individuelle Anschreiben mit Word

Tabelle *tblKunden* dort eingefügt sowie das Feld *Anrede* der mit dem Feld *Rechnung_AnredeID* verknüpften Tabelle (siehe Abbildung 10.12). Die Tabelle *tblKunden* muss jedoch enthalten sein, da die zu erstellenden Dokumente ja mit Kundendaten gefüllt werden sollen. Dieser Abfrage kommt später noch eine wichtige Rolle zu.

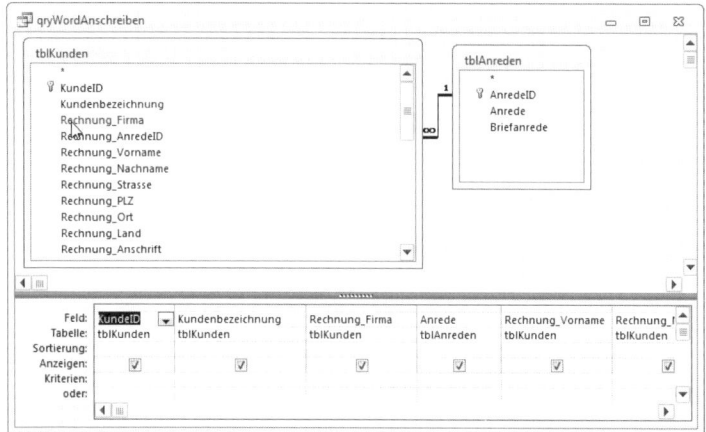

Abbildung 10.12: Die Abfrage liefert die Daten, mit denen die Platzhalter ersetzt werden sollen.

Die Funktion liest dann den in den Optionen festgelegten Dateinamen und auch noch den Pfad ein. Danach durchläuft eine *For Each*-Schleife alle Felder der Abfrage *qryWordAnschreiben*. Dabei wird mit jedem Durchlauf eine Variable namens *fld* mit einem Verweis auf das aktuelle Feld gefüllt. Über diese Variable können Sie dann etwa den Feldnamen (*Name*) oder den Wert (*Value*) auslesen. In Dateiname und Pfad werden dann die in eckige Klammern eingefassten Feldnamen gesucht und durch die entsprechenden Feldwerte ersetzt. Aus *[KundeID]_[Rechnung_Nachname]* wird so etwa *23_Minhorst*.

Danach ersetzt die Prozedur noch die weiteren Platzhalter wie *[Zeit]*, *[Datum]*, *[Vorlage]* und *[Backend]*. Pfad und Dateiname werden dann zusammengesetzt und zurückgegeben.

10.2.2 Vorlage mit Platzhaltern füllen

Beim Öffnen einer vorhandenen Vorlage gehen wir davon aus, dass Platzhalter bereits enthalten sind. Was aber, wenn Sie erst noch ein Dokument erstellen müssen? Dann klicken Sie einfach auf die Schaltfläche mit der Beschriftung *Leeres Dokument* erstellen.

Diese Prozedur sieht so kurz wie merkwürdig aus:

```
Private Sub cmdNeuesDokument_Click()
    Set objWordWrapper = New clsWord
    objWordWrapper.NeuesDokument
End Sub
```

Programmierung des Word-Exports

Damit sie funktioniert, deklarieren Sie noch die folgende Variable im Modulkopf:

```
Dim WithEvents objWordWrapper As clsWord
```

Die Ereignisprozedur *cmdNeuesDokument_Click* erstellt also eine neue Instanz einer Klasse namens *clsWord* und ruft deren Methode *NeuesDokument* auf. Dies öffnet, um die Kurzfassung vorwegzunehmen, Word, legt ein neues Dokument an, bietet Ihnen die Möglichkeit, per Kontextmenü Platzhalter einzufügen und speichert das Dokument, wenn Sie es schließen, automatisch. Danach – und damit ist der Teil des Codes für diese Aufgabe im Klassenmodul des Formulars *frmWordAnschreiben* abgeschlossen – löst die Klasse *clsWort* noch ein Ereignis aus, das mit folgender Ereignisprozedur implementiert wird:

```
Private Sub objWordWrapper_DokumentErstellt(strDokument As String)
    Me!txtQuelldokument = strDokument
    Me!txtZieldokument = DokumentErmitteln(lngKundeID)
End Sub
```

Die erste Anweisung trägt das mit dem Parameter *strDokument* angegebene Dokument in das Feld *txtQuelldocument* ein. *strDokument* liefert den Pfad und den Namen des soeben erstellten Dokuments. Die zweite Anweisung nutzt die oben bereits vorgestellte Funktion *DokumentErmitteln*, um den Namen des Zieldokuments aus den verschiedenen Faktoren abzuleiten.

Funktion der Klasse clsWord

Das Auslagern der nachfolgenden Funktionen in eine eigene Klasse war ein Workaround. Wie die folgende Zeile zeigt, wird ein Objekt zum Referenzieren einer Word-Instanz mit dem Schlüsselwort *WithEvents* deklariert, damit wir die Ereignisse von Word nutzen können – zum Beispiel um das Beenden von Word abzufangen und darauf zu reagieren:

```
Dim WithEvents objWord As Word.Application
```

Beim Initialisieren der Klasse, also in dem Moment, wo diese mit *Set objWordWrapper = New clsWord* instanziert wird, löst diese die folgende Prozedur aus:

```
Private Sub Class_Initialize()
    Set objWord = CreateObject("Word.Application")
End Sub
```

Damit ist eine Word-Instanz erzeugt. Im ersten Ansatz wurden diese Schritte alle direkt in der Ereignisprozedur *cmdNeuesDokument_Click* des Formulars *frmWordAnschreiben* durchgeführt. Das Problem war, dass der Code die so erzeugte Word-Instanz nach ihrem Einsatz nicht sauber löschte – es war mir nicht möglich, dies zu beheben. Dadurch blieb diese Instanz offen und das Erzeugen der nächsten Instanz lieferte einen Laufzeitfehler. Dann habe ich geprüft, ob die Word-Instanz sauber beendet wird, wenn ich das erzeugende Formular schließe. Und siehe da: Es funktionierte. Nun ist es für den Benutzer zu umständlich, das Formular zwischen dem Erstellen zweier Vorlagen schließen zu müssen, also habe ich die Word-Fernsteuerung für diesen Fall komplett in eine Klasse ausgelagert. Und wenn die erzeugende Instanz, also das Formular *frmWordAnschreiben*, die Objektvariable auf Basis der Klasse nach der Verwendung ordnungsgemäß leerte, sollte es funktionieren.

Was tut diese Klasse? Als Erstes erzeugt sie mit obigem Ereignis eine Word-Instanz. Danach wird schon die vom Formular ausgelöste Methode *NeuesDokument* gestartet:

```
Public Sub NeuesDokument()
    Set objDocument = objWord.Documents.Add()
    Call KontextmenueErstellen
    objWord.Visible = True
    objWord.Activate
End Sub
```

Diese Prozedur legt ein neues Word-Dokument an, das mit dem Schlüsselwort *WithEvents* deklariert wurde:

```
Dim WithEvents objDocument As Word.Document
```

Danach ruft die Ereignisprozedur die Routine *KontextmenueErstellen* auf, macht das Word-Fenster sichtbar und aktiviert es. Nun wird es Zeit, sich um die Frage zu kümmern, wo die Kontextmenüs herkommen, die erscheinen, wenn Sie mit der rechten Maustaste in das Dokument klicken (siehe Abbildung 10.13).

Abbildung 10.13: Kontextmenü unter Word

Verantwortlich ist dafür die oben aufgerufene Prozedur *KontextmenueErstellen*. Die Prozedur erstellt wiederum ein Recordset auf Basis der Abfrage *qryWordAnschreiben*, allerdings mit dem *Kriterium 1=2*, was ein leeres Recordset zurückliefert. Das reicht auch, um alle Felder zu durchlaufen und für jedes Feld einen Eintrag zum Kontextmenü hinzuzufügen. Das geschieht allerdings nicht auf herkömmliche Weise, sondern mithilfe zweier weiterer Klassenmodule namens *clsCommandbar* und *clsCommandbarControl* (wie es auf herkömmliche Weise erledigt wird, erfahren Sie im Kapitel »Ribbons« (Seite 491)).

Zunächst benötigen wir zwei Objektvariablen, die Verweise auf Instanzen der Klasse *clsCommandbar* aufnehmen können:

```
Dim objCommandbarText As clsCommandbar
Dim objCommandbarTableText As clsCommandbar
```

Warum zwei? Nun: Es gibt eine ganze Reihe Kontextmenüs, die beim Rechtsklick auf ein Dokument angezeigt werden können. Das Kontextmenü, das beim Anklicken eines herkömmlichen Absatzes angezeigt wird, heißt beispielsweise *Text*, das für Absätze in Tabellen heißt *Table Text*. Wir müssen für alle betroffenen Kontextmenüs die Einträge zum Einfügen der Platzhalter hinzufügen, um den Komfort zu maximieren.

Also brauchen wir eine Wrapper-Klasse für das Kontextmenü *Text* und eines für *Table Text*. Die Klasse *clsCommandbar* stellt eine Methode zur Verfügung, mit der Sie einen *CommandBarButton* zum Kontextmenü hinzufügen können.

Diese Methode ruft die Prozedur *KontextmenueErstellen* innerhalb der Schleife über alle Recordset-Felder auf, sodass für jedes Feld ein Kontextmenü-Eintrag erstellt wird. Der Wrapper-Klasse für ein Kontextmenü wird außerdem noch ein Verweis auf das Word-Dokument übergeben:

```
Private Sub KontextmenueErstellen()
    Dim rst As DAO.Recordset
    Dim fld As DAO.Field
    Dim db As DAO.Database
    Set db = CurrentDb
    Set rst = db.OpenRecordset("SELECT * FROM qryWordAnschreiben WHERE 1=2")
    CommandBars("Text").Reset
    Set objCommandbarText = New clsCommandbar
    Set objCommandbarText.Commandbar = objWord.CommandBars("Text")
    Set objCommandbarText.Document = objDocument
    For Each fld In rst.Fields
        objCommandbarText.AddCommandbarButton "[" & fld.Name & "]"
    Next fld
    CommandBars("Table Text").Reset
    Set objCommandbarTableText = New clsCommandbar
    Set objCommandbarTableText.Commandbar = objWord.CommandBars("Table Text")
    Set objCommandbarTableText.Document = objDocument
    For Each fld In rst.Fields
        objCommandbarTableText.AddCommandbarButton "[" & fld.Name & "]"
    Next fld
End Sub
```

Die Kontextmenü-Klasse clsCommandbar

Die Wrapper-Klasse *clsCommandbar* repräsentiert ein Kontextmenü. Sie deklariert ein *Collection*-Objekt, mit dem sie die Wrapper-Objekte auf Basis von *clsCommandbarButton* für die einzelnen Schaltflächen speichert:

Kapitel 10 Individuelle Anschreiben mit Word

```
Private colCommandBarButtons As Collection
```

Diese Collection wird gleich beim Instanzieren der Klasse erstellt:

```
Private Sub Class_Initialize()
    Set colCommandBarButtons = New Collection
End Sub
```

Damit steht schonmal fest: Es gibt für jedes zu erweiternde Kontextmenü ein Objekt auf Basis von *clsCommandbar* und darin in einer *Collection* für jeden Kontextmenü-Eintrag ein Objekt auf Basis der Klasse *clsCommandbarControl*. Wenn die Prozedur *KontextmenueErstellen* aus *clsCommandbar* ein Objekt erstellt hat, weist sie der Eigenschaft *Commandbar* einen Verweis auf das zu erweiternde Kontextmenü zu. Dieses wird in *clsCommandbar* in dieser Variablen gespeichert:

```
Private m_Commandbar As Commandbar
```

Und diese Prozedur nimmt den Verweis entgegen und reicht ihn an *m_Commandbar* weiter:

```
Public Property Set Commandbar(cbr As Commandbar)
    Set m_Commandbar = cbr
End Property
```

Die Prozedur *KontextmenueErstellen* gibt auch einen Verweis auf das Word-Dokument weiter, und zwar an die Eigenschaft *Document*, die in *clsCommandbar* so implementiert wird:

```
Public Property Set Document(objDocument As Object)
    Set m_Document = objDocument
End Property
```

Die passende Variable finden Sie im Kopf des Klassenmoduls:

```
Private m_Document As Object
```

Schließlich gibt es die Methode *AddCommandBarButton*, die lediglich den Namen des Feldes erwartet, für das eine Kontextmenü-Schaltfläche angelegt werden soll:

```
Public Function AddCommandbarButton(strCaption As String)
    m_Document.Application.CustomizationContext = m_Document
    Set cbc = m_Commandbar.Controls.Add(1, . . . True)
    cbc.Caption = strCaption
    cbc.Tag = strCaption
    If colCommandBarButtons.Count = 0 Then
        cbc.BeginGroup = True
    End If
    Set objCommandBarButton = New clsCommandBarButton
    With objCommandBarButton
        Set .CommandBarButton = cbc
```

Programmierung des Word-Exports

```
        Set .Document = m_Document
            .Text = strCaption
    End With
    colCommandBarButtons.Add objCommandBarButton
End Function
```

Die Prozedur legt zunächst fest, dass die Änderungen am Kontextmenü an dem mit *m_Dokument* referenzierten Dokument vorgenommen werden sollen (Sie können solche Änderungen beispielsweise auch in Vorlagen speichern). Dann fügt es dem Kontextmenü ein neues Element hinzu und speichert es in einer Variablen, die im Modulkopf wie folgt deklariert wird:

```
Private cbc As CommandBarButton
```

Die Eigenschaften *Caption* und *Tag* erhalten als Wert den Feldnamen. Sollte dies das erste hinzugefügte Element sein, wird die Eigenschaft *BeginGroup* auf *True* eingestellt, wodurch über dem ersten Eintrag ein Trennstrich erscheint. Schließlich erzeugt die Prozedur für das neue Kontextmenü-Element eine eigene Instanz der Wrapper-Klasse *clsCommandBarButton*, die einen Verweis auf das Kontextmenü-Element aufnimmt und seine Ereignisprozedur festlegt, die beim Anklicken des Eintrags den Platzhalter in das Word-Dokument einträgt. Diese Klasse wird so deklariert – ebenfalls modulweit:

```
Private objCommandBarButton As clsCommandBarButton
```

Diesem Objekt weist die Prozedur Verweise auf das Kontextmenü-Element und das referenzierte Dokument sowie den Text für den Platzhalter zu. Schließlich wird das Wrapper-Objekt an die Collection *colCommandbarButtons* angehängt, damit es nach dem Beenden der Prozedur nicht im Nirwana verschwindet.

Die Kontextmenü-Klasse *clsCommandbarControl*

Für die eigentliche Action sorgt die Klasse *clsCommandbarControl*. Sie speichert die von der Prozedur *AddCommandbarButton* der Klasse *clsCommandbar* übergebenen Werte in diesen Variablen:

```
Private WithEvents m_cbc As Office.CommandBarButton
Private m_Document As Object
Private m_Text As String
```

Die folgenden drei *Property Let*-Prozeduren nehmen die über die entsprechenden Eigenschaften übergebenen Daten entgegen:

```
Public Property Let Text(strText As String)
    m_Text = strText
End Property

Public Property Set Document(objDocument As Object)
    Set m_Document = objDocument
```

Kapitel 10 Individuelle Anschreiben mit Word

```
    End Property

    Public Property Set CommandBarButton(cbc As CommandBarButton)
        Set m_cbc = cbc
    End Property
```

Die Variable *m_cbc* wurde als *WithEvents* deklariert, weshalb Sie in dieser Klasse ihre Ereignisse implementieren können. Genau genommen liefern *CommandbarButton*-Elemente nur ein Ereignis, nämlich das *Click*-Ereignis. Dieses implementieren Sie wie folgt:

```
    Private Sub m_cbc_Click(ByVal Ctrl As Office.CommandBarButton, _
            CancelDefault As Boolean)
        m_Document.Application.Selection.Text = m_Text
    End Sub
```

Dieses Ereignis referenziert mit *m_Document.Application.Selection.Text* die aktuelle Einfügemarke und trägt dort den Platzhaltertext ein, also etwa *[KundeID]*.

Damit steht schon einmal die Funktion zum Hinzufügen von Platzhaltern zum neu erstellen Dokument – der Benutzer kann sich hier austoben und nach Belieben Platzhalter einfügen.

Dokument verlassen und zur Anwendung zurückkehren

Nun stellt sich noch die Frage, wie wir aus der Word-Nummer wieder rauskommen – und damit kommen wir zu dem Grund, warum wir das Objekt *objWord* mit dem Schlüsselwort *WithEvents* deklariert haben. Um das Dokument nach dem Hinzufügen der Platzhalter zu speichern, soll der Benutzer das Dokument und/oder Word einfach schließen. Dies löst dann beispielsweise das Ereignis *DocumentBeforeClose* aus, das wir wie folgt implementieren:

```
    Private Sub objWord_DocumentBeforeClose(ByVal Doc As Word.Document, Cancel As Boolean)
        If Doc = objDocument Then
            bolClose = True
        End If
        On Error Resume Next
        Doc.SaveAs CurrentProject.Path & "\MeinDokument.docx"
        On Error GoTo 0
    End Sub
```

Die Prozedur prüft zunächst, ob hier überhaupt das Dokument geschlossen wird, das wir soeben geöffnet und mit *objDocument* referenziert haben – immerhin könnte der Benutzer ja zwischendurch auch ein anderes Dokument bearbeitet und dieses geschlossen haben. Dazu liefert die Prozedur mit dem Parameter *Doc* einen Verweis auf das Dokument, das geschlossen werden soll. Entspricht dies unserem Dokument, wird die Variable *bolClose* auf *True* eingestellt. Die Variable wird im Modulkopf deklariert, damit sie folgenden Prozeduren ebenfalls zur Verfügung steht:

```
Dim bolClose As Boolean
```

Mit der folgenden Anweisung speichert die Prozedur das Dokument noch nicht, sondern löst das Ereignis *DocumentBeforeSave* aus. Dieses haben wir natürlich ebenfalls implementiert:

```
Private Sub objWord_DocumentBeforeSave(ByVal Doc As Word.Document, _
        SaveAsUI As Boolean, Cancel As Boolean)
    Dim strDatei As String
    Dim strDateiname As String
    If Doc = objDocument Then
        objWord.Visible = False
        If bolClose = False Then
            MsgBox "Sie brauchen das Dokument einfach nur zu schließen, um es zu speichern."
            objWord.Visible = True
            objWord.Activate
        Else
            strDateiname = "<Dateiname>"
            Do While strDateiname = "<Dateiname>"
                strDateiname = InputBox("Geben Sie den Dateinamen ohne Endung an.", _
                    "Dateiname für die Vorlage auswählen", strDateiname)
                If Len(strDateiname) = 0 Then
                    Exit Sub
                End If
            Loop
            strDatei = DLookup("PfadVorlagenAnschreiben", "tblOptionen") & "\" _
                & strDateiname & ".docx"
            strDatei = Replace(strDatei, "[Backend]", Backendpfad)
            Doc.SaveAs strDatei
            RaiseEvent DokumentErstellt(strDatei)
        End If
        Cancel = True
    End If
End Sub
```

Die Prozedur erhält ebenfalls einen Verweis auf das Dokument sowie einen Parameter namens *Cancel*, mit dem das Speichern abgebrochen werden kann.

Auch hier wird wieder geprüft, ob es sich bei dem zu speichernden Dokument um unsere Vorlage handelt. In diesem Fall wird auf jeden Fall zeitweise die Word-Instanz ausgeblendet.

Hat *bolClose* den Wert *False*, bedeutet dies, dass der Speichern-Vorgang nicht durch die Methode *SaveAs* in der Ereignisprozedur *objWord_DocumentBeforeClose* ausgelöst wurde, sondern dass der Benutzer das Dokument speichern will – etwa über den entsprechenden Ribbon-Befehl oder die Tastenkombination *Strg + S*. In jedem Fall erhält er dann den Hinweis, dass er das Dokument

Kapitel 10 Individuelle Anschreiben mit Word

nur zu schließen braucht, um es zu speichern – und die Word-Instanz wird wieder eingeblendet. Warum wird sie überhaupt ausgeblendet? Weil die *MsgBox*-Anwendung ein Meldungsfenster in Access anzeigt, das eventuell durch das Word-Fenster verdeckt wird. Um den Benutzer nicht zu verwirren, blenden wir das Word-Fenster also gleich aus.

Hat *bolClose* jedoch den Wert *True*, dann wurde dieses Ereignis durch den Aufruf der *SaveAs*-Methode in *objWord_DocumentBeforeClose* ausgelöst. In diesem Fall muss der Benutzer nur noch den reinen Dateinamen ohne Pfad und Dateiendung in eine *InputBox* eintragen. Damit dies auch erledigt und nicht der Standardwert *<Dateiname>* übernommen wird, prüft die Prozedur dies so lange innerhalb einer Schleife, bis der Benutzer einen Dateinamen angegeben hat. Klickt er auf *Abbrechen*, ist der Wert der *InputBox* eine leere Zeichenkette und die Prozedur wird verlassen.

Schließlich wird die Datei unter dem in der Optionentabelle angegebenen Pfad gespeichert, wobei eventuell enthaltene Platzhalter natürlich noch ersetzt werden.

Die *SaveAs*-Methode speichert die Datei und mit *RaiseEvent* wird das wie folgt deklarierte Ereignis ausgelöst, bevor *Cancel* auf *True* eingestellt wird, um den eigentlich angestoßenen Speichervorgang zu unterbrechen:

```
Public Event DokumentErstellt(strDokument As String)
```

Und damit schließt sich der Kreis, denn dieses Ereignis haben Sie ja im aufrufenden Formular *frmWordAnschreiben* bereits mit Leben gefüllt:

```
Public Sub DokumentOeffnen(strDokument As String)
    Dim strDateiendung As String
    strDateiendung = Mid(strDokument, InStrRev(strDokument, ".") + 1)
    Select Case strDateiendung
        Case Else
            Set objDocument = GetObject(strDokument)
    End Select
    Call KontextmenueErstellen
    objWord.Visible = True
    objWord.Activate
End Sub

Private Sub objDocument_Close()
    Set objWord = Nothing
End Sub
```

11 Suchen in Formularen

Eine Datenbankanwendung wäre nur die Hälfte wert, wenn Sie damit nicht auch einfach nach den gewünschten Datensätzen suchen könnten. Deshalb fügen wir den Formularen dieser Anwendung entsprechende Suchfunktionen hinzu.

11.1 Schnellsuche für das Kundendetail-Formular

Das Kundendetail-Formular zeigt immer nur einen Kunden an – entweder einen soeben neu angelegten oder einen über das Übersichtsformular zum Bearbeiten geöffneten Kunden. Im letzteren Fall möchten Sie vielleicht schnell einmal zu einem anderen Kundendatensatz wechseln. Eigentlich müssten Sie dazu das Detailformular schließen, den anderen Kunden im Übersichtsformular auswählen und das Detailformular zu diesem Kunden öffnen.

Wenn Sie gerade einige Aktionen in Zusammenhang mit Kunden oder Bestellungen durchführen, möchten Sie aber vielleicht etwas schneller von Kunde A zu Kunde B gelangen. Für diesen Fall fügen wir dem Kundendetail-Formular ein eigenes Suchfeld hinzu, mit dem Sie eine Zeichenkette eingeben können, nach der verschiedene Felder der Kundenanschrift durchsucht werden.

Das Ergebnis wird in Form eines Listenfeldes gleich unter dem Suchfeld eingeblendet. Durch einen Klick auf einen der Einträge können Sie den gewünschten Kunden anzeigen.

11.1.1 Steuerelemente hinzufügen

Für die Schnellsuche mit Ergebnisliste benötigen Sie zwei Steuerelemente: ein Textfeld, das Sie *txtSuche* nennen, und ein Listenfeld, dem Sie den Namen *lstSuchergebnisse* zuweisen.

Das Textfeld platzieren Sie oben rechts im Detailbereich, das Listenfeld genau darunter – und zwar in der Breite des Textfelds. Nehmen Sie sich ruhig ein wenig Platz dafür – je nachdem, wie viele Felder Sie in die Suche einbeziehen, benötigt das Listenfeld eine entsprechende Breite.

Das Bezeichnungsfeld des Listenfeldes können Sie entfernen, dem Bezeichnungsfeld des Textfeldes weisen Sie die Beschriftung *Suche:* zu. Das Ergebnis sieht etwa wie in Abbildung 11.1 aus.

Sie werden nun mit Recht anmerken, dass die Ergebnisliste ja einige Steuerelemente des Formulars verdeckt. Richtig: Aber es soll ja auch nur erscheinen, wenn der Benutzer einen Suchbegriff in das Textfeld *txtSuche* eingegeben hat, und sonst ausgeblendet werden.

Damit dies gleich beim Anzeigen des Formulars der Fall ist, stellen Sie die Eigenschaft *Sichtbar* des Listenfeld-Steuerelements auf *Nein* ein. Ein Wechsel in die Formularansicht zeigt, dass das Listenfeld tatsächlich verborgen wird (siehe Abbildung 11.2).

Kapitel 11 Suchen in Formularen

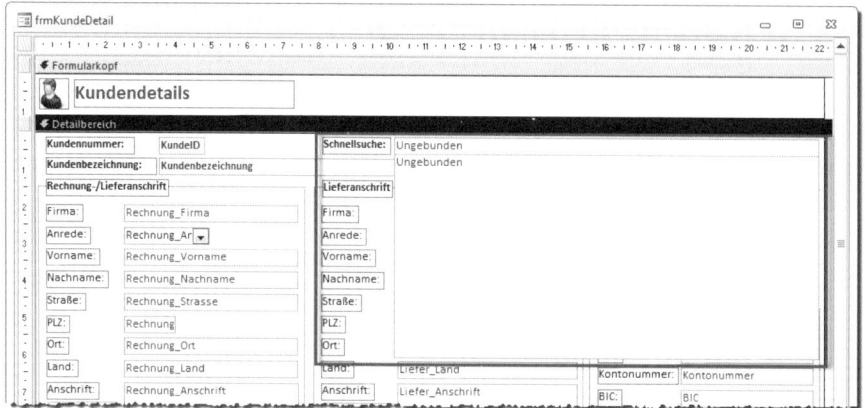

Abbildung 11.1: Die beiden Steuerelemente zur Umsetzung der Schnellsuche in den Kundendetails

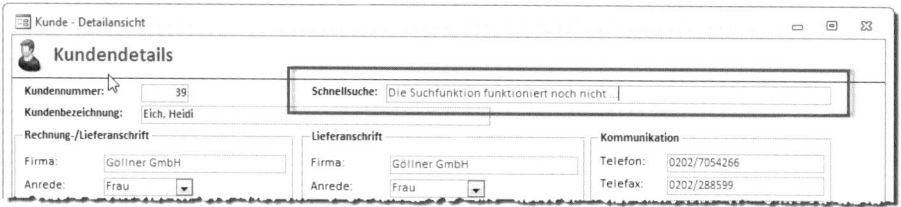

Abbildung 11.2: Die Suchfunktion mit ausgeblendeter Ergebnisliste

11.1.2 Bei Eingabe suchen

Bei jedem Zeichen, das der Benutzer in das Textfeld *txtSuche* eingibt, soll die Anzeige der gefundenen Datensätze aktualisiert werden. Dabei wird diese typischerweise mit jedem eingegebenen Zeichen reduziert. Wie bereits weiter oben einmal verwenden wir dazu wieder die Ereignisprozedur *Bei Änderung* des Textfeldes.

In diesem Fall soll die Prozedur einen SQL-Ausdruck zusammenstellen, der zweierlei erledigt: Erstens soll dieser eine Menge anzuzeigender Felder zu einer einzigen Zeichenkette zusammensetzen, damit diese möglichst platzsparend im Listenfeld *lstSuchergebnis* angezeigt werden können.

Zweitens soll das Kriterium so formuliert werden, dass alle gewünschten Felder durchsucht werden. Im folgenden Ansatz sind dies alle Felder der Anschriften für die Rechnung und die Lieferung. Die zusammengesetzte Abfrage sieht etwa so aus, wenn der Benutzer den Buchstaben *A* als Suchbegriff eingegeben hat:

```
SELECT KundeID, Rechnung_Firma & '|' & Rechnung_Vorname & ' ' & Rechnung_Nachname & '|'
& Rechnung_Strasse & '|' & Rechnung_PLZ & ' ' & Rechnung_Ort & '|' & Rechnung_Land FROM
```

```
     tblKunden WHERE Rechnung_Firma & '|' & Rechnung_Vorname & ' ' & Rechnung_Nachname & '|'
     & Rechnung_Strasse & '|' & Rechnung_PLZ & ' ' & Rechnung_Ort & '|' & Rechnung_Land & '|'
     & Liefer_Firma & '|' & Liefer_Vorname & ' ' & Liefer_Nachname & '|' & Liefer_Strasse &
     '|' & Liefer_PLZ & ' ' & Liefer_Ort & '|' & Liefer_Land  LIKE '*A*'
```

Die Abfrage liefert also zwei Felder zurück. Das erste enthält nur das Feld *KundeID* des gefundenen Kundendatensatzes. Das zweite setzt einen Ausdruck zusammen, der aus den durch das Pipe-Zeichen (|) getrennten Feldwerten besteht, also etwa *Göllner GmbH|Heidi Eich|Moosstraße 96|42289 Wuppertal|Deutschland*. Das Feld *KundeID* soll als gebundenes, unsichtbares erstes Feld des Listenfeldes genutzt werden, der zweite Ausdruck soll im Listenfeld erscheinen.

Die *WHERE*-Klausel setzt einen Ausdruck aus den gleichen Feldern und zusätzlich den Feldern der Lieferanschrift zusammen, also eine Reihe von Feldinhalten, die ebenfalls durch das Pipe-Zeichen voneinander getrennt werden. Dieser Ausdruck wird mit dem eingegebenen Suchbegriff verglichen, sodass die Abfrage alle Datensätze zurückgibt, bei denen irgendeines der Felder den Suchbegriff enthält.

Die komplette Prozedur sieht nun wie folgt aus:

```
Private Sub txtSuche_Change()
    Dim strSQL As String
    If Len(Me!txtSuche.Text) > 0 Then
        strSQL = "SELECT KundeID, Rechnung_Firma & '|' & Rechnung_Vorname & ' ' ¬
            & Rechnung_Nachname & '|' & Rechnung_Strasse & '|' & Rechnung_PLZ & ' ' ¬
            & Rechnung_Ort & '|' & Rechnung_Land FROM tblKunden WHERE Rechnung_Firma ¬
            & '|' & Rechnung_Vorname & ' ' & Rechnung_Nachname & '|' & Rechnung_Strasse ¬
            & '|' & Rechnung_PLZ & ' ' & Rechnung_Ort & '|' & Rechnung_Land & '|' ¬
            & Liefer_Firma & '|' & Liefer_Vorname & ' ' & Liefer_Nachname & '|' ¬
            & Liefer_Strasse & '|' & Liefer_PLZ & ' ' & Liefer_Ort ¬
            & '|' & Liefer_Land  LIKE '*" & Me!txtSuche.Text & "*'"
        Me!lstSuchergebnis.RowSource = strSQL
        If Me!lstSuchergebnis.ListCount > 0 Then
            Me!lstSuchergebnis.Visible = True
        Else
            Me!lstSuchergebnis.Visible = False
        End If
    End Sub
```

Als Erstes prüft die Prozedur, ob der Benutzer überhaupt einen Wert in das Suchfeld *txtSuche* eingegeben hat. Falls ja, weist die Prozedur den zu Beginn erstellten und in der Variablen *strSQL* gespeicherten SQL-Ausdruck der Eigenschaft *RowSource* des Listenfeldes *lstSuchergebnis* zu (also der Eigenschaft *Datensatzherkunft*). Wenn das Listenfeld danach mindestens einen Datensatz enthält, wird dieses eingeblendet. Dafür sorgt die Einstellung der Eigenschaft *Visible* (im Eigenschaftsfenster *Sichtbar*) auf den Wert *True*. Bleibt das Listenfeld leer, wird es wieder

Kapitel 11 Suchen in Formularen

ausgeblendet. Die Variable *lngListenhoehe* speichert einen Wert für die Höhe des Listenfeldes, das aus der Anzahl der Einträge und einer experimentell ermittelten Zeilenhöhe berechnet wird (hier *230*). Die maximale Höhe soll *2950* betragen.

Auch wenn das Suchfeld *txtSuche* beim Auslösen der Ereignisprozedur *txtSuche_Change* leer ist (was etwa nach dem Löschen des einzigen Zeichens der Fall ist), wird das Listenfeld ausgeblendet und gleichzeitig die Datensatzherkunft des Listenfeldes geleert.

Wie wirkt sich die Eingabe nun auf das Listenfeld aus? Wie Abbildung 11.3 zeigt, nicht unbedingt erwartungsgemäß: Das Listenfeld zeigt nur die Werte des Feldes *KundeID* der Suchergebnisse an.

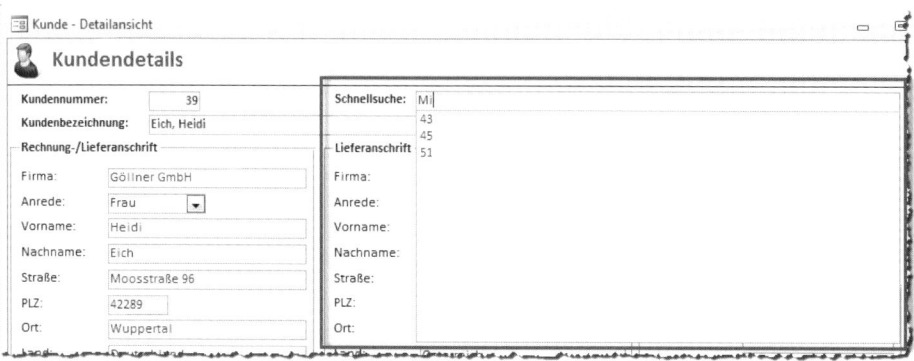

Abbildung 11.3: Das Listenfeld zeigt nur die Kunden-IDs an.

Das ist jedoch kein Problem, denn wir haben nur vergessen, die Spaltenanzahl und Spaltenbreiten des Listenfeldes entsprechend einzustellen. Wenn Sie wie in Abbildung 11.4 die Eigenschaft *Spaltenanzahl* auf den Wert *2* und *Spaltenbreiten* auf den Wert *0cm* einstellen, sollte das Listenfeld das Feld *KundeID* als erste Spalte mit der Breite *0cm* anzeigen. Das zweite Feld mit den für den Benutzer eigentlich interessanten Daten hingegen nimmt den verbleibenden Platz im Listenfeld ein.

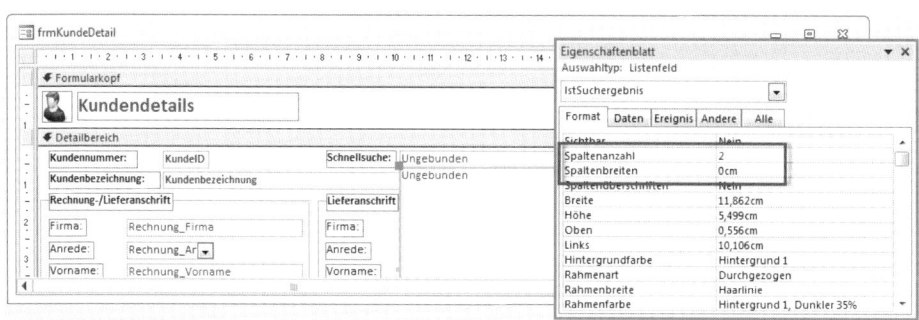

Abbildung 11.4: Einstellen der Spaltenanzahl und Spaltenbreiten des Listenfeldes

Schnellsuche für das Kundendetail-Formular

Ein Wechsel zur Formularansicht und ein erneuter Test der Suchfunktion liefert dann die gewünschten Ergebnisse (siehe Abbildung 11.5).

Abbildung 11.5: Das Listenfeld mit korrektem Suchergebnis

11.1.3 Suchtreffer auswählen

Nun müssen wir noch eine Funktion hinzufügen, die den gewünschten Kundendatensatz nach der Auswahl des entsprechenden Eintrags im Listenfeld anzeigt. Der Benutzer hat zwei Möglichkeiten, einen der Listeneinträge auszuwählen: per Mausklick oder durch Auswählen des Eintrags und anschließendes Betätigen der Eingabetaste. Wir schauen uns zunächst die Methode mit dem Mausklick an.

Suchtreffer per Doppelklick

Genau wie die meisten Steuerelemente bietet auch das Listenfeld eine Ereigniseigenschaft namens *Beim Doppelklicken*. Für diese hinterlegen Sie die folgende Ereignisprozedur:

```
Private Sub lstSuchergebnis_DblClick(Cancel As Integer)
    Call DatensatzAnzeigen
End Sub
```

Diese Prozedur ruft eine weitere Prozedur namens *DatensatzAnzeigen* auf, die wie folgt aussieht:

```
Private Sub DatensatzAnzeigen()
    Me.Filter = ""
    Me.Recordset.FindFirst "KundeID = " & Me!lstSuchergebnis
    Me!lstSuchergebnis = Null
```

Kapitel 11 Suchen in Formularen

```
        Me!txtSuche = Null
        Me!txtSuche.SetFocus
        Me!lstSuchergebnis.Visible = False
    End Sub
```

Die Prozedur führt die folgenden Schritte durch:

» Deaktivieren des Filters, der gegebenenfalls durch das Öffnen mit *WhereCondition* noch besteht und verhindern würde, dass andere als der aktuell angezeigte Datensatz angezeigt werden können.

» Setzen des Datensatzzeigers auf den Datensatz, dessen Feld *KundeID* mit dem Wert des angeklickten Eintrags des Listenfeldes übereinstimmt

» Leeren der Ergebnisliste *lstSuchergebnis*

» Leeren des Suchfeldes *txtSuche*

» Setzen des Fokus auf das Suchfeld *txtSuche*

» Ausblenden der Ergebnisliste *lstSuchergebnis*

Dies funktioniert auf Anhieb – die Auswahl von Kunden per Eingabe des Suchbegriffes und anschließendem Anklicken des gewünschten Eintrags liefert den entsprechenden Kunden.

Suchtreffer per Auswahl und Eingabetaste

Die Auswahl eines Suchtreffers durch Auf- und Abnavigieren mit den Cursor-Tasten und anschließendes Betätigen der Eingabetaste ist um einiges komplizierter als die Methode mit dem Doppelklick. Als Erstes müssen Sie – der Ergonomie zuliebe – dafür sorgen, dass der Benutzer ganz einfach durch Betätigen der *Nach unten*-Taste vom Textfeld *txtSuche* zum Listenfeld *lstSuchergebnis* springen kann.

Dies erledigen wir, wie schon fast zu erwarten, mit der Ereignisprozedur *Bei Taste ab* des Textfeldes *txtSuche*. Die Prozedur sieht wie folgt aus:

```
    Private Sub txtSuche_KeyDown(KeyCode As Integer, Shift As Integer)
        Dim bolZurListe As Boolean
        If Me!lstSuchergebnis.Visible = False Then
            Exit Sub
        End If
        Select Case KeyCode
            Case vbKeyTab, vbKeyDown
                bolZurListe = True
            Case vbKeyRight
                If Me!txtSuche.SelStart = Len(Me!txtSuche.Text) Then
                    bolZurListe = True
```

```
            End If
        Case Else
            Debug.Print KeyCode
    End Select
    If bolZurListe Then
        Me!lstSuchergebnis.SetFocus
        Me!lstSuchergebnis = Me!lstSuchergebnis.ItemData(0)
        KeyCode = 0
    End If
End Sub
```

Im ersten Schritt prüft die Prozedur, ob das Listenfeld *lstSuchergebnis* überhaupt angezeigt wird. Falls nicht, gibt es anscheinend keine Suchergebnisse und wir brauchen keine spezielle Aktion durchzuführen – die Prozedur wird hier schlicht verlassen.

Anderenfalls prüft die Prozedur zunächst wieder den Wert des Parameters *KeyCode*, der ja einen Wert für die gedrückte Taste liefert. Entspricht dieser dem Betätigen der *Tabulator*-Taste oder der *Nach unten*-Taste, wird die Variable *bolZurListe* auf *True* eingestellt. Diese Variable gibt an, ob der Fokus anschließend auf das Steuerelement *txtSuchergebnis* verschoben werden soll. Auch beim Betätigen der *Nach rechts*-Taste soll ein Wechsel zum Listenfeld erfolgen, allerdings nur, wenn die Einfügemarke sich bereits ganz rechts im Textfeld *txtSuche* befindet. Dies prüft die Prozedur, indem sie die Eigenschaft *SelStart* des Textfeldes, das die Startposition der aktuellen Markierung liefert, mit der Länge der angezeigten Zeichenkette vergleicht (ermittelt mit der *Len*-Funktion). Sind diese gleich, befindet sich die Einfügemarke ganz rechts und *bolZurListe* wird ebenfalls auf *True* eingestellt.

Hat *bolZurListe* am Ende der Prozedur den Wert *True*, wird der Fokus auf das Steuerelement *lstSuchergebnis* verschoben und der erste Datensatz des Listenfeldes markiert. Dies erledigt die Prozedur, indem Sie den Wert der Eigenschaft *ItemData* für den ersten Eintrag des Listenfeldes ermittelt, also den Eintrag mit dem Index 0. *ItemData* liefert den Wert der gebundenen Spalte. Nach dem Einstellen des Listenfeldes *lstSuchergebnis* selbst auf diesen Wert wird der entsprechende Eintrag markiert.

Nun kommen wir zum interessanten Teil: Dem Navigieren im Listenfeld und der Auswahl des aktuellen Eintrags mit der *Eingabe*-Taste. Das Navigieren selbst, also das Bewegen der Markierung mit der *Nach oben*- und der *Nach unten*-Taste ist noch nicht einmal kompliziert (zumindest nicht, wenn nicht gerade der erste oder der letzte Eintrag markiert ist). Interessant sind vor allem die Betätigungen der Tasten *Escape*, *Eingabe* oder *Tabulator*. Diese Prozedur zerlegen wir aus Gründen der Übersicht wieder in kleine Teile.

Die Prozedur, die erneut durch Niederdrücken einer Taste ausgelöst wird, erhält wieder die beiden Parameter *KeyCode* und *Shift*, die beide eine Rolle spielen werden. Außerdem deklariert sie eine Variable namens *bolZurueck*, die auf *True* eingestellt wird, wenn der Fokus zurück zum Suchfeld *txtSuche* verschoben werden soll:

Kapitel 11 Suchen in Formularen

```
Private Sub lstSuchergebnis_KeyDown(KeyCode As Integer, Shift As Integer)
    Dim bolZurueck As Boolean
```

Anschließend untersucht eine *Select Case*-Bedingung die gedrückte Taste. Der erste *Case*-Fall beschäftigt sich mit der *Escape*-Taste. Wird diese gedrückt, soll der Fokus zurück auf das Steuerelement *txtSuche* verschoben werden, die Einfügemarke auf der letzten Position dieses Textfeldes landen, das Listenfeld *lstSuchergebnis* ausgeblendet und geleert und die gedrückte Taste gelöscht werden:

```
    Select Case KeyCode
        Case vbKeyEscape
            Me!txtSuche.SetFocus
            Me!txtSuche.SelStart = Me!txtSuche.SelLength
            Me!lstSuchergebnis.Visible = False
            Me!lstSuchergebnis = Null
            KeyCode = 0
```

Der zweite *Case*-Fall nimmt sich das Betätigen der *Eingabe*-Taste vor.

Geschieht dies, soll der aktuell markierte Eintrag des Suchergebnisses im Formular *frmKundeDetail* angezeigt werden:

```
        Case 13
            DatensatzAnzeigen
            KeyCode = 0
            Exit Sub
```

Im dritten Fall untersucht die Prozedur die Tasten *Nach oben* und *Nach links*. In beiden Fällen erhält die Variable *bolZurueck* den Wert *True*:

```
        Case vbKeyUp, vbKeyLeft
            bolZurueck = True
```

Gleiches geschieht, wenn der Benutzer die *Tabulator*-Taste drückt – aber nur, wenn er dabei die *Umschalt*-Taste gedrückt hält:

```
        Case vbKeyTab
            If Shift = acShiftMask Then
                bolZurueck = True
            End If
```

In allen anderen Fällen soll einfach der KeyCode im Direktfenster ausgegeben werden – dies dient aber eher Zwecken zur Untersuchung der Funktionsweise der Prozedur:

```
        Case Else
            Debug.Print KeyCode
    End Select
```

Schnellsuche für das Kundendetail-Formular

Sollte sich herausstellen, dass der Benutzer eine Taste gedrückt hat, die potenziell nach einem Verschieben des Fokus zurück zum Textfeld *txtSuche* verlangt (*bolZurueck = True*), ist noch eine weitere Untersuchung nötig – nämlich die, ob gerade der erste Eintrag des Listenfeldes markiert ist (*ListIndex = 0*). Ist dies der Fall, wird der Fokus zurück zum Textfeld *txtSuche* verschoben, die Einfügemarke an das Ende gesetzt und die Auswahl im Suchergebnis aufgehoben.

Das Suchergebnis wird jedoch nicht ausgeblendet:

```
    If bolZurueck And Me!lstSuchergebnis.ListIndex = 0 Then
        Me!txtSuche.SetFocus
        Me!txtSuche.SelStart = Me!txtSuche.SelLength
        Me!lstSuchergebnis = Null
        KeyCode = 0
    End If
End Sub
```

Fertig – die Schnellsuche funktioniert und ist außerdem sehr ergonomisch. Fehlt nur noch eine kleine Optimierung ...

11.1.4 Mit Komfort zur Suche

Um die Suche richtig benutzerfreundlich zu gestalten, sorgen wir dafür, dass der Benutzer nur noch die Tastenkombination *Strg + F* drücken muss, um die Einfügemarke in das Suchfeld zu verschieben. Welche Ereigniseigenschaft ist für diesen Fall die richtige? Klar ist: Es muss eines der Ereignisse *Bei Taste auf* oder *Bei Taste ab* sein.

Wie finden Sie heraus, welches das Richtige ist? Ganz einfach: Verwenden Sie die Tastenkombination *Strg + F*, bevor Sie eine eigene Funktion dafür hinterlegen, und prüfen Sie, ob Access beim Herunterdrücken oder beim Loslassen der Tasten den Suchen-Dialog einblendet. Das Ergebnis ist: Wir verwenden die Ereigniseigenschaft *Bei Taste ab*!

Damit können Sie die Ereignisprozedur für das Ereignis *Bei Taste ab* anlegen und wie folgt füllen:

```
Private Sub Form_KeyDown(KeyCode As Integer, Shift As Integer)
    Select Case KeyCode
        Case vbKeyF
            If Shift = acCtrlMask Then
                Me!txtSuche.SetFocus
                KeyCode = 0
            End If
    End Select
End Sub
```

Die Prozedur erhält zwei Übergabeparameter. Der erste heißt *KeyCode* und liefert einen Zahlencode für die gedrückte Taste. Der zweite heißt *Shift* und liefert ebenfalls einen Zahlenwert, der angibt, ob eine der drei Tasten *Umschalt* (*1*), *Strg* (*2*) oder *Alt* (*4*) gedrückt wurde. Wenn der Benutzer Kombinationen dieser Tasten betätigt, werden die entsprechenden Zahlenwerte addiert zurückgegeben. Drücken Sie also beispielsweise alle drei Tasten gleichzeitig, liefert der Parameter *Shift* beim Auslösen der Prozedur den Wert *7*.

Durch Auswertung der Parameter *KeyCode* und *Shift* können Sie also genau auf bestimmte Tastenkombinationen reagieren. Wenn Sie unsicher sind, welchen Zahlenwert die verschiedenen Tasten haben, lassen sie diese einfach zu Beginn der Prozedur ins Direktfenster schreiben – beispielsweise mit einer Anweisung wie der folgenden:

```
Debug.Print "Keycode: " & KeyCode & " Shift: " & Shift
```

Es gibt allerdings noch eine kleine Hürde: Die Prozedur *Form_KeyDown* wird nur ausgelöst, wenn das Formular aktuell den Fokus hat – nicht aber, wenn beispielsweise eines der Steuerelemente den Fokus besitzt. In diesem Fall müsste man eigentlich das gleichnamige Ereignis des Steuerelements definieren. Zum Glück besitzen Formulare jedoch eine Eigenschaft namens *Tastenvorschau*. Wenn Sie diese auf *Ja* einstellen, wird das Ereignis *Bei Taste ab* des Formulars vor dem gleichnamigen Ereignis der Steuerelemente ausgelöst.

Die obige Prozedur prüft nun gleich zu Beginn in einem *Select Case*-Statement, ob der Benutzer die Taste *F* gedrückt hat. Statt des Zahlenwertes *70*, der normalerweise dem *KeyCode* der Taste *F* entspricht, verwenden wir hier die wesentlich aussagekräftigere Visual Basic-Konstante *vbKeyF*.

Hat der Benutzer die Taste *F* betätigt, prüft die Prozedur den Wert des Parameters *Shift*. Hat dieser den Wert *acCtrlMask*, was dem Zahlenwert *2* oder der *Strg*-Taste entspricht, ist die Bedingung der *If...Then*-Bedingung erfüllt und das Steuerelement *txtSuche* wird mit der *SetFocus*-Methode aktiviert. Außerdem stellt die Prozedur den Parameter *KeyCode* auf den Wert *0* ein, was dazu führt, dass die Verarbeitung der Eingabe des Buchstabens *F* hier endet.

11.1.5 Listenfeld stört in der Entwurfsansicht

Ein kleines Problem gibt es noch: Wenn Sie das Formular weiterentwickeln möchten, vor allem in dem Bereich, der nun vom Listenfeld *lstSuchergebnis* verdeckt wird, müssen Sie das Feld immer verschieben, um die anderen Steuerelemente zu sehen. Das Problem lösen wir auf einfache Weise: Ändern Sie einfach die Höhe des Listenfeldes auf den Wert *0* (oder zumindest auf einen sehr kleinen Wert, wenn Sie das Listenfeld zumindest noch sehen oder anklicken wollen).

Damit die Höhe des Listenfeldes beim Anzeigen wieder vergrößert wird, fügen Sie der Prozedur *txtSuche_Change* unter der Zeile

```
If Me!lstSuchergebnis.ListCount > 0 Then
```

die folgende Zeile hinzu:

```
Me!lstSuchergebnis.Height = 3000
```

Oder Sie verfeinern den Algorithmus noch so weit, dass sich die Höhe des Listenfeldes der Anzahl der angezeigten Einträge anpasst:

```
Dim lngListenhoehe As Long
'...
lngListenhoehe = Me!lstSuchergebnis.ListCount * 230
If lngListenhoehe > 2950 Then
    Me!lstSuchergebnis.Height = 2950
Else
    Me!lstSuchergebnis.Height = lngListenhoehe
End If
```

Den Wert für die Höhe einer Zeile ermitteln Sie experimentell. Wenn die Höhe eine maximale Höhe übersteigt, begrenzen Sie diese durch Setzen eines fixen Wertes, hier *2.950*.

11.2 Detailsuche für die Kunden-Übersicht

Die Kunden-Übersicht enthält erstens eine Reihe Spalten und zweitens, je nach Anwendungsfall, eine große Menge Datensätze. Da ist es sinnvoll, eine Suchfunktion bereitzustellen, welche das genaue Filtern nach allen Feldinhalten erlaubt. Je nach Suchergebnis möchten Sie vielleicht die Suchanfrage im zweiten Anlauf noch verfeinern, ohne die vorherige Suchkonstellation zu verwerfen – und gleichzeitig auch noch in der Liste der Suchergebnisse blättern, ohne den Blick auf die Suchkriterien zu verlieren.

Kein Problem: Mit dem Suchformular für die Kunden-Übersicht haben Sie all dies im Blick.

11.2.1 Suchfunktion aufrufen

Der Aufruf der Suchfunktion erfolgt im offensichtlichsten Fall über eine Schaltfläche namens *cmdSuche*, die Sie im Formularkopf des Formulars *frmKundenuebersicht* anbringen (siehe Abbildung 11.6). Sie können diese Schaltfläche natürlich auch im Fußbereich des Formulars unterbringen. Diese Funktion soll das Formular *frmKundensuche* aufrufen. Dazu hinterlegen Sie die folgende Ereignisprozedur für das Ereignis *Beim Klicken* der Schaltfläche *cmdSuche*:

```
Private Sub cmdSuche_Click()
    DoCmd.OpenForm "frmSuche"
End Sub
```

Tabellenänderungen

Bevor wir das Suchformular erstellen, sind kleine Erweiterungen am Datenmodell der Tabelle *tblKunden* nötig. Damit dieses Suchformular auch die Suche nach dem Inhalt von Ja/Nein-Feldern unterstützt, soll die Tabelle *tblKunden* um zwei *Ja/Nein*-Felder erweitert werden. Die

Kapitel 11 Suchen in Formularen

Felder heißen *Umsatzsteuerpflichtig* und *Newsletter*. Das erste gibt an, ob der Kunde umsatzsteuerpflichtig ist oder nicht – bei manchen Kunden aus dem Ausland fällt die Umsatzsteuer weg.

Die zweite legt fest, ob der Kunde den Newsletter erhalten soll. Beide Felder erhalten den Standardwert *Ja* (siehe Abbildung 11.7).

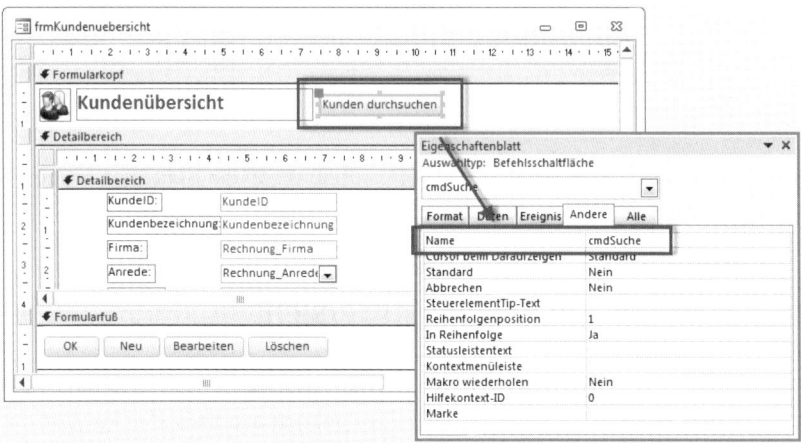

Abbildung 11.6: Schaltfläche zum Aufrufen der Suchfunktion

Abbildung 11.7: Erweiterung der Tabelle *tblKunden*

Formularänderungen

Die beiden Felder fügen Sie zunächst dem Unterformular *sfmKundenuebersicht* hinzu. Hier brauchen Sie die beiden Felder einfach nur unten einzufügen. Außerdem sollen die Felder auch im Formular *frmKundeDetail* erscheinen.

Dort landet das Feld *Newsletter* in den *Kommunikationsdaten*, das Feld *Umsatzsteuerpflichtig* im Bereich *Rechnungsdaten* (siehe Abbildung 11.8).

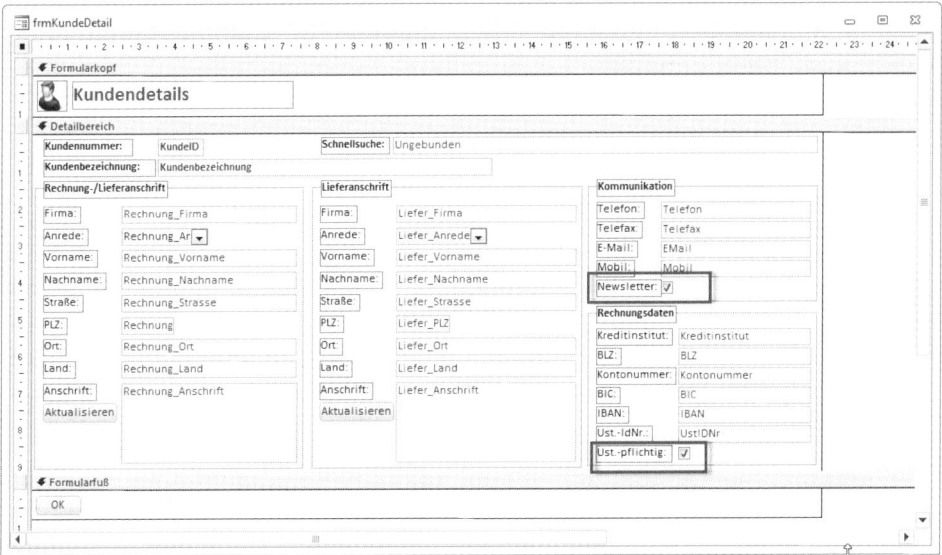

Abbildung 11.8: Die neuen Felder *Newsletter* und *Umsatzsteuerpflichtig* im Formular *frmKundeDetail*

11.2.2 Suchformular erstellen

Nun legen Sie das zu öffnende Formular an und speichern es unter dem Namen *frmSuche*. Dieses Formular erhält eigentlich keine Datenherkunft, es soll schließlich nur zur Eingabe der Suchbegriffe dienen. Da der Access-Entwickler aber umso effizienter arbeitet, je fauler er ist, fügen wir vorübergehend dennoch die Tabelle *tblKunden* als Datenherkunft zum Formular hinzu.

Danach ziehen Sie alle benötigten Felder dieser Tabelle (außer beispielsweise *Rechnung_Anschrift* und *Liefer_Anschrift*) in den Detailbereich der Entwurfsansicht. Stellen Sie den Steuerelementnamen entsprechende Präfixe voran, also *txt* für Textfelder, *cbo* für Kombinationsfelder und *chk* für Kontrollkästchen. Am schnellsten geht das mit dem *Control-Renamer* – siehe »Control-Renamer« (Seite 25).

Danach sieht das Formular etwa wie in Abbildung 11.9 aus. Dieser Entwurf enthält bereits einen Kopfbereich sowie drei Schaltflächen namens *cmdSuchen*, *cmdLeeren* und *cmdAbbrechen* im Fußbereich. Nehmen Sie nun noch die folgenden Änderungen am Formular vor:

Kapitel 11 Suchen in Formularen

» Als Erstes leeren Sie die Eigenschaft *Steuerelementinhalt* aller gebundenen Steuerelemente, also der Textfelder, Kombinationsfelder und Kontrollkästchen. Keine Angst, das ist keine mühevolle Kleinarbeit: Markieren Sie einfach alle betroffenen Steuerelemente durch Aufziehen eines entsprechenden Rahmens mit der Maus. Danach aktivieren Sie die Registerseite *Daten* des Eigenschaftsfensters. Die Eigenschaft Steuerelementinhalt wird nun schon als leer markiert. Dies ist allerdings nur der Fall, weil die Steuerelemente keinen gemeinsamen Wert für diese Eigenschaft besitzen. Schreiben Sie ein beliebiges Zeichen in die Eigenschaft, klicken Sie auf eine beliebige andere Eigenschaft, um den Wert zu speichern, und leeren Sie die Eigenschaft *Steuerelementinhalt* anschließend komplett. Diese Änderung wirkt sich auf alle markierten Steuerelemente aus.

» Stellen Sie die Eigenschaft *Beschriftung* des Formulars auf *Kundensuche* ein.

» Legen Sie für die Eigenschaften *Navigationsschaltflächen*, *Datensatzmarkierer*, *Bildlaufleisten* und *Trennlinien* den Wert *Nein* fest.

» Nun folgt eine wichtige Änderung: Das Suchformular soll im Vordergrund bleiben, wenn Sie die Suche durchführen, und zwischendurch zum Formular *frmKundenuebersicht* wechseln, um beispielsweise durch die Datensätze zu navigieren. Dazu stellen Sie die Eigenschaft *Popup* auf den Wert *Ja* ein. Dies ist ein ähnlicher Effekt, als wenn Sie das Formular mit dem Parameter *WindowMode:=acDialog* aufrufen – mit dem Unterschied, dass das Formular zwar im Vordergrund bleibt, die Verwendung anderer Elemente der Benutzeroberfläche jedoch möglich ist.

Abbildung 11.9: Das Formular *frmKundensuche* in der Entwurfsansicht

Danach sieht das Formular wie in Abbildung 11.10 aus. Sie können Werte in die Textfelder eintragen, Einträge aus dem Kombinationsfeld *cboAnredeID* auswählen oder auch die Kontrollkästchen

Detailsuche für die Kunden-Übersicht

aktivieren. Die Lösung mit dem Kombinationsfeld *cboRechnung_AnredeID* ist noch nicht optimal, dieses sollte einen Eintrag *<Alle>* enthalten. Auch die Kontrollkästchen sollten wir besser durch Kombinationsfelder ersetzen, welche die Werte *<Alle>*, *Ja* und *Nein* enthalten.

Abbildung 11.10: Das Suchformular im ersten Test

Das Kombinationsfeld *cboRechnung_AnredeID* enthält bislang die folgende Datensatzherkunft:

```
SELECT [tblAnreden].[AnredeID], [tblAnreden].[Anrede] FROM tblAnreden;
```

Wenn Sie diese um einen Eintrag namens *<Alle>* erweitern möchten, der im Feld *AnredeID* den Wert *0* aufweist, müssen Sie eine *UNION*-Frage erstellen. Diese fügt die Ergebnisse zweier Abfragen zusammen. Die erste Abfrage liefert einen einzigen Datensatz, der eigentlich gar nicht in der Tabelle *tblAnreden* vorkommt und daher durch diese Abfrage generiert wird:

```
SELECT 0, '<Alle>' FROM tblAnreden
UNION
SELECT AnredeID, Anrede FROM tblAnreden;
```

Die zweite Abfrage, also diejenige hinter dem *UNION*-Schlüsselwort, liefert die in der Tabelle *tblAnreden* vorhandenen Datensätze. Das Ergebnis dieser Abfrage sieht in der Entwurfsansicht etwa wie in Abbildung 11.11 aus.

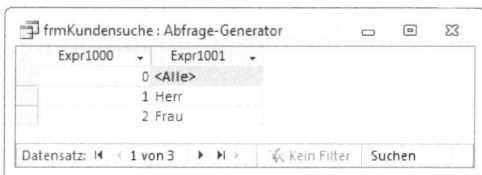

Abbildung 11.11: Ergebnis der UNION-Abfrage

Kapitel 11 Suchen in Formularen

Damit das Ergebnis korrekte Spaltenüberschriften liefert, erweitern Sie den ersten Teil der Abfrage. Dazu fügen Sie den beiden Feldern das *AS*-Schlüsselwort und den anzuzeigenden Feldnamen hinzu:

```
SELECT 0 AS AnredeID, '<Alle>' AS Anrede FROM tblAnreden
UNION
SELECT AnredeID, Anrede FROM tblAnreden;
```

Anschließend liefert das Ergebnis die korrekten Spaltenüberschriften (siehe Abbildung 11.12). Übrigens zeigen *UNION*-Abfragen immer Spaltenüberschriften entsprechend den Feldnamen der ersten mit *UNION* verknüpften Tabelle an.

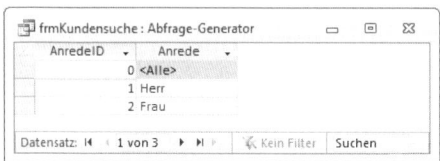

Abbildung 11.12: Optimiertes Ergebnis mit korrekten Spaltenüberschriften

Das Kombinationsfeld zeigt nun bereits alle gewünschten Werte an (siehe Abbildung 11.13). Schön wäre nun noch, wenn das Kombinationsfeld gleich beim Öffnen des Formulars den Eintrag *<Alle>* anzeigen würde. Das ist kein Problem: Sie müssen dazu nur eine einzige Anweisung zu einer Ereignisprozedur hinzufügen, die durch das Ereignis *Beim Laden* des Formulars ausgelöst wird. Diese sieht dann so aus:

```
Private Sub Form_Load()
    Me!cboRechnung_AnredeID = Me!cboRechnung_AnredeID.ItemData(0)
End Sub
```

Die Anweisung stellt das Kombinationsfeld auf den Wert des ersten Eintrags des Kombinationsfeldes ein (in diesem Fall also den Eintrag mit dem Index *0*).

Abbildung 11.13: Das Kombinationsfeld zeigt alle gewünschten Einträge an.

Die beiden Kontrollkästchen zum Einstellen der Filterkriterien für die *Ja/Nein*-Felder ersetzen Sie durch zwei Kombinationsfelder. Weisen Sie diesen aber die gleichen Namen zu wie den

Kontrollkästchen – also *chkNewsletter* und *chkUmsatzsteuerpflichtig*. Stellen Sie die Eigenschaft *Datensatzherkunft* auf den folgenden Ausdruck ein:

```
1;"<Alle>";-1;"Ja";0;"Nein"
```

Dies ist keine Tabelle oder Abfrage, sondern eine Wertliste. Damit das Kombinationsfeld die Zahlenwerte als Wert der gebundenen Spalte verwendet und die Ausdrücke in Anführungszeichen in der Liste anzeigt, stellen Sie die Eigenschaft *Datensatzherkunft* auf *Wertliste* ein (siehe Abbildung 11.14) sowie die beiden Eigenschaften *Spaltenanzahl* und *Spaltenbreiten* auf die Werte *2* und *0cm*.

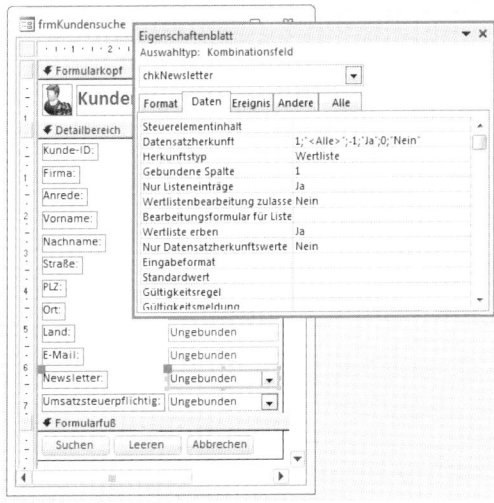

Abbildung 11.14: Auswahlfelder für den Filter von *Ja/Nein*-Feldern

Damit auch diese Felder den ersten Eintrag gleich beim Öffnen des Formulars anzeigen, fügen Sie die folgenden beiden Zeilen zur Prozedur *Form_Load* hinzu:

```
Me!chkNewsletter = Me!chkNewsletter.ItemData(0)
Me!chkUmsatzsteuerpflichtig = Me!chkUmsatzsteuerpflichtig.ItemData(0)
```

11.2.3 Suchformular leeren

Bevor wir ans Eingemachte gehen, kümmern wir uns noch um ein paar einfachere Dinge – zum Beispiel das Leeren beziehungsweise Zurücksetzen aller Steuerelemente des Formulars. Dies soll durch einen Klick auf die Schaltfläche mit der Beschriftung *Leeren* geschehen.

Wir könnten nun für jedes Steuerelement eine Zeile wie die folgende in die Prozedur eintragen:

```
Private Sub cmdLeeren_Click()
    Me!txtKundeID = Null
```

Kapitel 11 Suchen in Formularen

```
    Me!cboRechnung_AnredeID
    ...
End Sub
```

Das bedeutet aber, dass Sie eine Menge Handarbeit haben, und außerdem jedes Mal, wenn Sie ein Steuerelement zum Suchformular hinzufügen, auch den Code anpassen müssen. Also machen wir es uns ein wenig einfacher und füllen die Prozedur wie folgt:

Dadurch wird die folgende Ereignisprozedur ausgelöst:

```
Private Sub cmdLeeren_Click()
    Dim ctl As Control
    For Each ctl In Me.Controls
        Select Case ctl.ControlType
            Case acTextBox
                ctl.Value = Null
            Case acComboBox
                ctl = ctl.ItemData(0)
        End Select
    Next ctl
End Sub
```

Die Prozedur deklariert eine Variable namens *ctl* mit dem Datentyp *Control*. Dieser Variablen können Sie jedes der Steuerelemente im Formular zuweisen und darüber auf seine Eigenschaften zugreifen. Im vorliegenden Fall wollen wir gleich auf alle im Formular enthaltenen Textfelder und Kombinationsfelder zugreifen. Dazu durchläuft die Prozedur eine Schleife, die generell alle Steuerelemente des Formulars durchläuft (*For Each ctl In Me.Controls*).

Me bezieht sich wieder auf das aktuelle Formular, und *Controls* liefert eine Auflistung aller Steuerelemente, die Sie wie hier mit einer *For Each*-Schleife durchlaufen können.

Innerhalb der Schleife prüft eine *Select Case*-Bedingung den Wert der Eigenschaft *ControlType* der einzelnen Steuerelemente. Hat dieser den Wert *acTextBox* (Textfeld), wird der Wert des Textfeldes auf *Null* eingestellt. Dies leert das Textfeld. Im Falle des Wertes *acComboBox* (Kombinationsfeld) wird das Steuerelement wieder auf den ersten Eintrag der Datensatzherkunft eingestellt.

11.2.4 Suchfilter zusammenstellen

Bevor wir uns darum kümmern, wie die Suche ausgeführt wird, programmieren wir erst einmal eine Prozedur, die den Ausdruck für den Suchfilter zusammenstellt. Genau wie weiter oben beim Leeren der Steuerelemente könnten wir den Suchfilter Steuerelement für Steuerelement zusammensetzen. Dies würde etwa so aussehen:

```
Private Function SuchfilterErstellen_Einfach() As String
```

Detailsuche für die Kunden-Übersicht

```
    Dim strFilter As String
    If Not IsNull(Me!txtKundeID) Then
        strFilter = strFilter & " AND KundeID LIKE " & Me!txtKundeID
    End If
    If Not Nz(Me!cboRechnung_AnredeID) = 0 Then
        strFilter = strFilter & " AND Rechnung_AnredeID = " & Me!cboRechnung_AnredeID
    End If
    '...
    If Len(strFilter) > 0 Then
        strFilter = Mid(strFilter, 5)
    End If
    SuchfilterErstellen_Einfach = strFilter
    Debug.Print strFilter
End Function
```

Die Prozedur prüft zunächst, ob das Feld *txtKundeID* leer ist. Falls nicht, trägt die Funktion beispielsweise den Ausdruck *AND KundeID LIKE 12* in die Variable *strFilter* ein. Für Kombinationsfelder wie das zur Auswahl der Anrede geschieht dies, wenn das Kombinationsfeld nicht den Wert *0* enthält – allerdings wird als Vergleichsoperator das Gleichheitszeichen (=) statt des *LIKE*-Operators verwendet: *AND Rechnung_AnredeID = 1*.

Die Vergleichsausdrücke werden für alle Felder ermittelt, für die der Benutzer einen Vergleichswert eingetragen oder ausgewählt hat und jeweils durch das Schlüsselwort *AND* miteinander verbunden. Da alle Teilausdrücke mit *AND* beginnen, muss die Prozedur am Ende erstens prüfen, ob *strFilter* überhaupt einen Ausdruck enthält und, falls ja, die ersten fünf Zeichen entfernen (also das erste *AND* inklusive führendem und folgendem Leerzeichen).

Schließlich wird der ermittelte Filterausdruck an den Funktionswert übergeben, also an eine Variable, die mit dem Funktionsnamen übereinstimmt.

Aber wie schon beim Leeren der Suchfelder wollen wir hier keine Fleißarbeit abliefern, sondern lieber etwas kreativ sein (Sie können natürlich auch den ersten Ansatz verfolgen). Daher verwenden wir eine Prozedur, die wie die folgende aufgebaut ist:

```
Private Function SuchfilterErstellen() As String
    Dim strFilter As String
    Dim strFeldname As String
    Dim ctl As Control
    For Each ctl In Me.Controls
        Select Case ctl.ControlType
            Case acTextBox, acComboBox
                strFeldname = Mid(ctl.Name, 4)
                If ctl.ControlType = acTextBox Then
                    If Len(ctl.Value) > 0 Then
```

Kapitel 11 Suchen in Formularen

```
                        strFilter = strFilter & " AND " & strFeldname & " LIKE '" _
                            & Replace(ctl.Value, "'", "''") & "'"
                    End If
                Else
                    Select Case Left(ctl.Name, 3)
                        Case "cbo"
                            If Not ctl.Value = 0 Then
                                strFilter = strFilter & " AND " & strFeldname _
                                    & " = " & ctl.Value
                            End If
                        Case "chk"
                            If Not ctl.Value = 1 Then
                                strFilter = strFilter & " AND " & strFeldname _
                                    & " = " & ctl.Value
                            End If
                    End Select
                End If
            End Select
        Next ctl
        If Len(strFilter) > 0 Then
            SuchfilterErstellen = Mid(strFilter, 5)
        End If
    End Function
```

Die Funktion sieht auf den ersten Blick natürlich viel komplizierter als der erste Ansatz aus – aber mit der folgenden Erläuterung werden Sie schnell Spaß an der Sache bekommen. Voraussetzung für die Funktion ist, dass Sie die Steuerelemente tatsächlich wie oben beschrieben zum Suchformular hinzugefügt haben.

Das bedeutet, dass die Steuerelementnamen aus dem Präfix *txt* für ein Textfeld, *cbo* für ein Kombinationsfeld und *chk* für ein *Ja/Nein*-Feld bestehen müssen (wobei die Kontrollkästchen ja, wie erwähnt, durch Kombinationsfelder ersetzt werden, ohne das Präfix zu ändern).

Dadurch ist sichergestellt, dass die Prozedur durch das Präfix erkennen kann, was für ein Steuerelement das ursprüngliche Feld in der Tabelle repräsentiert. Außerdem entspricht der Teil hinter dem Präfix dem Namen in der Datenherkunft.

Damit starten wir nun in die Prozedur, die als Erstes die Variable *strFilter* zum Speichern des Filterausdrucks, *strFeldname* für den jeweils aktuellen Feldnamen und *ctl* zum Referenzieren des aktuellen Steuerelements deklariert.

Die Prozedur durchläuft genau wie die Prozedur *cmdLeeren_Click* alle Steuerelemente des Suchformulars. Die dazu verwendete *For Each*-Schleife durchläuft alle Elemente der Auflistung *Controls* des aktuellen Formulars und referenziert dabei das aktuelle Steuerelement mit der

Variablen *ctl*. Eine *Select Case*-Bedingung prüft dann, ob die Eigenschaft *ControlType* des aktuellen Steuerelements den Wert *acTextBox* oder *acComboBox* liefert. In beiden Fällen speichert die Prozedur den Feldnamen, dessen Inhalt mit dem aktuellen Steuerelement verglichen werden soll, in der Variablen *strFeldname*.

Da das Präfix (*txt*, *cbo*) immer drei Buchstaben hat, kann der Feldname mit der *Mid*-Funktion ermittelt werden: Diese liefert eine Teilzeichenkette von der als ersten Parameter angegebenen Zeichenkette, die an der Stelle beginnt, die als zweiter Parameter angegeben ist. *Mid(strFeldname,4)* liefert also von *txtKundeID* den Teilstring *KundeID*.

Die folgende *If...Then*-Bedingung unterteilt die Steuerelemente nach Textfeldern und Kombinationsfeldern. Im Falle eines Textfeldes (*ctl.Controltype = acTextbox*) prüft die Prozedur, ob die Länge der Zeichenkette des aktuellen Steuerelements größer als *0* ist, also ob der Benutzer überhaupt einen Vergleichsausdruck eingegeben hat.

In diesem Fall fügt sie, wie auch schon in der einfachen Variante dieser Prozedur geschehen, den Teilfilterausdruck für dieses Steuerelement zusammen:

```
strFilter = strFilter & " AND " & strFeldname & " LIKE '" _
    & Replace(ctl.Value, "'", "''") & "'"
```

Die *Replace*-Funktion ersetzt dabei alle Hochkommata im Vergleichsausdruck durch zwei Hochkommata. Dies hat den Hintergrund, dass ein einziges Hochkomma im SQL-Ausdruck als das Ende des in Hochkommata eingefassten Vergleichswertes interpretiert würde – und der folgende Teil dann einen Fehler auslösen würde.

Ein doppeltes Hochkomma innerhalb eines in Hochkommata eingefassten Ausdrucks hingegen wird als Teil der Zeichenkette interpretiert – das gilt übrigens auch für Anführungszeichen.

Der zweite Teil der *If...Then*-Bedingung nimmt sich die Kombinationsfelder zur Brust. Hier gibt es ja zwei Fälle: echte Kombinationsfelder wie *cboRechnung_AnredeID* oder die Kombinationsfelder, die Sie zum Auswählen der Vergleichswerte für *Ja/Nein*-Felder hinzugefügt haben.

Und hier kommt nun das Präfix ins Spiel: Die »echten« Kombinationsfelder haben das Präfix *cbo*, die »falschen« das Präfix *chk*. Im ersten Fall haben wir den Wert für den Eintrag *<Alle>* in der *UNION*-Abfrage auf *0* festgelegt. Der Benutzer hat hier also nur einen Vergleichswert ausgewählt, wenn der Wert nicht *0* lautet. In diesem Fall wird auch hier ein entsprechender Teilfilterausdruck zusammengesetzt:

```
strFilter = strFilter & " AND " & strFeldname & " = " & ctl.Value
```

Bei den »falschen« Kombinationsfeldern, welche die Vergleichswerte für die *Ja/Nein*-Felder bereitstellen, haben wir den Wert für den Eintrag *<Alle>* auf *1* festgelegt (*0* und *-1* sind ja bereits für *Ja* und *Nein* vergeben).

Für alle Werte, die ungleich *1* sind, wird der Teilfilterausdruck genau wie bei den »echten« Kombinationsfeldern festgelegt.

Kapitel 11 Suchen in Formularen

Auf diese Weise durchläuft die Schleife alle Steuerelemente und fügt der Variablen *strFilter* für alle Exemplare, für die der Benutzer einen Vergleichswert eingegeben oder ausgewählt hat, einen Teilfilterausdruck hinzu. Zu guter Letzt prüft die Prozedur noch, ob es mindestens einen Vergleichsausdruck gibt, und entfernt das *AND* vor dem ersten Ausdruck.

Dieser wird schließlich als Funktionswert an die aufrufende Prozedur übergeben. Was sind nun die Vorteile dieser Schleife im Gegensatz zur individuellen Auswertung jedes einzelnen Steuerelements? Zunächst einmal fällt wesentlich weniger Tipparbeit an, bei der sich gern einmal Fehler einschleichen.

Außerdem können Sie nun ohne Probleme weitere Felder zum Suchformular hinzufügen – der Code bezieht diese automatisch in die Zusammenstellung des Filterausdrucks ein. Und das Beste ist: Sie können dieses Formular, wenn Sie auch in den folgenden Schritten jeweils die dynamische Variante wählen, sogar mit den Steuerelementen für ganz andere Tabellen ausstatten.

11.2.5 Suche starten

Die Schaltfläche mit der Beschriftung *Suchen* soll den Filterausdruck zusammensetzen und diesen auf das Datenblatt des aufrufenden Formulars anwenden. Dies erledigt die folgende Prozedur:

```
Private Sub cmdSuchen_Click()
    Dim frmDataSheet As Form
    Dim strSuchfilter As String
    strSuchfilter = SuchfilterErstellen
    Set frmDataSheet = Forms!frmKundenuebersicht!sfm.Form
    If Len(strSuchfilter) > 0 Then
        frmDataSheet.Filter = strSuchfilter
        frmDataSheet.FilterOn = True
    Else
        frmDataSheet.Filter = ""
        frmDataSheet.FilterOn = False
    End If
End Sub
```

Die Prozedur stellt im Wesentlichen Eigenschaften des Unterformulars im Formular *frmKundenuebersicht* ein. Wenn Sie von einem Formular oder von einer Prozedur aus auf ein anderes Formular zugreifen möchten, referenzieren Sie es über die Auflistung *Forms*, wobei Sie den Formularnamen entweder nach einem Ausrufezeichen (*Forms!frmKundenuebersicht*) oder in Klammern und Anführungszeichen angeben (*Forms("frmKundenuebersicht")*).

Wenn Sie ein Unterformular eines Formulars referenzieren möchten, hängen Sie noch den Namen des Unterformularsteuerelements an und die Eigenschaft *Form*, die letztlich auf das im Unterformularsteuerelement enthaltene Formular verweist: *Forms!frmKundenuebersicht!sfm.Form*.

Da wir in dieser Prozedur gleich an mehreren Stellen auf dieses Unterformular zugreifen möchten, legen wir den Verweis darauf in einer entsprechenden Variablen ab, die den Datentyp *Form* aufweist:

```
Dim frmDataSheet As Form
Set frmDataSheet = Forms!frmKundenuebersicht!sfm.Form
```

Damit können wir im Folgenden den Ausdruck *frmDataSheet* statt *Forms!frmKundenuebersicht!sfm.Form* verwenden. Die Prozedur ruft erst die Funktion *SuchfilterErstellen* auf und speichert das Ergebnis in der Variablen *strSuchfilter*. Enthält dieser einen Filterausdruck, wird der erste Teil der *If...Then*-Bedingung angesteuert.

Die beiden Anweisungen stellen die Eigenschaft *Filter* des Unterformulars auf den Ausdruck aus *strSuchfilter* ein und aktivieren diesen durch Einstellen der Eigenschaft *FilterOn* auf den Wert *True*. Ist *strSuchfilter* leer, wird auch der Filter des Unterformulars geleert.

11.2.6 Bei Leeren Filter zurücksetzen

Damit beim Anklicken der Schaltfläche *cmdLeeren* ebenfalls der Filter des Unterformulars deaktiviert wird, fügen Sie der Prozedur *cmdLeeren_Click* noch die folgenden Zeilen hinzu. Die ersten beiden fügen Sie gleich hinter der Kopfzeile ein:

```
Dim frmDataSheet As Form
Set frmDataSheet = Forms!frmKundenuebersicht!sfm.Form
```

Die Anweisungen zum Zurücksetzen des Filters gehören irgendwo darunter, aber nicht innerhalb der *Select Case*-Bedingung:

```
frmDataSheet.Filter = ""
frmDataSheet.FilterOn = False
```

11.2.7 Bei Eingabetaste suchen

Eine wichtige ergonomische Ergänzung ist die Folgende: Wenn der Benutzer die *Eingabe*-Taste betätigt, soll die Suche ausgeführt werden.

Diese Änderung erreichen Sie ganz schnell: Sie müssen einfach nur die Eigenschaft *Standard* der Schaltfläche auf den Wert *Ja* einstellen, deren Ereignisprozedur beim Betätigen der *Eingabe*-Taste ausgeführt werden soll. In diesem Fall handelt es sich um die Schaltfläche *cmdSuchen* (siehe Abbildung 11.15).

Und wenn Sie schon einmal dabei sind, markieren Sie auch gleich noch die Schaltfläche *cmdAbbrechen* und stellen ihre Eigenschaft *Abbrechen* auf den Wert *Ja* ein.

Dadurch wird beim Betätigen der *Escape*-Taste die Ereignisprozedur *cmdAbbrechen_Click* ausgeführt, was zum Schließen des Formulars führt.

Kapitel 11 Suchen in Formularen

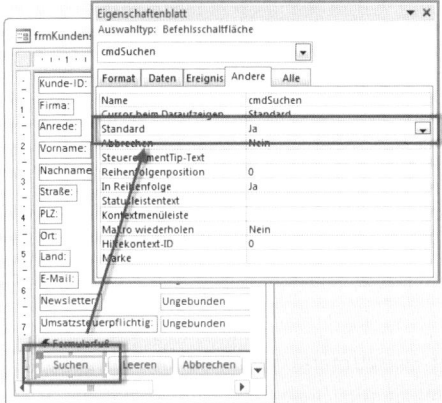

Abbildung 11.15: Beim Betätigen der Eingabe-Taste soll die Suche ausgeführt werden.

11.2.8 Suchformular flexibler gestalten

Es gibt noch zwei Dinge, die wir erledigen können, um das Suchformular noch flexibler zu gestalten. Flexibler bedeutet in diesem Zusammenhang, dass Sie es noch einfacher für die Suche etwa in anderen Unterformularen in der Datenblattansicht nutzen können. Dabei schweben mir vor allem zwei Dinge vor:

» Die Variable *frmDataSheet* soll beim Aufruf des Suchformulars automatisch mit einem Verweis auf das zu filternde Formular gefüllt werden.

» Eine weitere Variable namens *frmParent* soll auf das Hauptformular des Datenblatts verweisen und ermitteln, wann dieses Formular geschlossen wird. Damit erreichen Sie, dass beim Schließen des aufrufenden Formulars auch gleich das Suchformular geschlossen werden kann.

Zu filterndes Formular beim Öffnen referenzieren

Hier lernen Sie gleich zwei spannende Techniken kennen. Die erste sorgt dafür, dass wir die folgenden beiden Variablen beim Öffnen des Suchformulars automatisch füllen können:

```
Private WithEvents frmParent As Form
Private frmDataSheet As Form
```

Diese beiden Variablen sollen beim Öffnen des Formulars *frmKundensuche* gefüllt werden. Wie aber sollen wir dort ermitteln, von welchem Formular aus das Suchformular geöffnet wurde? Hier ist es hilfreich, wenn man möglichst viele Befehle unter Access und ihre Funktion kennt.

Wenn Sie nämlich im Formular *frmKundenuebersicht* auf die Schaltfläche *cmdSuche* klicken, machen Sie diese Schaltfläche zum aktiven Steuerelement. Und das aktive Steuerelement lässt sich mit der Eigenschaft *Screen.ActiveControl* auslesen. Und wenn Sie das in der Ereignisprozedur erledigen, die durch das Ereignis *Beim Öffnen* des Formulars *frmKundensuche* ausgelöst wird, ist das Formular *frmKundensuche* noch nicht sichtbar und die Schaltfläche *cmdSuche* immer noch das aktive Steuerelement.

Also lesen wir es einfach aus und speichern einen Verweis darauf in der Variablen *ctl*, die mit dem Datentyp *Control* deklariert wurde.

Wie erhalten wir nun den Verweis auf das Haupt- und das Unterformular? Das Hauptformular liefert die *Parent*-Eigenschaft der Schaltfläche *cmdSuche*. Und dann lesen wir noch das im Unterformular-Steuerelement *sfm* enthaltene Formular in *frmDatasheet* ein.

Ein Übertragen dieser Technik auf andere Formulare setzt jedoch voraus, dass das betroffene Unterformular-Steuerelement ebenfalls *sfm* heißt (oder Sie ändern den Namen des Steuerelements in dieser Prozedur):

```
Private Sub Form_Open(Cancel As Integer)
    Dim ctl As Control
    Set ctl = Screen.ActiveControl
    Set frmParent = ctl.Parent
    frmParent.OnUnload = "[Event Procedure]"
    Set frmDatasheet = frmParent!sfm.Form
End Sub
```

Entfernen Sie nun die Deklaration und die Zuweisung der Variablen *frmDatasheet* aus den beiden Prozeduren *cmdLeeren_Click* und *cmdSuchen_Click*. Danach verwenden beide die modulweit deklarierten Variablen, die gleich beim Öffnen des Formulars mit entsprechenden Verweisen auf das aufrufende Formular gefüllt wurde.

Suchformular mit Ergebnisliste schließen

Fehlt noch die Funktion, die dafür sorgt, dass das Suchformular automatisch mit dem aufrufenden Formular geschlossen wird. Normalerweise würde man dies so programmieren, dass man im Ereignis *Beim Entladen* des aufrufenden Formulars die folgende Ereignisprozedur unterbringen würde:

```
Private Sub Form_Unload(Cancel As Integer)
    DoCmd.Close acForm, "frmKundensuche"
End Sub
```

Dann müsste man allerdings auch noch Code unterbringen, der prüft, ob das Formular *frmKundensuche* überhaupt geöffnet wurde – was auch kein Problem ist.

Es geht jedoch noch wesentlich eleganter. Die Ereignisprozeduren eines Formulars können Sie nämlich nicht nur im Klassenmodul des Formulars selbst implementieren. Sie können dies auch in andere Klassenmodule auslagern – beispielsweise in das Klassenmodul des Suchformulars.

Kapitel 11 Suchen in Formularen

Das heißt also, dass Sie dem Suchformular eine Prozedur zufügen, die durch das Ereignis *Beim Entladen* eines völlig anderen Formulars ausgelöst wird! Und dazu sind nur drei Schritte nötig:

» Sie deklarieren wie oben eine Variable, die auf das betroffene Formular verweisen soll, und zwar mit dem Schlüsselwort *WithEvents* (*Dim WithEvents frmParent As Form*).

» Sie legen in einer Ereignisprozedur, die beim Öffnen des Suchformulars ausgelöst wird (also etwa *Form_Open*) fest, dass auf das Ereignis *Form_Unload* des aufrufenden Formulars reagiert werden soll. Dazu weisen Sie der Eigenschaft *OnUnload* des Formulars den Wert *"[Event Procedure]"* zu.

» Dann legen Sie das *Unload*-Ereignis an, indem Sie aus den Kombinationsfeldern des VBA-Editors zuerst links den Eintrag *frmParent* auswählen und dann rechts *OnUnload* (siehe Abbildung 11.16). Ergänzen Sie die Prozedur wie folgt:

```
Private Sub frmParent_Unload(Cancel As Integer)
    DoCmd.Close acForm, Me.Name
End Sub
```

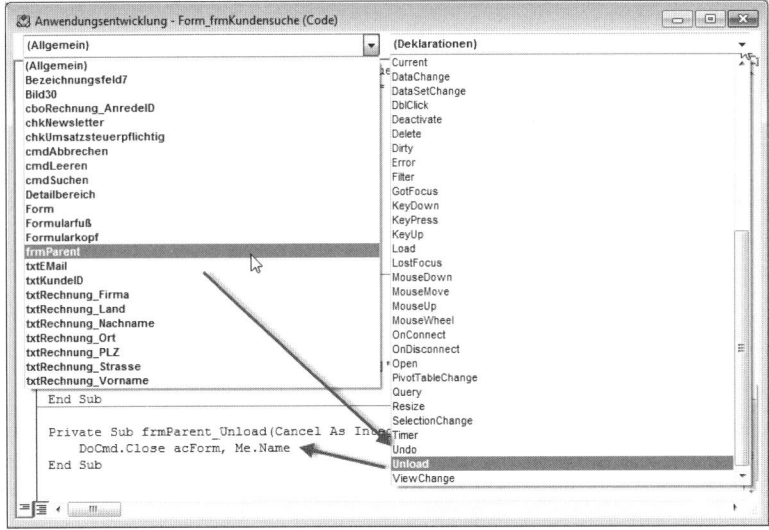

Abbildung 11.16: Hinzufügen einer Ereignisprozedur für ein fremdes Objekt

Fertig! Wenn Sie die Suche vom Formular *frmKundenuebersicht* aus öffnen und das Formular *frmKundenuebersicht* dann schließen, wird das Formular *frmKundensuche* gleich mitgeschlossen.

Einen Eindruck der Funktion liefert Abbildung 11.17. Sie können nun die Datensätze filtern, das Suchformular an die gewünschte Stelle verschieben, in den Datensätzen navigieren und den Filter anpassen und erneut ausführen.

Suchfunktionen für weitere Formulare

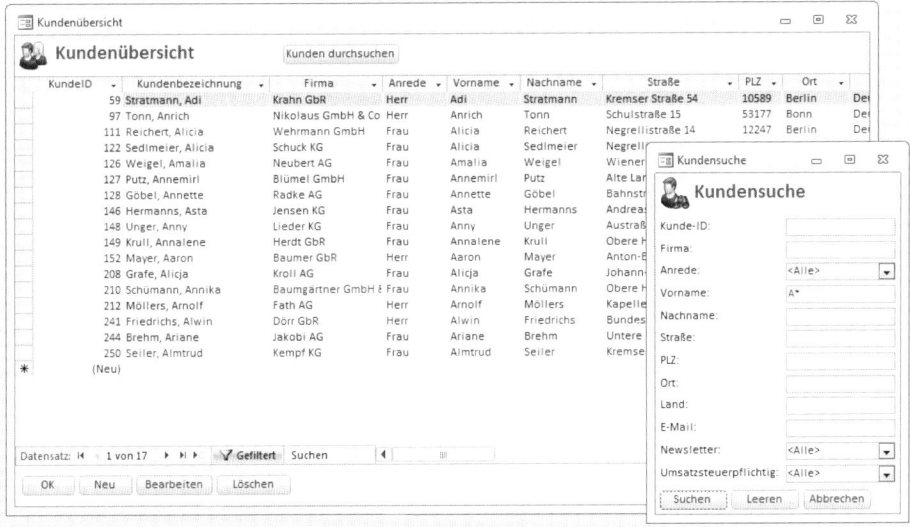

Abbildung 11.17: Das fertige Suchformular im Einsatz

11.3 Suchfunktionen für weitere Formulare

Mit den in diesem Kapitel vorgestellten Suchfunktionen haben Sie alles, was Sie auch zum Ausstatten der übrigen Detailformulare und Übersichtsformular mit Suchfunktionen benötigen.

Natürlich können Sie mit wenigen Anpassungen auch variieren, um beispielsweise die Schnellsuche mit Liste auf eine Übersicht mit einem Datenblatt im Unterformular anzuwenden.

12 Formulare optimieren

In den vorherigen Kapiteln, die sich mit der Erstellung der Benutzeroberfläche und hier speziell mit der Programmierung der Formulare beschäftigt haben, wurden lediglich die Grundgerüste der Formulare erstellt. Es gibt noch eine Menge zu optimieren, was wir in diesem Kapitel erledigen. Die vorgestellten Techniken haben wir bei allen vorhandenen Formularen der Beispielanwendung durchgeführt.

12.1 Formulare mit der Eingabe-Taste schließen

Wenn ein Formular eine *OK*-Schaltfläche besitzt, sollten Sie für diese die Eigenschaft *Standard* auf *Ja* einstellen. Damit stellen Sie sicher, dass der Benutzer das Formular durch Betätigen der Eingabe-Taste schließen kann. Auch wenn es nicht explizit bei allen Formular-Beschreibungen erwähnt wurde, sollte doch jedes Formular dieses Feature aufweisen.

12.2 Formulare mit der Escape-Taste schließen

Gleiches gilt, wenn das Formular eine *Abbrechen*-Taste enthält. Diese sollte der Benutzer über die *Escape*-Taste ansteuern können. Alles, was Sie dazu tun müssen, ist das Einstellen der Eigenschaft *Abbrechen* der Schaltfläche auf den Wert *Ja*. Auch hier gilt: Wir haben jedes Formular, dass eine *Abbrechen*-Schaltfläche besitzt, so eingestellt, dass der Benutzer es schnell mit der *Escape*-Taste schließen kann – auch wenn es nicht überall beschrieben wird.

12.3 Validierung von Formularen

Ein wichtiges Thema beim Erstellen ergonomischer Formulare ist die Validierung der Eingaben des Benutzers. Wir schauen uns alle relevanten Fälle in den folgenden Abschnitten am Beispiel einiger Formulare dieser Anwendung an.

12.3.1 Geschäftsregeln

Eigentlich soll eine Validierung Geschäftsregeln durchsetzen. Sie möchten einen Artikel anlegen? Dann müssen Sie zumindest einen Artikelnamen, den Preis, den Mehrwertsteuersatz, eine Warengruppe und eine Einheit festlegen. Solche Geschäftsregeln können Sie an mehreren Stellen definieren, zum Beispiel direkt im Entwurf des Datenmodells. Oder Sie setzen diese Geschäftsregeln in den Formularen fest. In den meisten Fällen ist eine Kombination erforderlich: Wenn Sie nämlich Restriktionen in den Tabellen definieren und ein Benutzer diese durch die

Eingabe von Daten in einem Formular verletzt, zeigt Access seine Standardmeldung für den jeweiligen Fall an.

Dies werden Sie vermutlich abfangen wollen, um eine eigene, aussagekräftigere Meldung zu liefern.

12.3.2 Restriktionen auf Tabellenebene

Tabellen sehen die folgenden Möglichkeiten zum Festlegen von Restriktionen vor:

» *Felddatentypen*: Ein Zahlenfeld meckert, wenn Sie Text eingeben, ein Datumsfeld kann nur gültige Datumswerte aufnehmen.

» *Feldgröße*: Begrenzt die Anzahl der möglichen Zeichen

» *Gültigkeitsregel* und *Gültigkeitsmeldung*: Erlauben die Angabe von Regeln wie *Länge([PLZ])>3*, was die Anzeige der angegebenen Meldung nach sich zieht, wenn der Benutzer eine PLZ mit weniger als vier Zeichen einträgt. Die Prüfung erfolgt vor dem Verlassen des Feldes.

» *Eingabe erforderlich* und *Leere Zeichenfolge*: Stellen Sie *Eingabe erforderlich* auf *Ja* und *Leere Zeichenfolge* auf *Nein* ein, damit der Datensatz nicht gespeichert wird, wenn das Feld leer ist.

» Eindeutiger Index für einzelne Felder: Damit legen Sie fest, dass ein Feld nur eindeutige Werte enthalten darf.

» Eindeutiger Index für mehrere Felder: Legt fest, dass nur eindeutige Kombinationen von Daten in zwei oder mehr Feldern vorkommen. Wird vor allem für die Verknüpfungstabellen von m:n-Beziehungen genutzt.

» *Gültigkeitsregel* und *Gültigkeitsmeldung* auf Tabellenebene: Damit können Ausdrücke auch mit Bezug auf verschiedene Felder festgelegt werden (zum Beispiel *[Startdatum]<[Enddatum]*). Die Prüfung erfolgt vor dem Speichern des Datensatzes.

» *Referenzielle Integrität*: Auch die Festlegung dieser Eigenschaft für eine Beziehung ist eine Restriktion, sogar eine sehr mächtige. Sie sorgt dafür, dass ein Feld nur mit den Daten des Primärschlüsselfeldes der verknüpften Tabelle gefüllt werden darf.

Einige dieser Restriktionen legt man unbewusst fest, indem man beispielsweise den Datentyp auswählt, die anderen mit der Absicht, die Eingabe der Daten zu reglementieren.

12.3.3 Tabellen-, Feld- und Beziehungsrestriktionen bei der Dateneingabe

Wenn Sie Daten in ein Formular eingeben, das an eine Tabelle gebunden ist, und dabei die für die Tabelle, die Felder oder die Beziehung festgelegten Restriktionen unterwandern, zeigt Access eine entsprechende Meldung an – übrigens die gleiche, die auch beim Eingeben ungül-

Validierung von Formularen

tiger Daten direkt in der Tabelle erscheint. Das wird unsere erste Baustelle: Wir wollen dem Benutzer eine aussagekräftige Meldung liefern, mit der dieser arbeiten kann – manche der eingebauten Meldungen sind für den Entwickler verständlich, aber der Benutzer wird damit nichts anfangen können.

Wie aber fängt man solche Meldungen ab? Dazu liefern Formulare die Ereigniseigenschaft *Bei Fehler*. Dieses Ereignis feuert immer, wenn eine im Datenmodell festgelegte Restriktion verletzt wird. Nehmen wir uns das Formular *frmArtikelDetail* vor. Das Feld *Einzelpreis* ist zwar mit dem Felddatentyp *Währung* versehen, aber intern wird es als Zahlenfeld behandelt. Wenn nun ein Benutzer, der es allzu genau nimmt, beispielsweise noch die Währung als *EUR* mit einträgt, löst dies den Fehler aus Abbildung 12.1 aus.

Abbildung 12.1: Meldung beim Eingeben eines ungültigen Wertes in ein Zahlenfeld

Öffnen Sie das Formular im Entwurf, aktivieren Sie das Eigenschaftsfenster und wählen Sie für die Eigenschaft *Bei Fehler* den Eintrag *[Ereignisprozedur]* aus. Klicken Sie dann auf die Schaltfläche mit den drei Punkten (...), um die durch dieses Ereignis ausgelöste Prozedur anzulegen. Füllen Sie die Prozedur wie folgt auf:

```
Private Sub Form_Error(DataErr As Integer, Response As Integer)
    Select Case DataErr
        Case Else
            MsgBox "Fehler bei der Dateneingabe:" & vbCrLf & DataErr & vbCrLf _
                & AccessError(DataErr)
    End Select
End Sub
```

Der Parameter *DataErr* liefert die Fehlernummer, genau wie es *Err.Number* in einer herkömmlichen Fehlerbehandlung erledigt. Leider gibt es keinen Parameter, der die Fehlerbeschreibung ausgibt. Allerdings gibt es eine VBA-Funktion namens *AccessError*, welche die zu einer Fehlernummer hinterlegte Meldung liefert.

Kapitel 12 Formulare optimieren

Mit der Prozedur *Form_Error* behandeln Sie alle Werte von *DataErr* in einer *Select Case*-Bedingung. Auf diese Weise können Sie sukzessive alle auftretenden Fehler bei der Eingabe erkennen und, was besonders wichtig ist, die Fehlernummer ermitteln – zum Beispiel den Fehler aus Abbildung 12.2.

Abbildung 12.2: Fehler bei Eingeben eines ungültigen Wertes

In der nächsten Version der Prozedur *Form_Error* behandeln Sie diesen Fehler bereits gezielt und mit einer eigenen Fehlermeldung. Außerdem sorgen Sie mit dem Wert *acDataErrContinue* für den Rückgabeparameter *Response* dafür, dass die von Access selbst generierte Meldung ausbleibt:

```
Private Sub Form_Error(DataErr As Integer, Response As Integer)
    Select Case DataErr
        Case 2113
            MsgBox "Sie haben einen ungültigen Wert eingegeben."
        Case Else
            MsgBox "Fehler bei der Dateneingabe:" & vbCrLf & DataErr & vbCrLf _
                & AccessError(DataErr)
    End Select
End Sub
```

Nun weiß der Benutzer allerdings noch nicht, was genau an dem eingegebenen Wert falsch ist. Warum? Weil die Fehlerbehandlung keine Information darüber hat, welches Feld beziehungsweise welches Steuerelement den Fehler ausgelöst hat. Also fügen wir eine weitere *Select Case*-Anweisung ein, die das zuletzt betätigte Steuerelement ermittelt und auf Basis des Namens des Steuerelements noch genauere Informationen zum Fehler liefert. Der *Select Case*-Zweig für den Fehler *2113* sieht nun so aus:

```
Case 2113
    Select Case Screen.ActiveControl.Name
```

```
Case "txtEinzelpreis"
    MsgBox "Sie haben einen ungültigen Wert für das Feld 'Einzelpreis' eingegeben."
    Response = acDataErrContinue
```

Schauen wir uns das Formular *frmBestellungDetail*, genau genommen das Unterformular *sfmBestellungDetail*, an. Dort gibt es in der Datenherkunft das Feld *ArtikelID*. Für dieses Feld und das Feld *BestellungID* gibt es einen eindeutigen Index.

Wenn der Benutzer also einen Artikel zweimal zu einer Bestellung hinzufügt, löst dies den Fehler *3022* aus. Können wir nun genauso wie im vorherigen Fall validieren? Probieren wir es mit folgendem Code-Schnipsel für das Ereignis *Bei Fehler* des Unterformulars aus:

```
Case 3022
    Select Case Screen.ActiveControl.Name
        Case "cboArtikelID"
            MsgBox "Sie dürfen jeden Artikel nur einmal auswählen." & vbCrLf _
                & "Passen Sie gegebenenfalls die Menge an."
            Response = acDataErrContinue
    End Select
```

Leider funktioniert dies nicht zuverlässig, da dieser Fehler erst beim Speichern des Datensatzes ausgelöst wird. Das bedeutet, dass der Benutzer erst den gleichen Artikel ein zweites Mal auswählen kann, dann aber noch weitere Daten eingeben kann, bevor er den Datensatz etwa durch den Wechsel zu einem anderen Datensatz speichert. Und in diesem Moment hilft *Screen.ActiveControl* natürlich nicht mehr, das den Fehler auslösende Steuerelement zu ermitteln. Dann erscheint die Standardmeldung statt der für das Steuerelement *cboArtikelID* festgelegten Meldung (siehe Abbildung 12.3 – diese Meldung wurde übrigens nachgebaut, da die Originalmeldung zu breit ist, um sie abzudrucken).

Zum Validieren von Abhängigkeiten über mehrere Felder ist also ein alternativer Mechanismus erforderlich, der durch ein anderes Ereignis ausgelöst werden muss. Für diesen Fall bietet sich das Ereignis *Vor Aktualisierung* des Formulars an. Dieses Ereignis wird ausgelöst, bevor der Datensatz gespeichert wird.

Das Ereignis *Nach Aktualisierung* ist deshalb nicht sinnvoll, weil zu diesem Zeitpunkt schon die für die Tabellen und Felder festgelegten Mechanismen wie Gültigkeitsregeln, eindeutige Indizes et cetera ausgelöst wurden. Schauen wir uns also an, was wir mit dem Ereignis *Vor Aktualisierung* des Formulars bewirken können. Legen Sie dazu für das Ereignis die folgende Ereignisprozedur an:

```
Private Sub Form_BeforeUpdate(Cancel As Integer)
    If Not IsNull(DLookup("BestellpositionID", "tblBestellpositionen", "BestellungID = " _
        & Me!BestellungID & " AND ArtikelID = " & Me!ArtikelID)) Then
        MsgBox "Sie dürfen jeden Artikel nur einmal auswählen." & vbCrLf _
            & "Passen Sie gegebenenfalls die Menge an."
```

Kapitel 12 Formulare optimieren

```
            Me!cboArtikelID.SetFocus
            Cancel = True
        End If
End Sub
```

Abbildung 12.3: Die falsche Fehlermeldung beim Validieren

Dies prüft vor dem Speichern des Datensatzes, ob es bereits einen Datensatz gibt, der die gleiche Kombination von Werten für die beiden Felder *BestellungID* und *ArtikelID* aufweist. In diesem Fall zeigt es erstens eine entsprechende Meldung an, stellt den Fokus auf das Steuerelement *cboArtikelID* ein und bricht mit dem Wert *True* für den Parameter *Cancel* den Speichern-Vorgang für den Datensatz ab.

Das Gleiche gelingt natürlich auch für einzelne Steuerelemente. Sie können auch direkt bei der Auswahl des Artikels mit dem Kombinationsfeld *cboArtikelID* prüfen, ob es in der aktuellen Bestellung bereits eine Bestellposition mit diesem Artikel gibt. Dazu legen Sie eine Ereignisprozedur für das Ereignis *Vor Aktualisierung* des jeweiligen Steuerelements an:

```
Private Sub cboArtikelID_BeforeUpdate(Cancel As Integer)
    If Not IsNull(DLookup("BestellpositionID", "tblBestellpositionen", "BestellungID = " _
        & Me!BestellungID & " AND ArtikelID = " & Me!ArtikelID)) Then
        MsgBox "Sie dürfen jeden Artikel nur einmal auswählen." & vbCrLf _
            & "Passen Sie gegebenenfalls die Menge an."
        Me!cboArtikelID.Undo
        Cancel = True
    End If
End Sub
```

Die Prozedur funktioniert grundsätzlich wie die zuvor genannte, jedoch ist es hier nicht möglich (und auch nicht nötig), den Fokus auf das betroffene Feld einzustellen. Stattdessen leeren wir dieses Feld mit der *Undo*-Methode, damit der Benutzer es gleich direkt neu füllen kann.

Diese Art der Validierung gibt es natürlich auch eine Nummer einfacher, und zwar für Felder, deren Wert unabhängig von anderen Feldern bestimmten Einschränkungen unterworfen ist. Im einfachsten Fall darf ein Feld einfach nicht leer sein. Sie haben dann folgende Möglichkeiten:

» Sie prüfen den Feldwert vor der Aktualisierung des Feldes.
» Sie prüfen den Feldwert vor der Aktualisierung des Datensatzes.

Im Falle eines leeren Feldes reicht es, wenn die Prüfung beim Speichern des Datensatzes stattfindet. Der Benutzer hat sich dann anscheinend noch gar nicht um das Feld gekümmert und darf dies nachholen.

Wenn der Benutzer aber falsche Daten in ein Feld eingegeben hat, sollte direkt eine entsprechende Meldung erscheinen – der Benutzer ist dann gedanklich auch noch bei diesem Feld und kann den Inhalt schnell korrigieren.

In Fällen, bei denen der eingegebene Wert die durch das Datenmodell festgelegten Restriktionen verletzt, müssen Sie sogar direkt auf falsche Eingaben in ein Feld reagieren – und dies gelingt ausschließlich über die Ereignisprozedur für die Eigenschaft *Bei Fehler*. Diese wird nämlich bei feldbezogenen Restriktionen vor dem Ereignis *Vor Aktualisierung* ausgelöst.

12.3.4 Alternative zur herkömmlichen Validierung

Alles in allem ist zu erwähnen, dass eine Ausstattung aller Formulare und der enthaltenen Steuerelemente mit den Validierungsprozeduren ein relativ hoher Aufwand ist – ähnlich wie der Aufwand, der durch die Ausstattung mit Fehlerbehandlungen entsteht.

Ich selbst setze in meinen Anwendungen einen Satz von Klassen ein, mit der Sie die Validierung mit wenigen Zeilen definieren können.

In der Beispieldatenbank finden Sie diese Klassen bereits vor. Wenn Sie diese in Ihrer eigenen Anwendung einsetzen möchten, importieren Sie die folgenden Objekte:

» Standardmodule *mdlGlobal* und *mdlValidation*
» Klassenmodule *clsControlValidation*, *clsFormValidation* und *clsValidation*

Anschließend deklarieren Sie im Klassenmodul, das Sie mit der Validierung ausstatten möchten, ein Objekt auf Basis der Klasse *clsValidation*:

```
Dim objValidation As clsValidation
```

Legen Sie dann, soweit noch nicht vorhanden, eine Ereignisprozedur für das Ereignis *Beim Laden* an, die wie folgt aussieht:

Kapitel 12 Formulare optimieren

```
Private Sub Form_Load()
    Set objValidation = New clsValidation
    With objValidation
        'Validierungen
    End With
End Sub
```

Dort, wo nun noch der Text *'Validierungen* steht, fügen Sie die einzelnen Validierungsanweisungen hinzu. Es gibt zwei verschiedene Validierungen:

» Validierungen, die beim Speichern des Steuerelementinhalts ausgelöst werden (*AddControlValidation*) und

» Validierungen, die beim Speichern des Datensatzes ausgelöst werden (*AddFormValidation*).

Nach den Ausführungen der vorherigen Abschnitte wissen Sie ja bereits, zu welchen Zeitpunkten welche Validierung erfolgen sollte.

Validierung des Artikelnamens I

Schauen wir uns einige Validierungen an, zum Beispiel im Formular *frmArtikelDetail*. Der Benutzer soll zum Beispiel keinen Datensatz anlegen können, ohne einen Wert für das Feld *Artikelname* einzutragen. Dazu fügen Sie der Prozedur die folgende Validierung hinzu (siehe Abbildung 12.4):

```
Private Sub Form_Load()
    Set objValidation = New clsValidation
    With objValidation
        .AddFormValidation Me!txtArtikelname, eIsNull, "Artikelname fehlt", _
            "Geben Sie einen Artikelnamen ein."
    End With
End Sub
```

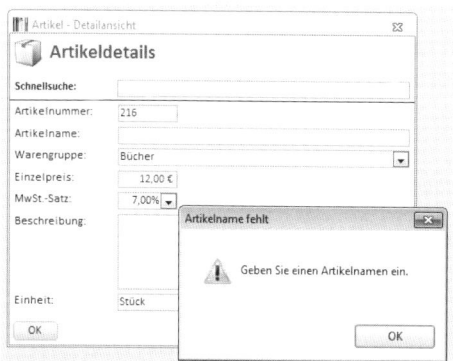

Abbildung 12.4: Validierungsmeldung

Validierung von Formularen

Schauen wir uns die Parameter der Methode *AddFormValidation* genauer an (IntelliSense hilft Ihnen beim Angeben der Werte für die Parameter wie in Abbildung 12.5):

» *ctl*: Verweis auf das Steuerelement, das die Validierung auslöst

» *eType*: Typ der Validierung, festgelegt in der Enumeration *eValidationType*. Mögliche Werte siehe weiter unten.

» *strTitle*: Zeichenkette, die beim Fehlschlagen der Validierung als Titel des Meldungsfensters angezeigt werden soll.

» *strMessage*: Zeichenkette, die beim Fehlschlagen der Validierung als Text des Meldungsfensters angezeigt werden soll.

» *strExpression*: Optionale Zeichenkette, die einen auswertbaren Ausdruck enthält. Liefert dieser Ausdruck den Wert *False*, ist die Validierung fehlgeschlagen.

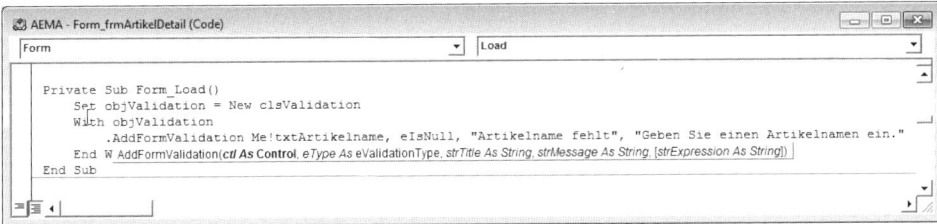

Abbildung 12.5: Angabe der Parameter für eine Validierung

Für *ctl* geben Sie einen Verweis auf das Steuerelement an, wobei Sie das Schlüsselwort *Me*, das Ausrufezeichen und den Namen des Steuerelements verwenden – also beispielsweise *Me!txtArtikelname*. Der zweite Parameter *eType* erwartet die Art der Prüfung. Hier gibt es die folgenden Werte:

» *eIsNumeric*: Prüft, ob der neue Wert ein numerischer Wert ist.

» *eIsNull*: Prüft, ob der neue Wert *Null* ist.

» *eIsDate*: Prüft, ob der neue Wert ein gültiges Datum enthält.

» *eIsNullstring*: Prüft, ob der neue Wert eine leere Zeichenkette ist.

» *eIsTrue*: Prüft, ob der neue Wert wahr ist.

» *eIsFalse*: Prüft, ob der neue Wert falsch ist.

» *eExpression*: Legt fest, dass der im Parameter *strExpression* angegebene Ausdruck das Ergebnis der Validierung liefert.

Diese Werte bietet IntelliSense beim Füllen der Parameter als Auswahlliste an (siehe Abbildung 12.6).

Kapitel 12 Formulare optimieren

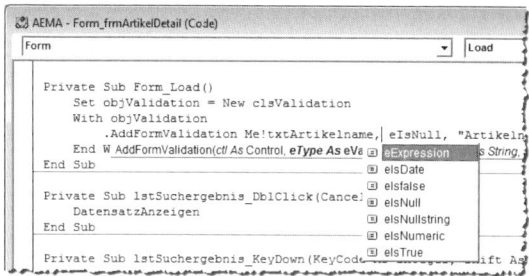

Abbildung 12.6: IntelliSense liefert alle möglichen Validierungsarten

Die Parameter *strTitle* und *strMessage* enthalten die Daten für das Meldungsfenster, das angezeigt wird, wenn die Validierung fehlschlägt. Schließlich gibt es noch einen fünften Parameter, der nur im Falle der Validierungsart *eExpression* zum Einsatz kommt. Wie Sie diesen Parameter nutzen, schauen wir uns im folgenden Beispiel an.

Validierung des Artikelnamens II

Dort soll eine Validierung sicherstellen, dass ein Artikelname mindestens drei Zeichen enthält. Dazu fügen Sie eine Validierung hinzu, die direkt nach der Eingabe feuert. Dazu verwenden Sie die Methode *AddControlValidation* wie folgt:

```
objValidation.AddControlValidation Me!txtArtikelname, eExpression, _
    "Artikelname zu kurz", "Der Artikelname muss mindestens drei Zeichen enthalten.", _
    "Len(Forms!frmArtikelDetail!txtArtikelname)<3"
```

Wichtig sind hier zwei Dinge:

» Der für die Validierung verwendete Ausdruck, hier *Len(Forms!frmArtikelDetail!txtArtikelname)<3*, muss in Anführungszeichen eingefasst werden und darf keine relativen Bezüge zu den Steuerelementen enthalten wie beispielsweise *Me!txtArtikelname*.

» Sie verwenden für solche Validierungen entweder die Validierungsklasse oder die Eigenschaften *Gültigkeitsregel/Gültigkeitsmeldung* der zugrunde liegenden Datenherkunft. Wenn Sie beide verwenden, erhalten Sie auch zwei Meldungen.

Die folgende Prozedur zeigt alle Validierungen für das Formular *frmArtikelDetail*:

```
Private Sub Form_Load()
    Set objValidation = New clsValidation
    With objValidation
        .AddControlValidation Me!txtEinzelpreis, eIsNumeric, "Ungültiger Einzelpreis", _
            "Geben Sie einen numerischen Wert für den Einzelpreis an."
        .AddControlValidation Me!txtArtikelname, eExpression, "Artikelname zu kurz", _
            "Der Artikelname muss mindestens drei Zeichen enthalten.", _
```

```
            "Len(Forms!frmArtikelDetail!txtArtikelname)<3"
        .AddFormValidation Me!txtArtikelname, eIsNull, "Artikelname fehlt", _
            "Geben Sie einen Artikelnamen ein."
        .AddFormValidation Me!cboWarengruppeID, eIsNull, "Warengruppe fehlt", _
            "Wählen Sie eine Warengruppe aus."
        .AddFormValidation Me!cboMehrwertsteuersatzID, eIsNull, "MwSt.-Satz fehlt", _
            "Wählen Sie einen Mehrwertsteuersatz aus."
        .AddFormValidation Me!cboEinheitID, eIsNull, "Einheit fehlt", _
            "Wählen Sie eine Einheit aus."
    End With
End Sub
```

Validierung abhängiger Steuerelemente

Dadurch, dass Sie Ausdrücke als Validierungskriterium angeben können, lassen sich auch die Inhalte mehrerer Steuerelemente einbeziehen. Ein tolles Beispiel für diesen Fall sind Datumsfelder, bei denen das Startdatum nicht hinter dem Enddatum liegen darf; da die Beispielanwendung jedoch keine solche Konstellation enthält, nehmen wir mit der folgenden vorlieb: Im Formular *frmKundeDetail* soll der Benutzer mindestens das Feld *Rechnung_Firma* oder die Felder *Rechnung_Vorname* und *Rechnung_Nachname* füllen.

Dazu deklarieren Sie auch im Kopf dieses Moduls die folgende Variable:

```
Dim objValidation As clsValidation
```

Das *Form_Load*-Ereignis ergänzen Sie wie folgt:

```
Private Sub Form_Load()
    With objValidation
        .AddFormValidation Me!txtRechnung_Firma, eExpression, "Fehlende Eingabe", _
            "Geben Sie eine Firma oder Vorname/Nachname an.", _
            "IsNull(Forms!frmKundeDetail!Rechnung_Firma) OR " _
            & "(IsNull(Forms!frmKundeDetail!Rechnung_Vorname) " _
            & "AND IsNull(Forms!frmKundeDetail!Rechnung_Nachname))"
    End With
End Sub
```

Wenn der Benutzer nun weder Firma noch Vorname/Nachname ausfüllt, erscheint die Meldung aus Abbildung 12.7.

Vorsicht beim Schließen des Formulars

Die hier vorgestellte Validierung ist in einer Beziehung mit Vorsicht zu genießen – und zwar dann, wenn die Validierung durch das Schließen eines Formulars ausgelöst wird. Dazu gibt es eine ganze Reihe von Möglichkeiten:

Kapitel 12 Formulare optimieren

» das Anklicken der *Schließen*-Schaltfläche oben rechts,
» das Auswählen des Eintrags *Schließen* des Formular-Menüs (siehe Abbildung 12.8),
» das Betätigen der Tastenkombination *Strg + F4* und
» das Schließen mit dem Befehl *DoCmd.Close acForm, "<Formularname>"*.

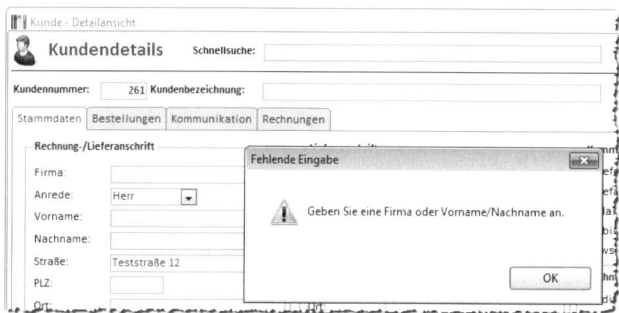

Abbildung 12.7: Meldung beim Auslassen von mindestens einem von drei Feldern

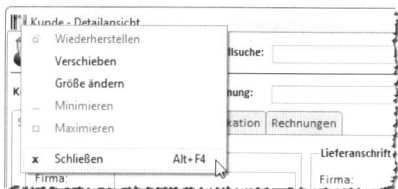

Abbildung 12.8: Schließen eines Formulars über das Formular-Menü

In all diesen Fällen erscheinen zwar noch die Validierungsmeldungen, das Formular wird jedoch dennoch geschlossen. Grundsätzlich lässt sich dieses Problem jedoch lösen. Um das Formular-Menü und die *Schließen*-Schaltfläche loszuwerden, stellen Sie die Eigenschaft *Mit Systemmenüfeld* auf *Nein* ein. Bleibt die Anweisung *DoCmd.OpenForm*, die sich normalerweise in einer Ereignisprozedur befindet, die durch das Anklicken einer Schaltfläche namens *cmdOK* ausgelöst wird. Hier sorgen wir dafür, dass das Schließen erst nach einer abschließenden Prüfung erfolgt:

```
Private Sub cmdOK_Click()
    If objValidation.Validated Then
        DoCmd.Close acForm, Me.Name
    End If
End Sub
```

Die Methode *Validated* des modulweit deklarierten Objekts *objValidation* sorgt nochmals für die Durchführung aller auf Formular- beziehungsweise Datensatzebene festgelegten Validierungen.

Reihenfolge der Validierungen

Die Validierung wird genau in der Reihenfolge durchgeführt, in der Sie die entsprechenden Anweisungen im *Form_Load*-Ereignis definiert haben. Sie sollten diese Reihenfolge an die Aktivierungsreihenfolge der Steuerelemente anpassen.

12.3.5 Validierung fehlerresistent machen

Durch eine Fehlerbehandlung, wie Sie im Kapitel beschrieben wird, sollten eigentlich alle Laufzeitfehler abgefangen werden. Dies sorgt dann auch dafür, dass die Inhalte von Objektvariablen nicht gelöscht werden.

Als Access-Entwickler wissen Sie jedoch: Niemand ist perfekt und die Benutzer decken alle Schwächen gnadenlos auf. Dementsprechend gelingt es den Benutzer sicher auch, einen Fehler in einem Formular auszulösen, dass Sie zuvor mit der Klasse *clsValidation* ausgestattet haben.

Das führt genau bei der oben beschriebenen Ereignisprozedur, die durch das Klicken auf die *OK*-Schaltfläche ausgelöst wird, zu einem Problem: Die Variable *objValidation* ist leer und dies löst einen Fehler aus. Dieser Fehler führt dazu, dass *objValidation.Validated* niemals den Wert True zurückliefert, ein Verlassen des Formulars ist somit unmöglich.

Das ändert sich auch nicht, wenn Sie vorab prüfen, ob *objValidation* noch einen Wert enthält. Sie wüssten dann zwar, dass keine Validierung mehr möglich ist, aber was dann? Das Formular einfach ohne Validierung verlassen? Nein, das ist keine Option. Also greifen wir zu härteren Maßnahmen: Das Objekt *objValidation* wird fehlerresistent gespeichert.

Schauen wir uns zum Beispiel das Formular *frmArtikelDetail* an. Dieses instanziert in der Prozedur, die durch das Ereignis *Beim Laden* des Formular ausgelöst wird, ein Objekt auf Basis der Klasse *clsValidation* und legt mit der Methode *AddFormValidation* eine Validierung an.

Danach folgt der entscheidende Schritt: Die Funktion *ObjPtr* ermittelt den Pointer auf dieses Objekts und weist den gefundenen Wert einer neuen temporären Variablen zu. Damit merkt sich die Anwendung die Speicheradresse des Objekts. Der Clou dabei: Die Inhalte temporärer Variablen auf Basis der *TempVars*-Auflistung werden beim Auftreten unbehandelter Laufzeitfehler nicht gelöscht:

```
Private Sub Form_Load()
    ...
    Set objValidation = New clsValidation
    With objValidation
        .AddFormValidation Me!txtRechnung_Firma, eExpression, "Fehlende Eingabe", _
            "Geben Sie eine Firma oder Vorname/Nachname an.", _
            "IsNull(Forms!frmKundeDetail!Rechnung_Firma) AND " _
            & " (IsNull(Forms!frmKundeDetail!Rechnung_Vorname) " _
```

Kapitel 12 Formulare optimieren

```
            & "AND IsNull(Forms!frmKundeDetail!Rechnung_Nachname))"
    End With
    TempVars.Add "Validation_frmKundeDetail", ObjPtr(objValidation)
    ...
End Sub
```

Nun gibt es einen Zeitpunkt, zu dem wir unbedingt auf das Objekt *objValidation* zugreifen müssen – nämlich beim Schließen des Formulars, was durch das Betätigen der *OK*-Schaltfläche erfolgt.

Die dadurch ausgelöste Prozedur prüft nun, ob das Objekt *objValidation* leer ist und füllt es gegebenenfalls erneut mit einem Verweis auf Objekt, dessen Speicheradresse wir ja temporär gespeichert haben. Diese Aufgabe übernimmt die Funktion *RebuiltObject*, die den Namen der temporären Variablen mit der Speicheradresse als Parameter erwartet:

```
Private Sub cmdOK_Click()
    If objValidation Is Nothing Then
        RebuildObject "Validation_frmKundeDetail"
    End If
    If objValidation.Validated Then
        DoCmd.Close acForm, Me.Name
    End If
End Sub
```

Danach kann die Prozedur wie üblich auf das Objekt *objValidation* zugreifen. Wie sieht nun die Funktion *RebuildObject* aus? Diese erhält den Namen der temporären Variablen, in der wir die mit *ObjPtr* ermittelte Speicheradresse des Objekts gesichert haben, als Parameter und liefert einen Verweis auf das betroffene Objekt zurück – dies alles unter Einsatz der API-Funktion *CopyMemory*:

```
Public Function RebuildObject(strObject As String) As Object
    Dim lngObject As Long
    Dim obj As Object
    lngObject = TempVars(strObject)
    If lngObject <> 0 Then
        CopyMemory obj, lngObject, 4&
        Set RebuildObject = obj
        CopyMemory obj, 0&, 4&
    End If
End Function
```

Dabei kommt schließlich noch die folgende API-Funktion zum Einsatz:

```
Declare Sub CopyMemory Lib "kernel32.dll" Alias "RtlMoveMemory" (Destination As Any, _
    Source As Any, ByVal Length As Long)
```

12.4 Spaltenbreite in Datenblättern

Einer der Vorteile von Unterformularen in der Datenblattansicht etwa gegenüber Formularen in der Endlosansicht oder Daten in Listenfeldern ist, dass der Benutzer die Spaltenbreite nach seinen eigenen Wünschen anpassen kann.

Das geht in der Regel damit einher, dass diese selten die optimale Breite für die angezeigten Daten aufweisen und der Benutzer sich sogar mit der Spaltenbreite beschäftigen muss, um vernünftig mit der Datenblattansicht arbeiten zu können.

Wenn der Benutzer nun einmal die Spaltenbreiten eingestellt hat, sollte ja alles in Ordnung sein: Die Konfiguration wird ja offensichtlich gespeichert und beim nächsten Öffnen des Formulars beziehungsweise der Anwendung wiederhergestellt. Das ist auch der Fall, allerdings nur in der Vollversion von Access.

Wenn Sie jedoch die Runtime-Version verwenden, werden die Spaltenbreiten nicht gespeichert – immerhin handelt es sich hierbei um eine Änderung des Entwurfs des Formulars, und diese unterstützt die Runtime-Version nicht.

Spaltenbreite automatisch anpassen

Mit der folgenden Erweiterung zeigt ein Datenblatt die Spalten immer in der richtigen Breite an. Als Access-Entwickler wissen Sie, wie Sie die Spaltenbreite optimal einstellen können – nämlich durch einen Doppelklick auf den schmalen Steg zwischen zwei Spaltenköpfen. Alternativ klicken Sie darauf und stellen die gewünschte Breite durch Ziehen dieses Elements ein (siehe Abbildung 12.9).

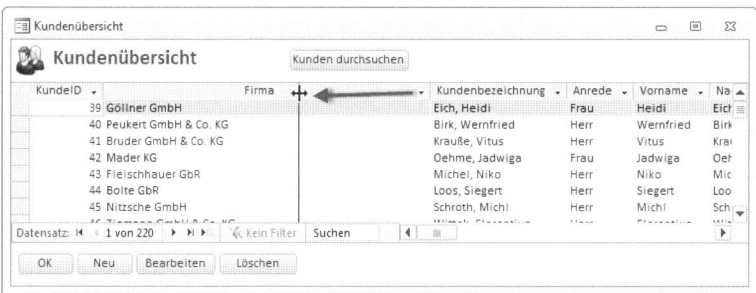

Abbildung 12.9: Manuelles Einstellen der Spaltenbreite

Der Doppelklick ist das, was wir suchen – nun müssen wir nur noch dafür sorgen, dass das Formular beim Öffnen per VBA automatisch alle Spalten auf die optimale Spaltenbreite einstellt. Kein Problem – legen Sie eine Ereignisprozedur an, die durch das Ereignis *Beim Laden* des Hauptformulars ausgelöst wird. Dann fügen Sie für jedes Feld des Unterformulars eine

Kapitel 12 Formulare optimieren

Anweisung hinzu, welche die Eigenschaft *ColumnWidths* auf den Wert *-2* einstellt. Dies entspricht einem Doppelklick auf den Spaltenkopf-Zwischenraum. Das Ergebnis sieht in gekürzter Form etwa so aus:

```
Private Sub Form_Load()
    Me!sfm.Form!txtKundeID.ColumnWidth = -2
    Me!sfm.Form!txtRechnung_Firma.ColumnWidth = -2
    '...
End Sub
```

Der Bezug auf die Steuerelemente des Unterformulars erfolgt dabei über *Me* als Referenz auf das aktuelle Formular, *sfm* für das Unterformular-Steuerelement, *Form* für das darin enthaltene Formular und den Namen des Steuerelements, dessen Eigenschaft angepasst werden soll (etwa *txtKundeID*).

Die Lösung ist schon recht cool, weil beim Öffnen des Formulars wirklich alle Spalten die richtige Breite aufweisen – alle Spaltenüberschriften und Werte werden komplett dargestellt. Allerdings kann es passieren, dass Sie nach unten scrollen und dort Werte auftauchen, die nicht komplett dargestellt werden können. Die Erklärung ist einfach: Der Doppelklick auf den Spaltenkopf-Zwischenraum oder die Einstellung von *ColumnWidth* auf *-2* betrachtet nur die angezeigten Daten für die Optimierung der Spaltenbreite.

Also versuchen wir, die Vorgehensweise zu perfektionieren – und zwar gleich in vielerlei Hinsicht:

» Die Steuerelemente sollen in einer Schleife eingestellt werden und nicht in je einer einzigen Anweisung.

» Die Optimierung soll möglichst alle Zeilen erfassen, sodass auch nicht sichtbare Datensätze berücksichtigt werden.

» Die Funktion soll leicht auch für andere Unterformulare in der Datenblattansicht implementiert werden können.

Die Lösung besteht in einem Klassenmodul, welches die gewünschte Funktion flexibel für verschiedene Kombinationen aus Haupt- und Unterformular bereitstellt. Dabei dient das Klassenmodul als Schablone für Objekte, die auf Basis dieser Klasse erstellt und verwendet werden. Objekte auf Basis dieser Klasse können Sie in beliebig vielen Formularen gleichzeitig erstellen und nutzen. Dies geht so:

» Öffnen Sie den VBA-Editor (*Alt + F11*) und wählen Sie den Eintrag *Einfügen|Klassenmodul* aus der Menüleiste aus.

» Der VBA-Editor legt nun ein neues Klassenmodul an, das Sie am besten gleich mit der Tastenkombination *Strg + S* speichern – und zwar unter dem Namen *clsColumnWidths*.

» Danach fügen Sie die im folgenden besprochenen Code-Elemente hinzu.

Das Objekt auf Basis der Klasse *clsColumnWidths* soll von der Ereignisprozedur *Form_Load* des Hauptformulars erstellt und mit einem Verweis auf das aufrufende Formular gefüllt werden. Dazu stellt das Klassenmodul eine spezielle Form der Prozedur zur Verfügung, mit der Sie dem Klassenmodul Eigenschaften zuweisen können.

Damit das Objekt einen Verweis auf das aufrufende Formular speichern kann, legen Sie im Klassenmodul *clsColumnWidths* eine entsprechende Variable an:

```
Dim WithEvents m_Form As Form
```

Die Eigenschaftsprozedur, mit der Sie diese Variable nach dem Erstellen des Objekts füllen können, sieht so aus:

```
Public Property Set Datasheetform(frm As Form)
    Set m_Form = frm
    m_Form.OnCurrent = "[Event Procedure]"
    m_Form.OnApplyFilter = "[Event Procedure]"
End Property
```

Bevor wir auf die Funktion dieser Prozedur eingehen, schauen wir uns kurz an, wie Sie damit die Eigenschaft namens Datasheetform vom aufrufenden Formular aus füllen können. Dazu benötigen Sie die Ereignisprozedur *Beim Laden* des Formulars, die Sie wie folgt füllen:

```
Private Sub Form_Load()
    Set objColumnWidths = New clsColumnWidths
    With objColumnWidths
        Set .Datasheetform = Me!sfm.Form
        .OptimizeColumnWidths
    End With
End Sub
```

Damit das erstellte Objekt nicht gleich nach dem Durchlaufen der Prozedur Form_Load im Nirwana verschwindet, speichern wir den Verweis darauf in einer Variablen im Kopf des Klassenmoduls des Formulars und somit so lange, bis das Formular geschlossen wird:

```
Dim objColumnWidths As clsColumnWidths
```

Weiter in der Prozedur *Form_Load*: Wenn Sie in der ersten Zeile das *New*-Schlüsselwort eingetippt haben, erscheint der Name des Klassenmoduls *clsColumnWidths* automatisch in der Liste der verfügbaren Objekte.

Innerhalb des *With objColumnWidths...End With*-Konstrukts können Sie mit der Punkt-Notation auf die Eigenschaften und Methode des Objekts zugreifen. Dabei unterstützt IntelliSense Sie wie in Abbildung 12.10.

Hier finden Sie nun auch die Eigenschaft *Datasheetform*, die Sie mit der Set-Anweisung auf das Unterformular im Unterformular-Steuerelement (*Me!sfm.Form*) einstellen. Wenn Sie nun

Kapitel 12 Formulare optimieren

nochmals nach oben auf die Eigenschaftsprozedur blicken, finden Sie dort einen Parameter namens *frm* vor. Dieser nimmt den Objektverweis entgegen, den Sie mit der *Set*-Anweisung übergeben haben. Die Zeile *Set m_Form = frm* speichert den Verweis schließlich in der Variablen *m_Form*.

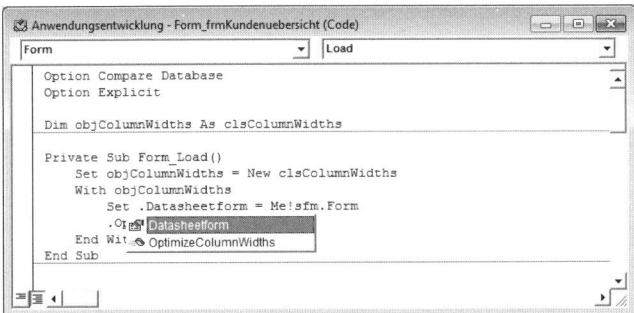

Abbildung 12.10: Auswählen von Objekteigenschaften per IntelliSense

Was haben wir nun? Eine Klasse, die vom Formular beim Aufruf instanziert wurde und einen Verweis auf das im Formular enthaltene Unterformular enthält. Jetzt müssen wir noch noch etwas daraus machen.

Weiter oben haben wir die Variable für das Unterformular mit dem Schlüsselwort *WithEvents* deklariert. Das bedeutet, dass wir innerhalb der Klasse *clsColumnWidths* auf die Ereignisse des in *m_Form* gespeicherten Formulars zugreifen können.

Wozu das? Nun: Wir wollen auf Nummer Sicher gehen und auch nach dem Wechseln des Datensatzes sowie beim Filtern des Unterformulars die Spaltenbreite optimieren. Damit wir die entsprechenden Ereignisprozeduren implementieren können, stellen die folgenden beiden Zeilen direkt nach dem Zuweisen des Formulars die Ereigniseigenschaften entsprechend ein:

```
m_Form.OnCurrent = "[Event Procedure]"
m_Form.OnApplyFilter = "[Event Procedure]"
```

Damit müssen Sie nun nur noch die Ereignisprozeduren anlegen. Dies erledigen Sie über die beiden Kombinationsfelder im VBA-Fenster des Klassenmoduls *clsColumnWidths*, indem Sie links *m_Form* und rechts nacheinander *Current* und *ApplyFilter* auswählen.

Die beim Auswählen von *m_Form* automatisch hinzugefügt Prozedur *m_Form_Load* können Sie wieder entfernen. Die neue Ereignisprozeduren füllen Sie wie folgt:

```
Private Sub m_Form_ApplyFilter(Cancel As Integer, ApplyType As Integer)
    OptimizeColumnWidths
End Sub

Private Sub m_Form_Current()
```

Spaltenbreite in Datenblättern

```
        OptimizeColumnWidths
    End Sub
```

In beiden Fällen soll eine Prozedur namens *OptimizeColumnWidths* aufgerufen werden. Diese erstellen Sie gleich im Anschluss wie folgt, und zwar als öffentliche Prozedur mit dem Schlüsselwort *Public*:

```
    Public Sub OptimizeColumnWidths()
        Dim ctl As Control
        m_Form.RowHeight = 1
        For Each ctl In m_Form.Controls
            Select Case ctl.ControlType
                Case acTextBox, acComboBox, acCheckBox
                    If Len(ctl.ControlSource) > 0 And ctl.ColumnHidden = False Then
                        ctl.ColumnWidth = -2
                    End If
                Case Else
            End Select
        Next ctl
        m_Form.RowHeight = -1
    End Sub
```

In dieser Prozedur steckt der eigentliche Hirnschmalz. Wenn das Einstellen der Eigenschaft *ColumnWidths* für ein Feld der Datenblattansicht immer nur die sichtbaren Zeilen berücksichtigt, wie können wir dies auf möglichst alle Zeilen ausdehnen?

Ganz einfach: Wir sorgen dafür, dass vor dem Optimieren der Spaltenbreite alle Datensätze im Datenblatt erscheinen! Dazu stellt die Prozedur die Eigenschaft *RowHeight* des Datenblatt-Unterformulars auf den Wert *1* ein. Die Auswirkung können Sie betrachten, wenn Sie das Formular öffnen und im Direktfenster diese Anweisung eingeben:

```
    Forms!frmKundenuebersicht!sfm.Form.RowHeight = 1
```

Die Zeilenhöhe ist nun so gering, dass nur noch die Gitternetzlinien zu sehen sind (siehe Abbildung 12.11). Rückgängig machen Sie dies durch die Einstellung auf den Wert *-1*.

Nach dem Vergrößern der Anzahl sichtbarer Zeilen durchläuft die Prozedur eine Schleife über alle Steuerelemente, innerhalb derer der Steuerelementtyp geprüft wird – in diesem Fall für Textfelder, Kombinationsfelder und Kontrollkästchen.

Die Anpassung der Spaltenbreite soll nur für solche Steuerelemente angepasst werden, die an ein Feld der Datenherkunft des Unterformulars gebunden sind (*Len(ctl.ControlSource)>0*) und die sichtbar sind (*ctl.ColumnHidden = False*).

Für all diese Elemente stellt die Prozedur die Spaltenbreite (*ColumnWidth*) schließlich auf den Wert *-2* und somit auf die optimale Spaltenbreite ein.

Kapitel 12 Formulare optimieren

Abbildung 12.11: Ein Unterformular mit sehr niedrigen Zeilen

Warum aber wurde die Prozedur *OptimizeColumnWidth* nun als öffentliche Prozedur deklariert? Weil die beiden Ereignisse *Bei Filter* und *Beim Anzeigen* nicht gleich beim Instanzieren des Objekts *objColumnWidths* ausgelöst werden. Deshalb fügen Sie der Prozedur *Form_Load* noch einen Aufruf der Methode *OptimizeColumnWidth* hinzu (siehe oben).

Es gibt noch einen Grund, der die vorgestellte Technik zum Scheitern bringen könnte: Das Unterformular, dessen Ereignisse Sie mit der Klasse *clsColumnWidths* implementieren wollen, muss ein Klassenmodul besitzen. Dieses legen Sie im Zweifelsfall am schnellsten durch Einstellen der Eigenschaft *Enthält Modul* auf den Wert *Ja* an (siehe Abbildung 12.12).

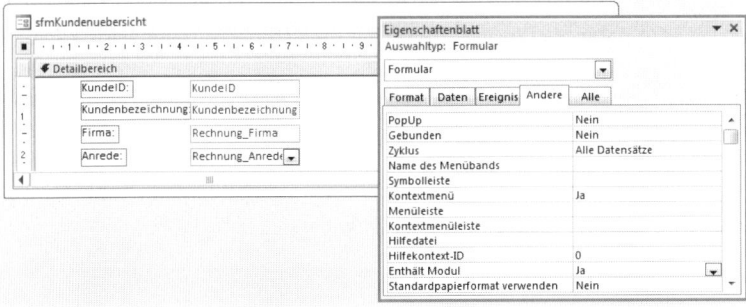

Abbildung 12.12: Hinzufügen eines Klassenmoduls zu einem Formular

12.5 Datenblatt: Komplette Zeile markieren

Wenn Sie Daten in der Datenblattansicht von Unterformularen anzeigen, die der Benutzer nicht bearbeiten soll, können Sie die angezeigten Datensätze durch einfaches Einstellen der Eigenschaft *Recordsettyp* auf *Snapshot* sperren. Der Benutzer kann dann weder vorhandene Datensätze ändern oder löschen noch neue Datensätze anlegen. Allerdings kann er die angezeigten Steuerelemente immer noch anklicken und somit die Einfügemarke in diesen Feldern platzieren – was natürlich herzlich wenig Sinn macht.

Datenblatt: Komplette Zeile markieren

Wozu braucht man eigentlich die Datenblattansicht, wenn man die enthaltenen Daten gar nicht mehr bearbeiten kann – reicht dann nicht auch ein Listenfeld? Nein: Die Datenblattansicht bietet ja immer noch die Möglichkeit, Spalten anzuordnen und anzupassen und die Daten zu filtern und zu sortieren. Wie verhindern wir, dass der Benutzer noch in die Felder klicken kann, obwohl er diese gar nicht mehr bearbeiten darf – was durchaus zu Verwunderung führen kann?

Es gibt eine Möglichkeit. Mit der folgenden Methode können Sie den aktuellen Datensatz komplett markieren – genau so, als ob Sie mit der Maus auf den Datensatzmarkierer für diesen Datensatz klicken (siehe Abbildung 12.13):

```
DoCmd.RunCommand acCmdSelectRecord
```

Abbildung 12.13: Komplett markierter Datensatz im Datenblatt

Wie aber sorgen Sie dafür, das Access diese Methode beim Anklicken eines beliebigen Feldes der Datenblattansicht ausführt? Sie nutzen Ereigniseigenschaften wie *Bei Maustaste ab*, *Bei Maustaste auf*, *Beim Klicken* oder *Beim Doppelklicken*, um diese Methode aufzurufen (siehe Abbildung 12.14).

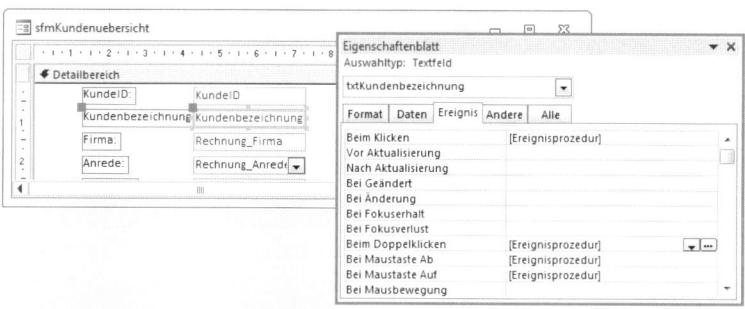

Abbildung 12.14: Diese Ereignisse werden beim Anklicken mit der Maus ausgelöst.

Für ein Steuerelement sehen diese Ereignisse etwa so aus:

```
Private Sub txtKundenbezeichnung_Click()
    DoCmd.RunCommand acCmdSelectRecord
End Sub
```

407

Kapitel 12 Formulare optimieren

```
Private Sub txtKundenbezeichnung_DblClick(Cancel As Integer)
    DoCmd.RunCommand acCmdSelectRecord
End Sub

Private Sub txtKundenbezeichnung_MouseDown(Button As Integer, Shift As Integer, _
        X As Single, Y As Single)
    DoCmd.RunCommand acCmdSelectRecord
End Sub

Private Sub txtKundenbezeichnung_MouseUp(Button As Integer, Shift As Integer, _
        X As Single, Y As Single)
    DoCmd.RunCommand acCmdSelectRecord
End Sub
```

Damit dies auch funktioniert, wenn der Benutzer etwa mit den Cursor-Tasten von Datensatz zu Datensatz navigiert, fügen Sie auch für die beiden Ereignisse *Bei Taste ab* und *Bei Taste auf* entsprechende Ereignisprozeduren hinzu:

```
Private Sub txtKundenbezeichnung_KeyDown(KeyCode As Integer, Shift As Integer)
    DoCmd.RunCommand acCmdSelectRecord
End Sub

Private Sub txtKundenbezeichnung_KeyUp(KeyCode As Integer, Shift As Integer)
    DoCmd.RunCommand acCmdSelectRecord
End Sub
```

Dies führen Sie für alle Steuerelemente durch, und schon wird immer der gesamte Datensatz markiert, wenn der Benutzer auf eines der Steuerelemente klickt. Aber das sind ja sechs Prozeduren – und die soll man für alle Felder des Datenblatts anlegen? Kein Problem: Die Beispielanwendung enthält eine wesentliche Vereinfachung für diese Aufgabe. Sie brauchen nur die beiden Klassen *clsDatasheetSelector* und *clsDatasheetSelectorControl* (sie sind in der Anwendung enthalten, aber falls Sie die Technik einmal in einer anderen Anwendung nutzen wollen, müssen Sie diese beiden Klassen dort importieren).

Der Clou ist, dass Sie nur noch ein paar Zeilen Code benötigen, um alle gebundenen Steuerelemente des Formulars mit der gewünschten Funktion zu versehen – eben das Markieren des kompletten Datensatzes beim Anklicken (und mehr, wie Sie gleich erfahren werden).

Als Erstes fügen Sie die folgende Zeile zum Klassenmodul des Formulars hinzu, dass seine Daten in der Datenblattansicht anzeigt:

```
Dim WithEvents objDatasheetSelector As clsDatasheetSelector
```

Danach legen Sie eine Prozedur für die Ereigniseigenschaft *Beim Laden* des Formulars hinzu und füllen diese wie folgt:

Datenblatt: Komplette Zeile markieren

```
Private Sub Form_Load()
    Set objDatasheetSelector = New clsDatasheetSelector
    With objDatasheetSelector
        Set .DataSheetForm = Me
    End With
End Sub
```

Diese Prozedur erstellt zunächst eine neue Instanz der Klasse *clsDatasheetSelector*. Dann weist Sie der Eigenschaft *DataSheetForm* des so entstandenen Objekts einen Verweis auf sich selbst zu (*Me*), also auf das Formular, das mit den Funktionen des *DatasheetSelectors* ausgestattet werden soll. Fertig - Sie können nun in die Datenblattansicht wechseln und ausprobieren, ob die angeklickte Zeile wie gewünscht markiert wird.

Es kommt noch besser: Möglicherweise möchten Sie ja auf bestimmte Ereignisse reagieren – beispielsweise auf einen Doppelklick auf einen der Datensätze. In diesem Fall müssten Sie eigentlich wieder für jedes Steuerelement eine Ereignisprozedur für das Ereignis *Beim Doppelklicken* anlegen und dort den Code eintragen, der die gewünschte Funktion ausführt – etwa um den angeklickten Datensatz im Detailformular zu öffnen.

Das Objekt *objDatasheetSelector* bringt jedoch einige Ereignisse mit, die durch alle angezeigten Steuerelemente ausgelöst werden, nämlich *Beim Doppelklicken*, *Bei Taste ab* und *Bei Taste auf*. Diese Ereignisse implementieren Sie, indem Sie mit den beiden Kombinationsfeldern im Codefenster erst links das Objekt *objDatasheetSelector* und dann rechts das gewünschte Ereignis auswählen (siehe Abbildung 12.15).

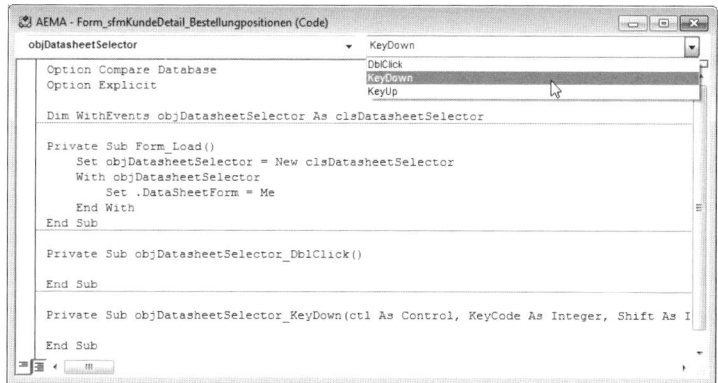

Abbildung 12.15: Anlegen von Ereignissen, die durch alle Felder der Datenblattansicht ausgelöst werden

Dies setzt allerdings voraus, dass Sie das Objekt wie oben mit dem Schlüsselwort *WithEvents* deklariert haben.

Wie funktioniert das? Die Klasse *clsDatasheetSelector* erhält beim Anlegen einen Verweis auf das betroffene Formular. Die Prozedur, die diese Eigenschaft entgegennimmt, durchläuft danach alle Steuerelemente des Formulars und legt für jedes Steuerelement ein neues Objekt auf Basis der Klasse *clsDatasheetSelectorControl* an und weist dieser eine Referenz auf das aktuelle Steuerelement zu.

Die Klasse *clsDatasheetSelectorControl* prüft den Typ des Steuerelements und speichert den Verweis auf das Element in einer entsprechenden Variablen – also etwa vom Typ *TextBox* oder *ComboBox*. Diese Variablen sind als *WithEvents* deklariert, sodass die Ereignisprozeduren, die Sie sonst mühsam für jedes Element anlegen müssten, für jedes Steuerelement bereits in der Klasse *clsDatasheetSelectorControl* vorliegen.

Klickt der Benutzer also etwa auf das Textfeld *Kundenbezeichnung*, wird die entsprechende, in der Klasse *clsDatasheetSelectorControl* angelegte Prozedur ausgelöst. Bei den drei Ereignissen, welche Sie für die Klasse *clsDatasheetSelector* im Formular implementieren können, um beispielsweise auf einen Doppelklick zu reagieren, wird ebenfalls zunächst das entsprechende Ereignis in der Klasse *clsDatasheetSelectorControl* ausgelöst.

Damit dadurch das entsprechende Ereignis der Klasse *clsDatasheetSelector* ausgelöst werden kann, übergibt die Klasse *clsDatasheetSelector* einen Verweis auf sich selbst an die Klasse *clsDatasheetSelectorControl*. *clsDatasheetSelector* hat Methoden wie zum Beispiel *DoubleClick*, die dann von der Ereignisprozedur der Klasse *clsDatasheetSelectorControl* aus ausgeführt werden.

Die Methode *DoubleClick* löst dann wiederum das Ereignis *DblClick* der Klasse *clsDatasheetSelector* aus.

Für eine detailliertere Erläuterung fehlt an dieser Stelle leider der Platz, allerdings können Sie den Code ja bei Interesse einmal debuggen, um diesen zu analysieren.

12.6 Kombinationsfelder per Doppelklick

In manchen Kombinationsfeldern, vor allem in solchen mit wenigen Daten, kommt man schneller zum gewünschten Datensatz, wenn man ein oder zwei Doppelklicks ausführen würde anstatt erst das Kombinationsfeld aufzuklappen und den gewünschten Datensatz auszuwählen.

Leider bieten Kombinationsfelder unter Access nicht den nötigen Komfort – aber immerhin die Ereigniseigenschaften, mit denen sich das gewünschte Verhalten realisieren lässt. Wir betrachten dazu die Schaltfläche *cboRechnung_AnredeID* des Formulars *frmKundeDetail*. Für diese legen Sie zwei Ereignisprozeduren an, und zwar für die Ereignisse *Beim Doppelklicken* und *Bei Maustaste ab* (siehe Abbildung 12.16).

Welches Verhalten ist nun genau gewünscht? Das Kombinationsfeld soll beim Ausführen eines Doppelklicks den folgenden Eintrag anzeigen. Wird gerade der letzte Eintrag angezeigt, soll das Kombinationsfeld geleert werden, einen Doppelklick später soll wieder der erste Datensatz erscheinen. Wenn der Benutzer beim Doppelklick die *Umschalt*-Taste gedrückt hält, soll der vorherige Eintrag ausgewählt werden.

Kombinationsfelder per Doppelklick

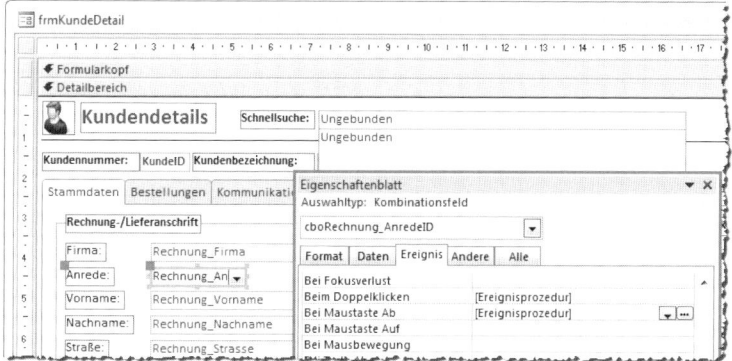

Abbildung 12.16: Ausstatten eines Kombinationsfeldes mit Datensatzwechseln bei Doppelklick

Die Ereignisprozedur, die durch einen Doppelklick ausgelöst wird, bietet leider keine Möglichkeit, zu prüfen, ob der Benutzer gerade die *Umschalt*-Taste gedrückt hält. Als benötigen wir eine weitere Prozedur, die unmittelbar vor dem Doppelklick ermittelt, ob die *Umschalt*-Taste gedrückt ist und dies in geeigneter Form festhält, damit die *Beim Doppelklicken*-Ereignisprozedur dies auswerten kann. Zum Speichern dieser Information verwenden wir einfach die folgende Variable, die wir im Kopf des Klassenmoduls deklarieren:

```
Dim bolBack As Boolean
```

Und welches Ereignis wird mit Sicherheit vor dem Doppelklick ausgelöst? Das Ereignis *Bei Maustaste ab*. Legen Sie für dieses Ereignis die folgende Ereignisprozedur an:

```
Private Sub cboRechnung_AnredeID_MouseDown(Button As Integer, Shift As Integer, _
        X As Single, Y As Single)
    If Button = 1 And Shift = 1 Then
        bolUmschalt = True
    End If
End Sub
```

Die Prozedur prüft, ob der Benutzer die linke Maustaste betätigt und dabei die *Umschalt*-Taste gedrückt hält. Falls ja, stellt sie die Variable *bolUmschalt* auf den Wert *True* ein.

DieProzedur, die beim Doppelklick auf das Kombinationsfeld ausgelöst wird, sieht schließlich wie folgt aus:

```
Private Sub cboRechnung_AnredeID_DblClick(Cancel As Integer)
    If bolUmschalt Then
        Select Case Me!cboRechnung_AnredeID.ListIndex
            Case 0
                Me!cboRechnung_AnredeID = Null
            Case -1
```

Kapitel 12 Formulare optimieren

```
                Me!cboRechnung_AnredeID = Me!cboRechnung_AnredeID.ItemData( _
                    Me!cboRechnung_AnredeID.ListCount - 1)
            Case Else
                Me!cboRechnung_AnredeID = Me!cboRechnung_AnredeID.ItemData( _
                    Me!cboRechnung_AnredeID.ListIndex - 1)
        End Select
        bolUmschalt = False
    Else
        Me!cboRechnung_AnredeID = Me!cboRechnung_AnredeID.ItemData( _
            Me!cboRechnung_AnredeID.ListIndex + 1)
    End If
End Sub
```

Hier ist die eine oder andere Erläuterung nötig. Der einfachere Teil ist der ohne gedrückte *Umschalt*-Taste, also der *Else*-Teil der *If...Then*-Bedingung. Die Anweisung ermittelt den Wert der Eigenschaft *ListIndex* des Kombinationsfeldes. Dieser ist *-1*, wenn kein Wert ausgewählt ist, *0* für den ersten Wert, *1* für den zweiten Wert und so weiter. Um von einem Listeneintrag zum nächsten zu wechseln, müsste man eigentlich nur *ListIndex* um eins erhöhen.

Wie es der Teufel will, ist diese Eigenschaft aber schreibgeschützt, sodass wir einen Umweg wählen müssen. Die *ItemData*-Eigenschaft liefert den Wert der gebundenen Spalte des Kombinationsfeldes für einen gegebenen Index-Wert, im Falle des Anrede-Kombinationfeldes also den Wert des Feldes *AnredeID*. Da sich durch das Zuweisen des mit *ItemData* ermittelten Wertes ein Eintrag zu einem bestimmten Index-Wert auswählen lässt, brauchen wir zum Auswählen des nächsten Eintrags also nur folgendes zu tun: Wir ermitteln den aktuellen Index-Wert (mit *ListIndex*), erhöhen diesen um *1*, ermitteln mit *ItemData* den Wert der gebundenen Spalte dieses Eintrags und weisen diesen dem Kombinationsfeld als neuen Wert zu.

Was geschieht nun, wenn wir beim letzten Eintrag angekommen sind – im Falle des Anrede-Kombinationsfeldes also dem Indexwert *1* (es gibt ja nur zwei Einträge – *Herr* mit dem Index *0* und *Frau* mit dem Index *1*)? Hier kommt uns Access entgegen: *ItemData* liefert für Indexwerte, die größer als der größte vorkommende Indexwert sind, den Wert *-1* – und dies entspricht wiederum dem leeren Kombinationsfeld. Also setzt das Kombinationsfeld nach einem Doppelklick auf den letzten Eintrag die Auswahl zurück.

Bei gedrückter *Umschalt*-Taste wird es etwas komplizierter: Hat der Index den Wert *0*, wird aktuell der erste Eintrag angezeigt und das Kombinationsfeld soll beim Doppelklick geleert werden. In diesem Fall wird dieses einfach auf den Wert *Null* eingestellt. Hat der Index den Wert *-1*, was einem leeren Kombinationsfeld entspricht, soll das Kombinationsfeld den letzten Eintrag auswählen (als quasi das Feld von hinten aufrollen).

Dazu ermitteln wir das Element, dessen Index der Anzahl der Einträge minus eins entspricht. Und in allen anderen Fällen soll einfach der Eintrag ausgewählt werden, dessen Index um eins kleiner ist als der Index des zuvor ausgewählten Eintrags.

Flexibles Unterformular für Datenblätter

Diese Funktion können Sie so einbauen, wie wir es für das Kombinationsfeld *cboRechnung_AnredeID* durchgeführt haben. Wenn Sie jedoch alle oder zumindest einige Kombinationsfelder einer Anwendung mit einer solchen Funktionalität ausstatten möchten, nutzen Sie die Klassen *clsComboboxDoubleclick* und *clsComboboxDoubleclickControl*.

Fügen Sie diese beiden Klassen zum VBA-Projekt Ihrer Datenbank hinzu und ergänzen Sie dann die Formular mit den auszustattenden Kombinationsfeldern um einige Zeilen Code. Zunächst fügen Sie zum Kopf des Moduls folgende Zeile hinzu:

```
Dim objComboboxDoubleclick As clsComboboxDoubleclick
```

Danach legen Sie, soweit dies noch nicht geschehen ist, eine Ereignisprozedur für das Ereignis *Beim Laden* des Formulars an. Ergänzen Sie es wie folgt:

```
Private Sub Form_Load()
    Set objComboboxDoubleclick = New clsComboboxDoubleclick
    With objComboboxDoubleclick
        .AddDoubleclickCombobox Me!cboLiefer_AnredeID
    End With
End Sub
```

Sie brauchen nur ein einziges Objekt auf Basis dieser Klasse pro Formular zu erzeugen. Anschließend fügen Sie diesem mit der einzigen Methode der Klasse, *AddDoubleclickCombobox*, einen Verweis auf das Kombinationsfeld hinzu, dass Sie mit der Funktion ausstatten möchten.

Wenn Sie mehrere Kombinationsfelder in einem Formular um diese Funktion erweitern wollen, rufen Sie die Methode einfach für alle gewünschten Kombinationsfelder je einmal auf.

12.7 Flexibles Unterformular für Datenblätter

Gelegentlich ist es hilfreich, wenn Sie ein Unterformular in der Datenblattansicht flexibel mit einer Datenherkunft wie einer Tabelle oder einer Abfrage füllen können. Das lässt sich zwar auch durch direkte Zuweisung des Namens der Tabelle oder Abfrage an die Eigenschaft *Herkunftsobjekt* erledigen, aber Sie können dann keine Ereignisprozeduren wie in einem herkömmlichen Unterformular definieren.

Wenn Sie aber beispielsweise auf einen Datensatzwechsel oder das Auswählen eines Datensatzes reagieren möchten, kommen Sie um den Einsatz eines echten Unterformulars nicht herum.

Speziell zu diesem Zweck wurde das Formular *sfmFlex* entwickelt. Es lässt sich als Unterformular in beliebige andere Formulare einbinden und kann durch Zuweisung der gewünschten Datenherkunft an eine einzige Eigenschaft mit den Daten dieser Datenherkunft füllen – ohne Einschränkung der Möglichkeiten zum Behandeln von Ereignissen.

Kapitel 12 Formulare optimieren

Wenn Sie das Formular in der Entwurfsansicht öffnen, kommt es zunächst scheinbar recht simpel daher: Es scheint nur ein einziges Steuerelement zu enthalten. Wenn Sie allerdings einmal das Kombinationsfeld im Eigenschaftsfenster anklicken, sehen Sie schnell, dass nicht mehr Steuerelemente sichtbar sind, weil diese alle übereinander gestapelt sind (siehe Abbildung 12.17).

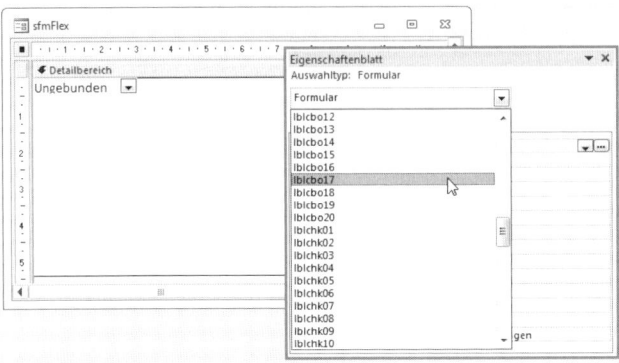

Abbildung 12.17: Entwurf des Unterformulars *sfmFlex*

Insgesamt enthält das Formular je 20 Textfelder, Kontrollkästchen und Kombinationsfelder – und damit ist die Anzahl der angezeigten Felder der Datenherkunft auch auf 20 festgelegt. Sie können dies allerdings noch erweitern.

Beim Laden des Formulars wird die folgende Ereignisprozedur ausgelöst, die schlicht und einfach die Spaltenbreite aller enthaltenen Steuerelemente auf 0 festlegt:

```
Private Sub Form_Load()
    Dim i As Integer
    For i = 1 To 20
        Me.Controls("txt" & Format(i, "00")).ColumnWidth = 0
        Me.Controls("cbo" & Format(i, "00")).ColumnWidth = 0
        Me.Controls("chk" & Format(i, "00")).ColumnWidth = 0
    Next i
End Sub
```

Die eigentliche Arbeit übernimmt die als *Public Sub* deklarierte und somit auch von anderen Formularen aus zugängliche Prozedur *FillFlexForm*. Wenn Sie das Formular *sfmFlex* als Unterformular in ein anderes Formular integriert haben, benötigen Sie nur wenige Schritte, um es mit den Daten der gewünschten Tabelle oder Abfrage zu füllen.

Als Erstes deklarieren Sie eine Objektvariable, mit der Sie vom Hauptformular aus auf das Unterformular zugreifen:

```
Dim WithEvents frm_sfmDuplikate As Form
```

Flexibles Unterformular für Datenblätter

Danach füllen Sie diese Variable beim Öffnen des Formulars, also beispielsweise in der Ereignisprozedur, die durch das Ereignis *Beim Laden* oder *Beim Öffnen* ausgelöst wird, mit einem Verweis auf das Unterformular:

```
Set frm_sfmDuplikate = Me!sfmDuplikate.Form
```

Schließlich rufen Sie die Methode *FillFlexForm* auf und übergeben den Namen der Tabelle oder Abfrage, die als Datenherkunft dienen soll:

```
Me!sfmDuplikate.Form.FillFlexForm "<Tabelle oder Abfrage>"
```

Diese Methode sieht wie folgt aus:

```
Public Sub FillFlexForm(strRecordsource As String)
    Dim i As Integer
    Dim db As DAO.Database
    Dim rst As DAO.Recordset
    Dim fld As DAO.Field
    Dim intDisplayControl As Integer
    Set db = CurrentDb
    For i = 1 To 20
        Me.Controls("txt" & Format(i, "00")).ColumnWidth = 0
        Me.Controls("cbo" & Format(i, "00")).ColumnWidth = 0
        Me.Controls("chk" & Format(i, "00")).ColumnWidth = 0
    Next i
    Set rst = db.OpenRecordset("SELECT * FROM " & strRecordsource & " WHERE 1=2", _
        dbOpenDynaset)
    Me.RecordSource = strRecordsource
    i = 0
    For Each fld In rst.Fields
        i = i + 1
        On Error Resume Next
        intDisplayControl = fld.Properties("DisplayControl")
        If Not Err.Number = 0 Then
            intDisplayControl = 109
        End If
        On Error GoTo 0
        Select Case intDisplayControl
            Case acCheckBox
                With Me.Controls("chk" & Format(i, "00"))
                    .ControlSource = fld.Name
                    .ColumnHidden = False
                    Me.Controls("lblchk" & Format(i, "00")).Caption = fld.Name
                    .ColumnWidth = -2
```

Kapitel 12 Formulare optimieren

```
                End With
            Case acTextBox
                With Me.Controls("txt" & Format(i, "00"))
                    .ControlSource = fld.Name
                    .ColumnHidden = False
                    Me.Controls("lbltxt" & Format(i, "00")).Caption = fld.Name
                    .ColumnWidth = -2
                End With
            Case acComboBox
                With Me.Controls("cbo" & Format(i, "00"))
                    .ControlSource = fld.Name
                    .ColumnHidden = False
                    .RowSource = fld.Properties("RowSource")
                    .RowSourceType = fld.Properties("RowSourceType")
                    .ColumnCount = fld.Properties("ColumnCount")
                    .ColumnWidths = fld.Properties("ColumnWidths")
                    Me.Controls("lblcbo" & Format(i, "00")).Caption = fld.Name
                    .ColumnWidth = -2
                    .SetFocus
                    .ListWidth = Val(fld.Properties("ListWidth"))
                End With
            Case Else
                Debug.Print intDisplayControl
        End Select
    Next fld
    Set db = Nothing
End Sub
```

Die Prozedur nimmt den Namen der Tabelle oder Abfrage mit dem Parameter *strRecordsource* entgegen. Auch beim Einrichten des Unterformulars auf die neue Datenherkunft stellt dieses nochmal die Spaltenbreite aller Felder auf *0* ein.

Immerhin kann es ja auch sein, dass die Datenherkunft einmal zur Laufzeit von einer Tabelle zur nächsten geändert wird – und für diesen Fall soll zuvor alle Steuerelemente unsichtbar gemacht werden (was durch den Wert 0 für die Spaltenbreite geschieht).

Danach öffnet die Prozedur eine Datensatzgruppe auf Basis der übergebenen Tabelle oder Abfrage. Allerdings wird als Kriterium der Ausdruck *1=2* angegeben, was dazu führt, dass das Recordset keine Datensätze enthält. Das ist auch kein Problem: Wir möchten nur die Eigenschaften der einzelnen Felder auslesen, dazu sind keine Daten nötig. Man könnte auch prüfen, ob es sich bei der Datenherkunft um eine Tabelle oder Abfrage handelt und in Abhängigkeit davon die Feldeigenschaften aus einem *TableDef-* oder *QueryDef*-Objekt auslesen. Aber mit einem Recordset gelingt dies unkomplizierter. Die nächste Zeile stellt dann die

Eigenschaft Datenherkunft auf die Tabelle oder Abfrage ein (*Me.RecordSource = strRecordsource*).

Die zuvor in der *For...Next*-Schleife zum Einstellen der Spaltenbreiten verwendete Laufvariable *i* wird wieder auf *0* eingestellt und bei jedem Durchlauf der folgenden *For Each*-Schleife über alle Felder der Datenherkunft um eins erhöht.

Außerdem ermittelt die Prozedur dort den Wert der Eigenschaft *DisplayControl* eines jeden Feldes. Diese Eigenschaft legt Access nur für Felder an, die ein vom Textfeld abweichendes Steuerelement zur Anzeige ihrer Daten verwenden, also etwa ein Kontrollkästchen oder ein Kombinationsfeld. Ist die Eigenschaft nicht angelegt, löst deren Abfrage einen Fehler aus. Diesen behandeln wir, indem wir der Variable zum Speichern des Zahlenwertes, der dem Steuerelementtyp entspricht, die Konstante *acTextbox* (entspricht dem Zahlenwert *109*) zuweisen. Die folgende *Select Case*-Anweisung unterscheidet dementsprechend die drei Werte *acTextBox*, *acComboBox* und *acCheckBox*. Warum ist hier eigentlich eine Unterscheidung nötig? Nun: Das Formular enthält 20 Exemplare jedes Steuerelements (Textfeld, Kombinationsfeld und Kontrollkästchen). Alle sind durchnummeriert, also *txt01* bis *txt20*, *cbo01* bis *cbo20* und *chk01* bis *chk20*. Wenn das erste Feld der Datenherkunft ein Textfeld ist, soll das Textfeld *txt01* eingeblendet und zur Anzeige der enthaltenen Daten verwendet werden und die beiden Steuerelemente *cbo01* und *chk01* ausgeblendet werden. Ist das zweite Feld ein Kombinationsfeld, soll *cbo02* angezeigt werden, *txt02* und *chk02* werden ausgeblendet.

Der Feldname, an den das Steuerelemente gebunden werden soll, wird jeweils der Eigenschaft *ControlSource* zugewiesen. Die Eigenschaft *ColumnHidden* erhält den Wert *False*, wenn das Steuerelement eingeblendet werden soll. Und das entsprechende Bezeichnungsfeld (für das erste Steuerelement also beispielsweise *lblchk01*, *lblcbo01* oder *lbltxt01*) wird mit der entsprechenden Beschriftung ausgestattet, indem die Prozedur der Eigenschaft *Caption* den Namen des Feldes zuweist. Schließlich wird die Spaltenbreite mit dem Wert *-2* für die Eigenschaft *ColumnWidth* optimiert.

Für ein Kombinationsfeld sind noch ein paar weitere Eigenschaften einzustellen – zum Beispiel *RowSource* und *RowSourceType*, um die Datensatzherkunft des Kombinationsfeldes zu definieren oder *ColumnCount* und *ColumnWidths*, um die Spaltenanzahl und Spaltenbreiten des Kombinationsfeldes zu bestimmen. All diese Informationen werden aus dem entsprechenden Nachschlagefeld der zugrunde liegenden Tabelle oder Abfrage entnommen.

Fertig – damit zeigen Sie flexibel Daten in Unterformularen an. Ein Beispiel finden Sie im Formular *frmDuplikateSuchen*, das unter »Doppelte Kunden finden« (Seite 124) beschrieben wird.

12.8 Kein Datensatz- und Positionswechsel bei Requery

Wenn Sie einen Datensatz in Unterformularen in der Datenblattansicht einen Eintrag auswählen, um beispielsweise das Detailformular zu diesem Datensatz zu öffnen, nehmen Sie möglicherwei-

Kapitel 12 Formulare optimieren

se Änderungen an diesem vor. Die Änderungen sollen nach dem Schließen des Detailformulars auch im aufrufenden Formular sichtbar sein, weshalb üblicherweise die *Requery*-Methode des Formulars aufgerufen wird.

Dabei wird zwar das Unterformular aktualisiert, aber leider auch der Datensatzzeiger wieder auf den ersten Datensatz eingestellt. Unter Umständen ist der zuvor ausgewählte Datensatz nun noch nicht einmal mehr sichtbar.

Um ein Formular in der Datenblattansicht zu aktualisieren, ohne den ausgewählten Datensatz zu verlieren, benötigen Sie ein paar Zeilen Code.

Ein Beispiel für den Einsatz der folgenden Prozedur finden Sie im Formular *frmKundenuebersicht*.

Wenn Sie dort auf die Schaltfläche *cmdBearbeiten* klicken, öffnet die Anwendung das Detailformular *frmKundeDetail*. Nach dem Bearbeiten des Kunden und dem Schließen des Formulars wird das Unterformular *sfmKundeDetail* normalerweise mit der *Requery*-Methode aktualisiert:

```
Me!sfm.Form.Requery
```

Dies führt dazu, dass Access den ersten Datensatz der Datenherkunft aktiviert und ganz oben anzeigt. Wenn vorher ein Datensatz markiert war, der sich weiter unten in der Liste befindet (wie in Abbildung 12.18), so verschwindet dieser nach dem *Requery* ganz aus dem sichtbaren Bereich (siehe Abbildung 12.19).

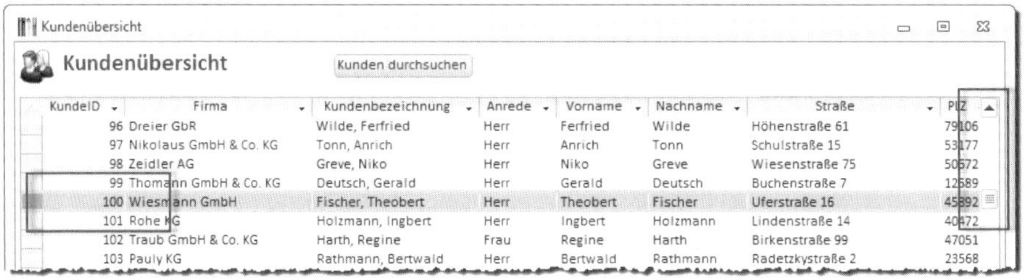

Abbildung 12.18: Markierter Datensatz vor dem Requery ...

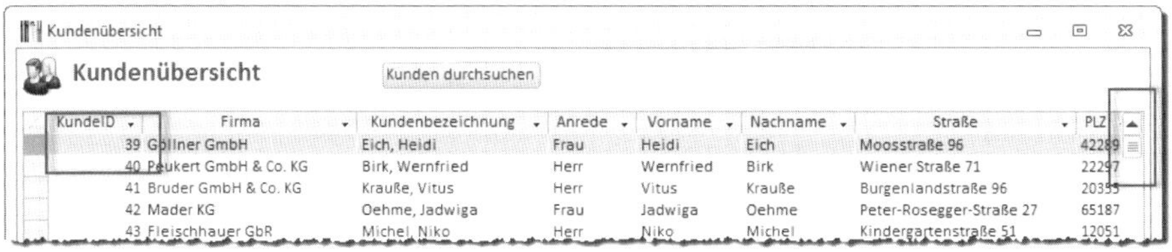

Abbildung 12.19: ... und nachher

Nach dem *Requery* soll aber der zuvor markierte Datensatz angezeigt werden, und zwar an der gleichen Position! Das lässt sich einrichten. Rufen Sie einfach statt der *Requery*-Methode des Formulars die Prozedur *SilentRequery* auf – zum Beispiel so:

Kein Datensatz- und Positionswechsel bei Requery

```
Private Sub cmdBearbeiten_Click()
    ...
    DoCmd.OpenForm "frmKundeDetail", DataMode:=acFormEdit, WindowMode:=acDialog, WhereC
ondition:=strWhereCondition
    SilentRequery Me!sfm.Form, "KundeID", ctlActiveControl
End Sub
```

Nun schauen wir uns die Prozedur *SilentRequery* an. Diese erwartet zwei Parameter:

» *frm*: Verweis auf das Formular, das aktualisiert werden soll – in diesem Fall das mit *Me!sfm.Form* referenzierte Unterformular

» *strPKField*: Primärschlüsselfeld der Datenherkunft im zu aktualisierenden Formulare

Zum besseren Verständnis des Ablaufs nehmen wir an, dass wir zwei Datensätze nach unten gescrollt haben, sodass der dritte Datensatz der erste sichtbare Datensatz ist. Der zweite Datensatz der aktuellen sichtbaren Datensätze ist markiert, also insgesamt der vierte.

Die Prozedur merkt sich zunächst den Primärschlüsselwert des Datensatzes, der vor der Aktualisierung ausgewählt ist und speichert diesen in der Variablen *lngDatensatz*. Außerdem trägt sie die Position des aktuellen Datensatzes in die Variable *lngPositionMarkierterDatensatzVorRequery* ein – hierbei werden auch die nicht sichtbaren Datensätze berücksichtigt. Für unser Beispiel lautet der Wert also *4*.

Damit das Formular bei den folgenden Aktionen nicht flackert, wird die Aktualisierung durch Setzen der Eigenschaft *Painting* auf *False* vorübergehend deaktiviert. Die Variable *lngXMarkierterDatensatzVorRequery* merkt sich die Position des aktuellen Datensatzes bezogen auf die angezeigten Datensätze vor dem Aktualisieren in Pixeln (hier *480*). Mit diesen Informationen ruft die Prozedur nun die herkömmliche *Requery*-Methode für das mit *frm* referenzierte Formular auf.

Je nachdem, ob das Unterformular in der Endlosansicht (*DefaultView = 1*) oder in der Datenblattansicht angezeigt wird (*DefaultView = 2*), wird die Variable *lngHoeheDetailbereich* mit dem Wert der Eigenschaft *Height* des Detailbereichs gefüllt oder mit dem Wert von *CurrentSectionTop* – in diesem Fall *240*, weil der erste Datensatz markiert ist. Die gleiche Eigenschaft liefert auch die Y-Position für den obersten Datensatz nach dem *Requery*, der dem ersten angezeigten Datensatz entspricht – diese wird in der Variablen *lngXErsterDatensatz* gespeichert und beträgt auch *240*.

Nun folgt die Wiederherstellung des alten Zustands. Als erstes markiert die Prozedur den allerletzten Datensatz des Formulars, indem die Eigenschaft *SelTop* auf die Anzahl der enthaltenen Datensätze eingestellt wird. Danach wird der Datensatz markiert, der zuvor ganz oben angezeigt wurde.

Aber woher bekommen wir dessen Position? Dazu verwenden wir die bislang ermittelten Werte. Wir kennen die Zeilenposition des markierten Datensatzes (*4*), wir kennen die Position des markierten Datensatzes in Pixeln (*480*) und wir kennen die Position des ersten angezeigten

Kapitel 12 Formulare optimieren

Datensatzes in Pixeln (*240*) sowie die Höhe einer Zeile (*240*). Daraus ergibt sich, dass die Position des ersten angezeigten vor dem Aktualisieren die dritte Position war.

Aktuell ist der letzte Datensatz markiert. Wenn wir nun den dritten Datensatz markieren, haben wir bereits die Anzeige der Datensätze wiederhergestellt. Nun muss die Prozedur nur noch den zuvor ausgewählten Datensatz markieren, was aufgrund der zuvor gemerkten Position leicht ist.

Im Überblick sieht die Prozedur so aus:

```
Public Sub SilentRequery(frm As Form, strPKField As String)
    Dim lngXErsterDatensatz As Long
    Dim lngDatensatz As Long
    Dim lngXMarkierterDatensatzVorRequery As Long
    Dim lngPositionMarkierterDatensatzVorRequery As Long
    Dim lngHoeheDetailbereich As Long
    Dim lngPositionErsterDatensatzVorRequery As Long
    lngDatensatz = frm(strPKField)
    lngPositionMarkierterDatensatzVorRequery = frm.SelTop
    frm.Painting = False
    lngXMarkierterDatensatzVorRequery = frm.CurrentSectionTop
    frm.Requery
    If frm.DefaultView = 1 Then
        lngHoeheDetailbereich = frm.Section(0).Height
    ElseIf frm.DefaultView = 2 Then
        lngHoeheDetailbereich = frm.CurrentSectionTop
    End If
    lngXErsterDatensatz = frm.CurrentSectionTop
    frm.SelTop = frm.Recordset.RecordCount
    lngPositionErsterDatensatzVorRequery = _
        (lngXMarkierterDatensatzVorRequery - lngXErsterDatensatz) / lngHoeheDetailbereich
    frm.SelTop = lngPositionMarkierterDatensatzVorRequery - _
        lngPositionErsterDatensatzVorRequery
    frm.SelTop = lngPositionMarkierterDatensatzVorRequery
    frm.Painting = True
End Sub
```

12.9 Formularposition ermitteln und einstellen

Wenn Sie ein Formular an einer bestimmten Position relativ zur Position des aufrufenden Formulars öffnen möchten (etwa um einige Pixel rechts und unterhalb vom Ausgangsformular), müssen Sie die Position des aktuellen Formulars ermitteln und die Position des zu öffnenden Formulars entsprechend einstellen.

Formularposition ermitteln und einstellen

Zum Speichern der ermittelten Daten, also dem Abstand vom linken und vom oberen Rand des Bildschirms sowie der Breite und Höhe der Formulare verwenden die folgenden Prozeduren den folgenden Typ:

```
Private Type Rect
    Left As Long
    Top As Long
    Right As Long
    Bottom As Long
End Type
```

Die Abmessungen eines Windows-Fensters ermittelt die API-Funktion *GetWindowRect*:

```
Private Declare Function GetWindowRect Lib "USER32" (ByVal hWnd As Long, _
    lpRect As Rect) As Long
```

Das Einstellen der Position und der Abmessungen übernimmt hingegen die API-Funktion *MoveWindow*:

```
Private Declare Function MoveWindow Lib "USER32" (ByVal hWnd As Long, ByVal X As Long, _
    ByVal Y As Long, ByVal nWidth As Long, ByVal nHeight As Long, _
    ByVal bRepaint As Long) As Long
```

Schließlich benötigen Sie noch zwei Wrapper-Funktionen, welche die von der API-Funktion *GetWindowRect* ermittelten Daten in leicht zu verarbeitender Form liefert. Die folgende Funktion erwartet einen Verweis auf das betroffene Formular sowie einige Variablen, die in der aufrufenden Prozedur deklariert und in der Funktion mit Werten gefüllt werden:

```
Public Function GetFormPosition(frm As Form, sngLeft As Single, sngTop As Single, _
        sngWidth As Single, sngHeight As Single)
    Dim rectForm As Rect
    Dim rectParent As Rect
    GetWindowRect frm.hWnd, rectForm
    GetWindowRect Application.hWndAccessApp, rectParent
    sngLeft = rectForm.Left - rectParent.Left
    sngTop = rectForm.Top - rectParent.Top
    sngWidth = rectForm.Right - rectForm.Left
    sngHeight = rectForm.Bottom - rectForm.Top
End Function
```

Der erste Aufruf von *GetWindowRect* ermittelt die Koordinaten des Access-Fensters und speichert diese in der Variablen *rectForm*, die auf dem Typ *Rect* basiert, der zweite die des Formulars im Access-Fenster.

Die folgenden Zeilen greifen auf die in den Typ-Objekten *rectForm* und *rectParent* zu, indem Sie den Variablennamen um einen Punkt und den Namen des gewünschten Elements erweitern (zum Beispiel *rectForm.Left*, um den Abstand vom linken Rand zu ermitteln). Diese Daten werden in die Rückgabeparameter *sngLeft*, *sngTop*, *sngWidth* und *sngHeight* geschrieben, wobei für die Werte *Left* und *Top* jeweils die Position des Access-Fensters von der Position des Formular-Fensters abgezogen wird.

Dies liefert die relative Position des Formulars zur linken, oberen Ecke des Access-Fensters. Die Größe des Access-Fensters hingegen wird aus der Differenz der Werte *Right* und *Left* sowie *Bottom* und *Top* des Formulars ermittelt.

Um die Position eines Formulars einzustellen, verwenden Sie die folgende Wrapper-Funktion:

```
Public Function SetFormPosition(frm As Form, sngLeft As Single, sngTop As Single, _
        sngWidth As Single, sngHeight As Single)
    Dim rectParent As Rect
    GetWindowRect Application.hWndAccessApp, rectParent
    sngLeft = sngLeft + rectParent.Left
    sngTop = sngTop + rectParent.Top
    sngWidth = sngWidth + rectParent.Left
    sngHeight = sngHeight + rectParent.Top
    MoveWindow frm.hWnd, sngLeft, sngTop, sngWidth, sngHeight, True
End Function
```

Dabei nimmt *frm* einen Verweis auf das Formular auf, dessen Position eingestellt werden soll. *GetWindowRect* ermittelt nochmals die Position des Access-Fensters, da die mit den Variablen *sngLeft* und *sngTop* übergebenen Koordinaten sich auf die relative Position zum Access-Fenster beziehen.

Dementsprechend übergibt die Funktion der API-Funktion *MoveWindow* die Werte *sngLeft* und *sngTop* erst, nachdem diesen die Positionswerte für das Access-Fenster hinzuaddiert wurden.

12.10 Unterformular(ereignisse) vom Hauptformular aus steuern

An einigen Stellen im Buch sollen Schaltflächen im Hauptformular in Abhängigkeit von der aktuellen Situation im Unterformular aktiviert oder deaktiviert werden. So soll beispielsweise die Schaltfläche zum Löschen eines Datensatzes nur aktiviert sein, wenn das Unterformular überhaupt gerade einen Datensatz anzeigt.

Im Folgenden schauen wir uns eine mögliche Technik am Beispiel des Formulars *frmBestellungDetail* und des Unterformulars *sfmBestellpositionen* an. Dort sollen für eine Bestellung, die noch keine Bestelldetails enthält, die Schaltflächen *Rechnung anzeigen*, *Rechnung drucken* und *Rechnung per Mail* deaktiviert werden (siehe Abbildung 12.20).

Unterformular(ereignisse) vom Hauptformular aus steuern

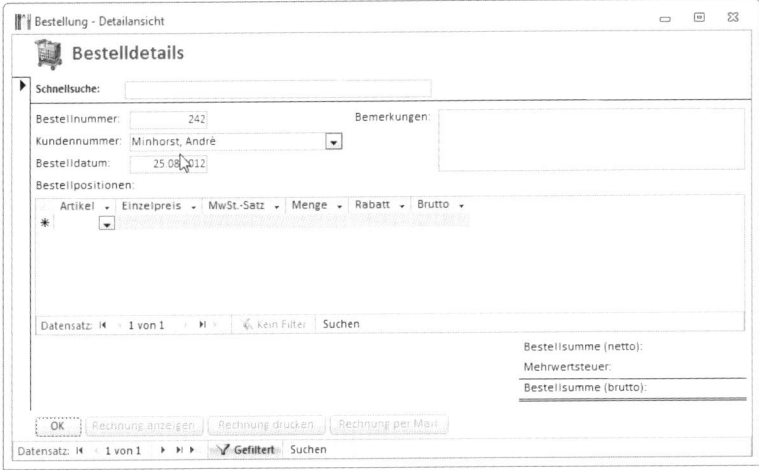

Abbildung 12.20: Deaktivieren einiger Schaltflächen, wenn wichtige Daten noch nicht eingegeben wurden

Es gibt nun mehrere Möglichkeiten, dies zu realisieren. Die verwendete Technik wird jedoch in jedem Falle das Ereignis *Beim Anzeigen* beziehungsweise *Form_Current* des Unterformulars verwenden, denn dieses wird beim Öffnen sowie beim Ändern der im Unterformular enthaltenen Daten ausgelöst und kann somit jederzeit eine verlässliche Information über enthaltene Bestellpositionen liefern.

Nun könnten Sie eine entsprechende Ereignisprozedur direkt für das Ereignis *Beim Anzeigen* des Unterformulars anlegen. Dieses würde dann jeweils prüfen, ob bereits Datensätze vorhanden sind und die Schaltflächen im Hauptformular entsprechend aktivieren oder deaktivieren.

Dies hat jedoch den Nachteil, dass das Unterformular vom Hauptformular abhängig ist, das heißt, Sie können es nirgends sonst mehr einsetzen. Und auch ein Öffnen des Unterformulars zu Testzwecken ist nicht möglich, da das Fehlen des Hauptformulars beim Versuch, dort befindliche Schaltflächen zu aktivieren oder deaktivieren zu einem Fehler führen würde.

Die hier verwendete Alternative sieht vor, dass das Hauptformular eine Objektvariable mit einem Verweis auf das Unterformular füllt. Diese Objektvariable wird so deklariert, dass Sie im Klassenmodul des Hauptformulars Ereignisprozeduren für das darin referenzierte Objekt, in diesem Fall also das Unterformular, anlegen können.

Die Deklaration erfolgt daher mit dem Schlüsselwort *WithEvents*:

```
Dim WithEvents sfmBestellpositionen As Form
```

Das Referenzieren des Unterformulars erfolgt im Ereignis *Beim Laden* des Hauptformulars. Dabei wird nicht nur der Verweis gesetzt, sondern auch gleich festgelegt, dass es im Klassenmodul des Hauptformulars eine Ereignisprozedur gibt, dass durch das Ereignis *Beim Anzeigen* (*OnCurrent*) des Unterformulars ausgelöst wird:

Kapitel 12 Formulare optimieren

```
Private Sub Form_Load()
    ...
    Set sfmBestellpositionen = Me!sfm.Form
    With sfmBestellpositionen
        .OnCurrent = "[Event Procedure]"
    End With
End Sub
```

Eine Voraussetzung für das Verwenden von Ereignissen anderer Formular in einem Klassenmodul ist, dass auch das fremde Formular ein Klassenmodul enthält. Dies stellen Sie sicher, indem Sie die Eigenschaft *Enthält Modul* dieses Formulars auf *Ja* einstellen.

Nun richten wir die Ereignisprozedur selbst ein, am schnellsten über die Auswahl der Einträge *sfmBestellpositionen* und *OnCurrent* in den beiden Kombinationsfeldern oben im Codefenster des Klassenmoduls des Formulars *frmBestellungDetail*. Daraufhin erscheint eine neue Ereignisprozedur, die Sie wie folgt füllen:

```
Private Sub sfmBestellpositionen_Current()
    RechnungsschaltflaechenAktivieren
End Sub
```

Die einzige Zeile dieser Prozedur ruft eine weitere Prozedur auf, welche die eigentliche Arbeit ausführt. Sie ermittelt zunächst die Anzahl der Datensätze im Unterformular. Lautet dieser Wert *0*, wird die Variable *bolBestellungLeer* auf den Wert *False* eingestellt, sonst auf *True*.

Die Eigenschaft *Enabled* der drei betroffenen Schaltflächen wird jeweils auf *True* eingestellt, wenn *bolBestellungLeer* den Wert *False* enthält und umgekehrt:

```
Private Sub RechnungsschaltflaechenAktivieren()
    Dim bolBestellungLeer As Boolean
    bolBestellungLeer = sfmBestellpositionen.Recordset.RecordCount = 0
    Me!cmdRechnungAnzeigen.Enabled = Not bolBestellungLeer
    Me!cmdRechnungDrucken.Enabled = Not bolBestellungLeer
    Me!cmdRechnungPerMail.Enabled = Not bolBestellungLeer
End Sub
```

Warum aber haben wir diese Anweisungen in eine neue Prozedur exportiert? Damit Sie die Anweisungen schnell auch von anderen Stellen aus aufrufen können. Dies geschieht etwa noch zusätzlich in der Prozedur *Form_Load*, damit die Schaltflächen gleich beim Öffnen des Formulars richtig eingestellt werden.

13 Outlook

Outlook bietet wie Word oder Excel die Möglichkeit der Fernsteuerung von einer Access-Anwendung aus. Es weist genau wie die übrigen Office-Anwendungen eine Objektbibliothek auf, über die Sie auf das Objektmodell von Outlook zugreifen können. Damit lassen sich eine Menge Aufgaben erledigen: Sie können damit E-Mails verschicken oder per Outlook erhaltene E-Mails einlesen, Termine anlegen oder auslesen oder Kontakte synchronisieren.

Das sind nur die meistgefragten Aufgaben – es gibt noch weitere Möglichkeiten wie etwa das Übertragen von Aufgaben von Access nach Outlook und umgekehrt. In diesem Kapitel schauen wir uns zunächst die Möglichkeiten von E-Mails in Zusammenhang mit unserer Kundenverwaltung und Outlook an. Dies ist ein wichtiger Baustein der Anwendung, denn mit den hier vorgestellten Grundlagen übertragen Sie die komplette E-Mail-Kommunikation von Outlook in Ihre Kundenverwaltung.

Wie ich aus eigener Erfahrung weiß, ist es ungemein wichtig, die Historie der bisherigen Kommunikation mit einem Kunden vorliegen zu haben, wenn eine neue Anfrage eingeht. In diesem Kapitel betrachten wir zunächst die technische Abwicklung unter Outlook, die im Kapitel »Kommunikation verwalten« (Seite 255) bereits von Anwendungsseite aus beschrieben wurde.

13.1 Outlook fernsteuern

Wenn Sie mit VBA auf die Objektbibliothek und somit auf die Objekte, Methoden, Eigenschaften und Ereignisse von Outlook zugreifen möchten, benötigen Sie zunächst einen Verweis auf die entsprechende Objektbibliothek. Diesen fügen Sie auf einfache Weise im VBA-Editor hinzu, den Sie von Access aus entweder mit *Alt + F11* oder *Strg + G* öffnen (Letzteres aktiviert gleich das Direktfenster, was hier allerdings nicht nötig ist).

Im VBA-Editor wählen Sie den Menüeintrag *Extras/Verweise* aus. Dort finden Sie die bereits gesetzten Verweise, die es überhaupt erst ermöglichen, dass Sie die VBA-Befehle, die DAO-Objekte und die Access-Objekte nutzen können.

Um nun auch noch Zugriff auf die Outlook-Objektbibliothek zu erhalten, wählen Sie aus der Liste den Eintrag *Microsoft Outlook 12.0 Object Library* beziehungsweise *Microsoft Outlook 14.0 Object Library* hinzu (siehe Abbildung 13.1).

Während es im Falle von Word oder Excel nicht relevant ist, müssen Sie unter Outlook explizit die Version der jeweils verfügbaren Objektbibliothek angeben. Das ist zumindest die beste Lösung, während Sie die Anwendung entwickeln. Dafür gibt es gleich mehrere Gründe:

» Sie können im VBA-Editor per IntelliSense auf die Methoden der jeweiligen Objektbibliothek zugreifen (Abbildung 13.2 zeigt ein Beispiel für den Einsatz von IntelliSense im VBA-Editor).

Kapitel 13 Outlook

» Sie finden die Elemente der Objektbibliothek im Objektkatalog.

» Sie können Konstanten statt der dahinter stehenden Werte angeben, also beispielsweise *olMailItem* statt *0* – was wesentlich aussagekräftiger ist.

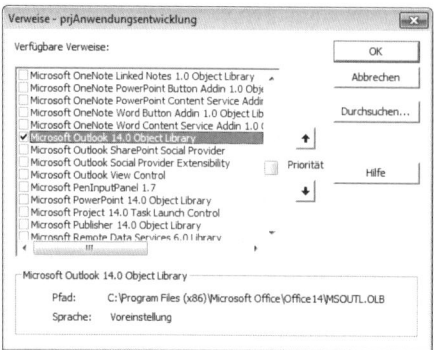

Abbildung 13.1: Hinzufügen eines Verweises auf die Outlook-Objektbibliothek

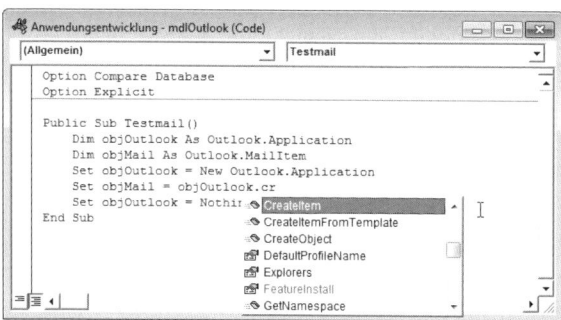

Abbildung 13.2: IntelliSense beim Zugriff auf Objekte des Outlook-Objektmodells

Allerdings führt es beispielsweise zu Problemen, wenn Sie eine Datenbank mit einem Verweis auf die Version 14.0 dieser Bibliothek an jemanden weitergeben, der nur die Version 12.0 der Bibliothek auf dem Rechner installiert hat. Wir zeigen in den kommenden Abschnitten jeweils, wie Sie mit der Objektbibliothek arbeiten und wie es ohne funktioniert.

Für die Zeit der Entwicklung der Anwendung können Sie jedoch ohne Probleme mit dem entsprechenden Verweis arbeiten, erst vor der Weitergabe der Anwendung sollten Sie den Verweis entfernen und die nachfolgend erläuterten Änderungen am Code vornehmen.

13.1.1 Outlook referenzieren

Für die meisten Aktionen, die in diesem Kapitel beschrieben werden, ist VBA-Code nötig. Immerhin möchten Sie automatisiert auf die Objektbibliothek von Outlook zugreifen, um beispielsweise E-Mails zu versenden – und sollten Sie nicht gerade einen gut programmierten Roboter an der Tastatur sitzen haben, der diese Aufgabe für Sie erledigt, werden Sie ohne die folgenden VBA-Prozeduren kaum auskommen. Um auf das Objektmodell von Outlook zuzugreifen, müssen Sie zunächst einmal eine entsprechende Variable deklarieren. Diese heißt *objOutlook* und hat den Datentyp *Outlook.Application*:

```
Dim objOutlook As Outlook.Application
```

Die folgende Anweisung füllt diese Variable mit einem Verweis auf eine Outlook-Instanz, egal ob Outlook bereits gestartet ist oder ob dies zu diesem Zweck noch nötig ist:

```
Set objOutlook = New Outlook.Application
```

Nun können Sie gleich auf das Objektmodell von Outlook zugreifen – zum Beispiel, um sich davon zu überzeugen, dass Sie auch einen Verweis auf Outlook erhalten haben und dazu den Namen des Objekts *objOutlook* ausgeben:

```
Dim objOutlook As Outlook.Application
Set objOutlook = New Outlook.Application
Debug.Print objOutlook.Name
Set objOutlook = Nothing
```

Dies holt einen Verweis auf die bestehende oder eine neue Outlook-Instanz, gibt den Namen der referenzierten Anwendung aus (hier *Outlook*) und leert den Verweis wieder. Wenn Outlook soeben neu gestartet wurde, beendet *Set objOutlook = Nothing* Outlook gleich wieder. Wenn schon eine Instanz gestartet war, wird nur die Referenz gelöscht, die Instanz bleibt davon unberührt. Dass die obigen Codezeilen, ausgeführt etwa als Teil einer Prozedur, beim Fehlen einer aktiven Outlook-Instanz Outlook starten und auch wieder beenden, können Sie gut im Task-Manager von Windows nachvollziehen. Diesen starten Sie am schnellsten über den Kontextmenü-Eintrag *Task-Manager starten* der Taskleiste von Windows. Eine Outlook-Instanz finden Sie etwa wie in Abbildung 13.3 vor.

13.1.2 Late Binding

Beim Programmieren ohne einen Verweis auf die Outlook-Objektbibliothek können Sie logischerweise nicht auf Datentypen wie etwa *Outlook.Application* zugreifen – der VBA-Editor kennt nur solche Datentypen, die entweder in referenzierten Objekten definiert sind oder die Sie selbst definiert haben. Sie müssen solche Objekte dann mit dem allgemeinen Datentyp *Object* deklarieren:

```
Dim objOutlook As Object
```

Und natürlich können Sie das Objekt auch nicht als neue Instanz der Klasse *Outlook.Application* erzeugen, sondern müssen die Klasse als Parameter der *CreateObject*-Instanz angeben:

```
Set objOutlook = CreateObject("Outlook.Object")
```

Kapitel 13 Outlook

Da Outlook eine Multi-Use-Instanz ist, können Sie immer mit *CreateObject* arbeiten – auch, wenn bereits ein Outlook-Objekt existiert (beispielsweise die Instanz, mit der Sie gerade Ihre Termine bearbeiten). Bei anderen Office-Anwendungen wie beispielsweise Word oder Excel läuft dies etwas anders – mehr dazu unter »Individuelle Anschreiben mit Word« (Seite 341).

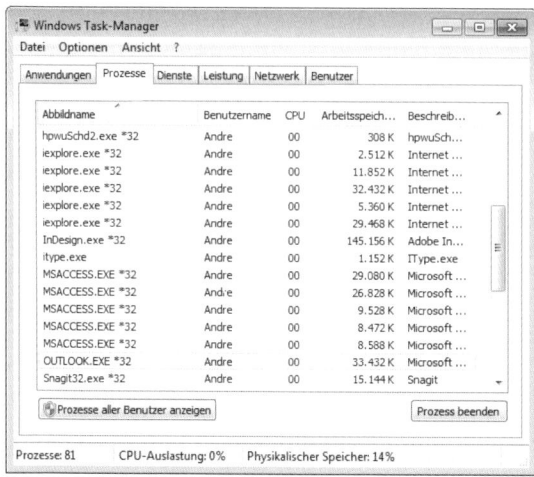

Abbildung 13.3: Task-Manager mit einer Outlook-Instanz

Wechseln zwischen Early Binding und Late Binding

Wenn sich die Entwicklung Ihrer Anwendung in einer Phase befindet, in der Sie häufig neue Versionen für den Kunden ausliefern, aber dennoch an Teilen der Anwendung entwickeln, bei denen Verweise wie etwa auf die Outlook-Bibliothek hilfreich sind, müssen Sie gegebenenfalls manuell zwischen den verschiedenen Ansätzen wechseln. Das heißt, dass Sie nach dem Entwickeln und vor dem Ausliefern jedesmal den Outlook-Verweis entfernen und Zeilen wie

```
Dim objOutlook As Outlook.Application
```

in diese umwandeln:

```
Dim objOutlook As Object
```

Ich selbst halte meist beide Varianten im Code vor und kommentiere die jeweils nicht benötigte Zeile aus:

```
Dim objOutlook As Outlook.Application
'Dim objOutlook As Object
```

Um das Entfernen und Hinzufügen des Verweises kommen Sie nicht herum, aber das Ein- und Auskommentieren der beiden oben erwähnten Zeilen können Sie sich mit der hilfreichen Technik der bedingten Kompilierung sparen. Dabei legen Sie zunächst etwa in einer Konstanten den Wert einer Bedingung fest:

```
#Const olReference = True
```

olReference bedeutet in diesem Fall: Die Referenz ist vorhanden (*True*) oder eben nicht (*False*). Ist die Referenz, also der Verweis auf die Outlook-Objektbibliothek, vorhanden und hat olReference somit den Wert *True*, wird in der folgenden kleinen Beispielprozedur der erste Teil der *If*-Bedingung ausgeführt, anderenfalls der zweite Teil:

```
Public Sub InstanzierenMitUndOhneVerweis()
    #If olReference = True Then
        Dim objOutlook As Outlook.Application
        Set objOutlook = New Outlook.Application
        Debug.Print "Early Binding: " & objOutlook.Name
        Set objOutlook = Nothing
    #Else
        Dim objOutlook As Object
        Set objOutlook = CreateObject("Outlook.Application")
        Debug.Print "Late Binding: " & objOutlook.Name
        Set objOutlook = Nothing
    #End If
End Sub
```

Der erste Teil bezieht sich explizit auf Objekte der Outlook-Bibliothek, der zweite Teil arbeitet so, als ob der Verweis nicht vorhanden wäre. Warum aber werden sowohl die Konstantendeklaration als auch die Bausteine des *If...Then...Else*-Konstrukts mit führenden #-Zeichen ausgestattet? Ganz einfach: Weil es sich hier um Anweisungen zum bedingten Kompilieren handelt. Das heißt, dass beim Kompilieren des Codes, bei dem unter anderem auch Syntaxfehler aufgedeckt werden, nur der Code kompiliert wird, für den die jeweilige Bedingung wahr ist. Wenn das VBA-Projekt keinen Verweis auf die Outlook-Bibliothek enthält, würde beispielsweise die Zeile

```
Dim objOutlook As Outlook.Application
```

zu einem Kompilierfehler führen – siehe Abbildung 13.4. Wenn Sie hingegen die Konstante *olReference* auf *False* einstellen und dem Kompiler somit das Signal geben, nur den zweiten Teil der *If...Then...Else*-Bedingung zu prüfen, lösen die Anweisungen im ersten Teil keinen Fehler aus. Dies ist nur eine kleine Anregung, wie Sie sich das möglicherweise nervtötende Ein- und Auskommentieren sparen können. Doch kommen wir nun zu den eigentlich interessanten Möglichkeiten des Outlook-Objektmodells – beispielsweise dem Senden von E-Mails.

13.2 E-Mails senden

Wenn Sie schon Kunden, Artikel und Bestellungen in einer Kundenverwaltung beherbergen, sollten Sie an dieser Stelle auch Zugriff auf die Kommunikation mit dem Kunden haben. Wir gehen an dieser Stelle davon aus, dass die Kommunikation ausschließlich über E-Mail erfolgt. Sollten

Sie oder Ihre Kunden diesen einfachen Weg ebenfalls anstreben, seien Sie nicht allzu großzügig mit der Publikation Ihrer Telefonnummer ...

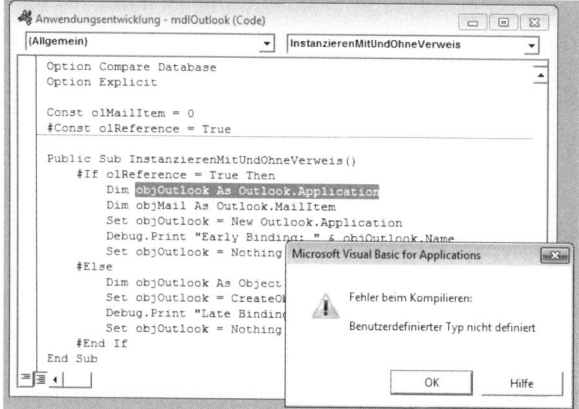

Abbildung 13.4: Kompilierfehler bei Verwendung eines nicht definierten Datentyps

Das Senden einer E-Mail mit Outlook dürfte Ihnen bekannt sein – Sie klicken auf die Schaltfläche zum Erstellen einer neuen E-Mail, geben den Empfänger, den Betreff und den Inhalt ein und hängen gegebenenfalls noch Dateien an. Diesen Vorgang wollen wir im Rahmen dieses Buchs so weit wie möglich übernehmen.

Das bedeutet jedoch nicht, dass wir hier ein eigenes Formular erstellen, das den Outlook-Dialog zum Erstellen einer neuen E-Mail möglichst genau abbildet! Das wäre zwar auch einfach möglich, aber warum sollen wir das Rad neu erfinden?

Outlook 2007/2010 bietet alle Möglichkeiten, direkt den Outlook-Dialog zum Versenden einer E-Mail zu öffnen, diesen automatisch mit Informationen wie Empfänger, Betreff, Inhalt und Anlagen zu füllen und diesen dann zu verschicken. Dabei soll es zwei Möglichkeiten geben:

» Die E-Mail wird direkt nach dem automatischen Erstellen verschickt, ohne sie anzuzeigen.

» Die E-Mail wird vor dem Versenden noch angezeigt, damit der Benutzer den Inhalt manuell anpassen kann.

Wozu diese beiden Varianten? Die erste Variante ist beispielsweise sinnvoll, wenn es um das Versenden einer Rechnung im PDF-Format geht. Sie verwenden dann einen Standardtext, hängen das von der Kundenverwaltung erzeugte Rechnungsdokument an und können die E-Mail versenden, ohne diese vorher noch zu kontrollieren (am Anfang werden Sie dies tun, aber glauben Sie mir: wenn Sie einmal erkannt haben, dass dies reibungslos funktioniert, werden Sie jeden unnötigen Arbeitsschritt vermeiden).

Die zweite Variante ist etwa für individuelle Kundenanschreiben interessant. Dazu soll das Kundenformular eine eigene Schaltfläche erhalten, mit der Sie eine E-Mail öffnen können, die bereits die richtige E-Mail-Adresse und gegebenenfalls einen Standardtext enthält, den Sie aber nach Belieben anpassen können.

13.2.1 Einfache E-Mails erstellen

Genau wie mit einem Mausklick unter Outlook können Sie mit wenigen VBA-Zeilen eine neue E-Mail kreieren. Wenn Sie einfach nur eine neue E-Mail öffnen möchten, verwenden Sie die folgenden Codezeilen:

```
Dim objOutlook As Outlook.Application
Dim objMail As Outlook.MailItem
Set objOutlook = New Outlook.Application
Set objMail = objOutlook.CreateItem(olMailItem)
objMail.Display
Set objOutlook = Nothing
```

Diese Zeilen erstellen eine neue Outlook-Instanz (oder holen eine bestehende), erzeugen mit der *CreateItem*-Methode ein neues Objekt des Typs *MailItem* und zeigen die E-Mail an (siehe Abbildung 13.5). Damit ist der Fall für den aufrufenden Code erledigt, der Benutzer und die jungfräuliche E-Mail bleiben sich selbst überlassen.

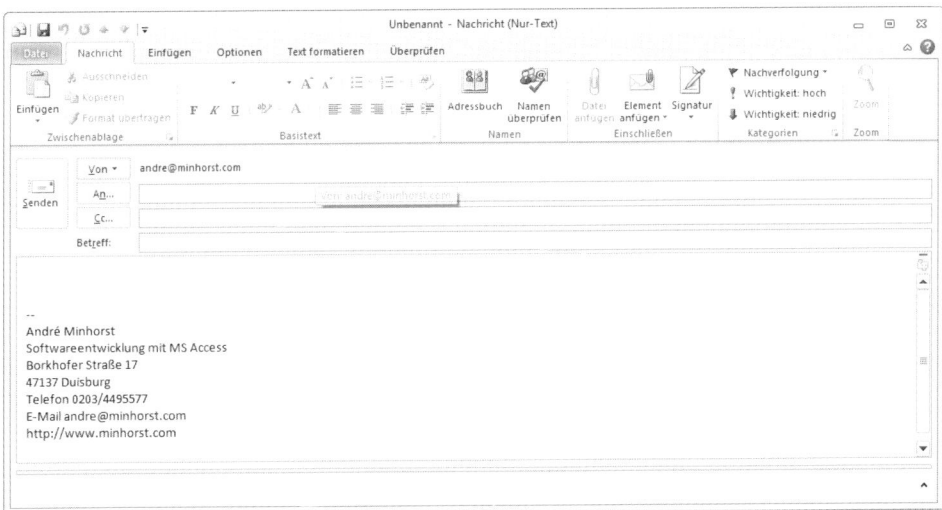

Abbildung 13.5: Eine jungfräuliche E-Mail

Sicherheitsmeldung beim Aufruf per VBA unterbinden

Unter Outlook 2007 und 2010 taucht, sofern Sie noch keine Änderungen an Ihrem System vorgenommen haben, gleich eine Sicherheitsmeldung auf, die erst nach einigen Sekunden das Freigeben des Mailversands ermöglicht (siehe Abbildung 13.6).

Kapitel 13 Outlook

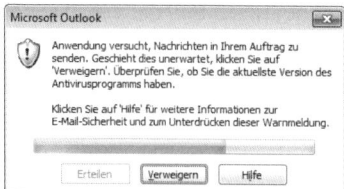

Abbildung 13.6: Sicherheitsmeldung beim Versuch, eine E-Mail per VBA zu versenden

Ab Access 2007 können Sie diese Meldung jedoch deaktivieren. Dazu öffnen Sie Outlook zunächst als Administrator – dies geht am einfachsten, indem Sie Ihre Outlook-Verknüpfung im Startmenü oder an anderer Stelle bei gedrückter Tastenkombination *Strg + Umschalt* anklicken.

Aktivieren Sie dann das Vertrauensstellungscenter, was bei Outlook 2007 und 2010 unterschiedlich funktioniert:

» Unter Outlook 2007 wählen Sie den Menüeintrag *Extras|Vertrauensstellungscenter* aus.

» Unter Outlook 2010 öffnen Sie die Outlook-Optionen, wechseln zum Bereich *Sicherheitscenter* und klicken dort auf die Schaltfläche *Einstellungen für das Sicherheitscenter*.

Im nun erscheinenden Dialog *Vertrauensstellungscenter* (Outlook 2007) beziehungsweise *Sicherheitscenter* (Outlook 2010) wechseln Sie zum Bereich *Programmgesteuerter Zugriff*, wo Sie die Option *Bei verdächtigen Aktivitäten nie Warnhinweis anzeigen (nicht empfohlen)* auswählen (siehe Abbildung 13.7).

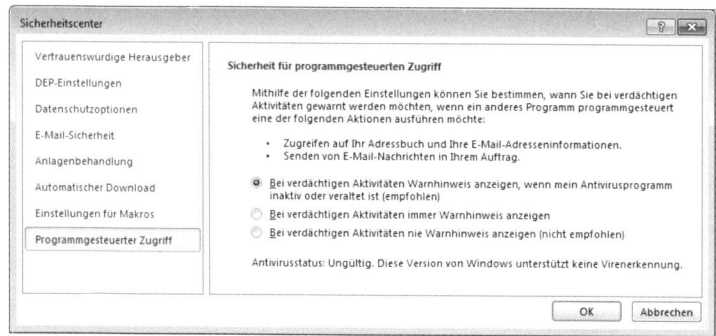

Abbildung 13.7: Deaktivieren der Sicherheitsmeldung beim Versenden von E-Mails

13.2.2 E-Mail-Versand komplett automatisieren

Damit die Anwendung auf Mausklick komplett selbstständig E-Mails versendet, brauchen Sie noch einige weitere Einstellungen. Wir wollen die komplette Funktion zum Versenden von E-Mails in einer Klasse unterbringen. Legen Sie dazu im VBA-Editor mit *Einfügen|Klassenmodul* ein neues Klassenmodul hinzu und speichern Sie es unter dem Namen *clsMail*.

E-Mails senden

Bevor wir diese Klasse füllen, klären wir noch, welche Features einer E-Mail wir nutzen möchten:

- Empfänger (To)
- Empfänger einer Kopie (CC)
- Empfänger einer blinden Kopie (BCC)
- Absender (From)
- Betreff (Subject)
- Inhalt (Body)
- Format des Inhalts (Plain, HTML)
- Anhänge (Attachment)
- Verschieben in einen speziellen Ordner nach dem Versenden
- Direktes Versenden einer E-Mail
- Erstellen einer E-Mail und Versenden nach manuellen Anpassungen
- Auslesen der Änderungen nach dem Versenden

Die Anforderungen sind nicht unbedingt umfangreich, haben es aber teilweise in sich.

13.2.3 Beschreibung der Klasse clsMail

Die Klasse *clsMail* soll direkt beim Instanzieren Outlook öffnen und eine E-Mail erstellen, die dann von den folgenden Zeilen mit den nötigen Informationen gefüllt und abgesendet wird. Beim Instanzieren einer Klasse wird die folgende Ereignisprozedur ausgelöst, die Sie durch Auswählen des Eintrags *Class* im linken Kombinationsfeld des Code-Fensters der Klasse hinzufügen:

```
Private Sub Class_Initialize()
    Set objOutlook = New Outlook.Application
    Set objMail = objOutlook.CreateItem(olMailItem)
End Sub
```

Die Klasse füllt zunächst die Variable *objOutlook* mit einem Verweis auf eine frisch erstellte Instanz von Outlook beziehungsweise auf eine bereits geöffnete Instanz.

Danach erstellt sie mit der *CreateItem*-Methode und dem Parameter *olMailItem* eine neue E-Mail und verweist mit der Variablen *objMail* darauf. Die beiden Variablen deklarieren Sie wie folgt im Kopf der E-Mail:

```
Private objOutlook As Outlook.Application
Private WithEvents objMail As Outlook.MailItem
```

Kapitel 13 Outlook

Warum *objMail* mit *WithEvents* deklariert wird, erfahren Sie weiter unten. Zunächst noch ein Blick auf das Ereignis, das beim Zerstören des Objekts auf Basis der Klasse *clsMail* ausgelöst wird. Dieses leert die Variablen zum Speichern der Outlook- und der MailItem-Referenz:

```
Private Sub Class_Terminate()
    Set objMail = Nothing
    Set objOutlook = Nothing
End Sub
```

Danach schauen wir uns an, wie *Property Let*-Prozeduren aussehen, mit denen Sie die Eigenschaften der frisch erstellten E-Mail einstellen können. Die ersten paar nehmen einfach die Werte entgegen, die von der instanzierenden Prozedur übergeben werden, und weisen diese direkt den entsprechenden Eigenschaften des *MailItem*-Objekts zu – zum Beispiel für den Betreff oder den Inhalt:

```
Public Property Let Betreff(strSubject As String)
    objMail.Subject = strSubject
End Property

Public Property Let Inhalt(strBody As String)
    objMail.Body = strBody
End Property
```

Mit den folgenden beiden *Property Let*-Prozeduren stellen Sie ein, ob der Empfänger beim Öffnen der E-Mail eine Empfangsbestätigung abschicken soll und welche Wichtigkeit die E-Mail hat:

```
Public Property Let Empfangsbestaetigung(bolReadReceiptRequested As Boolean)
    objMail.ReadReceiptRequested = bolReadReceiptRequested
End Property

Public Property Let Wichtigkeit(intImportance As OlImportance)
    objMail.Importance = intImportance
End Property
```

Etwas aufwendiger ist die *Property Let*-Prozedur, die den Absender der E-Mail entgegennimmt. Diese muss zunächst den Account von Outlook finden, welcher der angegebenen E-Mail-Adresse entspricht. Wurde dieser gefunden, stellt die Prozedur die Eigenschaft *SendUsingAccount* auf das gefundene *Account*-Objekt ein. Wird kein *Account*-Objekt gefunden, zeigt die Prozdur eine entsprechende Meldung an:

```
Public Property Let Von(strFrom As String)
    Dim objAccount As Outlook.Account
    For Each objAccount In objOutlook.Session.Accounts
        If objAccount.SmtpAddress = strFrom Then
```

```
            objMail.SendUsingAccount = objAccount
            Exit Property
        End If
    Next objAccount
    MsgBox "Outlook-Account mit der Mailadresse '" & strFrom & "' nicht gefunden."
End Property
```

Auch interessant ist die *Property Let*-Prozedur zum Einstellen des Ordners, in den die E-Mail nach dem Versenden verschoben werden soll. Dieser Ordner muss nämlich gegebenenfalls noch erstellt werden, was die *Add*-Methode des *Folders*-Objekts erledigt. Schließlich wird der Ordner, in den die E-Mail verschoben werden soll, mit der Eigenschaft *SaveSentMessageFolder* eingestellt:

```
Public Property Let Zielordner(strFolder As String)
    Dim objOrdnerGesendet As Outlook.Folder
    Dim objOrdnerZiel As Outlook.Folder
    Set objOrdnerGesendet = objOutlook.Session.GetDefaultFolder(olFolderSentMail)
    On Error Resume Next
    Set objOrdnerZiel = objOrdnerGesendet.Folders(strFolder)
    On Error GoTo 0
    If objOrdnerZiel Is Nothing Then
        Set objOrdnerZiel = objOrdnerGesendet.Folders.Add(strFolder)
    End If
    Set objMail.SaveSentMessageFolder = objOrdnerZiel
End Property
```

Zum Einstellen einiger Eigenschaften gibt es keine *Property Let*-Prozeduren, sondern einfache Prozeduren, die den Wert als Parameter entgegennehmen.

Der Grund ist, dass diese Eigenschaften mit mehreren Werten gefüllt werden können, beispielsweise mehrere Empfänger oder mehrere *CC*- oder *BCC*-Adressen. Diese weisen die übergebenen Werte nicht direkt den entsprechenden Eigenschaften zu, sondern verwenden die *Add*-Methode der Eigenschaften *Recipients*, *CC* und *BCC*, um die E-Mail-Adressen zuzuweisen:

```
Public Sub ToHinzufuegen(strTo As String)
    objMail.Recipients.Add strTo
End Sub

Public Sub CCHinzufuegen(strCC As String)
    objMail.CC = objMail.CC & strCC & ";"
End Sub

Public Sub BCCHinzufuegen(strBCC As String)
    objMail.BCC = objMail.BCC & strBCC & ";"
End Sub
```

Fehlt noch die Prozedur, mit der Sie Anhänge zuweisen können. Diese sieht wie folgt aus und nimmt ebenfalls jeweils einen Dateinamen entgegen. Der übergebene Dateiname wird dann mit der *Add*-Methode an die *Attachments*-Auflistung angehängt:

```
Public Sub AnhangHinzufuegen(strAttachment As String)
    objMail.Attachments.Add strAttachment
End Sub
```

Nun gibt es zwei Möglichkeiten, um die E-Mail zu senden. Die erste ist das direkte Versenden der E-Mail mit der Methode *Senden*. Diese führt die Methode *Send* des *MailItem*-Objekts aus:

```
Public Sub Senden()
    objMail.send
End Sub
```

Die zweite ist das Anzeigen der E-Mail und das manuelle Versenden. Dies erledigt die Methode *Anzeigen*, die wiederum die Methode *Display* des *MailItem*-Objekts aufruft:

```
Public Sub Anzeigen()
    objMail.Display True
End Sub
```

Warum aber sollte man die E-Mail anzeigen und dann manuell versenden? Nun, dafür gibt es verschiedene Gründe: Zum Beispiel kann es sein, dass Sie die E-Mail nochmals gegenlesen möchten. Oder vielleicht sollen auch noch manuelle Änderungen an der E-Mail vorgenommen werden – dies wäre hier nach dem Anzeigen, aber vor dem manuellen Versenden leicht möglich.

Ereignis beim Versenden einer E-Mail nutzen

Und damit kommen wir auch zu dem Grund, warum das Objekt *objMail* mit dem Schlüsselwort *WithEvents* ausgestattet wurde. Es kann sein, dass die Eigenschaften einer über diese Klasse versendeten E-Mail weiterverwertet werden sollen, beispielsweise um die Kommunikation mit dem Kunden zu protokollieren und in einer Tabelle zu speichern. Dies ist kein Problem, wenn die E-Mail direkt verschickt wird. Wenn der Benutzer allerdings vor dem Verschicken noch Änderungen vornimmt, kann man normalerweise von der Klasse *clsMail* nicht mehr auf die geänderten Daten zugreifen. Nun enthält das *MailItem*-Objekt allerdings einige Ereignisse, von denen eines zufälligerweise beim Versenden ausgelöst wird – und das auch, wenn die E-Mail mit der *Display*-Methode angezeigt und dann manuell versendet wird. Diese Methode legen Sie an, indem Sie im linken Kombinationsfeld des Code-Fensters des Klassenmoduls den Eintrag *objMail* und im rechten Kombinationfeld den Wert *Send* auswählen.

Diese Prozedur füllen Sie dann wie folgt, um den Inhalt und den Betreff in entsprechenden Variablen zu speichern:

```
Private Sub objMail_Send(Cancel As Boolean)
    m_Body = objMail.Body
```

```
    m_Subject = objMail.Subject
    m_EntryID = objMail.EntryID
End Sub
```

In dieser Prozedur finden Sie übrigens auch noch die Zuweisung der Eigenschaft *EntryID* zur Variablen *m_EntryID*.

Dabei handelt es sich um eine eindeutige Eigenschaft des *MailItem*-Objekts. Diese Variablen deklarieren Sie übrigens wie folgt im Kopf des Klassenmoduls:

```
Private m_Subject As String
Private m_Body As String
Private m_EntryID As String
```

Und damit die instanzierende Prozedur auch auf die Inhalte dieser Variablen zugreifen kann, legen Sie noch die folgenden beiden *Property Get*-Prozeduren an:

```
Public Property Get Inhalt() As String
    Inhalt = m_Body
End Property

Public Property Get Betreff() As String
    Betreff = m_Subject
End Property
```

Und auch für die *EntryID* legen wir eine *Property Get*-Prozedur an, die etwas sinnvoller mit *MailID* bezeichnet wird:

```
Public Property Get MailID() As String
    MailID = m_EntryID
End Property
```

13.2.4 Beispiel Rechnungsversand per E-Mail

Der Versand von Rechnungen per E-Mail wird an mehreren Stellen innerhalb der Anwendung angestoßen, zum Beispiel im Formular *frmBestellungDetail*. Dort gibt es eine Schaltfläche namens *cmdRechnungPerMail*, welche die Klasse *clsMail* verwendet, um eine Rechnung zu verschicken. Wie für einige andere Funktionen innerhalb der Anwendung gibt es auch für den Rechnungsversand per E-Mail einige Voreinstellungen, die in der Tabelle *tblStammdaten* gespeichert werden. In diesem Fall handelt es sich um die folgenden Felder (siehe Abbildung 13.8):

» *TextRechnungEMail*: Body der E-Mail, kann Platzhalter wie *[Vorname]* enthalten

» *BetreffRechnungEMail*: Betreff der E-Mail, kann Platzhalter wie *[KundeID]* oder *[BestellungID]* enthalten

Kapitel 13 Outlook

» *AbsenderRechnungEMail*: E-Mail-Konto, von dem aus die E-Mail versendet werden soll

» *ZielverzeichnisRechnungEMail*: Verzeichnis in Outlook unterhalb von *Gesendete Objekte*, in das die E-Mails mit Rechnungen gespeichert werden sollen

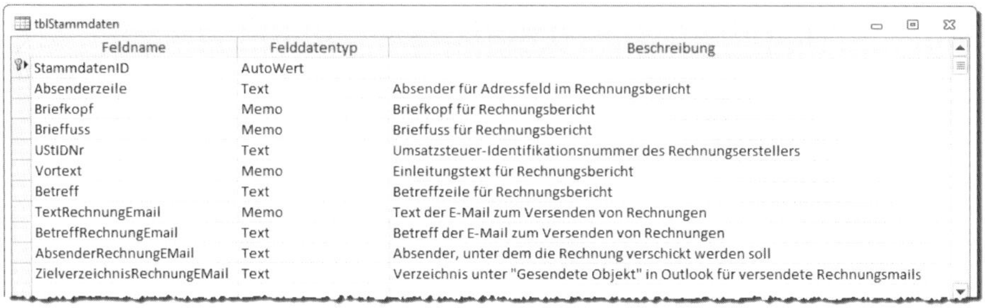

Feldname	Felddatentyp	Beschreibung
StammdatenID	AutoWert	
Absenderzeile	Text	Absender für Adressfeld im Rechnungsbericht
Briefkopf	Memo	Briefkopf für Rechnungsbericht
Brieffuss	Memo	Brieffuss für Rechnungsbericht
UStIDNr	Text	Umsatzsteuer-Identifikationsnummer des Rechnungserstellers
Vortext	Memo	Einleitungstext für Rechnungsbericht
Betreff	Text	Betreffzeile für Rechnungsbericht
TextRechnungEmail	Memo	Text der E-Mail zum Versenden von Rechnungen
BetreffRechnungEmail	Text	Betreff der E-Mail zum Versenden von Rechnungen
AbsenderRechnungEMail	Text	Absender, unter dem die Rechnung verschickt werden soll
ZielverzeichnisRechnungEMail	Text	Verzeichnis unter "Gesendete Objekt" in Outlook für versendete Rechnungsmails

Abbildung 13.8: Tabelle zum Speichern von Voreinstellungen für E-Mails zum Rechnungsversand

Das Formular zum Eintragen der Daten erfordert etwas Aufwand. Legen Sie ein neues Formular namens *frmStammdatenRechnungsEMails* an und weisen Sie diesem als Datenherkunft die Tabelle *tblStammdaten* zu. Ziehen Sie aus der Feldliste die vier genannten Felder in den Detailbereich.

Die oberen beiden Felder können wir so beibehalten, diese enthalten nur einfache Texte. Das Feld *AbsenderRechnungEMail* könnten Sie theoretisch auch einfach von Hand füllen – es muss lediglich eine E-Mail-Adresse eingegeben werden, die zu einem aktuell in Outlook enthaltenen E-Mail-Konto passt.

Aber wir wollen ja etwas Komfort bieten und ändern das Textfeld in ein Kombinationsfeld, das alle aktuell verfügbaren Outlook-Konten samt E-Mail-Adressen zur Auswahl anbieten soll. Um das Textfeld in ein Kombinationsfeld umzuwandeln, wählen Sie den Eintrag *Ändern zu|Kombinationfeld* aus dem Kontextmenü des Textfeldes aus.

Stellen Sie den Wert der Eigenschaft *Herkunftstyp* auf *Wertliste* ein und *Wertlistenbearbeitung zulassen* auf *Nein*. Außerdem soll das Kombinationsfeld den Wert der E-Mail-Adresse als gebundene Spalte verwenden, aber diese nicht anzeigen – sondern die Kombination aus Benutzername und E-Mail-Adresse. Dazu stellen Sie die Eigenschaften *Spaltenanzahl* und *Spaltenbreite* auf *2* und *0cm* ein.

Auch das Feld *ZielverzeichnisRechnungEMail* muss noch etwas erweitert werden. Dazu fügen Sie rechts daneben eine kleine Schaltfläche hinzu, die *cmdOrdnerAuswaehlen* heißen soll.

Die Steuerelemente benennen Sie auf gewohnte Art mit dem *Control-Renamer* um (siehe auch »Control-Renamer« (Seite 25)), sodass beispielsweise das Kombinationsfeld *cboAbsenderRechnungEMail* heißt.

Das Formular sieht nun wie in Abbildung 13.9 aus.

E-Mails senden

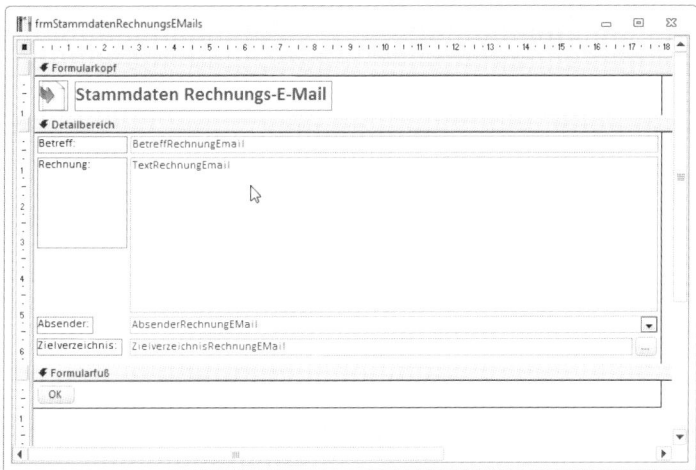

Abbildung 13.9: Entwurf des Formulars für die Stammdaten des Rechnungsversands per E-Mail

Kombinationsfeld mit E-Mail-Adressen füllen

Nun sorgen wir dafür, dass das Kombinationsfeld alle verfügbaren E-Mail-Konten des aktuellen Rechners anzeigt.

Da das Kombinationsfeld die E-Mail-Adressen aller verfügbaren Konten anzeigen soll, müssen diese dynamisch von Outlook eingelesen werden. Dies soll beim Öffnen des Formulars geschehen, und zwar in einer Prozedur, die durch das Ereignis *Beim Laden* ausgelöst wird. Die Prozedur sieht so aus:

```
Private Sub Form_Load()
    Dim objOutlook As Outlook.Application
    Dim objAccount As Outlook.Account
    Dim strEMailadressen As String
    Set objOutlook = New Outlook.Application
    For Each objAccount In objOutlook.Session.Accounts
        strEMailadressen = strEMailadressen & objAccount.SmtpAddress & ":" _
            & objAccount.UserName & " <" & objAccount.SmtpAddress & ">:"
    Next objAccount
    Me!cboAbsenderRechnungEMail.RowSource = strEMailadressen
    Set objOutlook = Nothing
End Sub
```

Die Prozedur erstellt eine neue Instanz von Outlook und durchläuft dann in einer *For Each*-Schleife alle *Account*-Objekte der aktuellen Session. Jeder Account liefert beispielsweise den Benutzernamen (*Username*) und die E-Mail-Adresse (*SmtpAddress*). Diese beiden Informationen werden in der Form *andre@minhorst.com;André Minhorst <andre@minhorst.com>;* zur Variablen

Kapitel 13 Outlook

strEmailadressen hinzugefügt – für jedes Konto einer. Schließlich weist die Prozedur den Inhalt von *strEmailadressen* der Eigenschaft *RowSource* (also *Datensatzherkunft*) des Kombinationsfeldes hinzu. Damit werden die E-Mail-Adressen nun wie in Abbildung 13.10 angezeigt.

Abbildung 13.10: Auswahl einer Absenderadresse

Zielordner für gesendete Objekte auswählen

Nun kümmern wir uns um die Schaltfläche *cmdOrdnerAuswaehlen*. Diese soll den Dialog von Outlook zum Auswählen eines Outlook-Ordners ermöglichen. Dazu löst ein Klick auf die Schaltfläche die folgende Prozedur aus:

```
Private Sub cmdOrdnerAuswaehlen_Click()
    Dim objOutlook As Outlook.Application
    Dim objFolder As Outlook.Folder
    Dim strFolder As String
    Dim strSentFolder As String
    Set objOutlook = New Outlook.Application
    Set objFolder = objOutlook.Session.PickFolder
    strSentFolder = objOutlook.Session.GetDefaultFolder(olFolderSentMail).FolderPath
    If Not objFolder Is Nothing Then
        strFolder = objFolder.FolderPath
        strFolder = Replace(strFolder, strSentFolder, "")
        strFolder = Mid(strFolder, 2)
        Me!txtZielverzeichnisRechnungEMail = strFolder
    End If
    Set objOutlook = Nothing
End Sub
```

Die Prozedur erstellt wiederum eine Outlook-Instanz. Die Funktion *PickFolder* des *Session*-Objekts zeigt den Dialog aus Abbildung 13.11 an. Wenn der Benutzer einen Ordner auswählt,

E-Mails senden

wird dessen Eigenschaft *FolderPath* in die Variable *strFolder* eingetragen, zum Beispiel \\ *Outlook\Gesendete Objekte\Rechnungen*. Die Mails sollen nur innerhalb von *\\Outlook\ Gesendete Objekte* verschoben werden, dies ist auch der Basisordner. Es kann jedoch sein, dass der Ordner Gesendete Objekte auf Ihrem System einen anderen Pfad hat, deshalb ermittelt die Prozedur den Pfad mit dem Ausdruck *GetDefaultFolder(olFolderSentMail)* und speichert diesen in *strSentFolder*. Wozu benötigen wir diesen Ordner? Um mit einer *Replace*-Anweisung den Teil *\\Outlook\Gesendete Objekte* beispielsweise aus *\\Outlook\Gesendete Objekte\Rechnungen* zu entfernen. Es bleibt der reine Unterordner *\Rechnungen*, bei dem nur noch der führende Backslash (\) entfernt werden muss. Der Inhalt von *strFolder* wird dann in das Textfeld *txtZielverzeichnisRechnungEMail* eingetragen, da sonst der Inhalt des Textfeldes nicht geändert wird.

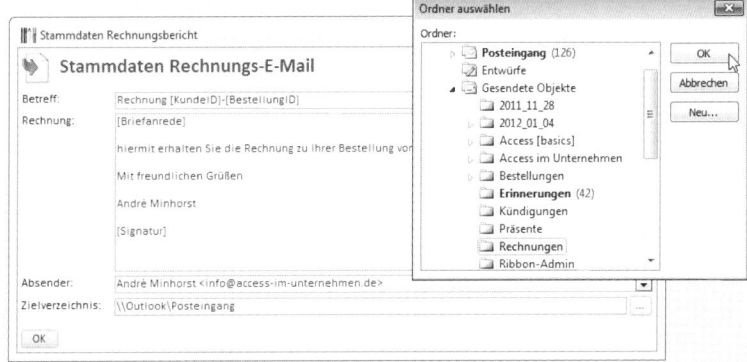

Abbildung 13.11: Outlook-Ordner auswählen

Damit sind die Vorbereitungen erledigt – nun versenden Sie eine Rechnung aus dem Formular *frmBestellungDetail* heraus.

E-Mail mit Rechnung versenden

Ein Mausklick auf die Schaltfläche *cmdRechnungPerMail* startet die entsprechende Ereignisprozedur, die wie folgt aussieht:

```
Private Sub cmdRechnungPerMail_Click()
    Dim strRechnungsdatei As String
    Dim datRechnungAm As Date
    Dim lngRechnungsversandartID As Long
    RechnungPerMail Me!BestellungID, strRechnungsdatei, datRechnungAm, _
        lngRechnungsversandartID
    Me!Rechnungsdatei = strRechnungsdatei
    Me!RechnungAm = datRechnungAm
    Me!RechnungsversandartID = lngRechnungsversandartID
End Sub
```

Kapitel 13 Outlook

Die Prozedur deklariert einige Variablen, die neben dem aktuellen Wert des Feldes *BestellungID* als Parameter an die Funktion *RechnungPerMail* übergeben werden. Diese Funktion kümmert sich um die eigentliche Arbeit: Sie erstellt die Rechnung im PDF-Format, erstellt eine neue E-Mail, füllt diese und hängt die PDF-Rechnung an die E-Mail an, bevor sie diese verschickt. Außerdem füllt sie die Variable *strRechnungsdatei* mit dem Namen der erstellten PDF-Datei, *datRechnungAm* mit dem Rechnungsdatum und *lngRechnungsversandartID* mit dem Wert *2*, was dem Versand per E-Mail entspricht. Diese Werte trägt die Ereignisprozedur in die entsprechenden Felder der Datenherkunft ein. Diese Funktion *RechnungperMail* sieht wie folgt aus:

```
Public Function RechnungPerMail(lngBestellungID As Long, strRechnungsdatei As String, _
        datRechnungAm As Date, lngRechnungsversandartID As Long)
    Dim objMail As clsMail
    Dim lngKundeID As Long
    Dim strEmpfaenger As String
    Dim strBetreff As String
    Dim strInhalt As String
    Dim strVon As String
    Dim strZielverzeichnis As String
    strRechnungsdatei = RechnungErstellen(lngBestellungID)
    datRechnungAm = Now
    lngKundeID = DLookup("KundeID", "tblBestellungen", "BestellungID = " _
        & lngBestellungID)
    strEmpfaenger = DLookup("EMail", "tblKunden", "KundeID = " & lngKundeID)
    strBetreff = DLookup("BetreffRechnungEmail", "tblStammdaten")
    strBetreff = PlatzhalterErsetzen(strBetreff, "qryRechnungPerEMail", _
        "BestellungID", lngBestellungID)
    strBetreff = PlatzhalterErsetzen(strBetreff, "qryRechnungPerEMail", _
        "BestellungID", lngBestellungID)
    strInhalt = DLookup("TextRechnungEmail", "tblStammdaten")
    strInhalt = PlatzhalterErsetzen(strInhalt, "qryRechnungPerEMail", _
        "BestellungID", lngBestellungID)
    strInhalt = PlatzhalterErsetzen(strInhalt, "qryRechnungPerEMail", _
        "BestellungID", lngBestellungID)
    strVon = DLookup("AbsenderRechnungEMail", "tblStammdaten")
    strZielverzeichnis = DLookup("ZielverzeichnisRechnungEMail", "tblStammdaten")
    Set objMail = New clsMail
    With objMail
        .ToHinzufuegen strEmpfaenger
        .Betreff = strBetreff
        .Inhalt = strInhalt
        .Von = strVon
        .AnhangHinzufuegen strRechnung
```

```
            .Zielordner = strZielverzeichnis
            .Senden
            If .Gesendet Then
                EMailSpeichern lngKundeID, .Betreff, .Inhalt, Now, .Von, .An, .CC, .BCC
            End If
        End With
        lngRechnungsversandartID = 2
        Set objMail = Nothing
    End Function
```

Die Funktion nimmt die drei Parameter *strRechnungsdatei*, *datRechnungAm* und *lngRechnungsversandID* leer entgegen und füllt diese im weiteren Verlauf, sodass die Werte von der aufrufenden Prozedur weiterverwendet werden können.

Die Funktion *RechnungPerMail* ruft zunächst die Funktion *RechnungErstellen* auf, die bereits im Kapitel »Rechnung als PDF speichern« (Seite 228) beschrieben wird. Diese Funktion erstellt die Rechnung für den angegebenen Wert des Feldes *BestellungID* und liefert den Namen der erstellten Datei zurück, der hier in der Variablen *strRechnungsdatei* gespeichert wird.

Ein weiterer Rückgabeparameter namens *datRechnungAm* wird mit dem aktuellen Datum und der aktuellen Zeit gefüllt. Die folgenden beiden Anweisungen haben das Ziel, die E-Mail-Adresse des Kunden für die aktuelle Bestellung zu ermitteln. Die erste liest per *DLookup*-Funktion den Wert des Feldes *KundeID* aus der Tabelle *tblBestellungen* für die aktuelle Bestellung ein, die zweite arbeitet ebenfalls mit *DLookup* und ermittelt aus der Tabelle *tblKunden* die E-Mail-Adresse für den Kunden mit dem soeben ermittelten Wert für das Feld *KundeID*. Die E-Mail-Adresse wird in der Variablen *strEmpfaenger* gespeichert.

Nun folgen einige Anweisungen, welche die Stammdaten für den Versand von Rechnungen per E-Mail aus der Tabelle *tblStammdaten* auslesen. Der Inhalt des Feldes *BetreffRechnungEMail* etwa wird zunächst in der Variablen *strBetreff* gespeichert – zum Beispiel in dieser Form:

```
Rechnung [KundeID]-[BestellungID]
```

Die folgende Anweisung ruft die Funktion *PlatzhalterErsetzen* auf (siehe weiter unten), welche die in der Zeichenkette enthaltenen Platzhalter ersetzt – und zwar mit den Werten eines Datensatzes der Abfrage *qryRechnungPerEMail*. Dieser soll im Primärschlüsselfeld *BestellungID* den in der Variablen *lngBestellungID* gespeicherten Wert enthalten.

Die Abfrage *qryRechnungPerMail* enthält alle eventuell interessanten Felder der Tabellen *tblBestellungen*, *tblKunden* und *tblAnreden*. Für den Fall, dass für einen Kunden keine Anrede in einem der beiden Felder *Rechnung_AnredeID* oder *Liefer_AnredeID* ausgewählt wurde, sind die Verknüpfungen als sogenannte *OUTER JOIN*-Verknüpfung ausgelegt worden. Dies sorgt dafür, dass auf jeden Fall alle Datensätze der Tabelle *tblKunden* angezeigt werden, egal ob die Felder *Rechnung_AnredeID* und *Liefer_AnredeID* einen Wert der Tabelle *tblAnreden* enthalten (siehe Abbildung 13.12).

Kapitel 13 Outlook

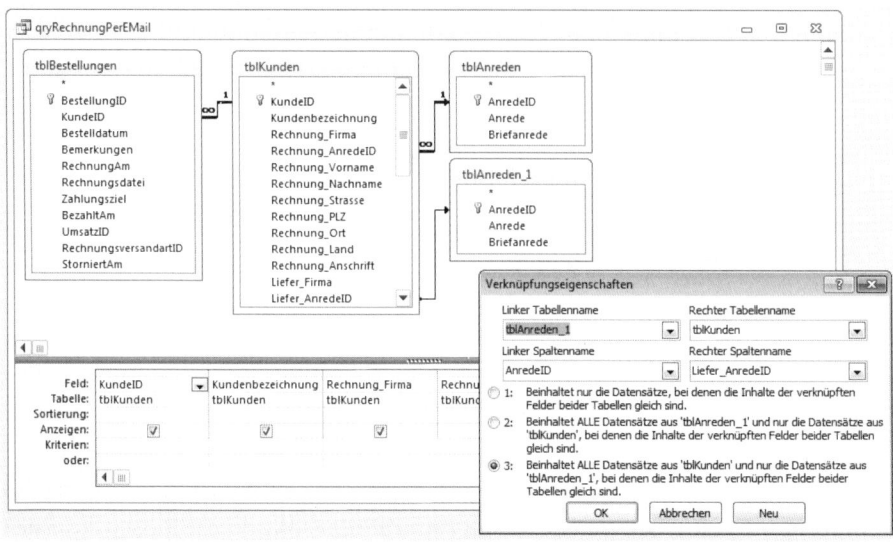

Abbildung 13.12: Datenherkunft zum Versenden von Rechnungen per E-Mail

Platzhalter ersetzen

Die Funktion *PlatzhalterErsetzen* ist als rekursive Funktion definiert, das heißt, dass sie sich bei Bedarf selbst aufruft. Die Funktion sieht wie folgt aus:

```
Public Function PlatzhalterErsetzen(strAusdruck As String, strDatenherkunft As String, _
      strID As String, lngID As Long) As String
   Dim db As DAO.Database
   Dim rst As DAO.Recordset
   Dim fld As DAO.Field
   Dim strTemp As String
   Dim intPlatzhalter As Integer
   strTemp = strAusdruck
   Set db = CurrentDb
   Set rst = db.OpenRecordset("SELECT * FROM " & strDatenherkunft & " WHERE " _
      & strID & " = " & lngID)
   For Each fld In rst.Fields
      On Error Resume Next
      If InStr(strTemp, "[" & fld.Name & "]") > 0 Then
         intPlatzhalter = intPlatzhalter + 1
      End If
      strTemp = Replace(strTemp, "[" & fld.Name & "]", fld.Value)
      Debug.Print fld.Name
      On Error GoTo 0
```

```
    Next fld
    If intPlatzhalter > 0 Then
        strTemp = PlatzhalterErsetzen(strTemp, strDatenherkunft, strID, lngID)
    End If
    PlatzhalterErsetzen = strTemp
End Function
```

Die Funktion erwartet vier Parameter:

» den Ausdruck, in dem sich die in eckigen Klammern eingefassten Platzhalter befinden,

» die Tabelle oder Abfrage, welche die Werte liefert, mit denen die Platzhalter ersetzt werden sollen,

» den Namen des Primärschlüsselfeldes der Tabelle oder Abfrage und

» den Primärschlüsselwert des Datensatzes, aus dem die zu ersetzenden Werte stammen.

Die Prozedur öffnet zunächst eine den Parametern entsprechende Datensatzgruppe und durchläuft dann alle enthaltenen Felder in einer *For Each*-Schleife. Dabei prüft sie für jedes Feld, ob der Ausdruck den in eckigen Klammern eingefassten Feldnamen enthält und ersetzt diesen Platzhalter gegebenenfalls durch den in diesem Feld enthaltenen Wert. Für jeden ersetzten Platzhalter wird der Zähler *intPlatzhalter* um *1* erhöht. Diese Variable wertet die Funktion im Anschluss an das Ersetzen der Platzhalter aus. Hat sie den Wert *0*, konnte die Funktion keine Platzhalter mehr finden und kann beendet werden. Ist der Wert von *intPlatzhalter* hingegen größer als *1*, erfolgt ein erneuter Aufruf der Funktion *PlatzhalterErsetzen* mit dem soeben bearbeiteten Ausdruck, um weitere Platzhalter zu ersetzen. Dieser Vorgang wird so lange wiederholt, bis die Prozedur keine Platzhalter mehr findet.

Falls Sie sich wundern, dass die Funktion *PlatzhalterErsetzen* rekursiv aufgerufen wird: Es kann sein, dass die für die Platzhalter eingesetzten Werte wiederum Platzhalter enthalten. Wenn *PlatzhalterErsetzen* zweimal durchläuft, werden normalerweise alle Platzhalter ersetzt – ein Beispiel sehen Sie gleich beim Inhalt der E-Mail. Für den Inhalt liest die Funktion wiederum den Vorlagentext aus der Tabelle *tblStammdaten* ein, diesmal aus dem Feld *TextRechnungEmail*. Dieser beginnt in der Beispieldatenbank so:

```
[Briefanrede]
hiermit erhalten Sie die Rechnung zu Ihrer Bestellung vom [Bestelldatum].
```

Hier sind also zwei Platzhalter zu finden. Das Bestelldatum wird durch die Funktion *PlatzhalterErsetzen* durch den Wert des Feldes *Bestelldatum* ersetzt. Für *[Briefanrede]* holt die Funktion diesen Ausdruck aus dem Köcher, der einen weiteren Platzhalter enthält:

```
Sehr geehrter Herr [Rechnung_Nachname].
```

Der Absender für die E-Mail wird wiederum aus der Stammdaten-Tabelle eingelesen, ebenso wie das Zielverzeichnis. Danach geht es rund: Die Funktion erstellt eine neue Instanz der Klasse

Kapitel 13 Outlook

clsMail und übergibt die zuvor gesammelten Eigenschaften der E-Mail, also den Empfänger, den Betreff, den Inhalt, den Absender, den Namen der anzuhängenden PDF-Rechnung und den Ordner unterhalb von *Gesendete Objekte*, in den die E-Mail nach dem Senden verschoben werden soll. Schließlich wird der Wert des Rückgabeparameters *lngRechnungsversandartID* auf den Wert *2* für *E-Mail* eingestellt (siehe Tabelle *tblVersandarten*). Eine solche E-Mail sieht beispielsweise wie in Abbildung 13.13 aus.

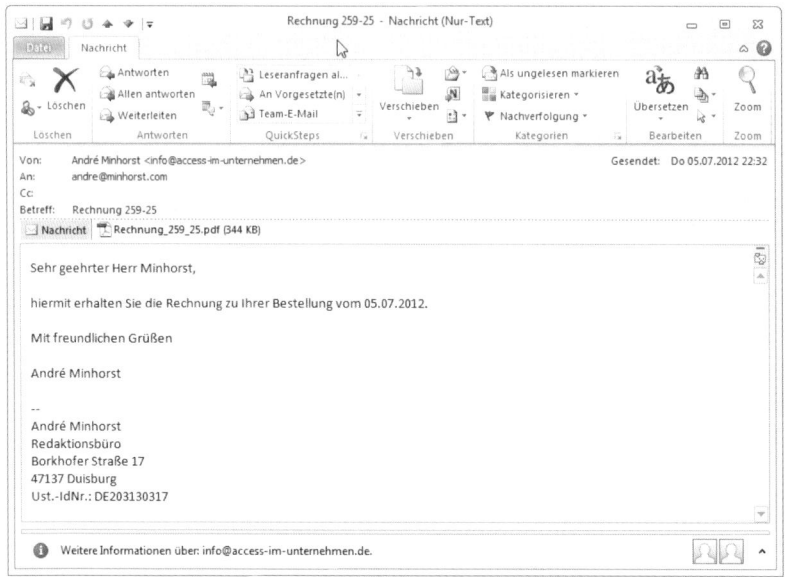

Abbildung 13.13: Beispiel für eine mit der Prozedur erstellte E-Mail samt Rechnung

13.2.5 Gesendete E-Mails ablegen

Die folgenden drei Zeilen in der oben abgebildeten Prozedur *RechnungPerMail* sorgen dafür, dass für diese versendete E-Mail ein Datensatz in der Tabelle *tblKommunikation* angelegt wird. Die Prozedur *EMailSpeichern* wird unter »E-Mails speichern« (Seite 275) erläutert:

```
If .Gesendet Then
    EMailSpeichern lngKundeID, .Betreff, .Inhalt, Now, .Von, .An, .CC, .BCC
End If
```

13.3 E-Mails importieren

Die Anwendung kann E-Mails, die sie selbst gesendet hat, auf einfache Weise in der Tabelle *tblKommunikation* archivieren und auch Beziehungen zu anderen E-Mails herstellen, wenn diese als Antwort auf die jeweilige E-Mail dienen.

E-Mails importieren

Wie aber gelangen E-Mails in die Datenbank, die vom Kunden gesendet und mit Outlook empfangen wurden?

Dazu gibt es eine Prozedur wie die Folgende, die alle E-Mails eines Ordners dahingehend prüft, ob die Absender-E-Mail-Adresse mit einer der E-Mail-Adressen der Kunden übereinstimmt und eine E-Mail dann in die Tabelle *tblKommunikation* einliest:

```
Public Sub EMailsEinlesen(Optional objFolder As Outlook.Folder)
    Dim objOutlook As Outlook.Application
    Dim objItem As Object
    Dim objMail As Outlook.MailItem
    Dim lngKundeID As Long
    Dim strAbsender As String
    Set objOutlook = New Outlook.Application
    If objFolder Is Nothing Then
        Set objFolder = objOutlook.GetNamespace("MAPI").GetDefaultFolder(olFolderInbox)
    End If
    For Each objItem In objFolder.Items
        If TypeName(objItem) = "MailItem" Then
            Set objMail = objItem
            With objMail
                strAbsender = objMail.SenderEmailAddress
                lngKundeID = Nz(DLookup("KundeID", "tblEMailAdressen", _
                    "EMailAdresse = '" & strAbsender & "'"), 0)
                If lngKundeID > 0 Then
                    If .UnRead = True Then
                        EMailSpeichern lngKundeID, .Subject, .Body, .ReceivedTime, _
                            strAbsender, .To, .CC, .BCC
                        .UnRead = False
                    End If
                End If
            End With
        End If
    Next objItem
    Set objOutlook = Nothing
End Sub
```

Die Prozedur erzeugt zunächst einen Verweis auf eine neue oder eine vorhandene Instanz von Outlook. Danach füllt sie das Objekt *objFolder* mit einem Verweis auf den Standard-Posteingangsordner – aber nur, wenn die aufrufende Instanz keinen anderen Ordner vorgibt. Dies könnte beispielsweise wie folgt aussehen, wobei der Benutzer hier mithilfe eines entsprechenden Dialogs einen alternativen Ordner auswählt, der dann als Quellordner an die Prozedur *EMailEinlesen* übergeben wird:

```
Public Sub Test_EMailsEinlesen()
    Dim objOutlook As Outlook.Application
    Dim objFolder As Outlook.Folder
    Set objOutlook = New Outlook.Application
    Set objFolder = objOutlook.GetNamespace("MAPI").PickFolder
    EMailsEinlesen objFolder
    Set objFolder = Nothing
    Set objOutlook = Nothing
End Sub
```

Die Prozedur durchläuft dann jedes in diesem Ordner enthaltene Element und referenziert es zunächst mit der als *Object* deklarierten Variablen *objItem*. Nach der Prüfung des Typs des in *objItem* enthaltenen Elements wird dieses an die Variable *objMail* übergeben – aber nur, wenn es sich auch um ein Objekt des Typs *MailItem* handelt. Anderenfalls geht die Prozedur gleich zum nächsten Element des Ordners über. Sollte es sich bei dem Objekt um eine E-Mail handeln, ermittelt ein Aufruf der *DLookup*-Funktion, ob die E-Mail-Adresse des Absenders in der Tabelle aller E-Mail-Adressen der gespeicherten Kunden vorliegt. Falls ja, wird der Wert des Feldes *KundeID* ermittelt, um die E-Mail dem jeweiligen Kunden zuordnen zu können. Ist die E-Mail noch ungelesen, werden die Eigenschaften der E-Mail an die Funktion *EMailSpeichern* übergeben und die E-Mail wird als gelesen markiert.

14 Fehlerbehandlung

Die Fehlerbehandlung hat zwei wichtige Funktionen: Erstens soll sie gewährleisten, dass eine Anwendung auch noch nach dem Auftreten eines Laufzeitfehlers stabil weiterläuft und nicht etwa abstürzt. Zweitens soll sie Informationen bereitstellen, um den Fehler zu analysieren und zu beheben. In diesem Buch lernen Sie zwei Möglichkeiten der Fehlerbehandlung kennen. Die klassische Variante implementieren Sie direkt in den Prozeduren der Anwendung. Der Aufwand ist nicht unerheblich: Sie müssen dazu jede einzelne Prozedur mit einigen zusätzlichen Zeilen ausstatten und außerdem alle Zeilen mit Zeilennummern versehen. Auf diese Weise können Sie die Fehlerinformationen um die Angabe der Zeile erweitern, in welcher der Fehler aufgetreten ist.

Die zweite Möglichkeit ist die Fehlerbehandlung mit *vbWatchdog*. Dabei handelt es sich um eine Art DLL, die sich in die Fehlerbehandlung von VBA einklinkt und so Fehler behandelt, ohne dass Sie der entsprechenden Prozedur überhaupt eine Fehlerbehandlung hinzufügen müssen.

14.1 Klassische Fehlerbehandlung

Die klassische Fehlerbehandlung sieht vor, beim Auftreten eines Laufzeitfehlers nicht die in VBA eingebaute Standardfehlermeldung anzuzeigen, sondern eine eigene Fehlerbehandlung zu implementieren. Nehmen wir die folgende, einfache Prozedur als Beispiel, die sich in der Beispieldatenbank im Modul *mdlFehlerbehandlung_Klassisch* befindet:

```
Public Sub Beispielfehler()
    Debug.Print 1 / 0
End Sub
```

Das Ausführen dieser Prozedur löst den Fehler aus Abbildung 14.1 aus.

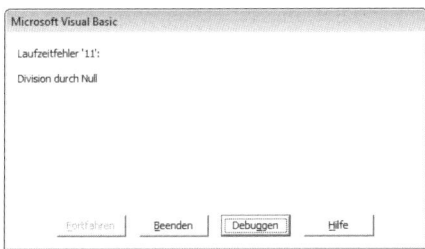

Abbildung 14.1: Fehler beim Dividieren durch die Zahl 0

Mit den eingebauten Fehlermeldungen kann der Benutzer erstens je nach Fehler wenig anfangen. Außerdem wird die Ausführung des Codes unterbrochen und VBA löscht den Inhalt von

Variablen. Dies kann insbesondere kritisch sein, wenn Sie Objekte mit globalen oder modulweit deklarierten Variablen referenzieren – diese sind nach dem Auftreten eines unbehandelten Fehlers anschließend leer.

Das Voranstellen der folgenden Anweisung sorgt dafür, dass die Fehlermeldung ausbleibt und die Variablen ihre Werte behalten:

```
On Error Resume Next
```

Allerdings erfahren weder Nutzer noch Entwickler vom Auftreten des Fehlers. Um es kurz zu machen, finden Sie hier die standardmäßig verwendete Fehlerbehandlung inklusive Zeilennummerierung:

```
Public Sub BeispielfehlerMitFehlerbehandlung()
10      On Error GoTo Fehler
20      Debug.Print 1 / 0
Ende:
30      On Error Resume Next
        'Hier finale Anweisungen
40      Exit Sub
Fehler:
50      ErrNotify Err, "mdlFehlerbehandlung_Klassisch", _
            "BeispielfehlerMitFehlerbehandlung"
60      Resume Ende
End Sub
```

Diese Prozedur enthält gegenüber der vorherigen Variante ohne Fehlerbehandlung die folgenden Erweiterungen:

» Die Anweisung *On Error Goto Fehler* sorgt dafür, dass die Prozedur nach dem Auftreten eines Fehlers weiter unten an der mit *Fehler:* gekennzeichneten Stelle fortgeführt wird.

» Unter *Fehler:* wird die Prozedur *ErrNotify* aufgerufen, wobei ein Verweis auf das *Err*-Objekt mit den Fehlerinformationen sowie der Name des Moduls und der Prozedur mit dem Fehler übergeben werden. Das *Err*-Objekt liefert mit seinen Eigenschaften *Number* und *Description* eine Fehlernummer und eine Beschreibung.

» Nach dem Aufruf von *ErrNotify* wird die Prozedur mit dem Teil hinter der Marke *Ende:* fortgeführt. Hier bringen Sie zum ordnungsgemäßen Abschluss der Prozedur nötige Anweisungen unter, etwa zum Schließen von zuvor geöffneten Dateien oder zum Leeren von Objektvariablen.

» Die hinter der Markierung *Ende:* angeführten Anweisungen werden auch bei fehlerfreiem Verlauf der Prozedur erreicht. Vor der Markierung *Fehler:* befindet sich jedoch eine *Exit Sub*-Anweisung, damit die Prozedur bei fehlerfreier Ausführung nicht mit dem Auslösen der Fehlerbehandlung beendet wird.

Klassische Fehlerbehandlung

» Schließlich finden Sie noch die Zeilennummerierungen vor. Diese werden für alle Zeilen angelegt, die ausgeführt werden. Es gibt ein paar Ausnahmen, zum Beispiel die Prozedurköpfe, Deklarationszeilen und die *Case*-Zeilen in *Select Case*-Anweisungen.

Um die *ErrNotify*-Prozedur kümmern wir uns weiter unten. Zunächst interessiert uns, wie wir eine Fehlerbehandlung ohne allzugroßen Aufwand zu allen Routinen der Anwendung hinzufügen – je nach Umfang der Anwendung kann dies eine ganze Menge sein.

Die gute Nachricht ist: Das Hinzufügen der für die Fehlerbehandlung nötigen Codezeilen und das Nummerieren der Routinen kostet uns schlappe zwei Mausklicks. Dazu müssen Sie jedoch die bereits erwähnte Software *MZ-Tools* installiert haben.

Wenn dies der Fall ist und Sie die im Download befindliche Datei *MZTools3VBA.ini* im entsprechenden Verzeichnis gespeichert haben, brauchen Sie im VBA-Editor nur noch die Einfügemarke in der mit der Fehlerbehandlung auszustattenden Prozedur zu platzieren und auf die Schaltfläche *Fehlerbehandlung hinzufügen* zu klicken (siehe Abbildung 14.2).

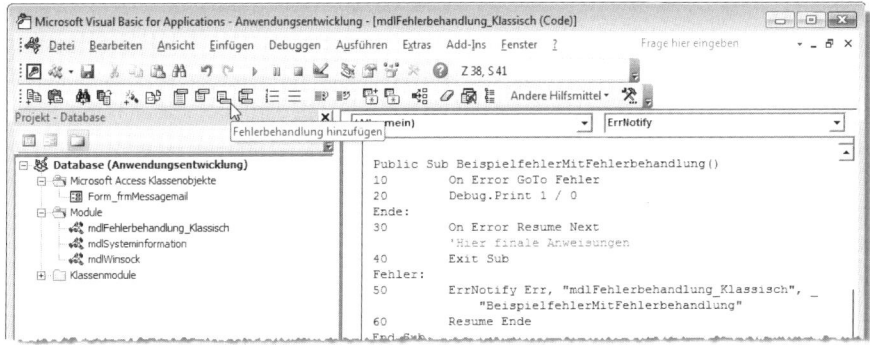

Abbildung 14.2: Hinzufügen der Fehlerbehandlung per Mausklick

Gleich zwei Schaltflächen daneben finden Sie die Schaltfläche *Zeilennummern hinzufügen* – Sie ahnen bereits, welche Aufgabe das Betätigen dieser Schaltfläche für Sie erledigt. Mit der Schaltfläche *Zeilennummern entfernen* werden Sie die Zeilennummern wieder los, wenn Sie beispielsweise den Code ändern oder erweitern möchten.

14.1.1 Fehlermeldung anzeigen

Die folgende einfache Variante der Routine *ErrNotify* gibt die Meldung aus Abbildung 14.3 aus:

```
Sub ErrNotify(AErr As VBA.ErrObject, strModule As String, strProc As String)
    MsgBox "Fehler in Modul " & strModule & ". Routine " & strProc _
        & " in Zeile " & Erl & "." & vbCrLf _
        & "Fehlermeldung: " & Err.Description & vbCrLf & "Fehlernummer: " & Err.Number
End Sub
```

Kapitel 14 Fehlerbehandlung

Die Prozedur nimmt einen Verweis auf das durch den Fehler gefüllte *Err*-Objekt entgegen sowie den Namen des Moduls und der Prozedur. Das *Err*-Objekt liefert mit den beiden Eigenschaften *Number* und *Description* die Fehlernummer und die Beschreibung. Die Zeilennummer ermittelt die nicht dokumentierte *Erl*-Funktion. Diese Informationen werden zu einer Zeichenkette zusammengefasst und per *MsgBox*-Anweisung ausgegeben.

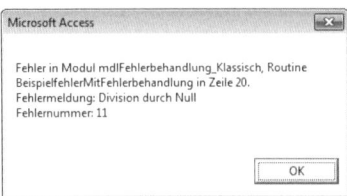

Abbildung 14.3: Beispielfehlermeldung mit Modul, Routine, Zeile, Meldung und Fehlernummer

14.1.2 Fehlermeldung per E-Mail versenden

Wenn die Fehlermeldung beim Entwickler landen soll, damit dieser den Fehler gleich reproduzieren und beheben kann, versenden Sie die notwendigen Informationen am besten gleich automatisch per E-Mail. Allerdings sollten Sie den Benutzer vorab darüber informieren, welche Daten nun an den Entwickler geschickt werden. Dies erledigen Sie, indem Sie diese Daten in einem Formular anzeigen (siehe Abbildung 14.4) und den Benutzer die E-Mail per Mausklick absenden lassen.

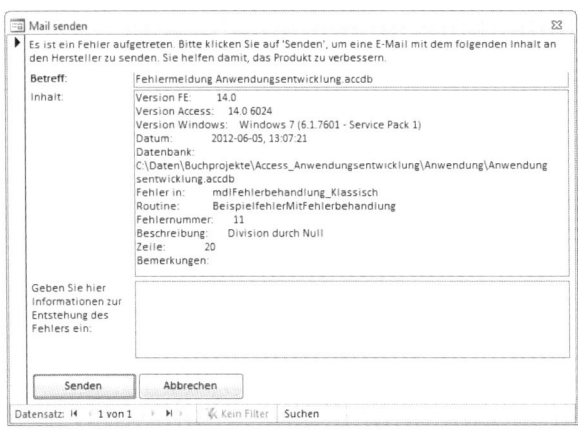

Abbildung 14.4: Formular zum Absenden einer Fehlermeldung an den Entwickler der Software

Das Textfeld des Formulars füllt die *ErrNotify*-Prozedur. Diese ist ähnlich aufgebaut wie die vorherige Variante, die lediglich ein Meldungsfenster mit den Fehlerinformationen anzeigt. Allerdings ermittelt diese Prozedur neben den übergebenen Fehlerinformationen noch einige weitere Daten. Dazu gehört die Version der Anwendung, die mit der *DLookup*-Funktion aus der Tabelle *tblOptionen* ausgelesen wird. Dahinter finden Sie eine auskommentierte Zeile, welche die Version des Backends hinzufügen würde. Die Access-Version ermittelt die nicht dokumentierte Funktion *SysCmd* mit dem Wert *715* als Parameter. Für die Ermittlung der Windows-Version ist eine benutzerdefinierte Funktion namens *GetWindowsVersion* nötig, die Sie im Modul *mdlSysteminformation* finden. Eine ausführliche Beschreibung sparen wir uns an dieser Stelle. Danach folgen die mit den Parametern der *ErrNotify*-Prozedur übergebenen Informationen:

```
Sub ErrNotify(AErr As VBA.ErrObject, strModule As String, strProc As String, _
        Optional strRemarks As String)
    Dim strMessage As String
    Dim strErrNumber As String
    Dim strErrDescription As String
    Dim strErl As String
    strErrNumber = AErr.Number
    strErrDescription = AErr.Description
    strErl = Erl
    strMessage = strMessage & "Version FE:          " _
        & Nz(DLookup("Version_FE", "tblOptionen"), "") & vbCrLf
    strMessage = strMessage & "Version BE:          " _
        & Nz(DLookup("Version_BE", "tblOptionen_BE"), "") & vbCrLf
    strMessage = strMessage & "Version Access:      " _
        & Access.Version & " " & SysCmd(715) & vbCrLf
    strMessage = strMessage & "Version Windows:     " & GetWindowsVersion & vbCrLf
    strMessage = strMessage & "Datum:               " _
        & Format(Now, "yyyy-mm-dd, hh:nn:ss") & vbCrLf
    strMessage = strMessage & "Datenbank:           " & CodeDb.name & vbCrLf
    strMessage = strMessage & "Fehler in:           " & strModule & vbCrLf
    strMessage = strMessage & "Routine:             " & strProc & vbCrLf
    strMessage = strMessage & "Fehlernummer:        " & strErrNumber & vbCrLf
    strMessage = strMessage & "Beschreibung:        " & strErrDescription & vbCrLf
    strMessage = strMessage & "Zeile:               " & strErl & vbCrLf
    strMessage = strMessage & "Bemerkungen:         " & strRemarks & vbCrLf
    DoCmd.OpenForm "frmMessageMail", OpenArgs:=strMessage, WindowMode:=acDialog
End Sub
```

14.2 Fehlerbehandlung mit vbWatchdog

Wenn Sie diesen relativ aufwendigen Weg nicht gehen möchten, können Sie ein paar Euro investieren und sich *vbWatchdog* von Wayne Philips zulegen. Damit erhalten Sie ein COM-Add-In, das Sie jedoch nur zum Ausstatten der Zielanwendung mit der Fehlerbehandlungsfunktionalität

Kapitel 14 Fehlerbehandlung

benötigen. Die Beispielanwendung ist bereits damit ausgestattet, dafür fallen für den Benutzer keine Kosten an.

Um *vbWatchdog* zu Ihrer Anwendung hinzuzufügen, wählen Sie nach der Installation des COM-Add-Ins einfach den Menüeintrag *Add-Ins|vbWatchdog|Add vbWatchdog to this project* aus (siehe Abbildung 14.5).

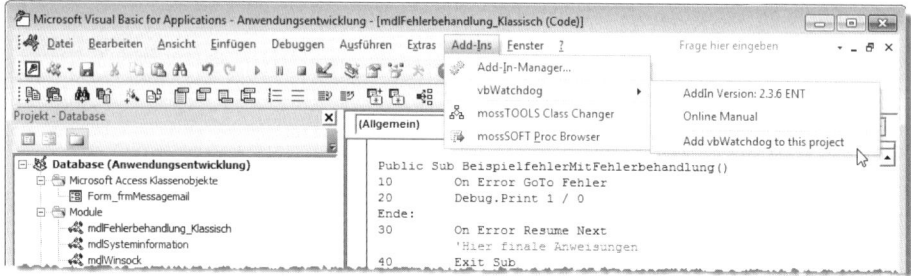

Abbildung 14.5: Hinzufügen von *vbWatchdog* zum aktuellen Projekt

Danach finden Sie im Projekt-Explorer vier neue Klassenmodule vor, welche die komplette Funktion von *vbWatchdog* enthalten (siehe Abbildung 14.6).

Wenn Sie Ihre Anwendung inklusive dieser vier Klassenmodule weitergeben, benötigen Sie keine weiteren Dateien wie beispielsweise eine DLL.

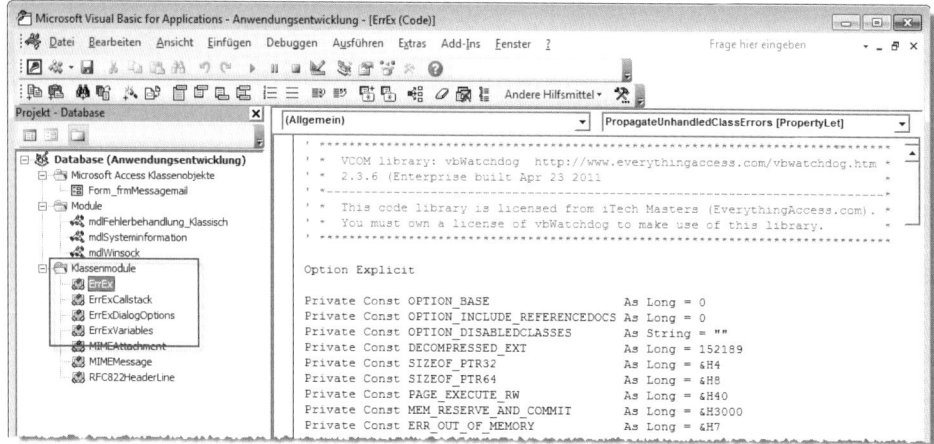

Abbildung 14.6: *vbWatchdog* fügt dem VBA-Projekt vier Klassenmodule hinzu.

Fehlerbehandlung aktivieren

Damit die Fehlerbehandlung funktioniert, müssen Sie diese lediglich zu aktivieren. Dies erledigen Sie im einfachsten Fall mit einem Einzeiler:

Fehlerbehandlung mit vbWatchdog

```
ErrEx.Enable ""
```

Diese Anweisung bringen Sie beispielsweise in der Ereignisprozedur unter, die durch das Laden des Startformulars *frmStart* ausgelöst wird:

```
Private Sub Form_Load()
    Call ErrEx.Enable("")
End Sub
```

Danach brauchen Sie sich nicht mehr um die Fehlerbehandlung zu kümmern: *vbWatchdog* zeigt beim Auftreten eines jeden Laufzeitfehlers eine entsprechende Meldung an. Setzen Sie beispielsweise einmal die folgende Anweisung im Direktfenster des VBA-Editors ab:

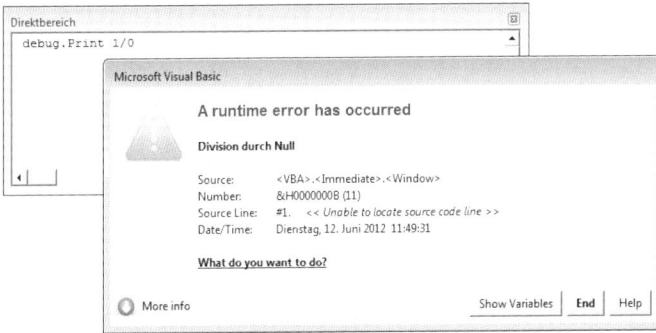

Abbildung 14.7: Eine einfache Fehlermeldung

Mit der folgenden Anweisung deaktivieren Sie *vbWatchdog* (obwohl dies in der Regel nicht wünschenswert ist):

```
ErrEx.Disable
```

14.2.1 Eigene Fehlerbehandlung

Wenn Sie möchten, dass *vbWatchdog* Ihre eigene Fehlerbehandlungsroutine aufruft, geben Sie den Namen dieser Prozedur als Parameter der *Enable*-Methode des *ErrEx*-Objekts an, also beispielsweise so:

```
Private Sub Form_Load()
    Call ErrEx.Enable("")
End Sub
```

Diese Prozedur sieht in einem einfachen Fall so aus:

```
Public Sub ErrNotify_1()
    MsgBox "Error"
End Sub
```

Wenn Sie nun an beliebiger Stelle, also im Code oder auch im Direktfenster, eine fehlerhafte Zeile wie *Debug.Print 1/0* aufrufen, wird zunächst die in Ihrer eigenen Methode angegebene Meldung angezeigt und dann die Meldung von *vbWatchdog*.

vbWatchdog temporär deaktivieren

Wenn Sie eine eigene Fehlerbehandlung einsetzen möchten, um beispielsweise gezielt auf spezielle Fehler zu reagieren, können Sie *vbWatchdog* genau so umgehen, wie Sie es üblicherweise mit den eingebauten Fehlermeldungen des VBA-Editors tun würden. Dabei gibt es verschiedene Varianten. Bei der ersten aktivieren Sie *vbWatchdog* ohne individuelle Fehlerroutine, wodurch ein Laufzeitfehler die Standardmeldung von *vbWatchdog* anzeigt:

```
ErrEx.Enable ""
Debug.Print 1 / 0
```

Wenn Sie *vbWatchdog* ohne eigene Fehlerroutine aktivieren und dann nach *On Error Resume Next* einen Fehler auslösen, wird der Fehler schlicht übergangen:

```
ErrEx.Enable ""
On Error Resume Next
Debug.Print 1 / 0
```

Wenn Sie *vbWatchdog* mit einer individuellen Fehlermeldung aktivieren, löst der Laufzeitfehler zunächst die benutzerdefinierte Fehlerbehandlung aus und zeigt dann die *vbWatchdog*-Standardmeldung an:

```
ErrEx.Enable "ErrNotify_1"
Debug.Print 1 / 0
```

Schließlich gibt es noch die Möglichkeit, *vbWatchdog* mit einer benutzerdefinierten Fehlerbehandlung zu aktivieren und dann die Fehlerbehandlung mit *On Error Resume Next* außer Kraft zu setzen. In diesem Fall wird die benutzerdefinierte Fehlerbehandlung ausgelöst, aber nicht die Standardmeldung von *vbWatchdog* angezeigt:

```
ErrEx.Enable "ErrNotify_1"
On Error Resume Next
Debug.Print 1 / 0
```

14.2.2 Benutzerdefinierte Fehlermeldung

Das Ziel ist es, mit *vbWatchdog* erstens eine ansprechende und aussagekräftige Fehlermeldung zu generieren und zweitens dem Benutzer die Möglichkeit zu geben, eine E-Mail mit Informationen zum Fehler an den Entwickler der Anwendung zu senden.

Die Fehlermeldung wird im HTML-Format zusammengestellt und verwendet Platzhalter, die zur Laufzeit mit den entsprechenden Fehlerinformationen gefüllt werden. Die Fehlermeldung passen Sie mit einer Reihe von Eigenschaften an, die das Objekt *DialogOptions* des *ErrEx*-Objekts zur Verfügung stellt. Grundsätzlich beeinflussen Sie mit diesen Methoden das Aussehen der Elemente des Standarddialogs. Wenn Sie beispielsweise alle vorhandenen Schaltflächen entfernen und eine eigene Schaltfläche hinzufügen möchten, welche die fehlerhafte Prozedur beendet, verwenden Sie die folgenden Anweisungen beim Initialisieren des *ErrEx*-Objekts:

```
ErrEx.Enable ""
With ErrEx.DialogOptions
    .RemoveAllButtons
    .AddButton "Prozedur beenden", BUTTONACTION_ONERROREXITPROCEDURE
End With
```

Die vorhandenen HTML-Texte für die einzelnen Bereiche können Sie mit den vier Eigenschaften *HTML_MainBody*, *HTML_MoreInfoBody*, *HTML_CallStackItem* und *HTML_VariableItem* ausgeben. Den HTML-Text für den Haupttext erhalten Sie mit folgender Anweisung, beispielsweise im Direktfenster ausgeführt:

```
Debug.Print ErrEx.DialogOptions.HTML_MainBody
```

Der HTML-Code sieht so aus:

```
<font face=Arial size=13pt color="#4040FF"><b>A runtime error has occurred</b></
font><br><br><b><ERRDESC></b><br><br>Source:|<SOURCEPROJ>.<SOURCEMOD>.<SOURCEPRO
C><br>Number:|&H<ERRNUMBERHEX> (<ERRNUMBER>)<br>Source Line:|#<SOURCELINENUMBER>.
<i><SOURCELINECODE></i><br>Date/Time:|<ERRDATETIME><br><br><b><u>What do you want to
do?</u></b>
```

Interessant hierbei sind die verschiedenen Platzhalter. Diese haben folgende Bedeutung:

- » *<ERRDESC>*: Fehlerbeschreibung
- » *<ERRNUMBER>*: Fehlernummer
- » *<ERRNUMBERHEX>*: Fehlernummer (hexadezimal)
- » *<ERRDATETIME>*: Datum und Zeit
- » *<SOURCEPROJ>*: Projektname
- » *<SOURCEMOD>*: Modulname
- » *<SOURCEPROC>*: Prozedurname
- » *<SOURCELINENUMBER>*: Zeilennummer
- » *<SOURCELINECODE>*: Inhalt der Zeile
- » *<CALLSTACK>*: Liste der Prozeduraufrufe

Das Pipe-Zeichen (|) entspricht einem Tabulatorzeichen.

Kapitel 14 Fehlerbehandlung

Wenn Sie im einfachsten Fall einfach nur die aktuelle Version des Fehlerdialogs ins Deutsche übersetzen möchten, geben Sie die Werte der Eigenschaften *HTML_MainBody*, *HTML_MoreInfoBody*, *HTML_CallStackItem* und *HTML_VariableItem* aus, ersetzen die englischen Ausdrücke der Ausgabe durch die deutschen Ausdrücke und weisen diese im Code den entsprechenden Eigenschaften wieder zu.

Die englische Originalvariante sieht, von einer VBA-Prozedur aus ausgelöst, wie in Abbildung 14.8 aus.

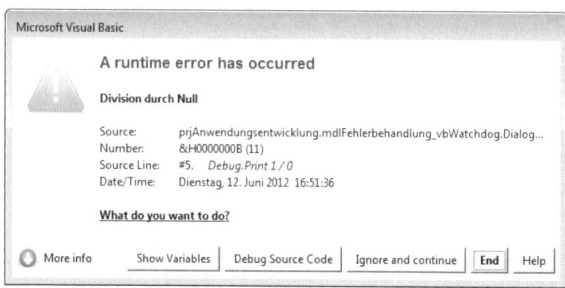

Abbildung 14.8: Englische Originalfehlermeldung

Die folgende Anweisung stellt die Texte der Meldung um. Beachten Sie, dass Sie die im HTML-Code enthaltenen Anführungszeichen beim Zuweisen an die Eigenschaft verdoppeln – andernfalls würde VBA ein einzelnes Anführungszeichen innerhalb des Ausdrucks als Ende der Zeichenkette interpretieren und der Rest der Zeile würde einen Fehler auslösen.

Die folgende Anweisung teilt die einzelnen Informationen auch noch auf einzelne Zeilen auf, um die Lesbarkeit zu erhöhen:

```
.HTML_MainBody = "<font face=Arial size=13pt color=""#4040FF"">
<b>Es ist ein Laufzeitfehler aufgetreten.</b></font><br><br>
<b><ERRDESC></b><br><br>
Projekt:|<SOURCEPROJ><br>
Modul:|<SOURCEMOD><br>
Prozedur:|<SOURCEPROC><br>
Fehlernummer:|<ERRNUMBER><br>
Zeile:|<SOURCELINENUMBER><br>
Zeileninhalt:|<SOURCELINECODE><br>
Datum und Zeit:|<ERRDATETIME><br><br>
<b><u>Was möchten Sie tun?</u></b>"
```

Dies übersetzt allerdings noch nicht die Texte der Schaltflächen. Deren Beschriftung lässt sich nicht direkt anpassen. Stattdessen entfernen Sie alle Schaltflächen mit der *RemoveAllButtons*-Methode und fügen die Schaltflächen mit benutzerdefinierten Beschriftungen und eingebauten Funktionen wieder hinzu. Das sieht so aus:

Fehlerbehandlung mit vbWatchdog

```
With ErrEx.DialogOptions
    .RemoveAllButtons
    .AddButton "Variablen anzeigen", BUTTONACTION_SHOWVARIABLES
    .AddButton "Quellcode debuggen", BUTTONACTION_ONERRORDEBUG
    .AddButton "Ignorieren und fortsetzen", BUTTONACTION_ONERRORRESUMENEXT
    .AddButton "Beenden", BUTTONACTION_ONERROREND
    .AddButton "Hilfe", BUTTONACTION_SHOWHELP
    .MoreInfoCaption = "Details einblenden"
    .LessInfoCaption = "Details ausblenden"
    .WindowCaption = "Fehler im Projekt '<SOURCEPROJ>'"
End With
```

Wie Sie sehen, können Sie die Platzhalter wie *<SOURCEPROJ>* auch in den übrigen Eigenschaften verwenden, die nicht im HTML-Format angegeben werden. Das Ergebnis sieht schließlich wie in Abbildung 14.9 aus und entspricht etwa der Fehlermeldung, die Sie während der Entwicklung anzeigen können.

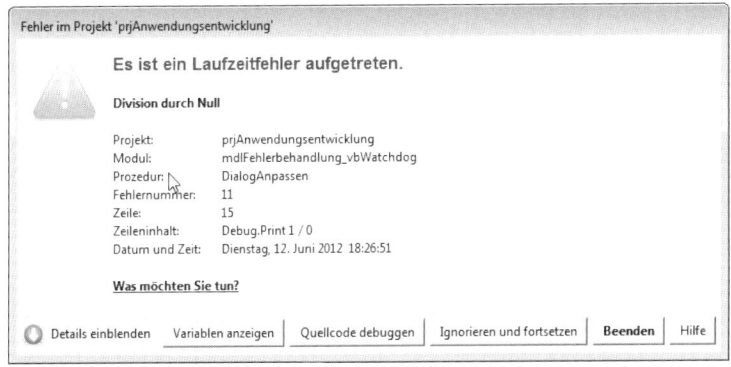

Abbildung 14.9: Angepasste Fehlermeldung

Wenn Sie die Anwendung weitergeben, möchten Sie dem Benutzer sicher keine Fehlermeldung wie die in dieser Abbildung liefern. Die Fehlerdetails sind wahrscheinlich eher uninteressant. Wichtiger ist, dass Sie eine Möglichkeit zum Versenden der Fehlerinformationen durch den Benutzer an den Entwickler der Anwendung integrieren.

Vorher schauen wir uns allerdings noch an, wie Sie die in der Fehlermeldung angezeigten Informationen nutzen können.

Fehlerhafte Zeile

Wichtig ist hier vor allem die Zeile, in welcher der Fehler auftritt. Während der Ort über Projekt, Modul und Prozedur bereits relativ eng eingegrenzt wurde und Sie auch wissen, welchen Text die Zeile enthält, die den Fehler ausgelöst hat, möchten Sie vielleicht über die Angabe der

Kapitel 14 Fehlerbehandlung

Zeilennummer auch in größeren Prozeduren schnell die betroffene Zeile auffinden – und zwar ohne Einsatz der Suchfunktion.

Die Fehlermeldung liefert zwar die Zeilennummer, aber wo im Quellcode finden Sie diese Zeile? Sie müssen dafür nicht etwa von oben durchzählen, sondern einfach nur eine Option von *vbWatchDog* aktivieren.

Diese findet sich in einer zusätzlichen Symbolleiste im VBA-Editor und heißt *Toggle LineNumbers*. Nach einem Mausklick auf diese Schaltfläche wird neben dem Codefenster eine Spalte mit den Zeilennummern eingeblendet (siehe Abbildung 14.10).

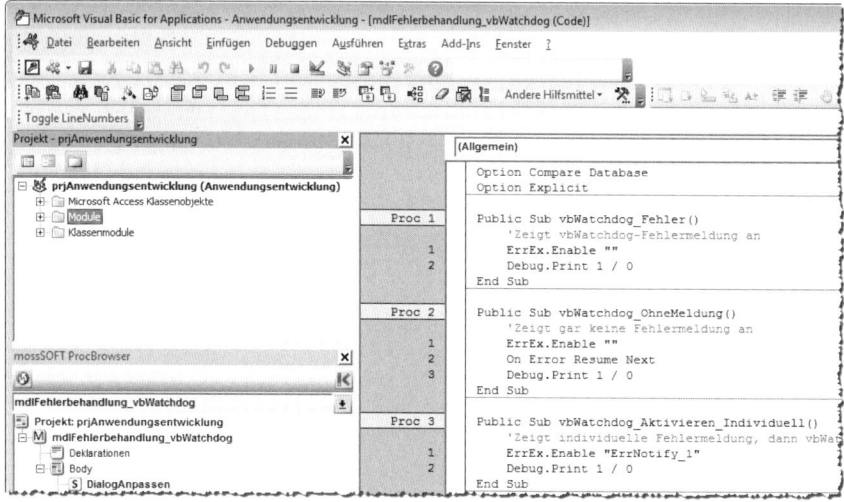

Abbildung 14.10: Einblenden der Zeilennummern im VBA-Code

Davon abgesehen gelangen Sie aber auch leicht durch einen Klick auf die Schaltfläche mit der eingebauten Funktion *<BUTTONACTION_ONERRORDEBUG>* in der fehlerhaften Zeile.

Aufrufeliste

Die Aufrufeliste (Stack) ist eine Liste der Prozeduren, in deren Folge ein Fehler ausgelöst wurde. Während Sie mit herkömmlichen benutzerdefinierten Fehlerbehandlungen ohne größeren Aufwand nur die Prozedur ermitteln können, die einen Fehler ausgelöst hat, liefert *vbWatchdog* nach Wunsch auch alle zuvor aufgerufenen Prozeduren.

Angenommen, Sie verwenden ein Formular mit einer Schaltfläche namens *cmdFehler*, die folgende Prozedur auslöst:

```
Private Sub cmdFehler_Click()
    Fehlerbeispiel_1
End Sub
```

Fehlerbehandlung mit vbWatchdog

Diese Prozedur ruft zwei weitere Prozeduren auf, von denen die letzte einen Fehler auslöst:

```
Public Sub Fehlerbeispiel_1()
    Call Fehlerbeispiel_2
End Sub

Public Sub Fehlerbeispiel_2()
    Dim intZahl As Integer
    intZahl = 1 / 0
End Sub
```

Dann liefert die erweiterte Ansicht die Liste aus Abbildung 14.11. Dort können Sie im unteren Bereich genau erkennen, wo der Fehler geschieht und über welche Prozeduren die fehlerhafte Prozedur aufgerufen wurde.

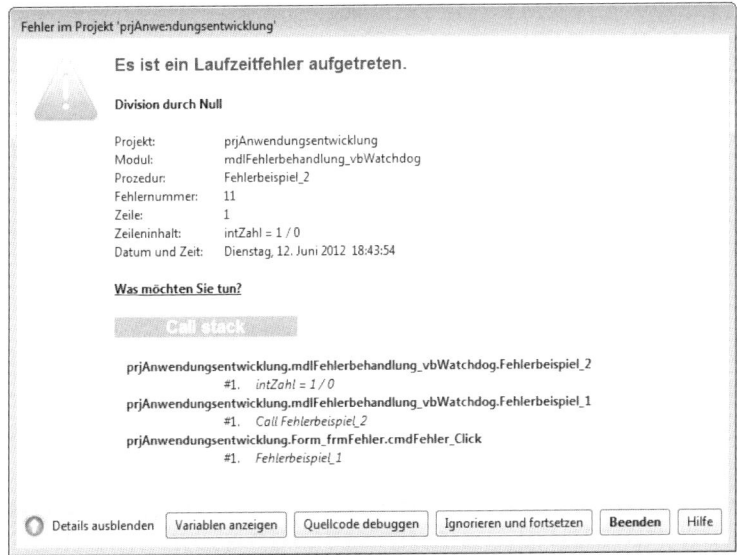

Abbildung 14.11: Herleitung des Fehlers über mehrere Prozeduren

Das Aussehen der Aufrufeliste beeinflussen Sie über die Variable *HTML_CallStackItem* des Objekts *ErrEx.DialogOptions*. Wenn Sie die Ausgabe variieren möchten, stellen Sie diese Variable auf einen neuen Ausdruck ein.

Die folgende Anweisung enthält den standardmäßig verwendeten Ausdruck mit deutschen Texten:

```
ErrEx.DialogOptions.HTML_CallStackItem = "<b><font color=#303030>
<SOURCEPROJ>.<SOURCEMOD>.<SOURCEPROC></font></b><br>
|<font bgcolor=#F8F8F8>Zeile <SOURCELINENUMBER>:
<i><SOURCELINECODE></i></font><br>"
```

Kapitel 14 Fehlerbehandlung

Die Überschrift (in der Abbildung *Call stack*) ändern Sie über die Eigenschaft *ErrEx.DialogOptions. HTML_MoreInfoBody*:

```
ErrEx.DialogOptions.HTML_MoreInfoBody = "<br><b><font face=Arial size=13pt color=#FFFFFF
bgcolor=#C0C0C0>           Aufrufeliste          </font></b><br><br><CALLSTACK>"
```

Variablen

Das ist ja fast zu schön, um wahr zu sein – fehlt nur noch, dass man sich auch noch die Werte der Variablen zum Fehlerzeitpunkt ansehen kann. Und auch dies bietet *vbWatchdog*! Wenn Sie nämlich auf die Schaltfläche mit der Funktion *<BUTTONACTION_SHOWVARIABLES>* klicken, erscheint der Dialog aus Abbildung 14.12.

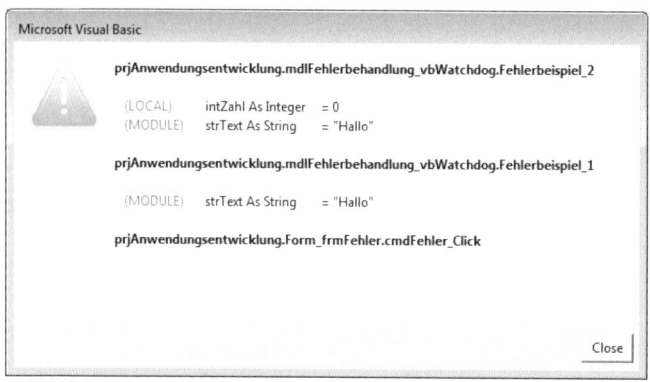

Abbildung 14.12: Ein weiterer Dialog zeigt die Variablen der verschiedenen Prozeduren und deren Inhalte zum Fehlerzeitpunkt.

Die hier dargestellten Daten und die Steuerelemente können Sie ebenfalls beeinflussen. Dazu stellt *vbWatchdog* ein eigenes Objekt namens *VariablesDialogOptions* bereit. Die folgenden Zeilen passen die Texte der Titelleiste und der ausgegebenen Variableninhalte an, entfernen alle Schaltflächen und fügen eine Schaltfläche zum Schließen des Dialogs hinzu.

```
With ErrEx.VariablesDialogOptions
    .WindowCaption = "Variablenliste"
    .HTML_CallStackItem = _
        "<b><SOURCEPROJ>.<SOURCEMOD>.<SOURCEPROC></b><br><br><VARIABLEN><br>"
    .HTML_MainBody = "<CALLSTACK>"
    .HTML_MoreInfoBody = ""
    .HTML_VariableItem = _
        "<font color=#808080>(<VARSCOPE>)</font>|<VARNAME> As <VARTYPE>| = <VARVALUE><br>"
    .RemoveAllButtons
    .AddButton "Schließen", BUTTONACTION_VARIABLES_CLOSE
End With
```

Die vollständige Version der Fehlerbehandlung für den Entwicklermodus finden Sie im Modul *mdlFehlerbehandlung_vbWatchdog* unter *Errordialog_Entwickler*.

14.2.3 Fehlerdialog für den Endbenutzer

Der Endbenutzer soll einen ganz anderen Dialog vorfinden, wenn ein Fehler auftritt. Dieser darf natürlich nicht in den Debugging-Modus der Anwendung wechseln und er soll auch nicht die Aufrufeliste oder die Variablen anzeigen. Stattdessen soll der Benutzer aber zwei neue Schaltflächen vorfinden:

» eine, mit der er die Fehlerbeschreibung direkt in einer neuen Outlook-Mail versenden kann, und
» eine, welche die Fehlerbeschreibung in die Zwischenablage kopiert, damit er diese mit einem alternativen E-Mail-Programm an den Entwickler senden kann.

Beides soll mit einem Fehlerdialog erfolgen, der wie in Abbildung 14.13 aussieht. Dort finden Sie zwei Schaltflächen zum Aufrufen der oben genannten Aktionen sowie zum Beenden des Dialogs.

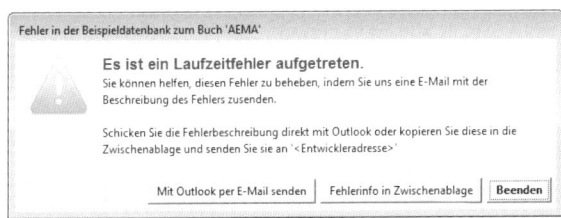

Abbildung 14.13: Fehlermeldung für den Endbenutzer

Damit der Dialog so aussieht wie in der Abbildung, rufen Sie beim Start der Anwendung die folgende Prozedur auf:

```
Public Sub Errordialog_Benutzer()
    Dim strMainBody As String
    ErrEx.Enable "DatenSammeln"
    With ErrEx.DialogOptions
        strMainBody = "<font face=Arial size=13pt color=""#4040FF"">" _
            & "<b>Es ist ein Laufzeitfehler aufgetreten.</b></font><br>"
        strMainBody = strMainBody & "Sie können helfen, diesen Fehler zu beheben, indem " _
            & "Sie uns eine E-Mail mit der Beschreibung des Fehlers zusenden.<br><br>"
        strMainBody = strMainBody & "Schicken Sie die Fehlerbeschreibung direkt " _
            & "mit Outlook oder kopieren Sie diese in die Zwischenablage und senden " _
            & "Sie sie an '<Entwickleradresse>'"
        .HTML_MainBody = strMainBody
        .RemoveAllButtons
```

Kapitel 14 Fehlerbehandlung

```
            .ShowMoreInfoButton = False
            .AddCustomButton "Mit Outlook per E-Mail senden", "ErrorMail"
            .AddCustomButton "Fehlerinfo in Zwischenablage", "ErrorClipboard"
            .AddButton "Beenden", BUTTONACTION_ONERROREND
            .DefaultButtonID = 2
            .WindowCaption = "Fehler in der Beispieldatenbank zum Buch 'AEMA'"
        End With
    End Sub
```

Die Prozedur aktiviert zunächst die Fehlerbehandlung und legt fest, dass beim Auftreten eines Fehlers die Prozedur *DatenSammeln* aufgerufen wird. Diese Prozedur ist der sogenannte *Global Error Handler*. Danach stellen Sie das Erscheinungsbild des Dialogs ein.

Im Wesentlichen definieren Sie dabei den Meldungstext und weisen diesen der Eigenschaft *HTML_MainBody* zu. Danach entfernt die Methode *RemoveAllButtons* die vorhandenen Schaltflächen. Durch das Einstellen der Eigenschaft *ShowMoreInfoButton* auf den Wert *False* wird die Schaltfläche zum Erweitern des Dialogs ausgeblendet.

Nun folgt zwei Mal der Aufruf der Methode *AddCustomButton*, die komplett benutzerdefinierte Schaltflächen hinzufügt. Dies bedeutet, dass Sie als ersten Parameter die Beschriftung angeben und als zweiten den Namen der benutzerdefinierten VBA-Prozedur, die beim Anklicken ausgelöst werden soll.

Die beiden Prozeduren heißen *ErrorMail* und *ErrorClipboard*. Die Schaltfläche *Beenden* wiederum beendet den Dialog. Die Eigenschaft *DefaultButtonID* legt fest, dass die dritte Schaltfläche, also die zum Beenden des Dialogs, als Standardschaltfläche festgelegt wird (der Index für die Schaltflächen ist 0-basiert). Schließlich wird noch eine Titelbeschriftung zugewiesen.

14.2.4 Global Error Handler-Prozedur definieren

Im Falle eines Fehlers ruft vbWatchdog nun zunächst die als Global Error Hand*ler* festgelegte Prozedur auf, die in diesem Fall *DatenSammeln* lautet. Die folgende Prozedur trägt einige Informationen zum aufgetretenen Fehler zusammen und schreibt diese als Zeichenkette in ein Feld der Tabelle *tblOptionen*.

Dieses müssen Sie zunächst noch anlegen, es heißt *LetzterFehler* und hat den Felddatentyp *Memo*. Warum schreiben wir die Fehlerbeschreibung in eine Tabelle, wenn wir diese doch in die Zwischenablage kopieren oder per E-Mail versenden möchten?

Weil wir nur in der als *Global Error Handler* angegebenen Routine auf die Variablen zugreifen können, die uns die notwendigen Fehlerinformationen liefern.

Zu diesem Zeitpunkt steht jedoch noch nicht fest, ob der Benutzer die Fehlerinformationen per E-Mail versenden, in die Zwischenablage kopieren oder gar nicht verwerten möchte. Daher müssen wir die Fehlerinformationen zuvor noch an geeigneter Stelle zwischenspeichern.

Fehlerbehandlung mit vbWatchdog

Die Prozedur *DatenSammeln* sammelt die Fehlerinformationen zunächst in einer Variablen namens *strError*. Die ersten Informationen stammen aus dem Objekt *ErrEx* beziehungsweise liefern das Datum und die Uhrzeit des Fehlers. *ErrEx* liefert mit den beiden Eigenschaften *Number* und *Description* die Fehlernummer und die Fehlerbeschreibung.

Die Daten werden jeweils mit führendem Beschreibungstext (*Datum, Fehlernummer, Beschreibung*) in eine eigene Zeile geschrieben. Für den Zeilenumbruch sorgt die VBA-Konstante *vbCrLf*.

Danach folgt eine erste *Do...Loop While*-Schleife, die erst beendet wird, wenn die Eigenschaft *NextLevel* den Wert *False* liefert. Bis dahin liefern die Eigenschaften *ProjectName, ModuleName, ProcedureName, LineNumber* und *LineCode* die Informationen für das jeweils aktuelle Element der Aufrufeliste.

NextLevel liefert aber nicht nur die Information, ob es noch eine weitere Ebene gibt, sondern fügt auch gleich die Werte der nächsten Ebene für die oben genannten Eigenschaften zum Objekt *ErrEx.Callstack* hinzu.

Für jede Ebene der Aufrufeliste gibt es wiederum einen Satz von Variablen. Diese liefert das Objekt *ErrEx.Callstack.VariablesInspector*. Mit der Anweisung *FirstVar* wird die erste Variable eingelesen, mit der Methode *NextVar* die jeweils folgende. Dies geschieht so lange, bis die Eigenschaft *IsEnd* den Wert *True* zurückliefert.

Innerhalb der Schleife liest die Prozedur die Eigenschaften *Name, Value, TypeDesc* und *Scope* aus und fügt sie, um ein paar Leerzeichen eingerückt, zur *String*-Variablen *strError* mit den Fehlerinformationen hinzu. Bei der Eigenschaft *Value* kann es zu Problemen kommen, wenn es sich dabei um ein Objekt handelt und dieses auch noch den Wert *Nothing* enthält.

Für diesen Fall haben wir eine Prüfung des Datentyps mit der *Vartype*-Funktion eingefügt. In einer *Select Case*-Bedingung werden die verschiedenen Werte (*9* für Objekte, *13* für *Nothing* und im *Else*-Zweig alle übrigen) geprüft und gegebenenfalls nur der Datentyp (zum Beispiel *Database* oder *Recordset*, ermittelt mit der *TypeName*-Funktion) beziehungsweise der Wert *Nothing* an die Zeichenkette angehängt.

Zum Schluss setzt die Prozedur eine SQL-Anweisung zusammen, die den Inhalt der Variablen *strError* in das Feld *LetzterFehler* der Tabelle *tblOptionen* schreibt, und speichert diese Anweisung in der Variablen *strSQL*.

Der Inhalt dieser Variablen dient wiederum als Argument der *Execute*-Methode des in *db* referenzierten *Database*-Objekts. Die *Execute*-Methode führt die als Parameter angegebene SQL-Aktionsabfrage aus und trägt somit die Fehlerinformationen in die Zieltabelle ein. Die komplette Prozedur sieht wie folgt aus – Sie finden sie im Modul *mdlFehlerbehandlung_vbWatchdog* der Beispieldatenbank:

```
Public Sub DatenSammeln()
    Dim strError As String
    Dim strSQL As String
```

Kapitel 14 Fehlerbehandlung

```
    Dim db As DAO.Database
    Set db = CurrentDb
    With ErrEx
        strError = strError & "Datum: " & Now & vbCrLf
        strError = strError & "Fehlernummer: " & .Number & vbCrLf
        strError = strError & "Beschreibung: " & .Description & vbCrLf
        With ErrEx.Callstack
            Do
                strError = strError & "  Projektname: " & .ProjectName & vbCrLf
                strError = strError & "  Modulname: " & .ModuleName & vbCrLf
                strError = strError & "  Prozedurname: " & .ProcedureName & vbCrLf
                strError = strError & "  Zeilennummer: " & .LineNumber & vbCrLf
                strError = strError & "  Zeileninhalt: " & .LineCode & vbCrLf
                With ErrEx.Callstack.VariablesInspector
                    .FirstVar
                    Do While Not .IsEnd
                        strError = strError & "   Variablenname: " & .Name & vbCrLf
                        Select Case VarType(.Value)
                            Case 9
                                strError = strError & "    Variablenwert: " _
                                    & TypeName(.Value) & vbCrLf
                            Case 13
                                strError = strError & "    Variablenwert: Nothing" _
                                    & vbCrLf
                            Case Else
                                strError = strError & "    Variablenwert: " _
                                    & .Value & vbCrLf
                        End Select
                        strError = strError & "   Datentyp: " & .TypeDesc & vbCrLf
                        strError = strError & "   Gueltigkeitsbereich: " _
                            & .Scope & vbCrLf
                        .NextVar
                    Loop
                End With
            Loop While .NextLevel
        End With
    End With
    strSQL = "UPDATE tblOptionen SET LetzterFehler = '" _
        & Replace(strError, "'", "''") & "'"
    db.Execute strSQL, dbFailOnError
End Sub
```

14.2.5 Globale Fehlerbehandlung bei On Error Resume Next

Gegebenenfalls möchten oder müssen Sie im Code der Anwendung mit der *On Error Resume Next*-Anweisung arbeiten, um Anwendungen auszuführen, die gegebenenfalls (aber nicht zwingend) einen Fehler auslösen.

Standardmäßig ignoriert *vbWatchdog* diese und ähnliche Anweisungen und löst dennoch die vorgesehenen Mechanismen aus.

In unserem Fall bedeutet dies, dass etwa der folgende Code zwangsläufig die Prozedur *DatenSammeln* startet und somit auch die Daten des Fehlers zusammenträgt:

```
On Error Resume Next
Debug.Print 1/0
If Err.Number = 0 Then
    ...
End If
```

Das ist natürlich nicht gewünscht – der Fehler sollte einfach übergangen werden, damit die folgende *If...Then*-Bedingung prüfen kann, ob die betroffene Anweisung einen Fehler ausgelöst hat. *vbWatchdog* bietet jedoch die Gelegenheit, zu prüfen, ob der Fehler erfolgte, nachdem die Fehlerbehandlung mit *On Error Resume Next* deaktiviert wurde.

Diese platzieren Sie optimalerweise ganz oben in der Prozedur *DatenSammeln*, damit die folgenden Anweisungen gar nicht erst ausgeführt werden:

```
Public Sub DatenSammeln()
    Dim strError As String
    Dim strSQL As String
    Dim db As DAO.Database
    If ErrEx.State = OnErrorResumeNext Then
        Exit Sub
    End If
    ...
End Sub
```

Auf die gleiche Weise können Sie auch andere Zustände geprüft werden – *ErrEx.State* kann auch Werte wie *OnErrorGoto0* oder *OnErrorGotoLabel* annehmen.

14.2.6 Benutzeraktionen bei Laufzeitfehlern

Nun fehlen noch die beiden Prozeduren, die der Benutzer durch einen Mausklick auf die beiden Schaltflächen *Mit Outlook per E-Mail senden* oder *Fehlerinfo in Zwischenablage* auslösen kann. Diese legen Sie ebenfalls als öffentliche Prozeduren im Standardmodul *mdlFehlerbehandlung_vbWatchdog* an.

Fehlerinfo in Zwischenablage kopieren

Das Kopieren der Fehlermeldung ist die weniger aufwendige Variante – wenn man davon absieht, dass dazu einiger zusätzlicher Code notwendig ist, der im Standardmodul *mdlZwischenablage* liegt. Die Details dazu sind für uns uninteressant – wichtig ist nur, dass wir dort eine Prozedur namens *InZwischenablage* finden, die den Inhalt der als Parameter angegebenen Variablen in der Zwischenablage speichert. Die Prozedur *ErrorClipboard* sieht dementsprechend wie folgt aus:

```
Public Sub ErrorClipboard()
    Dim strError As String
    Dim db As DAO.Database
    Set db = CurrentDb
    strError = db.OpenRecordset("SELECT LetzterFehler FROM tblOptionen", _
        dbOpenDynaset).Fields(0)
    InZwischenablage strError
    Set db = Nothing
End Sub
```

Die Prozedur öffnet zunächst ein Recordset, das lediglich das Feld *LetzterFehler* der Tabelle *tblOptionen* zurückliefert. Mit der Eigenschaft *Fields(0)* greift die entsprechende Anweisung auf den Inhalt dieses Feldes für den ersten Datensatz dieses Recordsets zu. Das ist okay, da diese Tabelle ohnehin nur einen einzigen Datensatz enthält.

Der Inhalt dieses Feldes wird in der Variablen *strError* gespeichert und von dort aus mit der Routine *InZwischenablage* direkt in die Zwischenablage kopiert. Nun liefert der Inhalt von *strError* noch keinen Hinweis auf weitere interessante Informationen wie beispielsweise die Version der Anwendung, von Access und von Windows. Außerdem wäre es noch interessant, ob die Anwendung mit der Vollversion oder mit der Runtime-Version von Access geöffnet wurde. Damit auch diese Informationen in der Zwischenablage landen, ersetzen Sie die Zeile

```
strError = db.OpenRecordset("SELECT LetzterFehler FROM tblOptionen", _
    dbOpenDynaset).Fields(0)
```

durch die folgenden:

```
strError = strError & "Version FE:       " & Nz(DLookup("Version_FE", "tblOptionen"), _
    "") & vbCrLf
strError = strError & "Version Access:   " _
    & Access.Version & " " & SysCmd(acSysCmdAccessVer) & vbCrLf
strError = strError & "Runtime:          " & SysCmd(acSysCmdRuntime) & vbCrLf
strError = strError & "Version Windows:  " & GetWindowsVersion & vbCrLf
strError = strError & "Datum:            " _
    & Format(Now, "yyyy-mm-dd, hh:nn:ss") & vbCrLf
strError = strError & "Datenbank:        " & CodeDb.Name & vbCrLf
```

```
strError = strError & db.OpenRecordset("SELECT LetzterFehler FROM tblOptionen", dbOpen-
Dynaset).Fields(0)
```

Die erste Zeile liest die Version der Datenbank aus dem Feld *Version_FE* der Tabelle *tblOptionen* aus. Die zweite ermittelt mit der *SysCmd*-Funktion mit dem Parameter *acSysCmdAccessVer* die Access-Version, die dritte zeigt auf, ob die Anwendung mit der Runtime- oder der Vollversion von Access gestartet wurde.

Die Funktion *GetWindowsVersion* aus der vierten Zeile wird im Standardmodul *mdlSysteminformation* definiert und liefert die Windows-Version. Schließlich folgen noch der Ordner und der Name der Datenbank, die den Fehler ausgelöst hat, und das aktuelle Datum. *strError* wird durch diese Anweisungen beispielsweise um die folgenden Informationen angereichert:

```
Version FE:         0.9.0.0
Version Access:     14.0 14.0
Runtime:            Falsch
Version Windows:    Windows 7 (6.1.7601 - Service Pack 1)
Datum:              2012-08-26, 13:02:39
Datenbank:          C:\Daten\Buchprojekte\Access_Anwendungsentwicklung\Anwendung\AEMA.accdb
Datum: 26.08.2012 13:02:37
```

Fehlerbeschreibung direkt per E-Mail versenden

Die zweite Variante ist ein Mausklick auf die Schaltfläche *Mit Outlook per E-Mail senden*. Dies löst die Funktion *ErrorMail* aus. Warum eine Funktion und keine Prozedur wie zuvor? Weil wir diesmal demonstrieren möchten, wie die Fehlermeldung nach dem Ausführen einer benutzerdefinierten Aktion automatisch geschlossen wird – beim Speichern des Fehlers in der Zwischenablage ist das ja nicht der Fall.

Die Prozedur ist prinzipiell so aufgebaut wie die zum Kopieren der Fehlerinformationen in die Zwischenablage. Der Unterschied ist, dass sie die Daten nicht in die Zwischenablage kopiert, sondern diese per Mail versendet.

Dazu verwendet die Funktion die Klasse *clsMail*, die im Detail unter 13.2 beschrieben wird.

In diesem Fall instanziert die Funktion eine neue Instanz dieser Klasse und füllt die Eigenschaften *Betreff*, *Inhalt* und *ToHinzufuegen* mit den entsprechenden Informationen. In der Zeile mit der Empfängeradresse tragen Sie Ihre eigene E-Mail-Adresse ein.

Damit der Benutzer sieht, welche Informationen an den Entwickler der Anwendung gesendet werden, soll die E-Mail nicht direkt versendet, sondern angezeigt werden. Dies erledigt die Funktion mit der *Anzeigen*-Methode des Klasse *clsMail*:

```
Public Function ErrorMail() As OnErrorStatus
    Dim db As DAO.Database
```

Kapitel 14 Fehlerbehandlung

```
    Dim strError As String
    Dim objMail As clsMail
    Set objMail = New clsMail
    Set db = CurrentDb
    strError = strError & "Version FE:         " _
        & Nz(DLookup("Version_FE", "tblOptionen"), "") & vbCrLf
    strError = strError & "Version Access:     " _
        & Access.Version & " " & SysCmd(715) & vbCrLf
    strError = strError & "Runtime:            " & SysCmd(acSysCmdRuntime) & vbCrLf
    strError = strError & "Version Windows:    " & GetWindowsVersion & vbCrLf
    strError = strError & "Datum:              " _
        & Format(Now, "yyyy-mm-dd, hh:nn:ss") & vbCrLf
    strError = strError & "Datenbank:          " & CodeDb.Name & vbCrLf
    strError = strError & db.OpenRecordset("SELECT LetzterFehler FROM tblOptionen", _
        dbOpenDynaset).Fields(0)
    With objMail
        .Betreff = "Fehlermeldung 'AEMA'"
        .Inhalt = strError
        .ToHinzufuegen "andre@minhorst.com"
        .Anzeigen
    End With
    Set db = Nothing
    ErrorMail = OnErrorEnd
End Function
```

Die Funktion gibt einen Wert mit dem Datentyp *OnErrorStatus* zurück, in diesem Fall *OnErrorEnd*. Das bedeutet, dass die aufrufende Fehlermeldung nach dem Ausführen der benutzerdefinierten Fehlerbehandlung geschlossen wird.

14.3 Fehlerbehandlungsmodus einstellen

Je nachdem, ob Sie gerade an der Datenbankanwendung arbeiten oder ob der Benutzer diese bereits nutzt, soll die jeweils benötigte Fehlerbehandlung aktiviert werden. Dies erledigt jeweils ein Aufruf der Prozeduren *ErrorDialog_Entwickler* oder *ErrorDialog_Benutzer*.

Wie aber erfährt die Anwendung, welcher Modus zum Einsatz kommen soll? Im Abschnitt »Anwendung für Entwicklung und Test starten« (Seite 42) haben Sie bereits die Starter-Datenbank kennengelernt, mit der Sie die Anwendung mit verschiedenen Einstellungen öffnen können. Diese Datenbank erweitern wir nun um eine weitere Option.

Dazu starten Sie die Datenbank *AEMA_Developer.accdb* und öffnen die Tabelle *tblOptionen* im Entwurfsmodus. Fügen Sie ein Feld wie in Abbildung 14.14 hinzu.

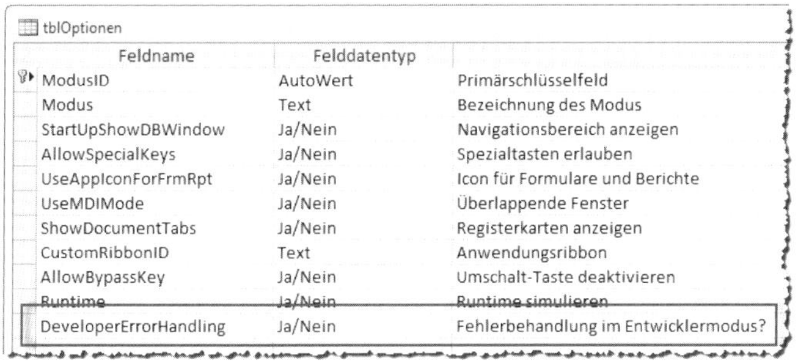

Feldname	Felddatentyp	
ModusID	AutoWert	Primärschlüsselfeld
Modus	Text	Bezeichnung des Modus
StartUpShowDBWindow	Ja/Nein	Navigationsbereich anzeigen
AllowSpecialKeys	Ja/Nein	Spezialtasten erlauben
UseAppIconForFrmRpt	Ja/Nein	Icon für Formulare und Berichte
UseMDIMode	Ja/Nein	Überlappende Fenster
ShowDocumentTabs	Ja/Nein	Registerkarten anzeigen
CustomRibbonID	Text	Anwendungsribbon
AllowBypassKey	Ja/Nein	Umschalt-Taste deaktivieren
Runtime	Ja/Nein	Runtime simulieren
DeveloperErrorHandling	Ja/Nein	Fehlerbehandlung im Entwicklermodus?

Abbildung 14.14: Option zum Einstellen der Fehlerbehandlung

Auch im Formular zum Einstellen der einzelnen Optionen soll dieses Feld erscheinen (siehe Abbildung 14.15).

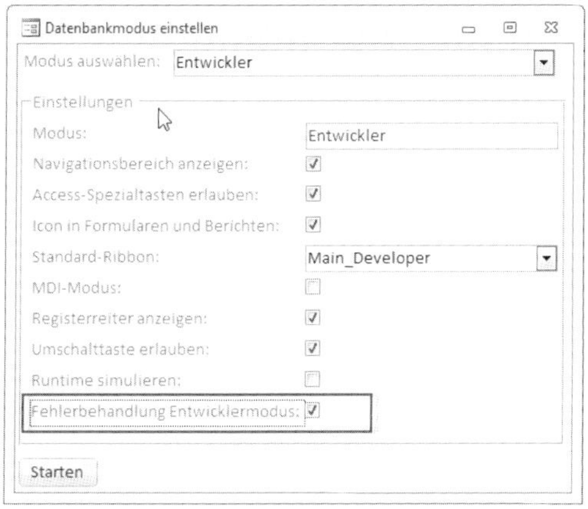

Abbildung 14.15: Aktivieren der Fehlerbehandlung im Entwicklermodus

Fügen Sie zur Prozedur *cmdStart_Click* die folgenden Zeilen hinzu:

```
...
If Me!DeveloperErrorHandling Then
    strRuntime = " /cmd ""Developer"""
End If
Shell Chr(34) & strAccess & Chr(34) & " " & Chr(34) & strPfad & strDatenbank _
    & Chr(34) & strRuntime
...
```

Dadurch erweitert die Prozedur den Aufruf der Access-Datenbank gegebenenfalls wie folgt:

```
"C:\Program Files (x86)\Microsoft Office\Office14\\MSAccess.exe" "C:\Daten\Buchprojekte\
Access_Anwendungsentwicklung\Anwendung\AEMA.accdb" /cmd "Developer"
```

Kapitel 14 Fehlerbehandlung

Der Aufruf wird also um den Ausdruck */cmd "Developer"* erweitert. Wie aber sollen wir diesen in der Anwendung so auswerten, dass die für den Entwicklungsmodus beziehungsweise den Produktivmodus vorgesehene Fehlerbehandlung aktiviert wird?

Ganz einfach: Wenn Sie den Parameter */cmd* beim Aufruf einer Access-Anwendung setzen, können Sie von dieser Anwendung aus den dabei übergebenen Wert mit der *Command()*-Funktion auslesen. Dies erledigen wir in der Prozedur, die durch das Ereignis *Beim Laden* des Formulars *frmStart* ausgelöst wird:

```
Private Sub Form_Load()
    If Command() = "Developer" Then
        Errordialog_Entwickler
    Else
        Errordialog_Benutzer
    End If
End Sub
```

Wenn Sie in der Start-Anwendung *AEMA_Developer.accdb* also die Option *Fehlerbehandlung Entwickler* aktiviert haben, übergibt diese mit */cmd* den Wert *Developer*. Die Prozedur *Form_Load* des Formulars *frm_Start* ruft in diesem Fall die Prozedur *Errordialog_Entwickler* auf, welche die Fehlerbehandlung für den Entwicklermodus startet. Wenn *Command()* nicht den Wert *Developer* liefert, startet die Prozedur hingegen die Fehlerbehandlung für den Endbenutzer.

15   Bilder

Wenn Sie eine optisch ansprechende Anwendung erstellen wollen, kommen Sie um den Einsatz von Bilddateien und insbesondere von Icons für das Ribbon, Schaltflächen, TreeView et cetera nicht herum. Dieses Kapitel fasst die dazu notwendigen Techniken zusammen.

VBA-Funktionen rund um Bilder

Die Beispieldatenbank enthält zwei Module, die alle für die Arbeit mit Bildern notwendigen Funktionen enthalten. Die Module wurden von Sascha Trowitzsch entwickelt und heißen *mdl-OGL0710* sowie *mdlOLE*. Um die in den folgenden Abschnitten beschriebenen Funktionen nutzen zu können, müssen Sie diese beiden Module in Ihre Datenbank importieren.

15.1   Bilder in Access 2007 und 2010

Bilder werden in Access 2007 und Access 2010 etwas unterschiedlich gehandhabt. Wenn Sie beispielsweise einem Access-Formular ein Bild hinzufügen möchten, erledigen Sie das unter Access 2007, indem Sie über den Ribbon-Eintrag *Entwurf|Steuerelemente|Bild* ein Bildsteuerelement zum Formular hinzufügen (siehe Abbildung 15.1).

Abbildung 15.1: Hinzufügen eines Bildes unter Access 2007

Access legt dann ein Bildsteuerelement an und bettet die Bilddatei in das Formular ein. Wenn Sie, wie zu Beginn des Buchs beschrieben, die Access-Optionen so eingestellt haben, dass Bilder im Quellbildformat gespeichert werden, nimmt das Bild relativ wenig Platz ein.

Unter Access 2010 fügen Sie einem Formular ein Bild hinzu, indem Sie den Ribbon-Befehl *Entwurf|Steuerelemente|Bild einfügen* betätigen (siehe Abbildung 15.2).

Kapitel 15 Bilder

Abbildung 15.2: Hinzufügen eines Bildes unter Access 2010

Standardmäßig speichert Access 2010 die Bilddatei nun in einer Tabelle namens *MSysResources*, die normalerweise nicht sichtbar ist.

Um diese Tabelle sichtbar zu machen, klicken Sie mit der rechten Maustaste auf die Titelleiste des Navigationsbereichs und wählen den Eintrag *Navigationsoptionen* aus dem Kontextmenü aus.

Im nun erscheinenden Dialog aktivieren Sie die beiden Optionen *Ausgeblendete Objekte anzeigen* und *Systemobjekte anzeigen*. Danach erscheinen die entsprechenden Objekte im Navigationsbereich, zum Beispiel die Tabelle *MSysResources* (siehe Abbildung 15.3).

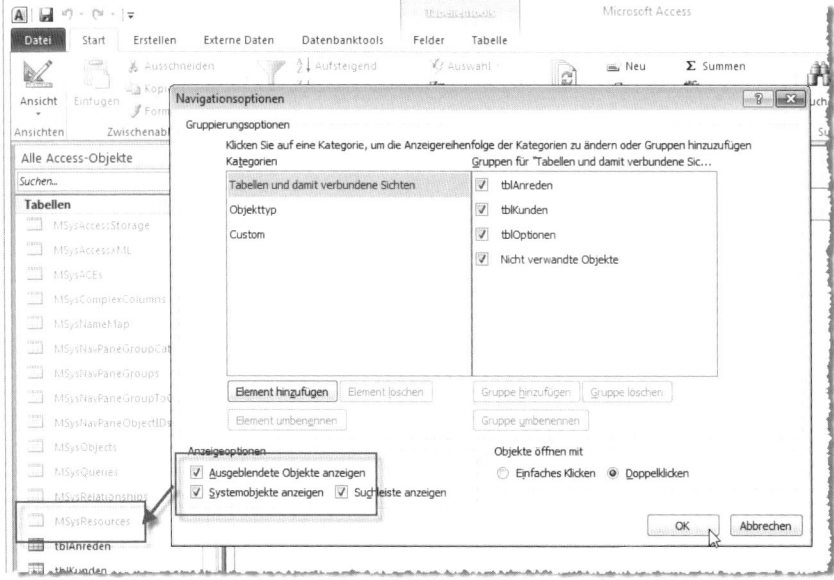

Abbildung 15.3: Aktivieren der Anzeige ausgeblendeter Objekte und von Systemobjekten

Die Anwendung verwendet auf jeden Fall die Tabelle *MSysResources* zum Speichern von Bilddateien, auch unter Access 2007. Es stehen dann zwar einige Funktionen nicht zur Verfügung (zum Beispiel das einfache Zuweisen einer Bilddatei aus *MSysResources* zu einer Schaltfläche), aber das gleichen wir mit zusätzlichen Tools aus.

15.2 Tool zum Hinzufügen von Bildern zu MSysResources

Access 2010 bietet die Möglichkeit, Bilder zur Entwurfsansicht von Formularen oder Berichten hinzuzufügen (siehe Abbildung 15.4).

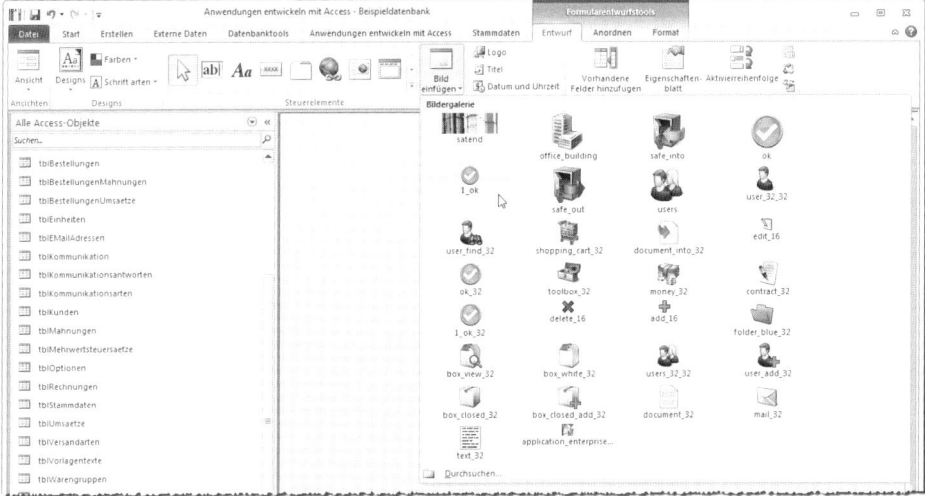

Abbildung 15.4: Auswählen und Hinzufügen von Bildern zur Datenbankanwendung

Die hinzugefügten Bilder werden nicht in die gleichzeitig erzeugten Bildsteuerelemente eingebettet, sondern in der Tabelle *MSysResources* gespeichert und können dann auch anderen Steuerelementen über die Eigenschaft *Bild* zugewiesen werden (siehe Abbildung 15.5).

Dieses Feature ist in Access 2007 gar nicht enthalten. Allerdings ist diese Funktion auch unter Access 2010 nicht besonders komfortabel: Sie können damit beispielsweise immer nur ein Bild gleichzeitig zur Anwendung hinzufügen.

Abhilfe schafft das Access-Add-In *Picture2Attachment*, das ein oder mehrere Bilder zur Tabelle *MSysResources* hinzufügt. Das Tool arbeitet unter Access 2007 und 2010. Da die Tabelle *MSysResources* unter Access 2007 nicht standardmäßig enthalten ist, können Sie diese mit dem Tool per Mausklick anlegen.

Darüber hinaus zeigt es in einer Tabelle alle Datensätze dieser Tabelle an und liefert für Bilddateien auch noch das entsprechende Bild (siehe Abbildung 15.6).

Kapitel 15 Bilder

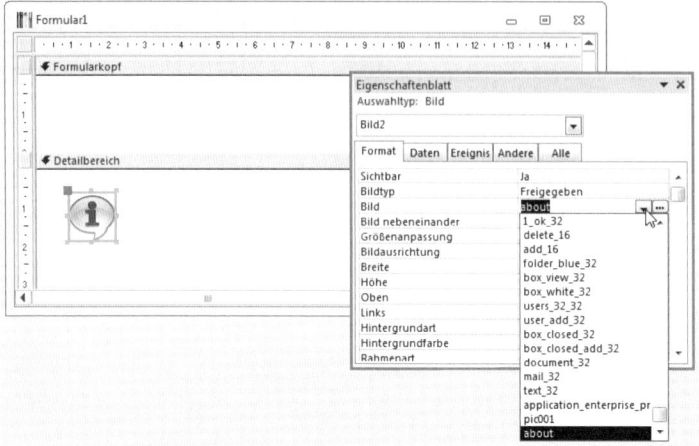

Abbildung 15.5: Bilder werden in einer Tabelle gespeichert und sind dann allgemein zugänglich

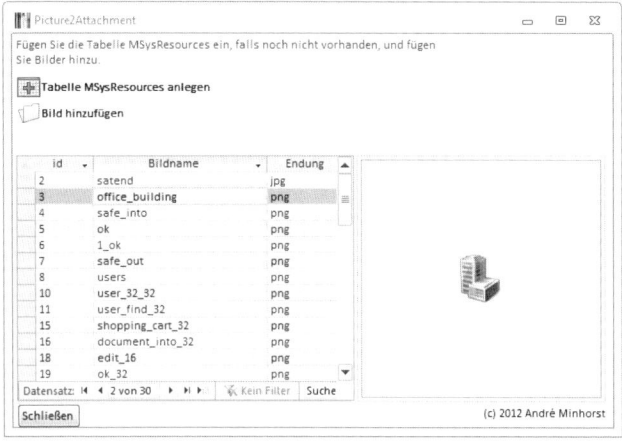

Abbildung 15.6: Tool zum Hinzufügen mehrerer Bilder gleichzeitig – für Access 2007 und 2010

Nun müssen wir nur noch sehen, wie wir die in dieser Tabelle gespeicherten Bilder im Ribbon, in Kontextmenüs, auf Schaltflächen, im Bildsteuerelement und im TreeView-Steuerelement unterbringen.

15.3 Icon-Sammlung

Wenn Sie eine wirklich hübsche Anwendung entwickeln möchten, kommen Sie um den Einsatz von Icons nicht herum. Wie an einigen anderen Stellen in diesem Buch stellt sich die Frage, wie man eine spezielle Aufgabe verrichtet: Soll man selbst viel Arbeit investieren (in diesem Fall in die Recherche nach kostenlosen Icons im Internet) oder Geld in eine umfangreiche Sammlung fertiger Icons stecken?

Da ich viel lieber programmiere, als stundenlang im Internet zu surfen, habe ich die Entscheidung für mich persönlich bereits vor langer Zeit getroffen: Ich habe mir die Icon-Sammlung von *www.iconexperience.com* gekauft und habe bislang bis auf wenige Ausnahmen immer das passende Icon gefunden.

15.4 Bilder im TreeView-Steuerelement

Wenn Sie Bilder im TreeView-Steuerelement einsetzen möchten, müssen Sie diese zuvor in einem weiteren Steuerelement namens *ImageList* bereitstellen. Dieses Steuerelement weisen Sie dann dem *TreeView*-Steuerelement über eine entsprechende Eigenschaft zu. Beim Anlegen der *TreeView*-Elemente brauchen Sie dann nur noch den Namen des Bildes im *ImageList*-Steuerelement anzugeben.

Das *ImageList*-Steuerelement fügen Sie dem Formular hinzu, das auch das mit Icons auszustattende *TreeView*-Steuerelement enthält. Dazu öffnen Sie das Formular in der Entwurfsansicht, betätigen den Ribbon-Eintrag *Entwurf|Steuerelemente|ActiveX-Steuerelemente* und wählen im nun erscheinenden Dialog den Eintrag *Microsoft ImageList Control, Version 6.0* hinzu (siehe Abbildung 15.7).

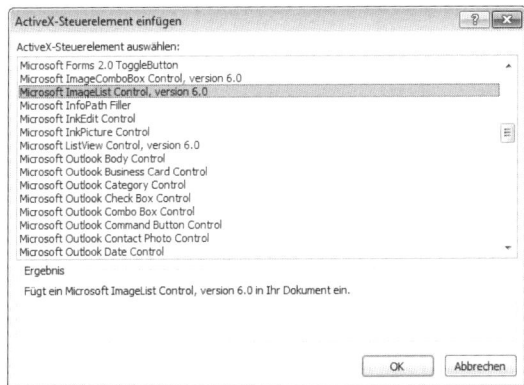

Abbildung 15.7: Hinzufügen eines *ImageList*-Steuerelements

In der Anwendung benötigen wir ein TreeView-Steuerelement und somit auch ein *ImageList*-Steuerelement im Formular *frmKundeDetail*. Während das *TreeView*-Steuerelement gleich in der gewünschten Größe aufgezogen werden kann, gibt sich das *ImageList*-Steuerelement bescheiden und tritt nur in Form eines kleinen Vierecks mit einem Icon in Erscheinung (siehe Abbildung 15.8). In der Formularansicht wird es sogar ausgeblendet – es soll ja auch nur als Container für die im TreeView-Steuerelement anzuzeigenden Icons dienen.

Kapitel 15 Bilder

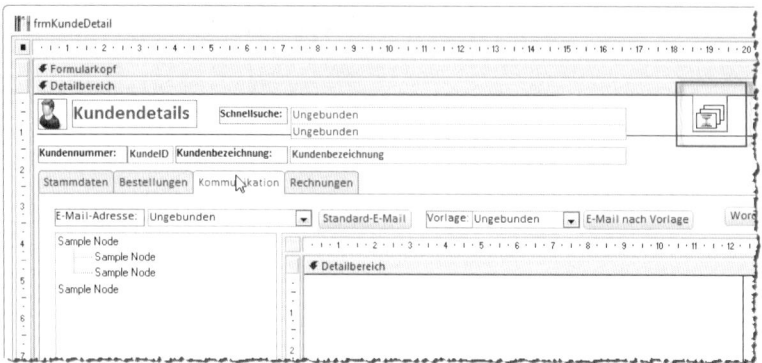

Abbildung 15.8: *ImageList*-Steuerelement im Formular *frmKundeDetail*

Stellen Sie den Namen des *ImageList*-Steuerelements auf *ctlImageList* ein. Normalerweise könnten Sie die Images über den Eigenschaftsdialog dieses Steuerelements hinzufügen – dort stellen Sie die Größe der Icons ein und fügen alle zu verwendenden Bilder hinzu (siehe Abbildung 15.9) – aber in der Praxis war es einfacher, dies per Code zu erledigen und die Bilder direkt aus der Tabelle *MSysResources* einzulesen.

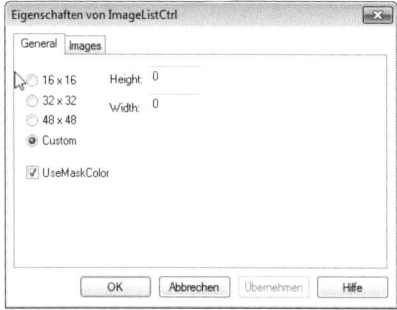

Abbildung 15.9: Eigenschaftsfenster eines *ImageList*-Steuerelements

Um dies gleich beim Öffnen des Formulars zu erledigen, benötigen Sie zunächst eine im Kopf des Klassenmoduls des Formulars deklarierte Variable:

```
Dim objImageList As MSComctlLib.ImageList
```

Diese Variable füllen Sie in einer eigenen Prozedur, die von der Ereignisprozedur *Beim Laden* des Formulars aufgerufen wird – danach folgen weitere Aktionen wie etwa das Füllen des TreeView-Steuerelements, für das wir den ganzen Zauber veranstalten:

```
Private Sub Form_Load()
    ...
    ImageListFuellen
```

Bilder im TreeView-Steuerelement

```
        TreeViewInstanzieren
    End Sub
```

Die Prozedur *ImageListFuellen* setzt zunächst einen Verweis auf das *ImageList*-Steuerelement *ctlImageList*, wobei der Verweis genau genommen auf dessen Eigenschaft *Object* erfolgen muss. Danach leert die Prozedur alle bisher enthaltenen Elemente und stellt die Höhe und Breite für die Elemente auf jeweils 16 Pixel ein – wir wollen ja nur Icons für die TreeView-Elemente verwenden. Schließlich ruft die Prozedur zum Hinzufügen eines jeden Icons eine weitere Prozedur namens *ImageHinzufuegen* auf, welche die eigentliche Arbeit übernimmt.

Dabei übergibt sie einen Verweis auf das *ImageList*-Steuerelement sowie den Namen, unter dem die Bilddatei in der Tabelle *MSysResources* zu finden ist:

```
    Private Sub ImageListFuellen()
        Set objImageList = Me.ctlImageList.Object
        objImageList.ListImages.Clear
        objImageList.ImageHeight = 16
        objImageList.ImageWidth = 16
        ImageHinzufuegen objImageList, "mail_16"
        ImageHinzufuegen objImageList, "folder3_mail_16"
        '...
    End Sub
```

Die Prozedur *ImageHinzufuegen* deklariert ein neues Objekt des Typs *StdPicture* und ermittelt mit der Funktion *BildIDErmitteln* die ID des Datensatzes der Tabelle *MSysResources*, der im Feld *Name* die entsprechende Bezeichnung aufweist. Die Funktion *GetPicture* liest wiederum das im *Attachment*-Feld dieser Tabelle gespeicherte Bild in das Objekt *objPicture* ein. Die letzte Anweisung schließlich fügt das *StdPicture*-Objekt zum *ImageList*-Steuerelement hinzu:

```
    Public Sub ImageHinzufuegen(objImageList As MSComctlLib.ImageList, strImage As String)
        Dim objPicture As StdPicture
        Dim lngID As Long
        lngID = BildIDErmitteln(strImage)
        Set objPicture = GetPicture(lngID)
        objImageList.ListImages.Add , strImage, objPicture
    End Sub
```

Die Funktion *BildIDErmitteln* verwendet eine einfache *DLookup*-Anweisung zur Ermittlung der ID des Datensatzes mit dem angegebenen Bildnamen:

```
    Public Function BildIDErmitteln(strImage As String) As Long
        Dim lngID As Long
        lngID = DLookup("Id", "MSysResources", "Name='" & strImage & "'")
        BildIDErmitteln = lngID
    End Function
```

Kapitel 15 Bilder

Fehlt noch die Funktion *GetPicture*. Damit werden zwei verschachtelte Funktionen aufgerufen. Die innere heißt *BLOB2Binary0710* und liest den Inhalt des *Attachment*-Feldes der Tabelle *MSysResources* für die gewünschte Bilddatei aus. Das Ergebnis ist ein Byte-Array, das gleich von der zweiten Funktion *ArrayToPicture* weiterverarbeitet wird.

Diese Funktion wandelt das Byte-Array in ein Objekt des Typs *StdPicture* um und referenziert dieses mit der Objektvariablen *objPicture*.

```
Public Function GetPicture(lngID As Long) As StdPicture
    Dim objPicture As StdPicture
    Set objPicture = ArrayToPicture(mdlBLOBs0710.BLOB2Binary0710(CurrentDb, _
 "MSysResources", "Data", "Id", lngID, True), &HFFFFFFFF)
    Set GetPicture = objPicture
End Function
```

Wichtig ist an dieser Stelle, dass Sie der Funktion *ArrayToPicture* als zweiten Parameter den Wert *&hFFFFFFFF* übergeben, damit der transparente Hintergrund nicht schwarz angezeigt wird, sondern weiß. Wenn Sie den Namen beziehungsweise den *Key*-Wert eines der so im *ImageList*-Steuerelement gespeicherten Bilder beim Anlegen eines *Node*-Objekts etwa im TreeView angeben, wird das Icon wie in Abbildung 15.10 angezeigt:

```
Private Sub TreeViewInstanzieren()
    '...
    With objTreeView
        '...
        Set .ImageList = Me.ctlImageList.Object
        Set objNode = .Nodes.Add(, , "a0", "E-Mails", "folder3_mail_16")
    End With
End Sub
```

15.5 Bilder in Kontextmenüs

Das Anlegen eines Kontextmenüs per Code sieht beispielsweise wie folgt aus:

```
Set cbr = CommandBars.Add("cbrKommunikation", msoBarPopup, , True)
...
Set cbb = cbr.Controls.Add(msoControlButton)
cbb.Caption = "E-Mail beantworten"
cbb.onAction = "=AntwortErstellen(" & lngKommunikationID & ")"
cbb.Picture = GetPictureByName("mail_forward_16")
```

Dabei erstellt die erste Anweisung das Kontextmenü selbst, die zweite fügt eine Schaltfläche hinzu. Die dritte und vierte Anweisung legen die Beschriftung und die beim Betätigen des Steuerelements auszuführende VBA-Funktion fest.

Abbildung 15.10: Icon im TreeView-Steuerelement

Interessant wird es danach: Zunächst füllt die Funktion *GetPictureByName* mit dem Namen eines Bildes die Eigenschaft *Picture* der Menüschaltfläche mit einem Verweis auf ein Bild-Objekt des Typs *StdPicture*. Die Funktion *GetPictureByName* sieht wie folgt aus:

```
Public Function GetPictureByName(strPicture As String) As StdPicture
    Dim objPicture As StdPicture
    Dim lngID As Long
    lngID = BildIDErmitteln(strPicture)
    Set objPicture = GetPicture(lngID)
    Set GetPictureByName = objPicture
End Function
```

Der Parameter *strPicture* erwartet den Wert des Feldes *Name* für einen der Datensätze der Tabelle *MSysResources*. Für diesen ermittelt die Funktion *BildIDErmitteln* den Primärschlüsselwert, der schließlich an die Prozedur *GetPicture* übergeben wird. Diese kennen Sie bereits von oben – sie liest die in der Tabelle gespeicherte Bilddatei ein und speichert sie in einem *StdPicture*-Objekt. Ein Verweis darauf wird schließlich an die aufrufende Prozedur zurückgegeben. Diese braucht das Ergebnis einfach der Eigenschaft *Picture* des *CommandBarButton*-Objekts (oder eines anderen *CommandBar*-Steuerelements) zu übergeben.

15.6 Bilder auf Schaltflächen

Im Gegensatz zu Bildern im Ribbon, im Kontextmenü oder im TreeView/ListView-Steuerelement ist die Vorgehensweise bei Bildern auf Schaltflächen bei Access 2007 und Access 2010 unterschiedlich.

15.6.1 Bilder auf Schaltflächen unter Access 2007

Unter Access 2007 gibt es mindestens zwei Möglichkeiten, ein Icon auf einer Schaltfläche zu platzieren. Die erste verwendet die Mittel der Benutzeroberfläche von Access. Nachdem Sie eine Schaltfläche angelegt haben, klicken Sie im Eigenschaftsfenster auf den Eintrag *Bild* und

Kapitel 15 Bilder

dann auf die Schaltfläche mit den drei Punkten (...) – siehe Abbildung 15.11. Öffnen Sie mit *Durchsuchen...* einen *Datei öffnen*-Dialog und wählen Sie die gewünschte Bilddatei aus.

Abbildung 15.11: Hinzufügen einer Bilddatei zu einer Schaltfläche per Benutzeroberfläche

Dabei können Sie das Bild in das Formular einbetten oder eine Verknüpfung zur Ursprungsdatei erstellen – beides gelingt mit der Eigenschaft *Bildtyp*. Und beides ist nicht optimal: Wenn Sie beispielsweise in allen *OK*-Schaltflächen das gleiche Bild einbetten und dieses einmal ändern möchten, müssen Sie diese Arbeit für alle betroffenen Formulare durchführen.

Dieses Problem besteht nicht, wenn Sie das Bild per Verknüpfung auf die Schaltfläche holen. Sie erhalten damit jedoch einen anderen Nachteil: Sie müssen sich darum kümmern, dass die benötigten Dateien sich immer an Ort und Stelle befinden.

Jede Datenbank-Anwendung, die potenziell unter Access 2007 und 2010 eingesetzt werden soll, sollte auch eine Tabelle namens *MSysResources* enthalten, die beispielsweise Bilddateien aufnimmt.

Access 2010 bietet alle Mittel, um etwa von Schaltflächen oder Bild-Steuerelementen direkt auf die in dieser Tabelle enthaltenen Elemente zuzugreifen – bei Access 2007 ist dies jedoch nicht der Fall.

Wir stellen uns jedoch dennoch darauf ein, dass die Anwendung langfristig zu einer reinen Access 2010-Anwendung werden könnte und speichern Bilddateien in der Tabelle *MSysResources*. Wie oben beschrieben, können Sie dieser Tabelle mit dem Tool *Picture2Attachment* auf einen Schlag ein oder mehrere Bilder zuweisen.

Wie aber gelangen die in dieser Tabelle gespeicherten Bilder nun etwa auf eine Schaltfläche? Dies erledigen wir in zwei Schritten. Der erste ist, dass Sie der Eigenschaft *Marke* der Schaltfläche den Wert des Feldes *Name* des entsprechenden Eintrags der Tabelle *MSysResources* hinzufügen (siehe Abbildung 15.12).

Bilder auf Schaltflächen

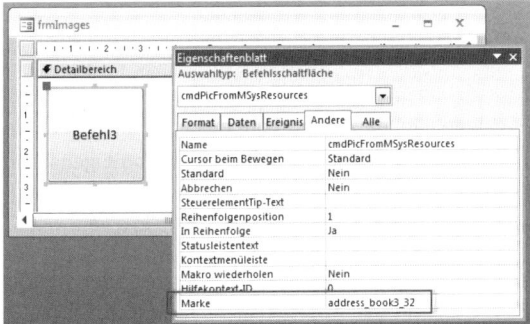

Abbildung 15.12: Der Name des anzuzeigenden Bildes wird für die Eigenschaft *Marke* angegeben.

Sie können alle in dieser Tabelle enthaltenen Bilder sichten, indem Sie die Tabelle in der Datenblattansicht öffnen (siehe Abbildung 15.13).

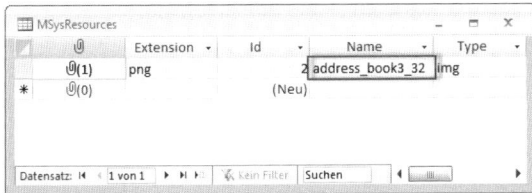

Abbildung 15.13: Name einer in der Tabelle *MSysResources* gespeicherten Bilddatei

Sollte der Navigationsbereich diesen Tabellennamen nicht anzeigen, klicken Sie mit der rechten Maustaste auf die Titelleiste des Navigationsbereichs und aktivieren Sie im nun erscheinenden Dialog die Optionen *Ausgeblendete Objekte anzeigen* und *Systemobjekte anzeigen*.

Nun fügen Sie dem Formular eine Ereignisprozedur für das Ereignis *Beim Laden* hinzu und füllen es mit den folgenden Anweisungen:

```
Private Sub Form_Load()
    Dim db As DAO.Database
    Dim ctl As Control
    Dim lngPictureID As Long
    Set db = CurrentDb
    For Each ctl In Me.Controls
        If ctl.ControlType = acCommandButton Then
            If Len(Nz(ctl.Tag, "")) > 0 Then
                lngPictureID = BildIDErmitteln(ctl.Tag)
                ctl = BLOB2Binary0710(db, "MSysResources", "Data", "Id", _
                    lngPictureID, True)
            End If
```

Kapitel 15 Bilder

```
        End If
    Next ctl
End Sub
```

Die Prozedur durchläuft in einer *For Next*-Schleife alle Steuerelemente des Formulars. Handelt es sich bei dem Steuerelement um eine Schaltfläche, prüft die Prozedur, ob die *Tag*-Eigenschaft (entspricht der *Marke*-Eigenschaft im Eigenschaftsfenster) einen Wert enthält. Falls ja, ermittelt die Funktion *BildIDErmitteln* die *ID* des entsprechenden Datensatzes der Tabelle *MSysResources*.

Der folgende Aufruf der Prozedur *BLOB2BINARY0710* liest die in dem entsprechenden Anlage-Feld gespeicherte Bilddatei ein und weist diese direkt der Eigenschaft *PictureData* der Schaltfläche hinzu. Dadurch zeigt die Schaltfläche die Bilddatei an.

15.6.2 Bilder auf Schaltflächen unter Access 2010

Unter Access 2010 können Sie direkt über die Eigenschaft *Bild* einer Schaltfläche auf die in der Tabelle *MSysResources* gespeicherten Bilddateien zugreifen (siehe Abbildung 15.14).

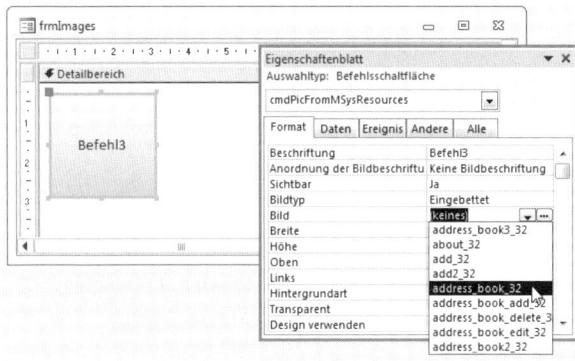

Abbildung 15.14: Zuweisen einer Bilddatei aus der Tabelle *MSysResources*

Wenn Sie eine Anwendung für Access 2007 und Access 2010 entwickeln, können Sie die folgende Erweiterung der Prozedur von oben einsetzen. Diese prüft lediglich, ob die Datenbank gerade mit Access 2007 oder 2010 geöffnet wird. Für Access 2007 wird die Bilddatei wie gewohnt aus *MSysResources* eingelesen und der Eigenschaft *PictureData* der Schaltfläche zugewiesen. Für Access 2010 liest die Prozedur ebenfalls den Bildnamen aus der Eigenschaft *Tag* ein und weist den dort gefundenen Wert der Eigenschaft *Picture* zu – dies entspricht prinzipiell dem Auswählen eines Bildes über die Eigenschaft *Bild* im Eigenschaftsfenster. Für alle anderen Access-Versionen gibt die Prozedur eine entsprechende Meldung aus.

Und da diese Codezeilen wohl doch in mehr als einem Formular zum Einsatz kommen, gliedern wir diese doch gleich in eine eigene Prozedur aus – und zwar durch Anlegen im Modul *mdlGlobal*:

Bilder im Ribbon

```
Public Sub BilderLaden(frm As Form)
    Dim db As DAO.Database
    Dim ctl As Control
    Dim lngPictureID As Long
    Set db = CurrentDb
    For Each ctl In frm.Controls
        If ctl.ControlType = acCommandButton Then
            If Len(Nz(ctl.Tag, "")) > 0 Then
                Select Case SysCmd(acSysCmdAccessVer)
                    Case "12.0"
                        lngPictureID = BildIDErmitteln(ctl.Tag)
                        ctl.PictureData = mdlBLOBs0710.BLOB2Binary0710(db, _
    "MSysResources", "Data", "Id", lngPictureID, True)
                    Case "14.0"
                        ctl.Picture = ctl.Tag
                    Case Else
                        MsgBox "Ungültige Access-Version."
                End Select
            End If
        End If
    Next ctl
End Sub
```

Beim Aufruf aus dem *Form_Load*-Ereignis müssen Sie dann nur noch einen Verweis auf das so auszustattende Formular mitgeben:

```
Private Sub Form_Load()
    BilderLaden Me
End Sub
```

Sie können den Namen der Bilddatei auch fest der Eigenschaft *Picture* zuweisen und auf den Zweig *Case "14.0"* der Prozedur verzichten. In diesem Fall müssen Sie den Bildnamen jedoch an zwei Stellen gleichzeitig pflegen, nämlich in den Eigenschaften *Tag* und *Picture*.

15.7 Bilder im Ribbon

Die in dieser Anwendung verwendete Methode zum Einlesen von Bildern in das Ribbon greift die bisher verwendeten Techniken auf. Dies bezieht sich vorrangig auf den Ort, an dem die zu verwendenden Bilddateien gespeichert werden – und zwar in der Tabelle *MSysResources*.

Auf diese Weise kann die Anwendung die Bilder für die verschiedensten Einsatzzwecke, also Schaltflächen, TreeView-Steuerelement, Kontextmenüs und das Ribbon aus einer einzigen

Kapitel 15 Bilder

Quelle beziehen. Der Vorteil ist, dass Sie Bilder nur an einer Stelle austauschen müssen und die komplette Anwendung fortan das neue Bild anzeigt.

Wir gehen also davon aus, dass Sie die für die Anzeige im Ribbon benötigten Bilder bereits in der Tabelle *MSysResources* gespeichert haben – dazu können Sie wie gehabt das Add-In *Picture2-Attachment* einsetzen.

Außerdem muss, wie in »Bilddateien zur Datenbank und zum Ribbon hinzufügen« (Seite 499) beschrieben, für das Element *customUI* das Attribut *loadImage* auf eine VBA-Callback-Funktion wie etwa *loadImage* festgelegt sein. Für jedes Element, das mit einem Bild ausgestattet werden soll, legen Sie das Attribut *image* auf den Wert fest, der im Feld *Name* des entsprechenden Datensatzes der Tabelle *MSysResources* enthalten ist.

Wie aber erfährt die Funktion *loadImage* nun, welche Steuerelemente des Ribbons mit welchen Bildern auszustatten sind? Ganz einfach: Sie wird für jedes anzuzeigende Steuerelement, dessen Attribut *image* einen Wert enthält, je einmal aufgerufen. Die VBA-Callback-Funktion *loadImage* sieht wie folgt aus und kann gemeinsam mit den übrigen Callback-Funktionen in einem Standardmodul untergebracht werden:

```
Public Sub loadImage(Control, ByRef Image)
    Dim lngID As Long
    On Error Resume Next
    lngID = Nz(DLookup("ID", "MSysResources", "Name = '" & Control & "'"), 0)
    If Err.Number = 3078 Then
        MsgBox "Die Tabelle 'MSysResources' mit den Images für die Anzeige im Ribbon " _
            & "fehlt." & vbCrLf & "Fügen Sie die Images mit dem Ribbon-Admin hinzu", _
            vbOKOnly + vbExclamation, "Tabelle MSysResources fehlt"
        Exit Sub
    End If
    On Error GoTo 0
    If lngID = 0 Then
        MsgBox "Das Image '" & Control & "' ist nicht in der Tabelle MSysResources " _
            & "vorhanden. " & vbCrLf & "Fügen Sie dieses über den Kontextmenüeintrag " _
            & "'Benutzerdefiniertes Image hinzufügen' " & vbCrLf _
            & "des image-Attributs des entsprechenden Ribbon-Steuerelements hinzu."
    Else
        Set Image = PicFromSharedResource_Ribbon(CStr(Control))
    End If
End Sub
```

Die Funktion enthält einen Parameter namens *Control* und einen Namens *Image*. Man sollte meinen, *Control* liefert einen Verweis auf das Steuerelement, anhand dessen das zu verwendende Bild etwa über eine *Select Case*-Anweisung oder über eine Mapping-Tabelle ermittelt werden soll. Aber weit gefehlt: *Control* liefert den im Attribut *image* des betroffenen Steuerelements enthaltenen Wert. Die erste Anweisung der Callback-Funktion liest mit einer *DLookup*-Anweisung den Wert des Primärschlüsselfeldes *ID* der Tabelle *MSysResources* für den Datensatz mit dem entsprechenden Wert im Feld *Name* ein. Ist die Tabelle *MSysResources* gar nicht vorhanden, löst dies einen Fehler aus, der mit einer passenden Meldung behandelt wird.

Anderenfalls gibt es zwei Möglichkeiten: *lngID* erhält von der *DLookup*-Funktion den Wert *0*, was darauf hindeutet, dass kein passender Datensatz in der Tabelle *MSysResources* gefunden werden konnte. Auch in diesem Fall liefert die Funktion eine Meldung mit einem entsprechenden Hinweis.

Konnte der Datensatz mit der Bilddatei gefunden werden, ruft die Funktion eine weitere Funktion namens *PicFromSharedResource_Ribbon* auf, die nur den Namen des Bildes erwartet und die Bilddatei in Form eines *Picture*-Objekts zurückliefert. Dieses wird schließlich im Ribbon angezeigt.

Die Funktion *PicFromSharedResource_Ribbon* finden Sie im Modul *mdlRibbonImages*, die Sie standardmäßig jeder Anwendung hinzufügen sollten, die ein Ribbon mit Bildern nutzt. Das Modul enthält zwar einige Elemente, die in ähnlicher Form im Modul *mdlOGL0710* vorkommen, ist jedoch erheblich schlanker.

15.8 Bilder im Bildsteuerelement (ungebunden)

In den Formularköpfen der Beispielanwendung finden Sie meist eine Überschrift und ein passendes Icon (siehe Abbildung 15.15). Dieses wird von einem Bildsteuerelement aufgenommen.

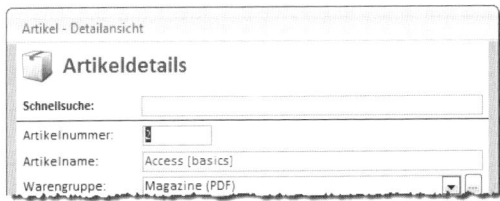

Abbildung 15.15: Bildsteuerelement im Kopf eines Formulars

Die Vorgehensweise zum Füllen eines Bildsteuerelements mit einem Bild aus der Tabelle *MSysResources* entspricht exakt der zum Füllen einer Schaltfläche. Der einzige Unterschied ist, dass ein Bild-Steuerelement gleich beim Anlegen einen Dialog zur Auswahl der anzuzeigenden Bilddatei anbietet. Diesen können Sie jedoch ab Access 2007 direkt schließen, ohne dass auch das Bild-Steuerelement gleich wieder verschwindet.

Um unter Access 2007 ein Bild der Tabelle *MSysResources* anzuzeigen, tragen Sie wiederum den Wert des Feldes *Name* des Datensatzes mit der zu verwendenden Bilddatei für die Eigenschaft *Tag* beziehungsweise *Marke* des Steuerelements ein.

Fügen Sie der Ereignisprozedur, die durch das Ereignis *Beim Laden* des Formulars aufgerufen wird, den Aufruf der oben bereits beschriebenen Prozedur zum Laden der Bilder in das Schaltflächen-Steuerelement hinzu:

```
Private Sub Form_Load()
    BilderLaden Me
End Sub
```

Damit diese Prozedur auch Bild-Steuerelemente berücksichtigt, erweitern Sie die Zeile

```
If ctl.ControlType = acCommandButton Then
```

der Prozedur wie folgt:

```
If ctl.ControlType = acCommandButton Or ctl.ControlType = acImage Then
```

Diese Vorgehensweise wird auch eingesetzt, wenn Sie die Beispielanwendung mit Access 2010 öffnen. Sollten Sie die Anwendung nur unter Access 2010 einsetzen wollen, sparen Sie sich die Vorgehensweise mit der *Marke*-Eigenschaft und der Prozedur *BilderLaden* – wählen Sie einfach den gewünschten Eintrag für das Bild-Steuerelement aus der Liste der Bilder für die Eigenschaft *Bild* aus.

15.9 Artikelbilder verwalten

Fehlt noch der Umgang mit Bildern, die in Zusammenhang mit den zu bearbeitenden Daten angezeigt werden sollen. Als Beispiel picken wir die Tabelle *tblArtikel* und das Formular *frmArtikel* heraus, wobei die Tabelle *tblArtikel* zunächst noch um ein Anlage-Steuerelement zum Speichern der Bilder ausgestattet werden muss (siehe Abbildung 15.16).

tblArtikel

Feldname	Felddatentyp
ArtikelID	AutoWert
Artikelname	Text
WarengruppeID	Zahl
Einzelpreis	Währung
MehrwertsteuersatzID	Zahl
Beschreibung	Memo
EinheitID	Zahl
Artikelbild	Anlage

Abbildung 15.16: Hinzufügen eines Anlage-Feldes zum Speichern von Artikelbildern

Das notwendige Steuerelement im Formular *frmArtikelDetail* fügen Sie hinzu, indem Sie in der Entwurfsansicht das neue Feld *Artikelbild* in den Detailbereich ziehen. Access erstellt automatisch ein Anlage-Steuerelement. Mit einem Rechtsklick auf das Steuerelement erhalten Sie die möglichen Optionen wie etwa zum Verwalten der gespeicherten Anlagen (siehe Abbildung 15.17).

Artikelbilder verwalten

Abbildung 15.17: Anlage-Steuerelement zum Verwalten von Bildern

Stellen Sie die Eigenschaft *Bildgrößenmodus* auf *Zoomen* ein, damit übergroße Bilder wie in Abbildung 15.18 in das Bildsteuerelement eingepasst werden.

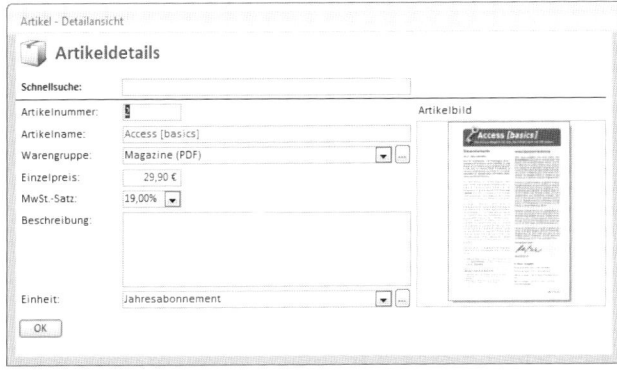

Abbildung 15.18: Artikel mit Artikelbild

489

16 Ribbons

Wenn Sie mal eben eine Anwendung für den Privatgebrauch oder für Kollegen erstellen, die sich mit Access auskennen, werden Sie ein paar Tabellen, Abfragen, Formulare und Berichte lieblos dahinprogrammieren und sich vermutlich wenig um Ergonomie scheren.

Sobald jedoch Access-unerfahrene Mitarbeiter oder Kunden hinzukommen, sollten Sie Ihrer Anwendung deutlich ersichtliche Möglichkeiten hinzufügen, die einzelnen Elemente der Benutzeroberfläche und die Funktionen der Anwendung aufzurufen.

Dabei gilt: Der Navigationsbereich ist kein guter Ersatz für eine Menüleiste beziehungsweise ein Ribbon und sinnvoll eingesetzte Kontextmenüs! Sie selbst wissen zwar, hinter welchem Formularnamen sich welches Formular verbirgt und rufen VBA-Prozeduren schnell durch Öffnen des VBA-Editors und Anwählen der gesuchten Routine auf, aber dem Benutzer einer professionellen Anwendung hilft dies nicht weiter.

Früher (also vor Access 2007) konnten Sie Menüleisten, Symbolleisten und Kontextmenüs über entsprechende Elemente der Benutzeroberfläche erstellen. Heute sieht das anders aus: Die entsprechenden Tools sind nicht mehr in Access verfügbar, zumindest nicht für Datenbanken im Format von Access 2007/2010.

Das Ribbon, so der englische Name für das, was Microsoft in Access 2007 liebevoll mit Multifunktionsleiste und Access 2010 mit Menüband übersetzt hat (wir verwenden im Folgenden den Begriff *Ribbon*), lässt sich nur per Definition über ein XML-Dokument erstellen. Dann wären da noch die Kontextmenüs, die wir aber der Einfachheit halber direkt mit VBA erstellen – das ist generell eine gute Idee, weil wir in der Anwendung auch mal Kontextmenüs benötigen, deren Befehle von den jeweils angelegten Daten abhängen und die somit zur Laufzeit erstellt werden müssen. Beispiele für Kontextmenüs finden Sie in den jeweiligen Kapiteln.

16.1 Menüführung per Ribbon

Vor dem Erstellen des Ribbons stellt sich die Frage, wie die Menüführung überhaupt aussehen soll. Grundsätzlich gibt es folgende Möglichkeiten:

» Sie können ein Anwendungsribbon definieren, das direkt beim Start der Anwendung angezeigt wird. Damit können Sie direkt Formulare und Berichte oder auch VBA-Prozeduren aufrufen.

» Sie können für jedes Formular ein oder mehrere Ribbons definieren, die mit dem Formular angezeigt werden. Damit können Sie im Ribbon Befehle einblenden, die nur für das jeweilige Formular gebraucht werden. Sollten Sie beispielsweise ein Datenblatt als Kundenübersicht verwenden und dieses soll das komplette Access-Fenster ausfüllen, können Sie im Ribbon

Kapitel 16 Ribbons

Schaltflächen etwa zum Anlegen neuer oder zum Bearbeiten und Löschen vorhandener Datensätze anzeigen.

Ob Sie die Steuerelemente eines Formulars in ein mit dem Formular angezeigtes Ribbon auslagern möchten, hängt von der jeweiligen Konstellation ab. In der Regel sollte dies jedoch nur geschehen, wenn es keine andere Möglichkeit gibt – die Steuerung des Ribbons ist nämlich nicht gerade trivial und lässt sich außerdem äußerst schlecht debuggen.

16.2 Das Ribbon der Beispielanwendung

Die Beispielanwendung verwendet ein Hauptribbon, von dem aus Sie alle wichtigen Anwendungsfunktionen ansteuern können. Dieses sieht wie in Abbildung 16.1 aus.

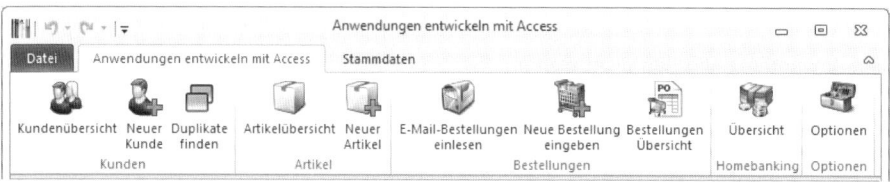

Abbildung 16.1: Das Hauptribbon der Beispielanwendung

Dieses Ribbon besitzt noch eine zweite Registerseite, über die Sie die verschiedenen Dialoge zum Bearbeiten der Vorlagen für verschiedene E-Mails- und Word-Dokumente aufrufen können (siehe Abbildung 16.2).

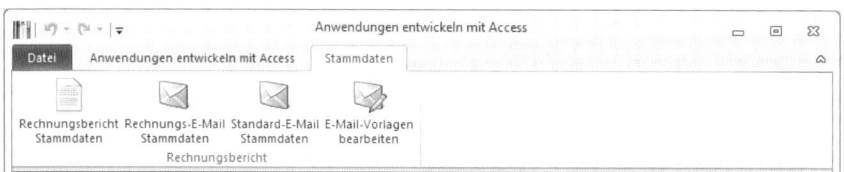

Abbildung 16.2: Ribbon-Tab zum Aufrufen der Stammdaten

16.3 Ribbons von Hand erstellen

Ein solches Ribbon wie oben abgebildet zu erstellen, ohne ein Tool zu verwenden, erfordert die folgenden Schritte:

» Erstellen einer Tabelle namens *USysRibbons*

» Anlegen eines Datensatzes mit einem XML-Dokument, das die gewünschte Ribbon-Definition enthält, also das Aussehen des Ribbons

» Hinzufügen der in dieser Definition referenzierten Bilddateien zur Tabelle *MSysResources*
» Anlegen der Callback-Funktionen, die durch die Steuerelemente ausgelöst werden sollen
» Einstellen der Eigenschaft *Name* des Menübands in den Access-Optionen auf den Wert, der in der Tabelle *USysRibbons* im Feld *Name* angegeben wurde

Diese Schritte schauen wir uns auf den folgenden Seiten im Detail an.

16.3.1 Tabelle zum Speichern der Ribbon-Definition erstellen

Wie ein Ribbon aussieht, legen Sie mit einer entsprechenden Beschreibung im XML-Format fest – wie dies genau funktioniert, schauen wir uns gleich an. Diese Beschreibung können Sie je nach Office-Anwendung an verschiedenen Stellen speichern – unter Access ist der optimale Platz eine Tabelle namens *USysRibbons*.

Warum das? Weil Access beim Starten die Einträge dieser Tabelle durchforstet und die Namen der enthaltenen Ribbons an verschiedenen Stellen zur Auswahl anbietet. Legen wir also zunächst die benötigte Tabelle an.

Diese sieht wie in Abbildung 16.3 aus und enthält drei Felder: eines mit einem eindeutigen Schlüssel, eines mit der Bezeichnung der Ribbon-Definition und eines mit der Ribbon-Definition selbst.

Die Bezeichnung dient später zur Auswahl der jeweiligen Definition. Da eine Ribbon-Definition durchaus einige hundert oder gar tausend Zeichen enthalten kann, wird das Feld *RibbonXML* als Memofeld ausgelegt.

Abbildung 16.3: Die Tabelle *USysRibbons*

In der Datenblattansicht sieht die Tabelle wie in Abbildung 16.4 aus. Dort erkennen Sie den Text einer Ribbon-Definition.

Kapitel 16 Ribbons

Abbildung 16.4: Die Tabelle *USysRibbons* in der Datenblattansicht

16.3.2 XML-Dokument mit der Ribbon-Definition zusammenstellen

Das Zusammenstellen der XML-Definition eines Ribbons ist grundsätzlich Fleißarbeit, was bedeutet, dass dabei auch gern mal Flüchtigkeitsfehler auftauchen – aber einfache Ribbons lassen sich mit Copy und Paste und einigen manuellen Korrekturen durchaus zusammenstellen. Schauen wir uns zunächst an, wie die Definition der Ribbons für unsere Anwendung für Access 2007 und 2010 im Überblick aussieht – anschließend analysieren wir die einzelnen Elemente.

```xml
<?xml version="1.0"?>
<customUI xmlns="http://schemas.microsoft.com/office/2009/07/customui"
loadImage="loadImage">
  <ribbon startFromScratch="true">
    <tabs>
      <tab id="tabMain" label="Anwendungen entwickeln mit Access">
        <group id="grpKunden" label="Kunden" image="users_32_32">
          <button image="users_32_32" label="Kundenübersicht" id="btnKundenuebersicht"
              onAction="onAction" size="large"/>
          <button image="user_add_32" label="Neuer Kunde" id="btnNeuerKunde"
              onAction="onAction" size="large"/>
          <button image="elements_32" label="Duplikate finden" id="btnDuplikateFinden"
              onAction="onAction" size="large"/>
        </group>
        <group id="grpArtikel" label="Artikel" image="box_closed_32">
          <button image="box_closed_32" label="Artikelübersicht"
              id="btnArtikeluebersicht" onAction="onAction" size="large"/>
          <button image="box_closed_add_32" label="Neuer Artikel" id="btnNeuerArtikel"
              onAction="onAction" size="large"/>
        </group>
        <group id="grpBestellungen" label="Bestellungen" image="purchase_order_cart_32">
```

```xml
            <button image="mailbox_full_32" label="E-Mail-Bestellungen einlesen"
                id="btnBestellungenMail" onAction="onAction" size="large"/>
            <button image="shopping_cart_add_32" label="Neue Bestellung eingeben"
                id="btnNeueBestellung" onAction="onAction" size="large"/>
            <button image="purchase_order_cart_32" label="Bestellungen Übersicht"
                id="btnBestellungenUebersicht" onAction="onAction" size="large"/>
        </group>
        <group id="grpHomebanking" label="Homebanking">
          <button image="money_32" label="Übersicht" id="btnHomebanking"
              onAction="onAction" size="large"/>
        </group>
        <group id="grpOptionen" label="Optionen">
          <button image="toolbox_32" label="Optionen" id="btnOptionen"
              onAction="onAction" size="large"/>
        </group>
      </tab>
      <tab id="tabStammdaten" label="Stammdaten">
        <group id="grpRechnungsbericht" label="Rechnungsbericht">
          <button image="document_32" label="Rechnungsbericht Stammdaten"
              id="btnRechnungsberichtStammdaten" onAction="onAction" size="large"/>
          <button label="Rechnungs-E-Mail Stammdaten" onAction="onAction" size="large"
              id="btnRechnungsEMailStammdaten" image="mail_32"/>
          <button image="mail_32" label="Standard-E-Mail Stammdaten"
              id="btnStandardEMailStammdaten" onAction="onAction" size="large"/>
          <button image="mail_32_edit" label="E-Mail-Vorlagen bearbeiten"
              id="btnEMailVorlagen" onAction="onAction" size="large"/>
        </group>
      </tab>
    </tabs>
  </ribbon>
</customUI>
```

16.3.3 Ribbon-Definition im Detail

Die Ribbon-Definition wird durch das XML-Tag eingeleitet:

```
<?xml version="1.0"?>
```

Danach folgt, je nach Access-Version, eine der folgenden beiden Zeilen – zunächst die Variante für Access 2007.

In beiden Fällen wird zunächst ein Attribut namens *xmlns* angegeben, gefolgt vom Attribut *loadImage*, dessen Bedeutung wir weiter unten klären:

Kapitel 16 Ribbons

```
<customUI xmlns="http://schemas.microsoft.com/office/2006/01/customui"
loadImage="loadImage">
```

Unter Access 2010 lautet diese Zeile so:

```
<customUI xmlns="http://schemas.microsoft.com/office/2009/07/customui"
loadImage="loadImage>
```

Wenn Sie die Anwendung mit dieser Zeile unter Access 2007 öffnen, erscheint der Fehler aus Abbildung 16.5 (gefolgt von einigen weiteren Fehlermeldungen).

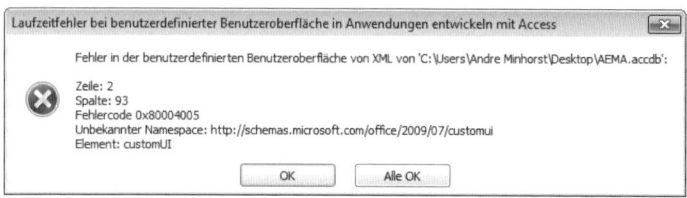

Abbildung 16.5: Fehler beim Öffnen einer Anwendung unter Access 2007 mit einen Ribbon für Access 2010

Andersherum gibt es keinen Fehler – Access 2010 öffnet auch problemlos Ribbons für Access 2007. Das Attribut *xmlns* gibt dabei einen sogenannten Namespace an, der nicht nur festlegt, für welche Access-Versionen die Ribbon-Definition funktioniert, sondern auch, welche Elemente in der XML-Datei verwendet werden dürfen.

Wenn Sie also beispielsweise *http://schemas.microsoft.com/office/2006/01/customui* angeben, was für die 2007er-Version steht, dürfen Sie im Ribbon auch keine Elemente verwenden, die erst mit Access 2010 eingeführt wurden – also beispielsweise solche Elemente, die Anpassungen des Backstage-Bereichs beschreiben.

Andersherum gilt das Gleiche: Wenn Sie für das Attribut *xmlns* den Wert *http://schemas.microsoft.com/office/2009/07/customui* angeben, darf die Ribbon-Definition keine Elemente erhalten, die ausschließlich unter Access 2007 erlaubt waren (dies betrifft insbesondere das *officeMenu*-Element, mit dem Sie das Office-Menü anpassen konnten).

Mehr Informationen zum Backstage-Bereich und zum Office-Menü und wie wir es im Rahmen dieser Anwendung anpassen wollen, erhalten Sie weiter unten unter »Eingebaute officeMenu- und backstage-Elemente ausblenden« ab Seite 503.

Schauen wir uns zunächst den Rest der Ribbon-Definition für unser Ribbon an. Das folgende Element legt fest, dass außer den durch die aktuelle Ribbon-Definition hinzugefügten Elementen alle weiteren Elemente ausgeblendet werden sollen:

```
<ribbon startFromScratch="true">
```

Weiter oben unter »Anwendung für Entwicklung und Test starten« ab Seite 42 haben Sie erfahren, wie Sie die Anwendung mit einer Starter-Datenbank mit verschiedenen Konfigurationen starten. Dort können Sie unter anderem angeben, welches Ribbon beim Start der Anwendung angezeigt werden soll. Ein Ribbon für den Entwicklungsmodus sollte alle für den Betrieb der Anwendung erforderlichen Elemente liefern, aber die für die Entwicklung benötigten Werkzeuge nicht ausblenden. Deshalb würde eine Ribbon-Definition für den Entwicklungsmodus genau so aussehen wie eines für den Produktivbetrieb – mit einem klitzekleinen Unterschied. Das Attribut *startFromScratch* wird hier auf den Wert *false* eingestellt:

```
<ribbon startFromScratch="false">
```

Auf diese Weise zeigt das Ribbon zwar alle neu hinzugefügten Elemente an, blendet aber die eingebauten Elemente nicht aus, sodass Sie wie gewohnt mit der Entwicklungsumgebung weiterarbeiten können (siehe Abbildung 16.6).

Abbildung 16.6: Ribbon im Entwicklermodus: Alle neuen Elemente sind sichtbar, aber auch die Entwicklungswerkzeuge sind noch verfügbar.

Nun folgen die eigentlichen Elemente, die in genau der gleichen hierarchischen Ordnung definiert werden, wie sie später im Ribbon erscheinen. Zunächst das *tabs*-Element, das alle enthaltenen *tab*-Elemente zusammenfasst:

```
<tabs>
```

Danach folgen in der Hierachie die einzelnen *tab*-Elemente, zunächst das mit der Beschriftung *Anwendungen entwickeln mit Access*:

```
<tab id="tabMain" label="Anwendungen entwickeln mit Access">
```

Hier ist wichtig, dass jedes benutzerdefinierte *tab*-Element mit einem eindeutigen Wert für das Attribut *id* und mit einer Beschriftung ausgestattet wird (für das Attribut *label*). Alle Elemente in der Beispielanwendung erhalten IDs mit entsprechenden Präfixen, also beispielsweise *tab* für das *tab*-Element, *grp* für das *group*-Element oder *btn* für das *button*-Element – also jeweils Abkürzungen mit drei Buchstaben.

Unterhalb eines *tab*-Elements finden sich ein oder mehrere *group*-Elemente. Das erste heißt *grpKunden* und zeigt die Beschriftung *Kunden* an:

```
<group id="grpKunden" label="Kunden">
```

Das ist die Version für Access 2007. Unter Access 2010 gibt es ein neues Element namens image. Dieses nimmt den Namen einer Bilddatei entgegen. Wo aber sollte ein *group*-Element ein Bild anzeigen?

Kapitel 16 Ribbons

```
<group id="grpKunden" label="Kunden" image="users_32_32">
```

Ganz einfach: Dieses erscheint, wenn das Fenster so schmal wird, dass einzelne Gruppen minimiert werden müssen. Wenn Sie dieses Attribut für alle drei Gruppen mit mehr als einem Steuerelement definieren, sieht das Ribbon wie in Abbildung 16.7 aus.

Abbildung 16.7: Dieses Ribbon zeigt Platzhalter-Bilder für minimierte *group*-Elemente an.

Zu diesem Zeitpunkt liegt noch kein Mechanismus vor, der dafür sorgt, dass die für das *image*-Attribut vorliegenden Bilder tatsächlich angezeigt werden – darum kümmern wir uns weiter unten.

Nun folgen die drei Schaltflächen, definiert durch entsprechende *button*-Elemente:

```
<button image="users_32_32" label="Kundenübersicht" id="btnKundenuebersicht"
    onAction="onAction" size="large"/>
<button image="user_add_32" label="Neuer Kunde" id="btnNeuerKunde"
    onAction="onAction" size="large"/>
<button image="elements_32" label="Duplikate finden" id="btnDuplikateFinden"
    onAction="onAction" size="large"/>
```

Alle drei enthalten einen Wert für das anzuzeigende Bild (*image*), eine Beschriftung (*label*), einen eindeutigen Bezeichner (*id*) und das Attribut *size*, das die Größe der Schaltfläche festlegt.

Außerdem besitzt jedes Element das Attribut *onAction*, das angibt, welche VBA-Funktion beim Anklicken der Schaltlfäche ausgelöst werden soll.

Aber warum lösen alle die gleiche Funktion aus? Ganz einfach: Weil die Kopfzeile der angegebenen Prozedur eine ganz spezielle Syntax haben muss, die einen Parameter entgegennimmt. Die Prozedur *onAction* sieht beispielsweise so aus:

```
Sub onAction(Control As IRibbonControl)

End Sub
```

Der Parameter Control hat den Typ *IRibbonControl*, der wiederum in der Bibliothek *Microsoft Office x.0 Object Library* definiert wird. Um beispielsweise IntelliSense bei der Programmierung der Ribbon-Elemente zu nutzen, benötigen Sie daher einen Verweis auf die entsprechende Bibliothek, die Sie im *Verweise*-Dialog (Menüeintrag *Extras|Verweise* im VBA-Editor) hinzufügen (siehe Abbildung 16.8).

Ribbons von Hand erstellen

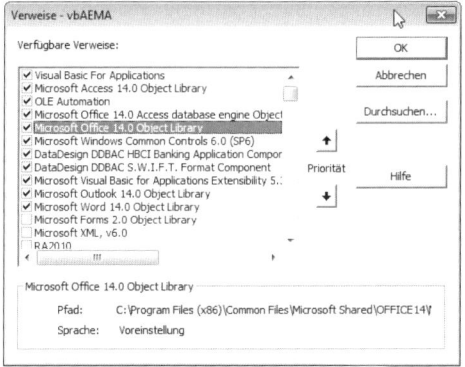

Abbildung 16.8: Für die Programmierung des Ribbons benötigen Sie einen Verweis auf die Bibliothek *Microsoft Office x.0 Object Library*.

Die komplette Prozedur *onAction* schauen wir uns weiter unten an – zunächst betrachten wir die übrigen Elemente der Ribbon-Definition. Dort wird die erste Gruppe mit einem schließenden Element abgeschlossen:

```
</group>
```

Danach folgen drei weitere *group*-Elemente mit einigen *button*-Elementen, die aber keine neuen Steuerelemente oder Attribute mehr liefern; auch das zweite *tab*-Element begnügt sich mit der Darstellung einer Gruppe mit vier weiteren Steuerelementen. Das Ribbon wird schließlich durch einige schließende Elemente vervollständigt:

```
    </tab>
   </tabs>
  </ribbon>
</customUI>
```

16.3.4 Bilddateien zur Datenbank und zum Ribbon hinzufügen

Bevor wir uns an die eigentliche Funktion der Ribbon-Schaltflächen wagen, schauen wir uns an, wie die Bilder ins Ribbon gelangen.

Wenn Sie Bilder im Ribbon anzeigen möchten, sind zwei Schritte nötig:

» Sie geben einen Ausdruck, typischerweise den Namen des Bildes, als Wert des Attributs *image* des betroffenen Steuerelements an.

» Sie legen eine Callback-Funktion an, die dafür sorgt, dass das Ribbon das Bild beim Anzeigen des betroffenen Steuerelements einliest. Diese Callback-Funktion können Sie wiederum für zwei Callback-Attribute hinterlegen: für das *loadImage*-Attribut des *customUI*-Elements oder für die Eigenschaft *getImage* des betroffenen Steuerelements. Die letztere Methode kommt vor allem dann zum Einsatz, wenn Sie zur Laufzeit die Bilder einzelner Ribbon-Steuerelemente anpassen möchten – dies kommt in der Beispielanwendung jedoch nicht vor.

Konzentrieren wir uns also auf den ersten Fall. Das *button*-Element *btnKundenuebersicht* etwa soll das Bild *users_32_32* aus der Tabelle *MSysResources* anzeigen.

Dazu stellen Sie das Attribut *image* auf diesen Wert ein. Außerdem weisen Sie dem Attribut *loadImage* den Namen der VBA-Funktion zu, welche das Laden des Bildes übernehmen soll – in diesem Fall *loadImage*:

```xml
<?xml version="1.0"?>
<customUI xmlns="http://schemas.microsoft.com/office/2006/01/customui">
  <ribbon startFromScratch="true">
    <tabs>
      <tab id="tabMain" label="Anwendungen entwickeln mit Access">
        <group id="grpKunden" label="Kunden">
          <button image="users_32_32" label="Kundenübersicht" id="btnKundenuebersicht"
              size="large"/>
          ....
        </group>
        ...
      </tab>
    </tabs>
  </ribbon>
</customUI>
```

Das ist alles, was wir in diesem Kapitel zu diesem Thema erläutern – mehr erfahren Sie unter »Bilder im Ribbon« (Seite 485).

16.3.5 Notwendige Eigenschaften einstellen

Die erste wichtige Eigenschaft sorgt dafür, dass das gewünschte Ribbon beim Start der Anwendung angezeigt wird – und auch immer dann, wenn nicht gerade ein Formular oder ein Bericht dafür sorgt, dass ein anderes Ribbon erscheint.

Sie finden diese Eigenschaft, die unter Access 2007 noch *Name der Multifunktionsleiste* heißt (siehe Abbildung 16.9), unter Access 2010 unter dem Namen *Name des Menübandes* in den Access-Optionen (siehe Abbildung 16.10).

Schließlich sollten Sie noch die Einstellung *Fehler des Benutzeroberflächen-Add-Ins anzeigen* aktivieren (siehe Abbildung 16.11). Nur so werden Fehler in der Ribbon-Definition beim Laden des Ribbons angezeigt.

Und nicht zu vergessen: Wie oben erwähnt, benötigen Sie dringend einen Verweis auf die Bibliothek *Microsoft Office x.0 Object Library*.

Ribbons von Hand erstellen

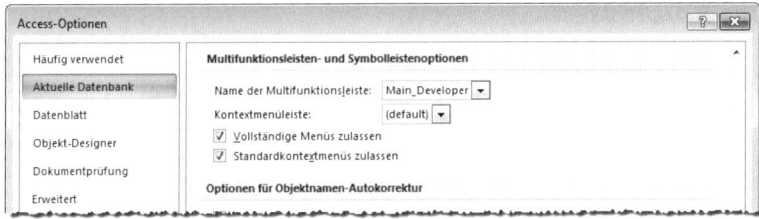

Abbildung 16.9: Auswählen des Ribbons unter Access 2007

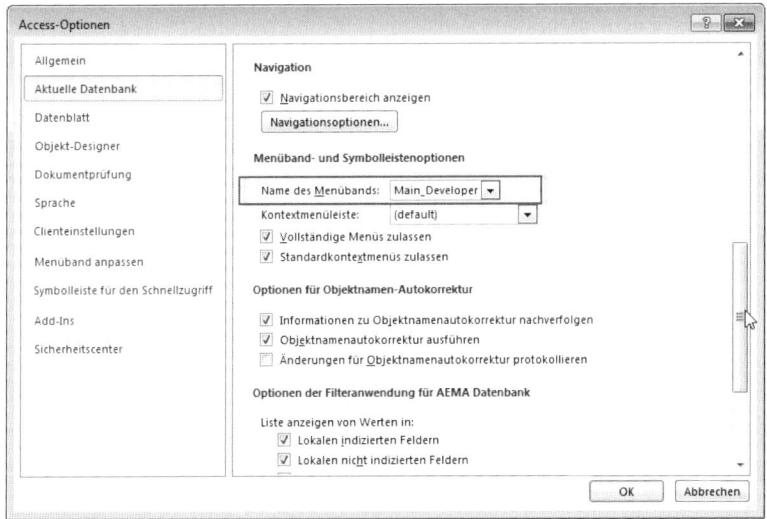

Abbildung 16.10: Einstellen des anzuzeigenden Ribbons

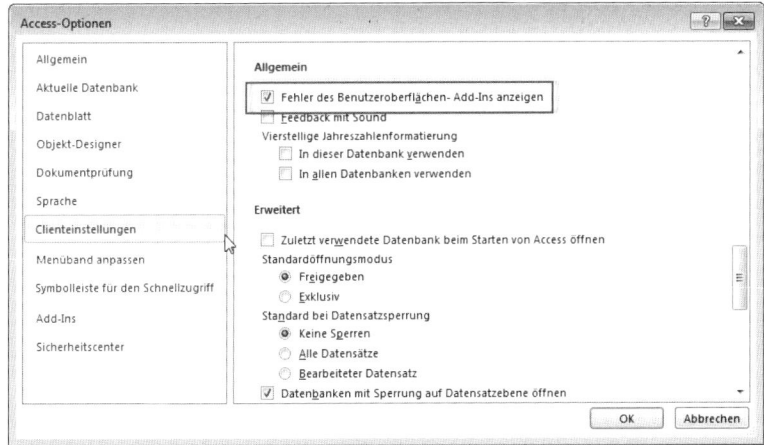

Abbildung 16.11: Aktivieren der Anzeige von Fehlern im Ribbon

16.3.6 Callback-Prozeduren

Weiter oben haben Sie bereits erfahren, dass wir für alle Schaltflächen eine einzige Callback-Prozedur namens *onAction* angegeben haben. Dies hat den Hintergrund, dass diese einen Parameter namens *Control* liefert, der einen Verweis auf das Ribbon-Steuerelement liefert, das die Prozedur aufgerufen hat.

Das mit *Control* referenzierte Objekt bietet einige Eigenschaften, von denen für unseren Fall vor allem die Eigenschaft *ID* interessant ist. Diese liefert nämlich genau den für das Attribut *id* angegebenen Ausdruck. Wenn der Benutzer also beispielsweise auf die Schaltfläche mit dem Attribut *id* mit dem Wert *btnKundenuebersicht* klickt, wird die Prozedur *onAction* ausgelöst und die Eigenschaft *ID* des übergebenen Parameters *Control* liefert genau den Wert *btnKundenuebersicht*.

Diesen Wert wertet die Prozedur in einer *Select Case*-Bedingung aus und ruft in Abhängigkeit von der Bezeichnung des aufrufenden Steuerelements beispielsweise ein bestimmtes Formular auf:

```
Sub onAction(Control As IRibbonControl)
    Select Case Control.ID
        Case "btnKundenuebersicht"
            DoCmd.OpenForm "frmKundenuebersicht"
        Case "btnNeuerKunde"
            DoCmd.OpenForm "frmKundeDetail", windowMode:=acDialog, DataMode:=acFormAdd
            If IstFormularGeoeffnet("frmKundenuebersicht") Then
                Forms!frmKundenuebersicht!sfm.Form.Requery
            End If
        Case "btnArtikeluebersicht"
            DoCmd.OpenForm "frmArtikeluebersicht"
        Case "btnNeuerArtikel"
            DoCmd.OpenForm "frmArtikelDetail", windowMode:=acDialog, _
                DataMode:=acFormAdd
            If IstFormularGeoeffnet("frmArtikeluebersicht") Then
                Forms!frmArtikeluebersicht!sfm.Form.Requery
            End If
        Case "btnRechnungsberichtStammdaten"
            DoCmd.OpenForm "frmStammdatenRechnungsbericht"
        Case "btnRechnungsEMailStammdaten"
            DoCmd.OpenForm "frmStammdatenRechnungsEMails"
        Case "btnStandardEMailStammdaten"
            DoCmd.OpenForm "frmStammdatenStandardEMails"
        Case "btnEMailVorlagen"
            DoCmd.OpenForm "frmVorlagentexte"
```

```
        Case "btnDuplikateFinden"
            DoCmd.OpenForm "frmDuplikateFinden"
        Case "btnBestellungenMail"
            DoCmd.OpenForm "frmBestellungenMail"
        Case "btnHomebanking"
            DoCmd.OpenForm "frmHomebanking"
        Case "btnNeueBestellung"
            DoCmd.OpenForm "frmBestellungDetail", DataMode:=acFormAdd
        Case "btnBestellungenUebersicht"
            DoCmd.OpenForm "frmRechnungsuebersicht"
        Case "btnOptionen"
            DoCmd.OpenForm "frmOptionen"
        Case Else
            Debug.Print Control.ID
    End Select
End Sub
```

Die Ausgabe des Wertes von *Control.ID* im *Case Else*-Zweig der Prozedur ist lediglich eine Hilfe für den Entwickler: Wenn Sie ein neues Steuerelement zum Ribbon hinzugefügt haben, brauchen Sie dieses nach dem Laden einfach nur anzuklicken – schon erscheint der Name des Steuerelements, dem noch kein eigener *Case*-Zweig zugewiesen wurde, im Direktfenster. Sie können diesen dann schnell kopieren und den *Case*-Zweig mit den gewünschten Anweisungen anlegen.

16.3.7 Eingebaute officeMenu- und backstage-Elemente ausblenden

Normalerweise sollte der Benutzer keinen der eingebauten Befehle im Office-Menü (Access 2007) beziehungsweise im Backstage-Bereich (Access 2010) sehen. Dazu fügen Sie der Ribbon-Definition einige neue Elemente hinzu. Das Office-Menü unter Access 2007 sieht beispielsweise wie in Abbildung 16.12 aus. Um die Einträge links zu entfernen, passen Sie die Ribbon-Definition für Access 2007 wie folgt an:

```xml
<?xml version="1.0"?>
<customUI xmlns="http://schemas.microsoft.com/office/2006/01/customui"
loadImage="loadImage">
  <ribbon startFromScratch="true">
    <officeMenu>
      <button visible="false" idMso="FileNewDatabase"/>
      <button visible="false" idMso="FileOpenDatabase"/>
      <button visible="false" idMso="FileSave"/>
      <control visible="false" idMso="FileSaveAsMenuAccess"/>
      <control visible="false" idMso="FileManageMenu"/>
```

Kapitel 16 Ribbons

```
            <button visible="false" idMso="FileCloseDatabase"/>
            <button visible="false" idMso="FileSaveAs"/>
            <button visible="false" idMso="SaveObjectAs"/>
            <button visible="false" idMso="FileBackupDatabase"/>
            <button visible="false" idMso="FileDatabaseProperties"/>
            <button visible="false" idMso="PrintDialogAccess"/>
        </officeMenu>
        <tabs>
            ...
```

Danach sieht das Office-Menü wie in Abbildung 16.13 aus.

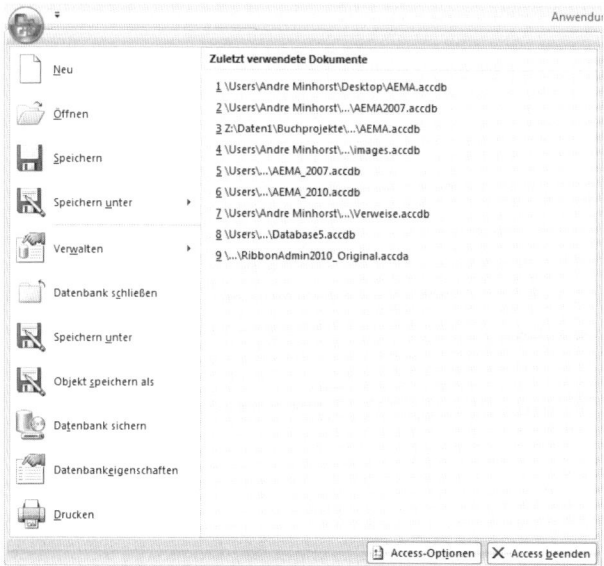

Abbildung 16.12: Das Office-Menü von Access 2007

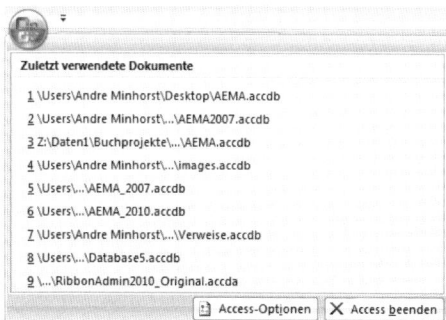

Abbildung 16.13: Office-Menü ohne Menüpunkte

Auch unter Access 2010 gibt es einiges zu entfernen. Im Ausgangszustand sieht der Backstage-Bereich wie in Abbildung 16.14 aus.

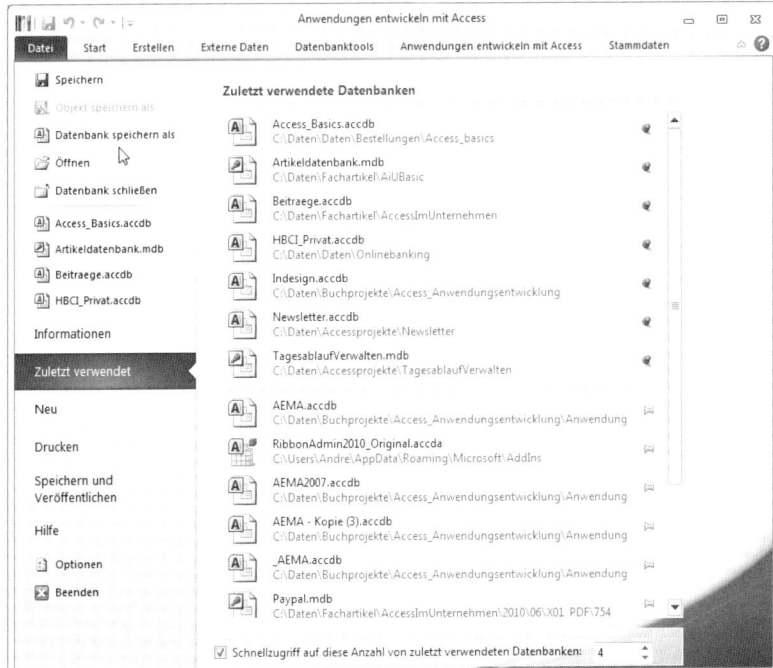

Abbildung 16.14: Der Backstage-Bereich einer viel benutzten Access-Installation

Um die Elemente der linken Spalte zu entfernen, fügen Sie folgende Erweiterung ein:

```
<?xml version="1.0"?>
<customUI xmlns="http://schemas.microsoft.com/office/2009/07/customui"
loadImage="loadImage">
  <ribbon startFromScratch="true">
    ...
  </ribbon>
  <backstage>
    <button visible="false" idMso="FileSave"/>
    <button visible="false" idMso="SaveObjectAs"/>
    <button visible="false" idMso="FileSaveAsCurrentFileFormat"/>
    <button visible="false" idMso="FileOpen"/>
    <button visible="false" idMso="FileCloseDatabase"/>
    <tab idMso="TabInfo" visible="false"/>
    <tab idMso="TabRecent" visible="false"/>
    <tab visible="false" idMso="TabNew"/>
```

Kapitel 16 Ribbons

```
        <tab idMso="TabPrint" visible="false"/>
        <tab idMso="TabShare" visible="false"/>
        <tab idMso="TabHelp" visible="false"/>
        <button visible="false" idMso="ApplicationOptionsDialog"/>
        <button visible="false" idMso="FileExit"/>
      </backstage>
    </customUI>
```

Damit sieht der Backstage-Bereich nun wie in Abbildung 16.15 aus.

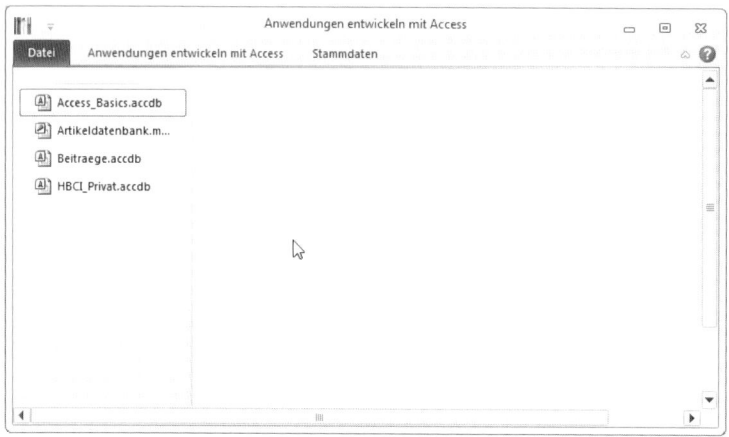

Abbildung 16.15: Der Backstage-Bereich ohne eingeblendete Elemente

Es bleiben aber immer noch die Access-Datenbanken für den Schnellzugriff erhalten. Um diese auszublenden, bedarf es einiger Zeilen VBA-Code.

Zunächst benötigen Sie die folgenden API-Deklarationen:

```
Declare Function RegOpenKeyEx Lib "advapi32.dll" Alias "RegOpenKeyExA" _
    (ByVal hKey As Long, ByVal lpSubKey As String, ByVal ulOptions As Long, _
    ByVal samDesired As Long, phkResult As Long) As Long
Declare Function RegSetValueEx Lib "advapi32.dll" Alias "RegSetValueExA" _
    (ByVal hKey As Long, ByVal lpValueName As String, ByVal Reserved As Long, _
    ByVal dwType As Long, lpData As Any, ByVal cbData As Long) As Long
Declare Function RegCloseKey Lib "advapi32.dll" (ByVal hKey As Long) As Long
```

Außerdem sind die folgenden Konstanten hilfreich:

```
Private Const HKEY_CURRENT_USER = &H80000001
Private Const KEY_SET_VALUE = &H2
Private Const ERROR_SUCCESS = &H0
Private Const REG_DWORD = 4
```

Schließlich schalten Sie durch einen Aufruf der folgenden Prozedur die Anzeige der Access-Datenbanken für den Schnellzugriff an oder aus:

```
Public Function QuickAccessDisplay(bol As Boolean)
    Dim kHnd As LongPtr
    Dim lngValue As Long
    Dim lngRtn As Long
    lngValue = Abs(bol)
    Const strSubKey = "Software\Microsoft\Office\14.0\Access\File MRU"
    Const strName = "Quick Access Display"
    lngRtn = RegOpenKeyEx(HKEY_CURRENT_USER, strSubKey, 0, KEY_SET_VALUE, kHnd)
    If lngRtn = ERROR_SUCCESS Then
        RegSetValueEx kHnd, strName, 0, REG_DWORD, lngValue, Len(lngValue)
    End If
    RegCloseKey kHnd
End Function
```

Der folgende Aufruf deaktiviert die Anzeige:

```
QuickAccessDisplay False
```

Dieser aktiviert sie wieder:

```
QuickAccessDisplay True
```

Sie sollten sicherstellen, dass die Einträge nach dem Schließen Ihrer Datenbank wieder zur Verfügung stehen.

Das erreichen Sie am einfachsten, indem Sie den zuletzt genannten Aufruf in einem Formular unterbringen, das beim Start der Anwendung geöffnet und beim Beenden wieder geschlossen wird.

Wie in »Startformular erstellen« ab Seite 31 nachzulesen, eignet sich das Formular *frmStart* prima dafür. Erweitern Sie die Prozeduren, die durch die Ereignisse *Beim Laden* und *Beim Entladen* ausgelöst werden, wie folgt:

```
Private Sub Form_Load()
    ErrEx_Starten
    If SysCmd(acSysCmdAccessVer) = "14.0" Then
        QuickAccessDisplay False
    End If
End Sub

Private Sub Form_Unload(Cancel As Integer)
    If SysCmd(acSysCmdAccessVer) = "14.0" Then
        QuickAccessDisplay True
```

Kapitel 16 Ribbons

```
    End If
End Sub
```

Rund um die Aufrufe der Funktion *QuickAccessDisplay* herum fragen wir mit einer *If...Then*-Bedingung noch ab, ob aktuell Access 14 verwendet wird – unter Access 12 beziehungsweise Access 2007 ist das Ein- und Ausschalten dieser Elemente nicht möglich.

16.3.8 Unterformulare in der Datenblattansicht ohne kontext-abhängiges Ribbon-Tab

Wenn Sie ein Formular mit einem Unterformular in der Datenblattansicht öffnen und dieses aktivieren, erscheint ein kontext-abhängiges Ribbon-Tab namens *Datenblatt* (siehe Abbildung 16.16).

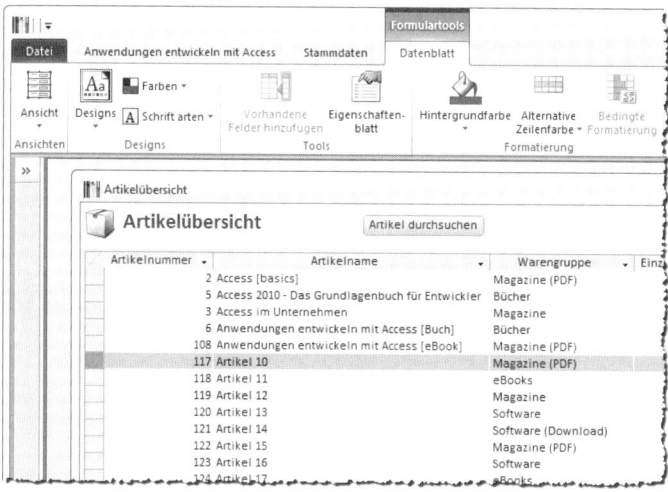

Abbildung 16.16: Kontext-abhängiges Ribbon-Tab

Gegebenenfalls möchten Sie dieses ausblenden. Ist dies der Fall, müssen Sie speziell für das Unterformular des Formulars ein eigenes Ribbon definieren und dieses der Eigenschaft *Name des Menübands* zuweisen.

Die Ribbon-Definition zum Ausblenden des Tabs *Datenblatt* sieht wie folgt aus:

```
<?xml version="1.0"?>
<customUI xmlns="http://schemas.microsoft.com/office/2009/07/customui">
  <ribbon>
    <contextualTabs>
      <tabSet idMso="TabSetFormDatasheet">
        <tab idMso="TabFormDatasheet" visible="false"/>
```

Ribbons mit dem Ribbon-Admin 2010

```
      </tabSet>
    </contextualTabs>
  </ribbon>
</customUI>
```

Nach dem Hinzufügen eines entsprechenden Datensatzes zur Tabelle *USysRibbons* (siehe Abbildung 16.17) und dem erneuten Starten der Datenbank-Anwendung können Sie den Namen der Ribbon-Definiton für die Eigenschaft *Name des Menübands* des als Unterformular eingesetzten Formulars auswählen (siehe Abbildung 16.18).

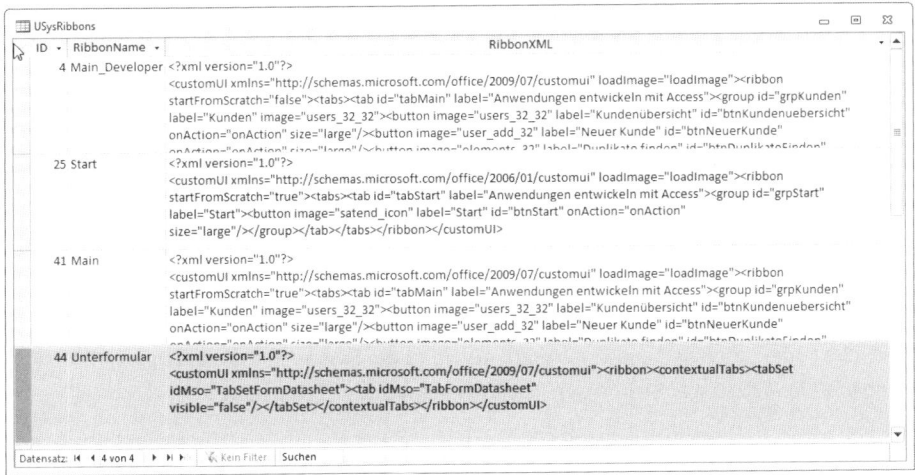

Abbildung 16.17: Anlegen einer neuen Ribbon-Definition in der Tabelle *USysRibbons*

16.4 Ribbons mit dem Ribbon-Admin 2010

Mit dem Tool *Ribbon-Admin 2010*, das der Autor dieses Buchs anbietet, erstellen Sie Ribbons sehr viel schneller als wenn Sie die Ribbon-Definitionen selbst erstellen, Bilder zur Anwendung hinzufügen, die Callback-Funktionen anlegen et cetera. Wir zeigen im Schnelldurchlauf, wie Sie die oben beschriebenen Ribbon-Definitionen mit dem *Ribbon-Admin 2010* erstellen (der übrigens auch mit Access 2007 arbeitet).

16.4.1 Installation

Den Download des *Ribbon-Admin 2010* finden Sie auf *http://www.ribbon-admin.de/*. Sie finden dort eine kostenlose Testversion, die eine Einschränkung hat: Sie können damit von jedem Steuerelement nur jeweils ein Exemplar in eine Datenbank übertragen. Selbst wenn Sie keine Lizenz erwerben, so können Sie sich doch die Syntax der Elemente und den Aufbau des Ribbon-XML-Dokuments damit herleiten.

Kapitel 16 Ribbons

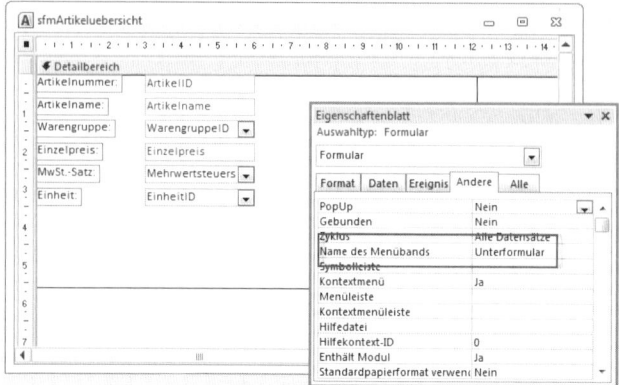

Abbildung 16.18: Hinzufügen eines Ribbons zu einem Unterformular

Die im Download enthaltene Datei *RibbonAdmin2010.accda* entpacken Sie an beliebiger Stelle im Dateisystem. Rufen Sie dann den Add-In-Manager von Access auf (Ribbon-Eintrag *Datenbanktools|Add-Ins|Add-In-Manager*) und wählen Sie die soeben heruntergeladene Datei mit dem Dialog aus, der nach einem Klick auf *Neues hinzufügen...* erscheint.

Fertig – Sie können den *Ribbon-Admin 2010* nun mit dem Ribbon-Eintrag *Datenbanktools|Add-Ins|RibbonAdmin2010* starten und den Registrierungsschlüssel eingeben.

Nach dem Öffnen stellen Sie sicher, dass rechts oben die Option *Live-Vorschau* deaktiviert, *Callbacks ignorieren* aktiviert und die richtige Access-Version ausgewählt ist.

Die nachfolgend beschriebenen Befehle etwa zum Anlegen von Elementen werden beim Anklicken eines Elements entweder im Ribbon angezeigt oder im Kontextmenü des Elements. Im Folgenden verwenden wir immer die Kontextmenü-Einträge.

16.4.2 Anwendung anlegen

Als Erstes legen Sie eine neue Anwendung an (der *Ribbon-Admin 2010* kann Ribbons für mehrere Anwendungen verwalten).

Dazu klicken Sie auf das Element *Benutzerdefinierte Ribbons* und dann entweder auf den nun erscheinenden Ribbon-Befehl *Neue Anwendung* oder den gleichnamigen Eintrag im Kontextmenü des TreeView-Elements (siehe Abbildung 16.19).

Als Name vergeben wir *AEMA* (für *Anwendungen entwickeln mit Access*). Unterhalb des neuen Elements speichern Sie alle Ribbon-Definitionen, also je eine, die gleich beim Anwendungsstart angezeigt werden soll, und weitere für die Formulare und Berichte.

Die erste Ribbon-Definition soll das Anwendungsribbon sein, also nennen wir sie nach dem Hinzufügen über den Befehl *Ribbon neu anlegen* (siehe Abbildung 16.20) einfach *Main*.

Ribbons mit dem Ribbon-Admin 2010

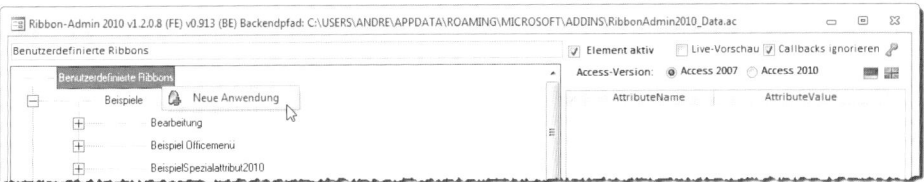

Abbildung 16.19: Anlegen einer neuen Anwendung im Ribbon-Admin 2010

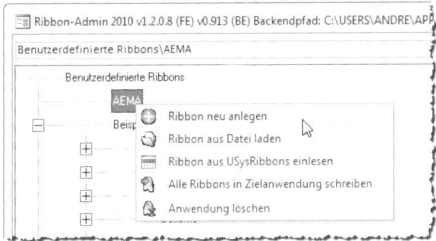

Abbildung 16.20: Hinzufügen einer neuen Ribbon-Definition

Danach fügen Sie, jeweils mit dem entsprechenden Befehl, ein *customUI-*, ein *ribbon-*, ein *tabs-*, ein *tab-*, ein *group-* und ein *button-*Element hinzu.

Die letzten drei Elemente enthalten jeweils das Attribut *id* und *label*, die Sie für das *tab-*Element mit *tabMain/Anwendungen entwickeln mit Access*, für das *group-*Element mit *grpKunden/Kunden* und für das *button-*Element mit *btnKundenuebersicht/Kundenübersicht* füllen. Das Ergebnis sieht dann wie in Abbildung 16.21 aus. Damit das Steuerelement groß dargestellt wird, ein benutzerdefiniertes Icon anzeigt und eine VBA-Callback-Funktion auslöst, sind noch weitere Schritte nötig.

Schaltfläche mit Leben füllen

Damit eine VBA-Prozedur aufgerufen wird, wenn der Benutzer die Schaltfläche anklickt, rufen Sie mit der rechten Maustaste das Kontextmenü des Attributs *onAction* auf und wählen den einzigen Eintrag *Callback hinzufügen* aus.

Sollte dies die erste Callback-Funktion sein, die Sie der Zielanwendung hinzufügen, erscheint zunächst eine Meldung, die darauf hinweist, dass ein Verweis auf die Bibliothek *Microsoft Office 12.0 Object Library* (für Access 2007) beziehungsweise *Microsoft Office 14.0 Object Library* (für Access 2010) hinzugefügt wird.

Eine weitere Meldung weist gegebenenfalls darauf hin, dass es noch kein Modul namens *mdlRibbons* gibt, in dem zukünftig alle Callback-Funktionen angelegt werden sollen. Nachdem Sie diese Meldung bestätigt haben, meldet der *Ribbon-Admin 2010* die erfolgreiche Erstellung des Moduls.

Kapitel 16 Ribbons

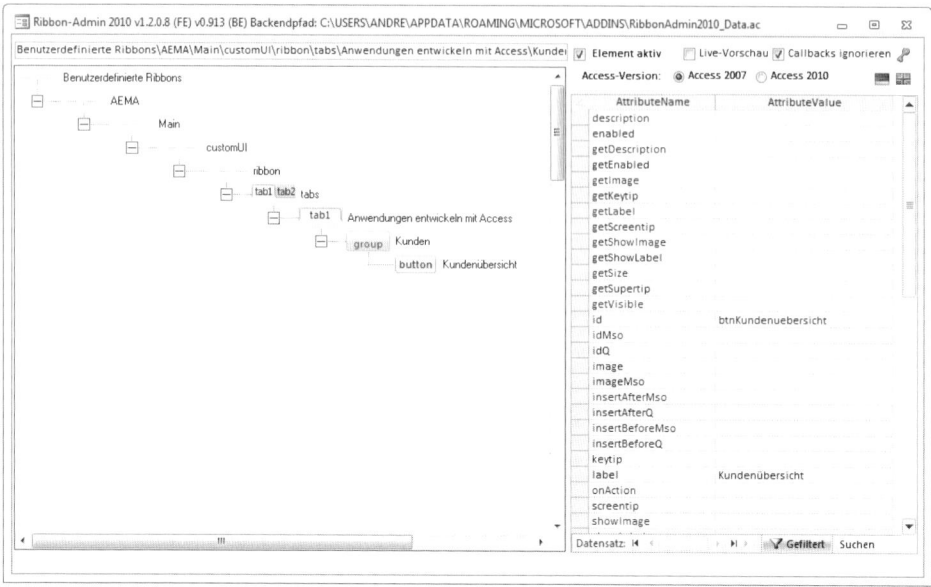

Abbildung 16.21: Ribbon-Definition mit Steuerelement

Das Attribut *onAction* enthält nun als Wert ebenfalls den Ausdruck *onAction*. Dieser ist gleichbedeutend mit dem Namen der Prozedur, die der *Ribbon-Admin 2010* soeben im Modul *mdlRibbons* erstellt hat. Diese sieht so aus:

```
Sub onAction(control As IRibbonControl)

End Sub
```

Die Prozedur erhält beim Aufruf als Parameter einen Verweis auf das aufrufende Steuerelement. Mit *control.ID* erhalten Sie den Namen dieses Steuerelements, in unserem Beispiel *btnKundenuebersicht*. Wir wollen nur diese eine *onAction*-Prozedur verwenden und dort die Betätigung jeglicher Ribbon-Schaltflächen behandeln. Deshalb fügen wir der Prozedur eine *Select Case*-Bedingung hinzu, die den Namen des aufrufenden Steuerelements auswertet und entsprechende Anweisungen anstößt – zum Beispiel das Öffnen der Kundenübersicht:

```
Sub onAction(control As IRibbonControl)
    Select Case control.ID
        Case "btnKundenuebersicht"
            DoCmd.OpenForm "frmKundenuebersicht"
    End Select
End Sub
```

Dies belassen wir so, nun fügen wir noch ein Bild zu dieser Schaltfläche hinzu und legen anschließend die Ribbon-Definition in der Zieldatenbank an.

Bild zur Schaltfläche hinzufügen

Um ein Bild aus Ihrem Dateisystem für die Schaltfläche auszuwählen, klicken Sie mit der rechten Maustaste auf das Textfeld des Attributs *image* und wählen den Kontextmenü-Eintrag *Benutzerdefiniertes Image hinzufügen* aus. Im nun erscheinenden Dialog finden Sie zwei Arten von Bilddateien vor – im oberen Bereich die im *Ribbon-Admin 2010* gespeicherten und im unteren Bereich die in der Zielanwendung gespeicherten Bilddateien (siehe Abbildung 16.22).

Das bedeutet, dass Sie Bilder, die Sie bereits einmal in den *Ribbon-Admin 2010* importiert haben, direkt in die Zieldatenbank übertragen und im Ribbon anzeigen können. Andersherum müssen Sie dem *Ribbon-Admin 2010* noch nicht vorhandene Bilddateien erst noch über die Schaltfläche mit dem grünen Plus-Symbol hinzufügen.

Danach wählen Sie die Datei aus und klicken auf *Bild zur Anwendung hinzufügen*, um das Bild vom *Ribbon-Admin 2010* in die Zieldatenbank zu übertragen.

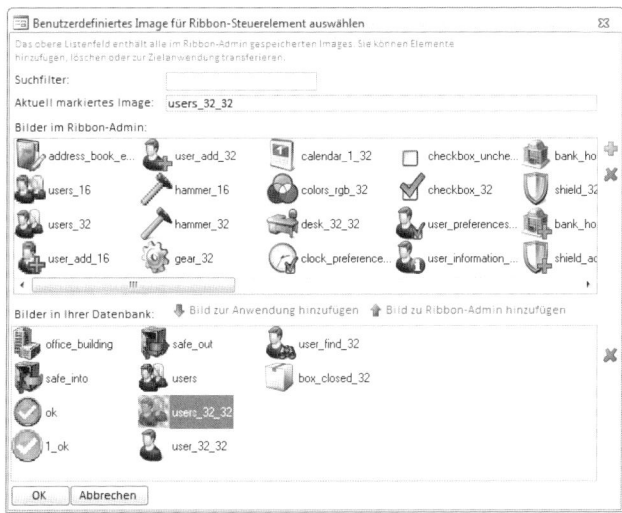

Abbildung 16.22: Hinzufügen einer Bilddatei als Icon einer Ribbon-Schaltfläche

Die Bilddateien werden in der Zieldatenbank in der Tabelle *MSysResources* gespeichert, die der *Ribbon-Admin 2010* unter Access 2007 erst noch anlegen muss.

Wenn Sie vorher noch kein *image*-Attribut für andere Elemente dieser Anwendung gefüllt haben, zeigt der Ribbon-Admin 2010 nun eine Meldung an, die darauf hinweist, dass Sie eine Callback-Funktion erstellen müssen, damit die Bilddatei auch geladen und angezeigt werden kann.

Wir wählen dazu das Callback-Attribut *LoadImage* des Elements *customUI*. Klicken Sie mit der rechten Maustaste darauf und wählen Sie den Befehl *Callback anlegen* aus dem Kontextmenü aus (siehe Abbildung 16.23).

Kapitel 16 Ribbons

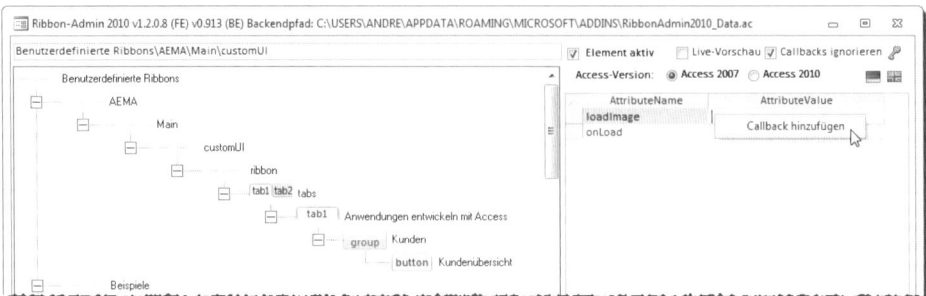

Abbildung 16.23: Anlegen eines Callbacks zum Einlesen von Bildern für Schaltflächen et cetera

Dies legt zunächst eine Callback-Funktion namens *loadImage* im Modul *mdlRibbons* an. Diese Callback-Funktion wird gleich mit dem benötigten Code gefüllt, Sie brauchen sich also um nichts weiter zu kümmern. Außerdem fügt der *Ribbon-Admin 2010* ein weiteres Modul namens *mdlRibbonImages* zur Zielanwendung hinzu. Dieses enthält den für das Einlesen und Anzeigen von Bildern aus der Tabelle *MSysResources* notwendigen Code.

Bild groß darstellen

Nun fehlt nur noch die Einstellung des Attributs *size* auf den Wert *large* – zumindest, wenn das Bild mit einer Größe von 32 x 32 Pixeln angezeigt werden soll. In diesem Fall wird nur ein Element je Spalte angezeigt; wenn Sie das Attribut *size* auf *normal* einstellen oder leer lassen, passen drei Elemente wie etwa Schaltflächen in eine Spalte des Ribbons.

Alles neu im Ribbon

Damit beim Anzeigen dieses Ribbons alle anderen Ribbon-Tabs ausgeblendet werden, stellen Sie noch das Attribut *startFromScratch* des *ribbon*-Elements auf den Wert *true* ein (Sie können diesen Wert mit dem Kontextmenü auswählen).

16.4.3 Ribbon-Definition in Zielanwendung schreiben

Damit sind die gestalterischen Maßnahmen für ein erstes Beispiel erledigt und Sie müssen nur noch die Ribbon-Definition in die Zieldatenbank übertragen.

Dazu rufen Sie den Kontextmenü-Befehl *Ribbon in Zielanwendung schreiben* des Elements *Main* auf (siehe Abbildung 16.24) oder klicken den entsprechenden Ribbon-Eintrag an (sofern Sie nicht die Live-Vorschau aktiviert haben). Gegebenenfalls haben Sie diesem Element beim Anlegen einen anderen Namen gegeben – in diesem Fall wählen Sie das entsprechende Element aus.

Wenn dies die erste Ribbon-Definition ist, die Sie zur Zielanwendung hinzufügen, weist der *Ribbon-Admin 2010* noch auf die Erstellung der Tabelle *USysRibbons* hin, die alle Ribbon-Definitionen der Anwendung speichert.

Ribbons mit dem Ribbon-Admin 2010

Nun soll die Ribbon-Definition auch noch gleich beim Öffnen der Datenbank angezeigt werden. Dazu betätigen Sie auch noch den Eintrag *Ribbon als Anwendungsribbon festlegen* aus dem gleichen Kontextmenü.

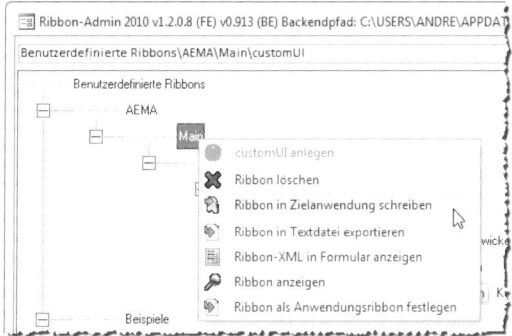

Abbildung 16.24: Schreiben einer Ribbon-Definition in die Zielanwendung

Ribbon testen

Um die neue Ribbon-Definition auszuprobieren, brauchen Sie nun nur noch die Anwendung neu zu starten, den Namen des Ribbons entweder in den Access-Optionen als Anwendungsribbon oder als Ribbon für ein Formular oder einen Bericht festzulegen. Wenn Sie das Ribbon als Anwendungsribbon definieren, sieht das Ergebnis nach einem weiteren Neustart der Anwendung wie in Abbildung 16.25 aus.

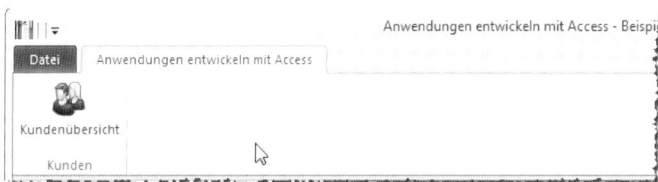

Abbildung 16.25: Das erste Ribbon mit Schaltfläche

Wenn Sie das komplette Anwendungsribbon wie oben beschrieben mit dem Ribbon-Admin 2010 zusammenstellen, sieht dessen Inhalt wie in Abbildung 16.26 aus.

Um eine geänderte Version in die Tabelle *USysRibbons* zu übertragen, rufen Sie jeweils erneut den Befehl *Ribbon in Zielanwendung schreiben* des Ribbon-Elements auf.

Weiteren Komfort liefern die Möglichkeiten zum Kopieren und Verschieben von Ribbon-Definitionen oder einzelnen Elementen von einer Anwendung zur nächsten oder das Ändern der Reihenfolge durch Markieren des zu verschiebenden Elements und anschließendes Betätigen der Tastenkombination *Strg + Nach oben* und *Strg + Nach unten*.

Kapitel 16 Ribbons

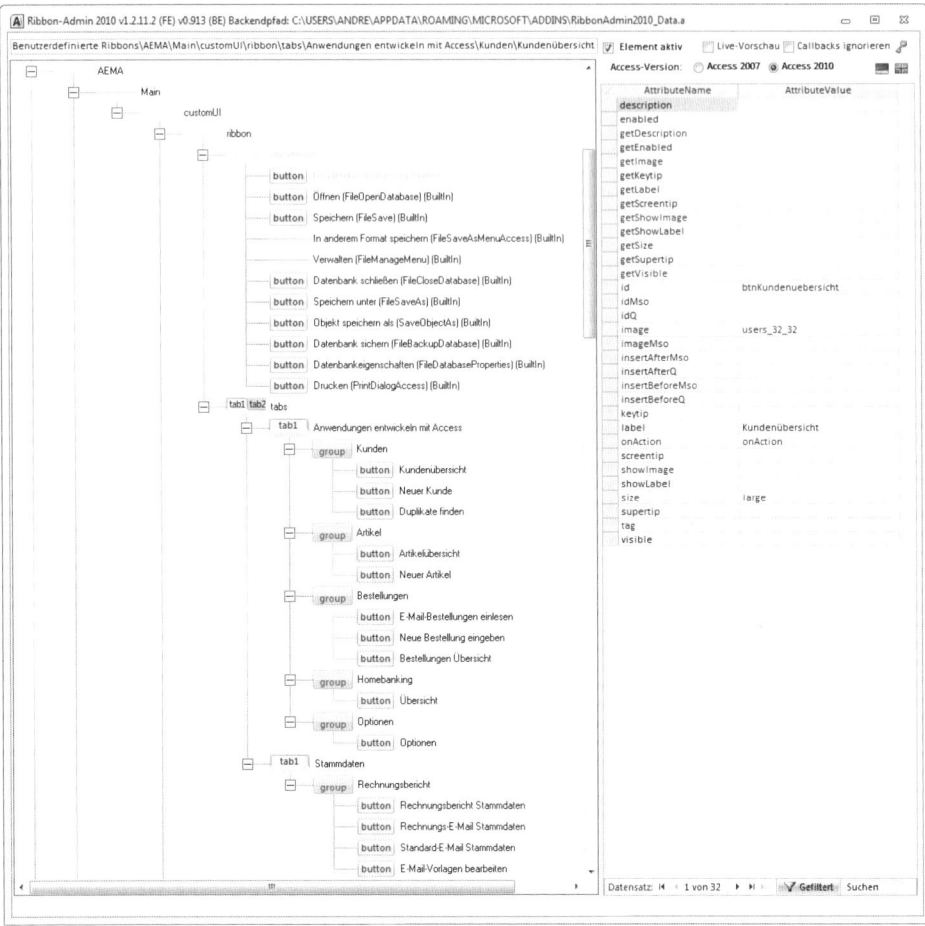

Abbildung 16.26: Aufbau des Anwendungsribbons im Ribbon-Admin 2010

17   Datenbank aufteilen

Warum teilt man eine Datenbank auf und was bedeutet dies? Eine Access-Datenbankdatei ist ein Monolith. Sie enthält alle notwendigen Objekte wie Tabellen, Abfragen, Formulare, Berichte, Makros und VBA-Module. Mit den Tabellen enthält sie sogar noch die Daten, die der Benutzer eingibt. Und das ist der entscheidende Nachteil: Da diese eine Datei die Daten enthält, ist sie auch ständigen Änderungen durch den Benutzer unterworfen. Das ist kein Problem, wenn die Datenbank fertig programmiert ist. Das ist selten der Fall: Die meisten Datenbanken offenbaren früher oder später kleinere Fehler, die es zu beheben gilt, oder die Benutzer wünschen Erweiterungen oder Änderungen der Anwendung. Und hier wird es schwierig: Sie können zwar die Änderungen vornehmen, aber während Sie programmieren, gibt der Benutzer natürlich weiter Daten ein. Also teilen Sie die Datenbank in zwei Datenbanken auf: eine, die die Daten enthält, also die Tabellen (das Backend), und eine mit den übrigen Elementen, also der Benutzeroberfläche und der Anwendungslogik in Form von VBA-Code (das Frontend). Es gibt natürlich auch Anwendungslogik in den Tabellen – zum Beispiel Restriktionen wie eindeutige Felder.

Das Aufteilen der Datenbank ist kein Problem, denn Sie können ja in einer Access-Datenbank ohne eigene Tabellen Verknüpfungen zu den Tabellen einer anderen Access-Datenbank herstellen und diese Tabellen genauso nutzen, als ob sich diese in der gleichen Access-Datenbank befinden würden. Welche Vorteile bringt dies nun? Sie erhalten damit die Möglichkeit, das Frontend, das ja nun nur noch Elemente enthält, die der Benutzer nicht verändert, weiterzuentwickeln. Zu gegebener Zeit tauschen Sie dann einfach das alte Frontend gegen das neue Frontend aus und der Benutzer kann von den neuen Funktionen und/oder behobenen Fehlern profitieren.

Natürlich kann es auch einmal Aktualisierungen am Datenmodell geben. Dafür müssen Sie den Benutzer aber auch nicht von der Arbeit abhalten und beispielsweise das Backend mit dem aktuellen Stand der Daten anfordern, die Änderungen durchführen und das Backend wieder zum Benutzer zurücksenden. Sie können nämlich im Frontend Code unterbringen, der beim Start des Frontends die Version des Backends prüft und notwendige Änderungen am Datenmodell auf das Backend anwendet.

Es gibt neben der Wartung der Datenbank natürlich noch einen weiteren, sehr wichtigen Grund für die Aufteilung einer Datenbank: Sie können dann nämlich Frontend-Datenbanken auf verschiedenen Rechnern installieren, damit mehrere Benutzer gleichzeitig auf die im Backend gespeicherten Daten zugreifen können. Dies ist ein Szenario, das üblicherweise mit der Verwaltung eben jener Benutzer einhergeht und zusätzlich nach der Vergabe unterschiedlicher Berechtigungen für Benutzer und/oder Benutzergruppen verlangt.

In diesem Buch werden wir uns allerdings ausschließlich dem Aufteilen einer Datenbank zum Zwecke der einfacheren Wartung widmen. Mit Access 2007 hat Microsoft nämlich entschieden, auf ein integriertes Sicherheitssystem inklusive Benutzerverwaltung zu verzichten. Das ist nicht allzu schlimm, denn das Sicherheitssystem war ohnehin nie wirklich sicher. Ich werde aber in nicht allzu ferner Zukunft in einer weiteren Publikation auf die Anwendung einer Access-Datenbank in Zusammenarbeit mit einem Datenbank-Management-System wie dem Microsoft SQL Server oder MySQL eingehen. Diese Systeme bringen eine professionelle Benutzer- und Benutzergruppenverwaltung mit, die auch die entsprechende Sicherheit garantiert.

Die eigentliche Aufteilung einer Datenbank in Frontend und Backend ist ein harmloser Vorgang, der sich allein mit den Mitteln der Benutzeroberfläche von Access durchführen lässt. Interessant wird es hingegen, wenn das Frontend ausgetauscht wird. Warum? Weil beim Verknüpfen einer Frontend-Datenbank mit dem Backend der Speicherort des Backends in einer Systemtabelle des Frontends gespeichert wird – zum Beispiel *c:\Datenbank\Backend\AEMA_BE.accda*.

Wenn Sie nun eine neue Version des Frontends programmieren und diese über die alte Version kopieren, weiß die neue Version natürlich noch nicht, an welchem Ort sich die zu verknüpfenden Tabellen im Backend befinden. Sie versucht dann, die Tabellen von dem Ort einzubinden, an dem diese sich zuletzt befunden haben, also irgendwo im Dateisystem Ihres Entwicklungsrechners. Wenn das nicht gelingt, löst dies beim ersten Zugriff auf die enthaltenen Daten einen Fehler aus.

Dies sollten Sie natürlich umgehen, und zwar indem das Frontend beim Öffnen prüft, ob die Datenbank mit den Tabellen sich an Ort und Stelle befindet. Ist dies nicht der Fall, soll die Anwendung einen Dialog zur Auswahl des neuen Speicherortes der Backend-Datenbank anbieten. Nach der Auswahl der Datei erneuert das Frontend dann VBA-gesteuert die Verknüpfung mit den Tabellen im Backend.

Das sollte nun aber nicht mit jeder neuen Version nötig sein, denn erstens kann es ja sein, dass es regelmäßig Updates gibt, und zweitens arbeiten vielleicht viele Benutzer mit der Datenbank. Wenn dann alle paar Tage oder Wochen einige Mitarbeiter einen Dateidialog bemühen müssen, um das Backend neu auszuwählen, kostet das unnötig Zeit und Geld.

Also sorgen wir dafür, dass die neue Frontend-Datenbank den aktuellen Speicherort der Backend-Datenbank anderweitig erfährt. Dazu gibt es verschiedene Möglichkeiten: zum Beispiel einen Eintrag in die Registry oder eine kleine Textdatei, die sich im gleichen Verzeichnis wie die Frontend-Datenbank befindet. Wenn Sie nun eine neue Version des Frontends auf den Rechner des Benutzers kopieren, prüft das Frontend beim Öffnen zunächst, ob der angegebene Speicherort für die verknüpften Tabellen noch stimmt. Falls nicht, liest es den zuletzt verwendeten Speicherort aus der bereits erwähnten Textdatei ein und verknüpft die Tabellen neu. Hier können nun eigentlich nur noch zwei Dinge dazwischenkommen: entweder ist die Backend-Datei nicht mehr am erwarteten Ort oder das Netzwerk ist unterbrochen.

17.1 Datenbank in Frontend und Backend aufteilen

Kommen wir nun zunächst zum einfachen Teil: dem Aufteilen einer Datenbank in Front- und Backend. Dazu erstellen Sie eine neue Datenbank-Datei, die beispielsweise *AEMA_BE.mdb* heißt (*_BE* kennzeichnet das Backend). Aus Gründen der Performance bei verknüpften Access-

Datenbank in Frontend und Backend aufteilen

Datenbanken sollte der Dateiname nicht länger als acht Zeichen sein und keine Erweiterung von mehr als drei Zeichen besitzen, daher benennen wir die Endung einer neu erstellten .*accdb*-Datenbank in .*mdb* um (dies gilt nur für das Backend!). Öffnen Sie die Datenbank und wählen Sie den Ribbon-Eintrag *Externe Daten|Importieren und Verknüpfen|Access* aus (siehe Abbildung 17.1).

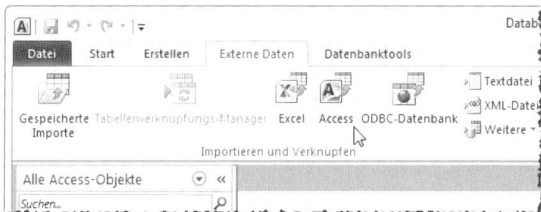

Abbildung 17.1: Importieren von Tabellen einer anderen Access-Datenbank

Wählen Sie im folgenden Dialog die aufzuteilende Datenbank aus, also *<Pfad>\AEMA.accdb*. Behalten Sie die *Importieren...*-Option bei und klicken Sie auf *OK*. Es erscheint der Dialog *Objekte importieren* aus Abbildung 17.2. Klicken Sie hier auf die Schaltfläche *Alle Auswählen*.

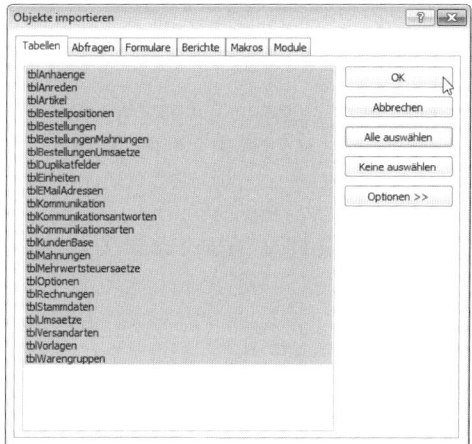

Abbildung 17.2: Importieren aller Tabellen des Frontends in das Backend

Sie sollten sicherheitshalber prüfen, ob die Beziehungen mit importiert werden. Dazu klicken Sie auf die Schaltfläche *Optionen* und aktivieren, sofern noch nicht geschehen, die Option *Importieren|Beziehungen* (siehe Abbildung 17.3). Mit einem Klick auf *OK* importieren Sie nun alle Tabellen der Datenbankdatei *AEMA.accdb* in die Backend-Datenbank *AEMA_BE.mdb*. Aber wollen wir wirklich alle Tabellen der Datenbank in das Backend verschieben? Sollten nicht Tabellen wie *tblOptionen* oder *tblStammdaten* im Frontend verbleiben? Immerhin enthalten diese doch Felder, die auf dem Rechner des jeweiligen Benutzers eingestellt und dort auch wieder abgefragt werden? Die Antwort lautet Nein.

Kapitel 17 Datenbank aufteilen

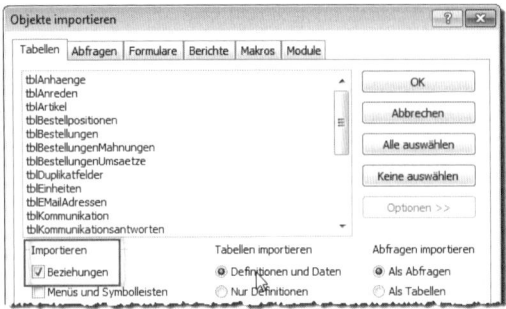

Abbildung 17.3: Stellen Sie sicher, dass auch die Beziehungen mit importiert werden.

Wie oben angemerkt, soll die Aufteilung in diesem Fall zunächst die Möglichkeit eröffnen, das Frontend und somit die Benutzeroberfläche auszutauschen, ohne dass die Daten jeweils in die neue Version übertragen werden sollen – wir gehen also im Rahmen dieses Buchs von einer Einzelplatzanwendung aus. Und selbst wenn wir eine Mehrbenutzer-Anwendung planen, so würden doch die benutzerabhängigen Daten unter Angabe des jeweiligen Benutzers im Backend gespeichert werden. Anders könnte der Benutzer ja gar nicht von verschiedenen Arbeitsplätzen aus auf seine Daten zugreifen, sondern müsste immer vom gleichen Rechner aus arbeiten. Also verschieben wir alle Tabellen in das Backend.

Nun haben wir von jeder Tabelle zwei Exemplare: eine im Frontend und eine im Backend. Die Tabellen im Frontend können Sie löschen: Das Frontend soll schließlich auf die Tabellen im Backend zugreifen, und das realisieren wir durch die Herstellung entsprechender Verknüpfungen. Um die Tabellen zu löschen, markieren Sie diese einzeln im Navigationsbereich und betätigen die *Entf*-Taste. Es erscheinen Meldungen wie die aus Abbildung 17.4, die Sie einfach bestätigen.

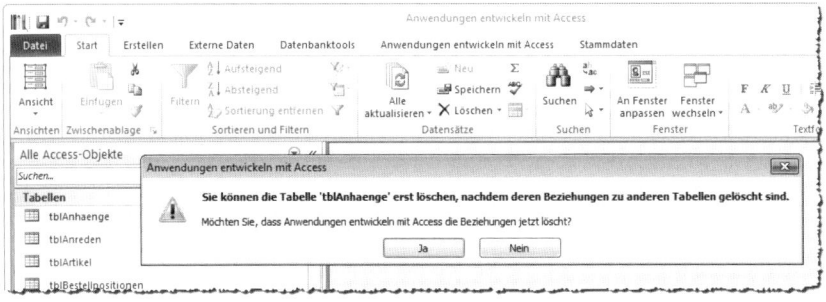

Abbildung 17.4: Löschen einer Tabelle per Navigationsbereich

Die Anwendung funktioniert zu diesem Zeitpunkt natürlich gar nicht mehr, denn es fehlen sämtliche Tabellen. Um dies wieder in Ordnung zu bringen, fügen Sie nun Verknüpfungen auf alle Tabellen in der Backend-Datenbank *AEMA_BE.mdb* hinzu. Dazu betätigen Sie – diesmal vom Frontend aus – den Ribbon-Eintrag *Externe Daten|Importieren und Verknüpfen|Access*. Wählen

Datenbank in Frontend und Backend aufteilen

Sie im Dialog *Externe Daten* diesmal die Backend-Datenbank als Datenquelle aus. Außerdem aktivieren Sie die zweite Option *Erstellen Sie eine Verknüpfung zur Datenquelle, indem Sie eine verknüpfte Tabelle erstellen* und klicken Sie dann auf *OK* (siehe Abbildung 17.5).

Abbildung 17.5: Vorbereiten der Tabellenverknüpfungen

Wählen Sie im Dialog *Tabellen verknüpfen* aus Abbildung 17.6 mit einem Klick auf *Alle auswählen* alle Tabellen aus und klicken Sie auf *OK*.

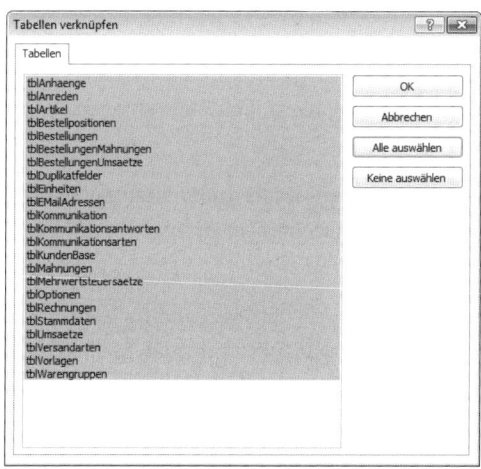

Abbildung 17.6: Auswahl der zu verknüpfenden Tabellen

521

Kapitel 17 Datenbank aufteilen

Dies stellt Verknüpfungen zu allen Tabellen der Backend-Datenbank her, die wie in Abbildung 17.7 dargestellt werden. Sie können nun doppelt auf die verknüpften Tabellen klicken und erhalten genauso Zugriff auf die Daten, als wenn sich die Tabellen in der gleichen Datenbank befinden würden. Das Gleiche gilt für Abfragen, Formulare, Steuerelemente, Berichte und VBA-Code, der auf die in den Tabellen enthaltenen Daten zugreift.

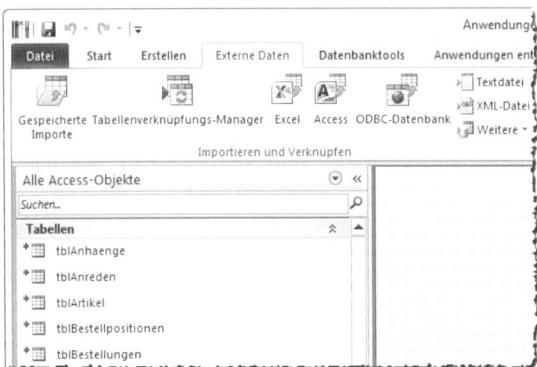

Abbildung 17.7: Verknüpfte Tabellen im Frontend

17.2 Prüfen und Wiederherstellen der Verknüpfung beim Start

Wenn Sie mit einer Frontend/Backend-Lösung arbeiten, speichert die Tabelle *MSysObjects* der Frontend-Datenbank zu jeder Tabelle Name und Pfad der Backend-Datenbank. Diese Tabelle blenden Sie im Navigationsbereich ein, indem Sie mit der rechten Maustaste auf den Titel dieses Bereichs klicken, den Eintrag *Navigationsoptionen...* auswählen und im nun erscheinenden Dialog die Option *Systemobjekte anzeigen* aktivieren. Öffnen Sie die Tabelle *MSysObjects* nun per Doppelklick auf den Eintrag im Navigationsbereich, zeigt diese ihre Informationen wie in Abbildung 17.8 an.

Sollte der Benutzer nun den Speicherort der Backend-Datenbank ändern oder diese gar löschen, findet Access die verknüpften Tabellen nicht mehr unter dem im Feld *Database* der Tabelle *MSysObjects* angegebenen Namen.

Sie können dies testen, indem Sie einfach den Dateinamen der Backend-Datenbank ändern. Wenn Sie nun versuchen, auf eine der Tabellen zuzugreifen, erscheint die Meldung aus Abbildung 17.9.

Um solche Probleme zu verhindern, soll die Anwendung beim Starten prüfen, ob die Tabellen ordnungsgemäß verknüpft sind. Dies untersuchen wir der Einfachheit halber nur anhand einer einzigen Tabelle, und zwar mit der Tabelle *tblOptionen*.

Prüfen und Wiederherstellen der Verknüpfung beim Start

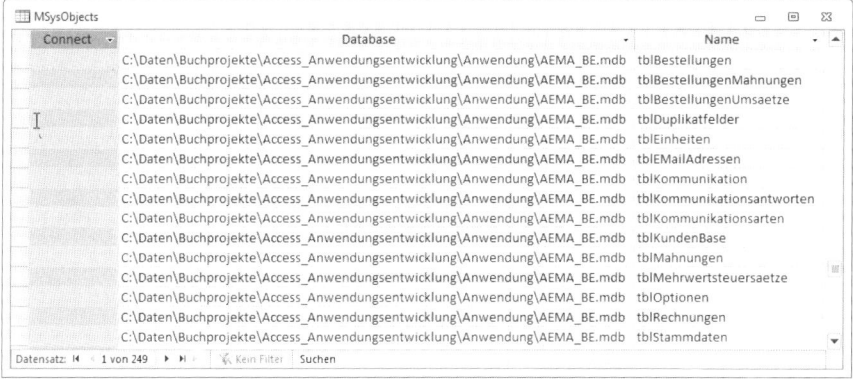

Abbildung 17.8: Pfad und Name der Quelldatenbank verknüpfter Tabellen

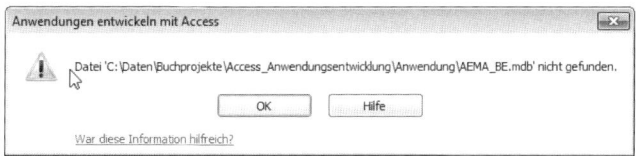

Abbildung 17.9: Meldung beim Fehlen einer verknüpften Tabelle

Die Untersuchung erfolgt komplett in der Prozedur *StartDB*, die beim Start der Anwendung durch das automatisch ausgelöste Makro *AutoExec* aufgerufen wird. Dort legen wir zunächst in zwei Konstanten den Namen der Tabelle und des Feldes an, anhand derer wir die Verknüpfung prüfen wollen:

```
Const strTesttabelle As String = "tblAnreden"
Const strTestfeld As String = "AnredeID"
```

Der Teil des Makros *AutoExec*, der diese Funktion auslöst, erledigt noch eine weitere Aufgabe. In einer *Wenn*-Bedingung fragt das Makro den Wert einer temporären Variablen ab, die unter dem Namen *Verknuepft* in der *TempVars*-Auflistung gespeichert wird. Dieser Wert wird von der Funktion *StartDB* auf *True* gesetzt, wenn das Frontend ordnungsgemäß mit dem Backend verknüpft ist, anderenfalls auf *False*. Hat die Variable den Wert *False*, soll die Anwendung gleich wieder geschlossen werden. Diese Aufgabe könnte man theoretisch auch durch einen Aufruf der Methode

```
DoCmd.Quit
```

erledigen. Allerdings führt dies zu einem Fehler, wenn dies in einer von einem Makro aus aufgerufenen VBA-Routine geschieht. Also übergeben wir im Falle der gescheiterten Verknüpfung mit einer temporären Variablen einen Wert an das aufrufende Makro, damit das Makro die Anwendung beenden kann. Doch zunächst zum Ablauf der Funktion *StartDB*, die wir zeilen-

Kapitel 17 Datenbank aufteilen

weise analysieren. Gleich nach dem Aufruf deklariert die Funktion einige Variablen. *strBackend* speichert Pfad und Name der Backend-Datenbank, *lngID* den Wert einer testweise abgefragten Tabelle. *db* speichert eine Referenz auf die aktuelle Datenbank:

```
Public Function StartDB()
    Dim strBackend As String
    Dim lngAnredeID As Long
    Dim db As DAO.Database
    Dim lngErrNumber As Long
    Set db = CurrentDb
```

Mit den folgenden Zeilen prüft die Funktion, ob die in der Konstanten *strTesttabelle* angegebene Tabelle vorliegt. Dazu greift sie per *DLookup*-Funktion auf den Wert des in *strTestfeld* gespeicherten Wertes der unter *strTesttabelle* angegebenen Tabelle zu. Welchen Wert dies zurückliefert, spielt keine Rolle – Hauptsache, die Tabelle ist vorhanden. Anderenfalls löst der Zugriff per *DLookup* einen Fehler aus. Die resultierende Fehlermeldung wird jedoch mit *On Error Resume Next* unterbunden und im Anschluss an den Aufruf von *DLookup* die Nummer des letzten Fehlers in der Variablen *lngErrNumber* gespeichert – bevor die Fehlerbehandlung wieder aktiviert wird:

```
    On Error Resume Next
    lngAnredeID = Nz(DLookup(strTestfeld, strTesttabelle))
    lngErrNumber = Err.Number
    On Error GoTo 0
```

Bevor die Funktion prüft, ob ein Fehler aufgetreten ist und die verknüpfte Tabelle sich somit nicht an Ort und Stelle befindet, stellt Sie noch den Wert der temporären Variablen *Verknuepft* auf den Wert *True* ein:

```
    TempVars("Verknuepft") = True
```

Erst dann prüft eine *If... Then*-Bedingung, ob *lngErrNumber* einen anderen Wert als *0* aufweist, was darauf hindeutet, dass die verknüpfte Tabelle nicht gefunden wurde:

```
    If Not lngErrNumber = 0 Then
```

In diesem Fall greift die Prozedur auf eine Notlösung zurück, die zum Tragen kommt, wenn eine neue Version des Frontends über die alte Version kopiert wurde. Die Prozedur ruft die Funktion *BackendverzeichnisAusTextdatei* auf, um den Namen der zuletzt verwendeten Backend-Datenbank zu ermitteln – die Beschreibung dieser Funktion finden Sie weiter unten.

Damit die Textdatei überhaupt ausgelesen werden kann, muss diese zunächst erstellt werden, und dies erledigt die Funktion *BackendverzeichnisInTextdatei*, die im letzten Schritt der Funktion *StartDB* aufgerufen wird (auch dazu mehr weiter unten). Das Prinzip ist einfach: Bei jedem erfolgreichen Öffnen der Datenbank samt Zugriff auf das Backend wird der Name des Backends in einer Textdatei gespeichert. Wenn Sie dem Benutzer eine neue Version des Frontends überlassen, kennt dieses naturgemäß nur den Ort des Backends auf Ihrem eigenen Entwicklungssystem.

Prüfen und Wiederherstellen der Verknüpfung beim Start

Damit der Benutzer nicht bei jeder neuen Version erneut das Backend auswählen muss, wird der Name des Backends extern in einer Textdatei gespeichert und, sofern das Backend bei der Prüfung nicht an Ort und Stelle liegt, eingelesen. Findet sich unter dem in der Textdatei enthaltenen Dateinamen eine Datenbankdatei, wird die Verknüpfung zu den darin enthaltenen Tabellen mit der Prozedur *VerknuepfungAktualisieren* hergestellt:

```
strBackend = BackendverzeichnisAusTextdatei
If Len(strBackend) > 0 And Len(Dir(strBackend)) > 0 Then
    VerknuepfungAktualisieren strBackend
```

Findet die Funktion *StartDB* auch in der Textdatei *BEPath.txt* im Verzeichnis der Frontend-Datei keine gültige Datenbank-Datei, muss der Benutzer doch noch selbst ran.

Dabei erscheint zunächst eine Meldung, dass das Backend nicht gefunden werden konnte und der Benutzer es im folgenden *Datei auswählen*-Dialog auswählen soll:

```
Else
    MsgBox "Das Backend konnte nicht gefunden werden. " _
        & "Bitte wählen Sie es im folgenden Dialog aus.", _
        vbOKOnly, "Backend nicht gefunden"
    strBackend = OpenFilename(CurrentProject.Path, "Backend auswählen", _
        "Backend-Datenbank (*.mdb)")
```

Die Funktion *OpenFilename* zeigt diesen Dialog an und liefert den Namen der ausgewählten Datei zurück – mehr dazu weiter unten. Liefert auch dies keine gültige Datei, wird die Anwendung beendet. Dazu liefert die Funktion *StartDB* eine entsprechende Meldung, stellt den Wert der temporären Variablen *Verknuepft* auf *False* ein. Die Funktion wird beendet und das aufrufende Makro *AutoExec* schließt nach der Prüfung des Wertes der temporären Variablen die Anwendung:

```
If Len(strBackend) = 0 Then
    MsgBox "Es wurde kein Backend ausgewählt. Die Anwendung wird beendet."
    TempVars("Verknuepft") = False
    Exit Function
End If
```

In allen anderen Fällen sorgt ein Aufruf der Routine *VerknuepfungAktualisieren* dafür, dass alle Tabellen des aus der Datei *BEPath.txt* ermittelten beziehungsweise durch den Benutzer ausgewählten Backends frisch verknüpft werden:

```
    VerknuepfungAktualisieren strBackend
End If
```

Auch wenn der erste Versuch, auf das Backend zuzugreifen, erfolgreich war, sollen die Verknüpfungen zu den Tabellen aufgefrischt werden. Dies erledigen die folgenden Zeilen im *Else*-Teil der *If...Then*-Bedingung. Hier werden Pfad und Name aus der Tabelle *MSysObjects* für die getestete Tabelle ermittelt und als Grundlage für einen Aufruf der Routine *VerknuepfungAktualisierung* verwendet:

Kapitel 17 Datenbank aufteilen

```
    Else
        strBackend = Nz(DLookup("Database", "MSysObjects", _
            "Name='" & strTesttabelle & "'"), "")
        If Len(strBackend) > 0 Then
            VerknuepfungAktualisieren strBackend
        End If
    End If
```

Zu guter Letzt soll das aktuelle Backendverzeichnis noch in der oben bereits erwähnten Textdatei gespeichert werden, damit eine neue Version des Frontends daraus Pfad und Name des Backends ermitteln kann. Dies erledigt der folgende Aufruf der Prozedur *BackendverzeichnisInTextdatei*:

```
    BackendverzeichnisInTextdatei strBackend
End Function
```

Schauen wir uns nun an, was die von der Prozedur *StartDB* aufgerufenen Routinen erledigen.

17.2.1 Backendpfad schreiben

Die Prozedur *BackendpfadInTextdatei* erwartet den zu schreibenden Ausdruck als Parameter. Sie öffnet eine neue Textdatei (eine bestehende Datei wird gelöscht) im aktuellen Verzeichnis der aufrufenden Datenbank und schreibt Pfad und Dateiname des Backends mit dem *Print*-Befehl in die neu erstellte Datei. Diese wird gleich im Anschluss geschlossen:

```
Public Sub BackendpfadInTextdatei(strBackend As String)
    Open CurrentProject.Path & "\BEPath.txt" For Output As #1
    Print #1, DLookup("Database", "MSysObjects", "Name='tblKunden'")
    Close #1
End Sub
```

17.2.2 Backendpfad lesen

Die Funktion *BackendpfadAusTextdatei* liest den Inhalt der Datei *BEPath.txt* im aktuellen Verzeichnis der Frontend-Datenbank in eine Variable namens *strBackend* ein und gibt deren Inhalt als Funktionswert zurück. Die Datei wird zuvor mit der *Open*-Anweisung geöffnet und mit *Close* wieder geschlossen:

```
Public Function BackendpfadAusTextdatei() As String
    On Error Resume Next
    Open CurrentProject.Path & "\BEPath.txt" For Input As #1
    Line Input #1, strBackend
    Close #1
    On Error GoTo 0
End Function
```

Die Fehlerbehandlung sorgt dafür, dass ein Fehlen der Textdatei lediglich in der Rückgabe einer leeren Zeichenkette resultiert.

17.2.3 Backend per Datei öffnen-Dialog auswählen

Sollten die aktuellen Verknüpfungen nicht stimmen und auch die Datei *BEPath.txt* keine Backend-Datenbank liefern, muss der Benutzer diese selbst mit einem *Datei öffnen*-Dialog auswählen. Diesen Dialog öffnet die Funktion *OpenFilename*, die als Parameter das beim Öffnen des Dialogs anzuzeigende Verzeichnis, den Fenstertitel und einen Filter zum Festlegen der Dateiendung erwartet. Sie verwendet eine versteckte und nicht dokumentierte Möglichkeit, einen solchen Dialog anzuzeigen. Dazu muss der Klasse *WizHook*, die diesen Dialog bereitstellt, zunächst ein spezieller Zahlencode übergeben werden. Sollte der Aufruf kein Startverzeichnis enthalten, verwendet die Funktion das aktuelle Verzeichnis der Frontend-Datenbank als solches. Die Methode *GetFileName* der *WizHook*-Klasse öffnet den Dialog und übergibt die notwendigen Parameter. Der Parameter *OpenFilename* enthält nach der Auswahl den Pfad und den Namen der selektierten Datei, der gleichzeitig als Funktionswert zurückgeliefert wird:

```
Function OpenFileName(Optional StartDir As String, _
    Optional sTitle As String = "Datei auswählen:", _
    Optional sFilter As String = "Access-DB (*.mdb)|Alle Dateien (*.*)") As String
    Static sDir As String
    WizHook.Key = 51488399
    If Len(StartDir) = 0 Then
        If Len(sDir) = 0 Then
            StartDir = CurrentProject.Path
        Else
            StartDir = sDir
        End If
    End If
    Call WizHook.GetFileName(Application.hWndAccessApp, _
        "Microsoft Access", sTitle, _
        "Öffnen", OpenFileName, _
        StartDir, sFilter, _
        0&, 0&, &H40, False)
End Function
```

17.2.4 Verknüpfungen aktualisieren

Fehlt noch eine kleine Funktion, welche auf Basis der angegebenen Datei die Verknüpfungen aktualisiert. Diese erwartet den Namen der Backend-Datei als Parameter. Sie erstellt einen Verweis auf die aktuelle Datenbank und durchläuft in einer *For Each*-Schleife alle Elemente der *TableDefs*-Auflistung der Datenbank – was prinzipiell allen enthaltenen Tabellen entspricht.

Kapitel 17 Datenbank aufteilen

Die Quelldatenbank der Tabellen-Verknüpfungen wird in der Eigenschaft *Connect* der Tabellen-Definition gespeichert. Diese kann per VBA geändert werden, was diese Funktion durch Zuweisen eines Ausdrucks erledigt, der dem Ausdruck *;database=* und dem per Parameter übergebenen Backend-Namen entspricht. Um die Verknüpfung auf Basis dieser Angabe zu aktualisieren, ruft die Prozedur noch die *RefreshLink*-Methode des *TableDef*-Objekts auf:

```
Public Function VerknuepfungAktualisieren(Optional strFile As String) As Boolean
    Dim db As DAO.Database
    Dim tdf As DAO.TableDef
    Set db = CurrentDb
    For Each tdf In db.TableDefs
        If Len(tdf.connect) > 0 Then
            If Len(strFile) > 0 Then
                tdf.connect = ";database=" & strFile
            End If
            On Error Resume Next
            tdf.RefreshLink
            Select Case Err.Number
                Case 3024, 3170
                    Exit Function
            End Select
            On Error GoTo 0
        End If
    Next tdf
    VerknuepfungAktualisieren = True
End Function
```

17.2.5 Auf fehlgeschlagene Verknüpfung reagieren

Wenn die Verknüpfung auch nach Auswahl eines neuen Backends durch den Benutzer misslingt, sorgt die folgende Zeile dafür, dass eine temporäre Variable entsprechend eingestellt wird:

```
TempVars("Verknuepft") = True
```

Diese wird vom Makro *AutoExec*, das die Funktion *StartDB* aufruft, ausgewertet. Hat die temporäre Variable den Wert *False*, soll das Makro die Anwendung gleich wieder schließen, da ohne Anbindung an die Daten ohnehin keine sinnvolle Nutzung möglich ist – mehr zu diesem Makro unter »Vorkehrung für das erste Öffnen der Anwendung« (Seite 35).